中国国家标准汇编

581

GB 29829～GB 29840

（2013年制定）

中国标准出版社　编

中国标准出版社

北　京

图书在版编目(CIP)数据

中国国家标准汇编:2013年制定.581:
GB 29829～GB 29840/中国标准出版社编.—北京:
中国标准出版社,2014.9
ISBN 978-7-5066-7662-5

Ⅰ.①中… Ⅱ.①中… Ⅲ.①国家标准-
汇编-中国-2013 Ⅳ.①T-652.1

中国版本图书馆CIP数据核字(2014)第187779号

中国标准出版社出版发行
北京市朝阳区和平里西街甲2号(100029)
北京市西城区三里河北街16号(100045)

网址 www.spc.net.cn
总编室:(010)64275323 发行中心:(010)51780235
读者服务部:(010)68523946

中国标准出版社秦皇岛印刷厂印刷
各地新华书店经销

*

开本 880×1230 1/16 印张 39.75 字数 1231 千字
2014年9月第一版 2014年9月第一次印刷

*

定价 220.00 元

出　版　说　明

1.《中国国家标准汇编》是一部大型综合性国家标准全集。自1983年起，按国家标准顺序号以精装本、平装本两种装帧形式陆续分册汇编出版。它在一定程度上反映了我国建国以来标准化事业发展的基本情况和主要成就，是各级标准化管理机构，工矿企事业单位，农林牧副渔系统，科研、设计、教学等部门必不可少的工具书。

2.《中国国家标准汇编》收入我国每年正式发布的全部国家标准，分为“制定”卷和“修订”卷两种编辑版本。

“制定”卷收入上一年度我国发布的、新制定的国家标准，顺延前年度标准编号分成若干分册，封面和书脊上注明“20××年制定”字样及分册号，分册号一直连续。各分册中的标准是按照标准编号顺序连续排列的，如有标准顺序号缺号的，除特殊情况注明外，暂为空号。

“修订”卷收入上一年度我国发布的、被修订的国家标准，视篇幅分设若干分册，但与“制定”卷分册号无关联，仅在封面和书脊上注明“20××年修订-1，-2，-3，……”字样。“修订”卷各分册中的标准，仍按标准编号顺序排列(但不连续)；如有遗漏的，均在当年最后一分册中补齐。需提请读者注意的是，个别非顺延前年度标准编号的新制定的国家标准没有收入在“制定”卷中，而是收入在“修订”卷中。

读者配套购买《中国国家标准汇编》“制定”卷和“修订”卷则可收齐由我社出版的上一年度我国制定和修订的全部国家标准。

3.由于读者需求的变化，自1996年起，《中国国家标准汇编》仅出版精装本。

4.2013年我国制修订国家标准共1 979项。本分册为“2013年制定”卷第581分册，收入国家标准GB 29829～GB 29840的最新版本。

中国标准出版社

2014年8月

目　　录

ICS 35.040
L 80

中华人民共和国国家标准

GB/T 29829—2013

信息安全技术
可信计算密码支撑平台功能与接口规范

Information security techniques—Functionality and interface specification of cryptographic support platform for trusted computing

2013-11-12 发布　　2014-02-01 实施

中华人民共和国国家质量监督检验检疫总局
中国国家标准化管理委员会　发布

前　言

本标准依据GB/T 1.1—2009给出的规则起草。

请注意本文件的某些内容可能涉及专利。本文件的发布机构不承担识别这些专利的责任。

本标准由国家密码管理局提出。

本标准由全国信息安全标准化技术委员会(SAC/TC 260)归口。

本标准主要起草单位:联想(北京)有限公司、国民技术有限责任公司、中国科学院软件研究所、同方股份有限公司、北京信息科技大学、北京兆日技术有限责任公司、瑞达信息安全产业股份有限公司、长春吉大正元信息技术股份有限公司、方正科技集团股份有限公司、中国长城计算机深圳股份有限公司、成都卫士通信息产业股份有限公司、无锡江南信息安全工程技术中心、中国人民解放军国防科学技术大学。

本标准主要起草人:吴秋新、韦卫、冯登国、徐震、杨贤伟、邹浩、余发江、宁晓魁、秦宇、郑必可、刘韧、王梓、林洋、刘鑫、李伟平、尹洪兵、严飞、李丰、许勇、贾兵、王蕾、顾健、何长龙。

引　言

本标准以我国可信计算密码技术要求与应用方案为指导，描述了可信计算密码支撑平台的功能原理与要求，并定义了可信计算密码支撑平台为应用层提供服务的接口规范，用以指导我国相关可信计算产品开发和应用。

信息安全技术
可信计算密码支撑平台功能与接口规范

1 范围

本标准描述可信计算密码支撑平台功能原理与要求，并详细定义了可信计算密码支撑平台的密码算法、密钥管理、证书管理、密码协议、密码服务等应用接口规范。

本标准适用于可信计算密码支撑平台相关产品的研制、生产、测评与应用开发。

2 规范性引用文件

下列文件对于本文件的应用是必不可少的。凡是注日期的引用文件，仅注日期的版本适用于本文件。凡是不注日期的引用文件，其最新版本(包括所有的修改单)适用于本文件。

GB/T 5271.8—2001 信息系统 词汇 第8部分：安全(idt ISO/IEC 2382-8:1998)

GB/T 16264.8—2005 信息技术 开放系统互连 目录 第8部分：公钥和属性证书框架(ISO/IEC 9594-8:2001,IDT)

RFC 3280 互联网 X.509 公钥基础设施证书和 CRL 轮廓[RFC 3280 Internet X.509 Public Key Infrastructure Certificate and Certificate Revocation List (CRL) Profile]

3 术语、定义和缩略语

3.1 术语和定义

GB/T 5271.8—2001 中界定的以及下列术语和定义适用于本文件。

3.1.1

可信计算平台 trusted computing platform

构建在计算系统中，用于实现可信计算功能的支撑系统。

3.1.2

可信计算密码支撑平台 cryptographic support platform for trusted computing

可信计算平台的重要组成部分，包括密码算法、密钥管理、证书管理、密码协议、密码服务等内容，为可信计算平台自身的完整性、身份可信性和数据安全性提供密码支持。

注：可信计算密码支撑平台的产品形态主要表现为可信密码模块和可信密码服务模块。

3.1.3

完整性度量 integrity measurement

使用密码杂凑算法对被度量对象计算其杂凑值的过程。

3.1.4

可信度量根 root of trust for measurement

一个可信的完整性度量单元，是可信计算平台内进行可信度量的基础。

3.1.5

可信存储根 root of trust for storage

存储主密钥，是可信计算平台内进行可信存储的基础。

3.1.6

可信报告根　root of trust for reporting

密码模块密钥，是可信计算平台内进行可信报告的基础。

3.1.7

可信密码模块　trusted cryptography module

可信计算平台的硬件模块，为可信计算平台提供密码运算功能，具有受保护的存储空间。

3.1.8

TCM 服务模块　TCM service module

可信计算密码支撑平台内部的软件模块，为对平台外部提供访问可信密码模块的软件接口。

3.1.9

部件　component

计算系统中可被度量的硬件和/或软件模块。

3.1.10

平台配置寄存器　platform configuration register

可信密码模块内部用于存储平台完整性度量值的存储单元。

3.1.11

完整性度量值　integrity measurement value

部件被度量后得到的杂凑值。

3.1.12

完整性基准值　predefined integrity value

部件在可信状态下被度量得到的杂凑值。该值可作为完整性校验的基准。

3.1.13

信任链　trusted chain

在计算系统启动和运行过程中，使用完整性度量方法在部件之间所建立的信任传递关系。

3.1.14

可信方　trusted party

提供可信证明的机构，包含可信第三方和主管方。

3.1.15

密钥管理中心　key management centre

用于密钥生成和管理的软硬件系统。

3.1.16

双证书　dual certificate

包括签名证书和加密证书，分别用于签名和数据加密，由可信方一同签发。

3.1.17

实体　entity

访问密码支撑平台资源的应用程序和用户。

3.1.18

对象　object

可信计算密码支撑平台内可以被实体访问的各类资源，包括密钥数据、运行环境数据、敏感数据等。

3.1.19

SMS4

本标准采用的对称密码算法。

3.1.20

SM2

本标准采用的椭圆曲线密码算法。包括三个子算法:椭圆曲线数字签名算法(SM2-1)、椭圆曲线密钥交换协议(SM2-2)、椭圆曲线公钥加密算法(SM2-3)。

3.1.21

SM3

本标准采用的密码杂凑算法。

3.1.22

HMAC

本标准采用的消息验证码算法。

3.1.23

密码模块密钥　TCM endorsement key

可信密码模块的初始密钥。

3.1.24

平台身份密钥　platform identity key

可信密码模块的身份密钥。

3.1.25

平台加密密钥　platform encryption key

可信密码模块中与平台身份密钥关联的加密密钥。

3.1.26

存储主密钥　storage master key

用于保护平台身份密钥和用户密钥的主密钥。

3.2 缩略语

下列缩略语适用于本文件。

EK:密码模块密钥(TCM Endorsement key)

KMC:密钥管理中心 (Key Management Centre)

NV:非易失性 (Non-volatility)

PCR:平台配置寄存器 (Platform Configuration Register)

PEK:平台加密密钥(Platform Encryption key)

PIK:平台身份密钥(Platform Identity Key)

SMK:存储主密钥(Storage Master Key)

TCM:可信密码模块 (Trusted Cryptography Module)

TSM:TCM 服务模块 (TCM Service Module)

4 可信计算密码支撑平台功能原理

4.1 平台体系结构

4.1.1 密码与平台功能的关系

密码与平台功能关系如下:

a） 平台完整性

利用密码机制，通过对系统平台组件的完整性度量，确保系统平台完整性，并向外部实体可信地报告平台完整性。

b） 平台身份可信

利用密码机制，标识系统平台身份，实现系统平台身份管理功能，并向外部实体提供系统平台身份证明。

c） 平台数据安全保护

利用密码机制，保护系统平台敏感数据。其中数据安全保护包括平台自身敏感数据的保护和用户敏感数据的保护。另外也可为用户数据保护提供服务接口。

密码对平台功能的支撑关系如图1所示。

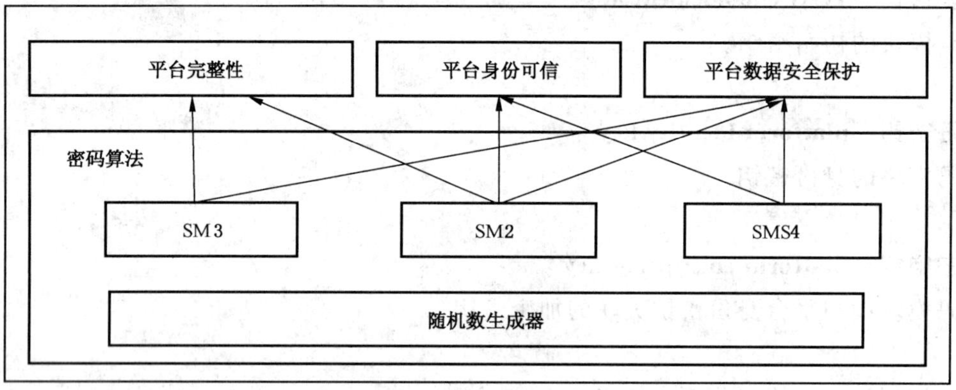

图 1 密码与平台功能的关系

4.1.2 平台组成结构

可信计算密码支撑平台主要由可信密码模块（TCM）和 TCM 服务模块（TSM）两大部分组成，其功能架构如图2所示。

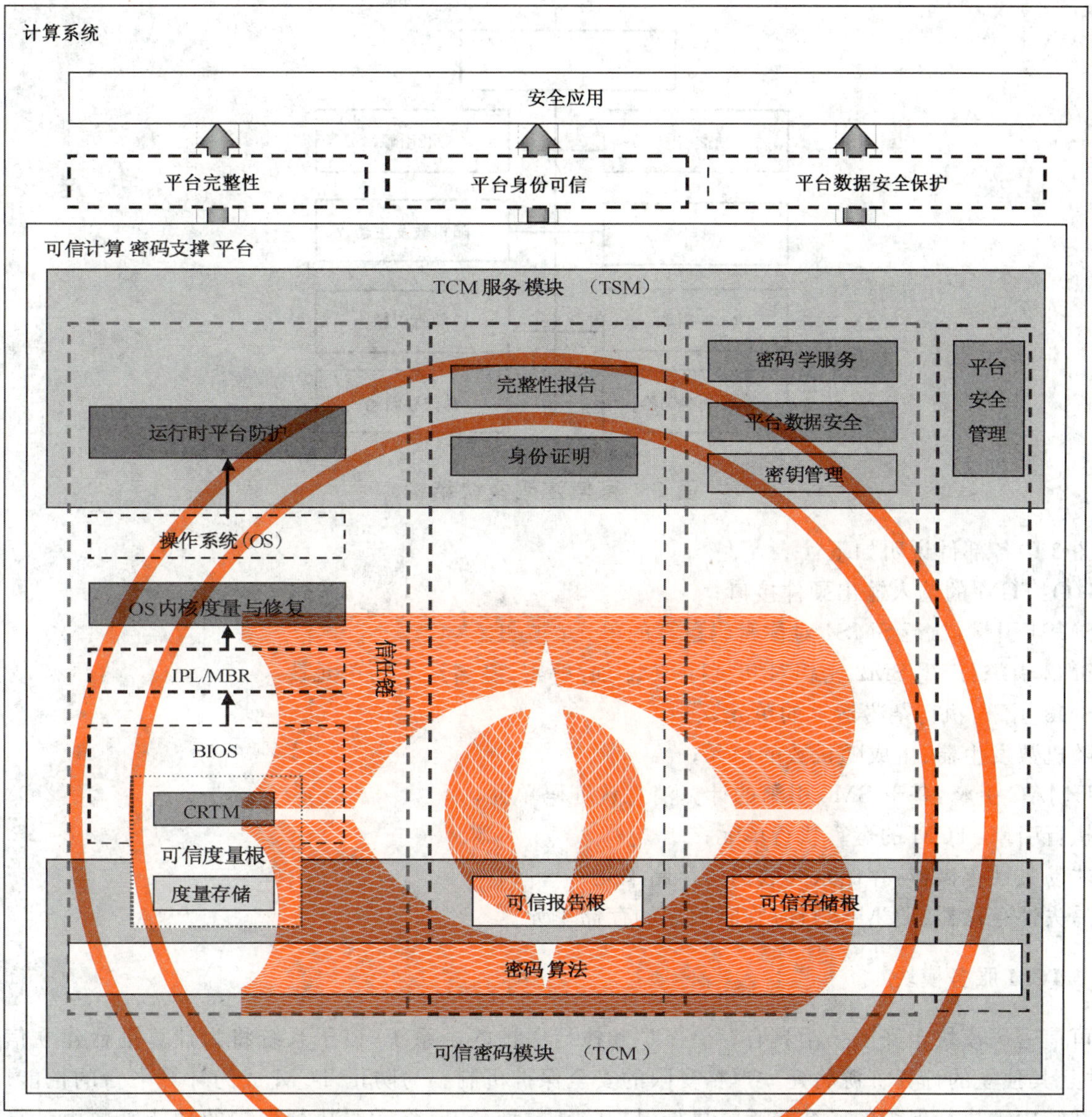

图 2 可信计算密码支撑平台功能架构

可信计算密码支撑平台以可信密码模块为可信根，通过如下三类机制及平台自身安全管理功能，实现平台安全功能：

a) 以可信度量根为起点，计算系统平台完整性度量值，建立计算机系统平台信任链，确保系统平台可信。

b) 可信报告根标识平台身份的可信性，具有唯一性，以可信报告根为基础，实现平台身份证明和完整性报告。

c) 基于可信存储根，实现密钥管理、平台数据安全保护功能，提供相应的密码服务。

4.1.3 可信密码模块

可信密码模块（TCM）是可信计算密码支撑平台必备的关键基础部件，提供独立的密码算法支撑。TCM 是硬件和固件的集合，可以采用独立的封装形式，也可以采用 IP 核的方式和其他类型芯片集成在一起，提供 TCM 功能。其基本组成结构如图 3 所示。

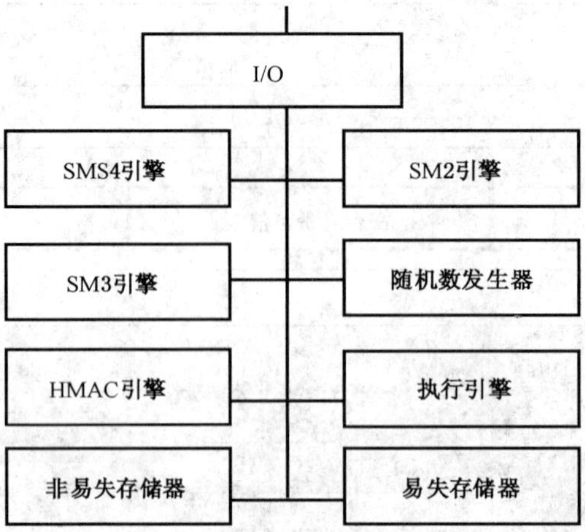

图 3 可信密码模块结构

图 3 中各部件说明如下：

I/O：TCM 的输入输出硬件接口；

SMS4 引擎：执行 SMS4 对称密码运算的单元；

SM2 引擎：产生 SM2 密钥对和执行 SM2 加/解密、签名运算的单元；

SM3 引擎：执行杂凑运算的单元；

随机数发生器：生成随机数的单元；

HMAC 引擎：基于 SM3 引擎的计算消息认证码单元；

执行引擎：TCM 的运算执行单元；

非易失性存储器：存储永久数据的存储单元[1-5]；

易失性存储器：TCM 运行时临时数据的存储单元。

4.1.4 TCM 服务模块

可信密码模块定义了一个具有存储保护和执行保护的子系统，该子系统将为计算平台建立信任根基，并且其独立的计算资源将建立严格受限的安全保护机制。为防止 TCM 成为计算平台的性能瓶颈，将子系统中需执行保护的函数与无需执行保护的函数划分开，将无需执行保护的功能函数由计算平台主处理器执行，而这些支持函数构成了 TCM 服务模块，简记为 TSM。

TSM 主要为用户使用 TCM 基础资源提供支持，由多个部分组成，每个部分间的接口定义应具有互操作性[1-5]。TSM 应提供规范化的函数接口。

TSM 设计目标：

a) 为应用程序调用 TCM 安全保护功能提供一个入口点；
b) 提供对 TCM 的同步访问；
c) 向应用程序隐藏 TCM 所建立的功能命令；
d) 管理 TCM 资源。

4.2 密码算法要求

4.2.1 概述

本标准涉及的密码算法包括 SM2 椭圆曲线密码算法、SMS4 对称密码算法、SM3 密码杂凑算法、HMAC 消息认证码算法、随机数发生器。上述密码算法必须符合国家密码管理局管理要求并在可信密码模块内实现。

4.2.2 SM2

本标准采用的SM2算法，其密钥位长为m($m=256$)。

SM2算法包涵：系统参数、密钥对生成、数字签名算法(SM2-1)、密钥交换协议(SM2-2)和加密算法(SM2-3)共五个部分。

4.2.2.1 系统参数

SM2算法使用固定的F_p域，系统参数如下：

a) F_p域的特征p，p是m比特长度的素数；

b) F_p中的两个元素a和b，它们定义曲线E的方程：$y^2=x^3+ax+b$，a、b满足$4a^3+27b^2\neq0$；

c) 基点$G=(x_G,y_G)\in E(F_p)$，$G\neq$O(O为无穷远点)；

d) 基点G的阶n，n是m比特长度的素数。

系统参数说明：

a) p、a、b、x_G、y_G和n均为m比特长度的大整数，也可以看作$m/8$字节长度的字符串。

b) G可以看作一个有序整数对，也可以看作一个m/4+1字节长度的字符串。

c) 无穷远点O是一个理想点，不能用有序整数对(x, y)即仿射坐标表示。

SM2系统参数作为公共参数，可以在所有的平台和系统之间公开共享。

4.2.2.2 密钥对生成

SM2的密钥对包括私钥(记为d)和公钥(记为Q)，其中d为小于$n-1$的一个随机的正整数，Q为曲线$E(F_p)$上的一个非无穷远点且满足$Q=d$G(即连续d个G点“相加”，简称为“点乘”)。

输入参数：

　　无

输出参数：

　　d：私钥

　　Q：公钥$Q=dG$

说明：

a) $E(F_p)$上的两个点“相加”是一个较复杂的运算过程(与普通的整数加法不同)，O与$E(F_p)$上的任意点P“相加”结果仍为P，“相加”是一个可结合、可交换的运算。

b) $Q=(x_Q, y_Q)\in E(F_p)$，$Q\neq$O，可以看作一个有序整数对；

SM2系统参数作为公共参数，可以在所有的平台和系统之间公开共享。

4.2.2.3 SM2-1数字签名算法

数字签名是书写签名的电子形式。数字签名可以向第三方证明消息是由声称的始发者所签。与书写签名不同，数字签名要验证消息的完整性。对存储的数据和程序产生数字签名，使得在以后的任何时刻都可以验证数据和程序的完整性。

数字签名算法流程是由一个签名者对数据产生数字签名，并由一个验证者验证签名的正确性。每个签名者有一个公钥和一个私钥，其中私钥用于产生签名，验证者用签名者的公钥验证签名的正确性。在签名的生成和验证过程之前，都要用密码杂凑函数对待签消息M和待验证消息进行杂凑运算。

数字签名的生成算法

　　输入参数：

　　　　M：待签名的消息摘要(M为m比特长度)

　　　　d：签名者的私钥

输出参数：

r：签名的第一部分，小于 n 的正整数

s：签名的第二部分，小于 n 的正整数

说明：

r 和 s 均可看作 m/8 字节长度的字符串。

数字签名的验证算法

输入参数：

M：待验证的消息摘要（M 为 m 比特长度）

r：签名的第一部分，小于 n 的正整数

s：签名的第二部分，小于 n 的正整数

Q：签名者的公钥

输出参数：

Res：验证结果，为"真"表示"验证通过"，为"假"表示"验证不通过"

说明：

r 和 s 均可看作 $m/8$ 字节长度的字符串。

4.2.2.4 SM2-3 公钥加密算法

SM2-3 可提供消息的机密性。

在 SM2 公钥加密算法中，公钥用于加密，私钥用于解密。

本部分的 SM2 公钥加密算法包括两个方面：一方面是发送者用接收者的公钥将信息加密成密文；另一方面是接收者用自己的私钥对收到的密文进行解密还原成原始信息。

可信计算平台中的 SM2 公钥加密算法用于加密对称密钥和随机数等敏感信息，公钥加密的明文信息的字节长度是可变的。

加密算法

输入参数：

M：待加密的明文信息

Q：加密密钥（解密方的公钥）

输出参数：

C：密文字节串，C=C1 ‖ C2 ‖ C3，其中 C1 为 $E(F_p)$ 上一个点的字节串表示，C2 为与 M 长度相同的字节串，C3 为长度为 m/8 的字节串。

解密算法

输入参数：

C：密文比特串 C=C1 ‖ C2 ‖ C3，

d：解密密钥（解密方的私钥）

输出参数：

V：密文有效信息，为"真"表示"密文有效"，输出 M，为"假"表示"密文无效"，不输出 M。

M：解密的结果，明文信息（与 C2 的字节长度相同）。

4.2.2.5 SM2-2 密钥交换协议

密钥交换协议是在两个用户 A 和 B 之间建立一个共享秘密密钥的协商过程，通过这种方式能够确定一个共享秘密密钥的值。

设密钥协商双方为 A、B，其密钥对分别为（d_A，Q_A）和（d_B，Q_B），双方需要获得的密钥数据的比特长度为 $klen$。密钥交换协议分为两个阶段。

第一阶段:产生临时密钥对

用户 A

调用密钥对产生算法产生一对临时密钥对(r_A, R_A),将 R_A 和 A 的个人信息 M_A 发送给 B

用户 B

调用密钥对产生算法产生一对临时密钥对(r_B, R_B),将 R_B 和 B 的个人信息 M_B 发送给 A

第二阶段:计算共享的密钥数据

用户 A

输入参数:

Q_A:用户 A 的公钥

Q_B:用户 B 的公钥

R_A:用户 A 的临时公钥

M_A:用户 A 的个人信息

R_B:用户 B 的临时公钥

M_B:用户 B 的个人信息

d_A:Q_A 对应的用户 A 的私钥

r_A:R_A 对应的用户 A 的临时私钥

$klen$:需要输出的密钥数据的比特长度

输出参数:

K:比特长度为 $klen$ 的密钥数据

用户 B

输入参数:

Q_B:用户 B 的公钥

Q_A:用户 A 的公钥

R_B:用户 B 的临时公钥

M_B:用户 B 的个人信息

R_A:用户 A 的临时公钥

M_A:用户 A 的个人信息

d_B:Q_B 对应的用户 B 的私钥

r_B:R_B 对应的用户 B 的临时私钥

$klen$:需要输出的密钥数据的比特长度

输出参数:

K:比特长度为 $klen$ 的密钥数据

4.2.3 SM3

本标准规定密码杂凑算法为 SM3。对于给定的长度为 k($k<2^{64}$)的消息,SM3 密码杂凑算法经过填充、迭代压缩和选裁,生成杂凑值。经预处理过的消息分组长度为 512 比特,本标准选用的杂凑值长度为 256 比特。

对分组后的消息迭代压缩:

输入参数:

M:512 比特长度的消息

输出参数:

D:256 比特长度的摘要

4.2.4 HMAC

消息验证码算法：利用密码杂凑算法 SM3，对于给定的消息和验证双方共享的秘密信息产生长度为 t 个字节的消息验证码，消息验证码产生过程参考 FIPS PUB 198 中的消息验证码产生过程[6]。

输入参数：

$text$：消息

$Secret\_K$：双方共享的秘密信息

K_len：双方共享的秘密信息长度

t：消息验证码的长度，不小于 16 字节，不大于 32 字节

输出参数：

$digest$：t 个字节的消息验证码

算法描述：

步骤 1：如果 $K\_len = Block\_Len$，则 $K_0 := Secret\_K$，跳转执行步骤 4；

步骤 2：如果 $K\_len > Block\_Len$，则对 K 进行杂凑运算得到 L 个字节，然后拼接上 $Block\_Len - L$ 个字节 0 得到 $Block\_Len$ 个字节的 K_0，即 $K_0 := \mathrm{SM3}(K) \parallel 00\cdots00$，跳转执行步骤 4；

步骤 3：如果 $K\_len < Block\_Len$，则对 $Secret\_K$ 后面拼接字节 0 得到 $Block\_Len$ 个字节的 K_0，执行步骤 4；

步骤 4：$K_0 \oplus ipad$；

步骤 5：在步骤 4 的结果后面拼接 $text$，即 $(K_0 \oplus ipad) \parallel text$；

步骤 6：对步骤 5 的结果进行杂凑运算，即 $\mathrm{SM3}((K_0 \oplus ipad) \parallel text)$；

步骤 7：$K_0 \oplus opad$；

步骤 8：把步骤 6 的结果拼接在步骤 7 的结果后面，即

$(K_0 \oplus opad) \parallel \mathrm{SM3}((K_0 \oplus ipad) \parallel text)$；

步骤 9：对步骤 8 的结果进行杂凑运算，即

$\mathrm{SM3}((K_0 \oplus opad) \parallel \mathrm{SM3}((K_0 \oplus ipad) \parallel text))$；

步骤 10：把步骤 9 结果的高 t 个字节作为结果输出。

4.2.5 SMS4

4.2.5.1 算法简介

本标准规定对称密码算法为 SMS4。该算法是一个分组算法，该算法的分组长度为 128 比特，密钥长度为 128 比特。加密算法与密钥扩展算法都采用 32 轮非线性迭代结构。解密算法与加密算法的结构相同，只是轮密钥的使用顺序相反，解密轮密钥是加密轮密钥的逆序。

加密算法

输入参数：

M：128 比特长度的明文信息

K：128 比特长度的密钥信息

输出参数：

C：128 比特长度的密文信息

解密算法

输入参数：

C：128 比特长度的密文信息

K:128 比特长度的密钥信息

输出参数:

M:128 比特长度的明文信息

4.2.5.2 使用模式

本标准规定采用 CBC 模式,IV 由用户自定义。

对于数据的最后一个分组,数据需要填充,方法如下:

a) 填充完的数据长度必须是 16 的整数倍;

b) 如果最后一个分组缺少 $d1$ 个字节($0<d1<16$),则在该组后面填充 $d1$ 个字节,每个字节内容均是 $d1$;

c) 如果 $d1=0$ 则填充 16 个字节,每个字节内容均是 16。

4.2.6 随机数发生器

本标准不规定随机数生成的具体算法,随机数生成算法由可信密码模块制造商设计实现。所生成的随机数必须为真随机数,并满足国家商用密码随机数检测要求。

4.3 功能原理

4.3.1 平台完整性

4.3.1.1 概述

可信计算密码支撑平台利用密码机制,通过对系统平台组件的完整性度量、存储与报告,确保平台完整性。

4.3.1.2 完整性度量、存储与报告

完整性度量与存储是指计算部件的度量值,记录该事件到事件日志,并把度量值记入可信密码模块内相应的平台配置寄存器(PCR)中。

图 4 为依次度量两个部件的过程。

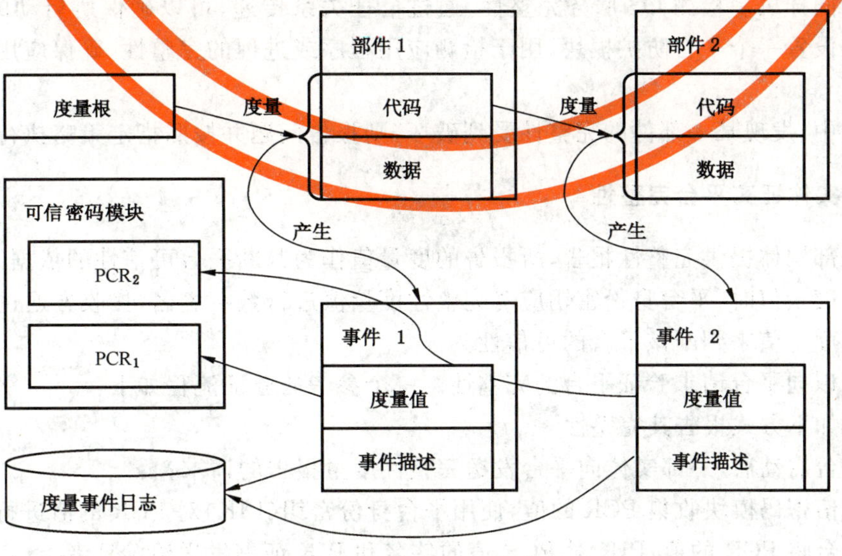

图 4 完整性度量流程

完整性度量与存储应满足如下要求：

a) 计算度量值的过程应是执行杂凑运算的过程；
b) 杂凑运算输入的数据应为度量者指定的可以表征被度量者特性的数据；
c) 杂凑运算输出的杂凑值即为被度量者的完整性度量值；
d) 度量者应把度量值记入指定的 PCR 中。记入的办法是：新 PCR 值 ＝ 密码杂凑算法（原 PCR 值 ‖ 度量值）；
e) 应把度量过程信息记录到平台事件日志中。至少应记录：度量者信息、被度量者信息、原 PCR 值、度量值、新 PCR 值、完成时间等；
f) 如果一个部件序列中的各部件完整性度量值存储在同一个 PCR 中，则采用一种专门的压缩存储方式，即从第一个部件开始，将该部件完整性度量值与目标 PCR 的已有存储值拼接，进行杂凑运算，然后将所得结果再存储于该 PCR 中，依次类推，最后一个部件的完整性度量值存储操作完成后，所得值即为该部件序列存储到 PCR 中的完整性度量值。

完整性报告是指平台向验证者提供平台或部分部件的完整性度量值的过程。

完整性报告应满足如下要求：

a) 平台能够向验证者提供指定 PCR 值，无需任何授权；
b) 平台能够向验证者提供指定 PCR 值以及对 PCR 值的签名。签名使用平台身份密钥；
c) 平台可向验证者提供指定 PCR 的相关事件日志信息；
d) 验证者可通过分析完整性度量事件日志信息判断该 PCR 值是否来自正确的度量过程；
e) 验证者应使用平台身份密钥验证 PCR 值签名，获得平台完整性报告结果。

4.3.1.3 信任链

信任链可以保障平台完整性。以 PC 为例，平台信任链的建立是以可信度量根为起点，首先对 BIOS 的其他部件进行完整性度量，并将度量值存储于可信密码模块的 PCR 中，按照选择的判断机制判断 BIOS 的完整性，若完整性未被破坏，则运行 BIOS；并度量初始化程序加载器（Initial Program Loader—IPL）/主引导分区（Master Boot Record—MBR）的完整性，基于判断机制判断 IPL/MBR 完整性，若 IPL/MBR 完整性没有被破坏，则运行 MBR；然后由 IPL/MBR 度量 OS 内核的度量与修复部件的完整性，若该部件完整性未被破坏，则由该部件度量 OS 内核的完整性，若未被篡改，则运行 OS 内核。OS 内核启动后基于同样机制检测 OS 服务完整性，通过信任关系传递，可以确保所启动的系统是可信的。系统运行时可以设置一个平台防护模块，用于检测应用程序或进程的完整性，确保应用程序或进程的可信性[1-5]。

若上述过程中，发现某一部件的完整性受到破坏，则报告问题并按照指定策略执行相关操作。

4.3.1.4 向外部实体证实平台完整性

平台可向外部实体提供完整性报告，所报告的度量值作为判断平台可信性的依据。

报告完整性度量值时，平台身份密钥应对完整性度量值进行数字签名，接收方通过验证签名有效性以及校验完整性度量值来判断该平台的可信性。

外部实体可以向平台请求验证平台的完整性。一个参考的验证流程如下：

a) 平台按如下方式报告其完整性
   1) 平台启动后，外部实体向平台发送完整性度量报告的请求；
   2) 可信密码模块收集 PCR 的值，使用平台身份密钥(PIK)对 PCR 的值进行签名；
   3) 平台将 PCR 的值，PIK 对 PCR 值的签名和 PIK 证书发送给验证者。
b) 验证者验证平台完整性
   1) 验证者得到平台发送的 PCR 值，PIK 对 PCR 值的签名和 PIK 证书；

2） 验证者验证 PIK 证书；

3） 验证者验证 PCR 值的签名；

4） 验证者对 PCR 的值与平台的完整性基准值进行比较，若相同，则表明当前平台处于可信状态。

4.3.2 平台身份可信

4.3.2.1 平台身份标识

可信计算密码支撑平台采用密码模块密钥(EK)标识其身份，在平台所有者授权下，在 TCM 内部生成一个 SM2 密钥对，作为平台身份密钥(PIK)，用于对 TCM 内部的信息进行数字签名，实现平台身份认证和平台完整性报告，从而向外部证实平台内部数据的可信性。

密码模块密钥(EK)是唯一的，必须被保存在 TCM 内，仅仅在获取平台所有者操作及申请平台身份证书时使用，且不得被导出 TCM 外部。

密码模块证书符合 X.509 V3 标准，在平台使用前由一个可信方签署，确保其可信性，用于建立密码模块密钥与可信密码模块的一一对应关系。

密码模块证书格式见附录 A。

一个可信计算密码支撑平台可以产生多个 PIK，每个 PIK 均与 EK 绑定，对外代表平台身份。

平台身份证书及其对应的平台加密证书由可信方提供，符合 X.509 V3 标准，用于验证平台身份密钥(PIK)私钥对 PCR 值的签名，证书格式及说明参见附录 A。

4.3.2.2 平台身份建立

4.3.2.2.1 获得平台所有权

生成密码模块密钥(EK)后，才可以创建平台所有者，取得平台所有权的操作步骤如下：

a） 所有者输入口令，对输入数据进行长度规一化处理得到平台所有者的授权数据；

b） 使用密码模块密钥的公钥对平台所有者授权数据进行加密并植入到可信密码模块中，在可信密码模块内部，使用密码模块密钥的私钥，对加密的授权数据进行解密，得到长度规一化的平台所有者授权数据并存储于可信密码模块内部；

c） 所有者输入存储主密钥口令，对输入数据进行长度规一化处理得到存储主密钥的授权数据；

d） 使用密码模块密钥的公钥对存储主密钥授权数据进行加密并植入到可信密码模块中，在可信密码模块内部，使用密码模块密钥的私钥，对加密的授权数据进行解密，得到长度规一化的存储主密钥授权数据并存储于可信密码模块内部；

e） 可信密码模块采用对称密码算法 SMS4 生成存储主密钥，将其存储于可信密码模块内部；

f） 使用随机数发生器产生平台验证信息，存储于可信密码模块内部，不允许外部实体访问，在平台所有权有效期内平台验证信息不能被改变。平台验证信息主要用于数据封装。

4.3.2.2.2 平台身份密钥的生成与激活

平台身份密钥生成及其证书签署与激活的步骤如下：

a） 平台身份密钥的生成：

1） 可信密码模块验证平台所有者的授权数据和存储主密钥的授权数据；

2） 设置平台身份密钥授权数据，使用密码模块密钥的公钥对授权数据进行加密并植入到可信密码模块中，在可信密码模块内部，使用密码模块密钥的私钥，对加密的授权数据进行解密，得到长度规一化的平台身份密钥授权数据并存储于可信密码模块内部；

3) 可信密码模块采用 SM2 密钥生成算法产生平台身份密钥；

4) 可信密码模块使用存储主密钥加密平台身份密钥的私钥部分；

5) 对可信方的公钥进行杂凑运算，获得可信方公钥杂凑值；

6) 可信密码模块使用平台身份密钥的私钥，采用 SM2 签名算法对可信方公钥杂凑值和平台身份密钥的公钥进行签名，获得平台身份密钥签名；

7) 可信密码模块将平台身份密钥的公钥，密码模块密钥的公钥和平台身份密钥签名发送给可信方。

b) 可信方接收到平台发送的信息后，签署平台身份证书：

1) 验证平台身份密钥的签名；

2) 验证通过，则使用 SM2 签名算法签署平台身份证书；

3) 随机生成对称加密密钥 SessionKey，并采用对称加密算法（SMS4）加密平台身份证书，得到加密的平台身份证书；

4) 采用以下步骤创建平台身份密钥证书与可信密码模块的匹配关系：

使用密码杂凑算法计算平台身份密钥的公钥的杂凑值。使用密码模块密钥的公钥，对平台身份密钥的公钥的杂凑值和 SessionKey 进行加密，将加密结果和加密的平台身份证书发送给平台。

c) 激活 PIK 证书的过程表示为：

1) 可信密码模块使用密码模块密钥的私钥，解密得到平台身份密钥的公钥的杂凑值和随机生成的对称加密密钥；

2) 判断所得到的平台身份密钥的公钥的杂凑值是否与该平台的平台身份密钥的公钥的杂凑值相同；

3) 若相同，则可信平台使用所得到的对称加密密钥解密被加密的平台身份证书，获得平台身份证书。

4.3.2.2.3 平台身份密钥的使用

平台身份密钥代表平台身份，用于对可信计算密码支撑平台内部产生的数据进行签名。

4.3.3 平台数据安全保护

数据安全保护是可信计算密码支撑平台的核心功能之一，数据安全保护就是通过密钥对数据采用特定的保护方式进行处理，基本单元包括密钥、数据、数据保护方式。

a) 用于数据安全保护的密钥分为对称密钥和非对称密钥。密钥管理包括密钥生成、密钥加载、密钥销毁、密钥导入、密钥迁移、密钥协商等功能；

b) 被保护的数据可以是任何数据；

c) 数据安全保护方式包括数据加解密、数据封装、数字信封等方式。

4.3.3.1 密钥管理功能

4.3.3.1.1 密钥生成

密钥生成是指由应用层软件设置所需生成密钥的密钥属性、密钥使用授权、密钥迁移授权、密钥的保护操作密钥，并发送给可信密码模块生成指定的密钥。在可信密码模块内，由保护操作密钥加密所生成的密钥私钥部分，然后将生成的密钥数据结构返回给应用层软件。

对于可信密码模块内各类密钥,生成方法包括:

a) 密码模块密钥由厂商生成,为256位SM2非对称密钥。密码模块密钥可以定义为不可撤销和可撤销两种类型;

b) 存储主密钥必须在获取平台所有权时生成,为128位SMS4对称密钥,平台所有者生成存储主密钥时,必须在可信密码模块内部生成;

c) 平台身份密钥为256位的SM2密钥,必须在可信密码模块内部生成。需向可信方申请相应平台身份证书并激活该密钥;

d) 平台加密密钥由KMC生成。可信密码模块向可信方发送PEK证书请求,获取加密的PEK证书(包含PEK公私钥信息),然后解密获得PEK及其证书,并激活该PEK;

e) 用户密钥可以在可信密码模块内部生成,也可在可信密码模块外部生成后导入。用户密钥可以是对称密钥或非对称密钥,其属性设置参考附件密钥对象属性要求。

4.3.3.1.2 密钥加载

密钥生成后,在应用层软件使用该密钥进行数据安全保护操作时,如果需要使用该密钥的私钥,需要将密钥数据(为一个数据结构)加载到可信密码模块内部,由保护操作密钥解密后才能使用。如果使用该密钥的公钥,则在应用层软件直接使用。

可信密码模块内各类密钥的加载方法包括:

a) 使用可信密码模块密钥公钥在设置平台所有者之前不需要验证授权,设置平台所有者之后,必须验证所有者授权;密码运算过程必须在可信密码模块内部进行;

b) 使用存储主密钥必须验证所有者授权、存储主密钥授权;密码运算过程必须在可信密码模块内部进行;

c) 使用平台身份密钥必须验证平台身份密钥授权、存储主密钥授权;平台身份密钥的私钥必须被加载到可信密码模块内部进行密码运算,公钥的密码运算过程在模块外部进行;

d) 使用平台加密密钥必须验证平台加密密钥授权、存储主密钥授权;平台加密密钥的私钥必须被加载到可信密码模块内部进行密码运算,公钥的密码运算过程在模块外部进行;

e) 使用用户密钥必须验证用户密钥授权;用户密钥的私钥必须被加载到可信密码模块内部进行密码运算。

4.3.3.1.3 密钥销毁

密钥生成后,应用层软件可以销毁指定的密钥。对于可信密码模块内各类密钥,销毁方法如下:

a) 销毁密码模块密钥是通过撤销可撤销的密码模块密钥完成的。对于不可撤销的密码模块密钥,不能销毁;

b) 销毁存储主密钥通过清除所有者来完成;

c) 销毁平台身份密钥必须验证平台身份密钥授权、存储主密钥授权后,在可信密码模块内执行;

d) 销毁平台加密密钥必须验证平台加密密钥授权、存储主密钥授权后,在可信密码模块内执行;

e) 销毁用户密钥需验证其保护操作密钥授权后,在TCM服务模块内执行。

4.3.3.1.4 密钥导入

应用层软件可以采用密钥导入方式,对可信密码模块外部创建的SM2、SMS4密钥进行保护,并纳入到可信密码模块的密钥体系中。

密钥导入方法:外部密钥需按照指定格式设定密钥属性,并使用指定的保护操作密钥对被导入密钥的私钥部分加密。

4.3.3.1.5 密钥迁移

为保证用户数据安全,需要把相应的用户密钥予以迁移备份。迁移时需要保证被迁移密钥的机密性和完整性。平台内只有用户密钥可以迁移,进行密钥迁移时需确保目标平台是可信计算平台。

假定要将平台A的一个可迁移密钥迁移到平台B上,其迁移方法描述如下:

a) 平台B将保护操作密钥的公钥发送给平台A;
b) 平台A将被迁移的密钥加载到可信密码模块中,解密出被迁移的密钥;
c) 平台A的可信密码模块随机产生一个对称加密密钥,使用该密钥加密被迁移的密钥,生成被迁移密钥的迁移数据;
d) 用平台B的保护操作密钥的公钥加密对称加密密钥;
e) 将迁移数据和已加密的对称加密密钥从平台A传递到平台B;
f) 平台B使用其保护操作密钥的私钥解出对称加密密钥,使用SMS4对称密码算法,用解密出的对称加密密钥解密迁移数据,得到被迁移密钥;
g) 平台B将被迁移密钥重新加密保护,完成整个迁移过程。

4.3.3.1.6 密钥协商

密钥协商是在两个用户A和B之间建立一个共享秘密密钥的过程,通过这种方式能够确定一个共享秘密密钥的值,用来提供A用户与B用户之间数据安全保护。

密钥协商方法参见4.2密码算法要求描述。

4.3.3.2 数据安全保护方式

4.3.3.2.1 数据加解密

数据加解密可以采用对称密码算法和非对称加密算法实现。非对称加密操作可在TCM服务模块执行,非对称密钥解密和对称加解密必须在可信密码模块内部执行。

在可信密码模块内部进行加解密操作时,需要先加载密钥。

非对称加解密主要用于短信息绑定,对称加解密可以操作任意长度数据。

4.3.3.2.2 数据封装

将数据与特定的平台状态(PCR值)及可信密码模块绑定在一起,这种操作称为数据封装。

数据加密使一个数据只能绑定于一个可信密码模块。

数据封装使一个数据不仅绑定于一个可信密码模块,同时通过PCR绑定于一种平台状态。

使用对称密码算法的封装表示为:

sealedData = SMS4_Encrypt [key, (data ‖ PCRValue ‖ TCM_Proof)]

其中TCM_Proof为TCM唯一性标识。

数据的解封表示为:

a) 可信密码模块解密数据:
   data ‖ PCRValue ‖ TCM_Proof = SMS4_Decrypt (key,sealedData);
b) 可信密码模块比对当前PCR的值是否与解密出的PCRValue相同;
c) 可信密码模块比对解密出的TCM_Proof是否与内部存储的数值相同;
d) 若比对相同,输出data。

使用椭圆曲线密码算法的封装表示为：

sealedData = SM2_Encrypt (SM2PUBKEY，(data ‖ PCRValue ‖ TCM_Proof))

数据的解封表示为：

a) 可信密码模块解密数据：

b) data ‖ PCRValue ‖ TCM_Proof = SM2_Decrypt (SM2PRIKEY，sealedData)；

c) 可信密码模块比对当前 PCR 的值是否与解密出的 PCRValue 相同；

d) 可信密码模块比对解密出的 TCM_Proof 是否与内部存储的数值相同；

e) 若比对相同，输出 data。

4.3.3.2.3 数字信封

采用对称密码算法对数据进行加密保护，同时采用椭圆曲线密码算法对对称密码算法使用的密钥进行加密保护，这种数据安全保护操作称为数字信封。具体方法如下：

a) 随机产生对称加密密钥 symmetricKey；

b) 使用对称加密密钥，采用对称加密算法对数据进行加密：

c) encData = SMS4_Encrypt (symmetricKey，data)；

d) 使用 SM2 密钥的公钥，采用 SM2 加密算法加密对称密钥：

e) encSymmetricKey = SM2_Encrypt (PUBKEY，symmetricKey)；

f) 在可信密码模块内部，使用 SM2 密钥的私钥，采用 SM2 解密算法，解密对称密钥，使用对称密钥在平台内解密数据。

5 可信计算密码支撑平台功能接口

5.1 概述

本章提供了可信计算密码支撑平台功能接口，包括上下文管理、策略管理、可信密码模块管理、密码管理、数据加密与解密、PCR 管理、非易失性存储管理、杂凑操作、密钥协商等九大类接口的定义。

这些接口采用面向对象思想来设计，应用软件在调用时需要创建各个类的工作对象。

工作对象分为需要授权与无需授权两种，需要授权的工作对象包括 TCM 管理工作对象、密钥对象、加密数据对象、NV 对象、密钥协商对象和策略对象。无需授权的工作对象包括杂凑对象和 PCR 对象。

对象之间的关系如图 5 和图 6 所示。

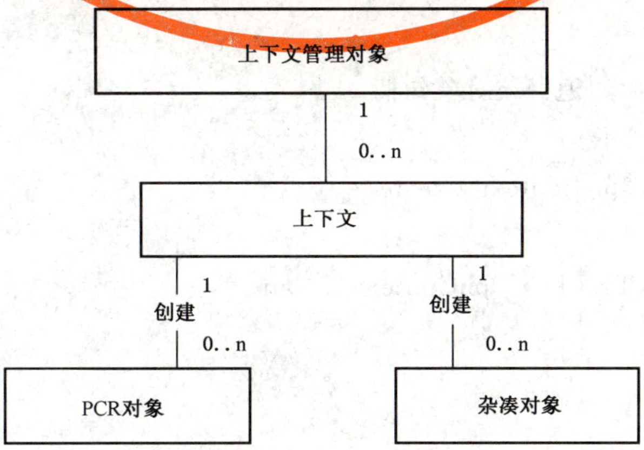

图 5 无需授权的工作对象之间关系

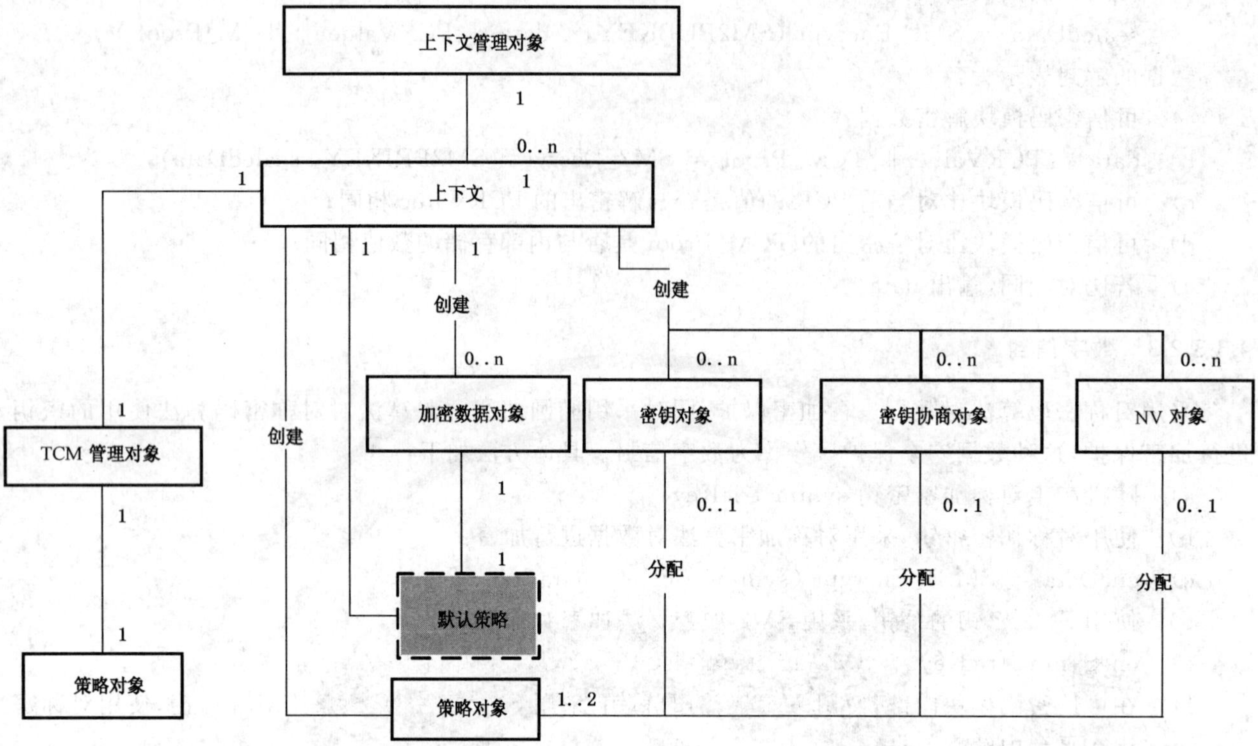

图 6 需授权的工作对象之间关系

有关接口函数涉及的数据结构见附录 B。

5.2 上下文管理

5.2.1 概述

上下文管理类包含关于 TSM 对象的执行环境的信息,如对象的标识和与其他 TSM 软件模块的交互/通信,以及内存管理。

5.2.2 创建上下文

功能描述:

创建一个上下文对象,返回该对象句柄。

接口定义:

```
TSM_RESULT Tspi_Context_Create
(
    TSM_HCONTEXT*    phContext // out
);
```

输入参数描述:

——无。

输出参数描述:

——phContext 创建的上下文对象句柄。

返回参数：

TSM_SUCCESS

TSM_E_INTERNAL_ERROR

5.2.3 关闭上下文

功能描述：

销毁一个上下文对象，并释放所分配的所有资源。

接口定义：

```
TSM_RESULT Tspi_Context_Close
(
    TSM_HCONTEXT    hContext // in
);
```

输入参数描述：

——hContext 要关闭的上下文对象的句柄。

输出参数描述：

——无。

返回参数：

TSM_SUCCESS

TSM_E_INVALID_HANDLE

TSM_E_INTERNAL_ERROR

5.2.4 设置上下文属性(整型参数)

功能描述：

本函数设置上下文对象的32-bit属性。如果请求的数据长度小于UINT32，必须将数据转换成32-bit长度的数据。

接口定义：

```
TSM_RESULT Tspi_SetAttribUint32
(
    TSM_HOBJECT     hObject,    // in
    TSM_FLAG        attribFlag, // in
    TSM_FLAG        subFlag,    // in
    UINT32          ulAttrib    // in
);
```

输入参数描述：

——hObject　需要设置属性的对象句柄。

——attribFlag　需要设置的属性标记。

——subFlag　需要设置的子属性标记。

——ulAttrib　属性设置的值。

设置属性定义见表1。

表 1　设置属性定义表

属性	子属性	属性值	描　述
TSM_TSPATTRIB_CONTEXT_SILENT_MODE		TSM_TSPATTRIB_CONTEXT_NOT_SI LENT	显示协议接口的对话窗口
		TSM_TSPATTRIB_CONTEXT_SILENT	不显示协议接口对话窗口(默认)
TSM_TSPATTRI_SECRET_HASH B_MODE	TSM_TSPATTRIB_SECRET _ HASH _ MODE_POPUP	TSM_TSPATTRIB_HASH_MODE_NOT_NULL	对于不包括其他数据授权密码进行杂凑计算
		TSM_TSPATTRIB_ HASH_ MODE_NULL	对于包括其他数据授权密码进行杂凑计算

输出参数描述：

——无。

返回参数：

TSM_SUCCESS
TSM_E_INVALID_HANDLE
TSM_E_INVALID_ATTRIB_FLAG
TSM_E_INVALID_ATTRIB_SUBFLAG
TSM_E_INVALID_ATTRIB_DATA
TSM_E_BAD_PARAMETER
TSM_E_INTERNAL_ERROR

5.2.5　获取上下文属性(整型参数)

功能描述：

本函数获取上下文对象的 32-bit 属性。

接口定义：

```
TSM_RESULT Tspi_GetAttribUint32
(
    TSM_HOBJECT      hObject,      // in
    TSM_FLAG         attribFlag,   // in
    TSM_FLAG         subFlag,      // in
    UINT32*          pulAttrib     // out
);
```

输入参数描述：

——hObject　需要查询属性的对象句柄。

——attribFlag 需要查询的属性标记。

——subFlag　需要查询的子属性标记。

属性查询定义见表 2。

表 2 查询属性定义表

属 性	子属性	属性值	描 述
TSM _ TSPATTRIB _ CONTEXT_SILENT _MODE		TSM_TSPATTRIB_CONTEXT_NOT_SI LENT	显示协议接口的对话窗口
		TSM_TSPATTRIB_CONTEXT_SILENT	不显示协议接口对话窗口(默认)
TSM_TSPATTRI_SECRET_HASH B_MODE	TSM _ TSPATTRIB _ SECRET _ HASH _ MODE_POPUP	TSM_TSPATTRIB_HASH _MODE_NOT_NULL	对于不包括其他数据授权密码进行杂凑计算
		TSM_TSPATTRIB_HASH _MODE_NULL	对于包括其他数据授权密码进行杂凑计算

输出参数描述：

——pulAttrib 指向查询到的属性值。

返回参数：

TSM_SUCCESS
TSM_E_INVALID_HANDLE
TSM_E_INVALID_ATTRIB_FLAG
TSM_E_INVALID_ATTRIB_SUBFLAG
TSM_E_INVALID_ATTRIB_DATA
TSM_E_BAD_PARAMETER
TSM_E_INTERNAL_ERROR

5.2.6 设置上下文属性(变长参数)

功能描述：

本函数设置上下文对象的非 32-bit 属性。属性数据的结构和大小依属性而定。

接口定义：

```
TSM_RESULT Tspi_SetAttribData
(
TSM_HOBJECT    hObject,          // in
TSM_FLAG       attribFlag,       // in
TSM_FLAG       subFlag,          // in
UINT32         ulAttribDataSize, // in
BYTE*          rgbAttribData     // in
);
```

输入参数描述：

——hObject 需要设置属性的对象句柄。

——attribFlag 需要设置的属性标记。

——subFlag 需要设置的子属性标记。

——ulAttribDataSize prgbAttribData 参数的大小(以字节为单位)。

——rgbAttribData 此参数指向一个存放设置属性值的缓冲区。

输出参数描述：

——无。

返回参数：

TSM_SUCCESS

TSM_E_INVALID_HANDLE

TSM_E_INVALID_ATTRIB_FLAG

TSM_E_INVALID_ATTRIB_SUBFLAG

TSM_E_INVALID_ATTRIB_DATA

TSM_E_BAD_PARAMETER

TSM_E_INTERNAL_ERROR

5.2.7 获取上下文属性(变长参数)

功能描述：

本函数获取上下文对象的非32-bit属性。属性数据的结构和大小依属性而定。为属性数据所分配的内存块必须用Tspi_Context_FreeMemory来释放。

接口定义：

```
TSM_RESULT Tspi_GetAttribData
(
    TSM_HOBJECT      hObject,              // in
    TSM_FLAG         attribFlag,           // in
    TSM_FLAG         subFlag,              // in
    UINT32*          pulAttribDataSize,    // out
    BYTE**           prgbAttribData        // out
);
```

输入参数描述：

——hObject 需要获取属性的对象句柄。

——attribFlag需要获取的属性标记。

——subFlag 需要获取的子属性标记。

输出参数描述：

——pulAttribDataSize 取得的rgbAttribData参数的大小(以字节为单位)。若参数rgbAttribData为一个TSM_UNICODE字符串，则该大小还包括结束符NULL。

——prgbAttribData 此参数指向一个存放获取的属性值的缓冲区。

属性定义见表3。

表3 获取属性定义表

属 性	子属性	属性值
TSM_TSPATTRIB_CONTEXT_MACHINE_NAME	0	提供TSM运行的机器名，是一个以NULL结束的TSM_UNICODE字符串

返回参数：

TSM_SUCCESS

TSM_E_INVALID_HANDLE

TSM_E_INVALID_ATTRIB_FLAG
TSM_E_INVALID_ATTRIB_SUBFLAG
TSM_E_INVALID_ATTRIB_DATA
TSM_E_BAD_PARAMETER
TSM_E_INTERNAL_ERROR

5.2.8 连接上下文

功能描述：

建立与 TCM 的连接，TCM 可以为本地的或远程的。

接口定义：

```
TSM_RESULT Tspi_Context_Connect
(
  TSM_HCONTEXT    hContext,              // in
  TSM_UNICODE*    wszDestination         // in
);
```

输入参数描述：

——hContext 上下文对象句柄。

——wszDestination 标识连接到的远程服务(以 null 结束)，NULL 代表连接本地服务。

输出参数描述：

——无。

返回参数：

TSM_SUCCESS
TSM_E_INVALID_HANDLE
TSM_E_NO_CONNECTION
TSM_E_INTERNAL_ERROR

5.2.9 释放上下文

功能描述：

释放由 TSM 所分配的上下文内存资源。

接口定义：

```
TSM_RESULT Tspi_Context_FreeMemory
(
  TSM_HCONTEXT    hContext,              // in
  BYTE*           rgbMemory              // in
);
```

输入参数描述：

——hContext 上下文对象句柄。

——rgbMemory 上下文对象内存指针。若为 NULL，则与该上下文对象绑定的内存块已经释放。

输出参数描述：

——无。

返回参数：

TSM_SUCCESS
TSM_E_INVALID_HANDLE

TSM_E_INTERNAL_ERROR

TSM_E_INVALID_RESOURCE

5.2.10 获取上下文默认策略

功能描述：

获取上下文的默认策略对象。

接口定义：

```
TSM_RESULT Tspi_Context_GetDefaultPolicy
(
  TSM_HCONTEXT   hContext,           // in
  TSM_HPOLICY*   phPolicy            // out
);
```

输入参数描述：

——hContext　上下文对象句柄。

输出参数描述：

——phPolicy　返回上下文对象的策略对象句柄。

返回参数：

TSM_SUCCESS

TSM_E_INVALID_HANDLE

TSM_E_INTERNAL_ERROR

5.2.11 创建对象

功能描述：

创建并初始化一个指定类型的空对象，返回该对象的句柄。

该空对象将与一个已经打开的上下文对象相关联。

接口定义：

```
TSM_RESULT Tspi_Context_CreateObject
(
  TSM_HCONTEXT      hContext,         // in
  TSM_FLAG          objectType,       // in
  TSM_FLAG          initFlags,        // in
  TSM_HOBJECT*      phObject          // out
);
```

输入参数描述：

——hContext　上下文对象句柄。

——objectType 要创建的对象类型标识。

——initFlags　创建的对象属性的缺省值。

输出参数描述：

——phObject　返回所创建的对象。

返回参数：

TSM_SUCCESS

TSM_E_INVALID_HANDLE

TSM_E_INVALID_OBJECT_TYPE

TSM_E_INVALID_OBJECT_INIT_ FLAG
TSM_E_BAD_PARAMETER
TSM_E_INTERNAL_ERROR
TSM_E_ENC_INVALID_TYPE
TSM_E_HASH_INVALID_ALG

5.2.12 关闭对象

功能描述：

销毁一个上下文对象句柄所关联的对象，释放该对象相关的资源。

接口定义：

```
TSM_RESULT Tspi_Context_CloseObject
(
  TSM_HCONTEXT              hContext,     // in
  TSM_HOBJECT               hObject       // in
);
```

输入参数描述：

——hContext　上下文对象句柄。

——hObject　要释放的对象句柄。

输出参数描述：

——无。

返回参数：

TSM_SUCCESS
TSM_E_INVALID_HANDLE
TSM_E_INTERNAL_ERROR

5.2.13 获取平台功能特性

功能描述：

获取 TSM 应用服务或核心服务的功能/性能/属性数据。

接口定义：

```
TSM_RESULT Tspi_Context_GetCapability
(
    TSM_HCONTEXT          hContext,               // in
    TSM _FLAG             capArea,                // in
    UINT32                ulSubCapLength,         // in
    BYTE*                 rgbSubCap,              // in
    UINT32*               pulRespDataLength,      // out
    BYTE**                prgbRespData            // out
);
```

输入参数描述：

——hContext 上下文对象句柄。

——capArea 查询的属性名称，参见属性说明表。

——ulSubCapLength 子属性的长度参数。

——rgbSubCap 查询的子属性参数。

属性说明见表 4。

表 4 属性说明表

属性标记	子属性标记	数据描述
TSM_TCSCAP_ALG	TSM_ALG_XX： 代表支持的算法名称	BOOL 返回：TRUE 代表系统服务支持该算法，FALSE 代表不支持
TSM_TCSCAP_VERSION		从系统服务获取 TSM_VERSION 结构说明数据
TSM_TCSCAP_CACHING	TSM_TCSCAP_PROP_KEY-CACHE	BOOL 返回：TRUE 说明系统服务支持密钥缓存；FALSE 说明不支持
TSM_TCSCAP_CACHING	TSM_TCSCAP_PROP_AUTH-CACHE	BOOL 返回：TRUE 说明系统服务支持授权协议缓存；FALSE 说明不支持
TSM_TCSCAP_PERSS-TORAGE		BOOL 返回：TRUE 说明系统服务支持永久存储；FALSE 说明不支持
TSM_TSPCAP_ALG	TSM_ALG_DEFAULT	返回默认算法
TSM_TSPCAP_ALG	TSM_ALG_DEFAULT_SIZE	返回默认密钥长度
TSM_TSPCAP_ALG	TSM_ALG_XX： 代表支持的算法名称	BOOL 返回：TRUE 代表支持该算法，FALSE 代表不支持
TSM_TSPCAP_VERSION		获取 TSM 版本
TSM_TSPCAP_PERSS-TORAGE		BOOL 返回：TRUE 说明支持永久存储；FALSE 说明不支持
TSM_TCSCAP_MANU-FACTURER	TSM_TCSCAP_PROP_MANU-FACTURER_ID	UINT32 返回：说明系统服务厂商
	TSM_TCSCAP_PROP_MANU-FACTURER_STR	返回系统服务厂商名称
TSM_TSPCAP_MANU-FACTURER	TSM_TSPCAP_PROP_MANU-FACTURER_ID	UINT32 返回：说明 TSM 厂商
	TSM_TSPCAP_PROP_MANU-FACTURER_STR	返回 TSM 厂商名称
TSM_TSPCAP_RETURN-VALUE_INFO	TSM_TSPCAP_PROP_RE-TURNVALUE_INFO	0 说明采用 ASN.1 编码，1 说明采用字节流

输出参数描述：

——pulRespDataLength　　返回查询的属性参数长度。

——prgbRespData　　返回查询的属性数据内存地址。

返回参数：

TSM_SUCCESS

TSM_E_INVALID_HANDLE

TSM_E_BAD_PARAMETER

TSM_E_INTERNAL_ERROR

5.2.14 获取 TCM 对象句柄

功能描述：

获取 TCM 管理对象的上下文，一个给定的上下文只对应一个 TCM 管理对象实例，代表 TCM 所有者。

接口定义：

```
TSM_RESULT Tspi_Context_GetTcmObject
(
    TSM_HCONTEXT        hContext,    // in
    TSM_HTCM*           phTCM        // out
);
```

输入参数描述：

——hContext 上下文对象句柄。

输出参数描述：

——phTCM 返回获取的 TCM 类对象句柄。

返回参数：

TSM_SUCCESS

TSM_E_INVALID_HANDLE

TSM_E_BAD_PARAMETER

TSM_E_INTERNAL_ERROR

5.2.15 通过密钥属性加载密钥

功能描述：

根据 key blob 中包含的信息创建密钥对象，并加载到 TCM 中，用 hUnwrappingKey 指向的密钥解密 key blob。hUnwrappingKey 指向的密钥必须先被加载到 TCM 内。

接口定义：

```
TSM_RESULT Tspi_Context_LoadKeyByBlob
(
    TSM_HCONTEXT        hContext,          // in
    TSM_HKEY            hUnwrappingKey,    // in
    UINT32              ulBlobLength,      // in
    BYTE*               rgbBlobData,       // in
    TSM_HKEY*           phKey              // out
);
```

输入参数描述：

——hContext 上下文对象句柄。

——hUnwrappingKey 密钥对象句柄，此密钥用于解密包 rgbBlobData 中的密钥信息。

——ulBlobLength rgbBlobData 指向的密钥数据块的长度(以字节为单位)。

——rgbBlobData 待加载的密钥数据块。

输出参数描述：

——phKey 代表被加载密钥的 Key 对象句柄。

返回参数：

TSM_SUCCESS

TSM_E_INVALID_HANDLE
TSM_E_BAD_PARAMETER
TSM_E_INTERNAL_ERROR

5.2.16 通过密钥 ID 加载密钥

功能描述：

密钥管理器根据 UUID 获取密钥信息，填充密钥对象，并将密钥加载到 TCM 中。加载密钥时所需的保护操作密钥信息可从永久性存储器获得。

使用此命令时，需要考虑保护操作密钥的授权要求：

(1) 如果该密钥的所有保护操作密钥都不需要授权，应用程序可以直接调用 Tspi_Context_LoadKeyByUUID()来加载当前密钥。

(2) 如果有一个密钥需要授权，并且应用程序知道密钥缓存信息，则应用程序必须通过调用函数 Tspi_Context_GetKeyByUUID()从密钥库中获得密钥信息，并为其指派策略后，用 Tspi_Key_LoadKey()加载密钥。

(3) 如果有一个密钥需要授权，并且应用程序不知道密钥缓存信息，则应用程序必须通过调用 Tspi_Context_GetRegisteredKeysByUUID()从密钥库中获取密钥缓存信息。然后为其指派策略，用 Tspi_Key_LoadKey()加载密钥。

接口定义：

```
TSM_RESULT Tspi_Context_LoadKeyByUUID
(
  TSM_HCONTEXT          hContext,              // in
  TSM_FLAG              persistentStorageType, // in
  TSM_UUID              uuidData,              // in
  TSM_HKEY*             phKey                  // out
);
```

输入参数描述：

——hContext 上下文对象句柄。

——persistentStorageType 标志，指明要加载的密钥注册在系统库还是用户库中。

——uuidData 密钥的 UUID 值。

输出参数描述：

——phKey 返回密钥对象句柄。

返回参数：

TSM_SUCCESS
TSM_E_INVALID_HANDLE
TSM_E_BAD_PARAMETER
TSM_E_PS_KEY_NOTFOUND
TSM_E_INTERNAL_ERROR

5.2.17 注册密钥

功能描述：

将密钥注册到 TSM 永久性存储数据库中。

接口定义：

```
TSM_RESULT Tspi_Context_RegisterKey
```

```
(
    TSM_HCONTEXT        hContext,                  // in
    TSM_HKEY            hKey,                      // in
    TSM_FLAG            persistentStorageType,     // in
    TSM_UUID            uuidKey,                   // in
    TSM_FLAG            persistentStorageTypeParent,// in
    TSM_UUID            uuidParentKey              // in
);
```

输入参数描述：

——hContext 上下文对象句柄。

——hKey 待注册的密钥对象句柄。在调用本方法之前应调用 Tspi_SetAttribData()方法填充密钥对象。

——persistentStorageType 永久存储类型，用来指明要把密钥注册到系统库还是用户库中。

——uuidKey 分配给密钥的 UUID。

——persistentStorageTypeParent 用来指明保护操作密钥注册在系统库还是用户库中的标志。

输出参数描述：

——uuidParentKey 保护操作密钥的 UUID。

返回参数：

TSM_SUCCESS

TSM_E_INVALID_HANDLE

TSM_E_BAD_PARAMETER

TSM_E_PS_KEY_NOTFOUND

TSM_E_INTERNAL_ERROR

5.2.18 销毁密钥

功能描述：

将密钥从密钥数据库中注销。

接口定义：

```
TSM_RESULT Tspi_Context_UnregisterKey
(
    TSM_HCONTEXT        hContext,                  // in
    TSM_FLAG            persistentStorageType,     // in
    TSM_UUID            uuidKey,                   // in
    TSM_HKEY*           phkey,                     // out
);
```

输入参数描述：

——hContext 上下文对象句柄。

——persistentStorageType 指明密钥注册位置(系统库或用户库)的标志。

——uuidKey 密钥的 UUID。

输出参数描述：

——phKey 返回密钥对象句柄。

返回参数：

TSM_SUCCESS

TSM_E_INVALID_HANDLE
TSM_E_PS_KEY_NOTFOUND
TSM_E_INTERNAL_ERROR

5.2.19 通过密钥 ID 获取密钥

功能描述：

利用 UUID 在密钥库中查找注册的密钥信息，创建并初始化密钥对象，返回新创建的密钥对象的句柄。

接口定义：

```
TSM_RESULT Tspi_Context_GetKeyByUUID
(
  TSM_HCONTEXT          hContext,                // in
  TSM_FLAG              persistentStorageType,   // in
  TSM_UUID              uuidData,                // in
  TSM_HKEY*             phKey                    // out
);
```

输入参数描述：

——hContext 上下文对象句柄。

——persistentStorageType 指明密钥注册位置(系统库或用户库)的标志。

——uuidData 密钥的 UUID。

输出参数描述：

——phKey 函数执行成功返回密钥对象句柄。

返回参数：

TSM_SUCCESS
TSM_E_INVALID_HANDLE
TSM_E_BAD_PARAMETER
TSM_E_PS_KEY_NOTFOUND
TSM_E_INTERNAL_ERROR

5.2.20 通过公钥获取密钥

功能描述：

利用给定的公钥信息在密钥库中查找到所对应的密钥信息，创建并初始化密钥对象。返回新创建的密钥对象的句柄。

接口定义：

```
TSM_RESULT Tspi_Context_GetKeyByPublicInfo
(
  TSM_HCONTEXT          hContext,                // in
  TSM_FLAG              persistentStorageType,   // in
  TSM_ALGORITHM_ID      algID,                   // in
  UINT32                ulPublicInfoLength,      // in
  BYTE*                 rgbPublicInfo,           // in
  TSM_HKEY*             phKey                    // out
);
```

输入参数描述：

——hContext　　上下文对象句柄。

——persistentStorageType　　指明密钥注册位置的标志。

——ulAlgId　　所查找的密钥的算法标识。

——ulPublicInfoLength　　rgbPublicInfo 参数的长度(以字节为单位)。

——rgbPublicInfo　　公钥数据块。

输出参数描述：

——phKey　函数执行成功返回密钥对象的接口指针。

返回参数：

TSM_SUCCESS

TSM_E_INVALID_HANDLE

TSM_E_BAD_PARAMETER

TSM_E_PS_KEY_NOTFOUND

TSM_E_INTERNAL_ERROR

5.2.21　通过 ID 获取注册密钥

功能描述：

获取一个 TSM_KM_KEYINFO 结构的数组，该数组反映注册密钥的层次信息。

注：调用方需要调用 Tspi_Context_FreeMemory 方法来释放本函数分配的内存。

接口定义：

```
TSM_RESULT Tspi_Context_GetRegisteredKeysByUUID
(
    TSM_HCONTEXT          hContext,                 // in
    TSM_FLAG              persistentStorageType,    // in
    TSM_UUID*             pUuidData,                // in
    UINT32*               pulKeyHierarchySize,      // out
    TSM_KM_KEYINFO**      ppKeyHierarchy            // out
);
```

输入参数描述：

——hContext　上下文对象句柄。

——persistentStorageType　指明密钥注册位置(系统库或用户库)的标志。

——pUuidData　密钥注册后分配的 UUID。如果此参数为 NULL，返回的数据包括从根密钥开始的所有密钥的层次结构。如果此参数指定了 UUID，返回的数据包括从指定密钥开始到 SMK 的路径的层次结构，返回数据的第一个元素是指定密钥的信息，依次是其保护操作密钥的信息，最后一个为 SMK 的信息。

输出参数描述：

——pulKeyHierarchySize　ppKeyHierarchy 参数的大小(以字节为单位)。

——ppKeyHierarchy　成功执行后，ppKeyHierarchy 指向一个存放密钥层次结构数据的缓冲区。

返回参数：

TSM_SUCCESS

TSM_E_INVALID_HANDLE

TSM_E_BAD_PARAMETER

TSM_E_INTERNAL_ERROR

5.2.22 设置传输会话加密密钥

功能描述：

为上下文对象设置具体的传输会话加密密钥。

接口定义：

```
TSM_RESULT Tspi_Context_SetTransEncryptionKey
(
    TSM _HCONTEXT        hContext,                  // in
    TSM _HKEY            hKey                       // in
);
```

输入参数描述：

——hContext 上下文对象句柄。

——hKey 指定进行会话加密使用的密钥柄。

输出参数描述：

——无。

返回参数：

TSM_SUCCESS

TSM_E_INVALID_HANDLE

TSM_E_BAD_PARAMETER

TSM_E_INTERNAL_ERROR

5.2.23 关闭传输会话

功能描述：

该命令结束传输会话，释放传输会话加密密钥。

接口定义：

```
TSM_RESULT Tspi_Context_CloseTransport
(
    TSM _HCONTEXT            hContext,              // in
);
```

输入参数描述：

——hContext 上下文对象句柄。

输出参数描述：

——无。

返回参数：

TSM_SUCCESS

TSM_E_INVALID_HANDLE

TSM_E_BAD_PARAMETER

TSM_E_INTERNAL_ERROR

5.3 策略管理

策略管理类用于为不同用户应用程序配置相应的安全策略与行为。

应用程序通过策略管理为授权机制提供专门的授权秘密信息的处理操作。

5.3.1 设置策略类属性(整型参数)

功能描述:

本函数设置对象的 32-bit 属性。如果请求的数据长度小于 UINT32,必须将数据转换成正确的大小。

接口定义:

```
TSM_RESULT Tspi_SetAttribUint32
(
  TSM_HOBJECT      hObject,        // in
  TSM_FLAG         attribFlag,     // in
  TSM_FLAG         subFlag,        // in
  UINT32           ulAttrib        // in
);
```

输入参数描述:

——hObject 需要设置属性的对象句柄。

——attribFlag 需要设置的属性标记。

——subFlag 需要设置的子属性标记。

属性说明见表 5。

表 5 属性说明表

属性标识	子属性标识	数据描述
TSM _ TSPATTRIB _ P OLICY _ CALLBACK_ HMAC	应用程序提供	
TSM _ TSPATTRIB _ P OLICY _ CALLBACK_ TAKEOWNERSHIP	应用程序提供	
TSM_TSPATTRIB_P OLICY_SE-CRET_LIFETIME	TSM_TSPATTRIB_P OLSECRET_LIFETI ME_ALWAYS	授权数据将一直有效
	TSM_TSPATTRIB_P OLSECRET_LIFETI ME_COUNTER	授权数据能够被使用的次数
	TSM_TSPATTRIB_P OLSECRET_LIFETI ME_TIMER	授权数据能够被使用秒数
TSM_TSPATTRIB_S ECRET_HASH_MODE	TSM _ TSPATTRIB _ SECRET _ HASH_MODE_POPUP	TSM_TSPATTRIB_HASH_MODE_NULL(默认)
		TSM_TSPATTRIB_HASH_MODE_NOT_NULL

——ulAttrib 属性设置的值。

输出参数描述:

——无。

返回参数

TSM_SUCCESS

TSM_E_INVALID_HANDLE
TSM_E_INVALID_ATTRIB_FLAG
TSM_E_INVALID_ATTRIB_SUBFLAG
TSM_E_INVALID_ATTRIB_DATA
TSM_E_BAD_PARAMETER
TSM_E_INTERNAL_ERROR

5.3.2 获取上下文属性(整型参数)

功能描述：

本函数获取对象的 32-bit 属性。如果请求的数据长度小于 UINT32,必须将数据转换成正确的大小。

接口定义：

```
TSM_RESULT Tspi_GetAttribUint32
(
  TSM_HOBJECT      hObject,        // in
  TSM_FLAG         attribFlag,     // in
  TSM_FLAG         subFlag,        // in
  UINT32*          pulAttrib       // out
);
```

输入参数描述：

——hObject　需要获取属性的对象句柄。
——attribFlag　需要获取的属性标记。
——subFlag　需要获取的子属性标记。

属性说明见表 6。

表 6　属性说明表

属性标识	子属性标识	数据描述
TSM_TSPATTRIB_POLICY_ CALLBACK_ HMAC	应用程序提供	
TSM_TSPATTRIB_POLICY_ CALLBACK_ TAKEOWNERSHIP	应用程序提供	
TSM_TSPATTRIB_POLICY_ SECRET_LIFETIME	TSM_TSPATTRIB_P OLSECRET_ LIFETI ME_ALWAYS	授权数据将一直有效
	TSM_TSPATTRIB_P OLSECRET_ LIFETI ME_COUNTER	授权数据能够被使用的次数
	TSM_TSPATTRIB_P OLSECRET_ LIFETI ME_TIMER	授权数据能够被使用秒数
TSM_TSPATTRIB_S ECRET_HASH_MODE	TSM_TSPATTRIB_SECRET_ HASH_MODE_POPUP	TSM_TSPATTRIB_HASH_MODE_ NULL(默认)
		TSM_TSPATTRIB_HASH_MODE_ NOT_NULL

输出参数描述：

——pulAttrib 接收属性设置的值。

返回参数

TSM_SUCCESS

TSM_E_INVALID_HANDLE

TSM_E_INVALID_ATTRIB_FLAG

TSM_E_INVALID_ATTRIB_SUBFLAG

TSM_E_INVALID_ATTRIB_DATA

TSM_E_BAD_PARAMETER

TSM_E_INTERNAL_ERROR

5.3.3 设置上下文属性(变长参数)

功能描述：

本函数设置对象的非 32-bit 属性。属性数据的结构和大小依属性而定。

接口定义：

```
TSM_RESULT Tspi_SetAttribData
(
  TSM_HOBJECT      hObject,              // in
  TSM_FLAG         attribFlag,           // in
  TSM_FLAG         subFlag,              // in
  UINT32           ulAttribDataSize,     // in
  BYTE *           rgbAttribData         // in
);
```

输入参数描述：

——hObject 需要设置属性的对象句柄。

——attribFlag 指示要设置的属性的标志。

——subFlags 指示要设置的属性的子标志。

属性说明见表 7。

表 7 属性说明表

属性标识	子属性标识	数据描述
TSM_TSPATTRIB_POLICY_CALL-BACK_ HMAC	应用程序提供	
TSM_TSPATTRIB_POLICY_CALL-BACK_ TAKEOWNERSHIP	应用程序提供	
TSM_TSPATTRIB_PO LICY_POP-UPSTRING	0	POPUP 窗口的字符串

——ulAttribDataSize rgbAttribData 参数的大小(以字节为单位)。

——rgbAttribData 此参数指向一个存放设置属性值的缓冲区。

输出参数描述：

——无。

返回参数

TSM_SUCCESS
TSM_E_INVALID_HANDLE
TSM_E_INVALID_ATTRIB_FLAG
TSM_E_INVALID_ATTRIB_SUBFLAG
TSM_E_INVALID_ATTRIB_DATA
TSM_E_BAD_PARAMETER
TSM_E_INTERNAL_ERROR

5.3.4 获取上下文属性(变长参数)

功能描述:

本函数获取对象的非 32-bit 属性。属性数据的结构和大小依属性而定。对于开辟的内存空间,需要在 Tspi_Context_FreeMemory 中释放。

接口定义:

```
TSM_RESULT Tspi_GetAttribData
(
  TSM_HOBJECT          hObject,             // in
  TSM_FLAG             hattribFlag,         // in
  TSM_FLAG             subFlag,             // in
  UINT32*              pulAttribDataSize,   // out
  BYTE**               prgbAttribData       // out
);
```

输入参数描述:

——hObject　　需要获取属性的对象句柄。
——attribFlag　　需要获取的属性的标志。
——subFlags　　需要获取的属性的子标志。

属性说明见表 8。

表 8　属性说明表

属性标识	子属性标识	数据描述
TSM_ TSPATTRIB_ POLICY_ CALL-BACK_ HMAC	应用程序提供	
TSM_ TSPATTRIB_ POLICY_ CALL-BACK_ TAKEOWNERSHIP	应用程序提供	
TSM_TSPATTRIB_POLICY_POPUP-STRING	0	POPUP 窗口的字符串

输出参数描述:

——pulAttribDataSize　prgbAttribData 参数的大小(以字节为单位)。
——prgbAttribData　此参数指向一个存放指定属性值的缓冲区。

返回参数

TSM_SUCCESS

TSM_E_INVALID_HANDLE
TSM_E_INVALID_ATTRIB_FLAG
TSM_E_INVALID_ATTRIB_SUBFLAG
TSM_E_INVALID_ATTRIB_DATA
TSM_E_BAD_PARAMETER
TSM_E_INTERNAL_ERROR

5.3.5 设置策略授权

功能描述：

本函数设置策略对象的授权数据和句柄。

如果 secret mode 不要求任何授权数据，参数 ulSecretLength 被设为 0，rgbSecret 为 NULL。

secret mode 包括：

a) TSM_SECRET_MODE_NONE：无授权要求。

b) TSM_SECRET_MODE_SM3：对 rgbsecret 指向一个散列后的 32 字节秘密信息。

c) TSM_SECRET_MODE_PLAIN：rgbsecret 指向一段明文，ulsecretLength 为 rgbsecret 的串长。

d) TSM_SECRET_MODE_POPUP：TSM 提示用户输入一串口令，其代表了一串 TSM_UNICODE 字符串，该字符串必须为杂凑计算值。

接口定义：

```
TSM_RESULT Tspi_Policy_SetSecret
(
  TSM_HPOLICY        hPolicy,          // in
  TSM_FLAG           secretMode,       // in
  UINT32             ulSecretLength,   // in
  BYTE*              rgbSecret         // in
);
```

输入参数描述：

——hPolicy　　策略对象句柄。

——secretMode　　策略所采用的安全模式。

——ulSecretLength　　rgbSecret 参数的字节长度。

——rgbSecret　　与策略相关的秘密数据 blob。

输出参数描述：

——无。

返回参数

TSM_SUCCESS
TSM_E_INVALID_HANDLE
TSM_E_BAD_PARAMETER
TSM_E_INTERNAL_ERROR

5.3.6 清除策略授权

功能描述：

用来清除缓存的策略授权信息。

接口定义：

```
TSM_RESULT Tspi_Policy_FlushSecret
(
  TSM_HPOLICY          hPolicy                    // in
);
```

输入参数描述：

——hPolicy 策略对象句柄。

输出参数描述：

——无。

返回参数：

TSM_SUCCESS

TSM _E_INVALID_HANDLE

TSM _E_INTERNAL_ERROR

5.3.7 绑定策略对象

功能描述：

该函数分配策略给一个工作对象(TCM,key,encData),每一个工作对象利用这个策略去发起一个授权的 TCM 命令。每一个工作对象在创建时都有一个默认的策略,可以由该函数给工作对象绑定一个新策略,同时要把该策略加到该工作对象的策略列表里。

接口定义：

```
TSM_RESULT Tspi_Policy_AssignToObject
(
  TSM _HPOLICY          hPolicy,          // in
  TSM _HOBJECT          hObject           // in
);
```

输入参数描述：

——hPolicy 策略对象句柄。

——hObject 工作对象句柄。

输出参数描述：

——无。

返回参数：

TSM_SUCCESS

TSM _E_INVALID_HANDLE

TSM _E_INTERNAL_ERROR

5.4 可信密码模块(TCM)管理

5.4.1 概述

TCM 管理类用于表示 TCM 的所有者。TCM 的所有者可以看成是 PC 环境中的系统管理员。因此,每个上下文仅有一个 TCM 管理类的实例。这个对象自动与一个策略对象相关联,用于处理 TCM 所有者的授权数据。此外,它还提供一些基本控制和报告的功能。

5.4.2 创建平台身份和证书请求

功能描述：

本函数创建平台身份密钥(PIK),绑定用户身份标记信息,返回一个证书请求包。该证书供可信方来验证这个身份密钥。

只有 TCM Owner 有权创建平台身份密钥。

接口定义:

```
TSM_RESULT Tspi_TCM_CollateIdentityRequest
(
    TSM_HTCM             hTCM,                        // in
    TSM_HKEY             hKeySMK,                     // in
    TSM_HKEY             hCAPubKey,                   // in
    UINT32               ulIdentityLabelLength,       // in
    BYTE*                rgbIdentityLabelData,        // in
    TSM_HKEY             hIdentityKey,                // in
    TSM_ALGORITHM_ID     algID ,                      // in
    UINT32*              pulTCMIdentityReqLength,     // out
    BYTE**               prgbTCMIdentityReq           // out
);
```

输入参数描述:

——hTCM　　TCM 对象句柄。

——hKeySMK　　SMK 对象句柄。

——hCAPubKey　　含有可信方公钥信息的密钥对象句柄。

——ulIdentityLabelLength　rgbIdentityLabelData 参数的字节数。

——rgbIdentityLabelData　　指向由用户设定的代表平台身份的字符串,为 TSM_UNICODE 字符串。

——hIdentityKey　　身份密钥对象句柄。

——algID　　对称密钥算法类型,用于标识加密 PIK 证书请求信息的对称密钥算法。

输出参数描述:

——pulTCMIdentityReqLength 接收 prgbTCMIdentityReq 的缓冲区字节大小。

——prgbTCMIdentityReq 指向一个发送给可信方的请求数据。

返回参数

TSM_SUCCESS

TSM_E_INVALID_HANDLE

TSM_E_BAD_PARAMETER

TSM_E_INTERNAL_ERROR

5.4.3 激活平台身份和获取 PIK 证书

功能描述:

本函数验证 PIK 证书的真实性,并返回解密的证书。

接口定义:

```
TSM_RESULT Tspi_TCM_ActivateIdentity
(
    TSM_HTCM         hTCM,                     // in
    TSM_HKEY         hIdentKey,                // in
```

```
    UINT32           ulAsymCAContentsBlobLength,    // in
    BYTE*            rgbAsymCAContentsBlob,         // in
    UINT32           ulSymCAAttestationBlobLength,  // in
    BYTE*            rgbSymCAAttestationBlob,       // in
    UINT32*          pulCredentialLength,           // out
    BYTE**           prgbCredential                 // out
);
```

输入参数描述：

——hTCM 指向 TCM 对象的句柄。

——hIdentityKey 身份密钥对象句柄。

——ulAsymCAContentsBlobLength rgbAsymCAContentsBlob 参数的大小(单位:字节)。

——rgbAsymCAContentsBlob 指向从可信方获得的加密数据,包含用于解密被加密 PIK 证书的对称密钥和 PIK 公钥的杂凑值。

——ulSymCAAttestationBlobLength rgbSymCAAttestationBlob 参数的大小(单位:字节)。

——rgbSymCAAttestationBlob 指向从可信方获得的被加密的 PIK 证书。

输出参数描述：

——pulCredetialLength prgbCredential 参数的大小(单位:字节)。

——prgbCredetial 指向被解密的 PIK 证书数据。

返回参数

TSM_SUCCESS

TSM_E_INVALID_HANDLE

TSM_E_BAD_PARAMETER

TSM_E_INTERNAL_ERROR

5.4.4 创建 PEK 请求

功能描述：

创建 PEK 证书请求。

接口定义：

```
TSM_RESULT Tspi_TCM_CollatePekRequest
(
    TSM_HTCM             hTCM,                 // in
    TSM_HKEY             hCAPubKey,            // in
    UINT32               ulPekLabelLength,     // in
    BYTE*                rgbPekLabelData,      // in
    TSM_ALGORITHM_ID     algID ,               // in
    UINT32               ulPekParamsLength,    // in
    BYTE*                rgbPekParams,         // in
    UINT32*              pulTCMPekReqLength,   // out
    BYTE**               prgbTCMPekReq         // out
);
```

输入参数描述：

——hTCM TCM 对象句柄。

——hCAPubKey 可信方的公钥对象句柄。

——ulPekLabelLength　　rgbPekLabelData 参数的字节数。

——rgbPekLabelData　　指向身份标示的内存区指针，其指向的内容 TSM_UNICODE 类型的字符串。

——algID　　对称密钥算法类型，用于标识加密 PEK 及其证书的请求信息的对称密钥算法。

——ulPekParamsLength　　rgbPekParams 数据长度(单位：字节)。

——rgbPekParams　　PEK 密钥参数。

输出参数描述：

——pulTCMPekReqLength　　接收 prgbTCMPekReq 的缓冲区字节大小。

——prgbTCMPekReq　　指向用于请求 PEK 及其证书的结构数据。

返回参数

TSM_SUCCESS

TSM_E_INVALID_HANDLE

TSM_E_BAD_PARAMETER

TSM_E_INTERNAL_ERROR

5.4.5　获取 PEK 证书

功能描述：

本函数验证 PEK 证书的真实性，并返回解密的证书。

接口定义：

```
TSM_RESULT Tspi_TCM_ActivatePEKCert
(
    TSM_HTCM        hTCM,                              // in
    UINT32          ulAsymCAContentsBlobLength,        // in
    BYTE*           rgbAsymCAContentsBlob,             // in
    UINT32          ulSymCAAttestationBlobLength,      // in
    BYTE*           rgbSymCAAttestationBlob,           // in
    UINT32*         pulCredentialLength,               // out
    BYTE**          prgbCredential                     // out
);
```

输入参数描述：

——hTCM　　指向 TCM 对象的句柄。

——ulAsymCAContentsBlobLength　　rgbAsymCAContentsBlob 参数的大小(单位：字节)。

——rgbAsymCAContentsBlob　　指向被密码模块密钥公钥加密的对称密钥，其从可信方处获得。

——ulSymCAAttestationBlobLength　　rgbSymCAAttestationBlob 参数的大小(单位：字节)。

——rgbSymCAAttestationBlob　　指针，指向被加密的 PEK 证书，其从可信方处获得。

输出参数描述：

——pulCredetialLength　　prgbCredential 参数的大小(单位：字节)。

——prgbCredetial　　指向被解密的 PEK 证书数据。

返回参数

TSM_SUCCESS

TSM_E_INVALID_HANDLE

TSM_E_BAD_PARAMETER
TSM_E_INTERNAL_ERROR

5.4.6 导入 PEK 密钥

功能描述：

导入 PEK 密钥。

接口定义：

```
TSM_RESULT Tspi_TCM_ActivatePEK
(
  TSM_HTCM      hTCM,                              // in
  TSM_HKEY      hSMKKey,                           // in
  TSM_HKEY      hPEKKey,                           // in,out
  TSM_HPCRS     hPEKPcr,                           // in
  UINT32        ulAsymCAContentsBlobLength,        // in
  BYTE*         rgbAsymCAContentsBlob,             // in
  UINT32        ulSymCAAttestationBlobLength,      // in
  BYTE*         rgbSymCAAttestationBlob,           // in
);
```

输入参数描述：

——hTCM 指向 TCM 对象的句柄。

——hSMKKey SMK 对象句柄。

——hPEKKey 用于承载解密之后 PEK 密钥对象句柄。

——hPEKPcr 用于指定 PEK 平台 PCR 绑定属性,可以为空。

——ulAsymCAContentsBlobLength rgbAsymCAContentsBlob 参数的大小(单位:字节)。

——rgbAsymCAContentsBlob 指向被 EK 公钥加密的对称密钥,其从可信方处获得。

——ulSymCAAttestationBlobLength rgbSymCAAttestationBlob 参数的大小(单位:字节)。

——rgbSymCAAttestationBlob 指向被对称密钥加密的 PEK 密钥结构。

输出参数描述：

——hPEKKey 指向解密之后 PEK 密钥对象句柄。

返回参数

TSM_SUCCESS
TSM_E_INVALID_HANDLE
TSM_E_BAD_PARAMETER
TSM_E_INTERNAL_ERROR

5.4.7 创建不可撤消的密码模块密钥

功能描述：

创建不可撤消的密码模块密钥。hKey 对象的属性由 Tspi_SetAttribData( )设置

接口定义：

```
TSM_RESULT Tspi_TCM_CreateEndorsementKey
(
  TSM_HTCM      hTCM,        // in
  TSM_HKEY      hKey,        // in
```

```
    TSM_VALIDATION*          pValidationData        // in, out
);
```

输入参数描述：

——hTCM　　指向 TCM 对象的句柄。

——hKey　　指向 EK 的密钥对象句柄,该对象描述了 EK 的创建属性。

——pValidationData　　提供用于计算签名的外部数据。

输出参数描述：

——pValidationData　　该命令执行成功后,该缓冲区包含计算得到的验证数据。

返回参数

TSM_SUCCESS

TSM_E_INVALID_HANDLE

TSM_E_BAD_PARAMETER

TSM_E_INTERNAL_ERROR

5.4.8 获取密码模块密钥公钥

功能描述：

本函数获取密码模块的公钥。

接口定义：

```
TSM_RESULT Tspi_TCM_GetPubEndorsementKey
(
    TSM_HTCM              hTCM,                    // in
    TSM_BOOL              fOwnerAuthorized,        // in
    TSM_VALIDATION*       pValidationData,         // in, out
    TSM_HKEY*             phEndorsementPubKey      // out
);
```

输入参数描述：

——hTCM　　指向 TCM 对象的句柄。

——fOwnerAuthorized　　如果为真,若要获取 EK 的公钥,TCM 所有者的秘密必须提供,否则不需要。

——pValidationData　　提供用于计算签名的外部数据。

输出参数描述：

——pValidationData　　该命令执行成功后,pValidationData 包含计算得到的验证数据。

——phEndorsementPubKey　　获取到指向 EK 公钥的密钥对象句柄。

返回参数

TSM_SUCCESS

TSM_E_INVALID_HANDLE

TSM_E_BAD_PARAMETER

TSM_E_INTERNAL_ERROR

5.4.9 创建可撤销的密码模块密钥

功能描述：

创建一个可撤销的密码模块密钥,输入输出参数描述了撤销 EK 的授权是由 TCM 实现还是应用程序实现。撤销 EK 的授权数据应由调用者来保护和管理。

接口定义：

```
TSM_RESULT Tspi_TCM_CreateRevocableEndorsementKey
(
  TSM_HTCM            hTCM,                    // in
  TSM_HKEY            hKey,                    // in
  TSM_VALIDATION*     pValidationData,         // in, out
  UINT32*             pulEkResetDataLength,    // in, out
  BYTE**              prgbEkResetData          // in, out
);
```

输入参数描述：

——hTCM　TCM 对象句柄。

——hKey　EK 句柄。

——pValidationData　提供用于计算签名的外部数据。

——pulEkResetDataLength　如果这一值为 0，TSM 使用 TCM 来产生撤销 EK 的授权数据，之后，该参数包含撤销 EK 的授权数据包的长度。如果是其他值，则表示了由外部产生的撤销 EK 的授权数据包长度。

——prgbEkResetData　若 pulEkResetDataLength 不为 0，该数据为外部创建的撤销 EK 的授权数据。

输出参数描述：

——pValidationData　该命令执行成功后，该缓冲区包含计算得到的验证数据。

——pulEkResetDataLength　如果这一值为 0，TSM 使用 TCM 来产生撤销 EK 的授权数据，之后，该参数包含复位数据包的长度。如果是其他值，则表示了由外部产生的复位数据包长度。

——prgbEkResetData　若输入的 * pulEKResetDataLength 为 0，则此变量的输出表示由 TCM 产生的撤销 EK 授权数据。

返回参数

TSM_SUCCESS

TSM_E_INVALID_HANDLE

TSM_E_BAD_PARAMETER

TSM_E_INTERNAL_ERROR

5.4.10 撤销密码模块密钥

功能描述：

该命令清除 TCM 的可撤销 EK，并执行清除所有者的命令。此命令相当于清除所有的计数器(除了基准计数器)、EK、SMK、所有者的授权和及其相关的 NV。该命令不涉及其他的 NV。

接口定义：

```
TSM_RESULT Tspi_TCM_RevokeEndorsementKey
(
  TSM_HTCM            hTCM,                    // in
  UINT32              ulEkResetDataLength,     // in
  BYTE*               rgbEkResetData           // in
);
```

输入参数描述：

——hTCM　　　　　　　　TCM 对象句柄。

——ulEkResetDataLength　撤销 EK 的授权数据大小。

——rgbEkResetData　　　　撤销 EK 的授权数据。

输出参数描述：

——无。

返回参数

TSM_SUCCESS

TSM_E_BAD_PARAMETER

TSM_E_INTERNAL_ERROR

5.4.11 创建密码模块所有者

功能描述：

该方法取得 TCM 的所有权。这一过程是 TCM 所有者插入一段共享秘密到 TCM 中，TCM 的所有者有权限执行一些特殊操作。当该命令执行时，隐含地执行了调用 Tspi_Context_RegisterKey 对 SMK 进行注册的过程。

接口定义：

```
TSM_RESULT Tspi_TCM_TakeOwnership
(
  TSM_HTCM        hTCM,                  // in
  TSM_HKEY        hKeySMK,               // in
  TSM_HKEY        hEndorsementPubKey     // in
);
```

输入参数描述：

——hTCM　　　　　　　　TCM 对象句柄。

——hKeySMK　　　　　　SMK 的密钥对象句柄。

——hEndorsementPubKey EK 公钥的密钥对象句柄，该密钥用于加密 SMK 秘密和 TCM 秘密。

输出参数描述：

——无。

返回参数

TSM_SUCCESS

TSM_E_INVALID_HANDLE

TSM_E_INTERNAL_ERROR

5.4.12 清除可信密码模块所有者

功能描述：

本函数清除 TCM 的所有权。

接口定义：

```
TSM_RESULT Tspi_TCM_ClearOwner
(
  TSM_HTCM        hTCM,            // in
  TSM_BOOL        fForcedClear     // in
);
```

输入参数描述：

——hTCM　　TCM 对象句柄。

——fForcedClear　　若为 FALSE，将执行需要 TCM 所有者授权的清除命令。否则，将执行需要提供物理访问授权的清除命令。

输出参数描述：

——无。

返回参数

TSM_SUCCESS

TSM_E_INVALID_HANDLE

TSM_E_INTERNAL_ERROR

5.4.13 设置操作者授权

功能描述：

本函数设置 TCM 的操作者授权值。操作者可以是平台管理员或用户，操作者必须物理的操作平台。如果执行成功，hOperatorPolicy 就会赋给 hTCM 对象作为操作者授权策略。此命令中，操作者的授权是明文形式。

接口定义：

```
TSM_RESULT Tspi_TCM_SetOperatorAuth
(
    TSM_HTCM                hTCM,               // in
    TSM_HPOLICY             hOperatorPolicy     // in
);
```

输入参数描述：

——hTCM　　TCM 对象句柄。

——hOperatorPolicy　　策略对象句柄，该策略对象包含新授权信息。

输出参数描述：

——无。

返回参数：

TSM_SUCCESS

TSM_E_INVALID_HANDLE

TSM_E_BAD_PARAMETER

TSM_E_INTERNAL_ERROR

5.4.14 设置可信密码模块状态

功能描述：

本函数用于修改 TCM 的状态。

接口定义：

```
TSM_RESULT Tspi_TCM_SetStatus
(
    TSM_HTCM                hTCM,               // in
    TSM_FLAG                statusFlag,         // in
    TSM_BOOL                fTcmState           // in
);
```

输入参数描述：

——hTCM　　　TCM 管理对象句柄。
——statusFlag　表示待设置的状态或属性。
——fTcmState　表示待设置的状态或属性值。

属性定义见表 9。

表 9　属性定义

属性	FTcmState 状态值	描　述
TSM_TCMSTATUS_DISABLEOWNERCLEAR	忽略	永久禁止 TCM 所有者进行 ClearOwner 操作。此时，方法 ClearOwner()中的 fForcedClear 参数将不再允许取 FALSE 值。这个设置需要所有者授权
TSM_TCMSTATUS_DISABLEFORCECLEAR	忽略	临时禁止 TCM 所有者的强制清除操作(这种禁止只在本次系统运行时有效，在下一次系统重新启动时将被取消)。此时，方法 ClearOwner()中的 fForcedClear 参数将暂时不允许取 TRUE 值(直到下次系统重新启动为止)
TSM_TCMSTATUS_OWNERSETDISABLE	TSM_BOOL	fTCMState = TRUE:表示设置 TCM 的状态为 Disabled。该命令需要 TCM 所有者的授权
TSM_TCMSTATUS_PHYSICALDISABLE	TSM_BOOL	fTCMState = TRUE: 表示设置 TCM 的状态为 Disabled。该命令必须是物理现场的
TSM_TCMSTATUS_PHYSICALSETDEACTIVATED	TSM_BOOL	fTCMState = TRUE: 表示设置 TCM 的状态为 Deactived。该命令必须是物理现场的
TSM_TCMSTATUS_SETTEMPDEACTIVATED	忽略	暂时将 TCM 的状态设置为 Deactived(直到下次系统重新启动为止)
TSM_TCMSTATUS_SETOWNERINSTALL	TSM_BOOL	fTCMState = TRUE: 表示允许使用 TakeOwnership()方法来取得 TCM 的所有者关系。这个操作需要物理现场
TSM_TCMSTATUS_DISABLEPUBEKREAD	TCMs: TSM_BOOL	永久禁止在没有 TCM 所有者授权的情况下读取 EK 公钥信息的操作，即设置该属性后，必须有 TCM 所有者授权才能进行读取 EK 公钥信息的操作。设置了这个属性后，GetPubEndorsementKey()方法中的 fOwnerAuthorized 参数取 FALSE 值不可能再有效了。设置这个属性值需要所有者授权
TSM_TCMSTATUS_DISABLED	TSM_BOOL	将 TCM 设置为可用或不可用状态
TSM_TCMSTATUS_DEACTIVATED	TSM_BOOL	将 TCM 设置为激活或非激活状态

输出参数描述：

——无。

返回参数：

TSM_SUCCESS

TSM_E_INVALID_HANDLE

TSM_E_BAD_PARAMETER

TSM_E_INTERNAL_ERROR

5.4.15 查询设置可信密码模块状态

功能描述：

查询 TCM 状态。

读取 TCM 状态标记需要所有者授权。

接口定义：

```
TSM_RESULT Tspi_TCM_GetStatus
(
  TSM_HTCM            hTCM,            // in
  TSM_FLAG            statusFlag,      // in
  TSM_BOOL*           pfTcmState       // out
);
```

输入参数描述：

——hTCM　　TCM 管理对象句柄。

——statusFlag　表示待获取的状态或属性。

输出参数描述：

——fTcmState　表示待获取的状态或属性值。

属性定义见表 10。

表 10　属性定义表

属　性	描　述
TSM_TCMSTATUS_DISABLEOWNERCLEAR	*pfTCMState = TRUE：表示 TCM 所有者授权清除所有者关系的操作已经被永久禁止了。ClearOwner()方法中输入参数 fForcedClear 如果取值为 FALSE 时将永远无效
TSM_TCMSTATUS_DISABLEFORCECLEAR	*pfTCMState = TRUE：表示强制清除 TCM 的操作被暂时禁止了（直到系统下一次重新启动时为止）。ClearOwner()的输入参数 fForcedClear 取值为 TRUE 也将暂时无意义了
TSM_TCMSTATUS_DISABLED	*pfTCMState = TRUE：表示 TCM 的属性标志位 disabledfTCMState = TRUE
TSM_TCMSTATUS_SETTEMPDEACTIVATED	*pfTCMState = TRUE:. 表示 TCM 暂时地被 Deactived 了
TSM_TCMSTATUS_SETOWNERINSTALL	*pfTCMState = TRUE：表示可以使用 TakeOwnership()方法来获取所有者关系
TSM_TCMSTATUS_DISABLEPUBEKREAD	*pfTCMState = TRUE：表示永远禁止没有 TCM 所有者授权就可以进行读取 EK 公钥的操作，即读取 EK 公钥时必须进行 TCM 所有者授权。GetPubEndorsementKey()方法中的输入参数 fOwnerAuthorized 取 FALSE 值将不再有效。需要所有者授权

表 10（续）

属　　性	描　　述
TSM_TCMSTATUS_PHYSPRES_LIFTIMELOCK	* pfTCMState = TRUE：表示在 TCM 生存期内，TCM 的 physicalPresenceHWEnable 和 physicalPresenceCMDEnable 标志都不允许修改
TSM_TCMSTATUS_PHYSPRES_HWENABLE	* pfTCMState = TRUE：表示 TCM 物理在线的硬件信号被允许可以用做物理在线的标志
TSM_TCMSTATUS_PHYSPRES_CMDENABLE	* pfTCMState = TRUE：表示允许使用 TCM 命令 TSC_PhysicalPresence 来表明物理在线
TSM_TCMSTATUS_CEKP_USED	* pfTCMState = TRUE：表明 EK 密钥对是使用 CreateEndorsementKey()方法来生成的 * pfTCMState = FALSE：表明 EK 密钥对是由厂家创建的
TSM_TCMSTATUS_PHYSPRESENCE	* pfTCMState = TRUE：表示物理在线的软件标志
TSM_TCMSTATUS_PHYSPRES_LOCK	* pfTCMState = TRUE：表示改变物理在线的标志的操作是不允许的
TSM_TCMSTATUS_ENABLE_REVOKEEK	表明是否允许 EK 被重新设置
TSM_TCMSTATUS_NV_LOCK	* pfTCMState = TRUE：表示 NV 授权访问是必需的

返回参数：

TSM_SUCCESS

TSM_E_INVALID_HANDLE

TSM_E_BAD_PARAMETER

TSM_E_INTERNAL_ERROR

5.4.16　获取可信密码模块特性

功能描述：

获取 TCM 功能特性。有些功能特性信息必须提供所有者授权信息才能获得。

接口定义：

```
TSM_RESULT Tspi_TCM_GetCapability
(
    TSM_HTCM        hTCM,                // in
    TSM_FLAG        capArea,             // in
    UINT32          ulSubCapLength,      // in
    BYTE*           rgbSubCap,           // in
    UINT32*         pulRespDataLength,   // out
    BYTE**          prgbRespData         // out
);
```

输入参数描述：

——hTCM　　　　TCM 对象句柄。

——capAreа　　指示查询属性的标志。

——ulSubCapLength　　rgbSubCap 参数的字节长度。

——rgbSubCap　　指示要查询的属性数据。

输出参数描述：

——pulRespDataLength　　prgbRespData　参数的字节长度。

——prgbRespData　　返回的指定属性实际数据。

属性定义见表 11。

表 11　属性定义表

属　性	子属性	描　述
TSM_TCMCAP_ORD	命令码	返回布尔值。TRUE 表示 TCM 支持该命令，FALSE 表示 TCM 不支持该命令
TSM_TCMCAP_FLAG	忽略	永久性和易失性的比特标志位
TSM_TCMCAP_ALG	TSM_ALG_XX：	返回布尔值(TSM 算法 ID 的值)。TRUE 表示 TCM 支持该算法，FALSE 表示 TCM 不支持该算法
TSM_TCMCAP_PROPERTY	TSM_TCMCAP_PROP_PCR	UINT32 值。返回 TCM 支持的 PCR 寄存器个数
	TSM_TCMCAP_PROP_PCRMAP	返回 TCM_PCR_ATTRIBUTES 的比特标志位
	TSM_TCMCAP_PROP_MANUFACTURER	UINT32 值。返回 TCM 厂商的标识
	TSM_TCMCAP_PROP_SLOTS 或者 TSM_TCMCAP_PROP_KEYS	UINT32 值。返回 TCM 可以加载的 256 位 SM2 密钥的最大个数。可随时间和情况而改变
	TSM_TCMCAP_PROP_OWNER	布尔值。返回 TRUE 表示 TCM 成功地创建了一个所有者
	TSM_TCMCAP_PROP_MAXKEYS	UINT32 值。返回 TCM 所支持的 256 位 SM2 密钥的最大个数，不含 EK
	TSM_TCMCAP_PROP_AUTHSESSIONS	UINT32 值。可用的授权会话的个数，可随时间和情况而改变
	TSM_TCMCAP_PROP_MAXAUTHSESSIONS	UINT32 值。返回 TCM 支持的可加载授权会话的最大个数，可随时间和情况而改变
	TSM_TCMCAP_PROP_TRANSESSIONS	UINT32 值。返回可用传输会话的个数，可随时间和情况而改变
	TSM_TCMCAP_PROP_MAXTRANSESSIONS	UINT32 值。返回 TCM 支持的可加载传输会话的最大个数
	TSM_TCMCAP_PROP_SESSIONS	UINT32 值。返回会话池中可用会话的个数。会话池中的会话包括授权会话和传输会话，可随时间和情况而改变

表 11（续）

属性	子属性	描述
	TSM_TCMCAP_PROP_MAXSESSIONS	UINT32 值。返回 TCM 支持的最大会话个数，包括授权会话和传输会话
	TSM_TCMCAP_PROP_CONTEXTS	UINT32 值。返回可保存的会话个数，可随时间和情况而改变
	TSM_TCMCAP_PROP_MAXCONTEXTS	UINT32 值。返回保存的会话的最大个数
	TSM_TCMCAP_PROP_COUNTERS	UINT32 值。返回可用单调计数器的个数，可随时间和情况而改变
	TSM_TCMCAP_PROP_MAXCOUNTERS	UINT32 值。返回 TCM_CreateCounter 控制的单调计数器的最大个数
	TSM_TCMCAP_PROP_ACTIVECOUNTER	TCM_COUNT_ID。返回当前计数器的 ID。若没有活动的计数器，则返回 0xff..ff
	TSM_TCMCAP_PROP_MINCOUNTERINCTIME	UINT32 值。表示单调计数器递增的最小时间间隔，该间隔以 1/10 秒为度量单位
	TSM_TCMCAP_PROP_TISTIMEOUTS	UINT32 值四元数组，每个元素表示以毫秒计的超时值，顺序如下：TIMEOUT_A，TIMEOUT_B，TIMEOUT_C，TIMEOUT_D。由平台特定的接口规范决定在何处使用这些超时值
	TSM_TCMCAP_PROP_STARTUPEFFECTS	返回 TCM_STARTUP_EFFECTS 结构
	TSM_TCMCAP_PROP_MAXCONTEXTCOUNTDIST	UINT32 值。返回上下文计数值的最大间距，至少必须为 2^{16}-1
	TSM_TCMCAP_PROP_DURATION	返回 UINT32 值三元数组，每个元素依次表示如下三类命令以毫秒计的周期值：SMALL_DURATION，MEDIUM_DURATION，LONG_DURATION
	TSM_TCMCAP_PROP_MAXNVAVAILABLE	UINT32 值。返回可分配的 NV 区域的最大个数，可随时间和情况而改变
	TSM_TCMCAP_PROP_INPUTBUFFERSIZE	UINT32 值。返回 TCM 输入缓冲区的大小（字节）
	TSM_TCMCAP_PROP_MAXNVWRITE	UINT32 值。未建立 TCM 所有者前发生的 NV 写操作次数
	TSM_TCMCAP_PROP_REVISION	字节：这是标准结构中的 TCM 版本号

表 11（续）

属 性	子属性	描 述
	TSM_TCMCAP_PROP_ORD_AUDITED	表格:正被审计的命令码
	TSM_TCMCAP_PROP_LOCALITIES_AVAIL	TCM 中可用的 localities 个数
TSM_TCMCAP_VERSION	忽略	返回一个标识 TCM 版本的 TSM_VERSION 结构
TSM_TCMCAP_VERSION_VAL	忽略	查询 TCM 的版本号
TSM_TCMCAP_NV_LIST	忽略	获取用来定义 NV 存储区的索引列表
TSM_TCMCAP_NV_INDEX	UINT32 (TCM_NV_INDEX)	获取 TCM_NV_DATA_PUBLIC 结构，此结构表示指定 NV 存储区的值
TSM_TCMCAP_MFR	忽略	获取厂商特定的 TCM 和 TCM 状态信息
TSM_TCMCAP_SYM_MODE	TCM_SYM_MODE_* type 类型的一种加密	布尔值。查询 TCM 是否支持特定类型的对称加密
TSM_TCMCAP_HANDLE	TCM_RT_* values 值之一，说明是否应当返回密钥、授权会话、传输会话列表	UINT32 值数组（TCM 句柄），返回 TCM 中当前已加载对象的句柄列表
TSM_TCMCAP_TRANS_ES	TSM_ES_* values 值	布尔值。查询 TCM 是否在传输会话中支持特定的加密方案
TSM_TCMCAP_AUTH_ENCRYPT	TSM_ALGORITHM_ID values 值	布尔值。查询 TCM 是否在授权会话的 AuthData 加密中支持特定的加密方案

返回参数：

TSM_SUCCESS

TSM_E_INVALID_HANDLE

TSM_E_BAD_PARAMETER

TSM_E_INTERNAL_ERROR

5.4.17 可信密码模块完全自检

功能描述：

在初始化 TCM 时对每个内部功能都执行自检。

接口定义：

TSM_RESULT Tspi_TCM_SelfTestFull

```
(
  TSM_HTCM            hTCM,           // in
);
```

输入参数描述：

——hTCM　　TCM 对象句柄。

输出参数描述：

——无。

返回参数：

TSM_SUCCESS

TSM_E_INVALID_HANDLE

TSM_E_INTERNAL_ERROR

5.4.18 获取可信密码模块自检结果

功能描述：

返回厂商关于该自检结果的说明信息。

接口定义：

```
TSM_RESULT Tspi_TCM_GetTestResult
(
  TSM_HTCM            hTCM,                    // in
  UINT32*             pulTestResultLength,     // out
  BYTE**              prgbTestResult           // out
);
```

输入参数描述：

——hTCM　　TCM 对象句柄。

输出参数描述：

——pulTestResultLength　　prgbTestResult 参数的字节长度。

——prgbTestResult　　TCM 制造商定义的信息。

返回参数：

TSM_SUCCESS

TSM_E_INVALID_HANDLE

TSM_E_BAD_PARAMETER

TSM_E_INTERNAL_ERROR

5.4.19 获取可信密码模块产生的随机数

功能描述：

获得由 TCM 产生的随机数。

接口定义：

```
TSM_RESULT Tspi_TCM_GetRandom
(
  TSM_HTCM            hTCM,                    // in
  UINT32              ulRandomDataLength,      // in
  BYTE**              prgbRandomData           // out
);
```

输入参数描述：

——hTCM　　　　　　　TCM 对象句柄。

——ulRandomDataLength 请求的随机数长度。

输出参数描述：

——prgbTestResult　　　返回随机数数据指针。

返回参数：

TSM_SUCCESS

TSM_E_INVALID_HANDLE

TSM_E_BAD_PARAMETER

TSM_E_INTERNAL_ERROR

5.4.20 获取可信密码模块单个事件

功能描述：

对一个给定的 PCR 索引和事件序号，返回一个 PCR 事件。

接口定义：

```
TSM_RESULT Tspi_TCM_GetEvent
(
  TSM_HTCM           hTCM,            // in
  UINT32             ulPcrIndex,      // in
  UINT32             ulEventNumber,   // in
  TSM_PCR_EVENT*     pPcrEvent        // out
);
```

输入参数描述：

——hTCM　　　　　TCM 对象句柄。

——ulPcrIndex　　　请求的 PCR 索引。

——ulEventNumber　请求的事件序号。

输出参数描述：

——pPcrEvent　　　返回的 PCR 事件数据。

返回参数：

TSM_SUCCESS

TSM_E_INVALID_HANDLE

TSM_E_BAD_PARAMETER

TSM_E_INTERNAL_ERROR

5.4.21 获取可信密码模块一组事件

功能描述：

对一个给定 PCR 索引，返回一组指定个数的 PCR 事件。

本函数为请求的事件数据分配内存。使用 Tspi_Context_FreeMemory 释放该内存。

接口定义：

```
TSM_RESULT Tspi_TCM_GetEvents
(
  TSM_HTCM           hTCM,            // in
  UINT32             ulPcrIndex,      // in
```

```
    UINT32                    ulStartNumber,        // in
    UINT32*                   pulEventNumber,       // in, out
    TSM_PCR_EVENT**           prgPcrEvents          // out
);
```

输入参数描述：

——hTCM TCM 对象句柄。

——ulPcrIndex 请求的 PCR 索引。

——ulStartNumber 请求的第一个事件的索引

——pulEventNumber 请求的事件个数。

输出参数描述：

——pulEventNumber 获得的 prgPcrEvents 参数的事件数据结构个数。

——prgPcrEvents 指向 PCR 事件数据数组。如果是 NULL，只有事件的个数在 pulEventNumber 参数中返回。

返回参数：

TSM_SUCCESS

TSM_E_INVALID_HANDLE

TSM_E_BAD_PARAMETER

TSM_E_INTERNAL_ERROR

5.4.22 获取可信密码模块事件日志

功能描述：

返回全部的事件日志。

接口定义：

```
TSM_RESULT Tspi_TCM_GetEventLog
(
    TSM_HTCM                  hTCM,                 // in
    UINT32*                   pulEventNumber,       // out
    TSM_PCR_EVENT**           prgPcrEvents          // out
);
```

输入参数描述：

——hTCM TCM 对象句柄。

输出参数描述：

——pulEventNumber 获得的 prgPcrEvents 参数的事件数据结构个数。

——prgPcrEvents 指向 PCR 事件数据数组。如果是 NULL，只有事件的个数在 pulEventNumber 参数中返回。

返回参数：

TSM_SUCCESS

TSM_E_INVALID_HANDLE

TSM_E_BAD_PARAMETER

TSM_E_INTERNAL_ERROR

5.4.23 可信密码模块 PCR 扩展

功能描述：

该函数扩展 PCR 寄存器并记录 PCR 事件日志。

接口定义：

```
TSM_RESULT Tspi_TCM_PcrExtend
(
  TSM_HTCM              hTCM,                // in
  UINT32                ulPcrIndex,          //in
  UINT32                ulPcrDataLength,     // in
  BYTE*                 pbPcrData,           // in
  TSM_PCR_EVENT*        pPcrEvent,           // in
  UINT32*               pulPcrValueLength,   // out
  BYTE**                prgbPcrValue         // out
);
```

输入参数描述：

——hTCM　TCM 对象句柄。

——ulPcrIndex　需要扩展的 PCR 索引。

——ulPcrDataLength　需要扩展的数据(参数 pbPcrData)的长度。

——pbPcrData　PCR 扩展操作数据。如果 pPcrEvent 不为 NULL,则该数据根据 TSM_PCR_EVENT 结构的 rgbPcrValue 参数描述,被用于杂凑计算创建。如果 pPcrEvent 为 NULL,则该数据被直接扩展到 TCM 中而无需 TSP 处理。

——pPcrEvent　指向一个 TSM_PCR_EVENT 结构,该结构包含事件入口信息。如果该指针是 NULL,则没有事件入口被创建,该操作仅执行一个扩展操作。如果该指针为非 NULL,则结构成员被 TSM 设置。

输出参数描述：

——pulPcrValueLength　参数 prgbPcrValue 的字节长度。

——prgbPcrValue　指向的内存块包含扩展操作后的 PCR 数据。

返回参数：

TSM_SUCCESS

TSM_E_INVALID_HANDLE

TSM_E_BAD_PARAMETER

TSM_E_INTERNAL_ERROR

5.4.24 读取可信密码模块 PCR 值

功能描述：

读一个 PCR 寄存器。

注：本功能为 prgbPcrValue 数据分配内存,该内存块必须调用 Tspi_Context_FreeMemory 功能释放。

接口定义：

```
TSM_RESULT Tspi_TCM_PcrRead
(
  TSM_HTCM            hTCM,                 // in
  UINT32              ulPcrIndex,           // in
  UINT32*             pulPcrValueLength,    // out
  BYTE**              prgbPcrValue          // out
```

);

输入参数描述：

——hTCM　　TCM 对象句柄。

——ulPcrIndex　　要读的 PCR 索引号。

输出参数描述：

——pulPcrValueLength　　参数 prgbPcrValue 的字节长度。

——prgbPcrValue　　读取到的 PCR 数据。

返回参数：

TSM_SUCCESS

TSM_E_INVALID_HANDLE

TSM_E_BAD_PARAMETER

TSM_E_INTERNAL_ERROR

5.4.25 重置可信密码模块 PCR

功能描述：

重置 TCM 内的一个 PCR 寄存器的值。

接口定义：

```
TSM_RESULT Tspi_TCM_PcrReset
(
   TSM_HTCM          hTCM,             // in
   TSM_HPCRS         hPcrComposite     // in
);
```

输入参数描述：

——hTCM　　TCM 对象句柄。

——hPcrComposite　　PcrComposite 对象句柄

输出参数描述：

——无。

返回参数：

TSM_SUCCESS

TSM_E_INVALID_HANDLE

TSM_TCM_NOT_RESETABLE

TSM_E_WRONG_LOCALITY

TSM_E_INTERNAL_ERROR

5.4.26 引证 PCR

功能描述：

该函数调用提供当前平台的完整配置信息。

接口定义：

```
TSM_RESULT Tspi_TCM_Quote
(
   TSM_HTCM          hTCM,             // in
   TSM_HKEY          hIdentKey,        // in
   TSM_HPCRS*        hPcrComposite,    // in
```

```
    TSM_VALIDATION*       pValidationData            // in, out
);
```

输入参数描述：

——hTCM　　TCM 对象句柄。

——hIdentKey　　签名密钥对象句柄。

——hPcrComposite　　PCRcomposite 对象句柄，必须是 TSM_PCRS_STRUCT_INFO_LONG 结构类型。

——pValidationData　　验证数据结构。输入时提供外部数据，计算签名时使用。

输出参数描述：

——pValidationData　　验证数据结构。输出时若成功执行该命令，则提供一个内存区，容纳验证数据和签名数据。

返回参数：

TSM_SUCCESS

TSM_E_INVALID_HANDLE

TSM_E_BAD_PARAMETER

TSM_E_INTERNAL_ERROR

5.4.27 读可信密码模块计数器

功能描述：

读取当前活动的单调计数器的值。

接口定义：

```
TSM_RESULT Tspi_TCM_ReadCounter
(
    TSM_HTCM              hTCM,              // in
    UINT32 *              counterValue       // out
);
```

输入参数描述：

——hTCM　　TCM 对象句柄。

输出参数描述：

——counterValue　　单调计数器的当前值。

返回参数：

TSM_SUCCESS

TSM_E_INVALID_HANDLE

TSM_E_BAD_PARAMETER

TSM_E_INTERNAL_ERROR

5.4.28 读可信密码模块当前时钟

功能描述：

读取 TCM 内的当前时钟计数。

接口定义：

```
TSM_RESULT Tspi_TCM_ReadCurrentTicks
(
    TSM_HTCM              hTCM,              //in
```

```
    TCM_CURRENT_TICKS* tickCount              // out
);
```

输入参数描述：

——hTCM　　TCM 对象句柄。

输出参数描述：

——tickCount　时钟计数。

返回参数：

TSM_SUCCESS

TSM_E_INVALID_HANDLE

TSM_E_INTERNAL_ERROR

5.4.29 获取可信密码模块审计摘要值

功能描述：

返回目前日志的摘要，一般而言，此值对每个 TCM 是唯一的。

若摘要被签名，则返回当前摘要、当前审计计数器值、被审计命令码的杂凑值以及签名；若摘要未作签名，则返回当前摘要、当前审计计数器值、被审计命令码。

接口定义：

```
TSM_RESULT Tspi_TCM_GetAuditDigest
(
    TSM_HTCM              hTCM,              // in
    TSM_HKEY              hKey,              // in
    TSM_BOOL              closeAudit,        // in
    TCM_DIGEST*           pAuditDigest,      // out
    TCM_COUNTER_VALUE*    pCounterValue,     // out
    TSM_VALIDATION*       pValidationData,   // out
    UINT32*               ordSize,           // out
    UINT32**              ordList            // out
);
```

输入参数描述：

——hTCM　　TCM 对象句柄。

——hKey　　执行签名的密钥的句柄。

——closeAudit　此标志用于表示是否在签名之后结束当前审计会话。只用于 hKey 为非 NULL 的情况。

输出参数描述：

——pAuditDigest　　TCM 内的审计摘要值。

——pCounterValue　　审计单调计数器的当前值。

——pValidationData　　验证数据。当 hKey 为 NULL 时，此参数被忽略。当 hKey 为非 NULL 时，为验证签名所必要的信息。

——ordSize　　ordList 中被审计的命令个数。只在 hKey 为 NULL 时返回该值。

——ordList　　审计命令链表。只在 hKey 为 NULL 时返回该值。

返回参数：

TSM_SUCCESS

TSM_E_INVALID_HANDLE

TSM_E_BAD_PARAMETER
TSM_E_INTERNAL_ERROR

5.4.30 设置可信密码模块命令审计状态

功能描述：

设置一个 TCM 命令的审计状态。

接口定义：

```
TSM_RESULT Tspi_TCM_SetOrdinalAuditStatus
(
    TSM_HTCM              hTCM,              // in
    TCM_COMMAND_CODE      ordinalToAudit,    // in
    TSM_BOOL              auditState         // in
);
```

输入参数描述：

——hTCM　　TCM 对象句柄。
——ordinalToAudit 需要审计的 TCM 命令码。
——auditState　　命令的审计状态：TRUE，该命令需要审计；FALSE，命令不需要审计。

输出参数描述：

——无。

返回参数：

TSM_SUCCESS
TSM_E_INVALID_HANDLE
TSM_E_BAD_PARAMETER
TSM_E_INTERNAL_ERROR

5.5 密钥管理

5.5.1 概述

密钥管理类用于表示 TSM 密钥管理功能的入口。每个密钥对象的实例代表 TSM 密钥树中一个具体的密钥节点。每个需授权的密钥对象，需要分配一个策略对象，用于管理授权秘密信息。

5.5.2 改变实体授权数据

功能描述：

改变实体（对象）的授权数据并将该对象指派给策略对象。所有使用授权数据的类都提供本函数用以改变它们的授权数据。

接口定义：

```
TSM_RESULT Tspi_ChangeAuth
(
    TSM_HOBJECT        hObjectToChange,       // in
    TSM_HOBJECT        hParentObject,         // in
    TSM_HPOLICY        hNewPolicy             // in
);
```

输入参数描述：

——hObjectToChange 需要修改授权数据的对象句柄。

——hParentObject 需要修改授权对象的父对象句柄。

——hNewPolicy 更新的授权信息策略对象句柄。

输出参数描述：

——无。

返回参数：

TSM_SUCCESS

TSM_E_INVALID_HANDLE

TSM_E_INTERNAL_ERROR

5.5.3 获取策略对象

功能描述：

返回当前工作对象的策略。如果应用程序没有创建策略对象，且在调用前没有为该工作对象指派策略，本函数将返回默认的上下文策略。为默认上下文策略设置新的授权数据信息，将影响与其相关的所有对象的后续操作。

接口定义：

```
TSM_RESULT Tspi_GetPolicyObject
(
    TSM_HOBJECT          hObject,          // in
    TSM_FLAG             policyType,       // in
    TSM_HPOLICY*         phPolicy          // out
);
```

输入参数描述：

——hObject 对象句柄。

——policyType 定义的策略类型。

输出参数描述：

——phPolicy 返回指派的策略对象。

返回参数：

TSM_SUCCESS

TSM_E_INVALID_HANDLE

TSM_E_BAD_PARAMETER

TSM_E_INTERNAL_ERROR

5.5.4 设置密钥属性(整型参数)

功能描述：

本函数设置密钥对象的 32-bit 属性。如果请求的数据长度小于 UINT32，必须将数据转换成正确的大小。

接口定义：

```
TSM_RESULT Tspi_SetAttribUint32
(
    TSM_HOBJECT          hObject,          // in
    TSM_FLAG             attribFlag,       // in
    TSM_FLAG             subFlag,          // in
```

UINT32 ulAttrib // in

);

输入参数描述：

——hObject 需要设置属性的对象句柄。

——attribFlag 需要设置的属性。

——subFlag 需要设置的子属性。

——ulAttrib 属性设置的值。

属性定义见表 12。

表 12 属性定义表

属性标记	子属性标记	属性值	描 述
TSM_TSPATTRIB_KEYREGISTER	0	TSM_TSPATTRIB_KEYREGISTER_USER	密钥注册到 TSP 中
	0	TSM_TSPATTRIB_KEYREGISTER_SYTEM	密钥注册到 TCS 中
	0	TSM_TSPATTRIB_KEYREGISTER_NO	密钥没有在 TSM 中注册
TSM_TSPATTRIB_KEY_INFO	TSM_TSPATTRIB_KEYINFO_USAGE	TSM_KEYUSAGE_XX	TSM 密钥使用值，表示密钥的使用类型。见密钥对象的属性子标记定义
	TSM_TSPATTRIB_KEYINFO_MIGRATABLE	布尔值	若为 TRUE，则密钥是可迁移的
	TSM_TSPATTRIB_KEYINFO_VOLATILE	布尔值	若为 TRUE，则密钥是易失性的
	TSM_TSPATTRIB_KEYINFO_AUTHDATAUSAGE	布尔值	若为 TRUE，则密钥的使用需要授权
	TSM_TSPATTRIB_KEYINFO_ALOGRITHM	TSM_ALG_XX	TSM 算法 ID，表示密钥算法。见算法 ID 定义
	TSM_TSPATTRIB_KEYINFO_ENCSCHEME	TSM_KEY_ENCSCH EME_XX	TSM 加密方案，见密钥加密方案定义
	TSM_TSPATTRIB_KEYINFO_SIGSCHEME	TSM_KEY_SIGSCH EME_XX	TSM 签名方案。见密钥签名方案定义
	TSM_TSPATTRIB_KEYINFO_SIZE		密钥位长
	TSM_TSPATTRIB_KEYINFO_KEYF LAGS		密钥标志信息
	TSM_TSPATTRIB_KEYINFO_AUTHUSAGE		直接设置 KeyParams 中的 authDataUsage

输出参数描述：

——无。

返回参数：

TSM_SUCCESS

TSM_E_INVALID_HANDLE

TSM_E_INVALID_ATTRIB_FLAG

TSM_E_INVALID_ATTRIB_SUBFLAG

TSM_E_INVALID_ATTRIB_DATA

TSM_E_BAD_PARAMETER

TSM_E_INTERNAL_ERROR

5.5.5 获取密钥属性(整型参数)

功能描述：

本函数获取密钥对象的 32-bit 属性。

接口定义：

```
TSM_RESULT Tspi_GetAttribUint32
(
    TSM_HOBJECT            hObject,          // in
    TSM_FLAG               attribFlag,       // in
    TSM_FLAG               subFlag,          // in
    UINT32*                pulAttrib         // out
);
```

输入参数描述：

——hObject 需要查询属性的对象句柄。

——attribFlag 需要查询的属性。

——subFlag 需要查询的子属性。

属性定义见表 13。

表 13 属性定义表

属性标记	子属性标记	属性值	描述
TSM_TSPATTRIB_KEYREGISTER	0	TSM_TSPATTRIB_KEYREGISTER_USER	密钥注册到用户库中
	0	TSM_TSPATTRIB_KEYREGISTER_SYTEM	密钥注册到系统库中
	0	TSM_TSPATTRIB_KEYREGISTER_NO	密钥没有在 TSM 中注册
TSM_TSPATTRIB_KEY_INFO	TSM_TSPATTRIB_KEYINFO_USAGE	TSM_KEYUSAGE_XX	TSM 密钥使用值，表示密钥的使用类型。见密钥对象的属性子标记定义
	TSM_TSPATTRIB_KEYINFO_MIGRATABLE	布尔值	若为 TRUE，则密钥是可迁移的

表 13（续）

属性标记	子属性标记	属性值	描述
	TSM_TSPATTRIB_KEY-INFO_VOLATILE	布尔值	若为 TRUE，则密钥是易失性的
	TSM_TSPATTRIB_KEY-INFO_AUTH-DATAUSAGE	布尔值	若为 TRUE，则密钥的使用需要授权
	TSM_TSPATTRIB_KEY-INFO_ALOGRITHM	TSM_ALG_XX	TSM 算法 ID 值，表示密钥算法。见算法 ID 定义
	TSM_TSPATTRIB_KEY-INFO_ENCSCHEME	TSM_KEY_ENCSCHEME_XX	TSM 加密方案，见密钥加密方案定义
	TSM_TSPATTRIB_KEY-INFO_SIGSCHEME	TSM_KEY_SIGSCHEME_X X	TSM 签名方案。见密钥签名方案定义
	TSM_TSPATTRIB_KEY-INFO_KEYFLAGS		密钥标志信息
	TSM_TSPATTRIB_KEY-INFO_AUTHUSAGE		返回 authDataUsage 的内容
	TSM_TSPATTRIB_KEY-INFO_KEYSTRUCT	TSM_KEY_STRUCT_XX	密钥结构类型。见密钥结构类型定义
	TSM_TSPATTRIB_KEY-INFO_SIZE		密钥位长
TSM_TSPATTRI B_KEY_PCR	TSM_TSPATTRIB_KEYPCR_LOCALITY_ATCREATION	创建 blob 时的 locality modifier	
	TSM_TSPATTRIB_KEYPCR_LOCALITY_ATRELEASE	使用密钥所要求的 locality modifier	

输出参数描述：

——pulAttrib　指向查询到的属性值。

返回参数：

TSM_SUCCESS

TSM_E_INVALID_HANDLE

TSM_E_INVALID_ATTRIB_FLAG

TSM_E_INVALID_ATTRIB_SUBFLAG

TSM_E_INVALID_ATTRIB_DATA

TSM_E_BAD_PARAMETER

TSM_E_INTERNAL_ERROR

5.5.6 设置密钥属性(变长参数)

功能描述:

设置密钥对象的非32-bit属性。属性数据的结构和大小依赖于属性。

接口定义:

```
TSM_RESULT Tspi_SetAttribData
(
  TSM_HOBJECT           hObject,           // in
  TSM_FLAG              attribFlag,        // in
  TSM_FLAG              subFlag,           // in
  UINT32                ulAttribDataSize,  // in
  BYTE*                 rgbAttribData      // in
);
```

输入参数描述:

——hObject 需要设置属性的对象句柄。

——attribFlag 需要设置的属性的标志。(见属性说明表)

——subFlags 需要设置的属性的子标志。(见属性说明表)

属性说明见表14。

表14 属性说明表

属性标记	属性子标记	数据描述
TSM_TSPATTRIB_KEY_BLOB	TSM_TSPATTRIB_SM2KEYBLOB_BLOB	SM2 密钥数据块
	TSM_TSPATTRIB_SM2KEYBLOB_PUBLIC_KEY	SM2 密钥数据块的公钥部分
	TSM_TSPATTRIB_SM2KEYBLOB_PRIVATE_KEY	已加密的 SM2 密钥数据块的公钥部分
	TSM_TSPATTRIB_SMS4KEYBLOB_BLOB	SMS4 密钥数据块

——ulAttribDataSize prgbAttribData 参数的大小(以字节为单位)。

——rgbAttribData 此参数指向一个存放设置属性值的缓冲区。

返回值:

——无。

5.5.7 获取设置密钥属性(变长参数)

功能描述:

获取密钥对象的非32-bit属性。属性数据的结构和大小依赖于属性。

接口定义:

```
TSM_RESULT Tspi_GetAttribData
(
  TSM_HOBJECT           hObject,           // in
```

```
    TSM_FLAG            attribFlag,           // in
    TSM_FLAG            subFlag,              // in
    UINT32*             pulAttribDataSize,    // out
    BYTE**              prgbAttribData        // out
);
```

输入参数描述:

——hObject 需要获取属性的对象句柄。

——attribFlag 需要获取的属性的标记。(见属性说明表)

——subFlags 需要获取的子属性的标记。(见属性说明表)

属性说明见表15。

表 15 属性说明表

属性标记	子属性标记	数据描述
TSM_TSPATTRIB_KEY _BLOB	TSM _ TSPATTRIB _ KEYBLOB _BLOB	以密钥数据块形式返回密钥信息
	TSM_ TSPATTRIB_ KEYBLOB_ PUBLIC_KEY	SM2 密钥数据块的公钥信息
	TSM_ TSPATTRIB_ KEYBLOB_ PRIVATE_KEY	SM2 密钥数据块的已被加密的私钥信息
	TSM_TSPATTRIB_SMS4KEYBLOB_BLOB	SMS4 密钥数据块的密钥信息
TSM _ TSPATTRIB _ KEY_INFO	TSM _ TSPATTRIB _ KEYINFO _VERSION	返回数据 prgbAttribData 以 TSM_VERSION 结构返回的版本信息
TSM_TSPATTRIB_KEY_UUID	0	包含 UUID 由密钥来赋值的 TSM_UUID 结构
TSM_TSPATTRIB_KEY_PCR	TSM _ TSPATTRIB _ KEYPCR _ CREATION_PCR_SELECTION	创建数据块时所选择的 PCR
	TSM_TSPATTRIB_KEYPCR_RELEASE_PCR_SELECTION	在用到密钥时所选择的 PCR
	SS _ TSPATTRIB _ KEYPCR _ DIGEST_ATCREATION	创建 PCR selection 结构时对应的 PCR 摘要
	TSM_TSPATTRIB_KEYPCR_DIGEST_ATRELEASE	释放 PCR selection 结构时对应的 PCR 摘要

输出参数描述:

——pulAttribDataSize 返回的 prgbAttribData 参数的大小(以字节为单位)。

——prgbAttribData 命令成功返回,此参数指向一个存放指定属性值的缓冲区。

返回值:

TSM_SUCCESS

TSM_E_INVALID_HANDLE

TSM_E_INVALID_ATTRIB_FLAG
TSM_E_INVALID_ATTRIB_SUBFLAG
TSM_E_INVALID_ATTRIB_DATA
TSM_E_BAD_PARAMETER
TSM_E_INTERNAL_ERROR

5.5.8 加载密钥

功能描述：

将密钥加载到 TCM 中，TCM 负责将密钥解密，并缓存加载在 TCM 中；只有执行了密钥加载后，才能使用密钥进行加、解密和签名等密钥服务功能。

接口定义：

```
TSM_RESULT Tspi_Key_LoadKey
(
TSM_HKEY            hKey,               // in
  TSM_HKEY          hUnwrappingKey      // in
);
```

输入参数描述：

——hKey 被载入的密钥对象的句柄。

——hUnwrappingKey 用于解开 hKey 的密钥句柄。

输出参数描述：

——无。

返回值：

TSM_SUCCESS
TSM_E_INVALID_HANDLE
TSM_E_BAD_PARAMETER
TSM_E_INTERNAL_ERROR

5.5.9 卸载密钥

功能描述：

卸载 TCM 内的密钥。即对于指定的密钥对象中的在 TCM 加载的句柄，通知 TCM 不再使用，可以释放资源。

接口定义：

```
TSM_RESULT Tspi_Key_UnloadKey
(
  TSM_HKEY          hKey            // in
);
```

输入参数描述：

——hKey 要卸载的密钥对象句柄。

输出参数描述：

——无。

返回值：

TSM_SUCCESS
TSM_E_INVALID_HANDLE

TSM_E_BAD_PARAMETER
TSM_E_INTERNAL_ERROR
TCM_KEY_OWNER_CONTROL

5.5.10 获取密钥公钥

功能描述：

这个接口只对于 SM2 非对称密钥有效，对于已经加载的密钥通过密钥句柄获取密钥对象的公钥。

接口定义：

```
TSM_RESULT Tspi_Key_GetPubKey
(
  TSM_HKEY          hKey,            // in
  UINT32*           pulPubKeyLength, // out
  BYTE**            prgbPubKey       // out
);
```

输入参数描述：

——hKey 密钥对象句柄。

输出参数描述：

——pulPubKeyLength 接收 prgbPubKey 参数的数据长度(单位：字节)。

——prgbPubKey 指向内存中 hKey 密钥对象的公钥。

返回值：

TSM_SUCCESS
TSM_E_INVALID_HANDLE
TSM_E_BAD_PARAMETER
TSM_E_INTERNAL_ERROR

5.5.11 签署密钥

功能描述：

使用一个 SM2 非对称密钥对另一个 SM2 非对称密钥的公钥采用 SM3 算法来签名。

接口定义：

```
TSM_RESULT Tspi_Key_CertifyKey
(
  TSM_HKEY            hKey,            // in
  TSM_HKEY            hCertifyingKey,  // in
  TSM_VALIDATION*     pValidationData  // in, out
);
```

输入参数描述：

——hKey 密钥对象句柄，其公钥部分已被签名。

——hCertifyingKey 用来对 hKey 进行签名的密钥的句柄。

——pValidationData 是一个指向 TSM_VALIDATION 结构的指针，其成员 rgbValidationData 包含着这个命令的签名数据。

输出参数描述：

——pValidationData 是一个指向 TSM_VALIDATION 结构的指针。

返回值：

TSM_SUCCESS
TSM_E_INVALID_HANDLE
TSM_E_BAD_PARAMETER
TSM_E_INTERNAL_ERROR

5.5.12 创建密钥

功能描述：

在 TCM 内部创建密钥并用 hWrappingKey 指向的密钥加密。

接口定义：

```
TSM_RESULT Tspi_Key_CreateKey
(
  TSM_HKEY            hKey,            // in
  TSM_HKEY            hWrappingKey,    // in
  TSM_HPCRS           hPcrComposite    // in
);
```

输入参数描述：

——hKey　要创建的密钥对象的句柄。

——hWrappingKey　用来加密新创建的密钥的密钥句柄。

——hPcrComposite　为 PCR 对象的句柄，如果此句柄的值不为 NULL，新创建的密钥将会被绑定到由这个对象所描述的 PCR。

输出参数描述：

——无。

返回值：

TSM_SUCCESS
TSM_E_INVALID_HANDLE
TSM_E_BAD_PARAMETER
TSM_E_KEY_NO_MIGRATION_POLICY
TSM_E_INTERNAL_ERROR

5.5.13 封装密钥

功能描述：

用 hWrappingKey 指向的密钥加密 hKey 指向的密钥。

如果 hWrappingKey 指向的密钥是对称密钥则需要发送到 TCM 内进行加密，如果为非对称则在 TSM 内进行加密。

接口定义：

```
TSM_RESULT Tspi_Key_WrapKey
(
  TSM_HKEY            hKey,            // in
  TSM_HKEY            hWrappingKey,    // in
  TSM_HPCRS           hPcrComposite    // in
);
```

输入参数描述：

——hKey 要加密的密钥对象的句柄。
——hWrappingKey 用来加密 hKey 的密钥句柄。
——hPcrComposite 为 Tspi_PcrComposite 的对象的句柄,如果此句柄的值非 NULL,新创建的密钥将会被绑定到由这个对象所描述的 PCR。

输出参数描述:
——无。

返回值:

TSM_SUCCESS
TSM_E_INVALID_HANDLE
TSM_E_BAD_PARAMETER
TSM_E_INTERNAL_ERROR

5.5.14 创建迁移授权

功能描述:

此命令生成一个用于迁移密钥的授权数据,允许 TCM 所有者指定迁移策略,之后的密钥迁移无需 TCM 所有者参与。

接口定义:

```
TSM_RESULT Tspi_Key_AuthorizeMigrationKey
(
  TSM_HTCM              hTCM,                     // in
  TSM_HKEY              hMigrationKey,            // in
  TSM_MIGRATE_SCHEME    migrationScheme,          // in
  UINT32*               pulMigrationKeyAuthSize,  // out
  BYTE**                ppulMigrationKeyAuth,     // out
);
```

输入参数描述:
——hTCM 对象句柄。
——hMigrationKey 密钥对象句柄,该密钥属于迁移的目标平台,其公钥用于保护被迁移密钥。
——migrationScheme 迁移方案标识,为 TSM_MS_MIGRATE 或者是 TSM_MS_REWRAP。

输出参数描述:
——pulMigrationKeyAuthSize ppulMigrationKeyAuth 的数据长度。
——ppulMigrationKeyAuth 指向 MigrationKey 的授权数据。

返回值:

TSM_SUCCESS
TSM_E_INVALID_HANDLE
TSM_E_BAD_PARAMETER
TSM_E_INTERNAL_ERROR

5.5.15 创建迁移密钥数据块

功能描述:

生成待迁移的数据块。

接口定义:

```
TSM_RESULT Tspi_Key_CreateMigrationBlob
```

```
(
  TSM_HKEY        hKeyToMigrate,              // in
  TSM_HKEY        hParentKey,                 // in
  UINT32          ulmigrationKeyAuthSize,     // in
  BYTE*           rgbmigrationKeyAuth,        // in
  UINT32*         pulMigratedDataSize,        // out
  BYTE**          prgbMigratedData,           // out
  UINT32*         pulEncSymKeySize,           // out
  BYTE**          prgbEncSymKey,              // out
);
```

输入参数描述：

——hKeyToMigrate　指向被迁移的密钥句柄。

——hParentKey　hKeyToMigrate 指向的密钥的保护操作密钥句柄。

——ulmigrationKeyAuthSize　MigrationKeyAuth 的数据长度。

——rgbmigrationKeyAuth　MigrationKey 的授权数据。

输出参数描述：

——pulMigratedDataSize　prgbMigratedData 的数据长度。

——prgbMigratedData　在成功执行这个命令的情况下这个参数返回迁移数据。

——pulEncSymKeySize　指向被加密的对称密钥的数据长度的指针。

——prgbEncSymKey　指向对称密钥数据的指针，该对称密钥已被 Tspi_Key_AuthorizeMigrationKey()所认证的公钥加密保护。

返回值：

TSM_SUCCESS

TSM_E_INVALID_HANDLE

TSM_E_BAD_PARAMETER

TSM_E_KEY_NO_MIGRATION_POLICY

TSM_E_INTERNAL_ERROR

5.5.16 导入迁移密钥数据块

功能描述：

将 Tspi_Key_CreateMigrationBlob 产生的迁移数据块转换成普通的用户密钥。

接口定义：

```
TSM_RESULT Tspi_Key_ConvertMigrationBlob
(
  TSM_HKEY        hMEK,                   // in
  TSM_HKEY        hParentKey,             // in
  TSM_HKEY        hKeyToMigrate,          // in
  UINT32          ulMigratedDataSize,     // in
  BYTE*           rgbMigratedData,        // in
  UINT32          ulEncSymKeySize,        // in
  BYTE*           rgbEncSymKey,           // in
);
```

输入参数描述：

——hMEK 指向迁移时的保护密钥句柄，此为非对称密钥。

——hParentKey 给由 hKeyToMigrate 指向的密钥加密的保护操作密钥句柄。

——hKeyToMigrate 指向被迁移的密钥对象句柄。

——ulMigratedDataSize 由 rgbMigrationBlob 提供的迁移数据块数据的长度。

——rgbMigratedData 由上面的函数 Tspi_Key_CreateMigrationBlob()返回的迁移数据块的数据。

——ulEncSymKeySize 已加密的对称密钥的长度。

——rgbEncSymKey 指向已加密的对称密钥的指针，IV 使用系统默认数值。

输出参数描述：

——无。

返回值：

TSM_SUCCESS

TSM_E_INVALID_HANDLE

TSM_E_BAD_PARAMETER

TSM_E_INTERNAL_ERROR

5.6 数据加密与解密

该类用于将外部(例如用户，应用程序)产生的数据与系统关联起来(与平台或 PCR 绑定)，或者用于为外部提供数据加密/解密服务。

进行授权处理时，可以给该类分配一个策略对象。

5.6.1 改变实体授权

功能描述：

改变数据对象的授权数据，为数据对象指派策略对象。

接口定义：

```
TSM_RESULT Tspi_ChangeAuth
(
  TSM_HOBJECT            hObjectToChange,          // in
  TSM_HOBJECT            hParentObject,            // in
  TSM_HPOLICY            hNewPolicy                // in
);
```

输入参数描述：

——hObjectToChange 需要修改授权数据的密钥对象句柄。

——hParentObject 由 hObjectToChange 所指向的对象的保护操作密钥对象的句柄。

——hNewPolicy 更新的授权信息策略对象句柄。

输出参数描述：

——无。

返回参数：

TSM_SUCCESS

TSM_E_INVALID_HANDLE

TSM_E_INTERNAL_ERROR

5.6.2 获取策略对象

功能描述：

返回数据对象被指派的策略对象。

接口定义：

```
TSM_RESULT Tspi_GetPolicyObject
(
  TSM_HOBJECT          hObject,        // in
  TSM_FLAG             policyType,     // in
  TSM_HPOLICY*         phPolicy        // out
);
```

输入参数描述：

——hObject 对象句柄。

——policyType 定义的策略类型。

输出参数描述：

——phPolicy 返回指派的策略对象。

返回参数：

TSM_SUCCESS

TSM_E_INVALID_HANDLE

TSM_E_BAD_PARAMETER

TSM_E_INTERNAL_ERROR

5.6.3 获取数据属性(整型参数)

功能描述：

获取数据对象的 32bit 属性。

接口定义：

```
TSM_RESULT Tspi_GetAttribUint32
(
TSM_HOBJECT          hObject,        // in
TSM_FLAG             attribFlag,     // in
TSM_FLAG             subFlag,        // in
UINT32*              pulAttrib       // out
);
```

输入数据描述：

——hObject 需要获取属性的对象句柄。

——attribFlag 需要获取的属性标记(见属性说明表)。

——subFlag 需要获取的子属性标记(见属性说明表)。

属性说明见表 16。

表 16 属性说明表

属性标记	属性子标识	数据描述
TSM_TSPATTRIB_ENCDATA_SYMENC_MODE	TSM_TSPATTRIB_ENCDATA_SYMENC_MODE_ECB	加密采用 ECB 模式
	TSM_TSPATTRIB_ENCDATA_SYMENC_MODE_CBC	加密采用 CBC 模式

输出数据描述：

——pulAttrib 接收属性设置的值

返回值：

TSM_SUCCESS

TSM_E_INVALID_HANDLE

TSM_E_BAD_PARAMETER

TSM_E_INTERNAL_ERROR

5.6.4 设置数据属性(变长参数)

功能描述：

设置数据对象的非 32-bit 属性。属性数据的结构和大小依赖于属性。

接口定义：

```
TSM_RESULT Tspi_SetAttribData
(
TSM_HOBJECT            hObject,             // in
  TSM_FLAG             attribFlag,          // in
  TSM_FLAG             subFlag,             // in
  UINT32               ulAttribDataSize,    // in
  BYTE*                rgbAttribData        // in
);
```

输入参数描述：

——hObject 需要设置属性的对象句柄。

——attribFlag 指示要设置的属性的标记。(见属性说明表)

——subFlag 指示要设置的子属性的标记。(见属性说明表)

属性说明见表 17。

表 17 属性说明表

属性标记	子属性标记	数据描述
TSM_TSPATTRIB_ENCDATA_BLOB	TSM_TSPATTRIB_ENCDATABLOB_BLOB	表示已加密的数据块

——ulAttribDataSize prgbAttribData 参数的大小(以字节为单位)。

——rgbAttribData 此参数指向一个存放设置属性值的缓冲区。

返回值：

TSM_SUCCESS
TSM_E_INVALID_HANDLE
TSM_E_BAD_PARAMETER
TSM_E_INTERNAL_ERROR

5.6.5 获取数据属性

功能描述：

本函数获取对象的非 32-bit 属性。属性数据的结构和大小依属性而定。

接口定义：

```
TSM_RESULT Tspi_GetAttribData
(
    TSM_HOBJECT        hObject,              // in
    TSM_FLAG           attribFlag,           // in
    TSM_FLAG           subFlag,              // in
    UINT32*            pulAttribDataSize,    // out
    BYTE**             prgbAttribData        // out
);
```

输入参数描述：

——hObject 需要获取属性的对象句柄。

——attribFlag 指示要获取的属性的标记。(见属性说明表)

——subFlag 指示要获取的子属性的标记。(见属性说明表)

属性说明见表 18。

表 18 属性说明表

属性标记	子属性标记	数据描述
TSM_TSPATTRIB_ENCDATA_BLOB	TSM_TSPATTRIB_ENCDATABLOB_BLOB	已加密数据的数据块
TSM_TSPATTRIB_ENCDATA_PCR	TSM_TSPATTRIB_ENCDATAPCRLONG_CREATION_SELECTION	封装(Sealing)时，获取表征起作用的 PCR 位图
	TSM_TSPATTRIB_ENCDATAPCRLONG_RELEASE_SELECTION	解封装时，获取表征起作用的 PCR 位图
	TSM_TSPATTRIB_ENCDATAPCRLONG_DIGEST_ATCREATION	封装时，获取所选择的 PCR Composite 摘要
	TSM_TSPATTRIB_ENCDATAPCRLONG_DIGEST_ATRELEASE	解封装时，获取所选择的 PCR Composite 摘要
TSM_TSPATTRIB_ENCDATA_IV	NULL	采用 CBC 加密模式时的初始化向量

输出参数描述：

——pulAttribDataSize 返回的 prgbAttribData 参数的大小(以字节为单位)。

——prgbAttribData 命令成功返回，此参数指向一个存放指定属性值的缓冲区。

返回值：

TSM_SUCCESS

TSM_E_INVALID_HANDLE

TSM_E_INVALID_ATTRIB_FLAG

TSM_E_INVALID_ATTRIB_SUBFLAG

TSM_E_INVALID_ATTRIB_DATA

5.6.6 数据加密

功能描述：

本函数对明文数据进行加密。

采用何种密码算法取决于密钥属性。

应用程序调用本命令时，如果采用 SMS4 对称加密，则加密模式为 CBC 模式（参见密码算法要求的 SMS4 使用模式）；如果采用 SM2 非对称加密，传入的明文不得超过 512 字节。

接口定义：

```
TSM_RESULT Tspi_Data_Encrypt
(
  TSM_HENCDATA          hEncData,          // in
  TSM_HKEY              hEncKey,           // in
  TSM_BOOL              bFinal             // in
  BYTE*                 rgbDataIV,         // in
  BYTE*                 rgbDataToEncrypt,  // in
  UINT32                ulDataLength       // in
);
```

输入参数描述：

——hEncData　含有被加密数据的对象句柄。

——hEncKey　用于加密数据的密钥对象句柄。

——bFinal　用于标识是否是应用加密的明文最后一个分组。

——rgbDataIV　用于对称加密使用的 IV，固定 16 字节，可以为空。如果为空，则由 TSM 管理 IV，默认初始 IV 为 16 字节 0x00。

——rgbDataToEncrypt　明文数据。

——ulDataLength　明文数据字节长度。

输出参数描述：

——无。

返回参数：

TSM_SUCCESS

TSM_E_INVALID_HANDLE

TSM_E_BAD_PARAMETER

TSM_E_ENC_INVALID_LENGTH

TSM_E_ENC_NO_DATA

TSM_E_INTERNAL_ERROR

5.6.7 数据解密

功能描述：

本函数对密文数据进行解密。

采用何种算法取决于密钥属性。

注：本函数为明文数据分配了内存空间，调用者需显式释放该空间。

应用程序调用本命令时，如果采用 SMS4 对称解密，则解密模式为 CBC 模式(参见密码算法要求的 SMS4 使用模式)；如果采用 SM2 非对称加密解密，不超过最大密文数据。

接口定义：

```
TSM_RESULT Tspi_Data_Decrypt
(
    TSM_HENCDATA          hEncData,          // in
    TSM_HKEY              hEncKey,           // in
    TSM_BOOL              bFinal             // in
    BYTE*                 rgbDataIV,         // in
    UINT32*               ulDataLength,      // out
    BYTE**                rgbDataDecrypted   // out
);
```

输入参数描述：

——hEncData　含有被加密数据的对象句柄。

——hEncKey　用于解密数据的密钥对象句柄。

——bFinal　用于标识是否是应用解密的密文最后一个分组。

——rgbDataIV　用于解密使用的 IV，固定 16 字节。

输出参数描述：

——ulDataLength　明文数据字节长度。

——rgbDataEncrypted　一旦命令成功执行，该参数指向包含解密数据的存储区。

返回参数：

TSM_SUCCESS

TSM_E_INVALID_HANDLE

TSM_E_BAD_PARAMETER

TSM_E_ENC_INVALID_LENGTH

TSM_E_ENC_NO_DATA

TSM_E_INTERNAL_ERROR

5.6.8 数据封装

功能描述：

用来对一个数据块进行加密。如果要对该加密的数据进行解密，则必须使用同一平台的 Tspi_Data_Unseal 函数。

注：这里使用的加密密钥应是不可迁移密钥。

接口定义：

```
TSM_RESULT Tspi_Data_Seal
(
    TSM_HENCDATA          hEncData,          // in
    TSM_HKEY              hEncKey,           // in
    UINT32                ulDataLength,      // in
    BYTE*                 rgbDataToSeal,     // in
```

```
    TSM_HPCRS                    hPcrComposite           // in
);
```

输入参数描述：

——hEncData　数据对象句柄，当命令操作成功后，则该数据对象包含被加密数据。

——hEncKey　对数据进行加密的密钥对象句柄，该密钥是不可迁移的。

——ulDataLength　参数 rgbDataToSeal 的数据长度(以字节为单位)。

——rgbDataToSeal　指向含有将要被加密的数据的内存块。

——hPcrComposite　PCR Composite 对象的句柄。

输出参数描述：

——无。

返回值：

TSM_SUCCESS

TSM_E_INVALID_HANDLE

TSM_E_BAD_PARAMETER

TSM_E_ENC_INVALID_LENGTH

TSM_E_ENC_NO_DATA

TSM_E_ENC_INVALID_TYPE

TSM_E_INTERNAL_ERROR

5.6.9 数据解封

功能描述：

对指定的数据块进行解封。

接口定义：

```
TSM_RESULT Tspi_Data_Unseal
(
    TSM_HENCDATA          hEncData,                  // in
    TSM_HKEY              hKey,                      // in
    UINT32*               pulUnsealedDataLength,     // out
    BYTE**                prgbUnsealedData           // out
);
```

输入参数描述：

——hEncData　包含有加密数据的数据对象的句柄。

——hKey　用来给数据进行解封且地址不可迁移的密钥对象句柄。

输出参数描述：

——pulUnsealedDataLength　指向参数 prgbUnsealedData 的数据长度的指针(以字节为单位)。

——prgbUnsealedData　如果操作成功，为指向包含明文信息缓冲区的指针。

返回值：

TSM_SUCCESS

TSM_E_INVALID_HANDLE

TSM_E_BAD_PARAMETER

TSM_E_ENC_INVALID_LENGTH

TSM_E_ENC_NO_DATA

TSM_E_ENC_INVALID_TYPE

TSM_E_INTERNAL_ERROR

5.6.10 数字信封封装

功能描述：

本函数对明文数据进行数字信封加密封装。

加密后的数据通过 Tspi_GetAttribData 来获取数字信封数据。

接口定义：

```
TSM_RESULT Tspi_Data_Envelop
(
  TSM_HENCDATA          hEncData,           // in
  TSM_HKEY              hEncKey,            // in
  BYTE*                 rgbDataToEncrypt,   // in
  UINT32                ulDataLength,       // in
);
```

输入参数描述：

——hEncData　　　含有被数字信封封装数据的对象句柄。

——hEncKey　　　用于加密数据的密钥对象句柄。

——rgbDataToEncrypt　明文数据。

——ulDataLength　　明文数据字节长度。

输出参数描述：

——无。

返回参数：

TSM_SUCCESS

TSM_E_INVALID_HANDLE

TSM_E_BAD_PARAMETER

TSM_E_ENC_INVALID_LENGTH

TSM_E_ENC_NO_DATA

TSM_E_INTERNAL_ERROR

5.6.11 数字信封解密

功能描述：

本函数对数字信封封装数据进行解密。

注：本函数为明文数据分配了内存空间，调用者需显式释放该空间。

接口定义：

```
TSM_RESULT Tspi_Data_Unenvelop
(
  TSM_HENCDATA          hEncData,           // in
  TSM_HKEY              hEncKey,            // in
  UINT32*               ulDataLength,       // out
  BYTE**                rgbDataDecrypted    // out
);
```

输入参数描述：

——hEncData　　　含有被数字信封封装数据的对象句柄。

——hEncKey　　用于解密数据的密钥对象句柄。

输出参数描述：

——ulDataLength　明文数据字节长度。

——rgbDataEncrypted　一旦命令成功执行，该参数指向包含解密数据的存储区。

返回参数：

TSM_SUCCESS

TSM_E_INVALID_HANDLE

TSM_E_BAD_PARAMETER

TSM_E_ENC_INVALID_LENGTH

TSM_E_ENC_NO_DATA

TSM_E_INTERNAL_ERROR

5.7 PCR 管理

5.7.1 概述

PCR 操作类可用于建立系统平台的信任级别。该类提供了对 PCR 进行选择、读、写等操作的简便方法。

所有需要 PCR 信息的函数，在其参数表中都使用了这个类的对象句柄。

5.7.2 设置 PCR Locality 属性

功能描述：

本函数设置 PCRComposite 对象中的 LocalityAtRelease 值。

接口定义：

```
TSM_RESULT Tspi_PcrComposite_SetPcrLocality
(
  TSM_HPCRS              hPcrComposite,            //in
  UINT32                 LocalityValue             //in
);
```

输入参数描述：

——hPcrComposite　PCR composite 对象句柄。

——LocalityValue　要设置的 LocalityAtRelease 值。

输出参数描述：

——无。

返回参数：

TSM_SUCCESS

TSM_E_INVALID_HANDLE

TSM_E_INVALID_OBJ_ACCESS

TSM_E_BAD_PARAMETER

TSM_E_INTERNAL_ERROR

5.7.3 获取 PCR Locality 属性

功能描述：

本函数从 PCRComposite 对象中获取 LocalityAtRelease 值。

接口定义：

```
TSM_RESULT Tspi_PcrComposite_GetPcrLocality
(
  TSM_HPCRS            hPcrComposite,       //in
  UINT32*              pLocalityValue       //out
);
```

输入参数描述：

——hPcrComposite　PCR composite 对象句柄。

输出参数描述：

——pLocalityValue　返回的 Locality 值。

返回参数：

TSM_SUCCESS

TSM_E_INVALID_HANDLE

TSM_E_INVALID_OBJ_ACCESS

TSM_E_BAD_PARAMETER

TSM_E_INTERNAL_ERROR

5.7.4 获取 PCR 摘要

功能描述：

本函数获取 PCRComposite 对象中的 digestAtRelease 值。

接口定义：

```
TSM_RESULT Tspi_PcrComposite_GetCompositeHash
(
  TSM_HPCRS            hPcrComposite,       //in
  UINT32*              pLen,                //out
  BYTE**               ppbHashData          //out
);
```

输入参数描述：

——hPcrComposite　PCR composite 对象句柄，从中可返回杂凑摘要值。

输出参数描述：

——pLen　参数 ppbHashData 的字节长度。

——ppbHashData　创建或释放时的摘要数据。

返回参数：

TSM_SUCCESS

TSM_E_INVALID_HANDLE

TSM_E_INVALID_OBJ_ACCESS

TSM_E_BAD_PARAMETER

TSM_E_INTERNAL_ERROR

5.7.5 设置 PCR 值

功能描述：

本函数对一个 PCRcomposite 对象中给定的 PCR 索引设置摘要值。

接口定义：

```
TSM_RESULT Tspi_PcrComposite_SetPcrValue
(
  TSM_HPCRS          hPcrComposite,       // in
  UINT32             ulPcrIndex,          // in
  UINT32             ulPcrValueLength,    // in
  BYTE*              rgbPcrValue          // in
);
```

输入参数描述：

——hPcrComposite　　要设置 PCR 值的 PCR composite 对象句柄。

——UlPcrIndex　　要设置数据的 PCR 索引号。

——UlPcrValueLength　　参数 rgbPcrValue 的字节长度。

——rgbPcrValue　　要设置的数据。

输出参数描述：

——无。

返回参数：

TSM_SUCCESS

TSM_E_INVALID_HANDLE

TSM_E_BAD_PARAMETER

TSM_E_INTERNAL_ERROR

5.7.6 获取 PCR 值

功能描述：

返回在 PCR composite 对象中指定 PCR 索引的摘要值。

接口定义：

```
TSM_RESULT Tspi_PcrComposite_GetPcrValue
(
  TSM_HPCRS          hPcrComposite,       // in
  UINT32             ulPcrIndex,          // in
  UINT32*            pulPcrValueLength,   // out
  BYTE**             prgbPcrValue         // out
);
```

输入参数描述：

——hPcrComposite　　要从中返回 PCR 值的 PCR composite 对象句柄。

——UlPcrIndex　　要读取数据的 PCR 索引。

输出参数描述：

——pulPcrValueLength　　参数 prgbPcrValue 的字节长度。

——prgbPcrValue　　指向返回的由 ulPcrIndex 参数指示的 PCR 值。

返回参数：

TSM_SUCCESS

TSM_E_INVALID_HANDLE

TSM_E_BAD_PARAMETER

TSM_E_INTERNAL_ERROR

5.7.7 选择 PCR 索引

功能描述：

本函数在 PCR composite 对象中选择一个 PCR 索引。该函数在创建和释放 PCR composite 对象时使用。PCR composite 对象必须由 Tspi_Context_CreateObject 创建。例如：在调用 Tspi_TCM_Quote 之前，需用本函数来选择 PCR 寄存器。

接口定义：

```
TSM_RESULT Tspi_PcrComposite_SelectPcrIndex
(
  TSM_HPCRS            hPcrComposite,         //in
  UINT32               ulPcrIndex,            //in
  UINT32               Direction              //in
);
```

输入参数描述：

——hPcrComposite　要从中返回 PCR 索引的 PCR composite 对象句柄。

——ulPcrIndex　要选择的 PCR 索引号。

——Direction　指明选择的 PCR 是 Creation 还是 Release。

输出参数描述：

——无。

返回参数：

TSM_SUCCESS

TSM_E_INVALID_HANDLE

TSM_E_BAD_PARAMETER

TSM_E_INTERNAL_ERROR

5.7.8 非易失性存储管理

NV 存储管理类用于在 TCM 的非易失性存储区域中存储属性信息，用于 NV 区域的定义、读、写和释放。

该类建立 NV 存储区的大小、索引、各种读写授权，其中授权可以基于 PCR 值或者授权数据。

5.7.9 设置非易失性存储区属性(整型参数)

功能描述：

本函数设置 NV 存储对象的 32 bit 属性。

接口定义：

```
TSM_RESULT Tspi_SetAttribUint32
(
  TSM_HOBJECT            hObject,           // in
  TSM_FLAG               attribFlag,        // in
  TSM_FLAG               subFlag,           // in
  UINT32                 ulAttrib           // in
);
```

输入参数描述：

——hObject　需要设置属性的对象句柄。

——attribFlag需要设置的属性标记。

——subFlag　需要设置的子属性标记。

——ulAttrib　属性设置的值。

属性定义见表19。

表19　属性定义表

属性	子属性	属性值	描述
TSM_TSPATTRIB_NV_INDEX	0	UINT32	与此对象关联的NV存储区的索引
TSM_TSPATTRIB_NV_PERMISSIONS	0	UINT32	权限值
TSM_TSPATTRIB_NV_DATASIZE	0	UINT32	定义的NV存储区的大小

输出参数描述：

——无。

返回参数：

TSM_SUCCESS

TSM_E_INVALID_HANDLE

TSM_E_INVALID_ATTRIB_FLAG

TSM_E_INVALID_ATTRIB_SUBFLAG

TSM_E_INVALID_ATTRIB_DATA

TSM_E_BAD_PARAMETER

TSM_E_INTERNAL_ERROR

5.7.10　获取非易失性存储区属性(整型参数)

功能描述：

本函数获取NV存储对象的32-bit属性。

接口定义：

```
TSM_RESULT Tspi_GetAttribUint32
(
  TSM_HOBJECT          hObject,        // in
  TSM_FLAG             attribFlag,     // in
  TSM_FLAG             subFlag,        // in
  UINT32*              pulAttrib       // out
);
```

输入参数描述：

——hObject　需要查询属性的对象句柄。

——attribFlag需要查询的属性。

——subFlag　需要查询的子属性。

属性定义见表20。

表 20　属性定义表

属性	子属性	属性值	描述
TSM_TSPATTRIB_NV_INDEX	0	UINT32	与此对象相关联的 NV 存储区域的索引号
TSM_TSPATTRIB_NV_PERMISSIONS	0	UINT32	权限许可的值
TSM_TSPATTRIB_NV_DATASIZE	0	UINT32	定义的 NV 存储区域大小
TSM_TSPATTRIB_NV_STATE	TSM_TSPATTRIB_NVSTATE_READSTCLEAR	Boolean	每次启动时设置为 FALSE,在 datasize 为 0 的 ReadValuexxx 之后,设置为 TRUE
	TSM_TSPATTRIB_NVSTATE_WRITESTCLEAR	Boolean	每次启动时设置为 FALSE,在 datasize 为 0 的 WriteValuexxx 之后,设置为 TRUE
	TSM_TSPATTRIB_NVSTATE_WRITEDEFINE	Boolean	在定义 NV 空间之后设置为 FALSE,在 datasize 为 0 的 WriteValue 的成功调用之后,设置为 TRUE
TSM_TSPATTRIB_NV_PCR	TSM_TSPATTRIB_NVPCR_READLOCALITYATRELEASE	BYTE	Locality 掩码,用于 NV 区域的 PCR 读取限制
	TSM_TSPATTRIB_NVPCR_WRITELOCALITYATRELEASE	BYTE	Locality 掩码,用于 NV 区域的 PCR 写限制

输出参数描述:

——pulAttrib　指向查询到的属性值。

返回参数:

TSM_SUCCESS
TSM_E_INVALID_HANDLE
TSM_E_INVALID_ATTRIB_FLAG
TSM_E_INVALID_ATTRIB_SUBFLAG
TSM_E_INVALID_ATTRIB_DATA
TSM_E_BAD_PARAMETER
TSM_E_INTERNAL_ERROR

5.7.11　获取非易失性存储区属性(变长参数)

功能描述:

获取 NV 存储对象的非 32-bit 属性。属性数据的结构和大小依赖于属性。

接口定义:

```
TSM_RESULT Tspi_GetAttribData
(
    TSM_HOBJECT            hObject,            // in
```

```
    TSM_FLAG            attribFlag,          // in
    TSM_FLAG            subFlag,             // in
    UINT32*             pulAttribDataSize,   // out
    BYTE**              prgbAttribData       // out
);
```

输入参数描述：

——hObject　需要获取属性的对象句柄。

——attribFlag　需要获取的属性标识。

——subFlag　需要获取的子属性标识。

输出参数描述：

——pulAttribDataSize　取得的 rgbAttribData 参数的大小(以字节为单位)。若参数 rgbAttribData 为一个 TSM_UNICODE 字符串，则该大小还包括结束符 NULL。

——prgbAttribData　此参数指向一个存放获取的属性值的缓冲区。

属性定义见表 21。

表 21　属性定义表

属性	子属性	属性值
TSM_TSPATTRIB_NV_PCR	TSM_TSPATTRIB_NVPCR_READPCRSELECTION	PCR 选择掩码，用于 NV 区域的 PCR 读取限制
	TSM_TSPATTRIB_NVPCR_READDIGESTATRELEASE	DigestAtRelease 子属性，用于 NV 区域 PCRread 限制
	TSM_TSPATTRIB_NVPCR_WRITEPCRSELECTION	PCR 选择掩码，用于 NV 区域的 PCR 读取限制
	TSM_TSPATTRIB_NVPCR_WRITEDIGESTATRELEASE	DigestAtRelease 子属性，用于 NV 区域 PCRwrite 限制

返回参数：

TSM_SUCCESS
TSM_E_INVALID_HANDLE
TSM_E_INVALID_ATTRIB_FLAG
TSM_E_INVALID_ATTRIB_SUBFLAG
TSM_E_INVALID_ATTRIB_DATA
TSM_E_BAD_PARAMETER
TSM_E_INTERNAL_ERROR

5.7.12　创建非易失性存储区空间

功能描述：

创建指定的非易失性存储空间。

接口定义：

```
TSM_RESULT Tspi_NV_DefineSpace
(
    TSM_HNVSTORE    hNVStore,        // in
```

```
    TSM_HPCRS          hReadPcrComposite,   // in，可以为 NULL
    TSM_HPCRS          hWritePcrComposite   // in，可以为 NULL
);
```

输入参数描述：

——hNVStore　　非易失性存储对象句柄。

——hReadPcrComposite　　PCR 对象句柄。当这个参数为 NULL 时，没有 PCR 数据与指定的非易失性存储空间绑定；当不为 NULL 时，新创建的非易失性存储区需要这个句柄对象描述的 PCR 内容来成功的执行读操作。

——hWritePcrComposite　　PCR 对象句柄。当这个参数为 NULL 时，没有 PCR 数据与指定的非易失性存储空间绑定；当不为 NULL 时，新创建的非易失性存储区需要这个句柄对象描述的 PCR 内容来成功的执行写操作。

返回参数：

TSM_SUCCESS
TSM_E_INVALID_HANDLE
TSM_E_BAD_PARAMETER
TSM_E_INTERNAL_ERROR
TSM_E_NV_AREA_NOT_EXIST
TCM_BAD_INDEX
TCM_AUTH_CONFLICT
TCM_AUTHFAIL
TCM_OWNERSET
TCM_BAD_DATASIZE
TCM_MAXNVWRITE
TCM_INVALID_STRUCTURE
TCM_NOWRITE

注：本函数用于定义非易失性存储空间。注意，本函数与 Tspi_NV_ReleaseSpace 调用同一个 TCM 功能命令。当两次调用这个 TCM 功能命令时，会删除定义的非易失性存储空间。所以必须检查这个定义的非易失性存储空间是否已经定义，如果已经定义，必须返回 TSM_E_NV_AREA_EXIST 错误码。

这个命令需要所有者授权。

5.7.13 释放非易失性存储区空间

功能描述：

释放指定的非易失性存储空间。

接口定义：

```
TSM_RESULT Tspi_NV_ReleaseSpace
(
    TSM_HNVSTORE          hNVStore          // in
);
```

输入参数描述：

——hNVStore　　非易失性存储对象句柄。

返回参数：

TSM_SUCCESS
TSM_E_INVALID_HANDLE

TSM_E_BAD_PARAMETER
TSM_E_INTERNAL_ERROR
TSM_E_NV_AREA_NOT_EXIST
TCM_AREA_LOCKED

注：本函数用于释放非易失性存储空间。注意，本函数与 Tspi_NV_DefineSpace 调用同一个 TCM 功能命令。所以必须检查这个定义的非易失性存储空间是否已经定义，如果没有定义，必须返回 TSM_E_NV_AREA_NOT_EXIST 错误码。

这个命令需要所有者授权。

5.7.14 数据写入非易失性存储区

功能描述：

将数据写入指定的非易失性存储区域。

接口定义：

```
TSM_RESULT Tspi_NV_WriteValue
(
  TSM_HNVSTORE           hNVStore,              // in
  UINT32                 offset,                // in
  UINT32                 ulDataLength,          // in
  BYTE*                  rgbDataToWrite         // in
);
```

输入参数描述：

——hNVStore　　非易失性存储对象句柄。
——offset　　偏移量，即在 NV 区域中的写入起始地址。
——ulDataLength　　rgbDataToWrite 的长度。即需要写到非易失性存储区域中的长度。
——rgbDataToWrite　　指向需要写入数据的缓冲区。

返回参数：

TSM_SUCCESS
TSM_E_INVALID_HANDLE
TSM_E_BAD_PARAMETER
TSM_E_INTERNAL_ERROR
TCM_BAD_INDEX
TCM_MAXNVWRITE
TCM_AUTH_CONFLICT
TCM_AUTHFAIL
TCM_AREA_LOCKED
TCM_BAD_LOCALITY
TCM_BAD_PRESENCE
TCM_DISABLED_CMD
TCM_NOSPACE
TCM_NOT_FULLWRITE
TCM_WRONGPCRVALUE

注：如果有一个策略对象分配给这个对象，策略对象中的授权数据被用于这个操作的授权。如果没有策略对象分配给这个对象，执行一个非授权写操作。

5.7.15 从非易失性存储区读取数据

功能描述：

从指定的非易失性存储区域中读取数据。

接口定义：

```
TSM_RESULT Tspi_NV_ReadValue
(
  TSM_HNVSTORE          hNVStore,        // in
  UINT32                offset,          // in
  UINT32*               pulDataLength,   // in, out
  BYTE**                prgbDataRead     // out
);
```

输入参数描述：

——hNVStore　非易失性存储对象句柄。

——offset　需要读取数据在非易失性存储区域中的偏移值。

——pulDataLength　输入的 prgbDataRead 的缓冲区长度。

输出参数描述：

——pulDataLength　输出的 prgbDataRead 的长度。

——prgbDataRead　指向返回读取数据的缓冲区。

返回参数：

TSM_SUCCESS
TSM_E_INVALID_HANDLE
TSM_E_BAD_PARAMETER
TSM_E_INTERNAL_ERROR
TCM_BAD_INDEX
TCM_AUTH_CONFLICT
TCM_AUTHFAIL
TCM_BAD_LOCALITY
TCM_BAD_PRESENCE
TCM_DISABLED_CMD
TCM_NOSPACE
TCM_WRONGPCRVALUE

注：如果有一个策略对象分配给这个对象，策略对象中的授权数据被用于这个操作的授权。如果没有策略对象分配给这个对象，执行一个非授权读操作。

5.8 杂凑操作

5.8.1 设置杂凑对象属性(整型参数)

功能描述：

设置杂凑对象的 32-bit 属性。

接口定义：

```
TSM_RESULT Tspi_SetAttribUint32
(
  TSM_HOBJECT           hHash,           // in
```

```
    TSM_FLAG              attribFlag,        // in
    TSM_FLAG              subFlag,           // in
    UINT32                ulAttrib           // in
);
```

输入参数描述：

——hHash　　杂凑对象句柄。

——attribFlag　　声明需要设置的属性标记。

——subFlag　　声明需要设置的子属性标记。

——ulAttrib　　设置的属性值。

属性说明见表22。

表22　属性说明表

属性标记	子属性标记	值	描述
TSM_TSPATTRIB_HASH_SCHEME	0	TSM_TSPATTRIB_HASHSCHEME_NORMAL(默认)	使用普通的杂凑方法进行杂凑操作。设置这个属性后，仅能执行Tspi_Hash_UpdateHashValue，可以执行多次
	0	TSM_TSPATTRIB_HASHSCHEME_GB	使用普通的杂凑方法进行杂凑操作。设置这个属性后，仅能执行Tspi_Hash_SetUserMessageData，可以执行多次，但会破坏以前执行的结果

返回参数：

TSM _SUCCESS

TSM _E_INVALID_HANDLE

TSM _E_INVALID_ATTRIB_FLAG

TSM _E_INVALID_ATTRIB_SUBFLAG

TSM _E_INVALID_ATTRIB_DATA

TSM _E_BAD_PARAMETER

TSM _E_INTERNAL_ERROR

注： 当Tspi_Hash_SetUserMessageData、Tspi_Hash_SetUserMessageData、Tspi_Hash_SetHashValue、Tspi_Hash_GetHashValue、Tspi_Hash_Sign、Tspi_Hash_VerifySignature和Tspi_Hash_TickStampBlob调用后，不能使用Tspi_SetAttribUint32(TSM_TSPATTRIB_HASH_SCHEME)再次更改属性。

5.8.2　获取杂凑对象属性(整型参数)

功能描述：

获取杂凑对象的32-bit属性。

接口定义：

```
TSM_RESULT Tspi_GetAttribUint32
(
    TSM_HOBJECT           hHash,             // in
    TSM_FLAG              attribFlag,        // in
    TSM_FLAG              subFlag,           // in
    UINT32*               pulAttrib          // out
```

);

输入参数描述：

——hHash　　杂凑对象句柄。

——attribFlag　　声明需要设置的属性标记。

——subFlag　　声明需要设置的子属性标记。

属性说明见表 23。

表 23　属性说明表

属性标记	子属性标记	值	描述
TSM _ TSPATTRIB _ HASH _SCHEME	0	TSM _ TSPATTRIB _ HASH-SCHEME_NORMAL(默认)	使用普通的杂凑方法进行杂凑操作。仅能 Tspi_Hash _UpdateHashValue，可以执行多次
	0	TSM _ TSPATTRIB _ HASH-SCHEME_GB	使用普通的杂凑方法进行杂凑操作。仅能 Tspi_Hash _SetUserMessageData，可以执行多次，但会破坏以前执行的结果

输出参数描述：

——pulAttrib　　获取的属性值。

返回参数：

TSM _SUCCESS

TSM _E_INVALID_HANDLE

TSM _E_INVALID_ATTRIB_FLAG

TSM _E_INVALID_ATTRIB_SUBFLAG

TSM _E_BAD_PARAMETER

TSM _E_INTERNAL_ERROR

5.8.3　设置杂凑对象属性(变长参数)

功能描述：

设置数据对象的非 32-bit 属性。属性数据的结构和大小依赖于属性。

接口定义：

```
TSM_RESULT Tspi_SetAttribData
(
    TSM_HOBJECT        hHash,               // in
    TSM_FLAG           attribFlag,          // in
    TSM_FLAG           subFlag,             // in
    UINT32             ulAttribDataSize,    // in
    BYTE*              rgbAttribData        // in
);
```

输入参数描述：

——hHash　　需要设置属性的 Hash 对象句柄。

——attribFlag　声明需要设置的属性标记。
——subFlag　声明需要设置的子属性标记。
属性说明见表 24。

表 24　属性说明表

属性标记	子属性标记	数据描述
TSM_TSPATTRIB_ALG_IDENTIFIER	0	设置密码杂凑算法标识

——ulAttribDataSize　rgbAttribData 的长度。
——rgbAttribData　需设置的属性值(SM3 的算法标识符)。
返回参数：

```
TSM_SUCCESS
TSM_E_INVALID_HANDLE
TSM_E_INVALID_ATTRIB_FLAG
TSM_E_INVALID_ATTRIB_SUBFLAG
TSM_E_INVALID_ATTRIB_DATA
TSM_E_BAD_PARAMETER
TSM_E_INTERNAL_ERROR
```

5.8.4　对用户数据进行杂凑操作

功能描述：
对输入的用户信息,消息以及相关的公钥信息按照签名过程中定义的密码杂凑算法进行计算。
接口定义：

```
TSM_RESULT Tspi_Hash_SetUserMessageData
(
  TSM_HHASH          hHash,           // in
  TSM_HKEY           hKey,            // in
  UINT32             ulUserIDSize,    // in
  BYTE*              rgbUserID,       // in
  UINT32             ulMessageSize,   // in
  BYTE*              rgbMessage,      // in
);
```

输入参数描述：
——hHash　杂凑对象句柄。
——hKey　公钥的密钥句柄。
——ulUserIDSize　输入的用户信息的长度。
——rgbUserID　输入的用户信息。
——ulMessageSize　输入的消息长度。
——rgbMessage　输入的消息。
返回参数：

```
TSM_SUCCESS
TSM_E_INVALID_HANDLE
TSM_E_BAD_PARAMETER
```

TSM_E_HASH_INVALID_LENGTH

TSM_E_HASH_NO_DATA

TSM_E_INTERNAL_ERROR

注：仅当使用了 Tspi_SetAttribUint32 设置 TSM_TSPATTRIB_HASHSCHEME_GB 属性后，才能使用 Tspi_Hash_SetUserMessageData 方法对用户信息与消息进行杂凑运算。当使用了 Tspi_Hash_SetUserMessageData 方法后，不能再使用 Tspi_SetAttribUint32 设置 TSM_TSPATTRIB_HASHSCHEME_NORMAL 属性，也不能使用 Tspi_Hash_UpdateHashValue 方法。可以使用 Tspi_Hash_GetHashValue、Tspi_Hash_Sign、Tspi_Hash_verifySinature 和 Tspi_Hash_TickStampBlob 等函数。

5.8.5 设置杂凑值

功能描述：

本函数设置杂凑类的 HASH 值。如果杂凑对象的标志位为 TSM_HASH_OTHER，那么就要调用 Tspi_SetAttribData 设置密码杂凑算法。

接口定义：

```
TSM_RESULT Tspi_Hash_SetHashValue
(
    TSM_HHASH          hHash,                // in
    UINT32             ulHashValueLength,    // in
    BYTE*              rgbHashValue          // in
);
```

输入参数描述：

——hHash　杂凑对象句柄。

——ulHashValueLength　参数 rgbHashValue 的长度(以字节为单位)。

——rgbHashValue　指向 Hash 值存储空间。

输出参数描述：

——无。

返回参数

TSM_SUCCESS

TSM_E_INVALID_HANDLE

TSM_E_BAD_PARAMETER

TSM_E_HASH_INVALID_LENGTH

TSM_E_HASH_NO_DATA

TSM_E_INTERNAL_ERROR

5.8.6 获取杂凑值

功能描述：

本函数返回杂凑类的杂凑值。

接口定义：

```
TSM_RESULT Tspi_Hash_GetHashValue
(
    TSM_HHASH          hHash,                 // in
    UINT32*            pulHash ValueLength,   // out
```

```
    BYTE**                    prgbHashValue          // out
);
```

输入参数描述：

——hHash　杂凑对象句柄。

输出参数描述：

——pulHashValueLength　参数 prgbHashValue 的长度(以字节为单位)。

——prgbHashValue　指向杂凑值存储空间。

返回参数

TSM_SUCCESS

TSM_E_INVALID_HANDLE

TSM_E_BAD_PARAMETER

TSM_E_HASH_INVALID_LENGTH

TSM_E_HASH_NO_DATA

TSM_E_INTERNAL_ERROR

5.8.7 更新杂凑值

功能描述：

本函数更新杂凑对象的杂凑值。

接口定义：

```
TSM_RESULT Tspi_Hash_UpdateHashValue
(
    TSM_HHASH          hHash,            // in
    UINT32             ulDataLength,     // in
    BYTE*              rgbData           // in
);
```

输入参数描述：

——hHash　待更新的杂凑对象句柄。

——ulDataLength　参数 rgbData 的数据长度(以字节为单位)。

——rgbData　指向要被更新的数据。

输出参数描述：

——无。

返回参数

TSM_SUCCESS

TSM_E_INVALID_HANDLE

TSM_E_BAD_PARAMETER

TSM_E_HASH_INVALID_LENGTH

TSM_E_HASH_NO_DATA

TSM_E_INTERNAL_ERROR

5.8.8 对杂凑值签名

功能描述：

对杂凑后的结果使用签名密钥进行签名。

接口定义：

```
TSM_RESULT Tspi_Hash_Sign
(
  TSM_HHASH        hHash,                // in
  TSM_HKEY         hKey,                 // in
  UINT32*          pulSignatureLength,   // out
  BYTE**           prgbSignature         // out
  );
```

输入参数描述：

——hHash　需要签名的杂凑对象句柄。

——hKey　用于签名的密钥句柄。

输出参数描述：

——pulSignatureLength　如果操作成功，为返回的签名数据的长度。

——prgbSignature　如果操作成功，为返回的签名数据。

返回参数：

TSM_SUCCESS

TSM_E_INVALID_HANDLE

TSM_E_BAD_PARAMETER

TSM_E_HASH_INVALID_LENGTH

TSM_E_HASH_NO_DATA

TSM_E_HASH_NO_IDENTIFIER

TSM_E_INTERNAL_ERROR

注：签名的数据必须被设置在一个杂凑对象的实例中。使用 Tspi_Hash_SetHashValue()、Tspi_Hash_UpdateHash()或 Tspi_Hash_SetUserMessageData()可以设置或计算杂凑数据。Tspi_Hash_Sign 方法为 prgbSignature 分配内存。释放这个内存必须使用 Tspi_Context_FreeMemory 方法。

5.8.9 验证杂凑值签名

功能描述：

本函数用于验证一个杂凑类的签名。

接口定义：

```
TSM_RESULT Tspi_Hash_VerifySignature
(
  TSM_HHASH        hHash,                // in
  TSM_HKEY         hKey,                 // in
  UINT32           ulSignatureLength,    // in
  BYTE*            rgbSignature          // in
);
```

输入参数描述：

——hHash　待验证杂凑对象句柄。

——hKey　签名密钥句柄。

——ulSignatureLength　签名数据 rgbSignature 长度。

——rgbSignature　　指向签名数据。

输出参数描述：

——无。

返回参数

TSM_SUCCESS

TSM_E_INVALID_HANDLE

TSM_E_BAD_PARAMETER

TSM_E_HASH_INVALID_LENGTH

TSM_E_HASH_NO_DATA

TSM_E_INVALID_SIGSCHEME

TSM_E_INTERNAL_ERROR

5.8.10 给杂凑类加时间戳

功能描述：

该方法用于给一个杂凑类加一个时间戳。它将一个时钟计数(tickvalue)与一个 blob 相关联，用以标识该 blob 在 tickvalue 对应的时间之前就已存在。

接口定义：

```
TSM_RESULT Tspi_Hash_TickStampBlob
(
    TSM_HHASH            hHash,              // in
    TSM_HKEY             hIdentKey,          // in
    TSM_VALIDATION*      pValidationData     //in
);
```

输入参数描述：

——hHash　　指向 20 字节的杂凑对象句柄。

——hIdentKey　　用于执行时间戳的身份密钥。

——pValidationData　　指向用来验证签名的数据。

输出参数描述：

——无。

返回参数

TSM_SUCCESS

TSM_E_INVALID_TCM_HANDLE

TSM_E_INVALID_KEY_HANDLE

TSM_E_INTERNAL_ERROR

5.9 密钥协商

5.9.1 创建会话

功能描述：

与 TCM 创建一个密钥协商会话句柄，并返回一个临时的曲线上的点。

密钥协商双方 A 与 B 使用这个函数生成临时点分别为 Ra，Rb。用户 A 将 Ra 传送给用户 B，用户 B 将 Rb 传送给用户 A，再使用 Tspi_Exchange_GetKeyExchange 进行密钥协商计算。

当已经使用 Tspi_Exchange_CreateKeyExchange 创建了立了密钥协商句柄，再使用 Tspi_Exchange_CreateKeyExchange 函数时，返回 TSM_E_EXCHANGE_HANDLE_ EXIST 错误码，必须使用 Tspi_Exchange_ReleaseExchangeSession 释放这个密钥协商句柄后，可以再次使用 Tspi_Exchange_CreateKeyExchange 与 TCM 建立密钥协商句柄。

接口定义：

```
TSM_RESULT Tspi_Exchange_CreateKeyExchange
(
    TSM_HEXCHANGE        hKeyExchange,       // in
    UINT32*              pcRxSize,           //out
    BYTE**               prgbRxPoint         //out
);
```

输入参数描述：

——hKeyExchange　　密钥协商句柄。

输出参数描述：

——pcRxSize　　输出 prgbRxPoint 的长度。

——prgbRxPoint　　返回一个临时的 SM2 曲线上的点，按照国标密码算法规定的未压缩编码形式的字符串。

返回参数：

TSM_SUCCESS

TSM_E_INVALID_HANDLE

TSM_E_BAD_PARAMETER

TSM_E_INTERNAL_ERROR

TSM_E_EXCHANGE_HANDLE_EXIST

5.9.2 获取会话密钥

功能描述：

与 TCM 创建一个密钥协商会话句柄，并返回一个临时的曲线上的点。一次协商会话只能做一次密钥交换。

如果并没有使用 Tspi_Exchange_CreateKeyExchange 创建密钥协商句柄，本函数必须返回返回 TSM_E_EXCHANGE_HANDLE_ NOT_EXIST 错误码。

在操作成功后，hSessionKey 句柄表示成功协商之后的对称密钥句柄。

假定用户 A 与用户 B 进行密钥协商，当双方使用 Tspi_Exchange_GetKeyExchange 函数操作成功后，用户 A 的本地校验数据为 Sa，发给对方的校验数据为 S1；用户 B 的本地校验数据为 Sb，发给对方的校验数据为 S2。用户 A 需要比较 Sa 与 S2 是否相等；用户 B 需要比较 Sba 与 S1 是否相等。如果验证失败，双方使用生成的对称密钥进行加解密会失败。

接口定义：

```
TSM_RESULT Tspi_Exchange_GetKeyExchange
(
    TSM_HEXCHANGE           hKeyExchange,       // in
    TSM_HKEY                hPermanentKey,      // in
    TSM_EXCHANGE_TAG        cExchangeTag        // in
```

```
    UINT32                  cPointSize,         // in
    BYTE*                   rgbPoint,           // in
    UINT32                  cRaSize             // in
    BYTE*                   rgbRa,              // in
    UINT32                  cRbSize             // in
    BYTE*                   rgbRb,              // in
    UINT32                  cRxSize             // in
    BYTE*                   rgbRx,              // in
    TSM_HKEY*               phKey               // in ,out
    UINT32*                 pcSxSize            //out
    BYTE**                  prgbSxData,         // out
    UINT32*                 pcSySize            // out
    BYTE**                  prgbSyData          // out
);
```

输入参数描述：

——hKeyExchange　密钥协商句柄。

——hPermanentKey　已经加载到 TCM 的本地静态密钥句柄。

——cExchangeTag　协商标识为密钥协商的身份标识，1 代表发起方，2 代表响应方。

——phKey　产生的密钥结构属性，用来作为生成密钥的存储结构，不与 PCR 相绑定。

——cPointSize　对方静态密钥公钥信息长度。

——rgbPoint　对方静态密钥公钥信息。

——cRaSize　本地个人信息长度。

——rgbRa　本地个人信息。

——cRbSize　对方个人信息长度。

——rgbRb　对方个人信息。

——cRxSize　对方临时密钥公钥信息长度。

——rgbRx　对方临时密钥公钥信息。

输出参数描述：

——phKey　协商的共享密钥。

——pcSxSize　用于本地验证协商过程的数据长度。

——prgbSxData　用于本地验证协商过程的数据。

——pcSySize　提供给对方进行验证过程的数据长度。

——prgbSyData　提供给对方进行验证过程的数据。

返回参数：

TSM_SUCCESS

TSM_E_INVALID_HANDLE

TSM_E_BAD_PARAMETER

TSM_E_INTERNAL_ERROR

TSM_E_EXCHANGE_HANDLE_NOT_EXIST

5.9.3 释放会话

功能描述：

释放与 TCM 建立的密钥协商会话句柄。

如果并没有使用 Tspi_Exchange_CreateKeyExchange 创建密钥协商句柄,本函数必须返回 TSM_E_EXCHANGE_HANDLE_ NOT_EXIST 错误码。

接口定义：

```
TSM_RESULT Tspi_Exchange_ReleaseExchangeSession
(
  TSM_HEXCHANGE          hKeyExchange,            // in
);
```

输入参数描述：

——hKeyExchange　　密钥协商句柄。

返回参数：

TSM_SUCCESS

TSM_E_INVALID_HANDLE

TSM_E_INTERNAL_ERROR

TSM_E_EXCHANGE_HANDLE_NOT_EXIST

附 录 A
(规范性附录)
数字证书格式

A.1 概述

本附录采用抽象语法表示法(ASN.1)的特定编码规则(DER)对下列证书项中的各项信息进行编码,组成特定的证书数据结构。ASN.1 DER 编码是关于每个元素的标记、长度和值的编码系统。

本证书格式见 GB/T 16264.8—2005 及 RFC3280。

A.2 基本证书域的数据结构

数字证书的基本数据结构如下:

```
Certificate  ::=  SEQUENCE  {
tbsCertificate         TBSCertificate,
signatureAlgorithm     AlgorithmIdentifier,
signatureValue         BIT STRING   }

TBSCertificate  ::=  SEQUENCE  {
version              [0]  EXPLICIT Version DEFAUT V3,
serialNumber         CertificateSerialNumber,
signature            AlgorithmIdentifier,
issuer               Name,
validity             Validity,
subject              Name,
subjectPublicKeyInfo SubjectPublicKeyInfo,
issuerUniqueID   [1] IMPLICIT UniqueIdentifier OPTIONAL,
                                    -- 如果出现,version 必须是 v2 或者 v3
subjectUniqueID [2] IMPLICIT Unique Identifier OPTIONAL,
                                    -- 如果出现,version 必须是 v2 或者 v3
extensions      [3] EXPLICIT Extensions OPTIONAL        扩展项
                                    -- 如果出现, version 必须是 v3}

Version  ::=  INTEGER  {  v1(0), v2(1), v3(2)  }

CertificateSerialNumber  ::=  INTEGER

Validity ::= SEQUENCE {
notBefore       Time,
notAfter        Time }
```

```
Time ::= CHOICE {
utcTime            UTCTime,
generalTime        GeneralizedTime }

UniqueIdentifier ::= BIT STRING

SubjectPublicKeyInfo ::= SEQUENCE {
algorithm            AlgorithmIdentifier,
subjectPublicKey     BIT STRING }

Extensions ::= SEQUENCE SIZE (1..MAX) OF Extension

Extension ::= SEQUENCE {
extnID        OBJECT IDENTIFIER,
critical      BOOLEAN DEFAULT FALSE,
extnValue     OCTET STRING }
```

上述的证书数据结构由 tbsCertificate、signatureAlgorithm 和 signatureValue 三个域构成。这些域的含义如下：

——tbsCertificate 域包含了主体名称和签发者名称、主体的公钥、证书的有效期以及其他的相关信息。

——signatureAlgorithm 域包含证书签发机构签发该证书所使用的密码算法的标识符。一个算法标识符的 ASN.1 结构如下：

```
AlgorithmIdentifier ::= SEQUENCE {
    algorithm       OBJECT IDENTIFIER,
    parameters      ANY DEFINED BY algorithm OPTIONAL }
```

算法标识符用来标识一个密码算法，其中的 OBJECT IDENTIFIER 部分标识了具体的算法（如 SM3withSM2Signature），可选参数的内容完全依赖于所标识的算法。该域的算法标识符必须与 tbsCertificate 中的 signature 标识的签名算法项相同。

——signatureValue 域包含了对 tbsCertificate 域进行数字签名的结果。采用 ASN.1 DER 编码的 tbsCertificate 作为数字签名的输入，而签名的结果则按照 ASN.1 编码成 BIT STRING 类型并保存在证书签名值域内。

A.3 TBSCertificate 及其数据结构

A.3.1 概述

TBSCertificate 包含了证书结构中前 10 项的信息。这些信息主要有主体和签发者的名称、主体的公钥、有效期、版本号和序列号，有些 TBSCertificate 还可以包含可选的唯一标识符项和扩展项。

下面描述这些项的语法和语义。

A.3.2 版本 Version

本项描述了编码证书的版本号，默认为 V3(2)。

A.3.3 序列号 Serial number

序列号是CA分配给每个证书的一个正整数,一个CA签发的每张证书的序列号必须是唯一的(这样,通过签发者的名字和序列号就可以唯一地确定一张证书),CA必须保证序列号是非负整数。序列号可以是长整数。

A.3.4 签名算法 Signature algorithms

本项包含CA签发该证书所使用的密码算法的标识符,这个算法标识符必须与证书中signatureAlgorithm项的算法标识符相同。可选参数的内容完全依赖所标识的具体算法,可以支持用户定义的签名算法。

本标准采用:SM3withSM2Signature(1.2.156.10197.1.502)算法。

A.3.5 颁发者 Issuer

本项标识了证书签名和证书颁发的实体。它必须包含一个非空的甄别名称(DN-distinguished name)。该项被定义为X.501的Name类型,其ASN.1的结构如下:

```
Name ::= CHOICE { RDNSequence }

RDNSequence ::= SEQUENCE OF RelativeDistinguishedName

RelativeDistinguishedName ::= SET OF AttributeTypeAndValue

AttributeTypeAndValue ::= SEQUENCE {
type    AttributeType,
value   AttributeValue }

AttributeType ::= OBJECT IDENTIFIER

AttributeValue ::= ANY DEFINED BY AttributeType

DirectoryString ::= CHOICE {
teletexString           TeletexString (SIZE (1..MAX)),
printableString         PrintableString (SIZE (1..MAX)),
universalString         UniversalString (SIZE (1..MAX)),
utf8String              UTF8String (SIZE (1..MAX)),
bmpString               BMPString (SIZE (1..MAX)) }
```

Name描述了由一些属性组成的层次结构的名称,如国家名、相应的值,如"国家=CN"。其中AttributeValue部分的类型是由AttributeType确定的,通常它是一个DirectoryString类型。DirectoryString类型被定义为PrintableString、TeletexString、BMPString、UTF8String和UniversalString类型之一。必须使用UTF8String进行编码。

关于本项应用的更详细说明,可参照RFC3280。

A.3.6 有效期 Validity

证书有效期是一个时间段,在这个时间段内,CA担保它将维护关于证书状态的信息。该项被表示成一个具有两个时间值的 SEQUENCE 类型数据:证书有效期的起始时间(notBefore)和证书有效期的终止时间(notAfter)。NotBefore 和 notAfter 这两个时间都可以作为 GeneralizedTime 类型进行编码。

通用时间类型,GeneralizedTime 是一个标准 ASN.1 类型,表示时间的可变精确度。GeneralizedTime 字段能包含一个本地和格林威治标准时间之间的时间差。本标准中,GeneralizedTime 值必须用格林威治标准时间表示,且必须包含秒,即使秒的数值为零(即时间格式为 YYYYMMDDHHMMSSZ)。GeneralizedTime 值绝不能包含小数秒(fractional seconds)。

A.3.7 主体 Subject

主体项描述了与主体公钥项中的公钥相对应的实体。主体名称可以出现在主体项和/或主体可选替换名称扩展项中(subjectAltName)。如果主体是一个 CA,那么主体项必须是一个非空的与签发者项的内容相匹配的甄别名称(distinguished name)。如果主体的命名信息只出现在主体可选替换名称扩展项中(例如密钥只与一个特定组织名称或者 URL 绑定),那么主体名称必须是一个空序列,且主体可选替换名称扩展项必须被标识成关键的。

当主体项非空时,这个项必须包含一个 X.500 的甄别名称(DN),一个 CA 认证的每个主体实体的甄别名称必须是唯一的。主体名称扩展项被定义成 X.501 的 Name 类型。它描述了由一些属性组成的层次结构的名称,如国家名、相应的值,如"国家=CN"。其中 AttributeValue 部分的类型是由 AttributeType 确定的,通常它是一个 DirectoryString 类型。DirectoryString 类型被定义为 PrintableString、TeletexString、BMPString、UTF8String 和 UniversalString 类型之一。UTF8String 编码是首选的编码。

关于本项应用的更详细说明,可参照 RFC3280。

A.3.8 主体公钥信息 Subject Public Key Info

本项用来标识公钥和相应的公钥算法。公钥算法将使用算法标识符 AlgorithmIdentifier 结构来表示。

本标准使用非压缩格式的公钥形式,即第一个字节为 0x04。

本标准规定密钥采用 SM2 签名算法,即 1.2.156.10197.1.301 算法。

A.3.9 扩展项 Extensions

若出现,该项则是一个或多个证书扩展的序列(SEQUENCE),其内容和数据结构在下节定义。

A.4 证书扩展域

A.4.1 概述

可信计算密码支撑平台的数字证书格式对 keyUsage 扩展项进行附加说明,并增加了 TCMExtension 扩展来定义用于可信计算密码支撑平台的信息。

其他扩展项的详细说明可参照 RFC3280。

A.4.2 标准扩展

A.4.2.1 密钥用法 keyUsage

此扩展指示已认证的公开密钥用于何种用途,该项定义如下:

```
id-ce-keyUsage OBJECT IDENTIFIER ::= {id-ce 15}

KeyUsage::=BIT STRING{
```

digitalSignature (0),
nonRepudiation (1),
keyEncipherment (2),
dataEncipherment (3),
keyAgreement (4),
keyCertSign (5),
cRLSign (6),
encipherOnly (7),
decipherOnly (8)
}

这个扩展必须被标记为关键。

KeyUsage 类型中的用法如下：

a) digitalSignature:验证下列 b)、f)或 g)所标识的用途之外的数字签名；
b) nonRepudiation:验证用来提供抗抵赖服务的数字签名，这种服务防止签名实体不实地拒绝某种行为(不包括如 f)或 g)中的证书或 CRL 签名)；
c) keyEncipherment :加密密钥或其他安全信息，例如用于密钥传输；
d) dataEncipherment:加密用户数据，但不包括上面 c)中的密钥或其他安全信息；
e) keyAgreement:用作公开密钥协商密钥；
f) keyCertSign:验证证书的 CA 签名；
g) CRLSign:验证 CRL 的 CA 签名；
h) EncipherOnly:当本比特与已设置的 keyAgreement 比特一起使用时，公开密钥协商密钥仅用于加密数据；
i) DecipherOnly:当本比特与已设置的 keyAgreement 比特一起使用时，公开密钥协商密钥仅用于解密数据。

本标准规定如下：

a) 此扩展项为必选项；
b) EK 证书的 KeyUsage 必须包含:digitalSignature、keyEncipherment、dataEncipherment；
c) PEK 证书的 KeyUsage 必须包含:keyEncipherment、dataEncipherment；
d) PIK 证书的 KeyUsage 必须包含:digitalSignature。

A.4.3 可信计算扩展

本节为可信计算密码支撑平台定义的证书扩展项，每一扩展和一 OID 联系起来。OID 是 id-tcm 的成员，定义如下：

id-tcm OBJECT IDENTIFIER ::= {1.2.156.10179.4.1.1.1}

A.4.3.1 可信计算 TCM 信息 tcmInfomation

该扩展用于指明 TCM 规范及生产厂商有关信息，该项定义如下：

id-tcm-tcmInfomation OBJECT IDENTIFIER ::= { id-tcm 1 }

tcmInfomation ::= SEQUENCE {
certTag CertTagFlags,
tcmModuleInfo TCMModuleInfo,
specVersion DisplayText,
tcmClaim DisplayText

```
}
CertTagFlags::=BITSTRING{
     EK                    (0),
     PIK                   (1),
     PEK                   (2)
}
TCMModuleInfo::=   SEQUENCE   {
     TCMVender             [0] EXPLICIT   DisplayText,
     TCMModel              [1] EXPLICIT   DisplayText OPTIONAL,
     TCMVersion            [2] EXPLICIT   DisplayText OPTIONAL
}
DisplayText ::= CHOICE {
      visibleString    VisibleString        (SIZE (1..200)),
      bmpString          BMPString          (SIZE (1..200)),
      utf8String        UTF8String          (SIZE (1..200))
}
```

DisplayText 类型被定义为 VisibleString、BMPString 和 UTF8String 类型之一。在本标准中必须使用 UTF8String 进行编码。

这个扩展必须被标记为关键。

证书类型标签(CertTag):指明该证书的类型,该标签使得可信计算密码支撑平台中不同类型证书(EK、PIK、PEK 证书)得以有效区分。

可信密码模块信息(TCMModuleInfo):可信密码模块型号用于标识可信密码模块的类型。包括三个子项分别是:可信密码模块生产商(TCMVender)、可信密码模块型号(TCMModel)、可信密码模块版本(TCMVersion)。其中后两项 TCMModel、TCMVersion 为生产商自定义信息。

可信密码模块生产商(TCMVender):用于标识可信密码模块的生产商的名称。

可信密码模块型号(TCMModel):生产商用于标识所生产 TCM 的型号,国家密码管理局授予或自己定义。

可信密码模块版本(TCMVersion):生产商用于标识所生产 TCM 的固件(Firmware)的版本号。

规范版本号(SpecVersion):标识实现该可信密码模块时所遵循的“可信计算密码支撑平台技术规范”版本号,形式为“可信计算密码支撑平台技术规范 v1.0.0.0 ”。

可信密码模块声明(TCMClaim):此项可以包括有关发布过程安全属性的声明。例如,密码模块密钥生成过程的描述,密码模块密钥是在平台的生产阶段生成的还是在部署阶段生成的。但并不仅限于此。它也可能包括设计和实现该可信密码模块的符合性评估过程。表述内容:“生产阶段生成”或“部署阶段生成”。

附　录　B
（规范性附录）
接口规范数据结构

B.1　基础定义

B.1.1　数据类型

B.1.1.1　指针和句柄长度

指针和句柄长度均为32位。

B.1.1.2　基本类型

基本类型见表B.1。

表 B.1　基本类型

类　型	定　义
UINT32	无符号32位整型
BYTE	无符号字符型
TSM_BOOL	带符号字符型
TSM_UNICODE	看作16比特的序列(比特串)
PVOID	32位指针

B.1.1.3　布尔类型

布尔类型见表B.2。

表 B.2　布尔类型

名　称	值	描　述
TRUE	0x01	真
FALSE	0x00	假

B.1.1.4　导出类型

导出类型见表B.3。

表 B.3 导出类型

类 型	定 义	描 述
TSM_FLAG	UINT32	对象属性
TSM_HOBJECT	UINT32	基本对象句柄
TSM_ALGORITHM_ID	UINT32	TSM 算法标
TSM_MIGRATE_SCHEME	UINT32	TSM 迁移方案标识
TSM_KEY_USAGE_ID	UINT32	TSM 密钥使用类型标识
TSM_KEY_ENC_SCHEME	UINT32	TSM 加密方案标识
TSM_KEY_SIG_SCHEME	UINT32	TSM 签名方案标识
TSM_EVENTTYPE	UINT32	TSM 事件类型
TSM_COUNTER_ID	UINT32	计数器标识
TSM_RESULT	UINT32	TSM 接口命令结果

B.1.1.5 对象类型

导出类型见表 B.4。

表 B.4 对象类型

类 型	定 义	描 述
TSM_HCONTEXT	TSM_HOBJECT	上下文对象句柄
TSM_HPOLICY	TSM_HOBJECT	安全策略对象句柄
TSM_HTCM	TSM_HOBJECT	TCM 对象句柄
TSM_HKEY	TSM_HOBJECT	密钥对象句柄
TSM_HENCDATA	TSM_HOBJECT	加密数据对象句柄
TSM_HPCRS	TSM_HOBJECT	PCR 组合对象句柄
TSM_HHASH	TSM_HOBJECT	杂凑对象句柄
TSM_HNVSTORE	TSM_HOBJECT	NV 数据对象句柄
TSM_HMIGDATA	TSM_HOBJECT	迁移数据处理对象句柄
TSM_HEXCHANGE	TSM_HOBJECT	密钥协商对象句柄

B.1.2 定义的常量

B.1.2.1 对象类型定义

对象类型的定义与 Tspi_Context_CreateObject 方法一起使用。定义的对象类型基于数据类型 TSM_FLAG，见表 B.5。

表 B.5 对象类型定义

对象类型	描　　述
TSM_OBJECT_TYPE_POLICY	策略对象
TSM_OBJECT_TYPE_KEY	密钥对象(包括对称与非对称)
TSM_OBJECT_TYPE_ENCDATA	加密数据对象;限定使用范围的数据、密封数据或信封封装数据
TSM_OBJECT_TYPE_PCRS	PCR 对象
TSM_OBJECT_TYPE_HASH	杂凑对象
TSM_OBJECT_TYPE_NV	非易失性存储对象
TSM_OBJECT_TYPE_MIGDATA	迁移数据处理对象
TSM_OBJECT_TYPE_EXCHANGE	密钥协商对象

B.1.2.2 对象初始化定义

对象初始化标记的定义与 Tspi_Context_CreateObject 方法一起使用。定义初始化标记基于数据类型 TSM_FLAG,见 B.6。

表 B.6 对象初始化标记定义

初始化标记	描　　述
TSM_KEY_SIZE_DEFAULT_SYM	缺省的对称密钥长度
TSM_KEY_SIZE_DEFAULT_ASY	缺省的非对称密钥长度
TSM_KEY_SIZE_128	SMS4 的密钥长度为 128-bit
TSM_KEY_SIZE_256	SM2 的私钥长度为 256-bit
TSM_KEY_SIZE_512	SM2 的公钥长度为 512-bit
TSM_SM2KEY_TYPE_STORAGE	SM2 存储加密密钥
TSM_SM2KEY_TYPE_SIGNING	SM2 签名密钥
TSM_SM2KEY_TYPE_BIND	SM2 加密密钥
TSM_SM2KEY_TYPE_IDENTITY	SM2 身份标识密钥
TSM_SM2KEY_TYPE_AUTHCHANGE	临时性 SM2 密钥,用于改变授权数据值
TSM_SM2KEY_TYPE_MIGRATE	迁移保护密钥
TSM_SMS4KEY_TYPE_STORAGE	SMS4 存储加密密钥
TSM_SMS4KEY_TYPE_BIND	SMS4 加密密钥
TSM_KEY_NON_VOLATILE	非易失性密钥,启动时可以不加载
TSM_KEY_VOLATILE	易失性密钥,启动时必须加载
TSM_KEY_NOT_MIGRATABLE	不可迁移密钥(缺省属性)
TSM_KEY_MIGRATABLE	可迁移的密钥
TSM_KEY_NO_AUTHORIZATION	无需授权的密钥(缺省属性)
TSM_KEY_AUTHORIZATION	使用需授权的密钥

表 B.6（续）

初始化标记	描　　述
TSM_KEY_AUTHORIZATION_PRIV_USE_ONLY	密钥的私钥部分使用时需授权的密钥
TSM_KEY_STRUCT_KEY	使用 TCM 密钥对象
TSM_KEY_EMPTY_KEY	非 TCM 密钥模板(空 TSM 密钥对象)
TSM_KEY_TSP_SMK	使用 TCM SMK 模板(用于 SMK 的 TSM 密钥对象)
TSM_ENCDATA_SEAL	用于数据封装操作的数据对象
TSM_ENCDATA_BIND	用于加密操作的数据对象
TSM_ENCDATA_ENVELOP	用于数字信封操作的数据对象
TSM_HASH_DEFAULT	缺省密码杂凑算法
TSM_HASH_SM3	SM3 算法的杂凑对象
TSM_HASH_OTHER	其他算法的杂凑对象
TSM_POLICY_USAGE	用于授权的策略对象
TSM_POLICY_MIGRATION	用于密钥迁移的策略对象
TSM_POLICY_OPERATOR	用于操作者授权的策略对象
TSM_PCRS_STRUCT_INFO	使用 TCM 的 PCR 对象
TSM_ EXCHANGE_DEFAULT	密钥协商对象

B.1.2.3　上下文对象的属性定义

上下文对象的属性定义见表 B.7。

表 B.7　上下文属性标记

TSM_TSPATTRIB_CONTEXT_SILENT_MODE	获取或设置一个上下文对象的休眠模式
TSM_TSPATTRIB_CONTEXT_MACHINE_NAME	获得 TSM 的机器名
TSM_TSPATTRIB_CONTEXT_VERSION_MODE	获取或设置版本，该信息可用于处理上下文对象的模式
TSM_TSPATTRIB_CONTEXT_CONNECTION_VERSION	获得连接的最高支持版本(TSM 和 TCM 的最高通用版本)
TSM_TSPATTRIB_CONTEXT_TRANSPORT	获取或设置与该上下文对象相关联的传输会话的相关属性
TSM_TSPATTRIB_SECRET_HASH_MODE	获得/设置串的杂凑操作模式
TSM_TSPATTRIB_CONTEXTTRANS_CONTROL	打开与关闭传输会话
TSM_TSPATTRIB_CONTEXTTRANS_MODE	控制传输会话的特性
TSM_TSPATTRIB_SECRET_HASH_MODE_POPUP	获取或设置在弹出模式下杂凑操作

上下文属性值定义见表 B.8。

表 B.8 上下文属性值定义

TSM_TSPATTRIB_CONTEXT_NOT_SILENT	请求用户提供密码时，显示 TSM 对话框
TSM_TSPATTRIB_CONTEXT_SILENT	不显示 TSM 对话框(默认)
TSM_TSPATTRIB_TRANSPORT_NO_DEFAULT_ENCRYPTION	使传输会话中数据加密功能关闭
TSM_TSPATTRIB_TRANSPORT_DEFAULT_EN CRYPTION	使传输会话中数据加密功能打开
TSM_TSPATTRIB_TRANSPORT_EXCLUSIVE	排它传输模式

B.1.2.4 TCM 对象属性定义

TCM 对象属性标记定义见表 B.9。

表 B.9 TCM 对象属性标记

TSM_TSPATTRIB_TCMCAP_SET_VENDOR	允许厂商在 TCM 中按照常规受保护区域位置的需求设置特定区域
TSM_TSPATTRIB_TCM_ORDINAL_AUDIT_STA TUS	向审计列表添加或清除一个命令码
TSM_TSPATTRIB_TCMCAP_MIN_COUNTER	表示单调计数器递增的最小时间间隔，该间隔以 1/10 秒为度量单位
TSM_TSPATTRIB_TCMCAP_FLAG_VOLATILE	返回 TCM 启动标志

证书部分的属性标记定义见表 B.10。

表 B.10 属性标记

标 记	子标记	属性描述
TSM_TSPATTRIB_TCM_CREDENTIAL	TSM_TCMATTRIB_EKCERT	密码模块证书 blob
	TSM_TCMATTRIB_PLATF ORMCERT	平台身份证书 blob
TSM_TSPATTRIB_TCM_ORDINAL_AUDIT_STATUS	TCM_CAP_PROP_TCM_SET_ORDINAL_AUDIT	向审计列表中加入一个命令码
	TCM_CAP_PROP_TCM_CLEAR_ORDINAL_AUDIT	要添加到审计列表中或者要从审计列表中删除的命令码

B.1.2.5 策略对象属性定义

策略对象属性标记定义见表 B.11。

表 B.11 策略对象属性标记

TSM_TSPATTRIB_POLICY_SECRET_LIFETIME	设置/获得授权数据的生命周期
TSM_TSPATTRIB_POLICY_POPUPSTRING	设置一个以 NULL 结尾的 TSM_UNICODE 字符串，该字符串在 TSM 策略弹出对话框中显示
TSM_TSPATTRIB_SECRET_HASH_MODE	获得/设置上下文或策略对象的杂凑操作模式

子属性标记定义见表 B.12。

表 B.12 属性标记

TSM_TSPATTRIB_POLSECRET_LIFETIME_ALWAYS	授权数据总是有效
TSM_TSPATTRIB_POLSECRET_LIFETIME_COUNTER	授权数据可多次使用
TSM_TSPATTRIB_POLSECRET_LIFETIME_TIMER	授权数据有效期为 n 秒
TSM_TSPATTRIB_SECRET_HASH_MODE_POPUP	获得/设置弹出模式的杂凑行为

B.1.2.6 密钥对象属性定义

密钥对象属性标记见表 B.13。

表 B.13 密钥对象属性标记

TSM_TSPATTRIB_KEY_REGISTER	获得/设置密钥所注册的永久存储区
TSM_TSPATTRIB_KEY_BLOB	获得/设置密钥 blob
TSM_TSPATTRIB_KEY_INFO	获得密钥信息
TSM_TSPATTRIB_KEY_UUID	获得 TSM_UUID 结构，该结构包含为密钥所分配的 UUID
TSM_TSPATTRIB_KEY_PCR	获得密钥所封装到的 PCR 信息（用于采用 TSM_KEY_STRUCT_KEY 结构的密钥）
TSM_TSPATTRIB_KEY_CONTROLBIT	获得加载的密钥属性

子属性标记见表 B.14。

表 B.14 子属性标记

TSM_TSPATTRIB_KEYREGISTER_USER	密钥注册到用户永久存储区
TSM_TSPATTRIB_KEYREGISTER_SYSTEM	密钥注册到系统永久存储区
TSM_TSPATTRIB_KEYREGISTER_NO	密钥未注册到永久存储区
TSM_TSPATTRIB_KEYBLOB_BLOB	密钥 blob 形式的密钥信息
TSM_TSPATTRIB_KEYBLOB_PUBLIC_KEY	公钥 blob 形式的公钥信息
TSM_TSPATTRIB_KEYBLOB_PRIVATE_KEY	私钥 blob，是加密的私钥信息

表 B.14（续）

TSM_TSPATTRIB_KEYINFO_SIZE	密钥的比特长度
TSM_TSPATTRIB_KEYINFO_USAGE	密钥使用信息
TSM_TSPATTRIB_KEYINFO_KEYFLAGS	密钥标志
TSM_TSPATTRIB_KEYINFO_AUTHUSAGE	密钥授权使用信息
TSM_TSPATTRIB_KEYINFO_ALGORITHM	密钥算法标识
TSM_TSPATTRIB_KEYINFO_SIGSCHEME	密钥签名方案
TSM_TSPATTRIB_KEYINFO_ENCSCHEME	密钥加密方案
TSM_TSPATTRIB_KEYINFO_MIGRATABLE	若为真则密钥是可迁移的
TSM_TSPATTRIB_KEYINFO_VOLATILE	若为真则密钥是易失性的
TSM_TSPATTRIB_KEYINFO_AUTHDATAUSAGE	若为真则需要授权
TSM_TSPATTRIB_KEYINFO_VERSION	TSM 版本结构信息
TSM_TSPATTRIB_KEYINFO_KEYSTRUCT	密钥结构类型
TSM_TSPATTRIB_KEYPCR_LOCALITY_A TCREATION	创建 blob 时的 Locality
TSM_TSPATTRIB_KEYPCR_LOCALITY_A TRELEASE	使用密钥所需要的 locality
TSM_TSPATTRIB_KEYPCR_CREATION_S ELECTION	选定创建 blob 时活动的 PCR
TSM_TSPATTRIB_KEYPCR_RELEASE_SE LECTION	选定使用密钥所需要的 PCR
TSM_TSPATTRIB_KEYPCR_DIGEST_ATC REATION	digestAtCreation 值
TSM_TSPATTRIB_KEYPCR_DIGEST_ATR ELEASE	digestAtRelease 值

B.1.2.7 数据对象属性定义

数据对象属性标记见表 B.15。

表 B.15 数据对象属性标记

TSM_TSPATTRIB_ENCDATA_BLOB	获得/设置数据 blob
TSM_TSPATTRIB_ENCDATA_PCR	获得/设置用于封装数据的 PCR 信息(对于使用 TSM_PCRS_STRUCT_INFO 结构的加密数据对象)
TSM_TSPATTRIB_ENCDATA_SEAL	获得/设置封装操作的参数

数据对象子属性标记见表 B.16。

表 B.16 数据对象子属性标记

TSM_TSPATTRIB_ENCDATABLOB_BLOB	数据 blob,表示加密的数据,取决于其类型(封装、加密或数字信封)
TSM_TSPATTRIB_ENCDATAPCR_DIGEST_ATCREATION	获得封装时的 PCR 的组合摘要值
TSM_TSPATTRIB_ENCDATAPCR_DIGEST_ATRELEASE	获得为解封装选择的 PCR 的组合摘要值
TSM_TSPATTRIB_ENCDATAPCR_SELECTION	获得表示活动 PCR 的位图
TSM_TSPATTRIB_ENCDATAPCRLONG_LOCALITY_ATCREATION	获得封装时的 Locality 值
TSM_TSPATTRIB_ENCDATAPCRLONG_LOCALITY_ATRELEASE	获得解封时的 Locality 值
TSM_TSPATTRIB_ENCDATAPCRLONG_CREATION_SELECTION	获得表示封装时活动的 PCR 的位图
TSM_TSPATTRIB_ENCDATAPCRLONG_RELEASE_SELECTION	获得表示解封时活动的 PCR 的位图
TSM_TSPATTRIB_ENCDATAPCRLONG_DIGEST_ATCREATION	获得封装时选择的 PCR 的组合摘要
TSM_TSPATTRIB_ENCDATAPCRLONG_DIGEST_ATRELEASE	获得为解封选择的 PCR 的组合摘要值

B.1.2.8 NV 对象属性定义

NV 对象属性定义见表 B.17。

表 B.17 NV 对象属性标记

TSM_TSPATTRIB_NV_INDEX	NV 存储区的索引
TSM_TSPATTRIB_NV _PERMISSIONS	NV 权限
TSM_TSPATTRIB_NV_STATE	获得 NV 存储区的各种状态,只有在 NV 空间已经被定义的情况下才可用
TSM_TSPATTRIB_NV_DATASIZE	定义的 NV 存储区的大小
TSM_TSPATTRIB_NV_PCR	NV 存储区的 PCR 限制

NV 对象子标记定义见表 B.18。

表 B.18　NV 对象子标记定义

TSM_TSPATTRIB_NVSTATE_READSTCLEAR	每次启动 TCM 时设置为 FALSE,在 datasize 为 0 的 ReadValuexxx 之后,设置为 TRUE
TSM_TSPATTRIB_NVSTATE_WRIT ESTCLEAR	每次启动 TCM 时设置为 FALSE,在 datasize 为 0 的 WriteValuexxx 之后,设置为 TRUE
TSM_TSPATTRIB_NVSTATE_WRIT EDEFINE	在 TCM 定义 NV 空间之后设置为 FALSE,在 datasize 为 0 的 WriteValue 的成功调用之后,设置为 TRUE
TSM_TSPATTRIB_NVPCR_READPC RSELECTION	Locality 选择掩码,用于 NV 区域的 PCR 读取限制
TSM_TSPATTRIB_NVPCR_READDI GESTATRELEASE	digestAtRelease,用于 NV 区域的 PCR 读取限制
TSM_TSPATTRIB_NVPCR_READLO CALITYATRELEASE	Locality 掩码,用于 NV 区域的 PCR 读取限制
TSM_TSPATTRIB_NVPCR_WRITEP CRSELECTION	Locality 选择掩码,用于 NV 区域的 PCR 写限制
TSM_TSPATTRIB_NVPCR_WRITED IGESTATRELEASE	DigestAtRelease,用于 NV 区域的 PCR 写限制
TSM_TSPATTRIB_NVPCR_WRITEL OCALITYATRELEASE	Locality 掩码,用于 NV 区域的 PCR 写限制

NV 常量见表 B.19。

表 B.19　NV 常量表

NV Index Domain Bits	描　　述
TSM_NV_TCM	值"T",该索引为 TCM 厂商保留位。0 表示本标准定义,1 表示厂商特定值
TSM_NV_PLATFORM	值"P",该索引为平台厂商保留位。1 表示厂商特定值
TSM_NV_USER	值"U",该索引为平台用户保留。1 表示平台用户特定值
TSM_NV_DEFINED	值"D",该索引已被定义。1 表示该索引被永久定义,任何定义该索引空间的操作都将失败
NV Index Masks	**描　　述**
TSM_NV_MASK_DOMAIN_BITS	位,值"1"用于索引域
TSM_NV_MASK_RESERVED	保留位
TSM_NV_MASK_PURVIEW	掩码范围
TSM_NV_MASK_INDEX	这些位用于索引

表 B.19（续）

NV Required Indexes	描　述
TSM_NV_INDEX_LOCK	长度必须为 0。该值打开 NV 授权保护。一旦执行，所有 NV 存储区所定义的保护都被打开，该值从不重置
TSM_NV_INDEX0	长度必须为 0。该值允许设置永久锁定位，该位只能在 TCM 启动时重置
NV Permissions	**描　述**
TCM_NV_PER_READ_STCLEAR	TCM 启动后该值只能被读一次。Datasize 为 0 的读操作将设置为锁定
TCM_NV_PER_AUTHREAD	读该值需要授权
TCM_NV_PER_OWNERREAD	读该值需要 TCM 所有者授权
TCM_NV_PER_PPREAD	读该值需要物理现场
TCM_NV_PER_GLOBALLOCK	在成功地向索引 0 写之前该值都是可写的。对此属性的锁定可由 TCM 启动命令复位。锁定由 SV -> bGlobalLock 保持
TCM_NV_PER_WRITE_STCLEAR	Datasize 为 0 的指定索引是成功的。此属性的锁定由 TCM 启动命令复位。bWriteSTClear 中每个区域都保持锁定
TCM_NV_PER_WRITEDEFINE	TCM 定义 NV 空间后，该值只能被写一次。bWriteDefine 中每个区域都保持锁定，datasize 为 0 的索引写操作将设置锁定
TCM_NV_PER_WRITEALL	该值必须在一个单一的操作中被写入
TCM_NV_PER_AUTHWRITE	写该值需要授权
TCM_NV_PER_OWNERWRITE	写该值需要 TCM 所有者授权
TCM_NV_PER_PPWRITE	写该值需要物理现场

B.1.2.9 迁移数据对象属性定义

迁移数据对象属性定义见表 B.20。

表 B.20 迁移数据对象属性定义

属　性	子属性	描　述
TSM_MIGATTRIB_MIGRATION BLOB	TSM_MIGATTRIB_MIGRATION_SMS4_BLOB	CreateBlob 操作输出的数据包（采用 SMS4 算法）
	TSM_MIGATTRIB_MIGRATION_XOR_BLOB	CreateBlob 操作输出的数据包
	TSM_MIGATTRIB_MIGRATION_REWRAPPED_BLOB	密钥迁移操作后的数据格式
	TSM_MIGATTRIB_MIG_DESTINATION_PUBKEY_BLOB	经过认证的目标平台公钥

表 B.20（续）

属　性	子属性	描　述
TSM_MIGATTRIB_PAYLOAD_T YPE	TSM_MIGATTRIB_PT_MIGRATE_RESTRICTED	本地创建的密钥
	TSM_MIGATTRIB_PT_MIGRATE_EXTERNAL	迁移到此的密钥

B.1.2.10　杂凑对象属性定义

杂凑对象属性标记定义见表 B.21。

表 B.21　杂凑对象属性标记定义

TSM_TSPATTRIB_ALG_IDENTIFIER	获得/设置密码杂凑算法标识

B.1.2.11　Secret Mode 策略定义

策略模式标记定义，可用于 Tspi_Policy_SetSecret( )方法。定义的授权数据模式基于 TSM_FLAG 数据类型，见表 B.22。

表 B.22　策略模式标记定义

Secret Mode	描　述
TSM_SECRET_MODE_NONE	不设置策略授权信息，这与 0x00 的授权不一样
TSM_SECRET_MODE_SM3	输入经外部杂凑计算得到的 32 个字节数组作为授权数据。TSM 不会修改这个输入数据
TSM_SECRET_MODE_PLAIN	输入一个任意字节的数组，然后将其进行杂凑运算，作为授权数据
TSM_SECRET_MODE_POPUP	TSM 向用户询问一个 TSM_UNICODE 类型的授权口令串，该串需要进行杂凑运算作为授权数据

B.1.2.12　Secret 生命周期策略定义

通过 Tspi_SetAttribUint32()和 Tspi_GetAttribUint32()函数能够设置/获取授权数据的生命周期。生命周期模式的定义是基于 TSM_FLAG 类型的，见表 B.23。

表 B.23　Secret 生命周期策略定义表

TSM_SECRET_LIFETIME_ALWAYS	授权数据将一直有效

TCM 状态标记定义见表 B.24。

表 B.24 TCM 状态标记定义

Flag	描　述	使　用
TSM_TCMSTATUS_DISABLEOWNERCLEAR	永久禁止 TCM 所有者进行 ClearOwner 操作。此时，方法 ClearOwner( ) 中的 fForcedClear 参数将不再允许取 FALSE 值。这个设置需要所有者授权	SetStatus GetStatus
TSM_TCMSTATUS_DISABLEFORCECLEAR	临时禁止 TCM 所有者的强制清除操作(这种禁止只在本次系统运行时有效，在下一次系统重新启动时将被取消)。此时，方法 ClearOwner()中的 fForcedClear 参数将暂时不允许取 TRUE 值(直到下次系统重新启动为止)	SetStatus GetStatus
TSM_TCMSTATUS_OWNERSETDISABLE	fTCMState = TRUE:表示设置 TCM 的状态为 Disabled 时，不需要 TCM 所有者的授权	SetStatus GetStatus
TSM_TCMSTATUS_PHYSICALDISABLE	fTCMState = TRUE：表示设置 TCM 的状态为 Disabled 时，必须是物理现场的	SetStatus GetStatus
TSM_TCMSTATUS_PHYSICALSETDEACTIVATED	fTCMState = TRUE：表示设置 TCM 的状态为 Deactived 时，必须是物理现场的	SetStatus GetStatus
TSM_TCMSTATUS_SETTEMPDEACTIVATED	暂时将 TCM 的状态设置为 Deactived(直到下次系统重新启动为止)	SetStatus GetStatus
TSM_TCMSTATUS_SETOWNERINSTALL	fTCMState = TRUE：表示允许使用 TakeOwnership()方法来取得 TCM 的所有者关系。这个操作需要物理现场	SetStatus GetStatus
TSM_TCMSTATUS_DISABLEPUBEKREAD	永久禁止在没有 TCM 所有者授权的情况下读取 EK 公钥信息的操作，即设置该属性后，必须有 TCM 所有者授权才能进行读取 EK 公钥信息的操作。设置了这个属性后，GetPubEndorsementKey()方法中的 fOwnerAuthorized 参数取 FALSE 值不可能再有效了。设置这个属性值需要所有者授权	SetStatus GetStatus
TSM_TCMSTATUS_DISABLED	将 TCM 设置为可用或不可用状态	SetStatus GetStatus
TSM_TCMSTATUS_DEACTIVATED	将 TCM 设置为激活或非激活状态	SetStatus GetStatus
TSM_TCMSTATUS_PHYSPRES_LIFETIMELOCK	* pfTCMState = TRUE：表示在 TCM 生存期内，TCM 的 physicalPresenceHWEnable 和 physicalPresenceCMDEnable 标志都不允许修改	GetStatus
TSM_TCMSTATUS_PHYSPRES_HWENABLE	* pfTCMState = TRUE：表示 TCM 物理在线的硬件信号被允许可以用做物理在线的标志	GetStatus
TSM_TCMSTATUS_PHYSPRES_CMDENABLE	* pfTCMState = TRUE：表示允许使用 TCM 命令 TSC_PhysicalPresence 来表明物理在线	GetStatus
TSM_TCMSTATUS_CEKP_USED	* pfTCMState = TRUE：表明 EK 密钥对是使用 CreateEndorsementKey()方法来生成的	GetStatus

表 B.26（续）

Flag	描　　述	使　用
TSM_TCMSTATUS_CEKP_USED	* pfTCMState = FALSE：表明 EK 密钥对是由厂家创建的	GetStatus
TSM _ TCMSTATUS _ PHYSPRES-ENCE	* pfTCMState = TRUE：表示物理在线的软件标志	GetStatus
TSM _ TCMSTATUS _ PHYSPRES _LOCK	* pfTCMState = TRUE：表示改变物理在线的标志的操作是不允许的	GetStatus
TSM_TCMSTATUS_ENABLE_REV-OKEEK	表明是否允许 EK 被重新设置	GetStats
TSM_TCMSTATUS_NV_LOCK	* pfTCMState = TRUE：表示 NV 授权访问是必需的	GetStats

B.1.2.13　算法标示符定义

算法标示符的定义基于 TSM_ALGORITHM_ID 数据类型，见表 B.25。

表 B.25　算法标示符定义

算法标识符	描　　述
TSM_ALG_SM2	SM2 算法
TSM_ALG_SMS4	SMS4 算法
TSM_ALG_SM3	SM3 算法
TSM_ALG_HMAC	HMAC 算法
TSM_ALG_XOR	XOR 算法
TSM_ALG_KDF	KDF 算法

B.1.2.14　功能特性标记定义

以下标记定义了需要查询的功能特性，其定义是基于 TSM_FLAG 的。

TCM 功能特性标记见表 B.26。

表 B.26　功能特性标记定义

功能特性	描　　述
TSM_TCMCAP_ORD	查询 TCM 是否支持该命令
TSM_TCMCAP_ALG	查询是否支持该算法
TSM_TCMCAP_FLAG	返回所有永久性和易失性比特标志位的序列
TSM_TCMCAP_PROPERTY	判断 TCM 的物理特性
TSM_TCMCAP_VERSION	查询当前 TCM 版本
TSM_TCMCAP_NV_LIST	获取用来定义 NV 存储区的索引列表

表 B.26（续）

功能特性	描　述
TSM_TCMCAP_NV_INDEX	获取指定的 NV 存储区的值
TSM_TCMCAP_MFR	获取厂商特定的 TCM 和 TCM 状态信息
TSM_TCMCAP_SYM_MODE	布尔值。查询 TCM 是否支持特定类型的对称加密
TSM_TCMCAP_HANDLE	返回 TCM 中当前已加载对象的句柄列表
TSM_TCMCAP_TRANS_ES	查询 TCM 是否在传输会话中支持特定的加密方案
TSM_TCMCAP_AUTH_ENCRYPT	查询 TCM 是否在授权会话的 AuthData 加密中支持特定的加密方案
TSM_TCSCAP_TRANSPORT	查询是否支持传输功能

Tspi_TCM_GetCapability()函数通过将 Capability 数据字段设置为 TSM_TCMCAP_FLAG，得到代表 TCM 功能特性的一串字节串，这些串是主机字节序(big-endian)的。

返回的前四字节表示 UINT32 形式的永久性标记，接下来的四个字节表示 UINT32 形式的易失性标记。永久性标记的 31～28 位在第一个字节返回，易失性标记的 3～0 比特在最后一个字节返回。位 0 定义为 UINT32 的第 1 位。

永久性标记见表 B.27。

表 B.27　永久性标记定义表

TCM_PF_DISABLE	0x00000001
TCM_PF_OWNERSHIP	0x00000002
TCM_PF_DEACTIVATED	0x00000004
TCM_PF_READPUBEK	0x00000008
TCM_PF_DISABLEOWNERCLEAR	0x00000010
TCM_PF_PHYSICALPRESENCELIFETIMELOCK	0x00000040
TCM_PF_PHYSICALPRESENCEHWENABLE	0x00000080
TCM_PF_PHYSICALPRESENCECMDENABLE	0x00000100
TCM_PF_CEKPUSED	0x00000200
TCM_PF_TCMPOST	0x00000400
TCM_PF_TCMPOSTLOCK	0x00000800

易失性标记见表 B.28。

表 B.28　易失久性标记定义表

TCM_SF_DEACTIVATED	0x00000001
TCM_SF_DISABLEFORCECLEAR	0x00000002
TCM_SF_PHYSICALPRESENCE	0x00000004
TCM_SF_PHYSICALPRESENCELOCK	0x00000008

没有在以上图表中定义的比特位未被使用。

TSM 功能特性见表 B.29。

表 B.29　TSM 功能特性

功能特性	描　述
TSM_TCSCAP_ALG	查询一个算法是否被支持
TSM_TCSCAP_VERSION	查询当前的 TSM 版本
TSM_TCSCAP_MANUFACTURER	查询当前的 TSM 厂商信息
TSM_TCSCAP_CACHING	查询是否支持密钥和授权的缓存
TSM_TCSCAP_PERSSTORAGE	查询是否支持永久性存储

Capability Area	描　述
TSM_TSPCAP_ALG	查询是否支持某个算法
TSM_TSPCAP_VERSION	查询当前的 TSM 版本
TSM_TSPCAP_PERSSTORAGE	查询是否支持永久性存储
TSM_TSPCAP_MANUFACTURER	查询当前的 TSM 厂商信息

B.1.2.15　子属性标记定义

子属性标记从属于属性标记，其定义基于 TSM_TCMCAP_PROPERTY。

TCM 子属性标记见表 B.30。

表 B.30　TCM 子属性标记定义

子属性	返回值
TSM_TCMCAP_PROP_PCR	UINT32 值。返回 TCM 支持的 PCR 寄存器个数
TSM_TCMCAP_PROP_PCRMAP	返回 TCM_PCR_ATTRIBUTES 的比特标志位。TCM_PCR_ATTRIBUTES 是与 TSM_TCMCAPPROP_PCR 相关的
TSM_TCMCAP_PROP_MANUFACTURER	UINT32 值。返回 TCM 厂商的标识
TSM_TCMCAP_PROP_SLOTS 或 TSM_TCMCAP_PROP_KEYS	UINT32 值。返回 TCM 可以加载的 256 位 SM2 密钥的最大个数。可随时间和情况而改变
TSM_TCMCAP_PROP_OWNER	布尔值。返回 TRUE 表示 TCM 成功地创建了一个所有者
TSM_TCMCAP_PROP_MAXKEYS	UINT32 值。返回 TCM 所支持的 256 位 SM2 密钥的最大个数，不含 Ek 和 SMK
TSM_TCMCAP_PROP_AUTHSESSIONS	UINT32 值。可用的授权会话的个数，可随时间和情况而改变
TSM_TCMCAP_PROP_MAXAUTHSESSIONS	UINT32 值。返回 TCM 支持的可加载授权会话的最大个数，可随时间和情况而改变
TSM_TCMCAP_PROP_TRANSESSIONS	UINT32 值。返回可用传输会话的个数，可随时间和情况而改变

表 B.30（续）

子属性	返回值
TSM_TCMCAP_PROP_MAXTRANSESSIONS	UINT32 值。返回 TCM 支持的可加载传输会话的最大个数
TSM_TCMCAP_PROP_SESSIONS	UINT32 值。返回会话池中可用会话的个数。会话池中的会话包括授权会话和传输会话，可随时间和情况而改变
TSM_TCMCAP_PROP_MAXSESSIONS	UINT32 值。返回 TCM 支持的最大会话个数，包括授权会话和传输会话
TSM_TCMCAP_PROP_CONTEXTS	UINT32 值。返回可保存的会话个数，可随时间和情况而改变
TSM_TCMCAP_PROP_MAXCONTEXTS	UINT32 值。返回保存的会话的最大个数
TSM_TCMCAP_PROP_COUNTERS	UINT32 值。返回可用单调计数器的个数，可随时间和情况而改变
TSM_TCMCAP_PROP_MAXCOUNTERS	UINT32 值。返回 TCM_CreateCounter 控制的单调计数器的最大个数
TSM_TCMCAP_PROP_MINCOUNTERINCTIME	UINT32 值。表示单调计数器递增的最小时间间隔，该间隔以 1/10 秒为度量单位
TSM_TCMCAP_PROP_ACTIVECOUNTER	返回当前计数器的 ID。若没有活动的计数器，则返回 0xff..ff
TSM_TCMCAP_PROP_TISTIMEOUTS	UINT32 值四元数组，每个元素表示以毫秒计的超时值，顺序如下：TIMEOUT_A，TIMEOUT_B，TIMEOUT_C，TIMEOUT_D。由平台特定的接口规范决定在何处使用这些超时值
TSM_TCMCAP_PROP_STARTUPEFFECTS	返回 TCM_STARTUP_EFFECTS 结构
TSM_ TCMCAP _ PROP _ MAXCONTEXTCOUNTDIST	UINT32 值。返回上下文计数值的最大间距，至少必须为 2^16-1
TSM_TCMCAP_PROP_DURATION	返回 UINT32 值三元数组，每个元素依次表示如下三类命令以毫秒计的周期值：SMALL_DURATION，MEDIUM_DURATION，LONG_DURATION
TSM_TCMCAP_PROP_MAXNVAVAILABLE	UINT32 值。返回可分配的 NV 区域的最大个数，可随时间和情况而改变
TSM_TCMCAP_PROP_MAXNVWRITE	在 TCM 还没有所有者时，此值表示对 NV 进行写操作的次数
TSM_TCMCAP_PROP_REVISION	BYTE，用标准结构标识 TCM 的主版本号和次版本号，主版本号在前，次版本号在后
TSM_TCMCAP_PROP_LOCALITIES_AVAIL	TCM 中可用的 localities 的数目
TSM_TCMCAP_PROP_INPUTBUFFERSIZE	UINT32. 返回 TCM 中用作输入的缓冲区的大小，以字节为单位

TSM 子属性见表 B.31。

表 B.31 TSM 子属性表

子属性	描　述
TSM_TCSCAP_PROP_MANUFACTURER _STR	返回由 TSM 生产商指定内容的字符串，它的数据类型为 TSM_UNICODE
TSM_TCSCAP_PROP_MANUFACTURER_ID	返回一个 UINT32 类型的数值，标识特定的 TSM 生产商

TSM_TCSCAP_CACHING 子属性定义见表 B.32。

表 B.32 TSM_TCSCAP_CACHING 子属性定义

子属性	描　述
TSM_TCSCAP_PROP_KEYCACHE	类型为 TSM_BOOL 的数值，标识是否支持密钥缓存
TSM_TCSCAP_PROP_AUTHCACHE	类型为 TSM_BOOL 的数值，标识是否支持授权会话缓存

TSM 子属性见表 B.33。

表 B.33 TSM 子属性表

子属性	描　述
TSM_TSPCAP_PROP_MANUFAC TURER_STR	返回由生产商定制内容的字符串，它的数据类型为 TSM _UNICODE
TSM_TSPCAP_PROP_MANUFAC TURER_ID	返回一个 UINT32 类型的数值，标识特定的 TSM 生产商

B.1.2.16 永久存储区标记定义

永久性存储区标记定义见表 B.34。

表 B.34 永久性存储区标记定义表

永久性存储类型	描　述
TSM_PS_TYPE_USER	密钥被注册到用户永久存储空间
TSM_PS_TYPE_SYSTEM	密钥被注册到系统永久存储空间

B.1.2.17 迁移方案定义

迁移方案定义见表 B.35。

表 B.35 迁移方案定义表

迁移方案	描　述
TSM_MS_MIGRATE	迁移时用来保护另一个密钥的密钥，用法是先调用函数 Tspi_Key_CreateMigrationBlob，再调用函数 Tspi_Key_ConvertMigrationBlob
TSM_MS_REWRAP	迁移保护密钥的公钥部分，通过调用函数 Tspi _ Key _CreateMigrationBlob 对被迁移密钥进行重新加密

B.1.2.18 密钥用途定义

密钥用途定义见表 B.36。

表 B.36 密钥用途定义表

密钥用途	描　述
TCM_SM2KEY_STORAGE	用于存储保护密钥树中其他密钥的 SM2 密钥
TCM_SM2KEY_SIGNING	用于签名的 SM2 密钥
TCM_SM2KEY_BIND	用于数据加解密的 SM2 密钥
TCM_SM2KEY_IDENTITY	SM2 密钥，该密钥只用于那些需要 TCM 身份的操作
TCM_SM2KEY_MIGRATE	可用于密钥迁移的 SM2 密钥
TCM_SM2KEY_PEK	SM2 平台加密密钥
TCM_SMS4KEY_STORAGE	用于存储保护密钥树中其他密钥的 SMS4 密钥
TCM_SMS4KEY_BIND	用于数据加解密的 SMS4 密钥

B.1.2.19 密钥长度定义

密钥长度定义见表 B.37。

表 B.37 密钥长度定义表

密钥长度	描　述
TSM_KEY_SIZEVAL_128BIT	密钥长度为 128 位
TSM_KEY_SIZEVAL_256BIT	密钥长度为 256 位（SM2 私钥）
TSM_KEY_SIZEVAL_512BIT	密钥长度为 512 位（SM2 公钥）

B.1.2.20 密钥类型标记

密钥类型标记见表 B.38。

表 B.38 密钥类型标记表

密钥类型	描　述
TSM_KEYFLAG_MIGRATABLE	若密钥是可迁移的，则此值需设置为 1
TSM_KEYFLAG_VOLATILEKEY	若密钥是易失性的，则此值需设置为 1

B.1.2.21 密钥结构类型

下表定义的密钥数据结构由 Tspi_GetAttribUint32（TSM_TSPATTRIB_ KEY_INFO，TSM_TSPATTRIB_KEYINFO_KEYSTRUCT）返回，或者由 Tspi_SetAttribUint32（TSM_TSPATTRIB_KEY_INFO，TSM_TSPATTRIB_KEYINFO_KEYSTRUCT）设置，见表 B.39。

表 B.39 密钥结构类型表

密钥结构类型	描　述
TSM_KEY_STRUCT_KEY	密钥对象采用 TCM 密钥结构

B.1.2.22 密钥授权

密钥授权类型见表 B.40。

表 B.40 密钥授权类型表

密钥授权	描　述
TSM_KEYAUTH_AUTH_NEVER	密钥不需要授权
TSM_KEYAUTH_AUTH_ALWAYS	密钥需要授权
TSM_KEYAUTH_AUTH_PRIV_USE_ONLY	此值表示如果有命令需要用到密钥的私钥部分，则一定需要授权，如果有命令只需使用密钥的公钥部分而不需要密钥的私钥部分，则不需要授权

B.1.2.23 密钥使用方案定义

密钥使用方案定义见表 B.41。

表 B.41 密钥使用方案定义表

算法标识符	描　述
TSM_ES_NONE	没有设置加密方案
TSM_ES_SM2	采用 SM2 算法进行加密
TSM_ES_SMS4_CBC	采用 SMS4_CBC 方案进行加密
TSM_ES_SMS4_ECB	采用 SMS4_ECB 方案进行加密

B.1.2.24 签名方案定义

签名方案定义见表 B.42。

表 B.42 签名方案定义表

算法标识	描　述
TSM_SS_NONE	没有设置签名方案
TSM_SS_SM2	采用国标签名方案

B.1.2.25 PCR 结构类型

PCR 结构类型见表 B.43。

表 B.43 PCR 结构类型表

PCR 结构类型	描　述
TSM_PCRS_STRUCT_INFO	Pcr 对象采用 TCM 的 PCR 数据结构

B.1.2.26 共享秘密

共享秘密类型见表 B.44。

表 B.44 共享秘密类型表

公开的共享秘密	描　述
TSM_WELL_KNOWN_SECRET	32 位全零

B.2 数据结构

B.2.1 TSM_VERSION

定义：

```
typedef struct tdTSM_VERSION
{
    BYTE bMajor;
    BYTE bMinor;
    BYTE bRevMajor;
    BYTE bRevMinor;
} TSM_VERSION;
```

成员变量：

——bMajor　本 TSM 规范实现的主版本号标识码；

——bMinor　本 TSM 规范实现的次版本号标识码；

——bRevMajor　TSM 厂商实现的主版本号取值，由 TSM 厂商确定；

——bRevMinor　TSM 厂商实现的次版本号取值，由 TSM 厂商确定。

B.2.2 TSM_PCR_EVENT

该结构提供有关单个 PCR 扩展事件的信息。

定义：

```
typedef struct tdTSM_PCR_EVENT
{
    TSM_VERSION        versionInfo;
    UINT32             ulPcrIndex;
    TSM_EVENTTYPE      eventType;
    UINT32             ulPcrValueLength;
    BYTE*              rgbPcrValue;
    UINT32             ulEventLength;
    BYTE*              rgbEvent;
} TSM_PCR_EVENT;
```

成员变量：

——versionInfo　由 TSM 设置的版本数据；

——ulPcrIndex　由 TSM 设置的该事件所属的 PCR 索引；

——eventType　事件类型标记；

——ulPcrValueLength　参数 rgbPcrValue 的数据长度(以字节为单位)，由 TSM 设置；

——rgbPcrValue　指向通过调用函数 Tspi_TCM_PcrExtend 扩展到 TCM 的值；

——ulEventLength　参数 rgbEvent 的数据长度(以字节为单位)；

——rgbEvent　PCR 事件信息。

B.2.3 TSM_EVENT_CERT

证书结构，用于 TSM_EV_CODE_CERT 类型的事件

定义：

```
typedef struct tdTSM_EVENT_CERT
{
    TSM_VERSION        versionInfo;
    UINT32             ulCertificateHashLength;
    BYTE*              rgbCertificateHash;
    UINT32             ulEntityDigestLength;
    BYTE*              rgbEntityDigest;
    TSM_BOOL           fDigestChecked;
    TSM_BOOL           fDigestVerified;
    UINT32             ulIssuerLength;
    BYTE*              rgbIssuer;
} TSM_EVENT_CERT;
```

成员变量：

——versionInfo　版本信息；

——ulCertificateHash-Length　参数 rgbCertificatHash 的数据长度(以字节为单位)；

——rgbCertificateHash　指向整个 VE(Validation Entity)证书的杂凑值；

——ulEntityDigestLength　参数 rgbEntityDigest 的数据长度(以字节为单位)；

——rgbEntityDigest　指向整个证书的实际摘要值；

——fDigestChecked　　如果此值为 TRUE,则需要将整个事件日志与证书中的摘要值进行比较;如果此值为 FALSE,则不需要检查;

——fDigestVerified　　只有在 fDigestChecked 为 TRUE 的情况下,此值才起作用。如果度量值与证书中的摘要值匹配,则此值为 TRUE,否则为 FALSE;

——ulIssuerLength　　参数 rgbIssuer 的数据长度(以字节为单位);

——rgbIssuer　　指向颁发者证书。

B.2.4 TSM_UUID

本数据结构提供关于一个 UUID 标识符的信息,该标识符在一个给定平台密钥树范围内是唯一的。有些 UUID 专门为一些特定密钥保留,比如 SMK。

这些 UUID 用于在 TSM 密钥管理器的永久性存储区中注册密钥。

UUID 定义遵从 IEEE 802。

定义:

```
typedef struct tdTSM_UUID
{
  UINT32      ulTimeLow;
  UINT16      usTimeMid;
  UINT16      usTimeHigh;
  BYTE        bClockSeqHigh;
  BYTE        bClockSeqLow;
  BYTE        rgbNode[6];
} TSM_UUID;
```

成员变量:

——ulTimeLow　　时间戳的低字段;

——usTimeMid　　时间戳的中间字段;

——usTimeHigh　　时间戳的高字段乘以版本号;

——bClockSeqHigh　　时钟序列高字段乘以变量;

——bClockSeqLow　　时钟序列低字段;

——rgbNode　　唯一性节点标识符。

B.2.5 TSM_KM_KEYINFO

TSM_KM_KEYINFO 数据结构提供关于注册在 TSM 永久性存储区的密钥信息。

定义:

```
typedef struct tdTSM_KM_KEYINFO
{
  TSM_VERSION        versionInfo;
  TSM_UUID           keyUUID;
  TSM_UUID           parentKeyUUID;
  BYTE               bAuthDataUsage;
  TSM_FLAG           persistentStorageType;
  TSM_FLAG           persistentStorageTypeParent;
  TSM_BOOL           fIsLoaded; // TRUE: actually loaded in TCM
  UINT32             ulVendorDataLength; // may be 0
```

```
    BYTE*                 rgbVendorData; // may be NULL
} TSM_KM_KEYINFO;
```

成员变量：

——versionInfo 版本数据；

——keyUUID 注册在 TSM 密钥管理器永久性存储区中的密钥 UUID；

——parentKeyUUID 注册在 TSM 密钥管理器永久性存储区中的父密钥 UUID，用来加密由 keyUUID 寻址的密钥；

——bAuthDataUsage 表示使用密钥是否需要授权的标记，目前定义的值为 0x00 与 0x01，值 0x00 表示密钥使用不需要授权，值 0x01 表示每次密钥使用都需要进行授权，其他值将保留给未来版本使用；

——persistentStorageType 标记，表示密钥注册的永久性存储区；

——persistentStorageTypeParent 标记，表示父密钥注册的永久性存储区；

——fIsLoaded 标记，表示该密钥是否加载到 TCM 中；TRUE 表示密钥已加载到 TCM 中，FALSE 表示密钥未加载到 TCM 中；

——ulVendorDataLength 参数 rgbVendorData 的长度(字节)；

——rgbVendorData： 指向厂商特定数据的指针。

B.2.6 TSM_VALIDATION

TSM_VALIDATION 数据结构用于验证数字签名。

下列函数使用该数据结构：

Tspi_TCM_CertifySelfTest，

Tspi_TCM_GetCapabilitySigned，

Tspi_Key_CertifyKey，

Tspi_TCM_CreateEndorsementKey，

Tspi_TCM_GetPubEndorsementKey

Tspi_TCM_CreateRevocableEndorsementKey

Tspi_TCM_Quote

Tspi_Context_CloseSignTransport

定义：

```
typedef struct tdTSM_VALIDATION
{
    TSM_VERSION     versionInfo;
    UINT32          ulExternalDataLength;
    BYTE*           rgbExternalData;
    UINT32          ulDataLength;
    BYTE*           rgbData;
    UINT32          ulValidationLength;
    BYTE*           rgbValdationData;
} TSM_VALIDATION;
```

成员变量：

——versionInfo 版本数据；

——ulExternalData rgbExternalData 的长度(字节)；

——rgbExternalData 内存指针，该内存包含用于抗重放攻击的随机数；

——ulDataLength　　rgbData 的长度(字节);
——rgbData　　用于计算验证有效性的数据;
——ulValidationLength　　rgbValidationData 的长度(字节);
——rgbValidationData　　指向验证数据的指针。

B.2.6.1 TCM_COUNTER_VALUE

本数据结构返回计数器值。计数器长度为 4 个字节。

定义:

```
typedef struct tdTCM_COUNTER_VALUE
{
    TCM_STRUCTURE_TAG tag;
    BYTE label[4];
    TCM_ACTUAL_COUNT counter;
} TCM_COUNTER_VALUE;
```

成员变量:

——tag　　标记,对计数器,该值为 0x000E;
——label　　计数器标签(4 字节);
——counter　　32 位的计数器值。

B.2.6.2 TSM_ENVELOP

本数据结构用于数字信封函数

定义:

```
typedef struct tdTSM_ENVELOP
{
    UINT32 encSymSize;
    BYTE * encSym; // 对 TCM_STORE_SYMKEY 结构加密后的数据缓冲区
    UINT32 dataSize;
    BYTE* data;
} TSM_ENVELOP;
```

成员变量:

——encSymSize　　encSym 的数据长度(字节);
——encSym　　被加密的对称密钥;
——dataSize　　参数 data 的长度;
——data　　用对称密钥加密的数据。

B.3 授权数据处理

TSM 提供策略对象帮助调用程序处理和缓存授权对象的秘密。

下列对象是授权对象:

a) TCM;
b) 密钥;
c) 加密数据。

TSM 知道何时使用对象的授权信息或者从对象授权信息衍生出来的会话授权信息。一个授权对象只指派一个策略对象,但一个策略对象可以指派给 0 到 n 个授权对象,以方便多个授权对象拥有相同的授权信息。如果一个授权对象没有明确地分配一个策略对象,TSM 自动给它分配默认的策略对象。

当调用需要授权的函数时,应用程序不需要提供授权数据。这个服务不是限制性的,可通过应用程序根据策略对象调整。服务提供者应该使用非分页内存存放提供给它的秘密,这是依赖平台的。释放此内存前,首先将内存区清零。

策略对象的默认模式是 TSM_SECRET_MODE_PLAIN,也可设置为 TSM_SECRET_MODE_POPUP,TSM_SECRET_MODE_SM3。

模式:

TSM_SECRET_MODE_POPUP

显示一个输入密码的对话框。用户提供的密码被当作一个以 null 结尾的字符串来处理,并使用 SM3 作杂凑处理得到授权信息。一旦提供了此信息,可能在适当的策略对象中缓存授权信息(依赖策略对象的设置),这样对话框不会再次弹出。

TSM_SECRET_MODE_PLAIN 或 TSM_SECRET_MODE_SM3

应用程序可以基于每个策略设置授权信息。此授权信息可为需要授权的命令提供授权,见表 B.45。

表 B.45 授权数据表

类 型	定 义
TSM_SECRET_MODE_SM3	输入经外部杂凑计算得到的 32 个字节数组作为授权数据
TSM_SECRET_MODE_PLAIN	输入一个任意字节的数组,然后将其进行杂凑运算,作为授权数据

TSM_SECRET_MODE_NONE:

对于工作对象没有授权数据。

B.4 返回码定义

以下定义了 TSM 的返回码定义,见表 B.46。

表 B.46 返回码定义表

类 型	说 明
TSM_E_INVALID_OBJECT_TYPE	对象类型对于本操作不符合
TSM_E_INVALID_OBJECT_INIT_FLAG	无效的对象初始化标识
TSM_E_INVALID_HANDLE	无效的对象句柄
TSM_E_NO_CONNECTION	没有建立系统服务连接
TSM_E_CONNECTION_FAILED	与系统服务建立连接失败
TSM_E_CONNECTION_BROKEN	与系统服务已建立连接,但已失败
TSM_E_HASH_INVALID_ALG	无效的密码杂凑算法
TSM_E_HASH_INVALID_LENGTH	杂凑长度与算法不符
TSM_E_HASH_NO_DATA	杂凑对象没有数据
TSM_E_SILENT_CONTEXT	上下文等待用户输入

表 B.46（续）

类　　型	说　　明
TSM_E_INVALID_ATTRIB_FLAG	属性标记设置错误
TSM_E_INVALID_ATTRIB_SUBFLAG	子属性标记设置错误
TSM_E_INVALID_ATTRIB_DATA	属性数据错误
TSM_E_NO_PCRS_SET	没有选择或设置 PCR 寄存器
TSM_E_KEY_NOT_LOADED	指定密钥没有被加载
TSM_E_KEY_NOT_SET	密钥信息不可用
TSM_E_VALIDATION_FAILED	数据有效性验证失败
TSM_E_TSP_AUTHREQUIRED	需要授权
TSM_E_TSP_AUTH2REQUIRED	需要多授权
TSM_E_TSP_AUTHFAIL	授权错误
TSM_E_TSP_AUTH2FAIL	多授权错误
TSM_E_KEY_NO_MIGRATION_POLICY	没有为密钥设置迁移策略
TSM_E_POLICY_NO_SECRET	指定的策略对象没有设置授权信息
TSM_E_INVALID_OBJ_ACCESS	对象状态错误导致操作失败
TSM_E_INVALID_ENCSCHEME	无效的加密方案标识
TSM_E_INVALID_SIGSCHEME	无效的签名方案标识
TSM_E_INVALID_NEGSCHEME	无效的密钥协商方案标识
TSM_E_ENC_INVALID_LENGTH	无效的加密数据长度
TSM_E_ENC_NO_DATA	无数据供加密
TSM_E_ENC_INVALID_TYPE	无效的加密类型
TSM_E_INVALID_KEYUSAGE	无效的密钥类型
TSM_E_VERIFICATION_FAILED	签名验证错误
TSM_E_HASH_NO_IDENTIFIER	未定义的密码杂凑算法标识
TSM_E_BAD_PARAMETER	参数错误
TSM_E_INTERNAL_ERROR	TCM 内部错误
TSM_E_INVALID_RESOURCE	内存指针错误
TSM_E_PS_KEY_NOTFOUND	密钥不在永久存储区域
TSM_E_NOTIMPL	功能未支持
TSM_TCM_NOT_RESETABLE	PCR 不可重置
TSM_E_WRONG_LOCALITY	命令无法在该 locality 下执行
TSM_E_KEY_NO_MIGRATION_POLICY	需要迁移授权
TSM_E_NV_AREA_NOT_EXIST	定义的 NV 区域不存在
TSM_E_NV_AREA_EXIST	对已经使用的 NV 区重新定义
TSM_WRONGPCRVALUE	PCR 与当前定义的 PCR 不匹配

表 B.46（续）

类　型	说　明
TSM_NOSPACE	NV 区域已满
TSM_BAD_PRESENCE	物理在线标识错误
TSM_BAD_LOCALITY	对 Locality 操作不正确
TSM_AUTH_CONFLICT	授权数据冲突
TSM_AUTHFAIL	授权失败
TSM_OWNERSET	所有者已经存在
TSM_BAD_DATASIZE	与指定密钥的数据长度不符合
TSM_MAXNVWRITE	超出 NV 区域可写操作次数
TSM_INVALID_STRUCTURE	结构错误
TSM_AREA_LOCKED	NV 区域已被锁定
TSM_KEY_OWNER_CONTROL	需要所有者来管理密钥
TSM_E_NO_ACTIVE_COUNTER	芯片没有激活计数器
TSM_SUCCESS	命令处理成功

参 考 文 献

[1] TCG TPM Specification Version 1.2 Revision 94

[2] TCG Software Stack (TSS) Specifications version 1.2

[3] TCG PC Specific Implementation Specification Version 1.1

[4] TCG PC Client Specific TPM Interface Specification (TIS) Version 1.2 FINAL Revision 1.00

[5] TCG Specification Architecture Overview Specification Revision 1.4

[6] FIPS PUB 198, The Keyed-Hash Message Authentication Code (HMAC)

ICS 35.040
L 80

中华人民共和国国家标准化指导性技术文件

GB/Z 29830.1—2013/ISO/IEC TR 15443-1:2005

信息技术　安全技术
信息技术安全保障框架
第1部分:综述和框架

Information technology—Security technology—A framework for IT security assurance—Part 1:Overview and framework

(ISO/IEC TR 15443-1:2005,IDT)

2013-11-12 发布　　2014-02-01 实施

中华人民共和国国家质量监督检验检疫总局
中国国家标准化管理委员会　发布

前　言

GB/Z 29830《信息技术　安全技术　信息技术安全保障框架》分为以下3个部分：

——第1部分：综述和框架；

——第2部分：保障方法；

——第3部分：保障方法分析。

本部分为GB/Z 29830的第1部分。

本部分按照GB/T 1.1—2009给出的规则起草。

本部分采用翻译法等同采用ISO/IEC TR 15443-1:2005《信息技术　安全技术　信息技术安全保障框架　第1部分：综述和框架》。

本部分做了如下编辑性修改：

——国际标准2.9与2.16为重复性内容，转标时删除2.16。

本部分由全国信息安全标准化技术委员会(SAC/TC 260)提出并归口。

本部分主要起草单位：中国电子技术标准化研究院。

本部分主要起草人：罗锋盈、张明天、王延鸣、陈星、杨建军。

引　言

本指导性技术文件的目的是，为了获得一个给定交付件满足其所指出的信息安全保障需求的信心，给出各种保障方法，并指导信息安全专业人员如何选择一个合适的保障方法（或组合一些方法）。这一报告审视了不同类型组织所提出的保障方法和途径，包括已批准的标准和事实标准。

为了达到这一目的，本指导性技术文件由以下7个方面内容组成：

a) 一个框架模型，用于定位现有的保障方法并给出它们之间的关系；

b) 一组保障方法以及对它们的描述和引用；

c) 特定保障方法的共性和个性的表达；

d) 现有保障方法的定性比较，其中尽可能进行定量比较；

e) 与当前保障方法关联的保障模式的标识；

f) 不同保障方法之间关系的描述；以及

g) 有关保障方法的应用、组合和认知的指导。

本指导性技术文件由3部分组成，对保障途径、分析和相互间的关系处理如下：

第1部分：综述和框架。概述了一些基础性概念，例如保障、保障框架等，并给出了安全保障方法的一般性描述。其目的是帮助理解本指导性技术文件的第2部分和第3部分内容。第1部分针对信息安全管理人员和其他人员，其中包括负责开发安全保障程序、确定他们的交付件的安全保障、参加安全评估审计或参加其他保障活动的人员。

第2部分：保障方法。描述由不同类型的组织提出和使用的各种IT安全保障方法和途径，不论它们是被一般公认的、事实上被认可的或标准的；并把这些保障方法与第1部分的保障模型关联起来。重点是识别对保障有影响的保障方法的定性特征，在可能的地方，还将定义保障级别。该材料面向IT安全专业人员，帮助理解如何在产品或服务的特定的生存周期阶段中获得保障。

GB/Z 29830.2—2013 使用定义在 GB/Z 29830.1—2013 中的术语和定义。

该部分应与 GB/Z 29830.1—2013 一并使用。

第3部分：保障方法分析。分析了各种保障方法的保障特征。这个分析有助于保障机构在确定每一种保障途径的相对值并确定保障途径，使这些途径提供最适合于运行环境的具体上下文的需求的保障结果。而且，这个分析还有助于保障机构运用保障方法的结果，实现交付件所预想的确信度。这部分材料面向的对象是那些必须选择保障方法和保障途径的IT安全专业人员。

GB/Z 29830.3—2013 使用定义在 GB/Z 29830.1—2013 中的术语和定义。

该部分应与 GB/Z 29830.1—2013 一并使用。

本指导性技术文件分析了一些可能不为IT安全所专有的保障方法；然而，在指导性技术文件中所给出的指导将限于IT安全需求。只对IT安全领域提供相应的指导，并不期望这一指导对一般的质量管理、评估或IT符合性具有指导意义。

信息技术 安全技术
信息技术安全保障框架
第1部分:综述和框架

1 范围

1.1 意图

GB/Z 29830 的本部分的意图是,以一种能使递增地获得交付件安全功能确信度的方式,按照一般生存周期模型,介绍交付件的安全保障方法、联系及其分类。

1.2 途径

本部分通篇采用的途径是,通过标识各种不同保障途径和保障阶段的框架,概述了一些所需要的基本概念和术语,以便理解并应用其中所涉及的保障方法。

1.3 应用

本指导性技术文件的第 2 部分和第 3 部分通过运用本部分有关保障方法的分类,指导读者针对一个给定的交付件,选择合适的保障方法以及可能的组合。

1.4 适用领域

本部分给出保障方法的分类指导,其中包括一些不是信息安全领域所特有的保障方法。在必要时,该标准可用于 IT 安全之外的一些领域。

1.5 限制性

本部分仅适用于交付件(参考 4.3)及其相关组织信息安全问题。

2 术语和定义

下列术语和定义适用于本文件。

注:为支持本部分中的安全保障模型,给出的术语和定义尽可能具有一般性。保障模型要适用于范围宽泛的保障途径,这就要求不能把特定的术语应用于范围宽泛的保障途径。

为了满足一些可用的保障途径,已存在大量的保障术语,因此,为一个通用的保障模型定义术语是一项困难的任务。另外在现有的术语中,相似的术语具有不同的定义,并且许多术语是专为一些特定保障途径而定义的,因此为保障模型构建一个一般化的语言十分困难。面对这些困难,为了确保保障框架的固有特性,并为了适用于大量、广泛的保障方法,本指导性技术文件精心给出了术语和定义。特别地,为了保持与 ISO/IEC 15408 第 1～3 部分和 ISO 9000 系列标准的一致性,尽可能地采用相关的 ISO 标准。

接下来的一个困难是如何处理同一术语有多个定义,以及如何处理那些由于其一般性含义对保障模型不够充分而没有使用的定义。这些术语是否应予忽略或保留以便引用。如果忽略这些定义的话,在讨论中出现这些定义的保障途径时,会使读者产生困惑。如果保留特定于一种保障途径的术语,就会增加本指导性技术文件编排的复杂性;因此,本指导性技术文件在正确的上下文下来使用术语的适当定义。针对同一术语存在多个定义的情况,本指导性技术文件首先列出主要定义。可替代的定义,用半括号和斜体标出,它们仅适用于引用源的上下文。

2.1

认可　accreditation

权威机构针对以下三方面所关联的残余风险,给出正式的认知、批准和接受所采用的规程:

a）有关一个自动化系统使用特定的一组安全措施,以特定安全模式的运行[引自 AGCA];

b）有关一个安全团体或个人胜任执行特定的任务[引自 ISO/IEC 指南 2],以及

c）有关一个安全服务适合于目标环境。

2.2

途径　approach

处置一项任务或一个问题所使用的方法或采取的步骤。

2.3

评估　assessment

遵循一个标准,使用相应的方法,对交付件所进行的验证,以建立与标准的符合性并确定其保障。

2.4

保障　assurance

适当活动或过程的执行,以建立交付件满足其安全目标的信心。

a）确信一个实体满足其安全目标的基本依据[ISO/IEC 15408-1]。

2.5

保障途径　assurance approach

依据所检查的方面,对保障方法的一个分组。

2.6

保障论据　assurance argument

一个由证据和推理支持的、结构化的保障断言集合,该集合清晰地表明保障需求如何得以满足。

2.7

保障评估　assurance assessment

验证并记录与交付件关联的全部保障类型和保障值(是保障论据的一部分)。

2.8

保障机构　assurance authority

有权对交付件有关保障(例如,选择、规格说明、接受、增强)作出决策的组织或个人。其中,该保障最终导致该交付件信心的建立。

注:在特定的方案和组织中,保障机构的术语可能是不同的,例如评价机构。

2.9

保障证据　assurance evidence

由交付件(包括综合报告和其他理由)的保障分析而产生的、支持保障断言的工作产品。

2.10

保障等级　assurance level

依据特定尺度,保障方法所获得的保障值。

注 1:以定量术语,保障等级可能是不可测量的。

注 2:所取得的保障值一般与执行活动所付出的工作量有关。

2.11

保障方法　assurance method

关于获得可重复保障结果的、被认可的规格说明。

2.12

保障特性　assurance property

对保障结果起作用的保障方法的一个特征。

2.13

保障结果　assurance result

关于一个交付件的、文档化的定量或定性的保障陈述。

2.14

保障模式　assurance scheme

行政管理和规章制度的框架，在该框架内，特定团体或组织内的保障机构应用保障方法。

a) *行政管理和规章制度的框架，特定团体内的评价机构在该框架下应用通用准则[ISO/IEC 15408 - 1]。*

2.15

保障阶段　assurance stage

一个给定的保障方法所关注的交付件生存周期阶段。交付件的整体保障要考虑该交付件整个生存周期所应用的所有保障方法的结果。

2.16

认证　certification

证实交付件与指定要求一致并给出正式保障声明的规程。认证可由第三方执行或自认证[引自ISO/IEC 指南 2:1996]。

a) *发布正式声明——证实评价结果并证实正确应用了评价准则[ITSEC]。*

b) *认证过程是对评估结果的独立审查，导致产生最终的认证或批准[ISO/IEC 15408-1]。*

c) *对一个信息技术系统所做的技术和非技术的安全特征综合评价，支持建立系统满足指定安全政策程度的认可[AGCA]。*

2.17

信心　confidence

有把握认为交付件将以预期的或所声称的那样执行(即正确、值得信任、执行安全政策、可靠、有效)。

2.18

交付件　deliverable

IT 安全产品、系统、服务、过程、或环境因素(如，职员、组织)、或保障评价的对象。对象可以为ISO/IEC 15408-1 所定义的保护轮廓(PP)或者安全目标(ST)。

注：ISO 9000:2000 认为服务是一类产品。而且，在 ISO 9000 系列标准中，采用“产品和/或服务”。

2.19

评价　evaluation

按已定义的标准对交付件的评估[ISO/IEC 15408-1]。

a) *对一个实体能够满足指定要求程度的系统化检查(质量评价)[ISO/IEC 14598-1]。*

2.20

保证　guarantee

参考 2.35 条款有关担保的定义。

2.21

IT 安全产品　IT security product

提供一定安全功能的一组 IT 软件、固件和/或硬件，其设计是为了使用或为了组合到不同系统中[ISO/IEC 15408-1]。

2.22

生存周期阶段　life cycle stage

与交付件状态有关的生存周期的一个时段。

a) *与系统描述的状态和/或系统本身相关的系统生存周期中的一个时段[ISO/IEC 15288]。*

2.23

良源 pedigree

对供应商一种非正式的认知,即它们所提供的交付件,可重复地一贯满足其安全策略或如其所声称的那样执行。(良源是一个与供应商或交付件相关联的环境因素。)

2.24

过程 process

有序的活动集合,该集合使用一些资源,把输入转换为输出[ISO 9000:2000]。

2.25

过程保障 process assurance

对一个过程中的活动进行评价而导出的保障。

2.26

产品 product

参见交付件的定义。

2.27

模式 scheme

定义环境的一组规则,其中包括进行一次评估所要求的准则和方法学[ISO/IEC 18045(共同评价方法)]。

2.28

安全 security

与定义、实现和维护保密性、完整性、可用性、可核查性、真实性和可靠性等相关的所有方面[ISO/IEC 13335-1]。

注:产品、系统、或服务会被认为是安全的,其用户一定程度上就信赖它们会(或将会)按预期的方式运行。这通常在对一个实际的或可察觉的威胁进行评价中要予考虑的。

a) *软件产品保护信息和数据的能力,致使未经授权的个人或系统不能读取或修改信息和数据,而不拒绝授权个人或系统对信息和数据的访问[ISO/IEC 9126-1]。*

2.29

安全评估 security assessment

依据一个安全标准,采用相对应的安全方法,对安全交付件的验证,以建立与标准的符合性并确定安全保障。

a) *产品评价过程的最后一个阶段[ISO/IEC 14598-1]。*

2.30

安全元素 security element

一个不可分割的安全需求。

2.31

服务 service

由交付件、组织、或个人所执行的安全过程或任务。

2.32

利益攸关方 stakeholder

在交付件风险或在其特征的拥有方面,具有权利(共担风险或拥有资产)的一个团体,该权利满足该团体的需要和期望。

a) *在系统或它的特征拥有方面,具有权利(共担风险或拥有资产)的一个团体,该权利满足该团体的需要和期望 [ISO/IEC 15288]。*

2.33

系统　system

具有特定的目的和运行环境的特定 IT 装置 [ISO/IEC 15408-1]。

a) *为实现一个或多个所指出目的，有关交互元素的组合 [ISO/IEC 15288]。*

注 1：系统可以看成是一个产品和/或产品所提供的服务 [ISO/IEC 15288]。

注 2：在实践中，对系统含义的解释，经常通过使用一个关联的名词予以阐明，例如飞机系统（注：用名词“飞机”来阐明“系统”）。另一个途径是，词“系统”可以简单地通过一个上下文依赖的同义词来替代，例如飞行器，尽管这样做可能会隐晦系统原理的视角 [ISO/IEC 15288]。

2.34

系统生存周期　system life cycle

系统从概念到消亡，随着时间的演进[ISO/IEC 15288]。

2.35

担保　warranty

当交付件不满足其安全策略时，对其操作（部署、执行或交付）进行纠正或缓解的一种安全服务。

2.36

工作产品　work product

为了开发并支持一个交付件，在执行任一过程期间所产生的所有项（即文档、报告、文件、数据等）[SSE-CMM（ISO/IEC 21827)]。

a) *使用资源将输入转变为输出的系统活动的结果 [ISO 9001]。*

3 缩略语

下列缩略术语适用于本文件。

AST	抽象安全目标(Abstract Security Target)
BSI	德国联邦情报局[Bundesamt für Sicherheit in der Informationstechnik(German Information Security Agency)]
CASCO	ISO 合格评定委员会(ISO Committee on conformity assessment)
CEM	通用评价方法学(先于并等同于 NP N2729r1 IT 安全评价方法)Common Evaluation Methodology)
CMM	能力成熟度模型(Capability Maturity Model)
CSE	通信安全机构(加拿大 IT 安全机构)(Communications Security Establishment)
CTCPEC	加拿大可信计算机产品评估准则(由 CSE 编辑)(Canadian Trusted Computer Product Evaluation Criteria)
HCD	以人为中心的设计(Human Centered Design)
IEC	国际电工委员会(International Electrotechnical Commission)
IT	信息技术(Information Technology)
ISO	国际标准化组织(International Organization for Standardisation)
ITSEC	信息技术安全评估准则(欧洲共同体委员会官方文件发布办公室)(Information Technology Security Evaluation Criteria)
ITSEM	信息技术安全评估方法学 (欧洲共同体委员会官方文件发布办公室)(Information Technology Security Evaluation Methodology)
NSA	国家安全局(美国政府机构)(National Security Agency)
PP	保护轮廓(ISO/IEC 15408-1 定义)(Protection Profile)

RAMP	评定和维护阶段(根据 TCSEC 进行评估的 NSA 过程)(Ratings And Maintenance Phase)
RM	评定和维护阶段(根据 CTCPEC 进行评估的 NSA 过程)(Ratings and Maintenance phase)
SCT	严格(安全)一致性测试[Strict (Security) Conformance Testing]
SE-CMM	系统工程能力成熟度模型(能力成熟度模型是卡耐基-梅农大学的商标)(System Engineering Capability Maturity Model)
ST	安全目标(ISO/IEC 15408-1 中定义)(Security Target)
SSAM®	SSE-CMM 估值方法学(由支持组织提出),国际系统安全工程协会(ISSEA)里的一个实体(SSE-CMM Appraisal Methodology)
SSE-CMM®	系统安全工程-能力成熟度模型,ISO/IEC 21827(由国际系统安全工程协会的支持组织提交给 ISO 的公开标准)(System Security Engineering - Capability Maturity Model ISO/IEC 21827)
TCSEC	可信计算机系统评价准则(NSA 编辑)(Trusted Computer System Evaluation Criteria)
TOE	评估对象(ISO/IEC 的具体术语,定义在 ISO/IEC 15408-1)(Target of Evaluation)
TPEP	可信产品评价程序(TCSEC 和 CTCPEC)(Trusted Product Evaluation Program)
TRA	威胁和风险评估(Threat and Risk Assessment)

4 概念

本章介绍有关保障的概念,其目的是给出这些概念在一般 IT 保障和 IT 安全保障应用中的区别。有关保障的概念是宽泛的,不应特定化地应用于 IT 安全或应用于符合性评价。

4.1 为什么需要保障

由于错误和脆弱性,IT 系统易于失效和受到安全侵害。引起这些错误和脆弱性的主要原因是,快速变化的技术、人为错误以及不良的需求规约和不良的开发过程或低估威胁的结果。此外,由于系统的经常修改,新的缺陷和遭受新的攻击,导致脆弱性、失效和安全侵害在整个 IT 系统生存周期中不断增长。

由于人为错误或疏忽,由于部件或设备失效,以及由于相对的安全机制不完美,在可接受的成本和在 IT 系统生存周期的该交付件的时间限制内,无错误、无失效和无风险的运行通常是不可达到的。这一情况就使得几乎不可能保证一个 IT 系统是无错误的、无风险的安全系统。

由上可见,错误、脆弱性和风险可能始终存在,并可能在交付件的生存周期内发生变化。因此,在交付件的生存周期中,在可接受的参数范围内,必须对错误、脆弱性和风险进行管理,否则该可交付的保障就将发生变化。IT 安全工程和管理的任务就是管理风险,即采用技术上和组织上的安全措施,减少脆弱性和威胁,以使一个交付件具有可接受的保障。IT 安全管理还有一个另外的任务,即建立可接受的保障和风险目标。以这一方式,IT 系统的利益攸关方就有理由相信,该交付件在可接受的风险和预算内,将以预期的或所声称方式执行。从安全的观点上来看,这就形成该交付件实施了适用安全策略的信心。

4.2 保障与信心的区别

重要的一点是,保障和信心是不同的,并且是不可互换使用的。由于这两个术语关系紧密,因而经常不能正确使用。对读者而言,重要的是要理解这两个术语之间的区别。从个体的角度来看,信心与人们对交付件的保障的信任程度相关,而保障则与交付件执行其安全目标的已予证实的能力相关。因此,信心不是一种确定性的心理属性,而是通过保障所创建的可信和相信来表达的。

保障是由交付件的评估过程所产生的证据来确定的。证据通常由保障论据、文档以及其他相关的工作产品组成,基于安全工程和评价活动,列举事实以支持所声称的保障。

信心受限于个体对交付件的特定安全要求的理解,并受限于在评价过程中所获得的有关交付件将以预期的或声称的方式运行的理解,还包括有关评价准则、评价方法、评价方案以及所使用的评价过程的理解。进一步,评估人员和操作人员的声誉,在建立交付件的信心上是重要的因素,因为他们的资历和经验是认可的或是不认可的。结果,由特定个人或机构所执行的给定保障方法之后,依据个体的理解,利益攸关方可能具有不同的信心程度。

4.3 什么是交付件

传统上,保障仅关联由硬件和软件组成的 IT 产品和系统,并称为产品或系统的保障。现已认识到,保障关注较大范围的风险,因此,对其他安全目标的保障,例如安全服务、过程、人员、组织以及环境因素,均存在一定的要求。为了强调这一新的需求,术语"交付件"用来专指安全评价的对象。

"交付件"的定义是宽泛的,根据具体情况,包含了列在合同中要交付给客户或为客户执行的安全项(如,服务)。合同条款可以包括购买的(可以是一类的或大批量生产的)、租赁的、用于培训的 IT 安全产品、服务以及其他有形或无形的安全项。进一步,还包括作为服务而提供的任何交付件——共享软件、免费软件、样本等,以及通过其他途径,或直接供给的,或间接(授权、抵押、良种等)供给的任何交付件,或由客户假定的任何交付件(良种、担保等)。交付件具有可度量的安全属性,以便可以验证是否满足其安全策略。比如,交付件可以特指一个由组织执行的威胁和风险评估服务,或特指一个有关评估个人是否具备运用 ISO/IEC 15408 标准资格的认证。执行安全服务或任务的人员,也被认为是交付件。例如,经培训已成为评估人员的那些人员,与培训组织有合同,为了获得知识和执行特定的活动,按照他们的能力进行度量和分级。类似地,在合同的范围内,执行一项服务或任务安全咨询人员也看作是交付件。

一些保障交付件,尽管它们已向保障机构提供不同的确信度,但并不总是以线性方式出现,因此它们必须被作为安全评估因素。例如,由供应商提供的担保或保证,就是一种以独立的或者是与交付件绑定在一起的形式提供的特定服务。如果交付件不满足安全策略,担保服务用于纠正或缓和交付件的操作(部署、执行或交付)。良源是一个与供应商或交付件关联的环境因素,尽管有些含糊,也不应当被忽略,因为它有被承认的特定执行的历史,例如,一贯地满足交付件的安全政策或满足供应商所声称的。

注:除了交付件的应用更广泛之外,这里的交付件的定义与 ISO/IEC 15408-1 定义的 TOE 相似。

4.4 利益攸关方

由于交付件为其资产带来风险的利益攸关方可能寻求保障,因此,确定可接受的保障方法和保障等级,可能是利益攸关方的要求或受其影响,具体如下所列:

a) 标准团体;
b) 国家的或者国际法律或规定;
c) 特定团体(比如政府和银行界);
d) 一个组织内的授权单位;
e) 策略(安全、人事、供应、市场、认证政策,等)所有者;
f) 系统所有者;
g) 系统认可者;
h) 最终用户;以及

i) 一般公众。

4.5 保障需求

在IT技术安全术语中,准确的保障意味着:按规定的那样,通过选择的评估方法,执行合适的保障过程和活动,满足预先定义的特定安全保障需求。保障需求是由安全需求及其所导出的其他因素来确定的。

通过对交付件、影响因素、安全需求(策略)、业务驱动方以及该交付件目标环境的安全需求分析,确定安全保障需求。影响因素是那些需要予以关注的、可能影响交付件保障需求的方方面面。影响因素可以来自于任何方面,甚至可以是无形的,例如政治、文化、地方法律以及强制性要求。执行风险评估,是为了对资产敏感性、脆弱性和风险提供深入的了解,以便确定残余风险,并对现有的和已提出的安全措施给出建议。被采纳的建议就成为原安全需求中的要素,以便修正安全保障需求。

在ISO/IEC 13335和ISO/IEC 17799中,给出了有关安全管理和进行风险分析的一般性指导。ISO/IEC 15408中包括了有关IT产品和系统的安全功能和保障需求的信息,这些信息是针对传统IT安全评估的。

由于业务是大量的,并且每一环境的安全需求也是大量的,因此保障需求往往是针对每一环境的,即环境不同,保障需求也不同。因此,同样交付件如果不修改的话,要满足不同的保障需求,可能就不适宜其他环境。

4.6 保障方法对IT安全的适用性

本节对2.4中的保障定义进行扩展,讨论保障的不同方面,为了证实保障的不同方面如何能应用于IT安全。

根据2.4中的保障定义可以看出,合适保障活动的应用,建立了该交付件满足其安全目标的信心。信心是通过对保障证据的评审来实现的,其中评估证据是通过开发、部署和运行期间的评估过程和活动而获得的,以及通过实际使用交付件的经验而获得的。任何能够减少不确定性的活动,由于产生可证实该交付件属性正确性、有效性以及质量的证据,因此在确定安全保障中这样的活动才是有用的。应认识到,一些类型的证据与其他类型证据相比,更清晰地建立了声明,但关键的是创建一个综合的保障论据,该论据坚实地建立了从所应用的保障方法中所获得的保障类型和保障值。在现有的许多保障方法中,仅有少量方法是针对IT安全的。然而,非IT技术安全保障方法也可能包含一些与IT安全保障有关的保障特性。由于只有少量可用的保障方法,因此重要的是要意识到所有保障方法的价值,因为许多非安全保障方法已应用于整个IT产业。保障证据经常是文档的形式,而这样的文档通常是在IT工程活动的过程中开发的。为了构造保障论据,只要能减少与特定交付件相关联的不确定性(风险)的任何东西均可使用,这是一项重要的考虑。

在这里,期望的是交流有关非信息技术安全保障方法的价值,而不是忽视IT安全保障方法的价值。显然后者是更优先的,然而一些保障只可能从许多源中获得,因此不能简单地因为该保障不是来自于已认可的安全保障方法而受到忽视。说到这,非常重要的是,当开发保障论据时,要了解证据源并考虑之。此外,必须熟知安全和保障需求,理解证据的价值及其证据源,以便确保证据满足它们的需要。

例如,虽然ISO 9000最初是为制造业组织制定的质量保障标准,但它还包括一些适用于软件的过程保障特性,并同样适用于IT安全软件产品和系统。与之相比,SSE-CMM(ISO/IEC 21827)是一个安全保障方法,尽管它不是传统的保障方法。这一方法通过评价组织的安全工程过程而不是直接评价交付件来产生保障。

一些保障方法特别关注定义一致并完整的安全特征集合,该集合经常反映一个标准威胁场景或好的实践。不同的保障方法可能有一些共同的部件或保障方面。

所有这些因素将对保障框架是有影响的,尤其是对度量的定义。保障方法之间的关系应考虑这些因素。

4.7 保障模式

一个特定保障方法,可以以一种方式实施,其中强调了该方法予以执行的上下文,该上下文称为一个保障模式。认可的设施和评估人员,通过使用相应的保障方法,可以确保高水平的保障。如此的保障模式,还可为保障方法所获取的结果或结论被广泛的接受,提供一个基础。

4.8 保障风险量化与机制增强

保障并不"增加"交付件的任何安全装置或服务。因此,对于非安全的人员来说,有时理解投资保障可以使他们得到什么收益,这是困难的。例如,对于一个 IT 安全产品,往往争议保障是否有助于"增强"安全机制;然而,由于保障可以减少导致安全损害的威胁发生的不确定性(或可能性),因此实际上保障有助于确信机制得以增强。例如,与单一口令相比,双因素认证经常被错误地认为它有更强的保障,实际上它仅是一种更强的认证机制。双因素认证是更强的机制是因为它验证两个用户属性,而口令机制验证一个属性。双因素认证本身并不提供保障,因为它是开发机制中的保障活动,有助于该机制的保障。

重要的是要理解保障并不自然地意味着好的安全,保障仅满足它的安全目的(安全策略)。换言之,保障提供了有关交付件执行其安全目的的信心,而没有检查安全目的是否合适地关注了风险和威胁。例如,尽管一个高保障的 IT 产品可以信任其满足它的安全目的,但该产品是否以一种安全方式行为,这依赖于这些目的的内涵。相反地,具有更合适目的的低保障产品,实际上可能更加安全。

4.9 保障减少安全风险

保障有助于减少风险,保障越多,减少与交付件的脆弱性所关联的不确定性就越多;因此,减少了潜在的脆弱性,就一定会降低与交付件关联的整体风险。如前一条款所讨论的,在对抗安全相关的风险方面,保障并不增加任何额外的安全控制,保障活动仅是试图证实交付件满足它的安全目的。这涉及与保障相关证据的产生和推理,以便为已实施的控制将会减少预期风险这一点提供信心。

4.10 量化保障

保障机构是在交付件生存周期的特定阶段做出有关决定的个人(或团体)。假定在交付件的生存周期中存在多个阶段和多个利益攸关方,那么就可能存在多个保障机构,每一个机构具有所授予的关注和明确的责任。例如,在开发阶段,保障机构可能是供应商组织中的安全工程师,其责任是确保为交付件构造合适的保障。同时,客户组织可以有他们自己的保障机构,这个保障机构则责任确保供应商组织关注了客户组织的保障需求。甚至在评价组织中,也可存在另一个保障机构,负责确保交付件满足保障模式。这里我们看到三个保障机构,每一个机构从不同的视角负责交付件的特定阶段。另外,一个保障机构可以负责多个阶段。在以上三个例子中存在这样的情况,即客户的保障机构是否还应负责接受认证机构所提呈的认证报告。

保障机构可针对所有类型的安全交付件,包括产品、系统、服务、过程或人员等。保障机构围绕交付件及其相关的组织目的,负责做出保障决定。

依据一个组织及其责任,保障机构可拥有任意多的职责。它们的某些任务可包括,选择合适的保障方法,标识为了满足它们的特定需求所要求的保障类型和保障值。保障机构还负责与其他组织的联络,例如与保障评价组织联络并讨论 IT 安全评价模式问题,如是否正在使用 ISO/IEC 15408 以及相对应的模式。

在某些组织中,尤其是在政府和军事组织中,保障可能是有规定的,限制选择保障值,并同时限制针对组织的风险。组织可以为保障机构指派不同的角色,并且根据组织特定的运行模型保障机构的职责可能是有区别的;然而,保障机构一定总要负起所要求的职责。在规模不大的组织里,一个雇员除了承担保障机构责任之外,通常可能还有其他的职责;而在规模较大的组织里,可能指定一个雇员来承担保障机构的角色。在更大一点的组织里,通常指定一个高级雇员作为保障机构,负责保障方法的实施和保障结果。

依据组织具体情况,负责最终接受保障结果的人,还可能负责交付件的运行(即把交付件放入系统中并使之运行,或接受所交付的服务)。因此,保障机构经常必须在所执行保障的广度和深度之间,确定一个合适的程度,并确定与此相关的评价活动的成本和时间框架。

5 选择安全保障

选择一个安全保障方法和相对合适的保障值,这是一个决策问题,该决策应基于组织的安全保障策略、业务需求以及交付件的类型(即产品、过程、环境、系统、服务或人员)。例如,一些保障方法仅适用于过程[即 SSE-CMM (ISO/IEC 21827)],而一些其他方法适用于产品(即 ISO/IEC 15408)。

所选择的保障方法应与组织的环境相一致,并且能够检查交付件所期望的属性和生存周期阶段。保障方法的选择必须考虑可用的资源(时间、人员、预算等),以便确保耗费的资源对于所获得保障的类型和值是合理的。例如,为一个低保障的交付件,增加 50 000 美元的安全设施,这就是不合理的。类似地,当一种较低的保障方法是可接受的(假定没有强制一种评估方法),并可节省数月进度的话,那么就没有必要选择像 TCSEC、ITSEC、CTCPEC,ISO/IEC 15408 等评估保障方法。对于要求选择开发过 IT 安全产品并为了获得保障而使用已经 IT 安全评价产品的组织(即政府部门)而言,为了做出有关保障方法选择的决策,几乎没有多少需求,从而可省去考虑选择所花费的大部分甚至全部的资源。

例如,一个私营组织可以采用 SSE-CMM (ISO/IEC 21827)保障方法,建立他们公司网站的保障,防止未经授权的人访问他们的私有部分。这将围绕网站的开发、部署以及运行,要求一个过程评估,包括实现安全策略和运行安全策略的过程。基于评估的发现,可产生一个保障论据以及该组织的成熟度等级[SSE-CMM (ISO/IEC 21827)]。当只需要保障机构关注他们内部的安全保障策略时,采用这个保障方法也就足够了。第二个例子是一个政府部门使用 ISO/IEC 15408 保障方法来建立高的保障,因为要求该部门使用这一特定的保障方法和途径来满足特定的政府安全需求。这个例子说明,保障机构和组织及其安全保障策略必须是相互依赖的。关于哪一种保障方法更好或哪一种保障方法能够提供更大的保障,对此是无法描述的。在现有政策或规章制度并没有规定特定保障方法和保障等级的地方,作为安全目的的功能而选择的保障方法和保障等级,必须要能够达到相应安全需求的保障需求。然而,有可能安全风险管理指出一些情况,其中要求像什么一样大的保障,如果安全风险管理已强调高水平的不确定性,那么增强的保障就有益于减少整体的不确定性,因而也就降低了安全风险。在这些情形中,要指明增强的保障。

注意,即使保障方法是强制的时候,也存在一些可用的选择,例如:

a) 保障什么;

b) 保障值;

c) 要使用哪一个评价实验室;以及

d) 要采用哪一种认证认可服务。

存在许多不同的保障途径和方法,可用于几种被广泛接受或规约的保障方法中。因此,需要给出相应的指导,以支持利益攸关方来选择并应用一种保障方法。

5.1 保障需求描述

在选择和/或执行保障方法之前,必须规约保障需求。已有一些方法可用于产生保障需求规格说明。一般地,TRA 和组织上的安全保障需求可支持选择保障方法。保障需求还可包括区域上的和业务上的一些方面，例如，当客户需要一个特定的保障途径(如 ISO/IEC 15408)来满足内部需求或采购需求时。

为了强调组织需求或市场需求，保障需求规格说明可包括对保障方法或保障模式的认知和接受，以及对相互认可和最低保障等级的认知和接受。

例如，保障需求包括对开发过程严格程度的限制，以及(或)探索有关潜在安全脆弱性影响分析的需求。

当交付件包括诸如口令和杂凑函数等安全机制时，保障需求可以依据所声称的安全目的，规定一个最小的强度等级约束。

保障需求规格说明应强调组织上的所有需求，并包含所有相互支持的保障成分，例如正确性保障和有效性保障。另外，需要详细地表述可接受的保障途径和方法，并要指明保障机构、它们的职责以及沟通渠道等。

5.2 经济方面

保障通常是需要密集资源的，因而带来成本和延时等问题。另外，保障往往是防止损失而不是提供收益或获利。因此对其投资回报是不可测量的，但可假设类似于保险损失。即使供应者在大量 IT 安全产品之上摊还保障的时候，还要依据保障方法和所期望的保障水平，可能需要几年的时间才能收回投资。有关组织能在保障的资源投资得到收益方面，对于不熟悉安全问题的人而言是不明显的，因此需要大量的解释，并必须予以很好地表达，以获得管理层的批准。

不同形式的保障是针对不同对象的。例如，由担保所提供的保障，当系统宕机时，对于用户而言其价值是很小的；但对管理者而言，担保在支付延时的成本中是有价值的。类似地，由技术支持措施所提供的保障，如果系统运行功能时失败，则其价值是很小的，而对系统的操作故障，就是有价值的。

所有形式的保障为组织的不同部门带来不同的收益；不对这些不同的收益进行评价将会贬值所获得的保障。

实际上所做的保障减少了不确定性，至少减少了与 IT 安全产品或服务所关联的脆弱性。不确定性是与评价安全风险评价中所使用的所有因素相关联的。因此，减少不确定性，就可集中关注对组织的真正最大风险。这表明了组织的可测量收益以及有益的资源投入。

5.3 组织方面

重要的是要认识安全环境，尤其是要理解保障需求反映了组织文化和业务需求。必需理解组织的需求，以便决定一个特定的保障方法是否是可接受的，以及(或)多少保障才是充分的。组织策略应描述以下内容：

a) 如何确定保障需求；

b) 依据特定标准认证交付件的情况；

c) 认证交付件所依据的标准；

d) 在指定情况中，认证过程所要求的保障等级；

e) 保障机构的责任；以及

f) 交付件必须进行认证的情况。

例如，政府组织可以为其特定的环境来决定规约的保障过程以及控制的保障过程。他们可以开发这些过程的所有方面，例如保障方法、准则(标准)、使用的指导标准、执行的评价，甚至所要求的保障等级。然而，负责认证的保障机构仍需要做出接受保障的最终决定，并且考虑资源和进度。与之相比，私人组织可以选择一个为其内部而开发的事实上的保障方法，如果不要求其保障机构来满足外部影响的话。当验证安全保护措施和保障是否适合该组织时，对于描述需要什么以及对什么具有影响等而言，组织策略是至关重要的。

5.4 保障类型

针对一个特定的交付件,为了强调多种保障方法的组合,最好构建一个安全保障模型,以便显示期望一些不同的保障类型如何一起工作,以利于该交付件所关联的整体保障。因此,交付件的安全保障模型可以由一些不同的子保障模型组成,每一个子模型对应一个特定的保障途径(即评价保障、过程保障、开发保障)。通过组合多个不同保障模型的这种方式,交付件的保障模型将只关注这些保障子模型如何组合在一起,而不管交付件的阶段所对应子模型的应用。进一步,可能存在这种情况,即与该交付件关联的某个安全保障,对该交付件下一个接受者而言并不是直接期望的,但实际上是最后接受者所期望的。该模型可清晰地显示这一点,并有助于确保最后接收者接受一个相关的安全保障的清晰轮廓。

因此,每一个保障模型可以针对交付件的一个特定生存周期阶段,规约相应的保障类型和保障值,以方便进行比较。通过描述这样的交替并给出相应的理由,该交付件的保障模型就将一些不同的子模型粘合在一起,以便描述该交付件最终结果的保障。

5.5 技术方面

已有许多保障方法可供选择,并依据资源和时间框架,提供可能的优化。应根据以下列表来选择保障方法,看其是否适合交付件及其要予评价的属性:

a) 专门针对诸如 IT 安全硬件或软件产品、系统、网络、人员、服务等可用的保障方法;

b) 针对生存周期过程的保障方法;或

c) 基于经验和实际用法的保障方法。

应用一种保障方法来评价交付件,可能会产生不同类型保障或保障值,由于:

a) 交付件的特征或交付件匮乏;

b) 交付件的规模和复杂度;

c) 所应用的保障方法中的差异;

d) 应用保障方法时所具有的受限严格程度或工作量;

e) 要满足的安全目标的本意;

f) 特定环境;

g) 特定 IT 生存周期阶段;或

h) 与其他方法的组合。

增强交付件的保障可以通过下面获得:

a) 增强交付件以前存在的 IT 安全能力的知识;和/或

b) 改善交付件 IT 安全机制的能力。

依据单个安全需求,每一个保障方法都有其自己的应用以及优缺点。因此就必须了解每一个保障方法是如何建立保障的,以便决策该保障方法是否满足相应的保障需求。

例如,当部署一个系统,组成一个产品集合(依据所使用的保障方法,它们的保障等级可能了解或接受,也可能不了解或不接受)时,有关保障可认知的程度一般是由运行前的系统认证予以确定的。

技术上的考虑会影响这一决策,因为相对于复杂一点的交付件,某些保障方法可能对简单的交付件要更好一些。例如,与验证一个具有数百万行代码组成的安全功能的交付件相比,通常更容易验证一个数千行代码交付件所具有的最小安全功能,并达到一个高保障结果。

对于一种特定的保障方法而言,其可能的保障类型和保障程度是由该保障方法的特征确定的,即所评价的特定生存周期阶段以及所评价的安全元素。

5.6 优化方面的考虑

确定所需要的保障方法和保障值,不存在一门精确的科学。为了满足组织的需求,需要由保障机构来确定正确的保障方法以及相应的保障值。但最终必须考虑 IT 系统和保障方法的属性。

如果应用了多个保障方法,就给出了多个值,以便在交付件被接受之前使最后那个保障方法导出最后的保障结果。因此,最后保障方法的保障机构必须定量地给出当前保障结果,并必须做出判断,先前的任意保障结果是否令人满意。另外,作为最后保障活动的机构,它们将最终负责交付件的运行。

通过 IT 安全产品的供应商、系统集成者或服务提供者,就该产品和服务的性能,以某种形式的保证和担保,可以递增地导出保障。

对于具有准确保障的交付件,应当特别注意,把一个或多个交付件集成到它们最后目标环境中,一般对产生的安全保障等级具有负面影响,因此可能需要额外的保障。

6 框架

6.1 保障途径

在高层次上,保障方法可分为三类保障途径:

a) 交付件评价,即历经评估和测试;

b) 过程评价,用于开发或生产交付件;以及

c) 环境评价,例如人员和设备的评价。

交付件评价包括对交付件(产品、系统、服务等)的检查。在这种情况里,这些保障方法独立于开发过程,检查交付件及其所关联的安全设计文档。

过程评估包括对整个交付件生存周期(开发、部署、交付、测试、维护、处置等)的生产和运行中所采用的组织过程的检查。通过对人们已执行的、影响交付件开发质量和实现质量的过程的推断,来获得保障,因此当把这一检查应用于 IT 安全交付件时,就产生该交付件的安全保障。

环境评价包括对环境因素的检查,其中,这些环境因素应有助于过程质量和交付件的生产(环境评价并不直接检查交付件或过程)。这些因素包括人员和物理设备(开发设备、生产设备、交付设备和运行设备等)。

注:相比较,一些保障途径,例如通过应用评估准则(如 ISO/IEC 15408)所获得的评估保障,直接在 TOE 的生存周期的一个子集上评价 TOE,并提供唯一一种组合保障。

例如,ISO/IEC 15408 直接检查 TOE,并产生评价保障,就开发保障、评价保障和测试保障这一集合而言,该评价保障是得到共识的,而 ISO 9001 关注于制造过程的检查。

6.2 保障方法

本指导性技术文件涵括了宽泛的、现有的用于获取保障的方法。这包括国内的或国际的正式标准、事实上的标准,以及其他已被认可的方法,它们具有或利用规范化的和系统的方法。

事实标准的一个例子是 SSE-CMM 评估方法(SSE-CMM Appraisal Method),它是一种良好文档化的保障方法;然而,它不是一个国内的或国际的标准。事实标准的另外一个例子是可信产品评价过程(Trusted Product Evaluation Process,TPEP)保障方法。尽管 TPEP 是一个被一些政府成功应用于 IT 安全产品评估的可接受标准,它却是一个无合适文档化的评估方法。

保障方法依据其技术和关注的生存周期,产生相应类型的保障,通过保障途径,支持对保障类型进行分类。根据保障方法的关注和途径,表 1 列出了一些广为人知的保障方法。在这一标准的最后部分,包含了有关保障方法的的更全面的列表,并强调了技术细节和比较。

表 1 保障方法示例

保障途径	保障关注点	保障方法例子(包括相应的准则或模型)
过程	质量和开发过程	ISO 9000 ISO/IEC 15504 HCD SSAM [SSE-CMM (ISO/IEC 21827)]
交付件、过程、环境	品牌-(基于历史关系或数据)承认公司会生产高质量的交付件	开发者良源
交付件	保险(由制造者承诺对交付件的错误进行纠正而得到支持)	担保保障
交付件	自我声明	供应者的声明
环境	职员的知识和技能	专业认证及许可 安全设备
交付件	交付件的直接评价	CEM (ISO/IEC 18045) ITSEM (ITSEC) TPEP (TCSEC) TPEP (CTCPEC) 等级维护[RAMP (TCSEC)] 等级维护[RM (CTCPEC)] 认证和鉴定保障 ISO/IEC 14598-1 软件产品评估
交付件、过程、环境	安全管理	信息安全管理系统 使用规范和指南(BS 7799.2) GISA/BSI 基线保护指南 ISO/IEC 13335 ISO/IEC 17799

6.3 生存周期方面

由于人为错误、设备失败、新的弱点以及威胁能在交付件的任一生存周期内发生,交付件的每一个生存周期阶段(如,概念、开发、集成、部署、运行和处置)都要求有合适的保障。因此保障方法必须适合于特定的阶段。

功能的匮乏、要求的改变、以及新的脆弱性都会影响保障,并要求再次引入更为早期的生存周期阶段。所以生存周期模型必须允许阶段之间的重复、交叠和迭代关系。

生存周期模型样例(图 1)用于证实保障方法与交付件生存周期阶段的关系。该生存周期模型样例包括了四个基本阶段,一般可映射到任意特定的生存周期模型。尽管图 1 中的每一个阶段的图示是相似的,但由于所采用的保障方法是不同的,因此这些阶段的活动和反馈将会是不同的。例如,一些保障方法采用包含于运行阶段的维护阶段方法(如 TPEP 评定维护),以强调只影响运行上保障的失效和变更需求。这个例子证实了该模型可支持特定的保障方法,该方法指示反馈是给其本身所在的阶段还是给交付件开始的设计/开发阶段。

考察 ISO 9000、ISO/IEC 15408 以及 SSE-CMM (ISO/IEC 21827)就可以看出,保障方法可针对交付件的一个特定阶段,或可适用于生存周期的多个阶段。

为达到最终的保障，每一个阶段所获得的保障必须带入下一个阶段，成为那个阶段的保障因素。这种方法持续不断地把保障增加到生存周期最后阶段，如图 1 所示样例模型中的运行阶段。

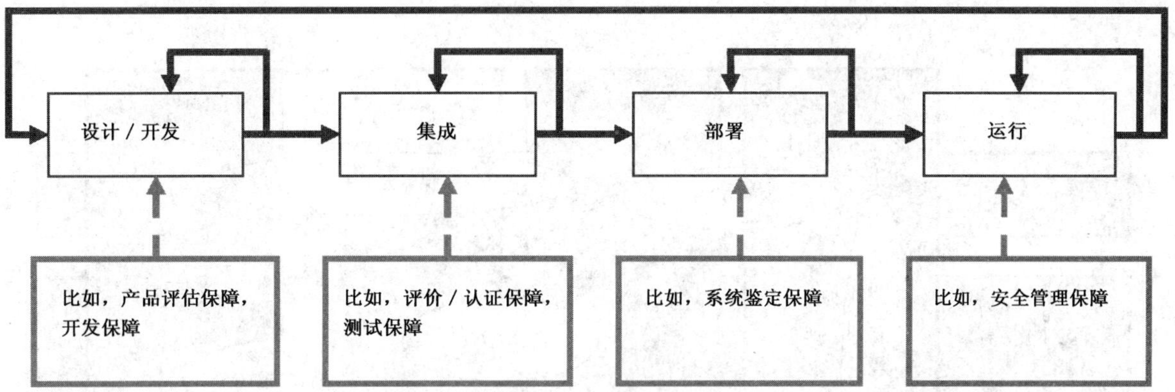

图 1　保障方法与一个简化的典型的生存周期阶段的关系

注：图 1 所示的生存周期模型是一个例子，证实一个模型与其他生存周期模型和框架是一致的，以支持本指导性技术文件中有关保障方法的分析。它不是用于指示或建议一个特定的生存周期模型。

6.4　正确性保障与有效性保障

正确性保障指的是对交付件的评价，依据设计以检验其正确的实施。与之对比，有效性指的是交付件的安全功能抵御已观察到的或已识别的风险的适宜性。下一段证实有效性保障和正确性保障是两个重要的保障特征，任一个都不是独立的，但它们每一个都强调了交付件的一些重要方面。

如果交付件的安全功能强调潜在威胁，但并未分析这个功能设计和实现的正确，那么人们就不会确信交付件能承受一个攻击。在这一例子中可以看出，由于缺少安全功能的验证，尽管建立了有效性保障，但没有建立正确性保障。类似地，如果分析发现交付件安全功能的设计和实现都是正确的，但设计却没有包括强调可能威胁的合适功能，那么人们就不会确信该交付件能对付这些威胁。在这一例子中，尽管存在正确性保障，但缺少有效性保障，因为就应对可能威胁而言，实现了一种无效的安全功能。为了达到综合全面的保障，必须对交付件进行评价，确保正确设计、实施和操作（正确要素），并且该交付件必须提供抵御已识别风险（有效性要素）的合适安全功能。

6.5　保障方法分类

按照 6.1 中描述的三个保障途径的分类，可以对保障方法进行分类。在每一个保障途径中，依赖一个保障方法的特征，该方法可能关注一个或多个特定生存周期阶段。

依赖保障方法的类型，所获得的保障是基于评价的方面和生存周期阶段的。例如，评估保障方法产生与设计、开发以及运行阶段一些相关部分的保障；开发保障方法产生与特定开发阶段相关的保障；依赖保障方法，测试保障产生与多个阶段的测试方面相关的保障。

图 2 表明，保障途径可适用于多个保障阶段。本指导性技术文件的第 2 部分和第 3 部分详细描述保障途径，其中第 2 部分给出保障方法的具体例子。

保障方法不同于保障途径类，由于保障方法具有不同的关注点，因此可产生不同的保障。虽然在同一个保障种类中，由于所检查的交付件（IT 组成部分或服务）方面，保障方法也会产生不同的保障。

依据所检查的交付件（IT 组成部分或服务）的方面，保障途径产生不同的保障。一些保障途径检查交付件生存周期的不同阶段，而另外一些途径检查生产交付件的过程（间接地检查交付件）。保障途径包括设施、开发、分析、测试、缺陷修补、操作、担保、人员等。这些保障途径可进一步划分，例如，测试保障途径包括一般性测试保障方法和严格符合性测试保障方法。

采用这个框架,可以检测同一类中特定保障方法的冗余特性或协作特性。可以了解不同类保障方法的互补特性。一些方法可能显示涉及多个类,部分涉及或全部涉及,而其他一些方法可能只是某个类的一个部分。

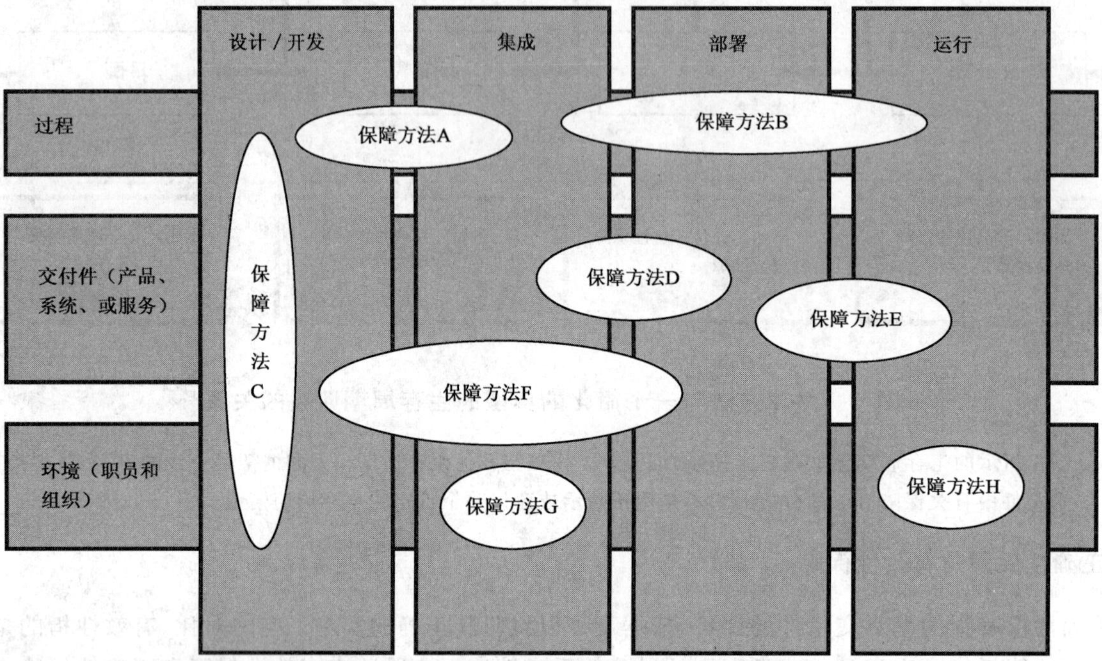

图2　现有保障方法的分类

6.6　组合保障

交付件的最终保障通常是应用于该交付件整个生存周期不同阶段的不同保障方法的组合或合成。适当时,这一保障可以评分、类型或其他测度予以指示。

按几个不同的标准化保障方法,执行保障的组合是困难的,而且不存在穿越保障方法的保障刻度和测量。当前,保障的组合仅是可能的,即通过有经验的IT安全专业人员,形成保障判断和主观推断。加之,由保障机构最终确定可接受的保障。

目前,组合保障是通过在整个生存周期中应用不同的保障方法递增构建保障所产生的结果。下面的例子给出了可能的保障场景及其产生的问题:

1)　一个是检查生产交付件过程的保障方法,另一个是直接检查该交付件同一生存周期阶段不同点的保障方法;

2)　同一保障途径的两个保障方法应用于交付件的不同生存周期阶段;

3)　由大量IT产品和服务所组成的复杂IT系统(用于特定的运行环境),通过评估、担保、认证和鉴别等保障方法,具有不同的保障等级。

第一个例子显示了最简单的问题,其中组合保障是通过分别组合不同方法来确定的。

第二个例子看起来似乎是简单的,因为保障方法属于同一个保障途径,甚至如果保障方法相同的话,给出组合保障就更为直接。但如果出现有关重要性问题,即最后阶段出现的保障途径是重要的,那么组合保障就成为比较困难的。

第三个例子更为困难,因为多个不同的保障方法应用于不同生存周期阶段,并且鉴别保障方法形成了决定是否与系统一起继续存在的基础。尽管系统认证强调了早期保障证据,但在那个点上就不需要一种特定保障途径。这建议具有更大权重的保障方法应用于后期的生存周期期阶段。

值得注意的是，许多基于标准的、处理保障的途径，现在倾向于采用持续过程改善的相同基础性模型。例如，针对质量的 ISO 9001 和针对信息安全管理的 BS 7799，均使用了 PDCA(Plan，Do，Check，Ac，即戴明环)模型。

本指导性技术文件的以后部分将强调一个问题，即应用于生存周期后期阶段的保障途径是否具有更强的相关性或更大的保障。

6.7 保障评定

本指导性技术文件第 3 部分的分析将集中关注保障度量，作为分类保障方法的一种方式，并作为测量应用一个保障方法所获得保障值(例如开发保障等级水平)的一种方式。建立保障度量还可支持描述保障方法之间的关系。

下面是本指导性技术文件第 3 部分所涉及的一些问题，因为它们与保障方法的分析和评定是有关的：

a) 比较不同的保障方法；
b) 量化保障方法；
c) 选择合适的保障方法；
d) 不同保障方法之间的关系；
e) 确定哪些保障方法可以予以组合；
f) 确定保障方法何时和如何组合；
g) 确定是否和如何定序保障方法的执行，该定序将影响整个保障；
h) 确定有关确保和增强在交付件生存周期(如运行和维护)内保障结果(和条件)确认的一些技术问题，其中使用了多个保障途径。

参 考 文 献

[1] Aaron Cohen, Review of ISO Assurance Approaches, The First Annual International Systems Security Engineering Conference, San Antonio, Texas, February 3-4, 2000.

[2] AAWG Task 1 Report, Draft Version 0.9. Common Criteria Project: Assurance Approaches Working Group (AAWG) (report: AAWG-97/037, annex A: AAWG-97/038), August 1997.

[3] Abadi, Burrows, Lampson, Plotkin: A calculus for access control in distributed systems, Digital Equipment Corporation, Palo Alto, 1991.

[4] British Standard BS 7799-2 Information Security management systems-specification and guidance for use, British Standards Institution, 2002.

[5] CMM® (model): Capability Maturity Model for Software, Version 1.1, February 1993.

[6] CMM® (method): Key Practices of the Capability Maturity Model, Version 1. 1, February 1993.

[7] Gasser, Goldstein, Kaufmann, Lampson: The Digital distributed security architecture, Proc. of National Computer Security Conference, USA, 1989.

[8] Korea Information Security Evaluation Criteria, Ministry of Information and Communication, Republic of Korea, February 1998.

[9] Korea Information Security Product Evaluation Program, Ministry of Information and Communication, Republic of Korea, February 1998.

[10] The application of quality assurance procedures to security evaluation, NPL Report DITC 236/95, UK, July 1995.

[11] SCT, Strict Conformance Testing, NPL Report, UK, March 1997.

[12] SE-CMM® (model). A Systems Engineering Capability Maturity Model, Version 1.1. Carnegie Mellon University (CMU/SEI-95-MM-003), November 1995.

[13] SE-CMM® (method). A Description of the Systems Engineering Capability Maturity Model Appraisal Method, Version 1. 1. Carnegie Mellon University (CMU/SEI-96-HB-004), March 1996.

[14] Strack/Lam: Context-dependent access control in distributed systems, Proc. of IFIP/SEC'93, Toronto 1993 (IFIPtransactions A-37, North-Holland, 1993). Trusted Capability Maturity Model, Version 2.0. National Security Agency (NSA), June 20, 1996. UK Certificate Maintenance Scheme, Part II Impact Analysis And Evaluation Methodology, UKSP 16, Issue 1.0, UK

[15] IT Security Evaluation & Certification Scheme Certification Body, 31 July 1996. X/Open CAE Specification Baseline Security Services (XBSS), Document Number C529, UK: X/Open Company, Ltd., December 1995.

ICS 35.040
L 80

中华人民共和国国家标准化指导性技术文件

GB/Z 29830.2—2013/ISO/IEC TR 15443-2:2005

信息技术 安全技术 信息技术安全保障框架 第2部分:保障方法

Information technology—Security technology—A framework for IT security assurance—Part 2:Assurance methods

[ISO/IEC TR 15443-2:2005,IDT]

2013-11-12 发布　　　　2014-02-01 实施

中华人民共和国国家质量监督检验检疫总局
中国国家标准化管理委员会　发布

前　言

GB/Z 29830《信息技术　安全技术　信息技术安全保障框架》分为以下 3 个部分：

——第 1 部分：综述和框架；

——第 2 部分：保障方法；

——第 3 部分：保障方法分析。

本部分为 GB/Z 29830 的第 2 部分。

本部分按照 GB/T 1.1—2009 给出的规则起草。

本部分采用翻译法等同采用 ISO/IEC TR 15443-2:2005《信息技术　安全技术　信息技术安全保障框架　第 2 部分：保障方法》。

本部分由全国信息安全标准化技术委员会(SAC/TC 260)提出并归口。

本部分主要起草单位：中国电子技术标准化研究院。

本部分的主要起草人：张明天、罗锋盈、王延鸣、陈星、杨建军。

引　言

本指导性技术文件的目的是，为了获得一个给定交付件满足其所指出的信息安全保障需求的信心，给出各种保障方法，并指导信息安全专业人员如何选择一个合适的保障方法(或组合一些方法)。本指导性技术文件审视了不同类型组织所提出的保障方法和途径，包括已批准的标准和事实标准。

为了达到这一目的，本指导性技术文件由以下7个方面内容组成：

a) 一个框架模型，用于定位现有的保障方法并给出它们之间的关系；

b) 一组保障方法以及对它们的描述和引用；

c) 特定保障方法的共性和个性的表达；

d) 现有保障方法的定性比较，其中尽可能进行定量比较；

e) 与当前保障方法关联的保障模式的标识；

f) 不同保障方法之间关系的描述；以及

g) 有关保障方法的应用、组合和认知的指导。

本指导性技术文件由3部分组成，对保障途径、分析和相互间的关系处理如下：

第1部分：综述和框架。概述了一些基础性概念，例如保障、保障框架等，并给出了安全保障方法的一般性描述。其目的是帮助理解本标准的第2部分和第3部分内容。第1部分针对信息安全管理人员和其他人员，其中包括负责开发安全保障程序、确定他们的交付件的安全保障、参加安全评估审计或参加其他保障活动的人员。

第2部分：保障方法。描述由不同类型的组织提出和使用的各种IT安全保障方法和途径，不论它们是被一般公认的、事实上被认可的或标准的；并把这些保障方法与第1部分的保障模型关联起来。重点是识别对保障有影响的保障方法的定性特征，在可能的地方，还将定义保障级别。该材料面向IT安全专业人员，帮助理解如何在产品或服务的特定的生存周期阶段中获得保障。

GB/Z 29830.2—2013 使用定义在 GB/Z 29830.1—2013 中的术语和定义。

该部分应与 GB/Z 29830.1—2013 一并使用。

第3部分：保障方法分析。分析了各种保障方法的保障特征。这个分析有助于保障机构在确定每一种保障途径的相对值并确定保障途径，使这些途径提供最适合于运行环境的具体上下文的需求的保障结果。而且，这个分析还有助于保障机构运用保障方法的结果，实现交付件所预想的确信度。这部分材料面向的对象是那些必须选择保障方法和保障途径的IT安全专业人员。

GB/Z 29830.3—2013 使用定义在 GB/Z 29830.1—2013 中的术语和定义。

该部分应与 GB/Z 29830.1—2013 一并使用。

本指导性技术文件分析了一些可能不为IT安全所专有的保障方法；然而，在指导性技术文件中所给出的指导将限于IT安全需求。只对IT安全领域提供相应的指导，并不期望这一指导对一般的质量管理、评估或IT符合性具有指导意义。

信息技术　安全技术
信息技术安全保障框架
第2部分:保障方法

1　范围

1.1　意图

GB/Z 29830的本部分收集了一些保障方法,其中还包括一些对整体ICT安全具有作用但不是专对ICT安全的保障方法。本部分概括了这些方法的目标,描述了它们的特征以及引用文件和标准等。

原则上,ICT安全保障的最终结果是对运行中的产品、系统或服务的保障。因此,最终的保障是应用于产品、系统或服务的生存阶段中每一种保障方法所得到的保障增量之和。大量可用的保障方法均提供了应用于一个给定领域的必要指导,以便获得公认的保障。

本部分使用GB/Z 29830.1—2013中的基本保障概念和术语,以一种概览的方式,对本部分中所收集的每一项保障方法进行分类。

通过使用这一分类,本部分指导ICT专业人员选择保障方法以及保障方法的可能组合,以适合于给定的ICT安全产品、系统或服务及其特定的环境。

1.2　适用领域

本部分以一种概括和概览的方式给出有关保障方法的指导。为了从本部分所收集的方法中获得一个量少的可用方法集合,应采用排除其中不适宜的方法这一方式从中选择之。

这一概括是描述性的,为支持分析理解原标准提供了基础。

本指导性技术文件预期读者包括:

a) 获取方(从供应方获取或取得系统、软件产品或服务的个人或组织);
b) 评价方(执行评价的个人或组织;例如,评价方可以是测试实验室、软件开发组织的一个品质部门、政府组织或用户);
c) 开发方(执行开发活动的组织或个人,包括需求分析、设计、以及软件生存周期过程期间的验收测试);
d) 维护方(执行维护活动的组织或个人);
e) 确认软件质量(授权测试)时的供应方(在获取方的合同中提供合同条款规定的系统、软件产品或软件服务的个人或组织);
f) 评估软件质量(验收测试)时的用户(使用软件产品来执行特定功能个人或组织);
g) 评估软件质量(授权测试)的安全官员或部门(对软件产品或软件服务执行系统检查的个人或部门)。

1.3　限制

本部分仅以一种综述的方式给出指导。为了更好地形成保障需求,GB/Z 29830.3提供了精化这一选择的指导,以便能够评审它们的可比较性和协作性。

支持保障途径验证并支持执行验证人员的规章制度,没有包含在本部分的范围中。

2 规范性引用文件

下列文件对于本文件的应用是必不可少的。凡是注日期的引用文件,仅注日期的版本适用于本文件。凡是不注日期的引用文件,其最新版本(包括所有的修改单)适用于本文件。

ISO 9000 质量管理体系 基础和术语(Quality management systems—Fundamentals and vocabulary)

ISO 9001 质量管理体系 需求(Quality management systems—Requirements)

ISO/IEC 9126-1 软件工程 产品质量 第一部分:质量模型(Software engineering—Product quality—Part 1:Quality model)

ISO/IEC 12207 软件生存周期过程(Information technology—Software life cycle processes)

ISO/IEC 13335-1 信息技术 安全技术 信息和通讯技术安全管理 第1部分:信息和通讯技术安全管理概念和模型(Information technology—Security techniques—Management of information and communications technology security—Part 1:Concepts and models for information and communications technology security management)

ISO/IEC 13335-2 信息技术 信息技术安全管理指南 第2部分:信息技术安全管理和规划(Information technology—Guidelines for the management of IT Security—Part 2:Managing and planning IT Security)

ISO/IEC 13335-3 信息技术 信息技术安全管理指南 第3部分:信息技术安全管理技术(Information technology—Guidelines for the management of IT Security—Part 3:Techniques for the management of IT Security)

ISO/IEC 13335-4 信息技术 信息技术安全管理指南 第4部分:安全措施的选择(Information technology—Guidelines for the management of IT Security—Part 4:Selection of safeguards)

ISO/IEC 13335-5 信息技术 信息技术安全管理指南 第5部分:网络安全管理指南(Information technology—Guidelines for the management of IT Security—Part 5:Management guidance on network security)

ISO/IEC 14598-1 信息技术 软件产品评估 第1部分:一般性概述(Information technology—Software product evaluation—Part 1:General overview)

ISO/IEC 15939 软件工程-软件测量过程(ISO/IEC 15939,Software engineering—Software measurement process)

ISO/IEC 15288 系统工程 系统生存周期过程(Systems engineering—System life cycle processes)

ISO/IEC 15408-1 信息技术 安全技术 信息技术安全评估准则 第1部分:简介与一般模型(Information technology—Security techniques—Evaluation criteria for IT security—Part 1:Introduction and general model)

ISO/IEC 15408-2 信息技术 安全技术 信息技术安全评估准则 第2部分:安全功能要求(Information technology—Security techniques—Evaluation criteria for IT security—Part 2:Security functional requirements)

ISO/IEC 15408-3 信息技术 安全技术 信息技术安全评估准则 第3部分:安全保障要求(Information technology—Security techniques—Evaluation criteria for IT security—Part 3:Security assurance requirements)

ISO/IEC 15504-1 信息技术 过程评估 第1部分:概念与术语(Information technology—Process assessment—Part 1:Concepts and vocabulary)

ISO/IEC 15504-2 信息技术 过程评估 第 2 部分:执行与评估(Information technology—Process assessment—Part 2:Performing and assessment)

ISO/IEC 15504-3 信息技术 过程评估 第 3 部分:评估执行指南(Information technology—Process assessment—Part 3:Guidance on performing an assessment)

ISO/IEC 15504-4 信息技术 过程评估 第 4 部分:过程改善和过程能力确定的使用指南(Information technology—Process assessment—Part 4: Guidance on use for process improvement and process capability determination)

ISO/IEC 15504-5 信息技术 软件过程评估 第 5 部分:评估模型及指标指南(Information technology—Software Process Assessment—Part 5:An assessment model and indicator guidance)

ISO/IEC 17799 信息技术 安全技术 信息安全管理导则(Information technology—Security techniques—Code of practice for information security management)

ISO/IEC 21827 信息技术 系统安全工程 能力成熟度模型(SSE-CMM®)[Information technology—Systems Security Engineering—Capability Maturity Model(SSE-CMM®)]

ISO/IEC 90003 软件工程 ISO 9001:2000 应用于软件的指南(ISO/IEC 90003,Software engineering—Guidelines for the application of ISO 9001:2000 to computer software)

3 术语、定义和缩略语

GB/Z 29830.1—2013 界定的术语、定义和缩略语适用于本文件。

4 方法概述和表达

GB/Z 29830.1 为现有保障方法的分类提供了一个框架。本章列出并表达了 ICT 安全领域关注的并直接有关的一些可用保障方法。本章还根据下述框架对这些方法进行了分类:

a) 根据描述生存周期各方面的不同保障阶段:设计、实施、集成、验证、部署、传输或运行;

b) 根据不同保障途径:产品、过程或环境。

正如本指导性技术文件第 1 部分所指出的,保障方法可能涉及了一些组合的保障途径和保障阶段.为了进一步给出用户指导,在 5.4 中的概览表中表达了这一分类,并对以下两方面伴有相应的记忆符:

——ICT 安全相关的单个方法,以及

——单个方法的实用性。

5 保障的生存周期阶段与图示符号

5.4 中的概览表列出了后面要表达的、按生存周期阶段所分类的方法。而每一子节的标题重复了这一分类。

在该表 2 中,通过四列来图形化地表达所关注的不同生存周期阶段。为了这一意图并为了接近 ISO/IEC 15288 及 ISO 9000 中的概念,技术方面的生存周期过程被分为 4 个阶段,并使用以下字符来表示每列所代表的阶段:

——D 设计,包括利益攸关方需求定义过程,需求分析过程,体系结构设计过程和实现过程;

——I 集成,包括集成和验证过程;

——T 转化,包括复制、转移、部署和确认过程;

——O 运行,包括运行、维护和处置过程。

注 1:一个给定的方法可能覆盖生存周期之外的阶段。在这种情况下,这一阶段没有给出相应的图形化表达。

注 2：生存周期过程 D-I-T-O 是一些可应用于特定 ICT 系统及其部件(即硬件,软件)的过程。生存周期过程的开发和改善是另一方面的问题,这一问题也可予以图形化地表达,但在此没有给出。在 ICT 安全中,这一方面的问题对于应用于 ICT 系统运行阶段的安全管理方法而言是特别重要的,例如 ISO/IEC 17799 和 BS 7799-2。这一方面问题的基本特性包括过程评估以及过程建档、过程开发、过程测量、过程改善和认证。这一方面问题与 D-I-T-O 是正交的。

5.1 保障途径与图示符号

5.4 中的概览表列出了以后要表达的、按其保障途径分类的保障方法。单个列出的每一子节标题重复了这一分类。方法所对应的保障途径类以符号表达之(参见表 1)：

——产品保障：以箭头中的黑体字符,表示生存周期阶段：⇒D⇒；

——过程保障：以灰色背景上的白色字符,表示生存周期阶段：D；

——环境保障：以左右两黑棒之间的字符,表示生存周期阶段：■ D ■。

表 1 框架中的保障方法—图示符号

章节	保障—阶段→ —途径↓	设计/实现	集成/验证	部署/转移	运行
	产品[/系统/服务][🔒]	⇒D⇒	⇒I⇒	⇒T⇒	⇒O⇒
	过程[🔒]	D	I	T	O
	环境[/组织/人员][🔒]	D	I	T	O

注 1：由于方法可能体现一个组合途径的特征,因此以上这些符号可以予以堆积,例如：一个覆盖过程保障和环境保障的方法,应是黑体字段的字母加上一个黑框。

注 2：一个给定的保障方法可能覆盖一个途径并或多或少地覆盖其他途径。这一可视化的概览表达是不适于表示一个给定方法覆盖不同保障途径的程度。

注 3：一个给定的保障方法可能覆盖一个仅是“边缘”的途径。在这种情况里,这一途径就没有在该符号化表示中给出。

5.2 实用性与符号表示

由于方法是大量的,因此按其状态为本部分的用户给出一些指导。5.4 中的概览表反映了这一状态,如下：

——当前相对广泛使用并且还在不断进行维护的方法,在该概览表中以粗字符表示；

——已失时效的、已被替代的、已被合并的或失掉实用性的方法,在该概览表中均以均匀细线字符表示。

注：有关实用性的符号表示,在单个列出的子节标题中没有予以重复。

5.3 安全相关性与符号表示

由于方法是大量的,因此按其 ICT 安全相关性为本部分的用户给出一些指导。5.4 中的概览表和运用了安全相关性的其他子节标题均反映了这一状态,如下：

——和 ICT 安全相关的方法,用符号“🔒”标记。

5.4 概览表

表 2 给出了已考虑的那些保障方法,并依据上述的第 1 部分的框架给出它们的分类。

表 2 框架中保障方法-概览

章节	保障—阶段→ —途径↓	设计/实现	集成/验证	部署/转移	运行
6.1	ISO/IEC 15408 信息技术安全评估准则	⇒D⇒	⇒I⇒	⇒T⇒	⇒O⇒
6.2	TCSEC 可信计算机系统评估准则	⇒D⇒	⇒I⇒		⇒O⇒
6.3	ITSEC/ITSEM 信息技术安全评估准则和方法学	⇒D⇒	⇒I⇒		⇒O⇒
6.4	CTCPEC 加拿大可信产品评估准则	⇒D⇒	⇒I⇒		
6.5	KISEC/KISEM 韩国信息安全评估准则和方法学	⇒D⇒	⇒I⇒		⇒O⇒
6.6	RAMP-维护阶段的评定	⇒D⇒	⇒I⇒		⇒O⇒
6.7	ERM 评估评定的维护(一般性的)	⇒D⇒	⇒I⇒		⇒O⇒
6.8	TTAP 可信技术评价程序	⇒D⇒	⇒I⇒		
6.9	TPEP 可信产品评估程序	⇒D⇒	⇒I⇒		
6.10	RUP Rational 统一过程®(RuP®)	⇒D⇒	⇒I⇒	⇒T⇒	
6.11	ISO/IEC 15288 系统生存周期过程	⇒D⇒	⇒I⇒	⇒T⇒	⇒O⇒
6.12	ISO/IEC 12207 软件生存周期过程	⇒D⇒	⇒I⇒	⇒T⇒	⇒O⇒
6.13	V-模型	⇒D⇒	⇒I⇒	⇒T⇒	⇒O⇒
6.14	ISO/IEC 14598 软件产品评价	⇒D⇒			⇒O⇒
6.15	X/Open 基线安全服务	⇒D⇒			
6.16	SCT 严格符合性测试		⇒I⇒		
6.17	ISO/IEC 21827 系统安全工程 能力成熟度模型(SSE-CMM®)	D	I	T	O
6.18	TCMM 可信任能力成熟度模型	D	I		
6.19	CMMI 集成化能力成熟度模型®	D	I	T	O
6.20	ISO/IEC 15504 软件过程评估	D	I	T	O
6.21	CMM 能力成熟度模型®(针对软件)	D	I		
6.22	SE-CMM® 系统工程能力成熟度模型®	D	I		
6.23	TSDM 可信任软件开发方法	D	I		
6.24	SDoC 提供方符合性声明	D			
6.25	SA-CMM® 软件需求能力成熟度模型®			T	
6.26	ISO 9000 系列 质量管理	D	I	T	O
6.27	ISO 13407 以人为中心的设计(HCD)	D			
6.28	开发者良源(一般情况)	D			
6.29	ISO/IEC 17025 鉴定保障	D	I		
6.30	ISO/IEC 13335 信息和通信技术安全管理(MICTS)		I	T	O

表 2（续）

章节	保障—阶段→ —途径↓	设计/实现	集成/验证	部署/转移	运行
6.31	BS 7799-2 信息安全管理系统 规格说明与使用指导				O
6.32	ISO/IEC 17799 信息安全管理实践指南				O
6.33	FR 缺陷修补(一般性)				O
6.34	IT 基线保护指南				⇒O⇒
6.35	渗透测试				⇒O⇒
6.36	人员认证(与安全无关)				O
6.37	人员认证(与安全有关)	D	I	T	O

5.5 表达方法学

第 6 章的意图是，对已识别的保障方法提供一个复审。因为许多保障方法有助于不同保障途径和保障，因此在这里表达的每一种保障方法均应具有自己的描述方式和角度。在这个阶段上没有提供比较。

在第 6 章的每个子节中，将为这一技术框架所标识的每一个保障方法，给出结构化的提纲。

每一个方法的标题都是一个说明性的名字，为了正确引用，每一种保障方法的名字尽可能完整和正式，并当合适引用时其名字尽可能是容易记忆的。

每一提纲分为以下几个部分：

——目的：有关方法的简要表征性意图；

——描述：方法的简短描述；

——源描述：指出/引用所涉及的委员会和/或组织，指出/引用该方法的文档和/或标准。

6 保障方法

6.1 ISO/IEC 15408 信息技术安全评估准则

⇒D⇒	⇒I⇒	⇒T⇒	⇒O⇒

6.1.1 目标

为 ICT 安全评估，提供一个协调的评估框架和详细的评估准则，适用于政府使用和一般性使用。

6.1.2 描述

通用准则(Common Criteria)的制定，代表了许多政府信息安全机构，该准则可作为独立评估 ICT 产品和系统的安全表现特性的方式。通用准则伴随着联合技术委员会(JTC 1)的第 27 分小组委员会及安全技术一起发展而来，公开发布为国际标准 ISO/IEC 15408。

通用准则分别考虑了安全保障中的安全功能，并详细描述了有助于增强开发信心——一个产品或系统满足其安全目的技术和功能。这些基本的、非排他的、特定保障技术和功能在 ISO/IEC 15408-3 中予以定义，是针对独立评估或验证所获得的保障，其意图是支持国家认证模式验证该评估准则的一致应用。

在 ISO/IEC 15408-3 中,保障技术被分为称为类的一些不同的应用域。在每一个类中,标识了一些称为族的不同技术。每个族又依据应用该技术的严格程度,标识了一个或多个组件。每一个组件规约了所要求的准确动作和证据元素。

在 ISO/IEC 15408-3 中,定义了多个以互补方式一起工作的保障组件包。这些包称为评估保障等级(Evaluation Assurance Levels,Eals)。

为了支持这些准则的应用,通用准则方法学工作组开发了相应的方法,称为通用评估方法学(CEM),是通用准则项目的一部分。

6.1.3 源

参考第 2 章:ISO/IEC 15408-1;ISO/IEC 15408-2;ISO/IEC 15408-3。

注:ISO/IEC 15408 是该委员会的产品:

ISO/IEC JTC 1/SC 27/WG3 信息技术 安全技术 安全评估准则。

6.2 TCSEC 可信计算机系统评估准则

⇒D⇒	⇒I⇒		⇒O⇒

6.2.1 目的

对计算机系统产品所提供的安全进行评分或划分等级。

6.2.2 描述

可信计算机系统评估准则(Trusted Computer System Evaluation Criteria,TCSEC)是以前用于对计算机系统产品所提供的安全进行评分和划分等级的一组准则。现在,尽管有些评估仍继续使用,但新的评估不再使用 TCSEC。由于它的封面是橙色,因此 TCSEC 有时被称作"桔皮书"。

如果一个产品通过由可信产品评估程序(TPEP)或可信技术评价程序(TTAP)所进行的评估,且一个独立评估显示该产品具有某一等级的特征和保障,那么该产品就符合 TCSEC。

一个等级是一个评估系统要符合的可信任计算机系统评估准则(TCSEC)中一组特定需求。在 TCSEC 中存在 7 个等级,分别为 A1、B3、B2、B1、C2、C1 和 D,这 7 个等级的特征和保障是逐渐增强的。因此,评估为 B3 等级的系统与 B1 等级相比,具有更多的安全特征,并且就有关安全特征是否按预期的那样工作而言,具有更大的信心。一个高等级的需求总是一个低等级需求的超集,因此 B2 等级的系统满足 C2 等级的每一个功能要求,并且具有更高程度的保障。

依据可信计算机系统评估准则(TCSEC)(参见 TCSEC 准则 概念 FAQ,问题 11),以递减的特征和保障方式,对等级给出一个划分(见问题 1),即把 7 个等级划分为 4 个级类,即 A、B、C、D。这样,在 B 中一个等级上已评估的系统与 C 中一个等级上已评估的系统相比,就具有更多的安全特征,和/或有关安全特征是否按预期的那样工作具有更大的信心。尽管 TCSEC 的计算机安全子系统解释(Computer Security Subsystem Interpretation,CSSI)为不同 D 的评定规约了准则,但这些准则并没有反映在 TCSEC 本身中,它们对 D 级系统没有什么需求。一个未经评定的系统默认为是 D 级系统。

不同级类的需求是:

D 级类:最小保护——该级类留给那些经过评估但不满足更高级类需求的系统。

C1 级:自主安全保护——C1 级系统的可信计算基(Trusted Computing Base,TCB)通过提供用户和数据的分离,像名字那样满足自主安全要求。它加入了一些形式的可靠控制能力,在一个单个的基础上实施访问控制,即外表上允许用户保护项目信息或私有信息,并且防止其他用户意外地读取或销毁他们的数据。期望C1级的环境是一种用户处理具有相同敏感程度数据的协同环境。

C2级:受控的访问保护——与C1系统相比,该级类中的系统执行更细粒度的自主访问控制,通过登入规程、审计与安全相关的事件以及资源隔离,可单独核查用户的动作。

B1:打标记的安全保护(Labeled Security Protection)——B1类系统要求类C2的所有特征。另外,还必须表达一个非正式陈述的安全策略模型、数据标记(例如,秘密或私密)以及命名主体和客体上的强制访问控制。还必须具有准确标记对外输出信息的能力。

B2级:结构化保护——在B2级系统中,TCB基于一个清晰定义并建档的正式安全策略模型,该模型要求将B1级系统中的自主访问控制和强制访问控制扩展到自动数据处理系统中的所有主体和客体。另外,还要强调隐蔽通道。该TCB必须细致地被结构化为关键保护元素和非关键保护元素。该TCB接口还应良好予以定义,并且其设计和实现可更容易进行全面的测试和更容易进行完整的评审。B2级系统的身份鉴别机制被增强,以一种支持系统管理员和操作者功能的形式,提供了可信设施管理,并强加了更严格的配置管理控制。该系统是相对抗渗透的。

B3级:安全域——B3级的TCB必须满足参照监视器需求,它仲裁所有主体对客体的访问,可证明是否予以篡改的,且是足够小的以便进行分析和测试。其结果,TCB被结构化,剔除对执行安全策略非基本的代码,并在TCB的设计和实现的期间,为了最小化它的复杂度,实施了充分的系统工程。B3级的TCB支持安全管理员,为了指示安全相关事件,扩充了审核机制,并要求系统恢复规程。系统具有高度的抵渗透能力。

A1级:已验证的设计——在A级中的系统,其功能等同于没有增加额外的体系结构特征或策略需求的B3级中的系统。在这一级中,系统特征的主要区别来自于正式的设计规格说明和验证技术所引发的分析,以及由于该TCB的正确实现所产生高等级的保障。这一保障是自然形成的,开始于一个正式的安全策略模型和一个正式的顶层设计规格说明(FTLS)。FTLS是一种以形式化数学语言编写的系统顶层规格说明,允许(表明系统规格说明与其正式需求之对应的)定理予以假定和形式化证明。记住,对于A1级中系统所要求的TCB的扩展设计和开发分析,需要更严格的配置管理,并为安全地把系统分布在不同地点,需要建立相应的规程。该类系统支持系统安全管理员。

6.2.3 源

参考文献目录:

[45] 可信计算机系统评估准则(TCSEC),1985。

注:TESEC及其解释和指南都有不同颜色的封面,有时被称为“彩虹系列”。TESEC是美国国防部内部标准和产品。

6.3 ITSEC/ITSEM 信息技术安全评估准则和方法学

⇒D⇒	⇒I⇒		⇒O⇒

6.3.1 目的

为欧洲市场的IT安全评估提供一个评估准则框架和一种评估方法学。

6.3.2 描述

评估准则“信息技术安全评估标准(Information Technology Security Evaluation Criteria,ITSEC)”和评价手册“信息技术安全评价手册(Information Technology Security Evaluation Manual,ITSEM)”是通用准则(Common Criteria)和通用评估方法学(Common Evaluation Methodology)的先期文档。ITSEC和ITSEM是在20世纪90年代早期,由4个欧洲国家(法国、德国、荷兰和英国)开发的。

ITSEC的保障基于TCSEC中所引入的途径。但把ITSEC中的功能需求和保障需求予以分离,允许更大的灵活性。保障需求本身又分为有效性和正确性两个方面。有效性评价涉及了评价对象(Target of Evaluation,TOE)如下一些方面的考虑:

——TOE执行的安全功能应对其安全威胁的适宜性;

——TOE执行的安全功能和机制以相互支持的方式绑定在一起的能力,以及提供一种集成和有效整体的能力;

——TOE执行的安全机制承受直接攻击的能力;

——TOE构造中的已知安全脆弱性实际上是否能够危及TOE的安全;

——TOE不可能以不安全的方式予以配置和使用,但TOE的管理员或终端用户应有理由地相信该TOE是安全的;

——TOE运行中已知的安全脆弱性实际上是否能够危及TOE的安全。

保障有效性需求更多地关注那些方面,即评估人员必须使用所拥有的知识和经验来评价受评IT产品或系统中的安全途径是否合理。

ITSEC的保障正确性要求更多地关注于一些方面,即确认与被评估产品或系统的IT安全相关的开发者的信息是正确的。

ITSEC针对TOE构造和TOE运行,区分了它们之间的正确性需求。构建方面的准则覆盖了开发过程以及不同规格说明层,以高层的需求描述开始,这些需求可予实例化为体系结构设计,进一步,体系结构设计又可予实例化为详细设计和实现表示。由ITSEC所覆盖的开发环境,其构建方面是配置控制、编程语言和编译器,以及开发者安全(Developers Security)。

运行需求进一步划分为4个方面,即运行文档以及用户文档,管理文档,运行环境以及交付和配置,以及启动和操作。

ITSEC的正确性需求以6个层次化的保障等级(E1～E6)予以表达。通过从一个等级到另一个等级增加需求,确保对IT产品和系统更为严格的评价。保障的有效性需求没有包括在这些保障等级中,但定义了由正确性评估所获得的、用于执行脆弱性分析的信息。

另外,ITSEC还概括了评估等级与TCSEC类的关系。

ITSEM基于ITSEC,描述了根据这些准则如何来评估一个TOE。ITSEM的特定目的是,确保存在一个与ITSEC互补的、协调一致的评价方法集。

ITSEM没有基于以前什么文档,是首次为应用ITSEC中的保障方法表达了如此多的基本信息,并且还间接地为用于TCSEC和CTCPEC中的保障方法表达了基本信息。

6.3.3 源

参考文献目录:

[40] 信息技术安全评估准则(ITSEC),版本1.2;

[41] 信息技术安全评估准则(ITSEM),版本1.0。

注:ITSEC/ITSEM是欧盟委员会,通用信息协会理事会(Directorate General Information Society)的产品。该理事会可通过下面的网址访问:http://europa.eu.int/pol/infso/index_en.htm。

6.4 CTCPEC 加拿大可信产品评估准则🔒

⇒D⇒	⇒I⇒		

6.4.1 目的

为评估软件、硬件产品或系统所提供的安全服务功能和保障,提供一种度量。

6.4.2 描述

加拿大可信产品评估准则(Canadian Trusted Product Evaluation Criteria,CTCPEC)的制定具有3个目的:

1) 为商用产品的评估提供一个可比的尺度;

2) 为可信计算机产品规格说明的开发提供基础;以及

3) 为可信产品采购的规约提供方法。

CTCPEC为可信处理,描述了以下两种类型的需求:

1) 特定的安全服务要求,以及

2) 保障要求。

考虑到产品之间一些特有的安全服务,CTCPEC规约了两组不同的需求:功能需求和保障需求。功能需求由机密性、完整性、可用性以及可核查性准则组成,而保障需求组由一些保障准则组成。

一些保障需求能使一个评估来确定所要求的特征是否给出,功能是否像预期的那样。这些准则应用于组成可信产品的一组部件,而单独应用于每一产品部件并不是必要的。因此,一个产品的一些部件可能是完全不可信的,而其他的一些部件可能单独地予以评估,其评估等级可能比该可信任产品的整体更高或更低。在高端的可信产品中,隔离的强度和仲裁机制致使该产品的许多部件可能是完全不可信的。

如果没有特别解释的话,这些保障需求可适用于整个谱系的电子数据处理产品,或适用于整个谱系的应用处理环境。

6.4.3 源

参考文献目录:

[31] 加拿大可信计算机产品评估准则(CTCPEC),版本3.0。

注:CTCPEC是一个国际标准,是通信安全组织(Communications Security Establishment,CSE)的产品。该组织可以通过下面的网址访问:http://www.cse-cst.gc.ca。

6.5 KISEC/KISEM 韩国信息安全评估准则和方法学

⇒D⇒	⇒I⇒		⇒O⇒

6.5.1 目的

为韩国的防火墙和入侵检测系统,提供了一个安全评估准则框架和安全评估方法学。

6.5.2 描述

评估准则"韩国信息安全评估准则(KISEC)"和评估方法学"韩国信息安全评估方法(KISEM)"开发于1998年,其3个目的是:

——为防火墙和入侵检测系统的安全功能评估,提供一个层次化的评定尺度;

——为规约采购中的可信防火墙和入侵检测系统提供一种方法;

——通过执行其自己的评估准则和方法学,积累有关IT安全评估的知识。

KISEC为7个评估等级(K1～K7)分别定义了相应的功能需求和保障需求。KISEC的每一个等级都有一组功能需求和保障需求,受评的防火墙或入侵检测系统都应符合这些需求。依赖产品类型,例如防火墙和入侵检测系统,KISEC有一些不同的功能需求。而保障需求公用于防火墙和入侵检测系统。

功能需求由识别和认证、完整性、安全审计、安全管理等组成。保障需求由开发、配置管理、测试、运行环境、指导文档和弱点分析等组成。

依据防火墙或入侵检测系统所实现了的安全功能以及保障需求的信心，可确定其特定的等级。以其安全功能性需求和保障需求，评估等级分为7个等级，K1代表最低的等级，而K7代表最高的等级。

下面是每一评估等级的特征：

——等级K1必须满足最低水平的安全功能，例如系统管理员和安全管理的身份标识与鉴别等。而且，必须存在安全目标和功能规格说明。

——等级K2必须满足等级K1的需求，并且还能够创建和维护与安全相关活动的审计记录。另外，还必须给出体系结构设计文档；必须完成防火墙或入侵检测系统的脆弱性和误操作分析。

——等级K3必须满足等级K2的需求，还能够检测是否存在对存储于防火墙或入侵检测系统中的数据以及对传输的数据的任何改动。另外，还必须给出详细设计和配置管理文档。

——等级K4必须满足等级K3的所有需求，还必须提供标识和鉴别功能，以保护防火墙或入侵检测系统免遭重放攻击。另外，还必须提交源代码和/或硬件设计文档。

——等级K5必须满足等级K4的所有需求，还必须提供相互鉴别功能。另外，还要求给出防火墙或入侵检测系统安全策略的正式模型。功能规格说明、体系结构设计文档和详细设计文档必须以半形式化的方式编写。

——等级K6必须满足等级K5的需求。在该等级上，必须验证详细设计文档、源代码和/或硬件设计文档之间的一致性。

——等级K7必须满足等级K6的所有需求。在该等级上，必须以形式化的方式编写功能规格说明和体系结构设计文档，以保持与形式化的系统安全策略模型是同步的。

KISEM是基于KISEC而构造的，描述了如何根据这些准则来评估防火墙和入侵检测系统。KISEM的特定目的是，确保存在一组与KISEC互补的、协调一致的评估方法。

6.5.3 源

参考文献目录：

[50] 韩国信息安全评估准则(KISEC)；

[51] 韩国信息安全评估方法学(KISEM)。

注：KISEC/KISEM是韩国信息安全机构(Korea Information Security Agency)的产品。
该机构可以通过下面的网址联系：http://www.kisa.or.kr/。

6.6 RAMP 维护阶段的评定

⇒D⇒	⇒I⇒		⇒O⇒

6.6.1 目的

为把以前的TCSEC评定扩展到新版本，提供一个机制。

6.6.2 描述

建立维护阶段评定(Rating Maintenance Phase，RAMP)程序，是为了提供一个把以前计算机系统产品的TCSEC评定扩展到一个新版本的机制。RAMP通过使用参加产品维护的人员，寻求减少维持一个评定所要求的评估时间和工作量，以便管理改变的过程并执行安全分析。因此，承担证明为RAMP所付出的工作量，这依靠那些系统维护的责任(即供应商和TEF)，而不依靠一个评估组。

在CC(信息技术安全评估通同准则)中,为了维护现有EAL等级给出一些需求。为了关注这些需求,类似于RAMP的程序目前正在开发中。

6.6.3 源

参考文献目录:

[32] 维护阶段评定程序(RAMP),版本2,1995。

注:RAMP是美国国家计算机安全中心(National Computer Security Center NCEC)的产品。

6.7 ERM评估评定的维护(一般性的)

⇒D⇒	⇒I⇒		⇒O⇒

6.7.1 目的

在其生存周期和(或)时间周期之外,尤其是修改之后,延续已取得的保障。

6.7.2 描述

一旦已经取得系统的保障,但当其予以修改时,仍存在所要求的保障。为了维持系统在历经小的改动之后的保障,目前存在一些模式,以便维护所进行的评价(即,"认证"或"评定")。

评估评定的维护(Evaluation Rating Maintenance),是评估阶段之后的那个评价阶段。这一术语之下的理解是,一系列维护评定的动作,评估符合该产品修订版本的可用需求,并允许列出这些版本。在ERM期间,供应商执行为了确定对产品的改变保持了早先取得的评定的大部分工作。

在一个ERM模式中,涉及了一些不同的实体(供应商、用户、认证组织),它们具有各自的责任。针对这一保障框架,这意味着称为"评估评定维护"的保障方法,极大地依赖于设计/开发阶段和运行保障阶段。

评估评定维护模式以各种不同的形式存在,通常由下面一些部分组成:

——可用需求:评估产品的需求。

——ERM审计:基于一个合适的、具有代表性的样例,评审RAMP的证据,以确保只实施了已批准的改变,并执行了满意的安全分析。除了VSA执行所要求的RAMP审计之外,还可由安全分析组执行定期RAMP审计。

——ERM计划:描述机制、规程和工具的供应商文档用于满足RAMP需求。在整个评定维护阶段中,都遵循评定维护计划中的规程。该评定维护计划由供应商提出,并作为评估过程的一部分而得以批准。在产品RAMP的进行期间,特别是在指派人员的标识中,该评定维护计划可以改变。

——安全分析:以符合可用需求的方式,检查提出的改变(或一组改变)是否支持原来产品及其后续发布的、以前已按RAMP维护的产品所具有的安全特征和保障。

通常,ERM模式的操作者是:

——安全分析组:面向技术审核委员会,负责执行安全分析,并负责RAMP证据表达和保护的个体(例如,VSA,附加的评估人员)。

——技术评审委员会:提供高层评审资料,包括评估组的技术发现、结论和建议。技术审核委员会作为评估质量、一致性和一贯性的一个检查点。

在美国,ERM已正式地成为RAMP,用于TPEP和ISO/IEC 21827(SSE-CMM)的评定。在英国,ERM已正式成为ITSEC评定所基于的认证维护模式。

ISO/IEC 15408 评估准则承认 ERM，但把评估维护留给监视评估模式的国家机构。

6.7.3 源

关于美国评估维护模式，可参考 6.6。

关于英国评估维护模式，可参考文献：[44] 英国认证维护模式，发行版 1.0。

注：认证维护模式(Certificate Maintenance Scheme CMS)是以下认证机构的产品：

英国信息技术安全评估认证模式(UK IT Security Evaluation and Certification Scheme)。

6.8 TTAP 可信技术评价程序

⇒D⇒	⇒I⇒		

6.8.1 目的

建立、批准及监视商业评估服务机构。

6.8.2 描述

可信技术评价程序(Trust Technology Assessment Program，TTAP)是国家安全局(NSA)和国家标准和技术协会(NIST)共同工作成果，以便建立商用服务机构来执行可信产品评估。TTAP 将建立、批准并监视商业评估机构。该程序最初关注具有 CC(信息技术安全评估通同准则)所表征的特征和保障的产品。

在 TTAP 之下执行评估，组织必须被认可为一个 TTAP 评估机构(TTAP Evaluation Facility，TEF)。首先，想成为 TEF 的组织向 TTAP 监督委员会(TTAP Oversight Board)提出暂定状态的申请。如果被接受的话，该组织就被授权进行试用性评估，并被列入暂定的 TEF 列表。接着，暂定的 TEF 与供应商签订合同并进行可信产品的试用性评估。试用性评估之后，升格暂定状态成为可进行 TTAP 之下评估的 TEF。

TTAP 监督委员会应监视 TEF，以确保评估质量和评估的一致性。期望进行安全评估的信息技术产品的供应商应与一个 TEF 订立合同，并支付其产品评估的费用。一旦评估完成，产品将会被添加到国家安全局的评估产品列表中。

6.8.3 源

参考文献目录：

[28] 可信技术评估程序(TTAP)。

注：TTAP 是美国政府内部标准，同时也是国家安全监督委员会(Oversight Board c/o National Security Agency)的产品。

6.9 TPEP 可信产品评估程序

⇒D⇒	⇒I⇒		

6.9.1 目的

为了鼓励可信计算机产品的广泛可用性。

6.9.2 描述

依据可信产品评估程序(Trusted Product Evaluation Program,TPEP),供应商带着他们的商用成品(COTS)向NSA申请特定等级的信任等级的评估。评估者按着TPEP,采用TCSEC及其解释,评价产品是否满足指定评定的需求。每一个季度,TPEP评估结果发布在已评产品列表(EPL)中,该列表像第4章的信息系统安全产品和服务目录。

TPEP的最终目的是,鼓励可信计算机产品对数据所有者和希望保护其敏感的和(或)保密信息的用户的广泛可用性。其他目的包括:

——确保满足最终用户操作需求的有用可信产品的可用性;

——提供可信产品,以便构造一个可信系统;

——提供有关如何使用可信产品的特定指导;

——提供有关安全特征互操作性方面的特定指导,以及有关被评产品的、与特定特征相关联的保障等级方面的具体指导;

——通过使用计算机以及国家与国防信息基础设施(National and Defense Information Infrastructures),培育一种开放和协作的业务关系。

6.9.3 源

参考文献目录:

[46] 可信产品评估程序(TPEP)。

注:TPEP已被替换为可信技术评价程序。现在,已经不再使用可信计算机评估准则(TCSEC)来进行评估,参阅TCSEC。

TPEP是美国政府的一个内部标准,同时也是美国国家安全局(National Security Agency)的一个产品。

6.10 Rational统一过程®(RUP®)

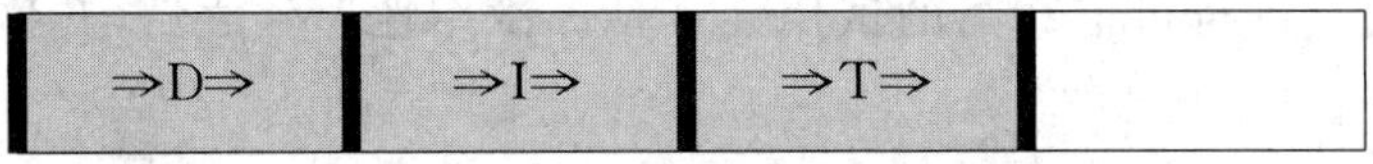

6.10.1 目的

提供一个完整的、已普遍的软件工程生存周期框架,包括环境、过程、活动、技术以及工具。

6.10.2 描述

Rational统一过程®或RUP®是一个商用成品的软件工程过程框架,由Rational®软件公司开发和维护。该框架持续不断地更新和改进,以反映当前经验并演化一些最佳实践。

与一些标准(例如ISO 12207)不同,"空"框架RUP具有指导、过程、方法、技术、模版、工具和一些例子,据此可实例化一个具体的过程框架,并管理和改进之。

RUP本身的设计和建档,如其产生的软件产品,采用了统一建模语言(Unified Modeling Language,UML)。RUP的基础性对象模型是统一软件过程模型(Unified Software Process Model,USPM)。

从项目管理的角度上看,RUP为开发组织内的任务和职责分配提供了一个结构化的途径。它强调极早地关注高风险问题,并允许随着项目的进展来精化需求,以助于在预期的进度和预算内满足用户需求的高质量软件。

RUP的活动有效地使用了统一建模语言(UML)来创建和维护模型,并强调了模型的开发和维护-

通过计算机处理工具支持开发中软件系统丰富语意的表示。这些工具使大部分过程自动化,例如可视化建模、编程、测试和配置管理。

RUP 是一个可配置的过程框架,适用于小的开发团队和大的开发组织。它的过程体系结构为一个过程族提供了共性,并且在开发套件的支持下,该体系结构支持 RUP 的配置,以适应特定组织的要求。

RUP 融合了一些最佳实践,尤其是如下 6 个基本的最佳实践:

——交互地开发软件;

——管理需求;

——使用基于构件的体系结构;

——可视化的软件建模;

——验证软件质量;

——控制软件的改变。

从过程管理和改进的角度看,在项目层面上,RUP 符合 CMM 和 ISO/IEC 15504 的需求。如果正确实施的话,它对应于 CMM 组织成熟度 2 级或 3 级。因为软件过程予以良好的定义,并且在管理上对所有项目的技术进度都有很好的了解,因此 RUP 适合于较高等级的过程成熟度。

6.10.3 源

参考文献目录:

[52] 菲利普·克鲁奇顿,《Rational 统一过程》 简介。

注:Rational 为 IBM 公司软件集团旗下所有,RUP 是该软件品牌的产品。
可以通过以下网址联系 Rational:http://www.rational.com/rup/。

6.11 ISO/IEC 15288 系统生存周期过程

⇒D⇒	⇒I⇒	⇒T⇒	⇒O⇒

6.11.1 目的

为任何类型复杂技术系统的整个生存周期,提供生存周期模型、过程和活动。

6.11.2 描述

ISO/IEC 15288 系统生存周期过程(System Life Cycle Processes),是 ISO 第一个处理由硬件、人机接口(human interface)和软件所组成的复杂系统的系统生存周期过程的标准。目前,这一 ISO/IEC 标准正在处于 FDIS(最终草稿国际标准)阶段,在 2002 年 10 月发布。

该指导性技术文件围绕人造系统的生存周期,时间跨度为:从系统概念到系统的退役。它为获取和支持系统产品和服务提供了相应的过程,而这些产品和服务是由一个或多个如下类型的系统部件:硬件、软件和人机接口配置而成的。这一框架还为系统的生存周期及其过程的评价和改善,提供了一些活动列表和条款。

在这一国际标准中的过程形成了一个全集,一个组织可以依据这一全集,构造适合该产品、服务类型以及市场的生存周期模型。一个组织可以根据其意图,通过剪裁条款来选择和应用一个合适的子集,以实现该组织的意图。

从质量观点上来说,相关的大部分过程是:质量管理过程,集成、验证和确认过程,以及项目规划、评价和控制过程。

这一国际标准可以以不同方式使用:

——一个组织可采用该标准来建立所希望的过程环境;其中的过程可通过训练有素的人员、利用特定的方法、规程、技术和工具等予以支持。组织应使用这一环境来管理它的项目,服务于项目生存周期阶段的进展。

——一个组织中的项目为了提供产品或服务,可以使用该标准来选择、结构化、使用和执行已建立的环境元素。

——在供需关系中,通过合同或协议,该标准还可以用于选择、协商和执行该标准之外过程与活动。此外,这一模式还可以用于评价供需双方性能与协议的符合性。

该标准是由 ISO/IEC 19760 指南所支持的,该指南为一个标准,期望:

——作为 ISO/IEC 15288:系统生存周期过程的姊妹文档;

——给出该国际标准(ISO/IEC 15288)的实施指南。

该指南适用于规模大的或规模小的系统,适用于要求规模大或规模小的项目组的系统,适用于新的或遗产系统。该指南包括:1)一些连接,可连接到其他一些为了支持实施该国际标准(ISO/IEC 15288)以及为了评价实施有效性所需要的 ISO 文档,2)一些因素,即当实施该国际标准(ISO/IEC 15288)所要考虑的因素。

该指南对以下人员是有用的:

——一个组织中,实施该国际标准(ISO/IEC 15288)的人员;

——针对一个特定的系统,使用该国际标准(ISO/IEC 15288)的人员;或

——基于该国际标准(ISO/IEC 15288),编制组织或特定行业标准的人员。

适当时,可以针对系统的规模、项目的人员或系统类型,定制一些特定应用。在该国际标准的附录 A 中以及在该标准的第 4 章中,给出了相应的定制指导。但是,该指南没有提供也不期望提供该国际标准(ISO/IEC 15288)有关需求的基本理由。

6.11.3 源

参考第 2 章:ISO/IEC 15288。

参考文献目录:

ISO/IEC TR 19760 系统工程 有关 ISO/IEC 15288 指南

注:ISO/IEC 15288 是以下委员会的产品:

ISO/IEC JTC 1/SC 7/WG 7 信息技术 软件和系统工程 生存周期管理。

6.12 ISO/IEC 12207 软件生存周期过程🔒

⇒D⇒	⇒I⇒	⇒T⇒	⇒O⇒

6.12.1 目的

为软件系统的整个生存周期提供生存周期模型、过程和活动。

6.12.2 描述

软件不论作为一个整体还是作为许多产品和系统的必要部分,其重要性就要求一个通用的国际性框架,以便规约有关软件过程、活动和任务的最佳实践。

ISO/IEC 12207 把软件生存周期期间可执行的活动分组为:

——基本过程(获取过程、供应过程、开发过程、运行过程、维护过程);

——支持过程(文档过程、配置管理过程、质量保证过程、验证过程、确认过程、联合评审过程、审核

过程、问题解决过程)；

——组织过程(管理过程、基础设施过程、改进过程、培训过程)。

每个过程详细说明了所包括的活动和任务，定义了相应的责任，还定义了活动/任务的输出。

必须注意，这一标准并没有隐含任意特定的生存周期模型。

ISO/IEC 12207 的过程形成了一个全面综合的集合。一个组织可以根据自己的意图，选择一个适合的子集来实现该意图。此外，为了适应软件产品的范围、规模、复杂度和紧要程度以及组织自身情况，可以选择并剪裁该标准的活动。

从质量的角度上看，相关的大部分过程是：质量保证过程、验证过程、确认过程、联合评审过程、审计过程和问题解决过程。另外，该标准突出了日常活动期间所进行的过程内部评估。

该标准的读者和使用者为：

——获取一个系统的组织，其中该系统包括软件或独立存在的软件产品。

——软件产品供应方。

——参与软件运行和维护的组织。

——针对 12207 的指南是一个标准，其中精化了在不同方式的语境中应用 ISO/IEC 12207 中应考虑的一些可应用的因素。该导则讨论了 3 个基本的生存周期模型，并且提供了定制的例子。该导则不提供 ISO/IEC 12207 所要求的基本原理。

——讨论了 3 个基本生存周期模型，并提供了一些剪裁的例子。

——该指南并不想提供有关 ISO/IEC 12207 需求的理由。

6.12.3 源

参考第 2 章：ISO/IEC 12207。

参考文献目录：

ISO/IEC TR 15271　信息技术　有关 ISO/IEC 12207 的指南

注：ISO/IEC 12207 是以下委员会的产品：

ISO/IEC JTC 1/SC 7/WG 7　信息技术　软件和系统工程　生存周期管理。

6.13 V-模型

⇒D⇒	⇒I⇒	⇒T⇒	⇒O⇒

6.13.1 目的

为软件开发中有关必须要做什么、如何来执行任务以及应使用什么工具，奠定一种一致的、绑定的方式。

6.13.2 描述

V-模型是一般的方向性指导系列(250，251 和 252)，描述了一种生存周期模型，其中包括一组规程、一组所应用的方法以及开发软件系统中所用工具在功能上的需求。该模型最初是为德国联邦国防(German Federal Armed Forces)部开发的。V-模型是一个得到国际认可的开发标准。

V-模型为开发任务定义了要采用的步骤以及要应用的方法，定义了所用工具应具有的功能特征。V-模型包括一个生存周期过程模型、方法的分配以及工具的功能需求。

其中的生存周期过程模型结构化为以下 3 部分：

第 1 部分：规章。这一部分包括要执行的步骤与结果(产品)和执行(活动)进行绑定的规定。

第2部分:相对权威机构的补充。一旦是为德国联邦国防领域和为民众联邦管理领域,则存在这一部分。该部分包括把该生存周期过程模型应用于这两个领域的指导。

第3部分:手册集。

这一部分包括一个处理一些特定主题(例如,ICT安全或面向对象语言的使用)的手册集。

V-模型可作为合同的基础,作为指导的基础,作为参与方之间交流的基础。通过该文档的描述手段和术语条目,为客户、用户、合同方以及开发方之间的相互理解并减少摩擦奠定一个基础。

V-模型的条目在组织上是协调的,针对特定的技术开发过程,这些条目予以相应的限制。因此,V-模型不仅适宜作为公共管理中的开发标准,而且还适宜作为工业中的开发标准。

V-模型的使用不需支付许可费用,它不是专利,是一个不受复制保护的标准。

对于关键软件的生产而言,V-模型包括了一些必要的规则。通过应用V-模型,管制开发过程的这些规定,满足目前有效的安全准则(ITSEC)。因此,为认证如此开发的软件带来极大的便利。

V-模型、方法标准(Methods Standard)和工具标准(Tool Standard),完全覆盖了功能性领域的软件开发、质量保障、配置管理和项目管理,提供了实际支持,是复杂的但却是灵活的和协调的,具有广泛的应用领域,并在变化控制委员会(Change Control Boar)的监管下得到公开的控制。控制委员会负责处理该标准的改进和纠正性变更。

变更控制委员会确保用户有关V-模型必要的维护和修改过程的作用,该委员会大概每年与来自工业界和政府部门的代表聚会一次。依据有序的规程,变更控制委员会负责认真处理对V-模型的所有变更请求。

6.13.3 源

参考文献目录:

[42] V-模型 IT系统的开发标准,VM 1997。

注:V-模型是德国BWB IT I 5的产品。

6.14 ISO/IEC 14598 软件产品评价

⇒D⇒			

6.14.1 目的

为软件产品质量提供一种测量、评估和评价的方法。

6.14.2 描述

ISO/IEC 14598基于ISO/IEC 9216的一般质量模型。因此,它为所有类型的软件产品的评价提供了一个框架,并指出软件产品测量和评估方法的需求。

ISO/IEC 14598期望开发者、获取者使用之,特别是那些负责软件产品评估的独立评价者使用之。应用ISO/IEC 14598所产生的评估结果,可以被管理者和开发人员/维护人员用于度量与需求的符合性,并在必要的地方做出一些改进。评估结果还可被分析人员用于建立内部度量和外部度量之间的关系。通过研究和检查项目产品的质量信息,过程改进人员可使用评估结果来确定过程如何予以改进。

ISO/IEC 14598是系列标准,给出了度量、评价和评估软件产品质量的方法。但是这些标准既没有描述评估软件生产过程的评估方法,也没有给出成本预测的方法。当然,软件产品质量的测量可用于软件生产过程的评估和成本预测。

ISO/IEC 14598的评估过程流程如图1所示。

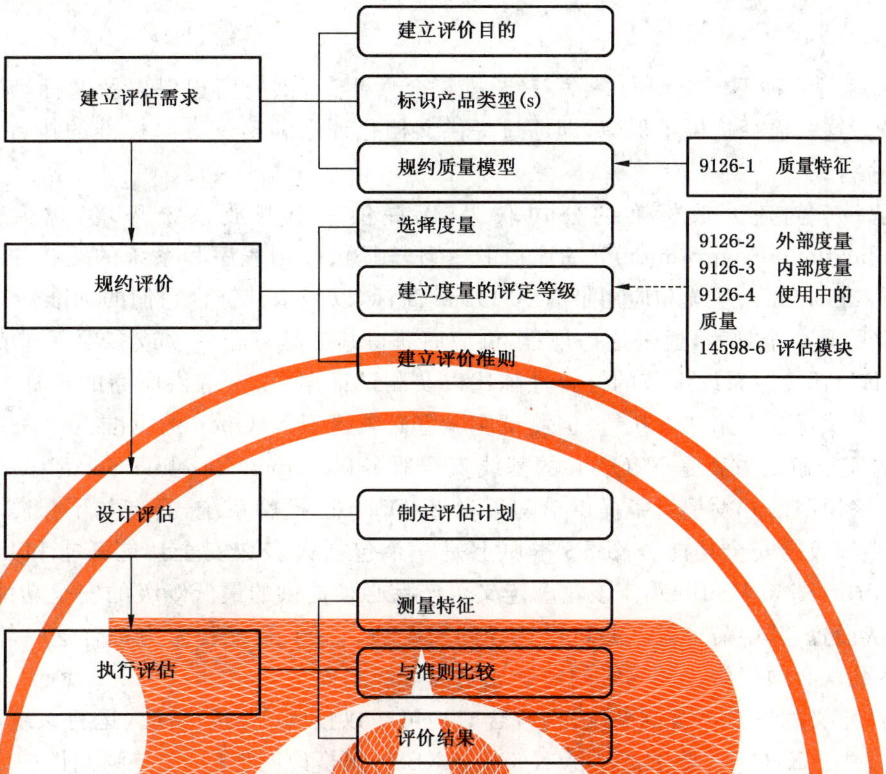

图 1 ISO/IEC 14598 评价过程的流程

6.14.3 源

参考第 2 章：ISO/IEC 9126-1；ISO/IEC 14598-1。

参考文献目录：

ISO/IEC TR 9126-2 软件工程 产品质量 第 2 部分：外部度量

ISO/IEC TR 9126-3 软件工程 产品质量 第 3 部分：内部度量

ISO/IEC TR 9126-4 软件工程 产品质量 第 4 部分：使用质量度量

ISO/IEC 14598-2 软件工程 产品评价 第 2 部分：规划及管理

ISO/IEC 14598-3 软件过程 产品评价 第 3 部分：开发者过程

ISO/IEC 14598-4 软件工程 产品评价 第 4 部分：获取者过程

ISO/IEC 14598-5 信息技术 软件产品评估 第 5 部分：评价者过程

ISO/IEC 14598-6 软件工程 产品评估 第 6 部分：评价模块文档

注：ISO/IEC 14598 是以下委员会的产品：

ISO/IEC JTC 1/SC 7/WG 7 信息技术 软件和系统工程 生存周期管理。

6.15 X/Open 基线安全服务

⇒D⇒			

6.15.1 目的

通过与第三方认证的 X/Open 标准的符合来提供保障。

6.15.2 描述

X/Open 授牌是一种不同类型的保障,它通过符合性测试、供应商担保以及商标(暗示着第三方控制)来提供保障。这一途径提供了保障,即通过提供文档化证据和第三方对标准的执行,系统将按供应商声称的那样执行。

X/Open 是一个创建开放标准的公司联盟,以提供一个开放系统环境,称为公共应用环境(Common Applications Environment,CAE)。这一环境提供应用程序和系统的互操作性和可移植性。符合 X/Open 标准的产品、系统和应用带有 X/Open 商标,以表示其符合它们的标准。

X/Open 授牌是一个规程,通过这一规程,供应商获得其产品符合一项或多项 X/Open 标准的认证证书。这个证书包括实际系统细节的符合性陈述以及测试证据,以支持供应商的声称。供应商产品的测试,可由供应商执行或由第三方执行;但测试实验室必须得到 X/Open 的批准。

X/Open 的安全解决方案是 X/Open 的基线安全服务(X/Open Baseline Security Services,XBSS)规格说明,该规格说明的开发是为了提供给购买者 X/Open 已授牌系统,具有如下保障:这样系统提供了已定义的最小等级的安全功能。XBSS 本质上是一个包括大多数安全功能需求和几个保障需求的 PP[保护轮廓(Protection Profile)]。该轮廓定义了产品必须提供的最低等级的安全功能。它还定义了一些特定的默认设置,其中需求是一些可供选择的安全项。一个系统若作为符合这一轮廓定义而进行注册,那么该系统就必须提供这一等级的安全或更高等级的安全。

任何满足已定义的安全等级的系统,当符合时均可予以授牌。实际系统(运行系统)的细节必须记录在符合性陈述中。X/Open 要求产品像 X/Open XBSS 规格说明那样,支持强制性的安全功能和默认的参数设置。

X/Open 不同于其他 3 个候选的 AA 方法学,因为它不关注开发保障。XBSS 规格说明包括一些主要的功能需求,而保障量是通过符合性测试、供应商担保以及 X/Open 商标来提供的。

6.15.3 源

参考文献目录:

[39] X/Open 基线安全控制(XBSS);

[30] 开发品牌实践指导。

注:X/Open 品牌是开发标准组织(The Open Group)的产品,该组织总部在美国旧金山。
可通过以下网址访问开发标准组织:http://www.opengroup.org/。

6.16 SCT 严格符合性测试

	⇒I⇒		

6.16.1 目的

测试安全功能。

6.16.2 描述

严格(安全)符合性测试[Strict(Security) Conformance Testing]定义了一种按照公开可用的规范(通常是标准)对安全系统进行测试的方法。为了强调测试的实施,以一种系统的方法设计了一些测试套件。驱动测试的开始点是一个抽象安全目标(abstract security target,AST),它编入在一个基础性的安全标准中。这提供了一种结构化测试套的手段,而且还提供了一个途径,使从利用安全功能和支持机制的安全要求到这些机制的测试更容易。对应于该基础性标准的抽象水平,在一个抽象层上撰写这些测试。接着,针对特定的实现,参数化测试套件。这提供了一个优点,即允许进行一定量的抽象安全目标和对应的测试套件的预评估。这确保基本的覆盖程度,减少评估中准备证据的工作量,其中评估的主题是标准的实施。

SCT 是功能性测试而不是稳健性(robustness)测试。

6.16.3 源

参考文献目录:

[20] SCT 严格符合性测试。

注:SCT 是英国的国家物理实验室的产品。

可通过以下网址访问该实验室:http://www.npl.co.uk/。

6.17 ISO/IEC 21827 系统安全工程 能力成熟度模型(SSE-CMM®)

D	I	T	O

6.17.1 目的

改进组织的系统安全工程过程并产生具有能力保障的可交付件。

6.17.2 描述

ISO/IEC 21827 信息技术 系统安全工程 能力成熟度模型(SSE-CMM®)主要关注系统安全工程所要求的过程领域(PAs),称为工程 PA(Engineering PA)。ISO/IEC 21827 还包括支持在系统安全工程领域内所执行的项目的 PA,称为项目 PA,以及组织内所要求的 PA,整体上来支持系统安全工程 PA,称为组织 PA。

ISO/IEC 21827 强调系统安全工程 PA 及其活动。SSE-CMM 的 PA 能够根据组织的需求进行调整,并且 ISO/IEC 21827 的应用范围可以是一个特定的项目、一个组织部门或整个组织。

ISO/IEC 21827 适用于且可用于任何涉及信息和通信技术(ICT)安全的组织或关注 ICT 安全的组织。这些组织的范围可以从那些开发产品和/或集成产品(不管是安全产品还是非安全产品)的组织,到那些使用安全产品或提供安全服务的组织。因此,ISO/IEC 21827 可用于组织来改进他们的系统安全工程过程,以便按进度开发具有高质量的 ICT 安全产品或交付安全服务(例如:威胁和风险评价)。

SSE-CMM 是一个独特的模型,因为它详述了安全系统工程的安全工程需求,除此之外还提供了一些工程安全服务,这些均需开发环境满足之。另外,它包括了针对广泛开发领域的 PA,例如安全需求定义、系统测试、威胁和脆弱性分析。这与可信能力成熟度模型(TCMM)是不同的,TCMM 只规范了组织开发环境必须满足的需求。

为了描述组织的过程,并且为了度量组织对这些 PA 的执行,ISO/IEC 21827 包括 PA、基本实践(Base Practices,BP)、一般实践(Generic Practices,GP)和能力水平。PA 是由一组相关的 BP 组成的,BP 关注组织内特定过程活动,而 GP 是与组织整个过程的成熟度相关的。PAs、BPs、GPs 可以认为是指示与 ISO/IEC 21827 符合的需求和能力等级;不过,这些需求只涉及一个过程达到的最终结果,而不涉及如何达到这一结果,以便不干扰组织的运作模型。对每一个 PA 都指定一个能力等级,以表明与 ISO/IEC 21827 的符合等级;等级总有 5 级,从 0 级的"未执行"到 5 级的"持续改进"。该标准以图形表达方式,给出了一个评定轮廓,其中包含每一等级及其要执行的 PA,或作为组织整体上所达到的成熟度等级。评定组依据 SSE-CMM 评定方法学(SSAM),对该组织执行与 ISO/IEC 21827 的符合性鉴定,确定能力等级和评定轮廓。

能力等级表明一个组织所有可用的 PA(一组相关的实践)已经达到一个最小的能力等级。GP 是一些特定的需求,适用于与整个PA成熟度和整个组织过程制度化有关的特定需求。后继的等级表明了该组织的整体过程成熟度和能力的改进,并有能力在整个组织中实施这些PA。

等级说明描述了组织在每个PA的能力水平,表明了组织的强处和弱点。等级说明可用于指示组织必须在什么地方付出努力以改进它们的过程并实现下一个更高的能力水平。尽管这不是最初所预想的,等级说明能作为一个调配工具以要求组织在具体的PA上实现不同的能力水平而不是在所有的PA上实现一个能力水平。比如,一个调配说明可能指定在PA1-5上具有能力水平2并在PA6-10上具有能力水平3。

ISO/IEC 21827的SSE-CMM是一个连续模型,其在工业组织中更为灵活,因为可以只选择适用的PA。不过,如果采用了阶段模型,比如TCMM,那么比较不同组织的等级则会更为困难。

因为水平1的过程是随意的并且可能不完整;它是不充分的,所以一个组织应当在所有的PA上至少实现能力水平2,以满足良好的安全。对于SSE-CMM模型,这意味着,组织应当规划并跟踪其自身的基本准则,并且在产品中发生错误时应进行纠正。这表明一个组织的过程是可重复的并且是一致的,从而可以产生一个可预测的并且一致的产品,而这是很重要的保障因素。

6.17.3 源

参考第2章:ISO/IEC 21827。

参考文献目录:

[24] 系统安全工程能力成熟度模型　模型描述(SSE-CMM模型),版本2.0;

[25] 系统安全工程能力成熟度模型　评估方法(SSE-CMM方法),版本2.0。

注1:ISO/IEC 21827是以下委员会的产品:

ISO/IEC JTC 1/SC 7/WG 3　信息技术　安全技术　安全评估准则。

注2:ISO/IEC 21827的基础文档由国际系统安全工程协会(International Systems Security Engineering Association,ISSEA)提供和维护。

可以通过下面的网址访问ISSEA:http://www.issea.org。

6.18 TCMM　可信任能力成熟度模型

D	I		

6.18.1 目的

改进组织的软件安全保障和软件开发过程。

6.18.2 描述

可信任能力成熟度模型(Trusted Capability Maturity Model,TCMM)是一个开发阶段的安全软件保障标准,它基于SEI制定的CMM的基本原理和结构。尽管TCMM是一个特殊的CMM,但它通过合并可信任软件开发方法(Trusted Software Development Methodology,TSDM)和SEI CMM,产生了许多修正的关键过程领域(Key Process Areas,KPA)以及一个新的KPA,即可信任软件开发(Trusted Software Development)。可信任软件开发包含了新的惯例,这些准则不适合于已有的KPA。TCMM只关注开发环境,面向组织的管理和组织活动;这与ISO/IEC 21827(SSE-CMM)有极大的不同。TCMM只适用于过程和系统。任何与TOE开发相关的过程都不在考虑范围。

TCMM包括关键过程领域,一般惯例,以及描述组织过程和度量组织多好地执行与ISO/IEC 21827的SSE-CMM模型相似的KPA的能力水平。一个组织将被赋予一个能力水平,以指示其对某一水平的符合性。TCMM共有5个水平,从水平1的初始的到水平5的优化的。水平1包含很少的KPA,组织具有随意的过程。

作为一个阶段模型，TCMM 能力水平形成了一系列阶段，每一个阶段有一个水平（水平 1 除外），其包括了唯一的一组相关的 KPA。与连续模型不同，组织必须满足所有的 KPA 才能达到一个能水平。不过，这些阶段有助于组织关注改进它们的过程，并清晰地给出了如何提升到下一水平的途径。这些阶段使得需求和比较更为容易，因为每一个阶段的 KPA 保持不变。作为一个阶段模型，TCMM 与 CC 相似；不过，TCMM 只限制于开发环境安全，而 CC 集中关注 TOE。

6.18.3 源

参考文献目录：

［26］ 可信任能力成熟度模型，版本 2.0；

也可以参考文献［27］，［48］。

注：TCMM 由（美国）国家安全局（NSA）和软件工程协会（SEI）共同制定，TCMM 从未发布，因为 NSA 的随后决定只支持其所赞助的两个提案中的一个。

6.19 CMMI 集成化能力成熟度模型®

D	I	T	O

6.19.1 目的

为组织的过程及其能力的改善提供指导，以便管理产品和服务的开发、获取和维护。

6.19.2 描述

集成化能力成熟度模型®（Capability Maturity Model® Integration，CMMI SM）提供了一个改进组织的过程，以及提升其管理产品和服务的开发、需求和维护的能力的指导。CMM® 集成 SM 把经过证明的实践放在一个结构当中，该结构有助于评估组织的成熟度及过程域能力、有助于确定改善的优先次序，有助于指导这些改善的实施。

CMMI 产品套件（CMMI Product Suite）源于一个框架，该框架可产生多个集成模型、评价进程和一个评定方法。随着新的资料添加到该框架，将会有更多的集成模型和支持资料，覆盖更多的业务领域。

目前，如下的模型是可用的：

——CMMI-SE/SW 针对系统工程和软件工程的集成模型；

——CMMI-SE/SW/IPPD 针对系统工程、软件工程、以集成产品和过程的开发模型；

——CMMI-SE/SW/IPPD/SS 针对系统工程、软件工程、集成产品和过程开发、以及供应源模型。

在 CMMI 的工作可以用来支持过程和产品的改进，减少冗余并减少运用分离的单独模型时的不一致性。CMMI 的目的是运用集成了多个准则（比如在系统开发中不可分割的系统工程和软件工程）的模型提高效率、投资回报、以及有效性。

CMMI 项目的概念是改进 CMM® 技术在软件工程的成功应用之外在更为广泛的领域的可用性。

CMMI 项目的概念号召使用共同技术、共同组件、以及构建能力成熟度模型的规则，通过减少多个领域的用户所需的培训和过程改进的支出，使得能力成熟度可用。随着概念的发展，CMMI 采用比较明智的做法，限制 CMMI 项目的最初的范围为几个最需要的领域当中，直到概念得到验证。工业和政府部门选择软件工程、系统工程和集成产品开发的 CMM，用于最初的概念验证阶段。CMMI 产品套件被设计为在领域上和生存周期上都具有扩展能力。如今，在需求方面的扩展工作已经展开，诸如安全系统工程方面的也将可能被包括。扩展的决定将基于最初发布的成功、用户社区的需要和支持、以及有开发的参与者。

CMMI 和来源模型(软件 CMM,集成产品开发模型,以及 EIA/IS 731,即系统工程成熟模型)覆盖了一样的生存周期。

CMMI 框架设计用于容纳额外的领域,而且可以根据用户社区的需要增加领域。目前,增加领域的过程在 CMMI 的操作概念(CONOPS)文档中进行描述。

CMMI A-Spec 要求 CMMI 产品套件与 ISO/IEC 15504 一致和兼容,并且该框架能容纳额外的准则,但是并没有具体制定是何种领域。到目前为止,已经加入了供应者来源准则。

6.19.3 源

参考文献目录:

[35] 集成化能力成熟度模型® 中系统工程和软件工程的集成模型,CMMI-SE/SW 版本 1.1;

[36] CMMISM 系统工程/软件工程/集成产品和过程开发,版本 1.1,阶段式表述;

[37] CMMISM 系统工程/软件工程/集成产品和过程开发/供应商来源,版本 1.1,阶段式表述。

注:CMMI 是软件工程协会(Software Engineering Institute)的产品。

可以通过以下网址访问该协会:http://www.sei.cmu.edu。

6.20 ISO/IEC 15504 软件过程评估

D	I	T	O

6.20.1 目的

根据 ISO/IEC 12207 为评价软件生存周期过程的概念和过程提供一个框架。该框架与 ISO/IEC 15939 的过程度量一致。

6.20.2 描述

ISO/IEC 15504 与 CMM 一致。ISO/IEC 15504 采用了过程维度和能力维度。基本准则被划分成组织、管理、工程、客户-供应者和支持几个部分。ISO/IEC 15504 根据下面的开发过程规范了组织的能力等级:

L0	不完整的过程
L1	经执行的过程
L2	经管理的过程
L3	经确立的过程
L4	可预测过程
L5	优化的过程

ISO/IEC 15504 的等级基于对具体过程实例的评价。ISO/IEC 15504 支持所有类型的评价,其适用于自我评价和独立评价,还适用于连续的评价和离散的评价。

ISO/IEC 15504 水平 3 等级意味着成功的 ISO 9000 认证。

6.20.3 源

参考第 2 章:ISO/IEC 15504-1;ISO/IEC 15504-2;ISO/IEC 15504-3;ISO/IEC 15504-4;ISO/IEC TR 15504-5。

注：ISO/IEC 15504 是以下委员会的产品：

ISO/IEC JTC 1/SC 7/WG 10 信息技术 软件和系统工程 过程评价。

6.21 CMM 能力成熟度模型®(针对软件)

D	I		

6.21.1 目的

判断软件过程的成熟度以及改进一个组织在这些过程的成熟度。

6.21.2 描述

软件的能力成熟度模型(Capability Maturity Model for Software)描述了根本的软件过程成熟度的原理和惯例，用于帮助组织改进它们的软件过程的成熟度，使软件过程从随意的、无序的过程发展为一个成熟的、有序的软件过程。

CMM 按 5 个成熟度水平组织：

水平 1—初始的：该软件过程具有随意的、有时甚至有混乱的特征，该水平定义了很少的过程，其成功依赖于个人的努力和行为。

水平 2—可重复的：该水平确立了基本的项目管理过程，以跟踪成本、进度以及功能。采用相似的应用程序，项目可以重复获得已取得的成功，因为必需的过程秩序是到位的。

水平 3—已定义的：该水平的管理活动和工程活动的软件过程都是有文档的、标准化的，并且已集成在组织的标准软件过程中。所有的项目都采用一个经认可的和经定制的组织标准软件过程，进行软件的开发和维护。

水平 4—受管理的：该水平收集了软件过程和产品质量的详细测量。软件过程和产品都数量化地进行理解和控制。

水平 5—优化的：通过来自于过程、先导性的创新思想和技术的数量化反馈，使得能够进行连续的过程改进。

随着组织在这 5 个水平的增进，可预测性、有效性和组织软件过程的控制也确信可以得到提升。虽然不严格，但是经验证据都支持这一信条。

除了水平 1，每一个成熟度水平都可分解成几个关键的过程领域，这些领域表明了在提升软件过程时组织所应当关注的。

水平 2 的关键过程领域集中关注软件项目与确立基本的项目管理控制有关的方面，即要求的管理、软件项目规划、软件项目跟踪和监督、软件子合同管理、软件质量保障，以及软件配置管理。

水平 3 的关键过程领域涉及项目和组织两方面的问题，因为组织确立人事结构，对所有的项目间的软件工程和管理过程进行制度化。这些问题是：组织过程关注，组织过程定义、培训程序、集成软件管理、软件产品工程、组间合作、以及对等审查。

水平 4 的关键过程领域集中关注确立对软件过程和正在创建的软件产品的数量化理解，即数量化过程管理和软件质量管理。

水平 5 的关键过程领域涉及组织和项目必须处理的问题，以实施连续的、可测量的软件过程的改进等问题。这些问题包括缺陷预防(Defect Prevention)、技术变化管理(Technology Change Management)、以及过程变化管理(Process Change Management)。

每一个关键过程领域，都根据其对有助于满足目标的关键惯例来进行叙述。关键惯例描述了对关键过程领域的实施和制度化影响最大的基础结构和活动。

6.21.3 源

参考文献目录：

［34］ 软件的能力成熟度模型。

注：CMM 是软件工程协会(Software Engineering Institute)的产品。

可以通过下面的网址访问该协会：http://www.sei.cmu.edu。

6.22 SE-CMM® 系统工程能力成熟度模型®

D	I		

6.22.1 目的

改进系统工程过程。

6.22.2 描述

系统工程能力成熟度模型®(Systems Engineering Capability Maturity Model®，SE-CMM®)，描述了确保优良的系统工程所必须有的组织系统工程过程的主要元素。

此外，SE-CMM 给出了实际系统的工程惯例与这些主要要素比较的参考。SE-CMM 在 1993 年 8 月开始制定，其制定是为了响应工业界要求协助整理与发布一个与 CMM 类似的模型，该模型可用于系统工程的连续性。SE-CMM 制定的工作由包括 SEI 在内的多个组织协作进行。

现在，该领域的当前工作属于 CMMI 的部分。

6.22.3 源

参考文献目录：

［21］ 系统工程能力成熟度模型(SE-CMM 模型)，版本 1.1；

［22］ 系统安全工程能力成熟度模型，评估方法(SSE-CMM 模型)，版本 2.0。

注：SE-CMM®是软件工程协会(Software Engineering Institute)的产品。

可以通过下面的网址访问该协会：http://www.sei.cmu.edu。

6.23 TSDM 可信任软件开发方法

D	I		

6.23.1 目的

通过给管理政策(Management Policy)、环境控制和管理，以及软件工程分配信任等级提供保障。

6.23.2 描述

可信任软件开发方法(Trusted Software Development Methodology，TSDM)在 20 世纪 80 年代中期由战略防御倡议办公室(Strategic Defense Initiative Office，SDIO)制定，通过加强开发过程以增强软件的保障。

由于所提出的 SDIO 项目的预期规模(数百万行代码)过大，典型的软件错误密度将使得系统不起作用，分析表明改进开发过程能减少软件错误率。

为了确定潜在的弱点，软件开发过程的每一个特征都进行了检查。分析的结果形成了 25 条信任准则。

在1993年7月2日的TSM报告中,TSDM定义了信任准则。其中还包括每条准则的基本原理,信任准则的符合性要求以及可适用信任类别的识别。此外,该文档确定了一系列关联的要求,这些要求描述了与信任准则中类似的活动,并对信任准则提供了一系列的有用引用文献。

25条TSDM信任准则可以按如下的4个领域进行分组,并且关联到一般软件开发过程:

——管理政策(信任准则1~6);

——环境控制(信任准则7~10);

——环境管理(信任准则11~14);

——软件工程(信任准则15~25)。

每一个信任准则适用5个TSDM水平进行度量:

——T1(最低信任);

——T2(中等信任);

——T3(首选的);

——T4(恶意的攻击);

——T5(理想的)。

TSDM提出了软件/信息保障(IA)的度量方法。一个具体程序的软件开发计划(Software Development Plan,SDP)要求执行可接受的TSDM准则。这是因为SDP将会获得TSDM的符合性方法,以及软件工程团队的风险分析的初步结果。

能力评估。另外,十分重要的是要理解运用软件工程分析标准[比如软件工程协会(Software Engineering Institutes,SEI)的能力成熟度模型(CMM)]如何确定和跟踪TSDM的符合性。要求具备这样的知识,能估计为软件工程团队成员提供TSDM培训的程序的成本。最后,还需要软件重用的知识以及度量标准的收集。

注:为了集成CMM和TSDM,已经组成了一个来自于(美国)国防部的以及软件工程协会的团队,该团队最终制定可信任能力成熟度模型,作为执行可信任软件评估的基础。参阅6.18。

6.23.3 源

参考文献目录:

[29] 可信任的软件方法(卷1和卷2);

[47] 一种可信任的软件开发方法。

6.24 SDoC 提供方符合性声明

D			

6.24.1 目的

供应者负责对产品、过程或服务与标准化文档的一致性的声明和证明。

6.24.2 描述

该方法利用供应者一致性声明(SDoC)正规化了开发者对产品的承诺。对于IT安全系统,该声明将包括系统的安全一致性声明。安全功能所要求的结构和内容以及保障方面应定义在卖主和终端用户的指南中。

在IT产品的许多方面已经有多种SDoC机制,而且SDoC在欧洲的电磁兼容(Electromagnetic Compatibility,EMC)以及低压指令(Low Voltage Directive,LVD)产品已经强制执行。不过,对于其他的情形，比如 ISO 9000，软件质量，人体工程学，环境保护，德国安全认证标志等，SDoC 则是自愿的。

安全一致性方面的声明至今还未得到考虑；不过，大多数的供应者都在为最终用户所未见的安全功能方面进行了大量的规范、设计、测试/保障、以及文档工作，而其他的则只进行了最低限度的测试。供应者对于安全方面充分的声明将会增加终端用户选择可信任产品的透明性和可比性。

而且，SDoC 的 IT 安全一致性声明使得供应者和最终用户更加关注 IT 安全。受"进入市场的时间(time to market)"的驱动，现在比过去已经有更多的商业实体，而这将在成本更优和自愿的基础上进一步提高 IT 产品的安全。

相关的 ISO/IEC 标准规定了支持文档的框架的一般准则。正如 ISO/IEC 17050 定义的，利用支持文档可以加强、促进以及提高供应者一致性声明的确信度。

6.24.3 源

参考文献目录：

ISO/IEC 17024　一致性评定　对个人进行认证操作的组织的一般要求；

ISO/IEC 17025　实验室测试及校准能力的一般要求；

ISO/IEC 17050-1　一致性评定　供应者一致性声明　第一部分：一般要求。

注：SDoC 是以下委员会的产品：

ISO/CASCO WG 24　一致性评定声明　供应商一致性声明及其支持文档。

6.25 SA-CMM®　软件需求能力成熟度模型®

		T	

6.25.1 目的

基准化和改进软件需求过程。

6.25.2 描述

软件需求能力成熟度模型®(Software Acquisition Capability Maturity Model®，SA-CMM®)用于基准化和改进软件需求过程。该模型与软件能力成熟度模型(Capability Maturity Model for Software，SW-CMM)具有相同的体系结构，但是其特别强调需求问题以及负责规划和管理软件需求支出的个人与团体的需求。每一个成熟度水平表明一个需求过程的能力，并且一个成熟度水平有多个关键过程领域(Key Process Areas，KPAs)见表 3。每一个 KPA 都有其目的、一般的特征和组织惯例，这些特征和组织习惯可以用来制度化一般的惯例。在国防部(Department of Defense，DOD)与其他的联邦机构、SEI、工业界、以及需求专家的共同努力下，这些组织最早开发、样品测试、规划了 SA-CMM 的实施。由于近期陆军、海军、空军、以及其他的联邦机构对软件需求过程建模进行了大量的工作，该软件能力成熟度模型组合了这些工作最好的部分，对这些工作进行了提炼，并采用已确立的 SW-CMM 作为体系结构模型。

表 3　SA-CMM®关键过程领域

水　平	集中关注点	关键过程领域
5　优化的	连续过程改进	需求创新管理 连续过程改进
4　数量化的	数量化管理	数量化的需求管理 数量化的过程管理

表 3(续)

水　平	集中关注点	关键过程领域
3　定义的	过程标准化	培训程序 需求风险管理 合同执行管理 项目执行管理 用户要求 过程定义和维护
2　可重复的	基本项目管理	转换到支持 评估 合同跟踪和监视 项目管理 要求订立和管理 请求 软件需求规划
1　初始的	胜任的人员	

6.25.3　源

参考文献目录:

[38]　软件需求能力成熟度模型®(SA-CMM®),版本 1.03。

注:SA-CMM®是软件工程协会(Software Engineering Institute)的产品。

可以通过下面的网址访问该协会:http://www.sei.cmu.edu。

6.26　ISO 9000 系列　质量管理

D	I	T	O

6.26.1　目的

为组织提供质量管理框架并对其成功实施质量管理进行认证。

6.26.2　描述

ISO 9000 是一个质量保障标准,其包括了 20 个高水平保障的条款,一个组织在取得 ISO 9000 登记之前应当满足这些要求。ISO 9000 最初为制造业组织设计,其也适用于软件开发组织,不过要求进行许多解释。因此,增加了 ISO 9000-3 指南,它是 ISO 9001 关于软件开发、供应和维护的指南,用于解决应用 ISO 9001 于软件的困惑和困难。ISO 9000-3 包括 22 个条款,明确针对软件开发;并且这 22 条与 ISO 9001 的 20 个条款相对应。尽管 ISO 9000-3 的条款更具体地针对软件,这些条款经进一步解释能足够地适用于组织,不过这些条款未涉及信息技术安全。应注意,ISO 9000-3 指南仅限制于软件;而 ISO 9001 和 CC 在适用于软件产品和系统之外还适用于硬件。

ISO 9000 的符合性,通过独立的审核人员检查一个组织的质量手册和过程,并对职员的面试来实现。ISO 9000 认证只授予合适的组织,比如一个公司。这有别于 ISO/IEC 21827(SSE-CMM),ISO/IEC 21827 可以对一个公司或一个组织内的单立的小组或项目进行评价。

ISO 9001 比 CC 的要求涵括了更大的范围,从概念到产品的退役。这意味着,把 ISO 9001 登记看成为一个节省评估时间的途径的组织必须实现一个质量体系，该体系比 CC 评估涵盖更多的领域。为取得 ISO 9001 的这部分额外的工作可以不作证明。

重要的是要注意到 ISO 9000-3 只是指导，组织必须满足 ISO 9001 要求以实现登记。

6.26.3 源

参考第 2 章：ISO 9000；ISO 9001；ISO/IEC 90003（ISO 9000-3 的修订版）。

注 1： ISO 9000 和 ISO 9001 是委员会 ISO TC 176　质量管理和质量保障及以下分会的产品：

ISO TC 176/SC 1　质量管理和质量保障　概念和术语；

ISO TC 176/SC 2　质量管理和质量保障　质量体系；

ISO TC 176/SC 3　质量管理和质量保障　支援技术。

注 2： ISO/IEC 90003 是以下委员会的产品：

ISO/IEC JTC 1/SC 7/WG 18　信息技术　软件和系统工程　质量管理。

6.27 ISO 13407　以人为中心的设计（HCD）

D			

6.27.1 目的

通过以人为中的设计，取得更可使用的、可培训的、可支持的产品，以减少与系统运作相关联的安全风险。

6.27.2 描述

交互系统的 ISO 13407 以人为中心的设计过程是由 ISO TC 159/SC 4/WG 6 制定的标准，其解释了通过使交互系统生存周期更加以人为中心所能获得的好处，并揭示了使生存周期以人为中心所要求的过程。该标准中的以人为中心的生存周期过程模型是 ISO 13407 中描述的以人为中心过程的结构化和正规化定义。ISO 13407 适用于软件过程评价和改进的专家以及那些熟悉或参与过程建模的人员。

该文档中叙述的模型采用了过程评价模型中的通用格式。这些模型描述了一个组织应当执行以实现既定技术目标的过程。模型中的这些过程按照 ISO 15504 软件过程评价所定义的格式进行描述。尽管采用过程评价模型的主要目的是为了度量一个组织多好地执行了模型所涵盖的过程，这些模型还能用于描述什么是设计和发展有效的组织和工程过程所要求的。

基于 ISO 13407 的可用成熟模型 UMM 描述了 7 个过程，每一个均由一组基本的惯例定义。该文档定义了基本的惯例。对于每一个过程都给定了一组工作产品。在 ISO/IEC 15504 中，提供了一个对 ISO/IEC 15504 的评价过程成熟度的总结，还列出了采用模型的概要，提供了一个记录表格，并描述了如何使用该表格，提供了如何把基本准则映射到 SPICE、CMM 和 SE-CMM 中的过程。ISO 13407 的过程模型与 ISO/IEC 15504 的一致。

就系统和软件开发人员而言，采用以人为中的方法能提供一个更可使用的、可培训的和可支持的产品，并具有更大的客户满意度。以人为中心的设计可减少系统运作相关联的风险。以人为中心的设计在生存周期的早期阶段要求更多的投资，但是人们已经发现其不仅减少了服务成本还减少了开发成本。以人为中的过程尤其减少了不可预测的要求改变并减少了返工和安装风险。

以人为中心的方法的目的是提醒开发人员和交互系统的所有者，系统是用于使用而不仅仅是交付和购买。以人为中的过程允许开发人员和所有者分析系统运行时将会如何表现，并可以度量系统的质量和使用的保障。以人为中的过程考虑了使用的环境，即交互系统使用的整个环境。以人为中心的过程涉及了采用软件和硬件部件的整个系统。以人为中心的系统给用户权利，激发用户学习，其益处包括产量的增加、产品质量的提升、支持和培训的减少以及运行保障的提升。

6.27.3 源

参考第 2 章:ISO/IEC 15504-1。

参考文献目录:

ISO 13407 交互系统的以人为中心的设计过程。

注:ISO 13407 是以下委员会的产品:

ISO TC 159/SC 4/WG 6 人类工程学 人-系统交互的人类工程学 交互系统的以人为中心的设计过程。

6.28 开发者良源(一般情况)

D			

6.28.1 目的

应用先前的经验和成功的等级作为安全软件的质量的指示。

6.28.2 描述

系谱是一种确定证据的可接受程度的方法,该方法基于对证据的创建者的识别,即个人/组织已经具有开发、维护、运行或审查安全产品和系统的成功的等级(比如,跟踪记录)。系谱可基于个人的识别或基于创建证据的组织。而且,系谱可基于个人/组织的角色分类为创建者、评估者或证明者。

系谱可在 IT 安全社区内得到正式化。不管是否得到正式化,系谱是目前正在使用信息的一个渠道,虽然是一种更不正式的"信任"基础,因为许多产品/系统的选择是基于产品/系统的开发者或集成者来进行的。

在一些地方,要进行严肃的考虑的是开发者的保障。这涉及开发者进行内部测试和评价,并基于公司内部程序做出一些保障声明。开发者的保障分数不能给出与独立的第三方的测试一样水平的保障,但是一些组织认为确定一种机制承认可信任的开发者能够满足许多商业要求。

6.28.3 源

参考文献目录:[43]

注:"开发者系谱"的正式定义出现在以下的过程保障方法中:例如 CMM(6.21),ISO/IEC 15504(6.20),人员认证(6.36 和 6.37)和提供方符合性声明(6.24)。

6.29 ISO/IEC 17025 鉴定保障

D	I		

6.29.1 目的

鉴定保障的目的是确保所有评估过程和结果的一致性,以符合相关标准并确保客观和中立。

6.29.2 描述

确保所有评估过程和结果的一致性、遵照相关标准和确保客观和中立,这些组成了鉴定保障的基础。鉴定保障过程要求评估人员提供与条件和资格要求的符合性证明。

根据 ISO/IEC 17025,鉴定的要求如下:

1) 与 ISO/IEC 17025 相关部分的符合性(包括胜任整个 IT 安全领域的证据);

2) 经证明在技术上胜任评估的一个具体领域(如果适用,多个领域)。

因此，鉴定过程由基本鉴定(符合条款1的要求)和至少一个许可过程(符合条款2的要求)组成。

鉴定还可以通过额外的评估领域的许可过程进行增补见表4。

表4 鉴定过程

许可领域1	许可领域2	许可领域3
与ISO/IEC 17025一致的基本鉴定		

在受鉴定方和操作者的鉴定协议的授权下，自然个人或合法个人可进行评估设施的操作；前提条件是，这些评估设施不参与待评估产品的开发、制造或市场。因此，原则上，这不排除鉴定所谓的卖主实验室的可能。

作为鉴定过程的基础，欧洲标准ISO/IEC 17025规范了测试实验室(包括校准实验室，不管参与的部门)的技术能力的一般准则。它用于测试实验室及其鉴定团体，并可用于其他相关团体认可测试实验室的能力。这一组准则在应用于IT特定的安全部门需要进行增补。

注：应按照15408共同准则，应用满足ISO/IEC 17025的且经鉴定的和许可的评估设施，进行独立的第三方评估。

6.29.3 源

参考文献目录：

ISO/IEC 17024　一致性评估　对个人实施认证机制的一般要求；

ISO/IEC 17025　测试和校准实验室的能力的一般要求。

注：ISO 13407是以下委员会的产品：

ISO/CASCO WG 24　一致性评价委员会　评价和鉴定。

6.30 ISO/IEC 13335 信息和通信技术安全管理(MICTS)

	I	T	O

6.30.1 目的

为管理提供评价和管理安全风险的一般指导。

6.30.2 描述

信息和通信技术安全管理(MICTS)ISO/IEC 13335由一系列的标准和标准组成，为信息和通信技术(ICT)安全的管理给出了指导，而不是解决方法。在组织内部负责ICT安全的个人能采用ISO/IEC 13335中的材料来满足他们的具体要求。ISO/IEC 13335的主要目的是：

1) 定义和描述与ICT安全管理相关的概念；
2) 确定ICT安全管理和一般的ICT管理的关系；
3) 给出若干个可用于解释ICT安全的模型；以及
4) 提供ICT安全管理的一般指导。

MICTS描述了风险评价和风险管理背后的基本概念，包括基本术语以及评价和管理风险的整体过程。

MICTS的制定可用于整体地管理信息安全问题，处理诸如技术的、实体的、过程的和管理的控制等问题。MICTS不仅为辅助组织开发和改进其信息安全体系结构提供基础，它还着眼于组织间建立共同性。

MICTS为管理IT安全提供了一个框架。它讨论了信息技术安全管理的高层次概念，并介绍风险分析和管理的一般要求和技术。风险管理过程定义在MICTS的第2部分，它要求实施合适的控制，并且建议从一些标准中选择具体的控制方法,比如从 ISO/IEC 17799 或 IT 基线保护指南中选择控制方法。

MICTS 目前正处于修订的过程中,而且其中的部分将从标准中转变为国际标准。一旦该过程完成,MICTS 将冠名为“信息和通信技术安全管理(Management of information and communications technology security)”,包括如下的部分:

第 1 部分:信息和通信技术安全管理的概念和模型;

第 2 部分:信息和通信技术安全风险管理技术。

ISO/IEC 13335 的第 1 部分(2004)将代替目前的 ISO/IEC TR 13335 第 1 部分(1996)和第 2 部分(1997),它也包括了 ISO/IEC TR 13335 第 5 部分(2001)。

ISO/IEC 13335 的第 2 部分将代替目前的 ISO/IEC TR 13335 第 3 部分(1998)和第 4 部分(2000)。

ISO/IEC TR 13335 的下面部分将保留,并且冠名为“信息技术安全管理指南”(Guidelines for the management of information technology security):

第 3 部分:信息技术安全管理技术;

第 4 部分:安全措施的选择;

第 5 部分:网络安全管理指导。

6.30.3 源

参考第 2 章:ISO/IEC 13335-1;ISO/IEC TR 13335-2;ISO/IEC TR 13335-3;ISO/IEC TR 13335-4;ISO/IEC TR 13335-5;ISO/IEC 17799。

参考文献目录:

[33] 信息技术基础保护手册。

注 1:ISO/IEC 13335 是以下委员会的产品:

ISO/IEC JTC 1/SC 27/WG 1 信息技术 安全技术 要求 安全服务和指南

注 2:在本标准发布之时,ISO/IEC 13335 正处于大幅的修订,包括结构调整和名称的改变。原先冠名为“信息技术安全管理指南”,ISO/IEC 13335 现在的名称为“信息和通信技术安全管理”,缩写为“MICTS”。

6.31 BS 7799-2 信息安全管理系统 规格说明与使用指导

			O

6.31.1 目的

确立创建和管理一个有效的信息安全管理系统(Information Security Management System,ISMS)的要求。

6.31.2 描述

BS 7799-2 详细叙述了实施 BS 7799-1 中确立的“安全控制”所需的要求。根据一个公司的部分或全部的需求,可对 BS 7799-1 进行定制。BS 7799-2 与 BS 7799-1 一起,清楚地说明了定义、实施、运行、文档撰写、监视、审查、维护和改进信息安全管理系统(ISMS)的要求。

BS 7799-2 考虑了组织的整体商业风险,定义了充分且合适的安全控制以保护信息财产,并给顾客和利益方带来确信度。这可以维护和增进一个组织的竞争力度、现金流、利润、合法性和商业前景。

为此目的,一个组织必须确定和管理它的许多活动,以有效地运作。任何一组利用资源的活动都可以视为一个过程,都应当进行管理。一个过程把输入转化为结果。一个过程的结果经常形成为下一个过程的输入。

在一个组织内部应用系统的过程,确定这些过程以及这些过程的互动,包括这些过程的管理,统称

为"过程方法"。BS 7799-2 采用过程方法,鼓励它的用户强调下面条款的重要性:

a) 理解商业信息安全要求以及确立信息安全政策和目标的需求;

b) 在一个组织的整体商业风险环境下实施和运作控制;

c) 监视和审查 ISMS 的性能和有效性;

d) 基于目标度量的连续改进。

BS 7799-2 的根本过程模型是"计划-实行-检查-纠正(PDCA)"模型,它考虑了确立、实施、操作、监视、维护和改进组织 ISMS 的有效性等方面。

6.31.3 源

参考文献目录:

[53] BS 7799-2:2002 信息安全管理系统 规范及应用指导。

注 1:BS 7799-2 是英国标准协会(British Standards Institution BSI)的产品。
可以通过以下网址联系 BSI:www.bsi-global.com。

注 2:BS 7799-2 在新西兰和澳大利亚发布为国内标准:AS/NZS 7799-2:2003,参考(www.standards.com.au)。

6.32 ISO/IEC 17799 信息安全管理实践指南

			O

6.32.1 目的

给出一个框架,典型地在组织水平上,使得公司能开发、实施和度量有效的安全管理惯例。

6.32.2 描述

ISO/IEC 17799 是一个关于信息安全管理的最佳实践的国际标准。在被 ISO 和 IEC 通过公开可用规范快速跟踪过程(Publicly Available Specification fast-track process)采纳之前,它最早是英国标准 BS 7799。它最初的制定,是为了响应工业界、政府和商业对一个共同框架的需求,因为共同的框架使得公司能够开发、实施和度量有效的安全管理实践,还为公司之间的贸易带来确信度。基于领先的英国的和国际的商业的最佳信息安全惯例,该标准受到了国际上的广泛赞誉。

ISO/IEC 17799 是优良的信息安全管理的实践指南。相关的 BS 7799-2:1999 标准是信息安全管理规范,它用于管理系统要求规范,依据该规范可对组织进行符合性评价以及后续的认证。BS 7799-2 已经在其他国家也作为国内标准进行发布。

ISO/IEC 17799 适用于任何信息,不论信息所储存或传输的媒介或信息所处的位置。每一个企业都需要一个系统,以系统的方式管理它的信息风险,而该标准给出了可用的最佳控制的指导。为了确保整个过程的价值,十分重要的是要利用风险评价过程选择合适的控制和目标,并且运用正确水平的控制。下面列出在 ISO/IEC 17799 中定义的控制,它们定义工业界优良的安全实践的基线,且被广为接受:

——信息安全政策;

——安全组织;

——财产分类和控制;

——个人安全;

——物理的和环境安全;

——计算机和网络管理;

——系统访问控制;

——系统开发和维护;

——商业连续性规划;

——符合性。

6.32.3 源

参考第 2 章:ISO/IEC 17799。

参考文献目录:

[53] BS 7799-2:2002 信息安全管理系统 规范及应用指导。

注:ISO/IEC 17799 是以下委员会的产品:

ISO/IEC JTC 1/SC 27/WG 1 信息技术 安全技术 要求、安全服务和指南。

6.33 FR 缺陷补救(一般性)

			O

6.33.1 目的

当产品在部署或运行时,获得有利的瑕疵/缺陷信息并进行补救。

6.33.2 描述

当产品在部署或运行时,瑕疵和缺陷将会引发信息系统的故障和/或遭到攻击。在这个阶段必须进行若干的活动:

——操作人员必须使系统处于安全状态,比如采用故障入侵检测系统,用最新的补丁进行更新,或通过临时限制系统的功能。

——操作人员必须向适当的地方汇报遭到的攻击和缺陷,比如,开发人员,急救中心、管理员、用户。

——开发人员必须为产品和系统提供后盾,为所有潜在的相关用户提供迅速有效的咨询,开发和发布补丁以补救安全瑕疵/缺陷。应当使用一个安全的软件分发系统。

所有的职责都应当正规化,比如,开发人员对产品和服务的承诺,及时地纠正程序缺陷,解决用户的问题以及承诺一旦某一个使用问题得到解决将为所有的用户发布补丁。

缺陷补救通常认为是独立于评估等级维护(Evaluation Rating Maintenance)的。

补丁是纠正软件错误和缺陷的程序,是一种最常用的堵塞已知的安全缺陷的方法。不过,安装卖主提供的安全补丁不是一个完美的安全解决方法:

——首先,频繁的补丁将迅速地使管理员不知所措,因为他们还肩负其他的管理任务。

——其次,即使组织安装了所有最新的补丁,一些新的攻击还可能继续,比如通过因特网。

——当一个新的缺陷被发现并公布在因特网上,在新的补丁发布和安装之前,大量的网络将马上变得极其脆弱。在一个有效的补丁准备好以对抗新的攻击之前,几个星期或几个月可能已经过去,这使得服务器为攻击大开方便之门。

——组织机构能通过监视关于威胁或常见攻击的安全咨询,了解对新补丁需要。这些安全咨询由不同的组织提出,通常意味着需要一个补丁或解决方案来弥补被发现的弱点。

——缺陷修复活动通常包含在方法内,例如 ISO/IEC 15408 或者 CMM。

6.33.3 源

注:安全咨询的来源是卡耐基·梅隆紧急响应团队(Carnegie Mellon Emergency Response Team),访问网址是 http://www.cert.org。

注:对特定的用户组,特定的来源可能存在,比如美国联邦政府的访问网址是:http://www.us-cert.gov/federal/。

6.34 IT 基线保护指南

6.34.1 目的

为在一般组织机构的 IT 系统提供一组实用的安全方法,使 IT 系统足够地和充分地满足保护要求，并且这些要求能升级为更高的保护要求。

6.34.2 描述

通过合适地应用组织的、人事的、基础结构的及技术的标准安全方法，IT 基线保护可用于使 IT 系统达到一个安全水平，使得 IT 系统能足够地和充分地满足一般组织的保护要求，并且可作为要求较高保护程度的 IT 应用的基础。因此，IT 基线保护指南（IT Baseline Protection Manual）推荐把要素编入典型的 IT 配置、威胁环境和组织设置的安全措施组件中。

为准备该指南，德国信息安全机构（German Information Security Agency，Bundesamt für Sicherheit in der Informations technik-BSI）基于通常公用的威胁和弱点所假定风险场景；为对抗这些威胁，制定了一组结构化的方法，这些方法经常地更新。因此，用户只需要确信受推荐的方法是一致的并且充分地实施了。由于实施过程以一种核对表的方式进行组织，这使得能够以一种经济的方式实现一般 IT 安全保护要求。

组织的系统安全政策可能引用 IT 基线保护指南的一般方法，因此，IT 基线保护成为满足一般保护要求的方法的协议基础。

然而，被基线保护所采用的一般途径不能立即应用于要求高水平保障的 IT 系统。因此原则上，在要求高水平保护的 IT 应用中，必须确信在执行 IT 基线保护的基础上还进行了独立的安全分析。这将在 IT 基线保护方法之外，为选择和（或）制定额外的或质量上更有效的方法带来更具体的结果。而这带来了成本/有效性比值方面的上升。

为了实现全面的 IT 基线保护，只进行一次系统安全政策的制定是不够的，即使是基于 IT 基线保护指南。相反地，要求循环地设计、实施和监视 IT 安全方法，并且这些过程可能为安全漏洞所触发。这个任务具有基本的重要性，必须由机构/公司的管理层发起。为了支持这个任务，指南提出了一个行动方案。

6.34.3 源

参考文献目录：

[33] 信息技术基础保护手册。

注：信息技术基础保护手册是德国信息安全机构 BSI 的产品。

可以通过以下网址访问 BSI：http://www.bsi.bund.de/english/index.htm。

6.35 渗透测试🔒

			⇒O⇒

6.35.1 目的

通过尝试克服安全措施来测试已实施的安全功能的有效性。

6.35.2 描述

渗透测试用于分析安全功能的有效性。渗透测试在成功地完成正确性测试之后进行。渗透测试涉及了产品正确但仍不安全的问题。

渗透测试的目的是检测产品的弱点。弱点又可划分成为构造性弱点和操作性弱点。可能的弱点是恶意部分或者隐蔽渠道。弱点可能立即出现在启动时或者出现在后期被特殊的输入所激发行动时。后面这种情形使具有良好规划的系统在运行时的任何时候都可能遭到攻击。弱点可能是在一般运行时不执行且在正确性测试时不能被触及的隐藏装置、功能、模块或库等。产品中所有的这些的部分都应当标记为潜在危险的。大多数弱点由稀少的和不可预知的（大多是隐秘的）输入激发。

应基于产品的安全分析来规范渗透测试计划和渗透测试过程。安全分析是对弱点的确认但未进行渗透测试。测试计划规范了测试过程应当包括的攻击。攻击是对弱点的尝试利用。渗透测试即是绕开产品安全特征的尝试。渗透即成功地利用了弱点。

渗透测试中的黑箱策略即是特洛伊木马检测、关键性输入产生和断言监视。关键性输入的产生策略包括输入流的截取，输入缓冲溢出、在输入中附加垃圾、输入恶意命令及张力测试。白箱策略即是对粗劣说明的、过时的和没有文档的代码覆盖，错误注入和基于代码的断言的监视。

6.35.3 源

参考文献目录：

［49］ 入侵检测技术实践。

6.36 人员认证(与安全无关)

			O

6.36.1 目的

确保职员在系统运行阶段能够完成其任务。

6.36.2 描述

人员认证是提供人才保障和人才保障维护的组织管理过程(也即提供并保障持续的认证教育)。

人员认证包含保障可应用的 ICT 教育、资格和经验，还包括保障身体能力，心理稳定性和个人的廉正。在 ICT 操作中，尤其需要考虑安全因素。ICT 安全领域的经历对认证是一个补充并且可以代替其中的部分。

现在有多种 ICT 认证，它们在 ICT 系统中可以提供一定程度的安全保障。

ICT 认证的职员，他们的雇主，同事和客户普遍反映他们的能力和创造力有了提高。另一方面，认证能够提供额外的 ICT 可信度，这也有助于职员的事业发展。

ICT 认证可以由以下人员管理：

——关注 ICT 操作需求的雇主；

——关注 ICT 产品和服务的制造商；

——关注市场或顾客需求的第三方。

注：人员认证的国际标准在其他技术领域已经存在，但在 ICT 领域还没有被广泛引入。

大型企业和政府可能有许多内部的 ICT 认证标准，这些标准可能建立在职员手册的应用部分。

由于大型企业的广泛推广，ICT 产品认证已经成为计算机行业衡量开发能力的标准，认为有这些标准的人是专业人员。例如：

——MCSE(微软认证系统工程师)；

——ODBA(甲骨文数据库管理员)；

——CNA(网威认证管理员)；

——CNE(网威认证工程师)；

——Cisco Certification(思科认证)。

在技术快速发展的领域，第三方的 ICT 认证已经成为一种新的教育方式，它授予证书而非学位。这种教育手段在不为政府注意或控制下挑战着高等教育。一项调查显示，在 ICT 领域，80％的就业条款上包含教育要求而非大学学历。

第三方 ICT 认证的目标是跟进和确保特定领域最新的知识和技术，许多评估或认证机构及它们的认证都是国际通用的。

第三方提供的ICT认证有:

——A+®认证(美国计算机行业协会CompTIA);

——计算机专业人员认证机构;

——全国通信系统工程师协会。

下面,以计算机科技行业相关的A+®认证作为ICT认证的一个例子来进行说明。

A+®认证需要通过两个考试,这些考试用来衡量是入门级别的IT专业人员还是有超过500个小时实际经验的IT服务技术人员:

——A+"核心硬件"考试:侧重于和Intel兼容的电脑硬件上的操作,包括:

- 1.0 操作系统基础;
- 2.0 安装,配置和升级;
- 3.0 诊断和故障排除;
- 4.0 网络。

——A+"操作系统技术"考试:侧重在微软DOS/Windows环境下的操作,包括:

- 1.0 安装,配置和升级;
- 2.0 诊断和故障排除;
- 3.0 预防维护;
- 4.0 主板/处理器/内存;
- 5.0 打印机;
- 6.0 基本网络。

——培训材料用于学习和考试的参考。

6.36.3 源

认证信息和认证服务可以从证书的发起者和管理者那里获取。

注:美国计算机行业协会(CompTIA)总部在美国,在澳大利亚、新西兰、比荷卢、加拿大、日本、新加坡、南非、英国和斯堪的纳维亚均设有分部。

可以通过以下的网址联系CompTIA:http://www.comptia.org/。

6.37 人员认证(与安全有关)🔒

D	I	T	O

6.37.1 目的

通过认证管理员、操作员和审计人员保障运行安全。

6.37.2 描述

ICT安全人员认证是人员认证(参阅6.36)的一个特定方面,它保证了职员的安全意识。安全人员认证确保职员接受如下要求的安全教育和培训:

——提供必要的知识和信息,使得具有安全功能的质量性能;

——增进对信息安全程序政策和要求以及信息安全程序对国家安全的重要性的理解;

——灌注和维持对安全要求和知识威胁的持续的理解;

——辅助提升职员支持程序目标的较高程度的动机。

现在有许多安全认证提供不同程度的安全保障,包括:

——注册信息安全经理(CISM)™;

——系统安全认证专员(SSCP)™;

——注册信息系统审计师(CISA)™;

——安全专家认证(CPP);
——DoD CIO 认证程序(包括安全和保障胜任);
——全球信息保障认证(GIAC)信息安全初步;
——全球信息保障认证(GIAC)水平一　安全初步;
——全球信息保障认证(GIAC)水平二　对象领域模块;
——全球信息保障认证(GIAC)安全工程师。

下面,以 CISSP 作为安全认证的例子进行说明。

CISSP 认证用于认可对信息安全国际标准的理解和公共知识体系(Common Body of Knowledge, CBK)的理解。认证可以提升专业人员的职业并提供增强的信息安全声誉。

CISSP 认证考试由 250 个多项选择问题组成。投考者有 6 个小时来完成考试。考试涵括了关于共同知识体系的 CISSP 信息系统安全的 10 个领域:

——访问控制系统和方法;
——应用程序和系统开发;
——事业延续性规划;
——加密;
——法律、调查和道德规范;
——运作安全;
——物理安全;
——安全框架和模型;
——安全管理准则;
——电信、网络和因特网安全。

6.37.3　源

认证信息和认证服务可以从证书的发起者和管理者那里获取。

注:CISSP 是国际信息系统安全认证联盟[(ISC)2]颁发的证书。
　　可以通过以下网址访问(ISC)2:https://www.isc2.org/。

参 考 文 献

[1] ISO/IEC TR 9126-2 Software engineering—Product quality—Part 2:External metrics

[2] ISO/IEC TR 9126-3 Software engineering—Product quality—Part 3:Internal metrics

[3] ISO/IEC TR 9126-4 Software engineering—Product quality—Part 4:Quality in use metrics

[4] ISO 13407 Human-centred design processes for interactive systems

[5] ISO/IEC 14598-2 Software engineering—Product evaluation—Part 2:Planning and management

[6] ISO/IEC 14598-3 Software engineering—Product evaluation—Part 3:Process for developers

[7] ISO/IEC 14598-4 Software engineering—Product evaluation—Part 4:Process for acquirers

[8] ISO/IEC 14598-5 Information technology—Software product evaluation—Part 5: Process for evaluators

[9] ISO/IEC 14598-6 Software engineering—Product evaluation—Part 6: Documentation of evaluation modules

[10] ISO/IEC TR 15271 Information technology—Guide for ISO/IEC 12207

[11] ISO/IEC 17024 Conformity assessment—General requirements for bodies operating certification of persons

[12] ISO/IEC 17025 General requirements for the competence of testing and calibration laboratories

Note: EN ISO 17025 is identical to CEN/CENELEC EN ISO 17025

Note:ISO/IEC 17025 replaces ISO Guide 25 and CEN/CENELEC EN 45001

[13] ISO/IEC 17050-1 Conformity assessment—Supplier's declaration of conformity—Part 1: General requirements

[14] ISO/IEC 17050-2 Conformity assessment—Supplier's declaration of conformity—Part 2: Supporting documentation

[15] ISO/IEC TR 19760 Systems engineering—Guide for ISO/IEC 15288(System Life Cycle Processes)

[16] ISO/IEC 25000 Software Engineering—Software Product Quality Requirements and Evaluation (SQuaRE)—Guide to SquaRE(presently FCD)

[17] ISO/IEC 25020 Software and System Engineering—Software quality requirements and evaluation (SQuaRE)—Quality measurement—Measurement reference model and guide(presently CD)

[18] ISO/IEC 25021 Software and System Engineering—Software Product Quality Requirements and Evaluation(SQuaRE)—Measurement Primitives(presently CD)

[19] ISO/IEC 25030 Software engineering—Software quality requirements and evaluation (SQuaRE)—Quality requirements(presently CD)

[20] SCT.Strict Conformance Testing NPL Report,March 1997.(National Physical Laboratory, Teddington,Middlesex TW11 OLW,UK)

[21] A Systems Engineering Capability Maturity Model(SE-CMM Model),Version 1.1 (CMU/SEI-95-MM-003),November 1995.Software Engineering Institute,Carnegie Mellon University,Pittsburgh,PA 15213-3890,USA

Note:The model may be available as

http://www.sei.cmu.edu/pub/documents/95.reports/pdf/mm003.95.pdf

[22] A Description of the Systems Engineering Capability Maturity Model Appraisal Method (SE-CMM Method), Version 1.1 A (CMU/SEI-96-HB-004), March 1996. Software Engineering Institute, Carnegie Mellon University, Pittsburgh, PA 15213-3890, USA

Note: The model may be available as

http://www.sei.cmu.edu/pub/documents/96.reports/pdf/hb004.96.pdf

[23] Capability Maturity Model® for Software (SW-CMM®) v1.1 National Technical Information Service (NTIS), US Department of Commerce, Springfield, VA 22161, USA

[24] System Security Engineering Capability Maturity Model, Model Description (SSE-CMM Model), Version 2.0 April 1, 1999 ISSEA, 13873 Park Center Road, Suite 200, Herndon, VA 20171, USA.

Note: The latest version is available at http://www.sse-cmm.org/model/model.asp

[25] System Security Engineering Capability Maturity Model, Appraisal Methodology (SSE-CMM Method), Version 2.0 April 16, 1999. ISSEA, 13873 Park Center Road, Suite 200, Herndon, VA 20171, USA.

Note: The latest version is available at http://www.sse-cmm.org/org/org.asp

[26] Trusted Capability Maturity Model, Version 2.0 NSA, June 20, 1996 (unreleased US Government document)

[27] A Tailoring of the CMM for the Trusted Software Domain Kitson, David H in Proceedings of the Seventh Annual Software Technology Conference. Salt Lake City, Utah, April 9-14, 1995

[28] Trust Technology Assessment Program (TTAP)

Note: Information may be available at http://www.radium.ncsc.mil/tpep/ttap/index.html

[29] Trusted Software Methodology (volumes 1 and 2) SDI-S-SD-91-000007, June 17, 1992. US Dept. of Defense, Strategic Defense Initiative Organization, Washington, D.C.

[30] Practical Guide to the Open Brand Ref. X981. The Open Group, 44 Montgomery, Street, Suite 960, San Francisco, CA 94104-4704, USA

Note: The guide may be available as http://www.opengroup.org/publications/catalog/x981.htm

[31] Canadian Trusted Computer Product Evaluation Criteria, Version 3.0 (NITSM 8/93 and CID 09/19), 1993. Communications Security Establishment, P.O. Box 9703, Terminal, Ottawa, Ontario K1G 3Z4, Canada

[32] Rating Maintenance Phase Program (RAMP), Doc Vers. 2, 1995 NCSC-TG-013-95, Library No. S-242,047, National Computer Security Center (NCSC), 9800 Savage Road, Fort George G. Meade, Maryland 20755-6000, USA

Note: The document may be available as http://www.radium.ncsc.mil/tpep/library/rainbow/NCSC-TG-013.2.html

[33] IT Baseline Protection Manual ISBN 3-88784-915-9. Bundesanzeiger-Verlag, Postfach 10 05 34, 50455 Köln, Germany.

Note: Up-to-date versions of this manual may also be available on-line at http://www.bsi.bund.de/english/index.htm

[34] Capability Maturity Model for Software CMU/SEI-91-TR-24, August 1991, Software Engineering Institute, Carnegie Mellon University, Pittsburgh, PA 15213-3890.

Note: The document may be available as http://www.sei.cmu.edu/pub/documents/93.reports/pdf/tr24.93.pdf

[35] Capability Maturity Model® Integration for the systems engineering and software engi-

neering integrated model,CMMI-SE/SW Version 1.1 Software Engineering Institute,Carnegie Mellon University,Pittsburgh,PA 15213-3890.

Note:The document may be available as http://www.sei.cmu.edu/pub/documents/02.reports/pdf/02tr001.pdf

[36] CMMISM for Systems Engineering/Software Engineering/Integrated Product and Process Development,Version 1.1,Staged Representation CMMI-SE/SW/IPPD,V1.1,Staged,Software Engineering Institute,Carnegie Mellon University,Pittsburgh,PA 15213-3890.

Note:The document may be available as http://www.sei.cmu.edu/pub/documents/02.reports/pdf/02tr004.pdf

[37] CMMISM for Systems Engineering/Software Engineering/Integrated Product and Process Development/Supplier Sourcing,Version 1.1,Staged Representation CMMI-SE/SW/IPPD/SS,V1.1,Staged,Software Engineering Institute,Carnegie Mellon University,Pittsburgh,PA 15213-3890,USA.

Note:The document may be available as http://www.sei.cmu.edu/pub/documents/02.reports/pdf/02tr011.pdf.

[38] Software Acquisition Capability Maturity Model® (SA-CMM®),Version 1.03 March 2002. Software Engineering Institute,Carnegie Mellon University,Pittsburgh,PA 15213-3890,USA.

Note:The document may be available as http://www.sei.cmu.edu/publications/documents/02.reports/02tr010.html

[39] X/Open Baseline Security Services(XBSS) Document Number C529,ISBN 1-85912-136-5, December 1995. The Open Group, 44 Montgomery, Street, Suite 960, San Francisco, CA 94104-4704,USA.

Note: The document may be available at http://www.opengroup.org/publications/catalog/c529.htm

[40] Information Technology Security Evaluation Criteria (ITSEC), version 1.2 Office for Official Publications of the EC,June 1991. Document may be obtained by:http://www.cordis.lu/infosec/src/crit.htm

[41] Information Technology Security Evaluation Manual(ITSEM),version 1.0 Office for Official Publications of the EC,September 1993.Document may be obtained by:http://www.cordis.lu/infosec/src/crit.htm

[42] V-Model—Development Standard for IT Systems, VM 1997 IABG, Einsteinstraße 20, D-85521 Ottobrunn,Germany.Document may be obtained by:http://www.v-modell.iabg.de/ENGL

[43] A Head Start on Assurance in Proceedings of an Invitational Workshop on Information Technology(IT) Assurance and Trustworthiness,March 21-23,1994,NISTIR 5472.National Security Agency,9800 Savage Road,Suite 6740,Ft.Meade,MD 20755-7640,USA.

[44] UK Certificate Maintenance Scheme,Issue 1.0 31 July 1996,Certification Body,PO Box 152,Cheltenham,Glos GL52 5UF,UK.

Note:The document may be available as http://www.cesg.gov.uk/site/iacs/itsec/media/formal-docs/uksp16p2.pdf

[45] Trusted Computer System Evaluation Criteria(TCSEC),1985 DOD 5200.28-STD,Library No.S225,711,US Dept.of Defense.Document may be obtained by:http://www.radium.ncsc.mil/tpep/library/rainbow/5200.28-STD.html.

[46] Trusted Product Evaluation Program (TPEP) Information may be obtained by: http://www.radium.ncsc.mil/tpep/process/procedures.html

[47] A Trusted Software Development Methodology J. Watson and E. Amoroso, in Proc. 13th Natl.Computer Security Conf, Oct.1990, pp.717-727.

[48] Insider Threat Mitigation Report in Final Report of the Insider Threat Integrated Process Team, IPT April 24, 2000. Insider Threat Integrated Process Team, Department of Defense, USA.

[49] State of the Practice of Intrusion Detection Technologies CMU/SEI-99-TR-028 ESC-TR-99-028, January 2000. Software Engineering Institute, Carnegie Mellon University, Pittsburgh, PA 15213-3890, USA.

Note: The document may be available as http://www.sei.cmu.edu/pub/documents/99.reports/pdf/99tr028.pdf

[50] Korea Information Security Evaluation Criteria(KISEC) Ministry of Information and Communication, Republic of Korea, February 1998.

[51] Korea Information Security Evaluation Methodology(KISEM) Ministry of Information and Communication, Republic of Korea, November 1998.

[52] Philippe Kruchten, The Rational Unified Process—An Introduction Addison-Wesley-Longman, Reading, MA, USA

[53] BS 7799-2:2002 Information security management systems—Specification with guidance for use BSI(British Standards Institution), Customer Services, 389 Chiswick High Road, London W4 4AL, United Kingdom

ICS 35.040
L 80

中华人民共和国国家标准化指导性技术文件

GB/Z 29830.3—2013/ISO/IEC TR 15443-3:2007

信息技术　安全技术 信息技术安全保障框架 第3部分:保障方法分析

Information technology—Security technology—A framework for IT security assurance—Part 3: Analysis of assurance methods

(ISO/IEC TR 15443-3:2007,IDT)

2013-11-12 发布　　2014-02-01 实施

中华人民共和国国家质量监督检验检疫总局
中国国家标准化管理委员会　发布

前　　言

GB/Z 29830《信息技术　安全技术　信息技术安全保障框架》分为以下 3 个部分：

——第 1 部分：综述和框架；

——第 2 部分：保障方法；

——第 3 部分：保障方法分析。

本部分为 GB/Z 29830 的第 3 部分。

本部分按照 GB/T 1.1—2009 给出的规则起草。

本部分采用翻译法等同采用 ISO/IEC TR 15443-3:2007《信息技术　安全技术　信息技术安全保障框架　第 3 部分：保障方法分析》。

本部分做了下列编辑性修改：

——国际标准中的附录 D、附录 E 为资料性附录，转标时予以删除。

本部分由全国信息安全标准化技术委员会(SAC/TC 260)提出并归口。

本部分主要起草单位：中国电子技术标准化研究院、北京化工大学。

本部分主要起草人：王晶、张明天、罗锋盈、王延鸣、陈星、杨建军。

引　言

本指导性技术文件的目的是，为了获得一个给定交付件满足其所指出的信息安全保障需求的信心，给出各种保障方法，并指导信息安全专业人员如何选择一个合适的保障方法(或组合一些方法)。本指导性技术文件审视了不同类型组织所提出的保障方法和途径，包括已批准的标准和事实标准。

为了达到这一目的，本指导性技术文件由以下7个方面内容组成：

a) 一个框架模型，用于定位现有的保障方法并给出它们之间的关系；

b) 一组保障方法以及对它们的描述和引用；

c) 特定保障方法的共性和个性的表达；

d) 现有保障方法的定性比较，其中尽可能进行定量比较；

e) 与当前保障方法关联的保障模式的标识；

f) 不同保障方法之间关系的描述；以及

g) 有关保障方法的应用、组合和认知的指导。

本指导性技术文件由3部分组成，对保障途径、分析和相互间的关系处理如下：

第1部分：综述和框架。概述了一些基础性概念，例如保障、保障框架等。并给出了安全保障方法的一般性描述。其目的是帮助理解本指导性技术文件的第2部分和第3部分内容。第1部分针对信息安全管理人员和其他人员，其中包括负责开发安全保障程序、确定他们的交付件的安全保障、参加安全评估审计或参加其他保障活动的人员。

第2部分：保障方法。描述由不同类型的组织提出和使用的各种IT安全保障方法和途径，不论它们是被一般公认的、事实上被认可的或标准的；并把这些保障方法与第1部分的保障模型关联起来。重点是识别对保障有影响的保障方法的定性特征，在可能的地方，还将定义保障级别。该材料面向IT安全专业人员，帮助理解如何在产品或服务的特定的生存周期阶段中获得保障。

GB/Z 29830.2—2013使用定义在GB/Z 29830.1—2013中的术语和定义。

该部分应与GB/Z 29830.1—2013一并使用。

第3部分：保障方法分析。分析了各种保障方法的保障特征。这个分析有助于保障机构在确定每一种保障途径的相对值并确定保障途径，使这些途径提供最适合于运行环境的具体上下文的需求的保障结果。而且，这个分析还有助于保障机构运用保障方法的结果，实现交付件所预想的确信度。这部分材料面向的对象是那些必须选择保障方法和保障途径的IT安全专业人员。

GB/Z 29830.3—2013使用定义在GB/Z 29830.1—2013中的术语和定义。

该部分应与GB/Z 29830.1—2013一并使用。

本指导性技术文件分析了一些可能不为IT安全所专有的保障方法；然而，在指导性技术文件中所给出的指导将限于IT安全需求。只对IT安全领域提供相应的指导，并不期望这一指导对一般的质量管理、评估或IT符合性具有指导意义。

信息技术　安全技术
信息技术安全保障框架
第3部分:保障方法分析

1 范围

1.1 意图

GB/Z 29830 的本部分的意图是:为保障机构选择合适类型的 ICT(信息通信技术)保障方法提供指导,并为特定环境铺设分析特定保障方法的框架。

1.2 应用

本部分可使用户把特定保障需求和/或典型保障情况与一些可用的保障方法所提供的一般性表现特征相匹配。

1.3 适用领域

本部分的指导适用于具有安全需求的 ICT 产品和 ICT 系统的开发、实现及运行。

1.4 限制

安全需求可能是复杂的,保障方法是各式各样的,并且组织的资源和文化之间是有很大差异的。因此,本部分所给出的建议是定性的和概括性的,可能需要用户自己来分析第2部分中哪些方法最适合自己特定的交付件和组织的安全需求。

2 术语和定义

ISO/IEC TR 15443-1 和 ISO/IEC TR 15443-2 界定的以及下列术语和定义适用于本文件。

2.1

资产　asset

对组织有价值的任何东西。

2.2

评估　assessment

系统化地检查一个实体有能力满足其规定需求的程度;当针对一个交付件时,评估是评价(evaluation)的同义词。

[ISO/IEC 14598-1]

2.3

评估方法　assessment method

为了确定一个交付件是否可以接受或发布,把特定文档化的评估准则应用于一个交付件的动作。

2.4

保障机构　assurance authority

受托对一个交付件的保障做出有关决定(即:选择、规格说明、接受、增强)的人和组织,其中,这些决定最终可导致建立该交付件的信心。

注：在特定的模式和组织中，术语“保障机构”可以是不同的，例如“评价机构”。

2.5

保障管理者　assurance administrator

负责选择、实现或接受交付件的人。

2.6

保障目标　assurance goal

通过应用正式的和非正式的评估活动，要予满足的整个安全期望。

2.7

保障关注　assurance concern

保障机构的一个保障小组所追求的一般类型的保障目的。

注：在本部分中，使用“保障关注”的目的是，为给予保障指南的那组用户，建立相关的分析和结论。

2.8

交付件　deliverable

IT 安全产品、系统、服务、过程，或特别地作为保障评估对象的环境因素(即人员、组织)。

注 1：一种对象可以是 ISO/IEC 15408 中定义的保护轮廓(PP)或安全目标(ST)。

注 2：当用于 ISO 9000 标准族时，服务是一类产品和“产品和/或服务”。

注 3：就本部分的意图，并为了与 ISO 9000 中的用法类似，在整个文档中出现交付件的地方，一般均使用术语“产品”。

2.9

环境　environment

生存周期过程执行的环境(即人、支持设施和其他资源)及所关联的环境保障特征(如声誉、认证)。

注：在 ISO/IEC TR 15443 中，环境保障相对于产品保障和过程保障。

2.10

信息安全管理体系　information security management system;ISMS

整个管理体系的一部分，该部分基于风险途径，建立、实现、运行、监视、维护和改进信息安全。

[ISO/IEC 27001:2005，定义 3.7]

2.11

方法　method

为了获得可重复的结果，以系统化和可跟踪的样式，按计划执行某件事情的方式。

2.12

度量　metric

用于测量的定量化尺度和方法。

2.13

过程能力　process capability

一个过程达到所要求目标的能力。

2.14

产品　product

IT 安全产品、系统、服务。

注 1：针对本部分的意图，类似与 ISO 9000 有关产品一词的用法，在整个指导性技术文件中，术语“产品”将替代交付件这一术语。

注 2：“产品”等同于“交付件”。

2.15

残余风险　residual risk

风险处置之后仍然存在的风险。

2.16

风险评估　risk assessment

风险分析和评价的整个过程。

[ISO/IEC 指导 73:2002,定义 3.3.1]

注1:风险评价是一个把估算的风险与给定的风险准则进行比较的过程,目的是为了确定风险的严重性。

注2:就本部分的意图而言,风险评估、风险分析以及"威胁-风险-分析"概括地称为风险评估。

2.17

风险处置　risk treatment

为了修改风险,选择并实现按一定测度进行测量的过程。

2.18

安全　security

与定义、实现和维护保密性、完整性、可用性、抗抵赖性、可核查性、真实性和可靠性等有关的所有方面。

[ISO/IEC 13335-1:2004,定义 2.11]

2.19

安全目的　security objective

意在抵御已标识的威胁和/或满足已标识的组织安全策略和假定的陈述。

[ISO/IEC 15408-1:2005,定义 2.42]

2.20

安全策略　security policy

一个组织部门内的规则集,规定这一部门如何在其法律和文化的语境下使其资产的管理符合所描述的组织目的。

2.21

阶段　stage

交付件生存周期中一个由过程和活动组成的时段。

注:改编自 ISO/IEC 15288。

3　缩略语

下列缩略语适用于本文件。

COBIT:有关信息和相关技术的控制目的,一种 ISACA 的方法(Control Objectives for Information and related Technology,a method of ISACA)

DA:开发保障(Developmental Assurance)

IA:集成保障(Integration Assurance)

ISACA:信息系统审计与控制联盟(Information Systems Audit and Control Association)

ISSEA:信息系统安全工程联盟(International Systems Security Engineering Association)

OA:运行保障(Operation Assurance)

ST:安全目标(Security Target)

4 对保障的理解

保障的目的是为了提供一种信心,即一个产品在一个给定的语境中将安全运行。这一章针对其中一些有关的基本问题进行了相应的考虑,而在本部分的其余章节中,给出这些问题的详细分析和指导。

按本指导性技术文件的第1部分和第2部分中所给出的概念定义,这意味着产品满足一个给定的保障目标。这一目标必须以一种相当正式的方式予以建立。用户必须了解残余风险。

信心将是通过使用并解释保障结果而获得的,其中保障结果或是对应用的保障方法已经是可用的,或是通过应用保障方法而获取的。因此,保障方法需要很好地予以选择和使用。

大量方法是可使用的,并在本指导性技术文件的第2部分中给出了许多保障方法。有关这些方法的应用,在4.2中给出了其中一些基本说明。

用户的保障结果可以表达为各种各样的复杂程度。这一复杂性可以指导保障方法所关联的严格程度(参见4.2.1)、应用范围(参见4.2.2),以及所涉及的生存周期阶段(参见4.2.3)。

特别注意的是,要对保障结果进行评估。为了获得较大信心,可能需要正式的评估或认证(参见4.3)。

4.1 保障目标的设置

保障目标应依赖于要满足的保障需求:

——产品供应商可能具有一些一般性的保障需求,其意图是为了满足多个用户(即产品、系统或服务的用户群)的特定需求;

——产品的用户一般都具有一些非常特殊的保障需求,这样的保障需求通常依赖于其组织的特定安全策略。

以下给出有关保障目标设置的说明,并把它联系到合适的保障供给和使用。

注1:在附录A.1的例子中,区分了硬件供应商、软件供应商、网络提供方、服务器运行方、内容提供方,以及用户方——企业。在这一例子中,明确指出供应商属于保障提供方,而用户组织属于得到保障一方——保障的用户,而其他的既是保障提供方又是得到保障的一方。

注2:一个组织可能需要把来自多个保障源的保障结果组合为一个一致的、复合的保障结果。这是一个重要方面,在本部分的5.3和6.2.3.1中将谈及。当多个保障结果可用于一个保障的用户,或当一个保障提供方打算使用两个或多个保障方法时,就出现了这一方面的问题。4.1.1和4.1.2通常与开发、集成期间的产品保障相联系的。这与保障关注的不同在第六章中进行讨论。

注3:重要的是,要理解一个产品的运行通常受控于用户组织的责任和监督,即使安全服务与服务提供方签订了子合同。因此,4.1.1和4.1.2并不直接可用于运行保障(OA)。

4.1.1 供给的保障

按照提供产品、系统或服务组织的商业观点,合适的保障方法应基于预期的用户或用户群及其组织规模和专业知识。必须按照这些不同来剪裁保障。特别地,如果是针对一个用户群,那么保障就必须具有充分的一般性。

通常,提供保障是应对市场的一个重要的因素或是涉及成本的一个重要的因素。因此,提供保障的组织就必须依据其成本考虑其效益。

由上可见,在做出提供保障这一决策的过程中,首先要标识以下两个步骤:

——用户为什么想要为保障买单;

——用户建立保障想要达到什么意图。

采用这些步骤,可以进一步导出客户的保障需求,并最终导出可用的保障方法,如图1所示。

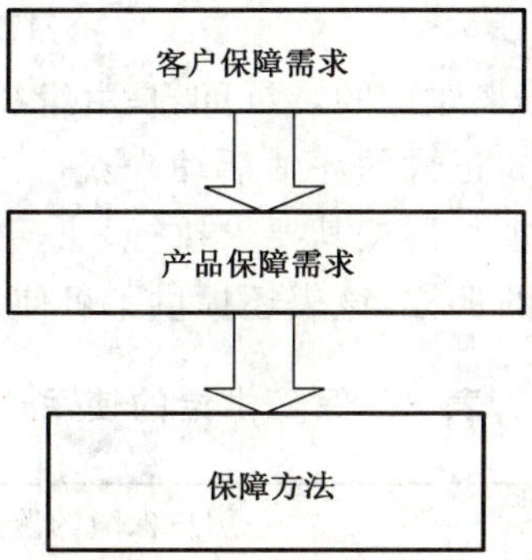

图 1　保障供给

其结果，保障通常可像表 1 所表达的那样予以供给。

表 1　供给的保障类型

供给的保障	针对的客户	客户的保障需求	要求的保障严格程度
已通过的保障	最终用户	内容标记； 对最终用户是有意义的并且是可认可的	低
市场上的保障	一般性的用户群	标签、标记、印记； 标记引用了一般的保障需要； 是以非常简洁的或封装的方式表达的对最终用户是有意义的并且是可认可的，即认可的“质量标签”	低
内部保障	内部客户	保障陈述的独有形式；为组织内部提供的，并基于信任	任意
外部保障	特定用户群	标记包含了扩展的论据和资料；可有受限地发行	高
小型组织的保障	小型组织	标签或商标； 期望通过简介来创建信任； 对最终用户是有意义的并且是可认可的，即认可的“质量标签”	中
大型组织的保障	大型组织	详细的保障陈述	高
强制性保障	特殊复杂的组织	证书或符合意图的陈述； 组织强制使用一定的保障格式甚至保障方法	高

客户的保障需求是以保障方法所提供的保障陈述形式标识的。

必须考虑具有支持作用的保障论据，特别是它们的保障严格程度（参见表 3）。多半保障方法产生多种类型的保障需求，并且保障严格程度依赖于相应的保障方法。因此，为了确保最终要满足用户的保障需求和最终的保障目标，必须认真组合所选择的保障方法。

4.1.2　保障的使用

用户的保障供给具有不同观点。从最终的保障机构的视角来说，用户的目的是获得信心，即特定产品满足他的特定保障目标，这一信心是对产品以及组织语境的整个安全期望，其中，该产品是在这一语境下予以实现、部署和/或运行的。

理想上,保障目标是通过风险评估来建立的,或可能是由组织策略予以施加的。

信心可通过选择和应用正式的或非正式的评估活动来获得。这样的活动可以由供应商、系统集成方提供,或由用户执行,或用户指派特定人群按其要求执行。

保障的使用可以如同表2所表达的那样,该表还提供了可使用户建立最终信心的活动。

表2 保障供给的使用

用户类型	要寻求的保障	用户保障的鉴别活动	相关的评估严格程度
特定用户	内容标记(labelling)	检测内容标记是否是有意义的,是否是认可的并可应用于已领悟的保障目标	低
一般用户	标签、标记、印记	检测内容标记是否是有含义的,是否是认可的并可应用于已领悟的保障目标	低
内部客户	保障陈述的专有形式	确认内部的信任,例如通过提出适当的问题	任意
特定用户群的成员	标记	确认标记的信任,例如通过提出有关其他成员或其他团体组织的问题	高
小规模的组织	标签或印记	检测内容标记是否是有意义的,是否是认可的并可应用于已领悟的保障目标。 认可的“质量标签”是完美的	中
大规模的组织	详细的保障陈述	通过组织专家已验证和确认陈述	高
特殊复杂的组织	认证或意图陈述合理	信任可由第三方评价和/或认证提供,至少通过保障提供者的声誉	高

4.1.3 残余风险

在其最基本的等级中,保障为用户提供了如下的信心,即“一个产品将按提供者所宣称的那样运行,而没有表现出不期望行为”。但是,保障与其他安全保证措施不一样,其本身并不提供任意附加的功能(安全机制),因此保障不能抵御任何附加的脆弱性和威胁。

所有安全元素,特别是在与方法的使用相对独立的风险管理中,包括一些不确定性。不确定性来源于许多地方,例如不完全了解所有因素,不了解测量中的容错以及这些因素的外延等。在某些情况中,这样的不确定性可能很大,以至它表达了残余风险的主要因素。其他因素是目标运行环境的脆弱性以及安全机制的不完美。如果保障是严格的话,必然涉及安全特性和安全机制,这样就可减少与这些因素相关的不确定性,从而减少整个风险。

在一些确定的情况中,保障可能仅是一种减少不确定性的方式。如果没有增加任何新的安全机制的话,保障可以把风险减少到一个可接受的程度。在这一情况中,保障成本就可直接为安全的效益作出贡献。由上可见,保障的目标是减少风险。

4.2 保障方法的应用

保障方法具有一些可作为一些部件或一些方面的不同特性。为了提供有关如何选择一个或多个方法的指导,有必要以类似的形式,特征化地描述可在不同保障方法中发现的这些部件或这些方面。一个给定的保障方法可以包括一些一般性的保障特性,或可能关注一些特定的保障特性。

按着本指导性技术文件的第1部分和第2部分所描述的那些内容,通过评估:

——产品，或在该产品创建之后；
——过程，创建该产品期间所使用的过程；
——环境，实现产品的环境，即涉及的人员和组织；
一些方法就有可能达到(实现)一个产品的保障。

4.2.1 保障严格性

由保障方法所提供的严格性，通常规定了它的使用，如表3所示。

表3 保障的严格程度

严格程度	使用
1	简单的“批准的保障印记”
2	有关保障的符合程度陈述
3	支持所宣称保障的详细事实
4	支持所宣称保障并可验证的详细事实
5	对一般受众(例如，董事会)的表达，并得到认可
6	对安全专业受众的表达，并受到已授权受众的认可

注1：除了必须考虑表达强度之外，还要考虑该表达的支持论据的强度。在特殊的情况中，可应用一些限制和约束。

注2：当把一些已评估部件的保障，组合到一个可部署的系统中时，度量可能是重叠的和/或可能存在一些“空隙”问题。

注3：本指导性技术文件的第2部分没有提供有关评估严格性的评定。

4.2.2 应用范围

所获得的保障还可能由于保障途径关注点的范围而有变化，参见表4。

表4 保障途径应用范围

<table>
<tr><th>保障途径</th><th>保障方法的关注点</th><th>应用范围</th></tr>
<tr><td rowspan="2">产品</td><td rowspan="2">产品、系统或服务的特性，以便确定该产品或系统的保障</td><td>产品或系统的某些方面</td></tr>
<tr><td>产品或系统的所有方面</td></tr>
<tr><td rowspan="4">过程</td><td rowspan="2">组织针对一个特定产品或系统所使用的开发过程，以便确定该产品或系统的保障</td><td>开发的某些方面</td></tr>
<tr><td>开发的所有方面</td></tr>
<tr><td rowspan="2">组织针对所有产品或系统所使用的开发过程</td><td>开发的某些方面</td></tr>
<tr><td>开发的所有方面</td></tr>
<tr><td rowspan="4">环境</td><td rowspan="2">执行该任务所雇用的人员</td><td>人员的资质</td></tr>
<tr><td>声誉</td></tr>
<tr><td rowspan="2">组织</td><td>组织为关注后来发现的问题，采取的演示式动作，以及这些动作的速率</td></tr>
<tr><td>声誉</td></tr>
</table>

4.2.3 应用与生存周期

本指导性技术文件的第1部分基于ISO/IEC 15288采用了一种阶段式模型。每一生存周期阶段对应一个环境中应用到一个产品的过程。每一过程由一个活动集组成,并使用该环境的资源。

应用每一阶段的过程和过程活动,一个产品、系统或服务交付件在其生存周期得以处理。

本指导性技术文件的第1部分引入了一个框架,该框架允许表征要予评估的产品类型、保障途径和保障阶段。

一直存在一些要予强调的问题。本指导性技术文件本部分将扩展在本指导性技术文件第1部分所建立的概念框架,以便允许做进一步分析。

本部分中,将通过增加概念/规约阶段来增强生存周期阶段式模型(参见表5)。

基于许多标准,本指导性技术文件给出对应“概念/规格阶段”的过程。然而相互分离的生存周期阶段通常不一定以这些过程为前提。目前只有几个保障方法为这一生存周期阶段提供了良好定义的相关过程和活动,即公认的需求工程原理。

在本部分中,增加“概念和或规约阶段”的理由是,ICT安全要求对产品安全特征的高内聚和低耦合规约的产生,应予特别的注意,并要增加适当的工作。为了适于ICT安全领域,现有几个保障方法已为这一生存周期阶段提供了良好定义的过程和活动。

在这一增强的模型中,使用表5中的5列来表达不同的生存周期阶段。并且,为了接近ISO/IEC 15288的概念,把技术上的生存周期过程分组到五个阶段中,每一列代表一组过程,并缩写为一个字符:

C:概念,引导建立安全设计需求,其中可包括一个整体上的体系结构;

D:设计,包括利益有关方功能需求定义过程、需求分析过程、体系结构设计过程和实现过程;

I:集成,包括集成过程和验证过程;

T:转移:包括复制过程、转移过程、部署过程和确认过程;

O:运行,包括运行过程、维护过程和销毁过程。

表5 生存周期保障模型

保障阶段 → 保障途径 ↓	概念/规格说明	设计/执行	集成/验证	开发/转移	运行
产品	⇒C⇒	⇒D⇒	⇒I⇒	⇒T⇒	⇒O⇒
过程	C	D	I	T	O
环境	C	D	I	T	O

在本指导性技术文件的第1部分中,开发了以下三个概念:

——产品保障,由于保障可能关注过程的结果——产品,从而出现产品保障。

——过程保障,由于组织及其用户通常关注正应用于产品的过程,即他们或相当严格地或不大严格地规约应用于产品的过程,或经常或强或弱地改进这些过程。因此,保障可能关注应用于产品的过程,而不是关注产品本身,从而出现过程保障。

——环境保障,由于过程的执行需要一个环境,其中涉及人、设施和其他资源等。因此,保障可能关注处理一个产品的环境,而不是产品或过程,从而出现环境保障。

注:在本指导性技术文件中,没有细化生存周期途径的范围及其过程和活动,但是为了更细腻地对保障方法进行比较,必要时可能对它们进行细化。

4.2.4 生存周期过程管理

生存周期阶段C-D-I-T-O由可应用于特定ICT交付件及其构件(如硬件、软件、服务)的过程组成。

在关注质量和改进的情况中，这些过程及其活动可从属于过程管理。过程管理本身又是一个过程，该过程不是在项目层面上执行，而是在组织层面上执行。因此，过程管理是一个组织方面的过程，独立于一个特定的项目。

但是，只有当这些过程被IT管理人员或被ICT项目的产品开发人员重复执行时，过程管理才会有意义。

在本部分中，通过增加过程管理(作为另一维度)来增强本指导性技术文件的第1部分中的生存周期过程模型。

在ICT安全中，这一维度对于运行阶段中应用于ICT系统的安全管理方法尤为重要，例如在ISO/IEC 27002及其关联的ISO/IEC 27001的情况中。

过程管理涉及生存周期过程的开发、使用和改进，主要包括：

——过程定义，包括过程开发及建档；

——过程的重复使用；

——过程评估和测量；

——过程改进。

过程可以从属于第三方的认证。

与这些步骤相关联的过程/活动数量，对应于一个进展(progression)，并依赖(dependency)：

——如果没有已制定的和建档的过程，就不存在重复使用；

——如果没有过程的重复使用，就不存在过程评价和测量；

——如果没有过程评价和/或测量，就不存在过程改进；

——如果没有过程评价和/或测量，最终就不存在认证。

当改进导致过程及其文档的改变时，过程管理就可能被认为是一个不断改进的循环模型，如图2所示。

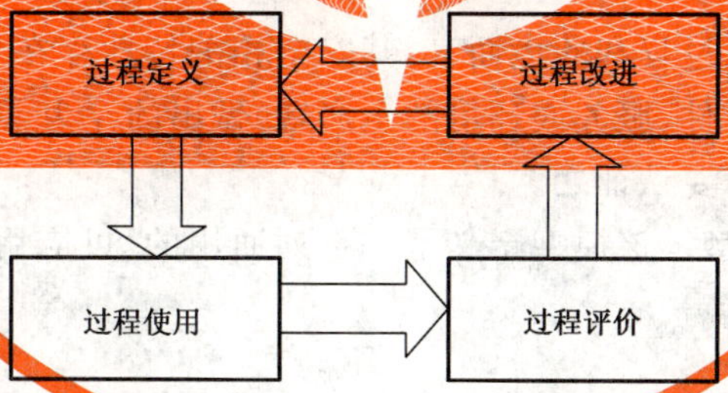

图2　生存周期过程管理

注1：为了获得过程的可测量性，这些只能按照文档所述的那样予以使用。过程管理是第2维度的过程，与C-D-I-T-O阶段这一维度的过程是正交的。如果一个保障方法提供了过程保障，那么这就意味着应用于一个产品的过程就从属于过程管理。如果一个方法的保障阶段用灰色表示(参考表6，第2、4、6、7单元格)，那么该方法就提供了过程管理。

注2：产品开发和过程开发非常类似，因此很容易引起混淆。它们必须予以区分和分离。

4.2.5　生存周期特性的累积

相对于生存周期特性，方法并不是十分完备的。然而生存周期特性可以予以累计，这可以表征一个方法的完美性，但又表征一个方法的复杂性。

在本指导性技术文件的第1部分中，规约了一些值得重视的、表现为一个保障方法的保障途径。这些保障途径可用符号表达为：

——产品保障:在箭头中间以黑体字符显示生存周期阶段,例如:⇒D⇒

——过程保障:在阴影中以白色字符显示生存周期阶段,例如:D

——环境保障:在左右两个黑棒之间的字符,显示生存周期阶段,例如:■D■

这些途径可以予以累积,如表6所示。其中,对于一个给定的保障方法以及值得重视的生存周期阶段,给出了级别(7)这一有意义的可能性。

通过部件数目可以看出,等级7是最完备的一个级别,而且通过术语、过程和结果,等级7至少表达了综合性以及与希望一致等优点。这特别会影响培训及成本。

注:综合性并不意味着最完备的方法对一种特定的保障情况而言必然是最好的。方法的好与不好,必须要考虑它的其他方面,例如严格性、详细程度以及所关联的成本等。

表6 保障途径

级别	产品保障	过程保障	环境保障	生存周期阶段X图示
1	√			⇒X⇒
2		√		X
3			√	■X■
4	√	√		⇒X⇒
5	√		√	■⇒X⇒■
6		√	√	■X■
7	√	√	√	■⇒X⇒■

4.3 保障结果的评估

对于那些提供保障的产品、过程和环境而言,其安全相关特性存在于它们最初的格式声明中,这一声明是由原单位(通常是该交付件、服务或环境的生产者)做出的。为了验证这些声明的保障,可能需要评估相应的保障结果,或可能需要认证之。

可以建立一个保障评估模型。该模型定义了一系列通用的、可应用于这一技术报告中所提及的任意保障方法的步骤。

这一保障质量模型,需要:

——人员、评估者或团体,对应用的准则进行验证;

——评估规则、准则和/或方法学,它们是一个评估的基础;

——认证,授权审计人员,和/或依据评估规则完成相应的评估过程;

——评估结论,给出该评估的结果。

这一类完整的模型通常称为一个保障模式。

4.3.1 评估员

产品安全保障特性的评估,可以由产品的用户进行。这涉及一些专门的知识。为了节省时间和成本,这一评估可聘请有经验的第三方进行。

由于第三方是相对独立的这一简单事实,因此第三方的评估可进一步增强保障。

注:有关人员保障应当认证该评估者的资格是否是可接受的。

4.3.2 评估准则和方法学

为了使评估是可重复的,评估规则需要文档化,并需要与方法学互补。

注：在人员评估中，被评估的交付件是一个人。

4.3.3 评估证据

对所有评估方法而言，其共性是它们的评估结果一般是基于证据的。证据是由一些陈述给出的，并一般采用文档形式。

证据证明了过程中的动作以及计划和规程，均按安全策略和安全概念各自有效地执行。这些内容必须予以评审，并且如果需要的话，还要按规定的方式予以修正。

该文档最重要的需求是：

——稳定性(文档必须反映实际情况)；

——完整性(所有关注的问题必须建立相应的文档)；

——细节的充分程度；

——配置控制和完整性控制(对文档的未授权改变)。

在保障方法的详细分析中，将进一步探索这一文档的需求和可比性问题。

4.3.4 评估结论

定量或定性的评估结果必须予以规约。这可以以最简单的形式：通过/失败；而更详细的结果通常采用一种评定格式，例如一些不同的等级，其中包括一个对应于“失败”的评定。

与某些其他技术领域不同，安全具有不断演进的特征。这是因为交付件的复杂性，新的安全缺陷可能出现；这是因为威胁环境，新的威胁可能需要予以抵御。

4.3.5 评估维护

一旦做完了一个评估，就必须定期地提出问题，或按由事件触发的时间间隔提出相应的问题。评估维护是为了确保所赋予的安全保障结果或评定的时效性。

注：在人员保障中，这可能意味着不断进行人员培训，人员的定期再评估或再认证。

4.4 例子

保障机构——一个供应商，按 ISO/IEC 15408 评估准则构造了一个可信系统，满足一般性的需求。评估服务机构的评价人员评估该供应商的系统，以确保该系统符合这些一般性需求，并符合 ISO/IEC 15408。

为了再现性，该评估机构应用 ISO/IEC 18045(评估方法学)，并发布适当的批准评定。

按通用准则(CC)互认协议，评估人员和评估服务机构得到国家认证认可机构的认可。

国家认证认可机构发布证书，给出该评价结果以及获得的评定。

这一认证可能需要对评价进行维护，以确保该产品的更新并没有危及最初的评定。

5 保障的比较、选择和组合

本部分的意图是，为保障机构在选择合适的 ICT 保障方法方面提供指导，以获得给定的保障目标，即满足组织的安全策略。这一指导将有助于保障机构来确定：

——哪一种保障途径将提供最适合保障机构需要的保障结果；

——每一种保障途径相对应的值最适合保障机构的特定语境；

——如何处理复杂交付件(即不同硬件构件、软件构件、安全服务、环境方面或它们的组合)的保障。

5.1 保障途径的选择

保障可以通过使用不同的方法获得不同的保障等级。在这一节中，以得失攸关的角度，采用一对一

比较方式,比较如下每一保障途径(不是方法):

——产品保障与过程保障;

——过程保障与环境保障;

——产品保障与环境保障。

这三种途径对应表6中前三个条目。比较的目标是为了了解如何以一般方式来选择其中一种保障途径。

注:对应表6条目4～7的组合途径将在5.2中讨论。

5.1.1 产品保障与过程保障

产品保障关注有关产品的每一个定义,而过程保障关注在一给定数目的生存周期阶段中应用于该产品的过程。

在产品保障中,其声明是:该产品的特征和性能已予以深入细致地评估、测试或确认,以至该产品获得期望的可信等级。产品保障的这一等级是所用准则(什么要予以评估)和相应保障方法学(如何验证符合该准则)的一个函数。

在过程保障中,其假定是:组织用于设计、开发、生产和/或运行一个产品的过程,具有可预测的、可重复的结果,并由此产生一个具有所建保障的产品。

但是,在生产人员所使用的过程中,即使是最可信的用户,也不能保证他们就一个给定的产品均正确、有效地应用了这些过程。换言之,对于一个高等级保障的产品而言,产品保障(或评估)是必要的。

在产品保障中,每一产品必须分别予以评估,这样整个成本就随着开发的产品数目而不断增加。

然而,从制造商的观点来看,如果用户对制造商的过程保障是满意的,即所使用的过程符合可信赖的过程质量标准,那么就可以避免类似的或等同的产品的重复评估。给出过程保障方法的益处是,组织除了维护其认证而进行必要的定期评估之外,可以不必进行其他附加的评估,生产不同的产品。

这一比较仅对保障方法的可比的有效性、深度和正确性是成立的,并通过称为更客观的第三方所提供的信任就可有理由证明是可能的。

另外,当组合使用这两个途径时,还必须考虑一些相互协调的问题。例如,实现适当过程保障的制造商应耗费一定的资源,为其通过过程保障的过程而实现的产品进行产品评估。

5.1.2 过程保障与环境保障

过程保障关注产品特定生存周期阶段中所应用的每一过程的定义,而环境保障关注资源以及使用这些资源的语境。

对使用环境资源的一个产品的信任,来自于对该组织和/或其人员以及其他应用于该产品的资源的信任。这一信任可以通过对有关人员和/或组织所使用的标准或好的专业实践之认证来提供,最低的信任等级是主管该产品的人员或组织的声誉。

依据所提供的应用细节之可比程度,环境保障的有效性一般低于过程保障。事实上,组织或人员均可能具有把过程应用于一个产品的一般性知识和能力。但并没有证明这些过程已经文档化,已经予以评估或已经予以认可。

环境保障是最低的保障形式,容易获得。可能存在一些情况,如下所述,对于这些情况而言,只有环境保障才是实际可用的保障或是可承担得起的保障:

——承担不起过程保障或产品保障成本的小型组织;或

——供应商不允许或不提供过程保障或产品保障的现成商品(COST)。

5.1.3 产品保障与环境保障

依据以上的讨论,可以证明保障也存在一个"进展"问题,即如果产品保障是不可"进入的"话,那么过程保障就是"下一个较好的"保障；进而，如果过程保障是不可"进入的"的话，那么剩下的可能性就是环境保障。

5.1.4 结论

在不承认所给保障途径具有可比性的条件下，其结论可表达为：

——应为最高的保障需求选择产品保障；

——通过相关过程的质量保障，过程保障提供了有据的、最合算的保障；

——对于规模不大的组织，或在产品和/或其生产者不可能进行过程评估和/或产品评估的情况下，必须选择环境保障。

一般而言，可陈述为(参见图3)：

——提升严格性的产品保障，局限于复杂性相对较低的交付件的开发保障。而

——环境保障主要适于运行保障，其中系统相对复杂而保障相对不太严格。

	开发保障	集成保障	运行保障	严格度
产品保障	●	●		
过程保障	●	●	●	
环境保障	●	●	●	
复杂度				

图3 可用方法

5.2 保障方法的组合

不可避免地，许多用户将涉及多个保障方法；或可能涉及ISO/IEC 15408和ISO 9000，或可能涉及ISO/IEC 15408和ISO/IEC 21827。

本指导性技术文件提供一种结构，使用这一结构可记录所涉及的这些保障方法的证据/经验。本指导性技术文件提供一些概念和一种通用语言，以此可描述方法和途径之间的相互影响和相互作用，从而有助于探索可能的组合。

通过从正在使用的保障途径之外的其他保障途径中接受一些保障元素，即从一些不同的保障途径中组合保障特性的能力，将有助于达到产品和系统的保障。

例如，如果一个组织已通过ISO/IEC 21827等级3的认证，那么就可承认该组织在ISO/IEC 15408的模式中，而没有必要让该组织重新提交已为另一保障途径而提交的证据。另外，这还有助于认可人员的工作，因为他们在确定整个系统保障中将具有一些现在可采纳的附加证据。

通过保障方法的比较，可以了解有关保障组合途径的潜在限制。当该组合保障途径基于不同属性时，这一了解关系到如何灵活地交叉这些保障特性。

从不同的角度和在不同的范围内寻求安全的方法，可以针对具有不同意图的不同用户或不同的组织部门。在本指导性技术文件中，没有一种方法可以被认为是一种"综合"安全的方法，即保护现有的IT系统合适地抵御了所有相关的威胁。因此在大多数情况下，有必要协同地使用一些方法的组合。

如果IT供应商和用户以伙伴关系一起努力的话，一个IT系统就可达到一种最理想的安全程度。

在附录C中给出了一些显示保障方法组合方面的例子。

5.3 保障方法的比较

可使用两种基本途径来比较第2部分中所列出的那些保障方法的相关价值。

——特性矩阵;或

——成对比较(一对一比较)。

如果必须对三个以上复杂条目进行相互比较的话(参见图4),那么就比较这些条目所具有的共性。随着条目的增多,就越可证明这一途径是不可否认的。当然,必要条件是在这些方法中相似性的数量是有一定规模的。

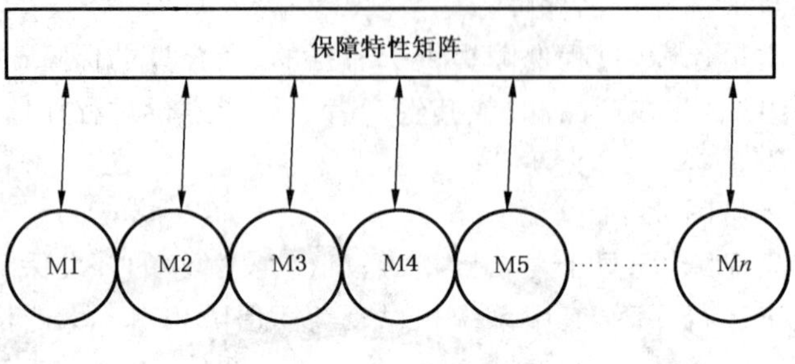

图4　矩阵比较原理

就矩阵比较的意图而言,必须开发一张保障特性表。因此这一途径的挑战是,建立一张最理想的特性表,适于勾画方法的主要区别。

保障方法的矩阵比较仅由一张表组成,描述并评定每一单个的方法。定量的测量或分等可以简化该结果的表达。为了从这些基准标记的结果中进行选择,提供指导的一种合适的方式是准备一些图形化的概览检测表。

为了做出以下两方面的非正式决策,一是使用哪一种保障方法,二是有从一种特定保障方法中所产生的保障结果的价值,矩阵比较分析检查特定保障方法的组合。

依据感兴趣团体的类型,例如产品制造商、大型组织等,可以把这样的矩阵比较剪裁为一些特定的关注域。

在本部分中的第6章中,定义了三种保障关注,并给出了相应的选择指导。

例如在A.1中,针对所选方法给出了一种整个特性的概括性矩阵比较。

5.3.1　一对一比较

有关条目的一种更详细的比较,可以使用一个自定义的列表:增加一些条目或删除一些条目,以适应成队选择的条目,并必须研究进一步的细节。

然而,随着要比较方法的数目增加,一对一比较的数目会按 n 和2的二项式系数地增加,其中 n 是方法的数目,例如6个条目就会有15个单独的比较条款。因此,本部分没有给出这种类型的比较。

这种类型的比较留给用户,用户可以基于第2部分列举的描述和列在那里的引用文件进行这样的比较。用户还可以从这样大量的一对一的比较中作出一个总结,从而得出结论。

5.3.2　保障特性矩阵

保障特性是保障的实际源,并且可予以适当的度量。这些度量包括成本以及各种可定量方面,如严格程度、可靠性、可重复性、效率等。

何种保障方法是目前保障问题的正确方法,以及应如何应用之?要回答这个问题,必须了解保障方法所能带来的益处及其相关的成本。换言之,为了更容易地进行比较,必须表征那些对保障价值具有作用的保障特征。

5.4　关注的保障特性

为了对已建立的保障方法进行比较,开发了许多特征化的保障特性。本部分的目标是,帮助用户决定哪一个方法或哪些方法的组合对他/她的特定情况是有帮助的。

表 7 中的保障特性是一些具有一般性的、最基本的保障特性，并在附录 B 中以这些特性为基础，分析了一些保障方法。

在 A.1 中，以总结的形式表达了这些方法的一般指向。依据这些表，可以总结出一个方法在一个特定的语境下的适合性和不可适用性。

另一方面可能是应用保障方法所要求的时间问题。

注：有关方法的源和更多的信息，可参阅本指导性技术文件的第 2 部分。

表 7　比较的关键方面

方面	描述
保障目标	方法是否提供了保障目标的定义？ 根据什么方法可导出这一目标？ 这一保障目标如何达到？
目标读者	该方法强调哪方面保障(即保障关注)？ 该方法针对何种公司？以及其内容指向该企业中哪些角色？
特性	该方法的意图涉及什么？ 它包括哪些方法学上的基本元素？ 该方法如何应用于通用的企业结构？ 如何把该方法映射到一个特定的应用情况？
多功用性	应用方法的工作量和成本之间的关系是什么？ 可以处理调研中什么规模和复杂性的对象？ 这可以予以控制吗？例如，通过应用不同的详细层
适时性	方法的当前版本反映了最新技术了吗？ 如果有必要进行有规律更新的话，那么这如何予以确保呢？
完备性	有关问题中关注点的准则，是否由一个封闭的(closed)、详尽的条目类别所组成，或只是被所选择的方面所覆盖？ 该相关的准则类别适合什么样的安全等级安全？
实施成本/工作量	当把一组 IT 安全准则应用到一个典型场景时，必须期望什么样的工作量和成本？
工具支持	是否存在工具来支持用户应用所关注的方法？
密码学上的要求	所关注的 IT 安全准则集是否包含有关密码学上的规程和算法的供给和指导？
评估与认证	对于该方法而言，是否存在一个鉴定和/或认证系统？ 该方法适合于产品或整个解决方案吗？
声誉和认可	成功评估和认证的影响，即潜在顾客或管理机构的满意度，或至少作为补充测试的一个基础。 模式成熟到什么程度？ 市场接受的及其驱动力是什么？

5.4.1 保障目标

为了获得可接受的风险等级,保障机构的任务是,批准准确的保障以及要收集的保障证据数量和质量。这意味着对预期的环境而言,残余风险不应超过利益攸关方(例如一个组织)可接受的风险,并且残余风险可以被利益攸关方所接受。

为了建立对保障结果的信心,保障机构必须用一种合理的方式断定这一结果,证实交付件在实施安全策略中按所要求的那样运行,提供所要求的功能。信心程度应是保障过程和利益攸关方个人感觉程度的一个直接结果。

因此,必须了解用于创建保障结果的过程和标准,包括保障证据的定义、收集和评审。通过用于开发、组合和维护保障证据的方法,可以收集这样的证据。

保障目标可以基于风险评估、安全策略、基线或保护轮廓(PP)。

进行保障特性"保障目标"的比较,可以回答以下问题:

——该方法是否提供了保障目标的定义?

——在该方法中是什么可导出这一目标?

——如何达到这一保障目标?

当一个方法没有提供"保障目标"时,或如果这一目标不对应保障机构的需求时,可取的办法是,使用风险评估来建立保障目标,或对已提议的保障目标进行有效性验证。其中为了反映产业和管理中的实践,必要时可扩充已提议的保障目标。

注 1: 可能需要确保风险评估本身,例如通过评估交付风险评估的人员之经验、培训程度以及/或其他认证(即人员受训的地方)等。保障目标可以规定预期的保障方法必须拥有的一些特性,和/或规定所做出的有关保障表达的方式,这样就可减少可获取保障的方法数目。

注 2: 在现有的一些 IT 安全标准和技术报告中,表达了一些相关的概念和过程,如 ISO/IEC 13335、ISO/IEC 27002、ISO/IEC 21827 和 ISO/IEC 15408。

5.4.2 目标读者

本指导性技术文件的本部分已经进行了必要的剪裁,以便针对第 6 章中说明的 3 种典型情况给出相应的指导。这一保障特性将显示以下三种类别:

开发保障:ICT 产品的开发,例如针对一个安全目的;

集成保障:获得和/或组合一些产品成为一个 ICT 系统,例如,满足一个安全策略;

ICT 系统的运行保障,例如,满足给定的组织安全策略。

另外,开发保障、集成保障和运行保障可以回答以下问题:

——该方法是针对哪些公司的?

——其内容直接涉及企业内的哪些角色?

——该方法如何应用于一般性的企业结构?

5.4.3 特性

在本指导性技术文件的第 1 部分、第 2 部分的定义中和在 6.1 中,已对保障途径予以详细解析。

另外,这些内容可以回答以下问题:

——该方法如何应用于一般性的企业结构?

——该方法所关注的意图是什么?

——它主要包括什么方法学方面的元素?

注:有关选择可用于一个特定保障目标的保障途径的指导,请参见 5.1。

5.4.4 多功用性

复用一个评价中一些部分的可能性，允许分摊一个产品的工作成本，例如在以后类似产品的评估中。在独一产品的情况下，例如不是当前交付件家族或未来交付件家族中的一个产品，针对一个特定的版本，必须拨付相应的成本。

另外，这些条目可以回答以下问题：

——应用的工作量和成本之间的关系是什么？

——可以处理什么规模或复杂度的受调查对象？

——这是可以控制的吗？例如应用不同水平的细致程度。

5.4.5 适时性

这些条目可以回答以下问题：

——方法的当前版本反映了最新技术吗？

——如果按规定进行必要更新的话，如何确保这一更新？

——市场接受及其驱动力是什么？

另外，这些条目还可以回答以下问题：

——有关问题中关注点的准则，是否由一个封闭的、详尽项的目录所组成，或覆盖的仅是那些所选择的方面？

——什么样的安全等级适合该相关的准则目录？

5.4.6 完备性

该条目可回答以下问题：

——该方法是否关注了安全目的，具有一个封闭的、详尽项的目录或仅涉及所选择的那些方面？

——该方法适于什么样的安全等级？

5.4.7 实施成本/工作量

该条款可回答以下问题：

当把一组给定 IT 安全准则应用到一个典型场景时，期望必须是什么样的工作量和成本？

保障特性是实际的保障源，并可局限于一些适当的度量。它们包括成本以及各种定量方面，如严格程度、可靠性、可重复性、效率等。

何种保障方法是目前保障问题的正确方法以及如何应用呢？要回答这个问题，必须了解保障方法所能带来的益处及其相关的成本。也就是说，在已经标识了备选的保障方法之后，必须度量并比较对其价值具有作用的评估特征。

评估是一种保障增量，它的获取是以时间、人员和大量成本为代价的。

因此，保障机构必须论证使用这样评价的价值。

保障是有成本的，因此就可涉及保障价值这一问题。

在确定保障途径的价值中，十分重要的是要考虑评估机构的特定语境。依据满足保障机构的特定工作需要，可预测这一价值，但必须对应于保障需要，并特别注意接受该保障最终用户。

在多个备选保障是可用的情况下，必须建立保障方法的相对价值。

组织的安全策略或文化可能会影响保障的形式。这一形式是由组织愿意为此支付多少资金或由其他如政治法令或规定等相应的准则予以支配的。从这些因素中可以捕获到保障的用户为什么愿意为保障支付，以及他们希望把这些支付的保障用在什么地方。

注：在考虑保障方法时，第一步可能是要标识用户为什么愿意为保障支付以及用户需要保障的意图。这可以消除

其他的保障方法,并且还可极大地影响可达到的保障目标。

5.4.8 工具支持

该条目可回答以下问题:

——在应用所涉及的方法中,是否存在可支持用户的工具?

5.4.9 加密问题

该条目可回答以下问题:

——所关注的一组IT安全准则是否包含有关加密规程和算法的规定和指导?

5.4.10 评估与认证

如果进行了保障结果的评估和/或得到某一认可的认证模式的认证的话,就可达到更大的保障增量。

这一保障特性条目可回答以下问题:

——对于该方法,是否存在鉴别和(或)认证系统?

——该方法适合于产品或整个解决方案吗?

——它是否依赖于独立的评价者给出认证呢?或评估认证是由一个团体或一个组织给出的吗?

——认证团体本身经过评估和认证吗?认证规则是什么?

——存在相互承认的协议吗?

——什么影响成功评估和认证?(即满足顾客或管理人员的潜在性,或至少作为补充测试基础的价值。)

——模式的成熟程度?

注:在附录A中,给出方法及其关联的认证模式。

5.4.11 信赖与认可

方法的信赖及其可能关联的模式,对用户接受的结果具有很大的影响。

通过市场宣传,可信联盟支持,或通过政府的接受、甚至鼓励或要求,可建立方法的可信赖性。

对整个用户而言,必须了解有关方法的国际标准。

6 指导

任何有效的指导都要求抽象、简单和集中。为了减少基本可用的方法数量,本部分分析了三种典型的情况。这些情况称为"保障关注",并定义为:

——开发保障:ICT产品的开发,通常针对一个安全目的;

——集成保障:把一些产品集成到一个ICT系统中,通常满足一些安全目的或策略;

——运行保障:一个ICT系统的运行,通常满足一个给定的安全策略。

每一个关注是各不相同的,各自具有自己的特殊性和问题。

通过使用本指导性技术文件的第1部分中的生存周期和保障途径概念,结合本指导性技术文件的第2部分的内容,并用4.2.3中的概念/规格说明予以扩展,这样就可容易地把保障关注这一概念予以可视化的(参见图5)。

理解各种不同的保障方法和途径,将允许一个保障机构来确定适合于业务需求和保障关注的方法,其中要牢记的一个重要方面是保障的最终目标,即达到利益攸关方有关所使用方法的信心。

由于安全需求的复杂性、保障方法的多功用性以及组织资源和文化之间的差异,在本部分中所给出的建议只能是定性的、概括性的。

本部分中所给出的指导将集中于几个方法，就开发保障、集成保障和运行保障这 3 个保障关注而言，这几个方法已被证明并被广泛接受。

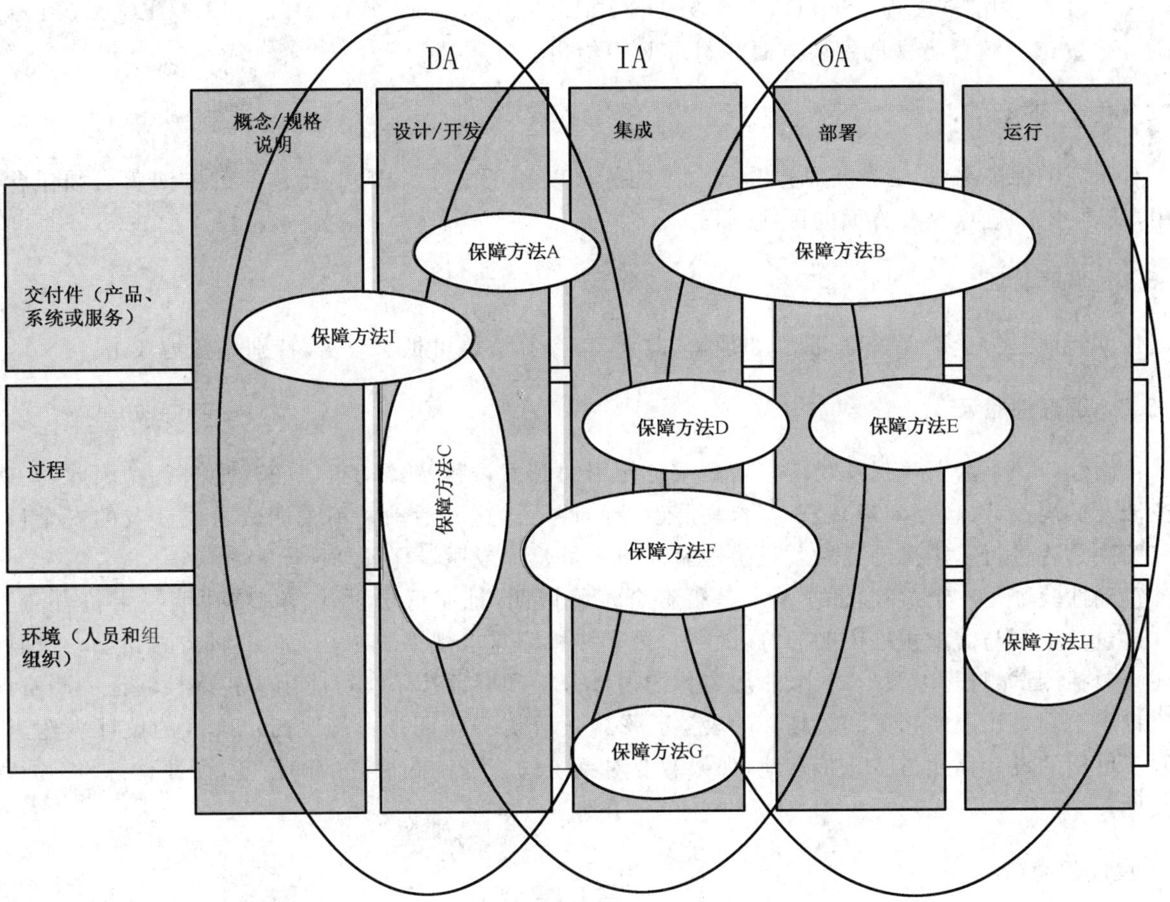

图 5　保障关注

6.1　开发保障(DA)

当在开发一个产品、系统或服务时，可以应用开发保障(DA)。理想地，开发是：

——以一个概念开始的；

——把概念演化为一个规格说明，接之计划开发过程；

——按规约的声明实现一个产品；成功地演示产品所规约的特征；最后在指定的环境中确认其特征。

可以规约保障需求，并可选择适于 DA 需求的保障方法。

6.1.1　保障目标

DA 的保障目标必须予以定义。可选地，可选择/组合可用的方法，如为一个概念阶段提供相应的方法，以便按其要求的精化，定义安全目的。

在 DA 中，安全目的可以是：

——在独一产品情况下，安全目的是一个安全策略；

——在市场化的产品情况下，安全目的是通用于指定用户群的一般性的安全目的。

6.1.2 可用的方法

在A.2中给出了一些DA可用的保障方法。通过使用第2部分,可以选择其他保障方法。

A.2中的可用方法为ISO/IEC 15408、ISO/IEC 19790、ISO/IEC 21827、ISO/IEC 27001,以及ISO/IEC 9000。这些方法的主要方面在附录B中给出。

6.1.3 主要问题

对于高的保障需求,必须评估产品安全功能的强度和正确性。因此,所选择的方法就必须包含(或引用,或要补充)确保这些方面的评估过程。

6.1.3.1 强度验证

强度验证是为了确保关键机制,如加密、散列、口令算法等可抵御攻击,特别是蛮力攻击。

6.1.3.2 正确性验证

正确性验证是为了确保从功能需求到系统使用的开发过程步骤均得以正确地进行。因此,正确性验证涉及低层设计(包括实现)是否符合高层设计的评估。这一活动并不关注威胁或涉及的安全目的,而仅关注是否进行了正确的开发。正确性验证与质量验证或质量保证功能紧密相关。

正确性验证是一个过程:证实系统是否符合规格说明,证实低层设计合规格说明是否符合高层设计。这包括检测与需求规格说明的符合性,并可直接检测需求规格说明是否以一种方式给出;正确性验证还既包括测试规程,以及形式化、非形式化的设计分析和验证技术。可应用于正确性验证的严格程度将依赖于不同设计层的精确和无歧义的表达。形式化分析和验证技术需要高精确度的设计表达,从而限制了可用的设计描述方法。特别地,如果想要对系统的正确性获得高的确信度,设计就必须不能存在歧义性。

6.2 集成保障(IA)

当把大量不同的原始产品及其保障结果集成到一个系统中时,通常需要应用集成保障(IA)。

许多产品是一些已成型的、已被证明具有可用保障结果的商业产品,但按用户的期望,这些结果经常是不可使用的。因此,在多数情况中,用户作为一个可部署系统的最终保障机构,必须管理一种复杂的保障状态。

市场上开发一个系统的系统集成方,在这里通常被认为他们仅提供所部署系统的一部分。因此,这一集成方面临的情况并不是十分复杂的,除非负责整个系统的任务。

复杂的集成情况一般要求附加一些其他安全产品或增加一些测量,其目的是,对应所要求的保障目标,实现丢失的保障等级。

复杂的集成情况一般要求附加一些其他安全产品或增加一些测量,以此创建亏缺的可用保障。这一亏缺必须填充,以便达到给定的保障目的。

抽象的或复杂的保障结果,可能必须在运行中予以确认,以便达到必要的信心。

注:在本指导性技术文件中没有涉及系统组合及其保障:尽管每个子系统在测试时可能满足其功能和安全需求,但整个组合系统不一定功能正确和/或安全。组合保障问题可能需要附加的系统测试和验证。

6.2.1 保障目标

IA的保障目标必须定义。该保障目标可以是:

——在独一系统的情况中:系统安全策略或保护轮廓(PP);

——在市场化系统的情况中:适用于指定用户群的一般性通用安全目的,可能以PP形式;

——在非常复杂的用户系统情况中：事先存在的组织安全策略。

可选地，可选择/组合一些可选的方法，例如提供概念阶段，允许按要求的精化来定义安全目的。

6.2.2 可用的方法

在 A.2 中给出了一些 IA 可用的保障方法。通过使用本指导性技术文件的第 2 部分，也可以选择其他保障方法。

A.2 中的可用方法为 ISO/IEC 21827 以及 ISO/IEC 9000。

注：当前的 ISO/IEC 19791 可增加到可用 IA 的方法列表中。但是，在本指导性技术文件中没有提供相关的指导。

6.2.3 主要问题

6.2.3.1 组合方法的使用

市场上复杂产品的集成方，对应具有一定严格程度和完备性的保障目的，可能需要应用多个保障方法，以便获得相应的保障结果。

通常，该集成方应自由地选择可用的保障方法。有关当前和未来产品的即时成本和未来成本，将影响这一选择，以及客户的期望和市场因素。

这样产生的保障包应是所选方法结果的组合。

方法的选择可以基于该方法的保障特性分析，如在本指导性技术文件的第 2 部分中所表达的。本部分的目标是比较这些方法的主要特性(feature)，这些特性对实现集成方的需要具有正面和负面作用。

6.2.3.2 各种保障结果使用

IA 意味着要把多个产品(通常是一批产品)作为部件集成到最后可运行的和/或可部署的系统，并把各产品的保障集成到这一系统的保障包中。

为了创建这一保障包，集成方需要：

——编辑事先存在的、来自多个源的相同或类似方法的保障；

——转换并调和源于不同保障方法的保障；

——解释不确定的保障结果；

——集成以上所有结果。

该保障结果应需要在建立安全目的的情况和在以后保障评价执行情况下的语境中予以评审。

必须明确地给出限制条件，以避免该包所提供的保障不当地用于不期望的目的。

最终的保障结果应必须是有信心的，即在所关注的情况下使用，“该系统就是安全的”。

6.2.3.3 保障的比较和集成

有关集成系统保障结果的高确信度，与综合理解每一个保障部件的保障过程构成基本元素是有关的，这些保障过程构成元素包括：

——导引保障的输入；

——与保障方法相关的理由和概念；

——所关联的保障结果。

如果把每一保障方法认为是一个“黑盒子”，只通过输入和以后输出的评估来比较保障结果，那么只能获得不大的信心。

如果只考虑它们本身所具有的保障结果，那么只能获得最低的信心。然而，这对于小型组织或对于低资产风险的系统而言，可能是唯一的选择。

6.2.3.4 保障结果的组合

大多数保障结果是不可直接比较的，但必须予以排序。

方法或是严格的或是不太严格的，这样就有相关的一些保障结果：

——严格的保障方法一般基于一种特定的方法学，产生可测量的、可重复的结果，尽管这些结果可能是经验的，并是该保障方法本身所独有的；

——不大严格的保障方法通常缺少一种特定的方法学，不可能重复相同的结果。这样的结果(例如所估算的组织声誉)可以被认为是“模糊的”、主观的。

仅当保障结果来自严格保障方法的情况下，组合结果才能“浓缩”为调整后的尺度。大多数严格方法包括某些形式的保障尺度，尽管该尺度仅可能包含一个单序，即“通过或失败”这一结果。通过分析，可以标识严格保障方法尺度之间的一个关注点或相关性，并在适当调整之后组合这些结果。

当保障结果来自不大严格保障方法并混杂一些来自严格方法的结果的情况下，组合结果就可能是很复杂的，并具有一定的感性和主观性，因此这样的组合结果是具有质疑的或具有问题的。

6.2.3.5 保障结果的组合

特别地，当面临一些来自不大严格方法的结果且组合有困难时，保障结果可以以一种有根据的方式予以组合。

组合保障结果的基本原则是，确保：

——收集支持性的保障结果；

——所收集的所有支持性保障结果有助于形成或增强所期望的组合结果；

——没有一种保障可严重弱化其他保障的作用。

在否定性保障结果的情况中，就有关一个保障源或其他源的使用，必须做出有根据的决定。这可能是困难的，除非所使用的根据与该结果紧密相关并了解之。

保障组合应受限于一个准确的期望用法和意图。这一限制应明确描述，以便避免该保障包不当地用于不期望的意图，如图6所示。

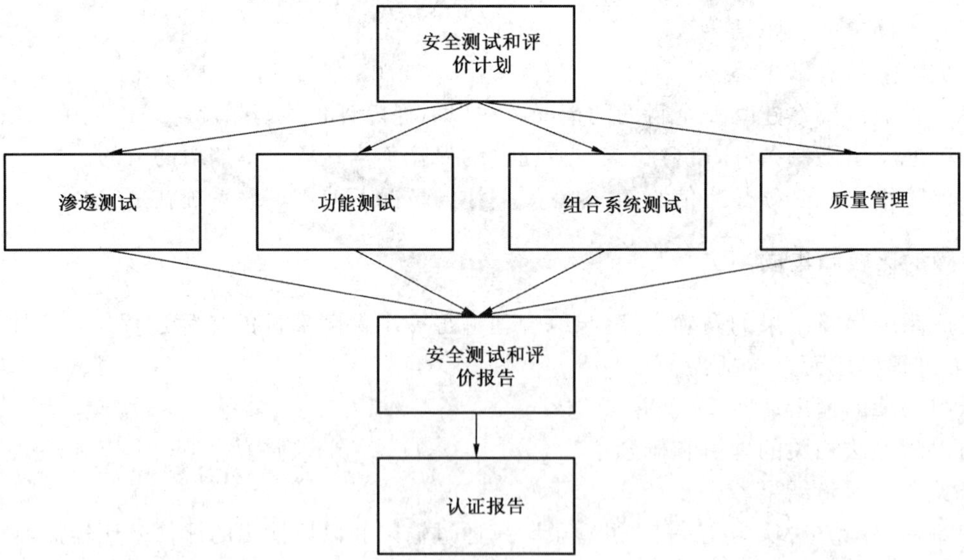

图6 系统测试和评价

6.2.3.6 保障确认

IA 可能包括 ICT 产品从供应商到用户的过渡性保障，即从开发/集成到运行的过渡保障。

保障确认活动的意图是：在系统表明符合其规格说明之后，标识其尚存的关键性安全问题。

安全需求可以作为高等级的目的予以规约，这样的目的不总是可直接转换为精确的工程需求，因此通过一般性的正确性验证活动不能表明与其符合性。

保障确认仅是证明安全功能有效性的手段，并涉及系统的副作用，或一些没有涉及或不适合的方面。

保障确认通常包括脆弱性评估、渗透测试、隐蔽通道分析、安全功能强度分析、无效使用分析、失效假定确认和健壮测试等。

6.3 运行保障(OA)

OA 出现在使用一个 ICT 系统的地方，其中在一种定义了一般性安全环境中(包括人员和设施)，主动进行 ICT 安全管理。

保障机构通常面对一个可运行的系统，支持组织的业务操作。许多产品是现成可用的，并在大多数情况中，保障机构必须管理一个复杂的保障情况。因此，任何指导必须考虑附贴于每一部件的大量事先存在的保障特性或一些不确定的保障特性。这一情况一般要求附加一些安全产品或要求增加一些度量，以便按所要求的保障目标弥补其中缺失的保障。

6.3.1 保障目标

OA 的保障目标必须予以定义。可选地，可选择/组合可用的方法，如为一个概念阶段提供相应的方法，以便按其要求的精化，定义安全目的。

在 OA 中，安全目的可以是：

——在大型组织的情况中，安全目的是一安全策略；

——在小型组织的情况中，安全目的是适用于指定用户群的通用安全目的，例如一个基线；

——在任意其他特定情况中，安全目的是通过风险分析所获得的安全目的。

为了满足实际需求(即需要不同硬件、软构件、安全服务、环境等方面或这些项的组合)，运行阶段的保障指导需要适合由多个项组成的复杂系统。

6.3.2 可用的方法

在附录 A.2 中给出 OA 一些可用的保障方法。通过使用第 2 部分，可以选择其他保障方法。

附录 A.2 中的可用方法为：ISO/IEC 27001、COBIT、IT 基线手册以及 ISO/IEC 9000。

这些方法的主要方面已在附录 B 中详细给出。

6.3.3 主要问题

6.3.3.1 安全域

可能涉及大量安全域，其中某些安全域具有遗传特质，但一直频繁使用(参见表 8)。这些安全域可能具有安全目的和度量目录。必须要做的是，确保按当前的风险分析，覆盖这些安全域。

表 8　安全域

安全域
行政管理上和组织上的安全
人员安全
物理和环境安全
硬件安全
软件安全
运行安全
沟通安全
传送安全
密码安全
辐射安全
网络安全

6.3.3.2　安全管理域

表 9 给出了扩展所列安全域的一个例子。按表 9 可以对一些可用的方法作一映射，以检测是否准确详细地覆盖了所要求的安全域。

表 9　安全管理特性

域	COBIT 域	过程
规划和组织	P01	定义战略性 IT 规划
	P02	确保符合外部需求
	P03	管理人力资源
	P04	沟通管理目标和方向
	P05	管理 IT 投资
	P06	确定技术方向
	P07	定义 IT 组织和关系
	P08	定义信息架构
	P09	评价风险
	P010	管理项目
	P011	管理质量
需求和实现	AI1	管理改变
	AI2	安装和鉴定系统
	AI3	获取并维护技术基础设施
	AI4	开发和维护规程
	AI5	获取并维护应用软件
	AI6	标识自动化方案

表 9（续）

域	COBIT 域	过程
交付和支持	DS1	管理运行
	DS2	管理支持设施
	DS3	管理数据
	DS4	管理问题和事件
	DS5	管理配置
	DS6	帮助并忠告客户
	DS7	用户教育和培训
	DS8	标识并分配成本
	DS9	确保系统安全
	DS10	确保持续性服务
	DS11	管理性能和能力
	DS12	管理第三方服务
	DS13	定义并管理服务水平
监视	M1	提供独立审计
	M2	获得独立评价
	M3	评价内部控制精度
	M4	监视过程

6.3.3.3 运行保障成熟度

一个组织安全策略的实施，可能需要进行必要的成熟度测量。表 10 给出了 OA 成熟度等级的一个例子。OA 成熟度的认证将增加保障的值。

表 10 整个 OA 的成熟度

OA 成熟度等级	描述
1	存在所有特定的或一般性的策略
2	特定的或一般性的风险已予管理并接受
3	度量已予定义、实现并管理
4	度量已予评估、修订和维护
5	度量和维护已予认可

附　录　A
（资料性附录）
列表比较

本附录的内容是根据可以公开获得的材料予以改编的。

A.1　方法及其针对的目标

为了标识一些可选方法，给出一个概括性的方法列表。该列表突出表征保障方法的如下方面（见图 A.1）：

——它们是否更集中于技术方面或组织方面；

——它们是否更可使用于产品或系统；

——它们是否更针对供应商或用户。

表 A.1　方法和目标用户群

关键词 P:首要目标群体 S:次要目标群体 X:其他组织		ISO/IEC 15408	ISO/IEC 19790	ISO/IEC 21827	ISO/IEC 13335	ISO/IEC 27001, ISO/IEC 27002	IT安全基线保护	COBIT	ISO 9000
公司类型	硬件供货商		P	P	S		S		X
	软件供货商		P	P	S	S	S		X
	网络提供方		S	P	S	S		S	X
	服务器操作人员		S	P	S	P	P		X
	内容提供方			P	S	P	P		X
	企业用户		S	S	P	P	P	P	X
公司内部角色	管理部门				P	P	S	P	P
	项目管理部门		P	P	P	P	P	P	P
	信息安全官		P	P	P	P	P	S	S
	IT 管理部门		S	P	P	P	P	P	S
	管理员		S			S	P	S	S
	审计员				S	S	S	P	S

基本认证模式

为了保障结果的评估，一些保障方法是与认证模式相关联的，参见表 A.2。

表 A.2 基本认证模式

保障途径	评估准则	评估方法	人员和/或设备合格评定	评估模式
产品	ISO/IEC 15408	ISO/IEC 18045	合格评定?	国际互认的国家认证实体
过程	ISO/IEC 21827	SSAM	SSO	国家/国际认证实体,例如:ISSEA
环境(IT 运行)	ISO/IEC 27001		ISO/IEC 27006	
环境(组织)	ISO 9000		国家/国际认证实体	国家/国际认证实体

A.2 可用的保障方法

针对用户的关注(开发保障,集成保障以及运行保障),附录 B 中给出的保障方法及其对应的保障途径如表 A.3 所示。

表 A.3 可用保障方法

	可发保障	集成保障	运行保障
产品保障	ISO/IEC 15408 ISO/IEC 19790		
过程保障	ISO/IEC 21827	ISO/IEC 21827	ISO/IEC 27001 COBIT IT 基线
环境保障	ISO/IEC 27001 ISO 9000	ISO/IEC 27001 ISO 9000	ISO/IEC 27001 ISO 9000

附　录　B
（资料性附录）
所选方法的保障特性

本附录的内容是根据已公开可用的材料予以改编的。

B.1　ISO/IEC 15408

ISO/IEC 15408 源于通用准则(CC)，并与 CC 是紧密相关的。有关 ISO/IEC 15408 方法学的基本内容已在它的第 1 部分中予以描述。

在 ISO/IEC 15408 中，在“评估对象”(TOE)中定义了评估边界。这一 TOE 是非常认真定义的，并表达了一个产品的安全功能。

TOE 并不一定描述了一个完整的产品。但为了可读性和简单性，在这一节中把 TOE 称为“产品”。

B.1.1　保障目标

ISO/IEC 15408 允许在独立的安全评估之间进行比较。为此，该标准针对一组产品的安全功能和安全评估期间应用于这些产品的保障度量，提供了一个通用需求集。该评估过程可建立以下问题的确信度：这些产品的安全功能以及应用于这些 IT 产品的保障度量满足这些需求。该评估结果可以帮助用户确定这些 IT 产品是否实现了它们的安全要求。

ISO/IEC 15408 作为一种指导，可用于一组具有 IT 安全功能产品的开发、评估和/或生产。

该标准强调了信息保护，免遭未授权的泄露、修改和不可使用。与这三类安全失效相关的保护种类，分别称为保密性、完整性和可用性。该标准还可以应用于这三类 IT 安全之外的其他方面。该标准可用于人为活动所引发的风险(恶意的或其他)，并可用于非人为活动所引发的风险。ISO/IEC 15408 可应用于 IT 的其他领域，但并没有声称在这些领域的能力。

ISO/IEC 15408 可应用于硬件中、软件中或固件中所实现的 IT 安全功能。

B.1.2　目标受众

关注 TOE 安全特性评估的人群有三种，即用户、开发人员和评估人员。他们被认为是 ISO/IEC 15408的基本用户。

B.1.2.1　用户

用户可能使用评估结果来帮助他们决定一个产品是否满足其安全要求。这些安全要求通常被定义为风险评估结果和策略方向。用户还可能使用评估结果来比较不同的产品。该标准为用户，特别是为感兴趣的用户群和用户团体，给出了一种独立实现的、称为 PP 的结构，其中表达了他们的特定安全需求。

B.1.2.2　开发人员

该标准期望支持评估人员准备并帮助他们进行产品评价，帮助标识这些产品要满足的安全需求。这些需求包含在独立实现的、称为 ST 的构造中。这一 ST 可能基于一个或多个 PP(以前讨论过的用户安全需求)。

因此，该标准可以用于确定支持证据的责任和动作，而这些证据必须按这些需求来支持产品的评价。该标准还定义了这样证据的内容和表达。

B.1.2.3 评估人员

ISO/IEC 15408 包含评估人员当形成有关产品是否符合他们安全需求的断言时所使用的准则。ISO/IEC 15408 描述了一组一般评估人员所承担的动作,以及执行这些动作所涉及的安全功能需求(SFR)。**注意**,ISO/IEC 15408 没有规约执行这些动作所遵循的规程。

B.1.2.4 其他群体

该标准还可以作为参考资料用于所有关注或承担 IT 安全责任的组织,其中可以获得益处的一些组织包括:

——系统管理员和系统安全官员;

——审计员,包括内部审计和外部审计;

——安全架构人员以及负责产品安全特性规约的设计人员;

——负责接受用于一个特定环境中 IT 解决方案的认证人员;

——负责要求并支持一个评价的评价出资方;以及

——负责管理并监督 IT 安全评价程序的评价机构。

B.1.3 特性

通过在开发、评估和运行过程期间所采取的动作,可以获得 IT 安全的信心。产品是通过 ST 予以规约的。设计信息是通过非形式化、半形式化和形式化等形式提供的。

在 ISO/IEC 18045 通用评估方法学(CEM)的条款中,提供了有关保障的详细测试指导,其目的是为了确保一致地执行一个评价,提供可重复的结果。

在 ISO/IEC 15408 范围之外形成了一些正式的评估模式,以便管理和监督由独立测试组织所做的评价活动。

B.1.4 多功用性

ISO/IEC 15408 给出了一组功能需求和保障需求,这些需求可被用户选择以适应他们的需要。ISO/IEC 15408 包含 7 个预先定义的保障包,即 EAL1~EAL7,以便支持用户的选择和市场认知。

B.1.5 适时性

一组安全保障方法是相对稳定的并且是很少予以修改。以前的安全准则(TCSEC,ITSEC 等)已被 ISO/IEC 15408 所替代,第一个版本发布于 1999 年,当前版本发布于 2005 年。

B.1.6 完备性

完备性是在 ST 中予以规约的。

B.1.7 实现成本/工作量

为逐渐增大保障的一个准则,规约了相应的成本/工作量。

为一个评估所耗费的时间长短,可能依赖于一些因素,包括:

——复用以前工作的能力;

——开发组织的成熟度;

——产品的成熟度,以及实验室的经验;

——所采用的评价策略。

正式评价的成本包括：
——模式费(各模式是不同的)；
——实验费(各实验室是不同的)；
——相互交流的内部工作以及评价人员所要求的最小修改；
——ST 开发。

另外还有：
——几乎需要由开发人员来编制的一些文档；
——评价过程一般不涉及产品中的脆弱性，但这些脆弱性需要予以纠正，其范围从最小到非常严重。

B.1.8 工具支持

在商业市场上仅存在几个可用的工具。一些支持文档是可用的，例如 ISO/IEC 15446“PP 和 ST 生成指南”。

B.1.9 密码问题

正式的评价并不包括所选密码算法的质量评估。但是，所选算法的实现是否正确是可评估的。

B.1.10 评估与认证

为满足 ISO/IEC 15408 的需求，使用合适方法学的评价可由测试实验室予以承担。例如，使用由 CC 管理委员会所规约的评价模式；该实验室必须按 ISO/IEC 17025 予以认证，并且测试结果是发布了一个确认报告并授予一个认证许可证。这样的认证结果是由认可认证机构(国家模式)签署的并在国际上发布。

更详细的信息可参见 http://www.commoncriteriaportal.org。

B.1.11 可信赖性和认可

ISO/IEC 15408 是国际标准，对应 CC 开发委员会发布的 CC 标准。

ISO/IEC 15408 以及 CC 均被认可并具有很强的可信赖性。

B.2 ISO/IEC 19790

B.2.1 保障目标

“加密模块安全要求”，最初由美国国家标准和技术研究院(National Institute of Standards and Technology，NIST)发布为“联邦信息处理标准(FIPS)140-2”，着眼于加密模块的规范。1995 年 7 月，NITS 与加拿大通信安全机构(Communication Security Establishment，CSE)一起，创立了相关的加密模块检验程序(Cryptographic Module Verification Program，CMVP)。该程序通过测试，在 FIPS 140-2 中补充了“FIPS 140-2 实施指南文档”和“FIPS 140-2 派生测试需求”，用于支持和解释测试和检验过程的标准。

CMVP 的网址是 http://csrc.nist.gov/cryptval。

在国家实验室自愿认可程序(National Voluntary Laboratory Accreditation Program，NVLAP)和加拿大标准理事会(Standards Council of Canada)的认可下，实验室对这个标准进行了符合性测试。到目前为止，NVLAP 授权了在美国、英国和德国的 12 个实验室。CMVP 复审了符合性测试的结果，在复审通过后，对测试的加密模块进行生效并颁发了验证证书。现在，650 个以上的证书已经为 1 000 个以上的验证模块所拥有。

FIPS 140-2 要求的一个子集于 2006 年作为国际标准 ISO/IEC 19790 发布。

B.2.2 目标受众

ISO/IEC 19790 可用于加密模块,FIPS 140-2 则被美国政府强制用于每个模块。其他组织或者政府也明确了它的使用规范。

B.2.3 特性

该保障方法使用一致性测试途径,主要应用在下面 11 个领域:

a) 加密模块;
b) 端口和接口;
c) 角色、服务和身份认证;
d) 有限状态机模型;
e) 物理安全;
f) 系统环境;
g) 密码密钥管理;
h) 自测试;
i) 保障设计;
j) 缓解其他攻击。

B.2.4 多功能性

不同的测试域构成了一个四层的 1-4,每一层在另一层之上。ISO/IEC 19790 根据一个特定的加密模块进行测试,如果有些东西进行了修改,测试就要重新进行。CMVP 对多种维护验证的方法提供了规划指导,这些方法根据变化的性质来提供及时和成本有效验证维护(见图 B.1)。

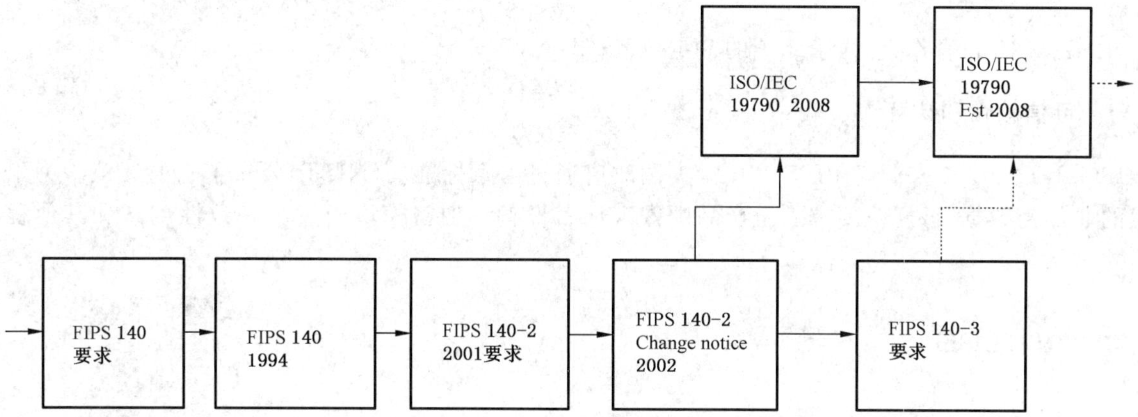

图 B.1 测试需求演进

B.2.5 适时性

B.2.6 完备性

一致性测试要保证加密模块尽可能符合加密模块的规范(ISO/IEC 19790)。

派生测试需求(Derived Test Requirements,DTR)和补充规范(Implementation Guidance,IG)用来保证测试的完备性和再现性。

B.2.7 实施的成本/工作量

ISO/IEC 19790 验证的成本包括以下因素：

a) 验证组织的成本(比如 NIST CMVP 成本回收)；

b) 测试实验室成本；

c) 内部劳动成本，如按照验证流程，提供测试要求的二次修改以及撰写规范文档。

由于验证范围较小，ISO/IEC 19790 测试比 ISO/IEC 15408 评估要省时。ISO/IEC 19790 测试的持续时间由以下因素决定：

a) 开发组织的成熟度；

b) 实验室的经验；

c) 验证机构的制约；

d) 产品的成熟度；

e) 一致性评估。

B.2.8 工具支持

在商业市场上仅存在几个可用的工具。NIST 提供的支持文档和工具箱在以下网址上可用：http://csrc.nist.gov/cryptval。

B.2.9 密码问题

该保障方法专门为加密模块(包括算法)定义。安全模块要获得批准，必须在加密算法验证程序(Cryptographic Algorithm Validation Program，CAVP)下得到独立的验证和认证。同时，NIST 为 NVLAP 认证测试实验室提供算法测试工具。

B.2.10 评估和认证

NIST 与 CSE 合作，引入了北美的鉴定机制——CMVP。

B.2.11 可信赖性和认可

ISO/IEC 19790 来源于 FIPS 140-2，美国政府通过国家标准局(NIST)公布了它的规范。为了保护敏感的非加密数据，该规范要求安全产品中嵌入加密设备。加密模块通过了一致性测试和其他程序要求后才被认证。

B.3 ISO/IEC 21827

B.3.1 保障目标

ISO/IEC 21827 的目标是为组织使用者定义的系统安全工程过程提供保障。

B.3.2 目标受众

该保障方法涵盖开发保障和集成保障，因此目标读者包括开发者和集成商。

B.3.3 特性

该保障方法使用过程保障途径。

B.3.4 多功用性

ISO/IEC 21827 重点强调了和过程成熟度有关的五个能力等级，由组织根据其首要目标决定。

B.3.5 适时性

ISO/IEC 21827 由前期 ISSEA 在 1994 到 2001 年间的工作成果发展而来。2001 年，ISO/IEC 根据 ISSEA 的“公共可用规范”(Publicly Available Specification)发布了 ISO/IEC 21827。2005 年，该标准开始进行修订，2007 年修订完成。

B.3.6 完备性

ISO/IEC 21827 涵盖了五个等级的能力要求，包括各个方面的安全工程准则。ISO/IEC 21827 的结构按过程的实践组织起来，允许用户根据过程灵活运用在自身的组织结构中。

B.3.7 实施的努力/成本

ISO/IEC 21827 评估的主要成本发生在第一次项目中。额外的项目中使用相同的方法的成本是该初始成本的一部分。可以通过使用内部评价者，减少这个成本。通常，不需要提供具体的文档。

如果投入了必需的人工(work-force)，该评价过程会很短，持续 2 到 3 周。

B.3.8 工具支持

有许多电子表格工具可用于追踪评估和总结的结果，并给出这些结果。

B.3.9 密码问题

无特殊要求。

B.3.10 评估和认证

培训和资格认定系统都可以评估本方法。

B.3.11 声誉和认可

ISO/IEC 21827 机制通过评估团队(Appraisal Team)规定了评估。

SSE-CMM 支持组织(SSE-CMM Support Organization，SSO)提供了专业的 ISO/IEC 21827 评估疏导员(facilitator)和团队，帮助组织评估它们的安全工程能力。其提供下面的服务：

a) ISO/IEC 21827 评估疏导(Appraisal Facilitation)；

b) ISO/IEC 21827 评估；

c) ISO/IEC 21827 后续审计；

d) 安全工程过程改进计划(Security Engineering Process Improvement Plan)。

与 ISO/IEC 15408 或者 ISO/IEC 19790 相反，ISO/IEC 21827 没有官方的、政府的、代理来保障该机制。

B.4 ISO/IEC 13335

B.4.1 保障目标

该保障由以下部分组成：

ISO/IEC 13335-1 发布为“技术报告”(Technical Report，1996 年、1997 年和 1998 年分别发布了第

1 部分、第 2 部分和第 3 部分,2000 年和 2001 年分别发布了第 4 部分和第 5 部分)。第 1 部分为“IT 安全的概念和模型”,定义了与 IT 安全和基本方面(威胁、风险、弱点,等等)以及过程(如应急计划、风险评估、提高认识)相关的基本术语。该部分面向组织内的责任经理和安全官员。第 2 部分,“IT 安全管理和规划”为 IT 安全过程的设计及其集成在现有企业的过程提供了信息,并建议了一个 IT 安全组织。第 3 部分,“IT 安全管理技术”提炼了 IT 安全过程的步骤,并为能用于此目的的方法和技术提供信息。最后,第 4 部分,“安全措施的选取”提供了针对某种风险,该选择何种安全设施何以及如何处理的信息,比如,如何为一个组织确定合理水平的基线保护。第 5 部分,“网络安全管理指导”提供了在没有特定解决方案的情况下的安全管理建议。

ISO/IEC 13335 的第二版分别修订成两部分的国际标准:ISO/IEC IS 13335-1 在 2004 年发布,它取代了 1996 年的 ISO/IEC TR 13335-1 和 1997 年的 ISO/IEC TR 13335-2。ISO/IEC IS 13335-2 将取代 ISO/IEC TR 13335-3 和 ISO/IEC TR 13335-4。ISO/IEC TR 13335-5(网络管理)将融合进ISO/IEC 18028-1。

该保障将把 ISO/IEC IS 13335-2 更名为 ISO/IEC IS 27005。

B.4.2 目标受众

该保障方法涵盖了运行保障。

其主要的目标群体是企业或组织内的管理者,这些人直接参与 IT 安全过程的规划或实施,为此,根据它们的相关性每一部分都有不同:

——第 1 部分针对管理委员会级别的管理者,尤其是那些负责企业范围的 IT 安全程序(programme)的人;

——第 2 部分针对那些负责企业内的 IT 系统的管理者,或者那些负责领域与 IT 的使用紧密相关的人;

——第 3 和第 4 部分针对所有那些在项目的生存周期的各个阶段里不得不处理 IT 安全的人。

这些技术报告可以为所有的机构使用,不管它们的最初的结构。不过,这些报告针对的是考查、修改(如果需要)必需的 IT 安全过程的结构。为此,所提供的信息独立于现有结构的复杂度以及目标安全水平。

B.4.3 特性

该保障方法使用环境保障途径。标准的各个部分都没有规定具体的过程和解决方案,但是,这些部分包括了如何运用这些内容以适应企业的建议,并建议了什么方法和模型是可用的。这些文档不用于度量 IT 安全水平,并且不以任何方式显示与标准的一致性。

B.4.4 多功能性

在原则上,这些报告通常不得不适应于机构及其 IT 基础结构或项目的具体的特殊性,并且这些报告也是可适应的。该标准的不同部分,为从管理委员会级别到项目级别的人都提供了建议。实际上,这些过程和流程只能在中等规模或者大规模的机构中完全实施。然而,作为指南,这些报告具有普遍的使用性。

B.4.5 适时性

ISO/IEC IS 13335 近期已经发布或正在发布中,不过,在可预见的将来,ISO/IEC IS 13335 的本质内容不大可能要求更新。

B.4.6 完备性

这些报告关于组织和 IT 安全过程的构件的描述是完整的。但是它们只为这些过程的定义和组织内的结构给出了指导,并没有规范 IT 安全水平,因为这个水平的确定只发生在该保障方法所创建的组织和过程内。

B.4.7 实施的成本/工作量

在企业内引入和维护 IT 安全过程的成本依赖于现有的组织结构,并且不能在管理委员之间进行规定。相同考虑还适用于 ISO/IEC 27002。

B.4.8 工具支持

该保障方法的工具支持并不显得有利。关于 IT 安全管理形式的管理决定不依赖于度量标准。

B.4.9 密码过程

密码在措施水平上进行考虑。该保障方法未规范密码过程的要求;相反地,尤其是在密钥管理方面,引用了 ISO/IEC 11770-1。

B.4.10 鉴定和认证

不提供认证,而且它显得不合适进行认证。

B.4.11 信誉和认可

认可为国际准标准。

B.5 ISO/IEC 27001 和 ISO/IEC 27002

B.5.1 保障目标

ISO/IEC 27001 和 ISO/IEC 27002 的目的,是为信息安全管理的"最佳惯例"提供需求。ISO/IEC 27002为信息安全控制提供指导,而 ISO/IEC 27001 明确了信息安全管理系统的要求。

考虑的主要内容有计划、实施、操作和提高信息安全管理系统。其他相关的内容有识别和风险评估,以及选择合适的控制目标并进行控制。

B.5.2 目标受众

ISO/IEC 27001 和 ISO/IEC 27002 针对各种规模的企业和机构,但不针对私人用户。此外,该标准可以用于审计和认证行业的服务公司。

该标准的目标受众有:

a) 负责确保信息足够安全的管理人员;

b) 负责选择和实施 IT 安全措施的人员,比如 IT 安全官员、IT 领导人;

c) 负责监视的人员,比如内部和外部的审计人员;

d) 外部的股东,比如依赖组织信息安全措施的客户或供应商;

e) 信息安全管理系统认证机构。

标准的适应性很大程度上取决于组织的结构。以管理为导向的方法与不限制适用到特定技术系统或系统类型。

B.5.3 特性

该保障方法使用了过程保障方法,主要有以下步骤:

a) 建立信息安全管理系统；

b) 实施和运行信息安全管理系统；

c) 监控和审查信息安全管理系统；

d) 维护和改进信息安全管理系统。

ISO/IEC 27001 覆盖了和这些步骤相关的文档、管理责任、内部信息安全管理系统审计、信息安全管理系统的管理审查以及信息安全管理系统的改进的要求。

基于 ISO/IEC 27002,ISO/IEC 27001 包含了控制信息安全风险方式的要求。

该标准可以用在多个方面。首先,ISO/IEC 27002 可用作有关规范的具体指导的参考,也可用于个人控制。其次,ISO/IEC 27001 可用于实施一个顶尖的信息安全管理系统。再次,ISO/IEC 27001 和 ISO/IEC 27002 联合起来可用于实施一个可被独立认证机构认证的信息安全管理系统。

B.5.4 多功能性

ISO/IEC 27001 和 ISO/IEC 27002 可明确用于任何规模的机构,也可用于机构的各个可识别的子部门。如果一个机构有多个信息安全管理系统,它们覆盖了不同的范围(比如覆盖机构的不同子部门),将不能自动得知整个信息系统的安全性。但是,如果知道每个信息安全管理系统的文档,也可以判断和决定信息安全的方法是否符合整体目标。

B.5.5 适时性

ISO/IEC 27001 和 ISO/IEC 27002 是成熟的、完整的标准。与修改 ISO/IEC 标准的常规方法一致,该标准计划进行规律的更新,这些更新也会保持一致性。

B.5.6 完备性

ISO/IEC 27001 和 ISO/IEC 27002 主要面向组织管理严密的(top-down)途径,并且主要包括一般的标准安全措施。这些措施涵盖了目前所有的相关的领域。该标准不包括任何面向产品的措施,以及只是高度聚合的面向技术的措施,因为通常这些措施最多包括只是中等数量的细节。

一般情况下,ISO/IEC 27001 和 ISO/IEC 27002 不局限于一个具体的安全水平;但该标准所建议的措施却是针对基线安全途径,并且这些措施经过修改后只适合于较高到最高的安全水平。然而,面向管理的途径也为这些安全水平提供了支持。

如果 ISO/IEC 27002 中的控制项有排除的理由,ISO/IEC 27001 可以允许排除,比如说这些控制项与范围内的活动无关,或者如果相关的安全风险不需要处理。为了适合更小的企业,该标准可以进行修改。

B.5.7 实施的成本/工作量

由于该标准对组织措施的强调,使得实施所要求的努力严重依赖于机构的一般的组织质量。没有很好地组织的机构相比于组织一般或过度组织要求更多的努力。

基线安全途径通常使得不需要付出额外的成本就可以使用企业现存的措施,从而以一种最优的方式增加安全水平。

进行分析的努力很大程度上由风险分析的范围确定。风险分析类型的选择对于所要求的努力的量有主要的影响。

ISO/IEC 27001 认证的成本与 ISO 9000 认证具有相同的量级。

值得注意的是,认证的成本需要从实施信息安全管理系统中独立出来考虑。这样的成本依赖于组织的规模、所采取活动的本质以及遇到的威胁。一般不可能对这些成本作出一般化的评价。

典型地,评估要跨越一段时间,因为实施 ISMS 的不同方面或者矫正问题时有一些间隙。典型地,评估跨越 3 到 12 个月的时间。

B.5.8 工具支持

ISO/IEC 27001 和 ISO/IEC 27002 可以得到工具的支持。使用特定的工具，ISO/IEC 27001 可用于风险评估，还可以对所需的文档和记录进行改进和维护，以及对目标用不同实施控制进行比较。

B.5.9 密码过程

ISO/IEC 27002 中的加密，规定了加密控制和密钥管理实践上的方针。由于标准的本质，该标准未对具体的产品进行建议。

B.5.10 鉴定和认证系统

ISO/IEC 27001 已经发展到允许独立认证机构进行认证。ISMS 的独立认证有效期为几年（通常是 3 年）。在此期间，每 6 到 12 个月要进行一次监制审计。如果不符合的地方很严重，同时/或者没有及时纠正，认证就要被撤销。最近正在改进中的 ISO/IEC 27006，规定了认证机构被认可的要求。

B.5.11 声誉和认可

许多国家的和区域性的认证服务提供独立的保障，即 ISO/IEC 27001 认证机构遵循合理的过程、雇佣有能力的职员并得到一致的结果。这些鉴定机构包括了是英国的 UKAS，以及澳大利亚和新西兰的 JASANZ。

国家的和区域性的认证服务，通过类似于欧洲认证合作（European Co-operation on Accreditation，EA）和国际认证论坛（International Accreditation Forum，IAF）的团体的成员关系在国际间进行合作。这些区域性的和国际性的协会确保国际间认证活动的一致性。

B.6 IT 基线保护指南

B.6.1 保障目标

IT 基线保护指南（IT Baseline Protection Manual）提供了标准的安全措施，着眼于为 IT 系统确立预先确定水平的安全。该水平还作为具有更严格安全要求的领域的起点。为此，IT 基线保护指南包括了下列每一个领域的一系列标准的安全措施：基础设施结构（infrastructure）、组织、职员、硬件和软件、通信和应变规划。其中的途径涵盖了下面的活动：IT 结构分析、保护要求的评价、建模、基本的安全检查、增补安全分析以及 IT 安全措施的实施。

B.6.2 目标受众

该保障方法涵盖了运行保障，以及 IT 服务环境中的产品保障和集成保障。

IT 基线保护指南基本上针对所有规模的机构和企业，但是不针对私人用户。为了更清楚地向负责的雇员指明标准的安全措施，其每一个安全措施的文本都以谁负责发起和实施所讨论的安全措施的信息为开始。对于每一种情况，都指明了机构或企业内的一个或者多个角色。这些角色的例子是 IT 部门的头领、IT 安全官员、人力资源、消防官员、管理者和 IT 用户。

基于 IT 基线保护指南中主要处理的典型的构件，该指南对于在因特网上创建内容或提供内容的服务提供商尤为有用，但是对于纯粹的网络提供商用处则更少。因为 IT 基线保护指南中包括大量的 IT 安全要求，该文档也适合于硬件产品或者软件产品的卖主。然而，软件开发只是略带提到。管理员可以在 IT 基线保护指南中找到全面而详细的技术信息。

由于 IT 基线保护指南遵循考虑典型的 IT 构件的一般途径，它很大程度上独立于企业结构。它适用于采用了标准的IT系统和IT应用程序并且安全要求大体上是正规的所有领域。它只包含了有限的具有更高安全要求的IT安全措施。

B.6.3 特性

该保障方法使用了过程保障,但在需要考虑运行中的更新时,该保障方法包括了产品保障要素。IT基线保护指南本质上是面向构件的。取决于所考虑的IT环境的构件,用户可从IT基线保护指南中选择合适的章节(或“模块”),并用于IT环境的建模。其保障途径分成为5个层次:更高层次方面、基础设施、IT系统、网络和应用。

层次1,更高层次方面涵盖了不能固定于单独的IT或基础设施构件的IT安全方面,但是这些方面影响较大的领域,甚至是整个IT环境。

B.6.4 多功能性

由于IT基线保护指南着眼于所考虑的IT环境的构件,应用该方面所涉及的努力和成本很大程度依赖于所考虑的IT环境的同质性(homogeneity)。IT基线保护指南的途径包括了一个机制,把相同的构件分为一组,从而没有必要为这些要素单独处理。然而,如果IT环境根本不是同质的,那么最坏的情况是努力和成本与构件(IT系统、IT应用程序等)的数量成正比。

B.6.5 适时性

每隔两年,IT基线保护指南进行审查和扩展。为了适应技术内容的发展,这是特别有必要的。基于IT基线保护指南的注册用户确定的要求,提供额外的材料。

B.6.6 完备性

IT基线保护指南包括一般的标准安全措施,还包括具体产品和具体技术的标准安全措施。一般的措施涵盖了IT安全所有的重要方面,比如,组织和应变规划。由于IT部分不计其数的不同的产品和解决方案,不可避免地,具体的产品和具体的技术的措施只能涵盖最一般使用的构件。

IT基线保护指南主要面向具有“正常的”安全要求的信息、IT应用程序和IT系统的保护。如果安全要求比这个更高,IT基线保护指南的标准安全措施需要通过另外的措施进行增补。

B.6.7 实施的成本/工作量

由于标准安全措施面向正常的安全要求,一般不要求成本巨大的服务或昂贵的安全或者基础设施构件。所以,实施这些措施的主要成本是组织的努力和劳动成本。还必须考虑执行IT基线保护的分析所要求的努力。这很大程度地依赖于所考虑的IT环境的同质性。对于一个中等规模的企业,应当规划至少3个月的工作。

B.6.8 工具支持

IT基线保护指南得到途径(BSI IT基线保护工具)和内容(USEIT-BSI工具安全UNIX管理)方面的工具支持。

对这些工具的更进一步的开发适应于IT基线保护指南的延续。在市场上,还有其他适应于IT基线保护指南的途径或者内容的IT安全工具。

B.6.9 密码过程

与其他建议类似,使用密码过程的建议也是适应于标准的安全要求。该指南包括了对密码术的基本概念的介绍、使用加密机制的一般建议以及具体产品的建议。

B.6.10 鉴定和认证

目前,正在制定一个鉴定机制,使得权力机构和企业有可能证明它们已经成功实施了 IT 基线保护的事实,这对于外部世界有益。设想有 3 个水平:自我声明的"准入水平(entry-level)"、自我声明的"更高水平"以及实际的 IT 基线保护认证。后者专门由独立的认证权力机构承认。

在 IT 基线保护指南的每一个章节里,清楚地说明了每一个鉴定水平要求何种措施。计划于 2001 年底之前完成鉴定机制。

B.6.11 声誉和认可

IT 基线保护指南是在德国和英国内部可用的国家标准。

B.7 COBIT

B.7.1 保障目标

IT 的密集使用于支持和处理商业相关的业务,使得建立对环境的适当控制变得紧迫。COBIT(信息及其相关技术的控制目标,Control Objectives for Information and Related Technology)由信息系统审计和控制协会(Information Systems Audit and Control Association,ISACA,http://www.isaca.org)制定,作为测试这种限制环境风险发生的控制的完整性有效性的方法。

B.7.2 目标受众

这个保障方法涵盖运行保障。

COBIT 区分下面的目标群体:

a) 管理——当权衡风险和控制措施带来的投资时,进行管理支持;

b) 用户——用于改进的评价的可靠性,以及监视由内部或者由第三方提供的 IT 服务;

c) 测试者——用于测试证据的目标辩护,或者用于建议公司和内部控制的操作;

d) 过程的所有者或哪些负责 IT 的人——支持他们的工作。

COBIT 能用作为独立于内部结构或者企业的法律形式的面向过程的方法。

B.7.3 特性

该保障方法使用环境保障途径。

当使用 COBIT 时,用户一开始就确定何种 IT 过程与具体的情形相关。对于所选取的 IT 过程的每一个控制目标,必须权衡现有的措施能满足要求的程度。

COBIT 区分了 7 个不同的商业要求,并把它们分成为质量、安全和规律性三组:

a) IT 的质量——由所执行的过程的效力和经济决定——在准则、效力和效率中再生;

b) 安全要求的机密性、完整性和可用性等反映在 COBIT 中;

c) COBIT 使用可靠性准则,确保财务报表的可靠性(财务报表要求)以及该准则遵守了内部和外部标准的法律要求。

根据 COBIT,IT 支持的商业过程基于下面的 IT 资源:

a) 数据:广义上的外部的和内部的数据要素;

b) 人工的和程序化的流程的整体称为应用程序;

c) 技术包括硬件、操作系统、数据库管理系统、网络、通信应用程序等;

d) 财产:所有用于容纳和支持信息系统的资源;

e) 职员:与规划、组织、需求、符合性、信息系统和服务的支持和监视相关的知识、意识和生产力。

IT 资源应当以一种受控的方式进行规划、开发、实施、运行和监视。在 COBIT 中,定义了 34 个关键过程,这些过程在决定 IT 管理的成功中扮演重要的角色。这些 IT 资源下的 IT 过程能分成为 4 组主要的领域,形成一个完整的生存周期:

a) 规划和组织;

b) 需求和实施;

c) 运行和支持;

d) 监视。

对于 34 个关键的 IT 过程,COBIT 列出了大致 200 个核心任务。每一个核心任务都指定了必需的 IT 资源;并且基于(质量、安全和规律性的分类)的要求,定义了控制目标。

B.7.4 多功能性

由于 COBIT 的矩阵结构,用户有可能只考虑单独的领域或过程和/或从 7 个商业要求中选择一个子集(比如只选择安全要求机密性、完整性和可用性)。

B.7.5 适时性

COBIT 由信息系统审计和控制基金会(Information Systems Audit and Control Foundation)制定于 1996。在 1998 年,它被扩充并全部重新制定。第 2 个版本为使用 COBIT 提供了材料和软件。第 3 个版本(2000 年发布)发布为"开放标准"。

B.7.6 完备性

COBIT 给出了记录面向 IT 的且附随的过程的方法。相关联的控制目标的定义独立于技术,并且能用于不同的系统环境。然而,为了创建安全概念,必需增加额外的具体系统的措施。

COBIT 针对典型企业的安全利益,考虑了公司基本利益(内部信息和过程的完整性和机密性)的维持以及法令法规(数据的隐私保护、财务报表)的遵守。

COBIT 没有固定的安全水平,面向的是企业目标。

B.7.7 实施的成本/工作量

在 COBIT 下一个中等规模的企业的所有控制目标的完整分析不应当超过一个工作月。

B.7.8 工具支持

COBIT 的使用得到下面工具的支持,其中:

——"COBIT 顾问",来自新西兰惠灵顿的 Methodware Limited;

——"COBIT 自我评价",来自于美国认证培训协会(Certification Training Institute,CTI,USA)。

COBIT 的第 2 个版本还包括了有用的背景信息,有助于进行材料的应用和陈述。

COBIT 本身为检查(具体的安全措施)的实施提出了例子。使用这些例子,可以评价单独的控制目标被满足的程度。然而,COBIT 的用户(比如,审计组织)通常使用他们自己的评估机制。

B.7.9 密码过程

COBIT 把密码过程引用为适合于信息的保护和真实性的检验的措施。关于这一点,COBIT 涵盖了对法律要求的遵守,而且,涵盖了加密数据的法律效力方面。

B.7.10 鉴定和认证

在实际意义上不存在 COBIT 认证。然而,该方法通常被许多审计组织使用在账目的年度审计,以测试 IT 控制环境。IT 测试的结果反馈在年度账的审计报告中。

B.7.11 声誉和认可

COBIT 是一个受国际上主要的会计公司支持的标准。

B.8 ISO 9000

B.8.1 保障目标

ISO 9000 系列的目标是定义一个测试方法,在其中可以规范质量管理系统的要求,且组织必须对该质量管理系统备有证明文件以证明它具有满足客户要求的能力,并使得该能力能被内部的和外部的视察者评价。还要检查组织中的 IT 环境是否满足客户的要求且适应商业目标。

该标准的目的不是暗示质量管理系统的一致性。组织里的质量管理系统的设计和实施受它的目标、客户要求、提供的产品或服务以及过程的影响。

B.8.2 目标受众

该保障方法在相对高层次上涵盖了任何组织内的环境保障。

ISO 9000 中包括的要求是高层次的,并且独立于具体的工业的或经济的部门。它们适用于任何类型和任何规模的组织。

这里,过程的文档有助于组织实现一致性,定义接口以及向每个雇员解释工作常规。

由于集成在管理过程中,该标准的结构 100%可直接适用于企业。该标准适合于 IT 结构用于支持内部过程和/或客户要求的所有领域。而且,由于它们是高于一切的,它们可以应用于所有产品或服务类别,以及每一个工业的或经济的部门。它们还独立于组织的类型和规模。

B.8.3 特性

该保障方法使用环境保障途径。

该标准中包含的要求不强迫企业改变他们的质量管理系统的结构或者强迫他们根据该标准的结构调整他们的文档。

组织的质量管理系统的过程的文档应当以一种适合于他们自己的活动的方式进行确立。

企业的 IT 支持文档集成在质量管理系统的过程环境中,因此,只能在其他管理过程的上下文中才可见。

这里,IT 用于支持内部过程和顾客要求,并且始终应当视作为一个接口。其功能性方面只作为组织其他的备有证明文件的管理过程的函数而存在。

B.8.4 多功能性

由于 ISO 9000 系列标准的 IT 独立于其他管理过程,因此测试所涉及的努力的量依赖于文档的一致和其他过程的功能性。如果生产过程或服务过程或根据客户的要求的 IT 部分非常复杂,那么测试方法将更为深入。不过,由于 IT 过程不可能从其他管理过程中隔离开来,测试的量仍旧是按比例的恒定的(proportionally constant)。

B.8.5 适时性

ISO 9000 中所包含的要求相对稳定并甚少修改。

然而,它们有规律地进行审查,以确保它们是最新的且是可用的。因此,比如,ISO 技术委员会(ISO Technical Committee)发布了一个名为 ISO 9000:2000 的新版本的标准。修订后的版本的标题中不再含有词语“质量保障”,标准适用的修订领域也是如此。这使得实现满足要求和连续改进的能力的关键之处变得更为清楚。而且,其结果更适合于ISO 14000系列标准和环境管理系统。

B.8.6 完备性

质量管理系统的要求主要用于通过满足客户的要求(作为最低要求,通过应用这些要求、连续改进这些要求并且防止错误)实现客户的满意度。因此,这里只有备有证明文件的过程内的IT环境的功能性能得到保障。所以,并不宣称对技术本身进行审查,但是宣称对组织内的功能性(比如,偶然性概念、数据隐私保护官员的约见)进行审查。

B.8.7 实施的成本/工作量

把IT环境集成在过程环境的相关联费用相对较低。如果所关注的是内部过程和客户要求,那么这里一般不会要求任何成本密集型的服务或安全构件。这里,成本的最大部分反映了劳动和组织把过程集成在过程环境和定义接口的努力。

由于该IT过程不能独立于ISO 9000文档的整体考虑,对这个子领域要求的努力进行估计是几乎不可能的。

B.8.8 工具支持

这里,何种工具应当集成以便进行支持,很大程度依赖于企业。

所有在市场上可用的工具都可以考虑。

B.8.9 密码过程

与所有其他IT环境的过程一样,ISO 9000适应于组织的商业活动,并适用于该组织的客户要求。因此可能会有较大的差别。

B.8.10 鉴定和认证

按照ISO 9000:2000的测试和认证由受鉴定的、独立的团体进行,测试的结果要通过认证的发布来文档化。在许多国家,多个组织可以进行这些认证的发布和发表。

B.8.11 声誉和认可

可能是得到最为广泛认可的国际标准。

附 录 C
（资料性附录）
保障方法的组合

本附录的内容是根据已公开可用的材料予以改编的。

硬件和软件的制造商必须提供具有适于预期目的和设想的运行环境的安全功能产品。按着系统化途径，所建立的保障方法（如 ISO/IEC 15408 和 ISO/IEC 19790）应为此而应用。

就用户而言，必须采取一些步骤，以确保实现了对整个方案的安全运行所必要的一些协调的措施，这包括有效的 IT 安全管理以及适合组织的、职员的和技术的 IT 安全措施。对于这些方面，可应用诸如 ISO/IEC 13335、ISO/IEC 27002 和 IT 基线保护指南等方法。

ISO/IEC 15408 中介绍的 PP 可以作为制造商和用户之间的桥梁。PP 可以能帮助用户准确表达有关安全特征和产品功能的需求。对于制造商而言，他们可以规约一个特定产品所涉及的 PP，并通过一个认证来支持这样的宣称。

经常使用如附录 C 中所给出的方法组合。

C.1 ISO/IEC 15408＋IT 基线保护手册

IT 基线保护手册以及 ISO/IEC 的一些部分可以用于组合。应用在 IT 基线保护手册中所列的标准的安全保证措施，将产生整个系统的基本保护，覆盖了 IT 安全管理以及构件层上的技术措施。但就一般而言，似乎在保护需求的评估期间或在可比的安全分析期间，特殊的安全要求或需求在已建立的一些部分中，单独使用 IT 基线保护手册不可能充分地予以保护。在这里，可以使用 PP 来表明安全需求，并用于选择适当的、尽可能通过合适认证的、并提供必要安全功能的产品。以这一方式，通过组合使用 IT 基线保护手册和 ISO/IEC 15408，就可达到一种合适的 IT 安全水平。

C.2 ISO/IEC 27002＋IT 基线保护

ISO/IEC 27002 关注信息安全的管理，并提供面向过程的途径。其主要的内容是一系列一般性的“最佳实践”措施。为了保护整个解决方案免遭相关的威胁，这些一般性的措施必须通过特定的、有关要采用的动作之上的技术指导以及有关安全措施的技术指导，置入到相关的实践中。在这里，IT 基线保护手册可以提供有用的帮助。IT 基线保护手册包括一系列源自组织、人员、基础设施和技术等领域的详细建议。因此，ISO/IEC 27002 和 IT 基线保护手册的组合可以产生一个严格分离 IT 安全控制和实际实现的途径。另外，在这一场景下，在具有特殊安全要求的子领域情况中，也从 ISO/IEC 15408 和（或）PP 那里得到帮助。

C.3 ISO/IEC 27001＋ISO/IEC 27002

ISO/IEC 27001 规约了信息安全管理体系的需求。基于 ISO 指导 62 和 ISO/IEC 17021，存在相应的认证标准。该途径可应用于完全不同的企业和组织。它允许信息安全管理活动集成为基于其他 ISO 标准化管理系统的管理体系。

针对安全管理的所有生存周期阶段，该标准规约了一些可访问的需求。在组织目的的语境下，可评估文档化的过程。可评估相关的记录，以确定是否遵循这些过程，是否达到期望的结果。管理体系需求包括当其没有达到所要求的结果时的纠正动作和预防动作。与 ISO/IEC 27001 的符合性需要予以管理,通过扮演一个主动领导角色,提供准确的资源,并确保人员予以很好的培训,以便证实对信息安全管理的承诺。

ISO/IEC 27001 需要使用 ISO/IEC 27002 中规约的一些控制,作为处置不可接受风险的基础。

C.4 ISO/IEC 27002+ISO 9000

ISO 9000 规约了质量管理体系的需求,并定义了相应的测试方法。该途径可应用于完全不同的企业和组织;但是,该途径没有考虑任何信息安全方面问题。其中所规约的所有内容是一个测试,看组织内的 IT 环境是否满足客户需求,是否适合业务目的。为了覆盖信息安全领域,可使用 ISO/IEC 27002,作为关注信息安全管理的补充。

特别地,ISO/IEC 27002 还包括涉及开发过程的措施,从而使这两个标准相互补充。但仍必要列举相关需求,并把这些需求置如实践中,使 ISO 9000 和 ISO/IEC 27002 像似针对管理层。

C.5 COBIT+IT 基线保护

IT 基线保护是针对技术系统的保护,而 COBIT 着眼于管理的基本目的。由于企业的内部组织结构往往是针对任务的而不是针对技术的,所以经常容易使用 COBIT 向单个组织部门指派任务。另一方面,COBIT 只产生必要的 IT 安全管理机制的需求,却没有规约任何特定的技术措施。两种途径的组合可以为特定企业 IT 安全概念的创建产生一种有效率的途径。为此,根据 COBIT 可挑选一些基本的业务过程,并确定它们的安全需求。创建一个技术轮廓(把 IT 系统指派给业务过程),接着,IT 基线保护途径就是一种为实现相关安全需求来拟定特定措施的有用方式。

所描述的场景应当简单地把它看作为是一些有效组合安全准则集合的方式的例子。在一个特定应用情况中,其他途径可能是更合适的。例如,如果主要考虑审计问题,那么就可使用 COBIT 途径;如果关注点主要是加密规程,那么 ISO/IEC 19790 就是一种合适的途径。

参 考 文 献

[1] ISO/IEC 17025:1999 General requirements for the competence of calibration and testing laboratories(ISO/IEC 17025 replaces guide 25 and is identical to ISO/IEC EN 45001)

[2] ISO/IEC 17024 Personnel assessment (the document refers to assuring personnel)

[3] ISO/IEC Guide 61 General requirements for assessment and accreditation of certification/registration bodies

[4] ISO/IEC Guide 65 General requirements for bodies operating product certification systems

[5] ISO/IEC Guide 67 On the fundamentals of product certification

[6] ISO/IEC Guide 70 First, second and third party certification

[7] Cohen, Aaron. Review of ISO assurance approaches. The First Annual International Systems Security Engineering Conference. San Antonio, Texas, February 3-4, 2000

[8] AAWG, Task 1 Report, Draft Version 0.9. ISO/IEC 15408 Project: Assurance approaches working group(report: AAWG-97/037, annex A: AAWG-97/038). August 1997

[9] EN 45001 General criteria for the operation of testing laboratories(CEN/CENELEC)

[10] EN 45013 General criteria for certification bodies operating certification of personnel (CEN/CENELEC)

[11] FIPS 140-1 Security requirements for cryptographic modules

[12] U.S. Department of Commerce. National Institute of Standards and Technology, January 11, 1994

[13] FIPS PUB 31: Guidelines For Automatic Data Processing Physical Security And Risk Management

[14] IT Baseline Protection Manual Standard. Security Safeguards Standards, BSI/GISA, October 2000

[15] Example: Philippe Kruchten. The Rational Unified Process—An Introduction, Addison—Wesley—Longman, Reading, MA, USA

[16] Susanne Röhrig. Using process models to analyse IT security requirements, thesis, faculty of economics. university of Zurich, Switzerland, March 2003

[17] A Guide To Risk Assessment And Safeguard Selection For Information Technology Systems, January 1996, CSE, The ITS Publications Section, (613) 991-7514/7468 or http://www.cse.dnd.ca

[18] A Guide to Certification and Accreditation for Information Technology Systems (MG-4), January 1996, CSE, The ITS Publications Section, (613) 991-7514/7468 or http://www.cse.dnd.ca

[19] COBIT® MAPPING-Overview of International IT Guidance, IT Governance Institute, January 2004, IT Governance Institue, 3701 Algonquin Road, Suite 1010, Rolling Meadows, IL 60008 USA, (847) 590 7491 or http://www.itgi.org

[20] A Comparative Study of IT Security Criteria. Initiative D21

[21] Fiona Pattinson. Comparing ISO 17799:2000 with SSE CMM V2, 2002

ICS 35.080
L 77

中华人民共和国国家标准

GB/T 29831.1—2013

系统与软件功能性
第1部分:指标体系

Functionality of system and software—
Part 1:Indicator system

2013-11-12 发布　　2014-02-01 实施

中华人民共和国国家质量监督检验检疫总局
中国国家标准化管理委员会　发布

前　言

GB/T 29831《系统与软件功能性》分为如下三部分：

——第1部分：指标体系；

——第2部分：度量方法；

——第3部分：测试方法。

本部分为GB/T 29831的第1部分。

本部分按照GB/T 1.1—2009给出的规则起草。

本部分由全国信息技术标准化技术委员会(SAC/TC 28)提出并归口。

本部分起草单位：上海计算机软件技术开发中心、中国电子技术标准化研究院、上海市软件评测中心有限公司、深圳市中安测标准技术有限公司、珠海力准电子科技有限公司、北京邮电大学、上海浦东软件平台有限公司、上海宝信软件股份有限公司、广东软件评测中心、上海鲁齐信息科技有限公司、广州广软信息系统管理咨询有限公司。

本部分主要起草人：丁志刚、黄毅、蔡立志、张毅、周清云、黄慧颖、黄万民、孟艳、刘新、袁肃荣、蔡伟杰、牛树国、王蕾、张旸旸、袁玉宇、李家宏、张露莹、祁春鹏、胡兵、胡劲华、叶雪梅、郭庆、许彦淳、郭龙祥。

引　言

GB/T 29831 的本部分参照 GB/T 16260.1—2006《软件工程　产品质量　第 1 部分：质量模型》提出了系统与软件的功能性指标体系。

本部分所列的指标并非一个完备集。需方、评价者、供方可以从本部分中选择合适的指标，用来定义功能性质量需求、评价软件产品功能性、测量功能性质量情况或作其他用途；也可以修改指标或使用本部分未包括的其他指标。

本部分适用于各种具有功能性需求的计算机软件产品及相关系统，但并非每种指标适用于各种计算机软件产品及相关系统。

本标准预期的主要使用者包括：

a） 需方（从供方获得或采购系统、软件产品或软件服务的个体或组织）；

b） 评价者（实施评价的个体或组织）；

c） 供方（按所签合同向需方提供系统、软件产品或软件服务的个体或组织），其在合格性测试中确认软件质量时使用。

GB/T 29831.2《系统与软件功能性　第 2 部分：度量方法》给出了如何获得功能性指标测量值的度量方法，GB/T 29831.3《系统与软件功能性　第 3 部分：测试方法》描述了功能性指标的测试方法。本部分旨在与 GB/T 29831.2 和 GB/T 29831.3 联合使用。

系统与软件功能性
第1部分:指标体系

1 范围

GB/T 29831的本部分给出了系统与软件功能性的指标体系及其相关指标定义,规定了系统与软件功能性质量特性,为系统与软件的需方、评价者、供方提供统一的功能性指标体系。

本部分适用于系统与软件的功能性评价和测试,用户可以根据具体的产品选择合适的功能性指标。

注:本部分中所指的系统主要是软件系统。

2 规范性引用文件

下列文件对于本文件的应用是必不可少的。凡是注日期的引用文件,仅注日期的版本适用于本文件。凡是不注日期的引用文件,其最新版本(包括所有的修改单)适用于本文件。

GB/T 11457 软件工程术语

GB/T 16260.1—2006 软件工程 产品质量 第1部分:质量模型(ISO/IEC 9126-1:2001,IDT)

3 术语和定义

GB/T 11457和GB/T 16260.1—2006中界定的术语和定义适用于本文件。

4 指标体系

系统与软件功能性指标体系如图1所示。其划分为完备性、正确性、恰当性、互操作性、安全保密性和依从性等若干子特性。

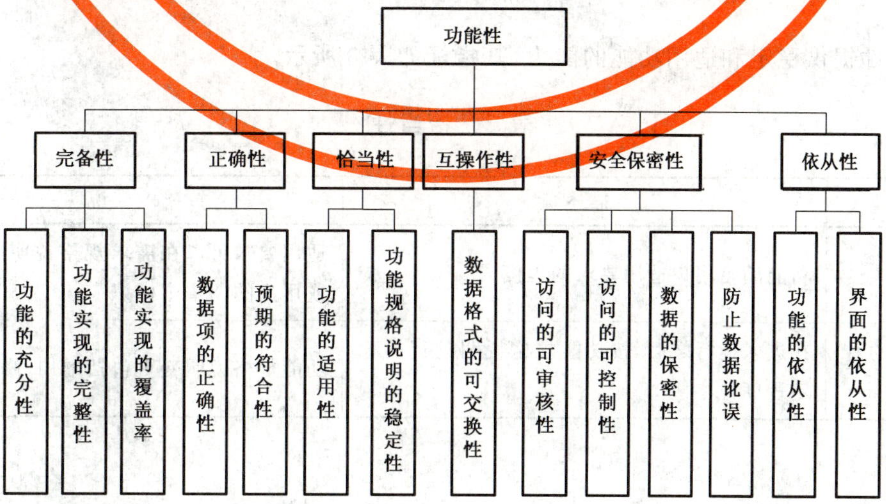

图1 功能性指标体系

5 完备性

完备性，软件实现规格说明书要求功能的完备能力，其指标如表1所示。

表1 完备性

名称	描述	说明
功能的充分性	被评价的功能的充分程度	只要实现的功能已适合于执行特定的任务就可以进行本指标的度量
功能实现的完整性	按照需求规格说明，功能实现的完整程度	度量本指标的输入是更新的需求规格说明
功能实现的覆盖率	功能实现的正确程度	度量本指标的输入是更新的需求规格说明

6 正确性

正确性，软件提供准确数据或相符结果的能力，其指标如表2所示。

表2 正确性

名称	描述	说明
数据项的正确性	数据项遵从规定准确度的程度	数据项的准确度可以在需求规格说明、用户操作手册或用户的期望中标识
预期的符合性	预期结果与实际结果相符的程度	预期合理的结果可以在需求规格说明、用户操作手册或用户的期望中标识

7 恰当性

恰当性，软件提供稳定和适用功能的能力，其指标如表3所示。

表3 恰当性

名称	描述	说明
功能的适用性	功能满足用户适用要求的程度	适用要求可以在需求规格说明、用户操作手册或用户的期望中标识
功能规格说明的稳定性	在进入运行之后，按功能规格说明运行的稳定程度	功能规格说明变更包括增加、修改、删除

8 互操作性

互操作性，软件与一个或多个的规定系统进行交互的能力，其指标如表4所示。

表 4　互操作性

名称	描述	说明
数据格式的可交换性	规定的数据交换接口的功能被正确实现的程度	本指标是基于数据格式的

9　安全保密性

安全保密性，软件保护信息和数据以使未授权的人员或系统不能阅读或修改这些信息的能力，其指标如表 5 所示。

表 5　安全保密性

名称	描述	说明
访问的可审核性	对系统和数据访问的可审核追踪程度	访问要有记录
访问的可控制性	对系统访问的控制程度	访问要有限制
数据的保密性	信息和数据的保密程度	应对要保密的数据作出明确的限定
防止数据讹误	数据讹误事件发生的比率	宜进行强化的异常操作测试

10　依从性

依从性，软件遵循与功能性相关的标准、约定或法规以及类似规定的能力，其指标如表 6 所示。

表 6　依从性

名称	描述	说明
功能的依从性	产品的功能遵循所实施法规、标准和约定的程度	所有规定的属性都应测试
界面的依从性	界面遵循应用的法规、标准和约定的程度	所有规定的属性都应测试

附　录　A
（资料性附录）
本部分与 GB/T 16260.2—2006 的对照关系

本部分定义的功能性指标体系与 GB/T 16260.2—2006 中定义的功能性度量元的对照关系见表 A.1。

表 A.1　对照关系表

本部分		GB/T 16260.2—2006
完备性	功能的充分性	适合性——功能的充分性
	功能实现的完整性	适合性——功能实现的完整性
	功能实现的覆盖率	适合性——功能实现的覆盖率
正确性	数据项的正确性	—
	预期的符合性	—
恰当性	功能的适用性	—
	功能规格说明的稳定性	适合性——功能规格说明的稳定性
互操作性	数据格式的可交换性	互操作性——数据的可交换性
安全保密性	访问的可审核性	安全保密性——访问的可审核性
	访问的可控制性	安全保密性——访问的可控制性
	数据的保密性	—
	防止数据讹误	安全保密性——防止数据讹误
依从性	功能的依从性	功能性的依从性——功能性的依从性
	界面的依从性	功能性的依从性——界面标准的依从性

参 考 文 献

[1] GB/T 5271.1—2000 信息技术 词汇 第1部分:基本术语(eqv ISO/IEC 2382-1:1993)

[2] GB/T 5271.20—1994 数据处理词汇 20部分:系统开发(eqv ISO/IEC 2382-20:1990)

[3] GB/T 16260.2—2006 软件工程 产品质量 第2部分:外部度量(ISO/IEC TR 9126-2:2003,IDT)

ICS 35.080
L 77

中华人民共和国国家标准

GB/T 29831.2—2013

系统与软件功能性 第2部分:度量方法

Functionality of system and software—Part 2: Metric method

2013-11-12 发布　　　　2014-02-01 实施

中华人民共和国国家质量监督检验检疫总局
中国国家标准化管理委员会　发布

前　言

GB/T 29831《系统与软件功能性》分为如下三部分：

——第1部分：指标体系；

——第2部分：度量方法；

——第3部分：测试方法。

本部分为GB/T 29831的第2部分。

本部分按照GB/T 1.1—2009给出的规则起草。

本部分由全国信息技术标准化技术委员会(SAC/TC 28)提出并归口。

本部分起草单位：上海计算机软件技术开发中心、中国电子技术标准化研究院、上海市软件评测中心有限公司、深圳市中安测标准技术有限公司、珠海力准电子科技有限公司、北京邮电大学、上海浦东软件平台有限公司、上海宝信软件股份有限公司、广东软件评测中心、上海鲁齐信息科技有限公司、广州广软信息系统管理咨询有限公司。

本部分主要起草人：丁志刚、孔繁荣、黄毅、蔡立志、张毅、周清云、黄万民、孟艳、刘新、袁肃荣、蔡伟杰、牛树国、王蕾、张旸旸、袁玉宇、李家宏、张露莹、朱燕燕、戴骏炜、韩晓晓、叶雪梅、郭庆、许彦淳、郭龙祥。

引　　言

GB/T 29831 的本部分参照 GB/T 16260.2—2006《软件工程 产品质量 第 2 部分:外部度量》具体给出了系统与软件功能性质量的度量方法和度量公式。

本部分所列的方法并非一个完备集,不包括尚在探索中的新方法。进行功能性测试的人员可以从本部分中选择合适的单一方法或者将多个方法进行组合,用来测量被测系统的功能性质量情况;也以修改或使用本部分未包括的其他方法。

本部分适用于各种具有功能性需求的计算机软件产品及相关系统,但并非每种指标适用于各种计算机软件产品及相关系统。

本标准预期的主要使用者包括:

a) 需方(从供方获得或采购系统、软件产品或软件服务的个体或组织);

b) 评价者(实施评价的个体或组织);

c) 供方(按所签合同向需方提供系统、软件产品或软件服务的个体或组织),其在合格性测试中确认软件质量时使用。

GB/T 29831.1《系统与软件功能性　第 1 部分:指标体系》给出了功能性指标体系,GB/T 29831.3《系统与软件功能性　第 3 部分:测试方法》描述了功能性指标的测试方法。本部分旨在与GB/T 29831.1和GB/T 29831.3 联合使用。

系统与软件功能性
第2部分:度量方法

1 范围

GB/T 29831 的本部分在 GB/T 29831.1 提出的指标体系的基础上,规定了系统与软件的功能性度量公式,为系统与软件的需方、评价者、供方提供统一的功能性度量方法。

本部分适用于计算机软件产品及相关系统的功能性测试与度量。

注:本部分中所指的系统主要是软件系统。

2 规范性引用文件

下列文件对于本文件的应用是必不可少的。凡是注日期的引用文件,仅注日期的版本适用于本文件。凡是不注日期的引用文件,其最新版本(包括所有的修改单)适用于本文件。

GB/T 11457 软件工程术语

GB/T 29831.1 系统与软件功能性 第1部分:指标体系

3 术语和定义

GB/T 11457 和 GB/T 29831.1 中界定的术语和定义适用于本文件。

4 功能分解的说明

针对软件功能性的测试要求,最重要的是软件功能的确定。从不同的侧面可以有区分软件功能的不同方式,本部分未作规定,但在附录 A 中给出了软件功能一般设定方法。功能分解可参见附录 A 的方法或选择其他合适的方法。

5 完备性

完备性用于度量软件实现规格说明书要求功能的完备能力,主要包括功能的充分性、功能实现的完整性、功能实现的覆盖率等指标,如表1所示。

表1 完备性

指标名称	指标描述	测量、公式及数据元素计算	测量值说明
功能的充分性	被评价的功能的充分程度	$X=1-A/B$ 式中: A——检测出不符合需求的功能数; B——需求规格说明中描述的功能总数 注:推荐使用功能分解的一般方法,详见附录A。	$0.0 \leqslant X \leqslant 1.0$,越接近1.0越充分

表 1（续）

指标名称	指标描述	测量、公式及数据元素计算	测量值说明
功能实现的完整性	按照需求规格说明，功能实现的完整程度	$X=1-A/B$ 式中： A——检测出缺少的功能数； B——需求规格说明中描述的功能总数	$0.0 \leqslant X \leqslant 1.0$，越接近 1.0 越完整
功能实现的覆盖率	功能实现的正确程度	$X=1-A/B$ 式中： A——检测出不符合需求或缺少的功能数； B——需求规格说明中描述的功能总数	$0.0 \leqslant X \leqslant 1.0$，越接近 1.0 越好

6 正确性

正确性用于度量软件提供准确数据或相符结果的能力，主要包括数据项的正确性、预期的符合性等指标，如表 2 所示。

表 2 正确性

指标名称	指标描述	测量、公式及数据元素计算	测量值说明
数据项的正确性	数据项遵从规定准确度的程度	$X=1-A/B$ 式中： A——导致数据项不符合规定准确度的测试用例数； B——用于确认数据项满足规定准确度的测试用例总数	$0 \leqslant X$，越接近 1.0 越好
预期的符合性	预期结果与实际结果相符的程度	$X=1-A/B$ 式中： A——导致实际结果与预期结果不相符的测试用例数； B——用于确认实际结果符合性的测试用例总数	$0 \leqslant X$，越接近 1.0 越好

7 恰当性

恰当性用于度量软件提供稳定和适用功能的能力，主要包括功能的适用性、功能规格说明的稳定性等指标，如表 3 所示。

表 3 恰当性

指标名称	指标描述	测量、公式及数据元素计算	测量值说明
功能的适用性	功能满足用户适用要求的程度	$X=1-A/B$ 式中: A——不能满足用户适用要求的功能数; B——需要满足用户适用要求的功能总数	0.0≤X≤1.0,越接近1.0越好
功能规格说明的稳定性	在进入运行之后,按功能规格说明运行的稳定程度	$X=1-A/B$ 式中: A——系统投入运行后变更的功能数; B——需求规格说明中描述的功能总数	0.0≤X≤1.0,越接近1.0越好

8 互操作性

互操作性用于度量软件与一个或多个的规定系统进行交互的能力,主要包括数据格式的可交换性等指标,如表 4 所示。

表 4 互操作性

指标名称	指标描述	测量、公式及数据元素计算	测量值说明
数据格式的可交换性	规定的数据交换接口的功能被正确实现的程度	$X=A/B$ 式中: A——能成功与其他软件或系统进行交换的数据格式的个数; B——需要交换的数据格式的总数	0.0≤X≤1.0,越接近1.0越好

9 安全保密性

安全保密性用于度量软件保护信息和数据以使未授权的人员或系统不能阅读或修改这些信息的能力,主要包括访问的可审核性、访问的可控制性、数据的保密性、防止数据讹误等指标,如表 5 所示。

表 5 安全保密性

指标名称	指标描述	测量、公式及数据元素计算	测量值说明
访问的可审核性	对系统和数据访问的可审核追踪程度	$X=A/B$ 式中: A——系统中已记录的用户访问系统和数据的次数; B——用户实际访问系统和数据的总数	0.0≤X≤1.0,越接近1.0越好
访问的可控制性	对系统访问的控制程度	$X=A/B$ 式中: A——检测出的已能正确实现控制非法操作的不同类型数; B——需求规格说明中要求控制的非法操作的类型数	0.0≤X≤1.0,越接近1.0越好

表 5（续）

指标名称	指标描述	测量、公式及数据元素计算	测量值说明
数据的保密性	信息和数据的保密程度	$X=A/B$ 式中： A——已实现数据保密的个数； B——需要保密数据的总数	$0.0 \leqslant X \leqslant 1.0$，越接近 1.0 越好
防止数据讹误	数据讹误事件发生的比率	a) $X=1-A/N$ b) $Y=1-B/N$ 式中： A——导致重大数据讹误事件发生的测试用例数； B——导致次要数据讹误事件发生的测试用例数； N——试图造成数据讹误事件的测试用例总数	$0.0 \leqslant X, Y \leqslant 1.0$，越接近 1.0 越好

10 依从性

依从性用于度量软件遵循与功能性相关的标准、约定或法规以及类似规定的能力，主要包括功能的依从性、界面的依从性等指标，如表 6 所示。

表 6 依从性

指标名称	指标描述	测量、公式及数据元素计算	测量值说明
功能的依从性	产品的功能遵循所实施法规、标准和约定的程度	$X=1-A/B$ 式中： A——测试时发现还未实现规定的功能的依从性的项数； B——规定的功能的依从性项的总数	$0.0 \leqslant X \leqslant 1.0$，越接近 1.0 越好
界面的依从性	界面遵循应用的法规、标准和约定的程度	$X=A/B$ 式中： A——按规定正确实现的界面数目； B——要求依从性的界面总数	$0.0 \leqslant X \leqslant 1.0$，越接近 1.0 越好

附 录 A
（资料性附录）
软件功能一般设定

A.1 概述

可根据软件需求规格说明书提取被测试软件的功能。这些功能即为各指标的测试对象。度量的结果，均可酌情采用平均值或加权平均的方法进行计算。也可根据计算机软件的一般处理过程对软件功能进行分解。主要分为人机接口功能、系统接口功能、功能逻辑、数据处理功能以及安装/配置功能等五大部分，系统接口功能属于兼容性，故此处不赘述，如图A.1。

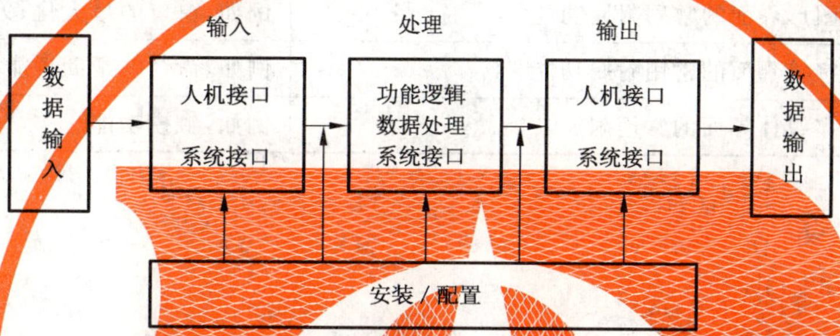

图 A.1 软件功能模型

人机接口功能：主要描述人机交互的界面功能。

功能逻辑：主要描述软件的业务功能，其中包括控制流程功能逻辑和数据流程功能逻辑。

数据处理功能：主要描述软件的数据处理功能。如数据保存、数据恢复等功能。

安装/配置功能：主要描述软件的辅助功能。如软件安装、卸载等功能。

A.2 人机接口功能

人机接口功能可分为三部分，分别为信息输入功能、信息反馈功能和人机接口附属功能，如表A.1、表A.2、表A.3所示。

表 A.1 信息输入功能表

功能名称	描述	说明
一元输入功能	在人机接口中，仅可输入一个数据的功能	例如，一个输入框、一个选择项等
多元输入功能	在人机接口中，多个一元输入功能的组合	例如，一个完整的实体数据的输入

表 A.2 信息反馈功能表

功能名称	描述	说明
提示信息功能	在人机接口中，信息提示功能	例如，命令提示符、功能提示信息、处理过程中的等待信息等
中间结果反馈功能	在人机接口中，功能规格说明中所要求的中间结果的呈现功能	例如，病毒查找过程中表明正在进行扫描的文件及结果等
最终结果反馈功能	在人机接口中，业务逻辑最终的计算结果	例如，一次数据运算、一次查询结果等

表 A.3 人机接口附属功能表

功能名称	描述	说明
GUI 的附属功能	图形界面的常用附属功能	例如，窗口的最大化、关闭等
CUI 的附属功能	字符界面的常用附属功能	例如，命令的帮助功能：'?'，'-?'等
MUI 的附属功能	多媒体界面的常用附属功能	例如，触摸功能

A.3 功能逻辑

功能逻辑可分为两部分，分别为控制流程功能逻辑和数据流程功能逻辑，如表 A.4、表 A.5 所示。

表 A.4 控制流程功能逻辑表

功能名称	描述	说明
控制流程功能逻辑	侧重于软件系统的业务逻辑功能中业务流程控制	例如，一组操作

表 A.5 数据流程功能逻辑表

功能名称	描述	说明
数据流程功能逻辑	侧重于软件系统的业务逻辑功能中数据流向	例如，信息管理系统

A.4 数据处理功能

数据处理功能可分为四个部分，分别为数据保存功能、数据恢复功能、数据处理功能和系统内数据接收功能，如表 A.6、表 A.7、表 A.8、表 A.9 所示。

表 A.6 数据保存功能表

功能名称	描述	说明
数据保存功能	将系统数据保存到存储介质	例如，文件保存、数据库数据保存

表 A.7 数据恢复功能表

功能名称	描述	说明
数据恢复功能	从存储介质将数据提取到当前系统中	例如,文件打开,历史数据恢复

表 A.8 数据处理功能表

功能名称	描述	说明
数据添加功能	向软件系统中添加数据	例如,添加记录、数据文件
数据删除功能	从软件系统中删除数据	例如,删除记录、数据文件
数据更新功能	对软件系统中的数据进行更新	例如,更新记录、数据文件
数据检索功能	在软件系统中进行数据检索	例如,信息查询

表 A.9 系统内数据接收功能表

功能名称	描述	说明
系统内数据接收功能	从系统的人机接口获取数据	例如,表单数据获取形成记录

A.5 配置/安装功能

配置/安装功能可分为六个部分,分别为系统安装功能、系统卸载功能、系统升级与维护功能、系统启动功能、系统初始化功能和系统驱动功能,如表 A.10、表 A.11、表 A.12、表 A.13、表 A.14、表 A.15 所示。

表 A.10 系统安装功能表

功能名称	描述	说明
系统安装功能	将软件安装到目标系统的能力	例如,在 OS 上安装软件,或 OS 的安装

表 A.11 系统卸载功能表

功能名称	描述	说明
系统卸载功能	将软件从目标系统中去除	例如,在目标系统上卸载某个软件

表 A.12 系统升级与维护功能表

功能名称	描述	说明
系统升级与维护功能	对软件的系统或数据进行更新,使其具有功能进一步完善	例如,OS 升级、杀毒软件升级

表 A.13 系统启动功能表

功能名称	描述	说明
系统启动功能	软件是否可正确启动	例如，初始启动软件或重新启动软件

表 A.14 系统初始化功能表

功能名称	描述	说明
系统初始化功能	软件是否可正确初始化	例如，USB 初始化

表 A.15 系统驱动功能表

功能名称	描述	说明
系统驱动功能	软件是否具有所需的驱动程序	例如，USB 驱动程序

A.6 软件功能分解图

软件功能分解示意参见图 A.2

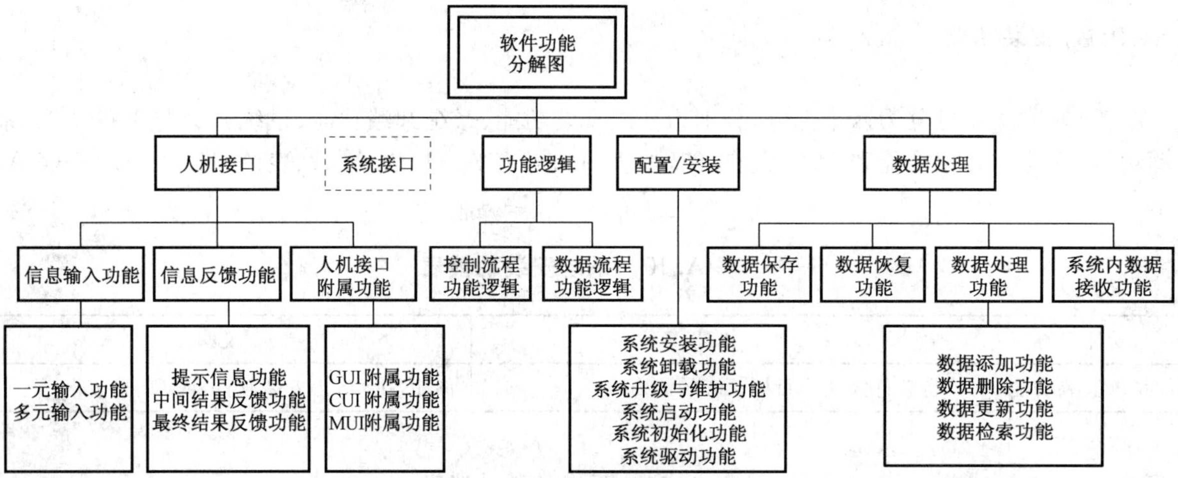

图 A.2 软件功能分解示意图

参 考 文 献

[1] GB/T 5271.1—2000 信息技术 词汇 第1部分:基本术语(eqv ISO/IEC 2382-1:1993)
[2] GB/T 5271.20—1994 数据处理词汇 第20部分:系统开发(eqv ISO/IEC 2382-20:1990)
[3] GB/T 16260.2—2006 软件工程 产品质量 第2部分:外部度量(ISO/IEC TR 9126-2:2003,IDT)

ICS 35.080
L 77

中华人民共和国国家标准

GB/T 29831.3—2013

系统与软件功能性 第3部分:测试方法

Functionality of system and software—Part 3:Testing method

2013-11-12 发布 2014-02-01 实施

中华人民共和国国家质量监督检验检疫总局
中国国家标准化管理委员会 发布

前　言

GB/T 29831《系统与软件功能性》分为如下三部分：

——第1部分：指标体系；

——第2部分：度量方法；

——第3部分：测试方法。

本部分为GB/T 29831的第3部分。

本部分按照GB/T 1.1—2009给出的规则起草。

本部分由全国信息技术标准化技术委员会(SAC/TC 28)提出并归口。

本部分起草单位：上海计算机软件技术开发中心、中国电子技术标准化研究院、上海市软件评测中心有限公司、深圳市中安测标准技术有限公司、珠海力准电子科技有限公司、北京邮电大学、上海浦东软件平台有限公司、上海宝信软件股份有限公司、广东软件评测中心、上海鲁齐信息科技有限公司、广州广软信息系统管理咨询有限公司。

本部分主要起草人：丁志刚、阎梦天、黄毅、蔡立志、张毅、周清云、黄万民、孟艳、刘新、袁肃荣、蔡伟杰、牛树国、王蕾、张旸旸、袁玉宇、李家宏、张露莹、董文生、毛瑞、丁嘉逸、王建根、郭庆、许彦淳。

引　言

GB/T 29831 的本部分对功能性度量的测试过程进行了描述，给出了具体执行步骤或相应的方法，便于用户或者评测人员进行操作。

本部分所列的方法并非一个完备集，不包括尚在探索中的新方法。进行功能性测试的人员可以从本部分中选择合适的单一方法或者将多个方法进行组合，用来测量被测系统的功能性质量情况；也可以修改或使用本部分未包括的其他方法。

本部分适用于各种具有功能性需求的计算机软件产品及相关系统，但并非每种方法适用于各种计算机软件产品及相关系统。

本标准预期的主要使用者包括：

a) 需方（从供方获得或采购系统、软件产品或软件服务的个体或组织）；

b) 评价者（实施评价的个体或组织）；

c) 供方（按所签合同向需方提供系统、软件产品或软件服务的个体或组织），其在合格性测试中确认软件质量时使用。

GB/T 29831.1《系统与软件功能性　第1部分：指标体系》给出了功能性指标体系，GB/T 29831.2《系统与软件功能性　第2部分：度量方法》给出了如何获得功能性指标测量值的度量方法。本部分旨在与 GB/T 29831.1 和 GB/T 29831.2 联合使用。

系统与软件功能性
第3部分：测试方法

1 范围

GB/T 29831的本部分规定了如何获得功能性指标测量值的测试方法。

本部分适用于计算机软件产品及相关系统的功能性测试和评价。

注：本部分中所指的系统主要是软件系统。

2 规范性引用文件

下列文件对于本文件的应用是必不可少的。凡是注日期的引用文件，仅注日期的版本适用于本文件。凡是不注日期的引用文件，其最新版本(包括所有的修改单)适用于本文件。

GB/T 11457 软件工程术语

GB/T 29831.1 系统与软件功能性 第1部分：指标体系

GB/T 29831.2 系统与软件功能性 第2部分：度量方法

3 术语和定义

GB/T 11457和GB/T 29831.1中界定的术语和定义适用于本文件。

4 一般测试方法与过程

4.1 测试方法

测试方法包括如下：

专家评审法——一种主观的测评方法。评审时，应根据被评审对象和评审目的设计评审项目表，列出打分栏目、分值、权重和打分规则。可由N个专家组成一个评审组，专家根据自身的经验与认知进行判断打分。然后，依据专家的权重和统计规则进行分值汇总计算，其计算得出的值作为评审的结果。打分规则可以是分等级的，也可以是一个取值区间，或选择一个其他的合适规则；

技术测试法——一种客观的测评方法。技术测试时，可依据被测对象和测试目的选择适用的自动化测试工具进行测试，也可由人工进行手工测试。技术测试获得的结果通常是一种量化的测量结果；

数学计算法——一种利用数学模型进行计算的测评方式。测评时，应根据被测对象和测试目的选择适用的数学模型，然后进行计算，最终得出作为测评结果的数值；

用户调查法——一种面向特定用户群的问卷征询方法。用户调查时，应根据调查的目的和特定的用户群设计调查表，让被调查对象填写并反馈。调查表的回收数应达到一定的数量，并不低于发出数的适当比例。然后，对回收的调查表进行汇总计算，其计算得出的值作为用户调查的结果。

4.2 测试过程

软件测试通常要经历测试需求分析、测试计划制定、测试用例设计、测试数据准备、测试环境搭建、测试用例执行、测试缺陷跟踪、测试结果分析、测试报告编写等环节。

5 完备性

5.1 功能的充分性

功能的充分性的测试要求如下：

——前置条件

被测软件已具备测试条件；

——测试输入

被测软件的需求文档、设计文档、操作手册等；

——测量类型

计数/计数；

——测试方法

技术测试法；

——实施要点：

1） 依据需求文档、设计文档、操作手册等，针对每个功能编制对应的测试用例，执行所有测试用例，收集和分析测试结果；

2） 依据测试结果，确定检测出不符合需求的功能数，并记为 A；

3） 统计需求规格说明中描述的功能总数，并记为 B；

4） 根据 GB/T 29831.2 中的对应公式 $X=1-A/B$，计算出度量结果 X。

注 1：测试前需进行功能分解，得出对应测试的功能数。功能分解可参见 GB/T 29831.2 提供的方法或选择其他合适的方法。

注 2：本度量取决于测试用例是否充分。

注 3：为了检测出已实现、但却不够充分的功能，建议对每个功能都用多个规定的任务进行测试。

注 4：根据软件的业务功能或逻辑，选用合适的技术（如等价类划分、边界值分析、决策表、因果图、控制流、数据流等）来设计测试用例。

示例 1：密码输入的测试，宜选用等价类划分、边界值分析等技术来设计测试用例。

示例 2：涉及软件状态转换的测试，宜选用决策表、因果图等技术来设计测试用例。

5.2 功能实现的完整性

功能实现的完整性的测试要求如下：

——前置条件

被测软件已具备测试条件；

——测试输入

被测软件的需求文档、设计文档、操作手册等；

——测量类型

计数/计数；

——测试方法

技术测试法；

——实施要点：

1） 依据需求文档、设计文档、操作手册等，针对每个功能编制对应的测试用例，执行所有测试用例，收集和分析测试结果；

2） 依据测试结果，确定缺少的功能数，并记为 A；

3） 统计需求规格说明中描述的功能总数，并记为 B；

4） 根据 GB/T 29831.2 中的对应公式 $X=1-A/B$，计算出度量结果 X。

5.3 功能实现的覆盖率

功能实现的覆盖率的测试要求如下：

——前置条件

被测软件已进行了功能的充分性、功能实现的完整性测试；

——测试输入

被测软件的测试报告等；

——测量类型

计数/计数；

——测试方法

数学计算法；

——实施要点：

1） 收集和分析功能的充分性、功能实现的完整性的测试结果；

2） 依据功能的充分性的测试结果，确定不符合需求的功能数，并记为 A_1；

3） 依据功能实现的完整性的测试结果，确定缺少的功能数，并记为 A_2；

4） 计算 $A=A_1+A_2$；

5） 统计需求规格说明中描述的功能总数，并记为 B；

6） 根据 GB/T 29831.2 中的对应公式 $X=1-A/B$，计算出度量结果 X。

注：本度量的输入是变更过的需求文档。在生存周期中对需求文档的任何修改需在测试开始前完成。

6 正确性

6.1 数据项的正确性

数据项的正确性的测试要求如下：

——前置条件

被测软件已具备测试条件；

——测试输入

被测软件的需求文档、设计文档、操作手册等；

——测量类型

计数/时间；

——测试方法

技术测试法；

——实施要点：

1） 依据需求文档、设计文档、操作手册等，针对每个需要满足规定准确度的数据项编制对应的测试用例，执行所有测试用例，收集和分析测试结果；

2） 依据测试结果，确定导致数据项不符合规定准确度的测试用例数，并记为 A；

3） 统计用于确认数据项满足规定准确度的测试用例总数，并记为 B；

4） 根据 GB/T 29831.2 中的对应公式 $X=1-A/B$，计算出度量结果 X。

注 1：需事先规定每个数据项需要满足规定准确度的具体含义。

注 2：数据项的准确度可以在需求规格说明、用户操作手册或用户的期望中标识。

6.2 预期的符合性

预期的符合性的测试要求如下：

——前置条件

被测软件已具备测试条件；

——测试输入

被测软件的需求文档、设计文档、操作手册等；

——测量类型

计数/时间；

——测试方法

技术测试法；

——实施要点：

1）依据需求文档、设计文档、操作手册等，针对每个需要确认实际结果符合性的功能编制对应的测试用例，执行所有测试用例，收集和分析测试结果；

2）按照预期的结果，确定导致实际结果与预期结果不相符的测试用例数，并记为 A；

3）统计用于确认实际结果符合性的测试用例总数，并记为 B；

4）根据 GB/T 29831.2 中的对应公式 $X=1-A/B$，计算出度量结果 X。

注 1：在本度量中需仔细确定预期结果自身的正确性。

注 2：预期的结果可以在需求文档、操作手册或用户的期望中标识。

7 恰当性

7.1 功能的适用性

功能的适用性的测试要求如下：

——前置条件

被测软件已具备测试条件；

——测试输入

被测软件的需求文档、设计文档、操作手册等；

——测量类型

计数/计数；

——测试方法

技术测试法；

——实施要点：

1）依据需求文档、设计文档、操作手册等，针对每个具有适用要求的功能编制对应的测试用例，执行所有测试用例，收集和分析测试结果；

2）依据测试结果，确定不能满足用户需求的适用功能数，并记为 A；

3）统计需要满足用户适用要求的功能总数，并记为 B；

4）根据 GB/T 29831.2 中的对应公式 $X=1-A/B$，计算出度量结果 X。

注 1：为完成一个任务，用户只关注必要的步骤而排斥任何多余的步骤。

注 2：适用要求可以在需求规格说明、用户操作手册或用户的期望中标识。

7.2 功能规格说明的稳定性

功能规格说明的稳定性的测试要求如下：

——前置条件

被测软件已具备测试条件；

——测试输入

被测软件的需求文档、设计文档、操作手册、评价报告等；

——测量类型

计数/计数；

——测试方法

数学计算法；

——实施要点：

1) 依据需求文档、设计文档、操作手册等、评价报告，收集和分析相关数据；
2) 确定从系统投入运行后变更的功能数，并记为 A；
3) 统计需求规格说明中描述的功能总数，并记为 B；
4) 根据 GB/T 29831.2 中的对应公式 $X=1-A/B$，计算出度量结果 X。

8 互操作性

8.1 数据格式的可交换性

数据格式的可交换性的测试要求如下：

——前置条件

被测软件已具备测试条件；

——测试输入

被测软件的需求文档、设计文档、操作手册等；

——测量类型

计数/计数；

——测试方法

技术测试法；

——实施要点：

1) 依据需求文档、设计文档、操作手册等，针对每个需交换的数据格式编制对应的测试用例，执行所有测试用例，收集和分析测试结果；
2) 依据测试结果，确定能成功与其他软件或系统进行交换的数据格式的个数，并记为 A；
3) 统计需交换的数据格式的总数，并记为 B；
4) 根据 GB/T 29831.2 中的对应公式 $X=A/B$，计算出度量结果 X。

注：需事先规定与被测软件交换数据的其他软件或系统。

9 安全保密性

9.1 访问的可审核性

访问的可审核性的测试要求如下：

——前置条件

被测软件已具备测试条件；

——测试输入

被测软件的需求文档、设计文档、操作手册、运行报告等；

——测量类型

计数/计数；

——测试方法

技术测试法；

——实施要点：

1) 依据需求文档、设计文档、操作手册等，针对每个访问功能编制对应的测试用例，执行所有测试用例，收集和分析测试结果；

2) 依据测试结果和运行报告，确定系统中已记录的用户访问系统和数据的次数，并记为 A；

3) 统计用户实际访问系统和数据的次数，并记为 B；

4) 根据 GB/T 29831.2 中的对应公式 $X=A/B$，计算出度量结果 X。

注 1：本度量宜强调可追溯性，如操作的属性被记录（操作时间、操作地点、操作者、操作对象等）；要求更高一些的，宜做到操作的不可否认性。

注 2：建议执行模拟攻击事件的入侵式测试。

注 3：建议多关注各类日志，包括：

——操作系统日志；

——数据系统日志；

——中间件日志；

——应用本身所提供的操作日志。

9.2 访问的可控制性

访问的可控制性的测试要求如下：

——前置条件

被测软件已具备测试条件；

——测试输入

被测软件的需求文档、设计文档、操作手册、运行报告等；

——测量类型

计数/计数；

——测试方法

技术测试法；

——实施要点：

1) 依据需求文档、设计文档、操作手册等，针对每个访问功能编制对应的测试用例，执行所有测试用例，收集和分析测试结果；

2) 依据测试结果和运行报告，确定检测出的已能正确实现控制非法操作的不同类型数，并记为 A；

3) 统计需求规格说明中要求控制的非法操作的类型数，并记为 B；

4) 根据 GB/T 29831.2 中的对应公式 $X=A/B$，计算出度量结果 X。

注 1：本度量宜强调限制性，如不同角色（或用户）拥有不同的访问权限等。

注 2：宜进行额外的强化异常操作的测试。

注 3：建议执行模拟攻击事件的入侵式测试。

注 4：建议对访问控制进行分类，如可分为：

——对用户的控制；

——对时间的控制

——对操作的控制；

——对访问对象的控制。

示例：系统对用户、操作、对象划分了类别，并赋予不同类用户/操作/对象不同权限，则可对应设计出含非法行为的测试用例。

9.3 数据的保密性

数据的保密性的测试要求如下：

——前置条件

被测软件已具备测试条件；

——测试输入

被测软件的需求文档、设计文档、操作手册等；

——测量类型

计数/计数；

——测试方法

技术测试法；

——实施要点：

1) 依据需求文档、设计文档、操作手册等，针对每个需要保密的数据编制对应的测试用例，执行所有测试用例，收集和分析测试结果；
2) 依据测试结果，确定已实现数据保密的个数，并记为 A；
3) 统计需要保密数据的总数，并记为 B；
4) 根据 GB/T 29831.2 中的对应公式 $X=A/B$，计算出度量结果 X。

注 1：本度量宜强调数据的私有性。

注 2：信息和数据的保密要求依赖于业务/系统的类型或要求。软件系统为保密数据通常会使用加密技术。需事先规定需要保密的数据(项)以及保密手段。

注 3：需要保密的数据可以分为：

——用户数据；

——系统数据(如配置等)；

——存储的数据；

——传输的数据。

9.4 防止数据讹误

防止数据讹误的测试要求如下：

——前置条件

被测软件已具备测试条件；

——测试输入

被测软件的需求文档、设计文档、操作手册、运行报告等；

——测量类型

计数/计数；

——测试方法

技术测试法；

——实施要点：

1) 依据需求文档、设计文档、操作手册等，针对每种可能造成数据讹误事件编制对应的测试用例，执行所有测试用例，收集和分析测试结果；
2) 依据测试结果和运行报告，确定导致重大数据讹误事件发生的测试用例数，并记为 A；
3) 依据测试结果和运行报告，确定导致次要数据讹误事件发生的测试用例数，并记为 B；
4) 统计试图造成数据讹误事件的测试用例总数，并记为 N；

5） 根据 GB/T 29831.2 中的对应公式 $X=1-A/N$，计算出度量结果 X；根据 GB/T 29831.2 中的对应公式 $Y=1-B/N$，计算出度量结果 Y。

注 1：本度量宜强调数据的防止篡改性。

注 2：建议执行模拟攻击事件的入侵式测试、篡改数据测试等。

注 3：需要进行强化的异常操作测试来获得重大的和次要的数据讹误事件。

注 4：建议对数据讹误事件的影响分级，例如可分成：

重大的（致命的）数据讹误事件：

——不可再现与不可恢复的事件；

——次级影响扩散过宽的事件；

——数据本身的重要性事件。

次要的数据讹误事件：

——可能再现或恢复的事件；

——次级影响没有扩散的事件；

——数据本身不够重要的事件。

10 依从性

10.1 功能的依从性

功能的依从性的测试要求如下：

——前置条件

被测软件已具备测试条件；

——测试输入

被测软件的需求文档、设计文档、操作手册、软件的功能所遵循的法规、标准和约定等；

——测量类型

计数/计数；

——测试方法

技术测试法；

——实施要点：

1） 依据需求文档、设计文档、操作手册等，针对要求依从性的每个功能编制对应的测试用例，执行所有测试用例，收集和分析测试结果；

2） 依据测试结果，确定在测试中发现还未实现规定的功能性的依从性的项数，并记为 A；

3） 统计规定的功能依从性项的总数，并记为 B；

4） 根据 GB/T 29831.2 中的对应公式 $X=1-A/B$，计算出度量结果 X。

注 1：测试包含所有规定的属性。

注 2：特别注意需遵循的法规、标准和约定。即便在需求文档、设计文档中没有明示，作为功能依从性仍要测试。

示例 1：医院信息管理系统（HIS）需遵循国家的有关规定，如中华人民共和国卫生部的《医院信息系统基本功能规范》等。

示例 2：地面数字电视终端产品，从 2011 年 11 月 1 日开始，AVS 标准实施的第一年，企业可根据具体情况自由选择 AVS 国家标准或 H.264、MPEG-2 等国际标准。但从 2012 年 11 月 1 日起，所有在中国大陆上市的地面数字电视接收机（包括机顶盒、一体机），需内置 AVS 解码功能，否则将不符合国家标准，无法销售。

示例 3：通信软件需遵循国家有关频率、协议的有关规定，如中华人民共和国工业与信息产业部的《800 MHz 数字集群通信频率台（站）管理规定》等。

10.2 界面的依从性

界面的依从性的测试要求如下：

——前置条件

被测软件已具备测试条件；

——测试输入

被测软件的需求文档、设计文档、操作手册、软件的界面所遵循的法规、标准和约定等；

——测量类型

计数/计数；

——测试方法

技术测试法；

——实施要点：

1） 依据需求文档、设计文档、操作手册等，针对有依从性要求的每个界面编制对应的测试用例，执行所有测试用例，收集和分析测试结果；

2） 依据测试结果，确定按规定正确实现的界面数目，并记为 A；

3） 统计要求的界面依从性的总数，并记为 B；

4） 根据 GB/T 29831.2 中的对应公式 $X=A/B$，计算出度量结果 X。

注 1：测试包含所有规定的属性。

注 2：建议特别注意有关界面的通用约定。如在图形界面中，通常情况是标题在窗体的最上方，工作区域在窗体的中间，而提示信息在窗体的最下方。

注 3：注意许多规定是非强制性的。新颖的输入方式往往会带来颠覆性的理念，使用本度量时需注意这一现象。

参 考 文 献

［1］ GB/T 5271.1—2000 信息技术 词汇 第1部分：基本术语（eqv ISO/IEC 2382-1：1993）

［2］ GB/T 5271.20—1994 数据处理词汇 20部分：系统开发（eqv ISO/IEC 2382-20：1990）

［3］ GB/T 16260.2—2006 软件工程 产品质量 第2部分：外部度量（ISO/IEC TR 9126-2：2003，IDT）

ICS 35.080
L 77

中华人民共和国国家标准

GB/T 29832.1—2013

系统与软件可靠性 第1部分：指标体系

Reliability of system and software—
Part 1: Indicator system

2013-11-12 发布 2014-02-01 实施

中华人民共和国国家质量监督检验检疫总局
中国国家标准化管理委员会 发布

前　言

GB/T 29832《系统与软件可靠性》分为如下三部分：

——第1部分：指标体系；

——第2部分：度量方法；

——第3部分：测试方法。

本部分为GB/T 29832的第1部分。

本部分按照GB/T 1.1—2009给出的规则起草。

本部分由全国信息技术标准化技术委员会(SAC/TC 28)提出并归口。

本部分起草单位：上海计算机软件技术开发中心、珠海南方软件产品检测中心、中国电子技术标准化研究院、深圳市中安测标准技术有限公司、北京邮电大学、上海浦东软件平台有限公司、上海宝信软件股份有限公司、上海鲁齐信息科技有限公司、河南电力试验研究院。

本部分主要起草人：丁志刚、宗宇伟、蔡立志、侯建华、孔繁荣、张毅、张旸旸、袁玉宇、李家宏、张露莹、戴骏炜、肖宁、邢庆波、王建根、郭庆、许彦淳、牛霜霞。

引　言

GB/T 29832 的本部分参照 GB/T 16260.1—2006《产品质量　第 1 部分：质量模型》提出了系统与软件的可靠性指标体系。

本部分所列的指标并非一个完备集。需方、评价者、供方可以从本部分中选择合适的指标，用来定义可靠性质量需求、评价软件产品可靠性、测量可靠性质量情况或作其他用途；也可以修改指标或使用本部分未包括的其他指标。

本部分适用于各种具有可靠性需求的计算机软件产品及相关系统，但并非每种指标适用于各种计算机软件产品及相关系统，并且本部分假设被测软件产品及相关系统已经过一段时间的运行、已进行过功能性测试。

本标准预期的主要使用者包括：

a）需方（从供方获得或采购系统、软件产品或软件服务的个体或组织）；

b）评价者（实施评价的个体或组织）；

c）供方（按所签合同向需方提供系统、软件产品或软件服务的个体或组织），其在合格性测试中确认软件质量时使用。

GB/T 29832.2《系统与软件可靠性　第 2 部分：度量方法》给出了如何获得可靠性指标测量值的度量方法，GB/T 29832.3《系统与软件可靠性　第 3 部分：测试方法》描述了可靠性指标的测试方法。本部分旨在与 GB/T 29832.2 和 GB/T 29832.3 联合使用。

系统与软件可靠性
第1部分:指标体系

1 范围

GB/T 29832的本部分给出了系统与软件可靠性的指标体系及其相关指标定义,规定了系统与软件可靠性质量特性,为系统与软件的需方、评价者、供方提供统一的可靠性指标体系。

本部分适用于具有可靠性要求的各类系统与软件,用户可以根据具体的产品选择合适的可靠性指标。

注:本部分中所指的系统主要是软件系统。

2 规范性引用文件

下列文件对于本文件的应用是必不可少的。凡是注日期的引用文件,仅注日期的版本适用于本文件。凡是不注日期的引用文件,其最新版本(包括所有的修改单)适用于本文件。

GB/T 11457 软件工程术语

GB/T 16260.1—2006 产品质量 第1部分:质量模型(ISO/IEC 9126-1:2001,IDT)

3 术语和定义

GB/T 11457和GB/T 16260.1—2006中界定的术语和定义适用于本文件。

4 指标体系

软件可靠性指标体系如图1所示。它被划分为成熟性、容错性、易恢复性等若干子特性:

a) 成熟性,为避免由软件自身存在的故障而导致软件失效的能力,可用失效度、故障度、测试度、有效度等来度量;
b) 容错性,在出现故障或违反规定接口的情况下软件维持规定性能级别的能力,可用正常运行度、抵御误操作率等来度量;
c) 易恢复性,在失效发生的情况下软件重建规定的性能级别和恢复直接受影响的数据的能力,可用重启成功度、修复成功度来度量。

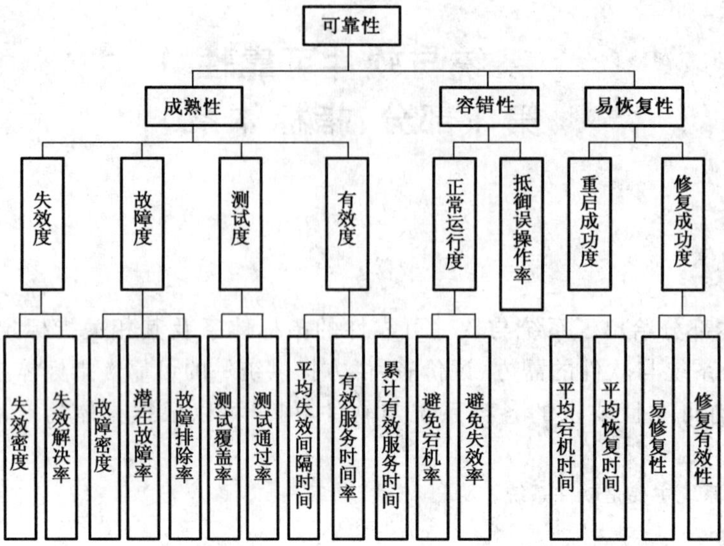

图 1　可靠性指标体系

5　成熟性

5.1　失效度

失效度，发生和解决软件失效的程度，其指标如表 1 所示。

注：本部分中的失效是指软件不能按规定的性能要求执行它所要求的功能，即软件的运行结果与需求不一致。

表 1　失效度

名称	描述	说明
失效密度	在一定的试验周期内检测出的失效数	提示信息不正确、系统未按预期要求进行动作等都是失效。应对失效的水平进行分类
失效解决率	检测到的失效中已经解决的失效比率	应先度量失效密度，再度量失效解决率

5.2　故障度

故障度，发现和排除软件自身存在故障的程度，其指标如表 2 所示。

注：本部分中的故障主要是指在计算机程序中不正确的步骤、过程或数据定义。

表 2　故障度

名称	描述	说明
故障密度	在一定的试验周期内检测出的故障数	软件故障如在源代码中把计算公式的运算符写错等
潜在故障率	将来可能出现的故障比率	宜使用合适的可靠性模型进行估算
故障排除率	检测到的故障中已经排除的故障比率	应先度量故障密度，再度量故障排除率

5.3 测试度

测试度,软件已被测试的程度,其指标如表3所示。

表3 测试度

名称	描述	说明
测试覆盖率	满足规定的覆盖要求的测试用例比率	主要考察测试范围的广度与深度
测试通过率	测试通过的比率	主要考察软件是否正确实现了功能

5.4 有效度

有效度,软件运行的有效程度,其指标如表4所示。

表4 有效度

名称	描述	说明
平均失效间隔时间	在一定的试验周期内失效的频率	如要比较,应固定试验周期的时长
有效服务时间率	可提供无失效服务的时间比率	软件投入运行后就应记录有效服务时间
累计有效服务时间	提供的有效服务时间总和	软件投入运行后就应记录有效服务时间

6 容错性

6.1 正常运行度

正常运行度,软件为保持正常运行所作努力的程度,其指标如表5所示。

表5 正常运行度

名称	描述	说明
避免宕机率	软件失效中未引起宕机的比率	应先度量失效密度,再度量避免宕机率
避免失效率	避免关键的和严重的失效的比率	宜对失效水平进行分类

6.2 抵御误操作率

抵御误操作率,软件抵御误操作所作努力的程度,其指标如表6所示。

表6 抵御误操作率

名称	描述	说明
抵御误操作率	有效预防误操作的比率	宜对误操作进行分类

7 易恢复性

7.1 重启成功度

重启成功度，宕机后软件可重新使用的程度，其指标如表7所示。

表7 重启成功度

名称	描述	说明
平均宕机时间	在一定的试验周期内，从宕机起到软件可正常使用所花费的平均时间	宜重点考虑自动重启的情况
平均恢复时间	从失效起到完全恢复所花费的平均时间	宜重点考虑自动恢复的情况

7.2 修复成功度

修复成功度，发生异常后软件可修复的程度，其指标如表8所示。

表8 修复成功度

名称	描述	说明
易修复性	在异常情况下或需要时自身修复的比率	自身修复指软件提供的自动修复，排除人工执行的维护工作
修复有效性	软件修复能力的有效程度	宜重点考虑自动修复的情况

附　录　A
（资料性附录）
本部分与 GB/T 16260.2—2006 的对照关系

本部分定义的可靠性指标体系与 GB/T 16260.2—2006 中定义的可靠性度量元的对照关系见表 A.1。

表 A.1　对照关系表

本　部　分			GB/T 16260.2—2006
成熟性	失效度	失效密度	成熟性——针对测试用例的失效密度
		失效解决率	成熟性——失效解决
	故障度	故障密度	成熟性——故障密度
		潜在故障率	成熟性——估计潜在的故障密度
		故障排除率	成熟性——故障排除
	测试度	测试覆盖率	成熟性——测试覆盖率
		测试通过率	成熟性——测试的成熟性
	有效度	平均失效间隔时间	成熟性——平均失效间隔时间
		有效服务时间率	—
		累计有效服务时间	—
容错性	正常运行度	避免宕机率	容错性——避免死机
		避免失效率	容错性——避免失效
	抵御误操作率		容错性——抵御误操作
易恢复性	重启成功度	平均宕机时间	易恢复性——平均宕机时间
		平均恢复时间	易恢复性——平均恢复时间
	修复成功度	易修复性	易恢复性——易修复性
		修复有效性	易恢复性——修复的有效性

参 考 文 献

[1] GB/T 5271.1—2000 信息技术 词汇 第1部分:基本术语(eqv ISO/IEC 2382-1:1993)

[2] GB/T 5271.14—2008 信息技术 词汇 第14部分:可靠性、可维护性和可用性(ISO/IEC 2382-14:1997,IDT)

[3] GB/T 5271.20—1994 信息技术 词汇 20部分:系统开发(eqv ISO/IEC 2382-20:1990)

[4] GB/T 16260.2—2006 软件工程 产品质量 第2部分:外部度量(ISO/IEC TR 9126-2:2003,IDT)

ICS 35.080
L 77

中华人民共和国国家标准

GB/T 29832.2—2013

系统与软件可靠性
第2部分:度量方法

Reliability of system and software—
Part 2: Metric method

2013-11-12 发布　　2014-02-01 实施

中华人民共和国国家质量监督检验检疫总局
中国国家标准化管理委员会 发布

前　　言

GB/T 29832《系统与软件可靠性》分为如下三部分：

——第1部分：指标体系；

——第2部分：度量方法；

——第3部分：测试方法。

本部分为GB/T 29832的第2部分。

本部分按照GB/T 1.1—2009给出的规则起草。

本部分由全国信息技术标准化技术委员会(SAC/TC 28)提出并归口。

本部分起草单位：上海计算机软件技术开发中心、珠海南方软件产品检测中心、中国电子技术标准化研究院、深圳市中安测标准技术有限公司、北京邮电大学、上海浦东软件平台有限公司、上海宝信软件股份有限公司、上海鲁齐信息科技有限公司、河南电力试验研究院。

本部分主要起草人：丁志刚、宗宇伟、郑树泉、蔡立志、侯建华、张毅、张旸旸、袁玉宇、李家宏、张露莹、黄琳芳、颜礼齐、王行勇、郭龙祥、郭庆、许彦淳、牛霜霞。

引　言

GB/T 29832 的本部分参照 GB/T 16260.2—2006《软件工程　产品质量　第 2 部分:外部度量》具体给出了系统与软件可靠性质量的度量方法和度量公式。

本部分所列的方法并非一个完备集,不包括尚在探索中的新方法。进行可靠性测试的人员可以从本部分中选择合适的单一方法或者将多个方法进行组合,用来测量被测系统的可靠性质量情况;也可以修改或使用本部分未包括的其他方法。

本部分适用于各种具有可靠性需求的计算机软件产品及相关系统,但并非每种度量适用于各种计算机软件产品及相关系统,并且本部分假设被测软件及相关系统已经过一段时间的运行、已进行过功能性测试。

本标准预期的主要使用者包括:

a) 需方(从供方获得或采购系统、软件产品或软件服务的个体或组织);

b) 评价者(实施评价的个体或组织);

c) 供方(按所签合同向需方提供系统、软件产品或软件服务的个体或组织),其在合格性测试中确认软件质量时使用。

GB/T 29832.1《系统与软件可靠性　第 1 部分:指标体系》给出了可靠性指标体系,GB/T 29832.3《系统与软件可靠性　第 3 部分:测试方法》描述了可靠性指标的测试方法。本部分旨在与 GB/T 29832.1 和 GB/T 29832.3 联合使用。

系统与软件可靠性
第2部分:度量方法

1 范围

GB/T 29832的本部分在GB/T 29832.1提出的指标体系的基础上,规定了系统与软件的可靠性度量公式,为系统与软件的需方、评价者、供方提供统一的可靠性度量方法。

本部分适用于具有可靠性要求的系统与软件的可靠性测试与度量。

注:本部分中所指的系统主要是软件系统。

2 规范性引用文件

下列文件对于本文件的应用是必不可少的。凡是注日期的引用文件,仅注日期的版本适用于本文件。凡是不注日期的引用文件,其最新版本(包括所有的修改单)适用于本文件。

GB/T 11457 软件工程术语

GB/T 29832.1 系统与软件可靠性 第1部分:指标体系

3 术语和定义

GB/T 11457和GB/T 29832.1中界定的术语和定义适用于本文件。

4 概述

软件可靠性测试是当前测试实践中的一个难点,涉及较多的可靠性理论和模型。这些理论和模型仍在发展中,具有较强的预置条件和针对性,带有较高的探索性。本部分针对实际可以度量的子特性进行了描述,未涉及具体的可靠性理论和模型。

5 成熟性

5.1 失效度

失效度用于度量软件发生和解决失效的程度,主要包括失效密度、失效解决率等指标,如表1所示。

表1 失效度

指标名称	指标描述	测量、公式及数据元素计算	测量值说明
失效密度	在一定的试验周期内检测出的失效数	$X=A/B$ 式中: A——检测到的失效数; B——执行测试用例的总数	$0\leqslant X$,取决于测试阶段,在以后的阶段中X值越小越好。随着测试进程的推进,值应该越来越小

表 1（续）

指标名称	指标描述	测量、公式及数据元素计算	测量值说明
失效解决率	检测到的失效中已经解决的失效比率	$X=A/B$ 式中： A——已解决的失效数； B——实际检测到的失效总数	$0.0 \leqslant X \leqslant 1.0$，越接近 1.0 越好

5.2 故障度

故障度用于度量发现和排除软件自身存在故障的程度，主要包括故障密度、潜在故障率、故障排除率等指标，如表 2 所示。

表 2 故障度

指标名称	指标描述	测量、公式及数据元素计算	测量值说明
故障密度	在一定的试验周期内检测出的故障数	$X=A/B$ 式中： A——检测到的故障数； B——软件产品的规模	$0 \leqslant X$，取决于测试阶段，在以后的阶段中 X 值越小越好。随着测试进程的推进，值应该越来越小
潜在故障率	将来可能出现的故障比率	$X=ABS(A_1-A_2)/B$ 式中： X——估计残存的潜在故障率； $ABS()$——绝对值函数； A_1——在软件产品中预测的潜在故障总数； A_2——实际已检测到的故障总数； B——软件产品的规模	$0 \leqslant X$，取决于测试阶段，在以后的阶段中 X 值越小越好。随着测试进程的推进，值应该越来越小
故障排除率	检测到的故障中已经排除的故障比率	a) $X=A_1/A_2$ b) $Y=A_1/A_3$ 式中： A_1——已排除的故障数； A_2——实际检测到的故障总数； A_3——在软件产品中预测的潜在故障总数	$0.0 \leqslant X \leqslant 1.0$，$0 \leqslant Y$，越接近 1.0 越好

5.3 测试度

测试度用于度量软件已被测试的程度，主要包括测试覆盖率、测试通过率等指标，如表 3 所示。

表 3 测试度

指标名称	指标描述	测量、公式及数据元素计算	测量值说明
测试覆盖率	满足规定的覆盖要求的测试用例比率	$X=A/B$ 式中： A——在测试期间实际执行的测试用例数； B——按覆盖要求计划执行的测试用例数	$0.0\leqslant X\leqslant 1.0$，越接近 1.0 覆盖率越高
测试通过率	测试通过的比率	$X=A/B$ 式中： A——在测试或运行中通过的测试用例数； B——按覆盖要求计划执行的测试用例数	$0.0\leqslant X\leqslant 1.0$，越接近 1.0 越好

5.4 有效度

有效度用于度量软件运行的有效程度，主要包括平均失效间隔时间、有效服务时间率、累计有效服务时间等指标，如表 4 所示。

表 4 有效度

指标名称	指标描述	测量、公式及数据元素计算	测量值说明
平均失效间隔时间	在一定的试验周期内，相邻失效间隔的平均时间	a) $X=T_1/A$ b) $Y=T_2/A$ 式中： T_1——运行时间； T_2——相继发生失效的时间间隔累计； A——实际检测出失效的总数（在运行时间内观察到发生的失效）	$0<X$，$0<Y$，X 和 Y 越长越好，因为期望失效间隔的时间较长为好
有效服务时间率	可提供无失效服务的时间比率	$X=A/B$ 式中： A——无失效的服务时间； B——总的服务时间	$0.0\leqslant X\leqslant 1.0$，越接近 1.0 越好
累计有效服务时间	提供的有效服务时间总和	$X=T$ 式中： T——无失效的服务时间之和	$0.0\leqslant X$，越大越好

6 容错性

6.1 正常运行度

正常运行度用于度量软件为保持正常运行所作努力的程度，主要包括避免宕机率、避免失效率等指标，如表 5 所示。

表5 正常运行度

指标名称	指标描述	测量、公式及数据元素计算	测量值说明
避免宕机率	软件失效中未引起宕机的比率	$X=1-A/B$ 式中： A——导致宕机发生的失效数； B——软件失效的总数	$0.0 \leqslant X \leqslant 1.0$，越接近1.0越好
避免失效率	避免关键的和严重的失效的比率	$X=A/B$ 式中： A——执行对应故障模式的测试用例时，未发生关键的和严重的失效的测试用例数； B——在测试中执行的故障模式的测试用例总数	$0.0 \leqslant X \leqslant 1.0$，越接近1.0越好，因为越能避免关键或严重的失效

6.2 抵御误操作率

抵御误操作率用于度量软件为抵御误操作所作努力的程度，如表6所示。

表6 抵御误操作率

指标名称	指标描述	测量、公式及数据元素计算	测量值说明
抵御误操作率	有效预防误操作的比率	$X=A/B$ 式中： A——执行对应误操作模式的测试用例时，未发生关键的和严重的失效的测试用例数； B——在测试中执行的误操作模式的测试用例总数	$0.0 \leqslant X \leqslant 1.0$，越接近1.0越好，因为越能避免更多的用户误操作

7 易恢复性

7.1 重启成功度

重启成功度用于度量宕机后软件可重新使用的程度，主要包括平均宕机时间、平均恢复时间等指标如表7所示。

表7 重启成功度

指标名称	指标描述	测量、公式及数据元素计算	测量值说明
平均宕机时间	在一定的试验周期内，从宕机起到软件可正常使用所花费的平均时间	$X=T/N$ 式中： T——总的宕机时间； N——观察到的宕机总次数	$0<X$，越小越好，这样系统宕机时间就越短

表 7（续）

指标名称	指标描述	测量、公式及数据元素计算	测量值说明
平均恢复时间	从失效起到完全恢复所花费的平均时间	$X=(T_1+\cdots+T_n)/N$ 式中： $T_i(i=1,2,\cdots,n)$——第 i 次恢复需要的时间； N——观察到的软件系统进入恢复的总次数	$0<X$，越小越好

7.2 修复成功度

修复成功度用于度量异常发生后软件可修复的程度，主要包括易修复性、修复有效性等指标如表 8 所示。

表 8 修复成功度

指标名称	指标描述	测量、公式及数据元素计算	测量值说明
易修复性	在异常情况下或需要时自身修复的比率	$X=A/B$ 式中： A——成功完成恢复的测试用例数； B——执行的恢复测试用例总数	$0.0\leqslant X\leqslant 1.0$，越接近 1.0 越好，这样软件产品的更容易修复
修复有效性	软件修复能力的有效程度	$X=A/B$ 式中： A——满足目标恢复时间的成功完成恢复的测试用例数； B——执行的恢复测试用例总数	$0.0\leqslant X\leqslant 1.0$，越接近 1.0 越好，这样软件产品的修复过程更有效

参 考 文 献

[1] GB/T 5271.1—2000 信息技术 词汇 第1部分:基本术语(eqv ISO/IEC 2382-1:1993)

[2] GB/T 5271.14—2008 信息技术 词汇 第14部分:可靠性、可维护性和可用性(ISO/IEC 2382-14:1997,IDT)

[3] GB/T 5271.20—1994 数据处理词汇 第20部分:系统开发(eqv ISO/IEC 2382-20:1990)

[4] GB/T 16260.2—2006 软件工程 产品质量 第2部分:外部度量(ISO/IEC TR 9126-2:2003,IDT)

ICS 35.080
L 77

中华人民共和国国家标准

GB/T 29832.3—2013

系统与软件可靠性
第3部分：测试方法

Reliability of system and software—
Part 3: Testing method

2013-11-12 发布　　2014-02-01 实施

中华人民共和国国家质量监督检验检疫总局
中国国家标准化管理委员会　发布

前　言

GB/T 29832《系统与软件可靠性》分为如下三部分：

——第1部分：指标体系；

——第2部分：度量方法；

——第3部分：测试方法。

本部分为GB/T 29832的第3部分。

本部分按照GB/T 1.1—2009给出的规则起草。

本部分由全国信息技术标准化技术委员会(SAC/TC 28)提出并归口。

本部分起草单位：上海计算机软件技术开发中心、珠海南方软件产品检测中心、中国电子技术标准化研究院、深圳市中安测标准技术有限公司、北京邮电大学、上海浦东软件平台有限公司、上海宝信软件股份有限公司、上海鲁齐信息科技有限公司、河南电力试验研究院。

本部分主要起草人：丁志刚、阎梦天、宗宇伟、蔡立志、侯建华、张毅、张旸旸、袁玉宇、李家宏、张露莹、胡劲华、董文生、张彦琼、郭龙祥、郭庆、许彦淳、牛霜霞。

引　言

GB/T 29832 的本部分对可靠性度量的测试过程进行了描述，给出了具体执行步骤或相应的方法，便于用户或者评测人员进行操作。

本部分所列的方法并非一个完备集，不包括尚在探索中的新方法。进行可靠性测试的人员可以从本部分中选择合适的单一方法或者将多个方法进行组合，用来测量被测系统的可靠性质量情况；也可以修改或使用本部分未包括的其他方法。

本部分适用于各种具有可靠性需求的计算机软件产品及相关系统，但并非每种方法适用于各种计算机软件产品及相关系统，并且本部分假设被测软件及相关系统已经过一段时间的运行、已进行过功能性测试。

本标准预期的主要使用者包括：

a) 需方(从供方获得或采购系统、软件产品或软件服务的个体或组织)；

b) 评价者(实施评价的个体或组织)；

c) 供方(按所签合同向需方提供系统、软件产品或软件服务的个体或组织)，其在合格性测试中确认软件质量时使用。

GB/T 29832.1《系统与软件可靠性　第1部分：指标体系》给出了可靠性指标体系，GB/T 29832.2《系统与软件可靠性　第2部分：度量方法》给出了如何获得可靠性指标测量值的度量方法。本部分旨在与 GB/T 29832.1 和 GB/T 29832.2 联合使用。

系统与软件可靠性
第3部分:测试方法

1 范围

GB/T 29832的本部分规定了如何获得可靠性指标测量值的测试方法。

本部分适用于具有可靠性要求的系统与软件的可靠性测试和评价。

注:本部分中所指的系统主要是软件系统。

2 规范性引用文件

下列文件对于本文件的应用是必不可少的。凡是注日期的引用文件,仅注日期的版本适用于本文件。凡是不注日期的引用文件,其最新版本(包括所有的修改单)适用于本文件。

GB/T 11457 软件工程术语

GB/T 29832.1 系统与软件可靠性 第1部分:指标体系

GB/T 29832.2 系统与软件可靠性 第2部分:度量方法

3 术语和定义

GB/T 11457和GB/T 29832.1中界定的术语和定义适用于本文件。

4 一般测试方法与过程

4.1 测试方法

测试方法包括如下:

专家评审法——一种主观的测评方法。评审时,应根据被评审对象和评审目的设计评审项目表,列出打分栏目、分值、权重和打分规则。可由 N 个专家组成一个评审组,专家根据自身的经验与认知进行判断打分。然后,依据专家的权重和统计规则进行分值汇总计算,其计算得出的值作为评审的结果。打分规则可以是分等级的,也可以是一个取值区间,或选择一个其他的合适规则;

技术测试法——一种客观的测评方法。技术测试时,可依据被测对象和测试目的选择适用的自动化测试工具进行测试,也可由人工进行手工测试。技术测试获得的结果通常是一种量化的测量结果;

数学计算法——一种利用数学模型进行计算的测评方式。测评时,应根据被测对象和测试目的选择适用的数学模型,然后进行计算,最终得出作为测评结果的数值;

用户调查法——一种面向特定用户群的问卷征询方法。用户调查时,应根据调查的目的和特定的用户群设计调查表,让被调查对象填写并反馈。调查表的回收数应达到一定的数量,并不低于发出数的适当比例。然后,对回收的调查表进行汇总计算,其计算得出的值作为用户调查的结果。

4.2 测试过程

可靠性的一般测试过程可包括可靠性测试需求分析、功能剖面构造、测试用例设计、测试场景设计、测试环境和工具的准备、可靠性测试实施、数据收集和分析、故障跟踪等环节,如图1所示。主要过程具体说明参见附录A。

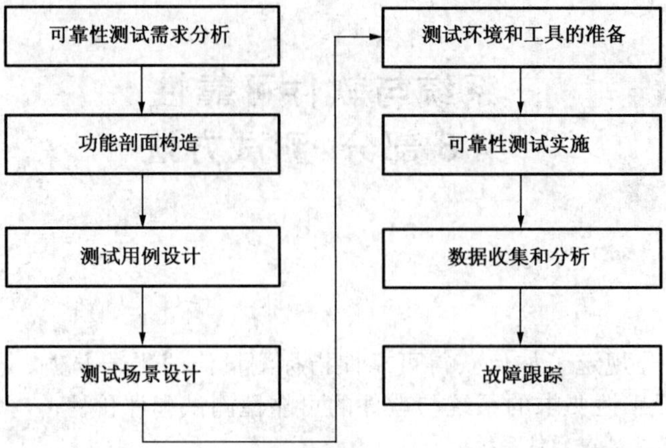

图 1 可靠性测试流程

5 成熟性

5.1 失效度

5.1.1 失效密度

失效密度的测试要求如下：

——前置条件

被测软件已经过一段时间的运行；

——测试输入

被测软件的需求文档、设计文档、操作手册、运行报告、问题报告等；

——测量类型

计数/计数；

——测试方法

技术测试法；

——实施要点：

1) 依据需求文档、设计文档、操作手册、运行报告、问题报告等，针对每个功能编制对应的测试用例；
2) 规定试验周期时长，执行所有测试用例，收集和分析测试结果；
3) 依据测试结果，确定检测到的失效数，并记为 A；
4) 统计实际执行的测试用例总数，并记为 B；
5) 根据 GB/T 29832.2 中的对应公式 $X=A/B$，计算出度量结果 X。

注：本度量取决于测试用例是否充分，测试用例的设计宜包括适当的测试用例类型，即正常的、例外的和异常的测试用例。

5.1.2 失效解决率

失效解决率的测试要求如下：

——前置条件

被测软件已经过一段时间的运行，并已进行过功能性和失效密度测试；

——测试输入

被测软件的需求文档、设计文档、操作手册、运行报告、问题报告等；

——测量类型

计数/计数；

——测试方法

技术测试法；

——实施要点：

1） 依据需求文档、设计文档、操作手册、运行报告、问题报告等，针对每个失效编制对应的测试用例，执行所有测试用例，收集和分析测试结果；

2） 依据问题报告和测试结果，确定有多少失效在同样的条件下再未出现，并记为 A；

3） 将失效密度测试中实际检测到的失效数记为 B；

4） 根据 GB/T 29832.2 中的对应公式 $X=A/B$，计算出度量结果 X。

注 1：在使用这一度量时，建议监视其趋势。

注 2：可以用可靠性增长估计模型来预测潜在的失效总数。

5.2 故障度

5.2.1 故障密度

故障密度的测试要求如下：

——前置条件

被测软件已经过一段时间的运行；

——测试输入

被测软件的需求文档、设计文档、操作手册、源代码、运行报告、问题报告等；

——测量类型

计数/计数；

——测试方法

技术测试法；

——实施要点：

1） 依据需求文档、设计文档、操作手册、源代码、运行报告、问题报告等，针对每个功能编制对应的测试用例；

2） 规定试验周期时长，执行所有测试用例，收集和分析测试结果；

3） 依据测试结果，确定检测到的故障数，并记为 A；

4） 选定一种规模度量的方法，如源代码行数或功能点数，将得到的产品规模记为 B；

5） 根据 GB/T 29832.2 中的对应公式 $X=A/B$，计算出度量结果 X。

注：若选用这一度量分析其趋势或横向比对时，需注意保持规模度量的一致性。

5.2.2 潜在故障率

潜在故障率的测试要求如下：

——前置条件

被测软件已经过一段时间的运行，并已进行过功能性和故障密度测试；

——测试输入

被测软件的需求文档、设计文档、操作手册、源代码等；

——测量类型

计数/计数；

——测试方法

数学计算法；

——实施要点：

1） 收集和分析故障密度测试结果；

2） 选定一种可靠性增长估计模型，预测潜在的故障总数，并记为 A_1；

3） 将故障密度测试中实际检测到的故障数记为 A_2；

4） 选定一种规模度量的方法，如源代码行数或功能点数，将得到的产品规模记为 B；

5） 根据 GB/T 29832.2 中的对应公式 $X=ABS(A_1-A_2)/B$，计算出度量结果 X。

注 1：建议使用多种可靠性增长估计模型，选择其中最合适的一种。

注 2：对潜在的故障数预测一个上限和一个下限数可能会有帮助。

注 3：若选用这一度量分析其趋势或横向比对时，需注意保持规模度量的一致性。

5.2.3 故障排除率

故障排除率的测试要求如下：

——前置条件

被测软件已经过一段时间的运行，并已进行过功能性和故障密度测试；

——测试输入

被测软件的需求文档、设计文档、操作手册、运行报告、问题报告等；

——测量类型

计数/计数；

——测试方法

技术测试法；

——实施要点：

1） 依据需求文档、设计文档、操作手册、运行报告、问题报告等，针对每个故障编制对应的测试用例，执行所有测试用例，收集和分析测试结果；

2） 依据测试结果和问题报告，确定已排除故障的数目，并记为 A_1；

3） 将故障密度测试中实际检测到的故障数记为 A_2；

4） 选定一种可靠性增长估计模式，预测潜在的故障总数，并记为 A_3；

5） 根据 GB/T 29832.2 中的对应公式 $X= A_1/A_2$，计算出度量结果 X；根据 GB/T 29832.2 中的对应公式 $Y=A_1/A_3$，计算出度量结果 Y。

注：建议使用多种可靠性增长估计模型，选择其中最合适的一种。

5.3 测试度

5.3.1 测试覆盖率

测试覆盖率的测试要求如下：

——前置条件

被测软件已经过一段时间的运行，并已进行过功能性测试；

——测试输入

被测软件的需求文档、设计文档、操作手册等；

——测量类型

计数/计数；

——测试方法

技术测试法；

——实施要点：

1） 依据需求文档、设计文档、操作手册等，针对覆盖需求编制对应的测试用例，执行所有测试用例，收集和分析测试结果；

2） 确定在测试期间实际执行的测试用例数，并记为 A；

3） 统计按覆盖要求计划执行的测试用例数，并记为 B；

4） 根据 GB/T 29832.2 中的对应公式 $X=A/B$，计算出度量结果 X。

5.3.2 测试通过率

测试通过率的测试要求如下：

——前置条件

被测软件已经过一段时间的运行，并已进行过功能性测试；

——测试输入

被测软件的需求文档、设计文档、操作手册、运行报告等；

——测量类型

计数/计数；

——测试方法

技术测试法；

——实施要点：

1） 依据需求文档、设计文档、操作手册、运行报告等，针对覆盖需求编制对应的测试用例，执行所有测试用例，收集和分析测试结果；

2） 确定在测试或运行中通过的测试用例数，并记为 A；

3） 统计按覆盖要求计划执行的测试用例数，并记为 B；

4） 根据 GB/T 29832.2 中的对应公式 $X=A/B$，计算出度量结果 X。

注：建议确保执行下列类型的测试并顺利地通过它们：

——用户操作的场景测试；

——高峰期的强度测试；

——过载的数据输入测试。

5.4 有效度

5.4.1 平均失效间隔时间

平均失效间隔时间的测试要求如下：

——前置条件

被测软件已经过一段时间的运行，并已进行过功能性测试；

——测试输入

被测软件的需求文档、设计文档、操作手册、运行报告、问题报告等；

——测量类型

时间/计数；

——测试方法

技术测试法；

——实施要点：

1） 依据需求文档、设计文档、操作手册、运行报告、问题报告等，针对每个功能编制对应的测试用例；

2） 确定运行时间（记为 T_1），在 T_1 周期内执行所有测试用例，收集和分析测试结果；

3） 依据测试结果和运行报告，累计相继发生失效之间的时间间隔，并记为 T_2。

4） 依据测试结果，统计实际检测到的失效总数，并记数为 A；

5） 根据 GB/T 29832.2 中的对应公式 $X=T_1/A$，计算出度量结果 X；根据 GB/T 29832.2 中的对应公式 $Y=T_2/A$，计算出度量结果 Y。

5.4.2 有效服务时间率

有效服务时间率的测试要求如下：

——前置条件

被测软件已经过一段时间的运行，并已进行过功能性测试；

——测试输入

被测软件的需求文档、设计文档、操作手册、运行报告、问题报告等；

——测量类型

时间/时间；

——测试方法

数学计算法；

——实施要点：

1） 依据需求文档、设计文档、操作手册、运行报告、问题报告等，收集和分析有关数据；

2） 确定无失效的服务时间，并记为 A；

3） 累计总的服务时间，并记为 B；

4） 根据 GB/T 29832.2 中的对应公式 $X=A/B$，计算出度量结果 X。

5.4.3 累计有效服务时间

累计有效服务时间的测试要求如下：

——前置条件

被测软件已经过一段时间的运行，并已进行过功能性测试；

——测试输入

被测软件的需求文档、设计文档、操作手册、运行报告、问题报告等；

——测量类型

时间；

——测试方法

数学计算法；

——实施要点：

1） 依据需求文档、设计文档、操作手册、运行报告、问题报告等，收集和分析有关数据；

2） 累计所有已记录的无失效的服务时间，并记为 T；

3） 根据 GB/T 29832.2 中的对应公式 $X=T$，得到度量结果 X。

6 容错性

6.1 正常运行度

6.1.1 避免宕机率

避免宕机率的测试要求如下：

——前置条件

被测软件已经过一段时间的运行，并已进行过功能性和失效密度测试；

——测试输入

被测软件的需求文档、设计文档、操作手册、运行报告、问题报告等；

——测量类型

计数/计数；

——测试方法

数学计算法；

——实施要点：

1) 收集和分析失效密度测试结果；
2) 依据运行报告、问题报告，并分析软件系统的运行历史日志，确定导致宕机发生的失效数，并记为 A；
3) 将失效密度测试中实际检测到的失效数记为 B；
4) 根据 GB/T 29832.2 中的对应公式 $X=1-A/B$，计算出度量结果 X。

注：宕机意味着在系统重新启动之前，用户所有的任务均已停止，或对系统失去控制，系统只能被迫停机。

6.1.2 避免失效率

避免失效率的测试要求如下：

——前置条件

被测软件已经过一段时间的运行，并已进行过功能性测试；

——测试输入

被测软件的需求文档、设计文档、操作手册等；

——测量类型

计数/计数；

——测试方法

技术测试法；

——实施要点：

1) 依据需求文档、设计文档、操作手册等，针对每种故障模式编制对应的测试用例，执行所有测试用例，收集和分析测试结果；
2) 执行对应故障模式的测试用例时，统计未发生关键的和严重的失效的测试用例数，并记为 A；
3) 统计执行的故障模式的测试用例总数，并记为 B；
4) 根据 GB/T 29832.2 中的对应公式 $X=A/B$，计算出度量结果 X。

注 1：建议将避免失效的水平按对故障影响的缓急程度进行分类，具体参见附录 A。

注 2：故障模式举例：

——数据超范围；

——死锁。

6.2 抵御误操作率

抵御误操作率的测试要求如下：

——前置条件

被测软件已经过一段时间的运行，并已进行过功能性测试；

——测试输入

被测软件的需求文档、设计文档、操作手册等；

——测量类型

计数/计数;

——测试方法

技术测试法;

——实施要点:

1) 依据需求文档、设计文档、操作手册等,针对每种误操作模式编制对应的测试用例,执行所有测试用例,收集和分析测试结果;

2) 执行误操作模式的测试用例时,统计未发生关键的和严重的失效的测试用例数,并记为 A;

3) 统计执行的误操作模式的测试用例总数,并记为 B;

4) 根据 GB/T 29832.2 中的对应公式 $X=A/B$,计算出度量结果 X。

注 1:除软件系统失效外,还会有数据损害。

注 2:备份的建立可确保必要的数据在部分操作数据丢失的事件发生后能很快地恢复。

注 3:误操作的模式:

——错误的数据类型作参数;

——错误的输入数据序列;

——错误的操作序列。

7 易恢复性

7.1 重启成功度

7.1.1 平均宕机时间

平均宕机时间的测试要求如下:

——前置条件

被测软件已经过一段时间的运行,并已进行过功能性测试;

——测试输入

被测软件的需求文档、设计文档、操作手册、运行报告、问题报告等;

——测量类型

时间/计数;

——测试方法

技术测试法、数学计算法;

——实施要点:

1) 依据需求文档、设计文档、操作手册、运行报告、问题报告等,针对每个失效和故障编制对应的测试用例;

2) 确定特定的试验周期,执行所有的测试用例,收集和分析测试结果;

3) 依据测试结果和运行报告、问题报告,累计在特定的试验周期内每次从宕机起到软件可正常使用所花费的时间,并记为 T;

4) 统计特定的试验周期内所观察(或记录)到的宕机次数,并记为 N;

5) 根据 GB/T 29832.2 中的对应公式 $X=T/N$,计算出度量结果 X;

6) 宜测量最坏的情况及宕机时间的分布情况。

7.1.2 平均恢复时间

平均恢复时间的测试要求如下:

——前置条件

被测软件已经过一段时间的运行，并已进行过功能性测试；

——测试输入

被测软件的需求文档、设计文档、操作手册、运行报告、问题报告等；

——测量类型

时间/计数；

——测试方法

技术测试法、数学计算法；

——实施要点：

1） 依据需求文档、设计文档、操作手册、运行报告、问题报告等，针对每个失效和故障编制对应的测试用例；

2） 确定特定的试验周期，执行所有的测试用例，收集和分析测试结果；

3） 依据测试结果和运行报告、问题报告，确定每次从失效起到完全恢复所花费的时间，并分别记为 $T_1,\cdots,T_n$；

4） 统计特定的试验周期内软件系统进入恢复的总次数，并记为 N；

5） 根据 GB/T 29832.2 中的对应公式 $X=(T_1+\cdots+T_n)/N$，计算出度量结果 X。

注 1：建议测试多个测试用例中最坏情况下的最大恢复时间或恢复时间的分布情况。

注 2：建议区分恢复工作的难度，如恢复被毁坏的数据库比恢复被破坏的事务难得多。

7.2 修复成功度

7.2.1 易修复性

易修复性的测试要求如下：

——前置条件

被测软件已经过一段时间的运行，并已进行过功能性测试；

——测试输入

被测软件的需求文档、设计文档、操作手册、运行报告、问题报告等；

——测量类型

计数/计数；

——测试方法

技术测试法、数学计算法；

——实施要点：

1） 依据需求文档、设计文档、操作手册、运行报告、问题报告等，针对每个失效和故障编制对应的测试用例；

2） 确定特定的试验周期，执行所有的测试用例，收集和分析测试结果；

3） 依据测试结果和运行报告、问题报告，确定成功完成恢复的测试用例数，并记为 A；

4） 统计执行的恢复测试用例总数，并记为 B；

5） 根据 GB/T 29832.2 中的对应公式 $X=A/B$，计算出度量结果 X。

注：修复需求举例：

——数据库检查点；

——事务检查点；

——重做功能；

——还原功能。

7.2.2 修复有效性

修复有效性的测试要求如下：

——前置条件

被测软件已经过一段时间的运行，并已进行过功能性测试；

——测试输入

被测软件的需求文档、设计文档、操作手册、运行报告、问题报告等；

——测量类型

计数/计数；

——测试方法

技术测试法、数学计算法；

——实施要点：

1） 依据需求文档、设计文档、操作手册、运行报告、问题报告等，针对每个失效和故障编制对应的测试用例；

2） 确定特定的试验周期，执行所有的测试用例，收集和分析测试结果；

3） 依据测试结果和运行报告、问题报告，确定满足目标恢复时间成功完成恢复的测试用例数，并记为 A；

4） 统计执行的恢复测试用例总数，并记为 B；

5） 根据 GB/T 29832.2 中的对应公式 $X=A/B$，计算出度量结果 X。

附 录 A
（资料性附录）
可靠性测试过程的说明

A.1 可靠性需求分析

A.1.1 软件失效的等级

将失效的水平依对软件影响的缓急程度进行分类，如表 A.1 所示。

表 A.1 失效等级表

失效等级	描述	说明
等级 1:关键性失效	整个系统中止或严重毁坏数据库	例如，宕机、蓝屏
等级 2:严重性失效	重要功能无法正常运行，并且没有替代的运行方式(与工作有关)	例如，程序错误
等级 3:普通失效	绝大部分功能仍然可用，次要功能受到限制或要采用替代方式(与工作有关)	例如，打印功能错误
等级 4:轻微失效	少数功能在有限的操作中受到限制	例如，界面不规范
等级 5:可忽略的失效	影响未波及到最终用户	

A.1.2 确定可靠性需求

软件可靠性需求分析是研究用户要求得到的软件可靠性的定义过程。具体地说就是了解和确认用户对软件的可靠性需求，可通过表 A.2 来描述软件可靠性需求与软件可靠性测试目标之间的对应关系。

表 A.2 用户需求与测试目标的关系

测试目标	用户需求
测量软件产品的容错性	软件能对何种失效实现容错，能抵御什么样的误操作和错误数据
测量软件产品的易恢复性	软件出现何种失效时能否实现自动恢复
估计软件产品稳定运行能力、平均失效恢复时间和平均失效间隔时间	实际运行时，软件能确保多长时间无故障运行，或软件的无故障操作次数

在可靠性需求分析的基础上，确定可靠性测试的目标：

——有效地发现程序中影响软件可靠性的缺陷，从而实现可靠性增长；

——验证软件可靠性满足一定的要求。通过对软件可靠性测试中观察到的失效情况进行分析，验证软件可靠性的定量要求；

——估计软件可靠性水平。通过对软件可靠性测试中观察到的失效数据进行分析，可以评估当前软件可靠性的水平，预测未来可能达到的水平，从而为开发管理提供决策依据。

根据软件需求确定可靠性测试指标，确定可靠性测试易恢复性指标，如：

——民用在线系统平均修复时间(MTTR)小于 2 min；

——一般系统平均修复时间小于 7 min。

对于可靠性要求比较高的系统，一般认为多用户操作时系统平均半年出现一次失效是可以接受的。

A.1.3 选择可靠性模型

应尽早确定可靠性模型。

可靠性模型选择应考虑模型的假设条件，这些条件应符合软件的实际情况，或与假设条件冲突的因素在软件系统中是可以忽略的。应对每一条假设条件都进行分析。

一个可靠性模型需要通过实践不断改善才能提高预测能力。在满足其他条件的情况下，应选择比较成熟、应用范围广的模型作为分析模型。

模型的输出值应满足软件可靠性需求。

模型需要的数据在软件系统中应易于收集，同时应考虑测试前期需要投入的成本。

数据的输入也能通过测试工具获得。

如果软件可靠性测试过程中没有发生失效，除非已经对软件进行完全的测试，而这是几乎是不可能的，不应根据模型认为不会发生失效，而应根据测试用例的数量，在一定的置信度水平上，估计可靠性等级。

A.2 功能剖面构造

软件功能剖面是关于如何使用软件系统的一种定量描述。任何一个软件系统在使用过程中，各个功能部件的使用概率是不同的。软件功能剖面详细地刻画了软件系统实际的使用情况。功能剖面的定义对软件可靠性测试的测试用例的选择有着重要的影响。

采用基于功能剖面的方法选取测试用例，避免测试工作量分配不均匀的问题。

在进行可靠性测试时，首先要确定软件的功能剖面。可以通过分析同类软件的实际使用情况，或通过对重点用户的调查的信息分配到软件的功能路径上，即确定每一功能模块在给定系统中的使用概率，由此来确定测试用例数的选择方案，进行测试用例的选择。

根据不同功能模块的使用频率来均匀的分配测试工作，可以在软件可靠性测试中更真实地反映软件系统在实际使用中的情况，使软件中的每个功能都得到了充分的测试。

A.3 测试用例设计

在实际应用中，一般是对测试软件系统的关键功能模块或者复杂度高的模块设计较多的测试用例。

设计可靠性测试用例之前应先对软件系统构造功能剖面并对各功能模块的复杂度进行度量，然后针对复杂度高的功能模块设计较多的测试用例。

在实施可靠性测试时，需要运行系统相关的业务，这就需要一些数据支持才可运行业务。有时候需要准备大量数据，例如飞机订票系统查询订票信息，就需要准备大量的订票记录。又比如测试并发查询业务，就要求对应的数据库和表中有相当的数据量，并且数据的种类应能覆盖每种业务。

有时候还需要考虑特殊系统需要的测试数据，例如测试杀毒软件的扫描速度时，硬盘上布置的不同类型文件的比例要尽量接近真实环境，这样测试出来的数据才有意义。

测试数据的来源可以有几种方式：购买、工具生成、系统捕获、手工构造、随机产生等。不同的方式有不同的特性。方式的选择应该根据具体情况而定。

A.4 测试场景设计

测试场景设计可根据如下步骤进行：

——根据相关文档和访谈对用户在运行软件时可能出现的失效模式进行总结并分类，确定关键的失效模式；

——确定软件在实际应用中的业务流程，根据软件需求方提供的实际业务情况确定被测软件在应用中的业务流程；

——根据历史数据估算同时运行软件的用户数量；

——根据用户执行活动的进入时间和退出时间设计用户进入和退出软件系统时间；

——设计测试执行周期，确定可靠性测试执行周期和测试时间。

A.5 测试环境和工具的准备

测试环境和工具的准备主要包括：

——根据被测试的软件系统准备相应的软硬件及网络环境；

——根据选定使用的测试工具准备相应的软硬件及网络环境；

——根据设计的特定测试场景准备相应的软硬件及网络环境；

——准备测试数据。

A.6 可靠性测试实施

对测试场景的部署可通过测试工具本身提供的功能来实现，这需要熟悉测试工具的人员来完成。一般由测试实施人员完成，并由测试设计人员确认其部署是否符合预期的设计。

准备好测试用例和部署好测试环境以及场景以后，就可以运行测试场景执行测试了。在测试工具的协助下，对测试执行的过程和结果进行记录。

在测试场景执行期间，需要完成以下工作：

——记录在测试场景设计中定义的持续时间；

——收集生成的错误、警告和通知信息。

测试数据记录可以依靠测试工具完成。通过测试工具的监控模块，可以获取并记录需要关注的各时间及次数记录值。

当测试工具本身不提供对所需关注的时间及次数进行监控的功能时，可以利用一些操作系统的工具，自行编制部分脚本解决这个问题。一般的方法是用脚本调用操作系统提供的工具，在脚本实现中将各时间及次数记录值分析出来，并按照一定格式记录在本地文件中。

A.7 数据收集和分析

应尽早根据确定的可靠性模式确定需要收集的可靠性数据，并定义可靠性数据规范和记录方法，如时间、失效、失效等级等。

制定可靠性数据收集计划，指定收集人员，收集人员可以来自开发方，也可以来自软件使用者。软件完成交付后，可根据可靠性需求，继续收集可靠性数据。

可以利用数据库来完成可靠性数据的存储。

可靠性数据的分析主要包括失效分析和可靠性分析：

——失效分析

失效分析是根据运行结果判断软件是否失效，以及失效的程度、后果、原因等；

——可靠性分析

可靠性分析主要是指根据失效数据，估计软件的可靠性水平，预计可能达到的水平，评价产品是否已经达到要求的可靠性水平，为管理决策提供依据。

如果软件的运行结果与需求不一致，则称软件发生失效。通过失效分析，找到并纠正引起失效的程序中的故障，从而实现软件可靠性的增长。

A.8 故障跟踪

故障跟踪一般应包括打开、分配、测试、重新打开以及关闭等状态。

打开：如果测试人员已能描述和隔离问题，则可以公开报告，将其作为已知的故障来公布。

分配：将故障分配给适当的开发经理，开发经理又依次把故障分配给开发人员，开发人员进行修改。

测试：一旦开发小组修复了问题，就要进入测试状态。对修复的故障要在测试组织中进行验证测试和回归测试。

重新打开：如果对修复验证测试失败，则重新打开故障报告；如果修复通过验证测试，但没有通过回归测试，则打开一个新的故障报告。

关闭：如果修复通过验证测试和回归测试，则关闭故障报告。

故障跟踪宜使用测试工具。

参 考 文 献

［1］ GB/T 5271.1—2000　信息技术　词汇　第1部分:基本术语(eqv ISO/IEC 2382-1:1993)

［2］ GB/T 5271.14—2008　信息技术 词汇　第14部分:可靠性、可维护性和可用性(ISO/IEC 2382-14:1997,IDT)

［3］ GB/T 5271.20—1994　数据处理词汇　20部分:系统开发(eqv ISO/IEC 2382-20:1990)

［4］ GB/T 16260.2—2006　软件工程　产品质量　第2部分:外部度量(ISO/IEC TR 9126-2:2003,IDT)

ICS 35.080
L 77

中华人民共和国国家标准

GB/T 29833.1—2013

系统与软件可移植性 第1部分：指标体系

**Portability of system and software—
Part 1:Indicator system**

2013-11-12 发布　　　　2014-02-01 实施

中华人民共和国国家质量监督检验检疫总局
中国国家标准化管理委员会　发布

前　言

GB/T 29833在《系统与软件可移植性》总标题下，分为如下三部分：

——第1部分：指标体系；

——第2部分：度量方法；

——第3部分：测试方法。

本部分为GB/T 29833的第1部分。

本部分按照GB/T 1.1—2009给出的规则起草。

本部分由全国信息技术标准化技术委员会(SAC/TC 28)提出并归口。

本部分起草单位：上海计算机软件技术开发中心、中国电子技术标准化研究院、浙江省电子产品检验所、深圳市中联信信息技术有限公司、上海浦东软件平台有限公司、上海宝信软件股份有限公司、辽宁北方实验室有限公司、国家应用软件产品质量监督检验中心、南宁市平方软件新技术有限责任公司、上海市电力公司科信部。

本部分主要起草人：蔡立志、刘振宇、姜旭、李嘉、池仁隆、宣以广、黄观仁、张建良、潘国瑞、张旸旸、袁玉宇、李家宏、张露莹、倪小亮、丁志刚、滕逸龙、欧阳树生、左家平、杨丽春、潘晓明、温家凯、张春柳。

引　言

GB/T 29833 的本部分参照 GB/T 16260—2006《软件工程　产品质量》提出了系统与软件可移植性指标体系。

本部分适用考量将同一软件产品在不同的环境之间移植并使之正常运行的难易程度，或/和对其所述环境的适应能力。开发方、维护方、评价方、质量管理方和需方可以选择合适的指标，用来定义可移植性质量需求、评价软件产品的可移植性、测量可移植性质量情况或作其他用途。本部分并非每种指标都适用于所有计算机系统与软件，相关方可以根据实际需要修改指标或使用本部分未包括的其他指标。

本标准预期的主要使用者包括：

a） 软件供方，当：
   1） 需要声明软件产品可移植性时；
   2） 对照声明的可移植特性自行评估系统和软件产品时；
   3） 对软件进行可移植性相关的产品设计和实现时；
b） 为可移植性符合性证书或标志进行测试的第三方评测机构；
c） 潜在的需方，当：
   1） 对即将采购的软件产品的可移植性要求和现有产品的说明信息进行比较时；
   2） 实际运行的环境和采购的环境存在差异时；
   3） 检验可移植性要求是否被满足。

GB/T 29833.2《系统与软件可移植性　第 2 部分：度量方法》给出了如何获得可移植性指标测量值的度量方法。GB/T 29833.3《系统与软件可移植性　第 3 部分：测试方法》描述了可移植性指标的测试方法。本部分旨在和 GB/T 29833.2 及 GB/T 29833.3 联合使用。

系统与软件可移植性
第1部分：指标体系

1 范围

GB/T 29833的本部分规定了系统与软件可移植性指标体系及相关定义。

本部分适用于对系统与软件在多样性环境之间迁移的适应能力的评价。用户可以针对特定产品的不同移植需求，选择、修改和应用本部分中的指标。

注：本部分中所指的系统主要是软件系统。

2 规范性引用文件

下列文件对于本文件的应用是必不可少的。凡是注日期的引用文件，仅注日期的版本适用于本文件。凡是不注日期的引用文件，其最新版本(包括所有的修改单)适用于本文件。

GB/T 11457 软件工程术语

3 术语和定义

GB/T 11457中界定的以及下列术语和定义适用于本文件。

3.1

度量 metric

定义测量的方法和测量标度。

[GB/T 18905.1—2002，定义4.20]

3.2

可移植性 portability

系统或软件能适应的软件或者硬件环境的能力。

注：可移植性是软件产品的一种能力属性，其行为表现为一种程度。

3.3

质量 quality

实体的特性之和，表示实体满足明确或者隐含要求的能力。

[GB/T 18905.1—2002，定义4.21]

3.4

质量模型 quality model

一种特性与特性之间的关系，它提供规定质量需求和评价质量的基础。

[GB/T 18905.1—2002，定义4.24]

4 概述

系统与软件的运行，会受到诸多因素的影响。这些因素包括：

——软件产品所依赖的硬件基础；

——系统与软件的运行软件环境，包括软件产品所必需的支撑软件环境和共存环境；

——系统与软件所需要的数据资源。

这些因素都将直接或者间接的影响到系统与软件可移植性，如图 1 所示。

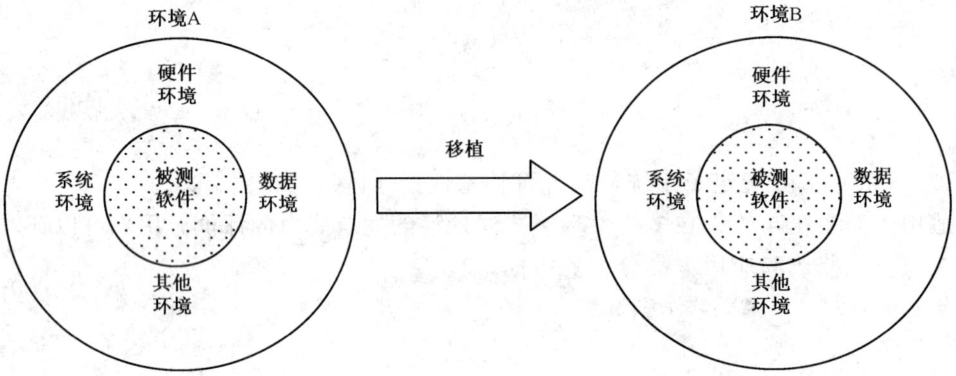

图 1　系统与软件移植影响因素示意图

5　指标体系模型

系统与软件可移植性的模型描述采用特性、子特性的方式进行，如图 2 所示。系统与软件的可移植性指标体系宜从适应性、易安装性、易替换性、移植完整性四个方面来描述：

a)　适应性：系统与软件对于适应不同的规定环境时的能力。

1)　硬件适应性

用于测量当目标软件试图适应于各种不同的规定的硬件环境的能力，常见的硬件环境包括 CPU、存储设备、网络设备以及各类输出介质等周边设备。

2)　操作系统适应性

用于测量目标软件对各种操作系统的适应能力。

3)　数据库适应性

用于测量目标软件对各种数据库的适应能力。

4)　支撑软件适应性

用于测量目标软件对各种支撑软件的适应能力。

5)　组织环境的适应性

用于测量目标软件对各种组织环境的适应能力。

6)　有效软件共存性

系统与软件与其他软件的共存能力。

7)　通信适应性

用于测量目标软件对不同通信方式的适应能力。包括不同接入方式、通信协议等。

注 1：常见的接入方式，如有线、无线等。

注 2：常见的通信协议，如 NETBEUI、IPX/SPX、TCP/IP 等。

8)　数据适应性

用于测量目标软件适应于不同的规定环境时，其对数据的适应情况。

b)　易替换性：试图用该软件代替软件环境中其他规定的软件的支持能力。

1)　数据的连续使用

在更换原先的软件之后观察用户或维护者能否继续使用同样的数据。

2) 功能的内含性

在用软件更换原先软件之后，观察用户或维护者能否继续容易地使用类似功能。

c) 易安装性：系统与软件对于用户安装的支持能力。

1) 安装的正确性

用于测量目标软件在特定环境中是否被安装成功。

2) 安装的影响性

用于测量系统与软件的安装过程是否会影响到其他软件或设备的正常运行，或者其他运行的软件或者设备是否会影响到安装过程的进行。

3) 安装的难易性

用于测量目标软件在特定环境中被安装的难易程度。

4) 安装的灵活性

用于测量由安装过程提供的可供用户进行定制操作的内容。

5) 安装效率

用于测量系统与软件实施安装过程所耗费的时间。

d) 移植完整性：系统与软件对于安装以后完整程度。

1) 移植正确性

用于测量其提供的功能在规定环境中的完备程度。

2) 移植一致性

用于测量被检测功能是否仍与在移植之前环境下（或规定的基础环境下）保持相同的操作步骤或者使用相同的执行流程。用户对功能操作的变化的适应程度。

本部分和 GB/T 16260.2—2006 的对应关系参见附录 A。

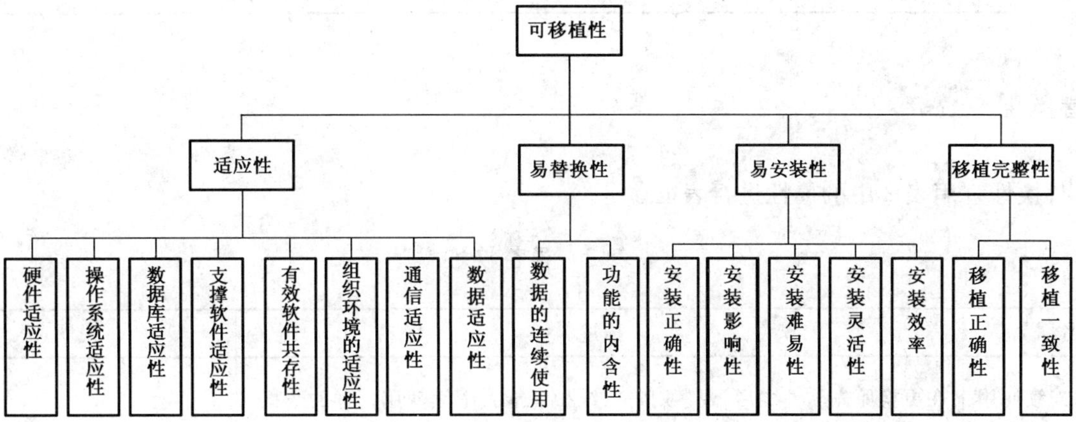

图 2 系统与软件可移植性指标体系

6 适应性

适应性宜用表 1 中的属性进行表征。

表 1　适应性

名称	描述	说明
硬件适应性	当系统与软件相关的硬件环境发生变化时，系统与软件对其的适应能力	考虑 CPU、存储设备、网络设备、输入/输出设备的变化对系统与软件的影响
操作系统适应性	系统与软件对于规定的操作系统的适应能力	宜考虑对于相同类型操作系统的适应情况，和对于不同类型操作系统的适应情况
数据库适应性	系统与软件对于所使用的数据库的适应能力	对未采用数据库的系统和软件可不考虑本指标
支撑软件适应性	作为系统与软件对正常运行所必需依赖之的支撑软件的适应能力	支撑软件包括中间件、语言运行环境以及其他必需被安装的支撑软件等
有效软件共存性	系统与软件在试图适应于规定环境，在此前后该规定环境下的其他软件能否有效的与目标软件共存	宜考虑对同类型软件的共存和不同类型软件的共存
组织环境的适应性	系统与软件对运行环境的适应能力	本指标涉及用户组织的业务运行环境
通信适应性	系统与软件对传输模式调整的适应能力	无交互传输的系统或软件可不考虑此项指标。宜考虑如调整通信协议，以及在有线和无线网络之间的传输差异
数据适应性	系统与软件试图适应于规定的环境，其所使用的相关数据在规定环境下使用的完备程度	宜同时考虑数据类型的变化和数据格式的变化

7　易替换性

易替换性宜用表 2 中的属性进行表征。

表 2　易替换性

名称	描述	说明
数据的连续使用	在更换原先软件之后，观察用户或维护者能否继续使用同样的数据	—
功能的内含性	在更换原先软件之后，观察用户或维护者能否继续容易地使用类似功能	—

8　易安装性

易安装性宜用表 3 中的属性进行表征。

表 3 易安装性

名称	描述	说明
安装正确性	遵循有效的安装指导，系统与软件能够正确的在试图适应的规定环境中被安装成功	在测量该指标时，宜同时考虑试图适应的规定环境的数量和尝试安装的次数，并对“安装成功”建立相应的判定依据
安装影响性	遵循有效的安装指导，系统与软件的安装过程是否会影响到其他软件或设备的正常运行，或者其他运行的软件或者设备是否会影响到安装过程的进行	在测量该指标时，宜考虑安装过程受到的影响，如安装无法顺利完成等情况。对于安装完成之后造成的影响应该由软件适应性指标或者其他指标来进行测量
安装难易性	系统与软件的安装步骤，是否通过简易的用户操作来实现	在测量该指标时，宜考虑安装过程中，人为介入的步骤，以及其他必需的支撑软件或者插件是否被包含在安装之内
安装灵活性	在系统与软件被实施安装的过程中，由安装过程提供的可供用户进行定制操作的内容	—
安装效率	系统与软件实施安装过程所耗费的时间	由于安装的过程或多或少存在人为因素的影响，建议测量该指标时，宜多次实施安装并取平均值作为安装效率，需剔除用户本身操作延误所消耗的时间。如完全的自动化安装可取一次性结果

9 移植完整性

移植完整性宜用表 4 中的属性进行表征。

表 4 移植完整性

名称	描述	说明
移植正确性	系统与软件在适应规定环境后，测量其提供的功能在规定环境中的完备程度	在测量该指标时，测试范围应有所限定，如已经做出说明说明不包含在所需要适应的规定环境中的功能，则无需纳入完备程度的考量
移植一致性	系统与软件在适应规定环境后，被检测功能是否仍与在之前保持相同的操作步骤或者使用相同的执行流程。用户能否适应功能操作的变化	在测量该指标时，宜考虑在适应多个规定环境时，功能的操作执行的差异程度

附 录 A
（资料性附录）
本部分与 GB/T 16260.2—2006 的对照关系

本部分定义的可移植性指标体系与 GB/T 16260.2—2006 中定义的可移植性度量元的对照关系见表 A.1。

表 A.1 对照关系表

本部分		GB/T 16260.2—2006
适应性	硬件适应性	适应性——硬件环境的适应性
	操作系统适应性	适应性——系统软件环境的适应性
	数据库适应性	适应性——系统软件环境的适应性
	支撑软件适应性	适应性——系统软件环境的适应性
	有效软件共存性	共存性
	组织的适应性	适应性——组织环境的有效性
	通信适应性	—
	数据适应性	适应性——数据结构的适应性
易替换性	数据的连续使用	易替换性——数据的连续使用
	功能的内含性	易替换性——功能的内含性
易安装性	安装正确性	易安装性——易于重新安装
	安装影响性	—
	安装难易性	—
	安装灵活性	易安装性——易于安装
	安装效率	适应性——移植的友好性
移植完整性	移植正确性	—
	移植一致性	易替换性——用户支持功能的一致性

参 考 文 献

[1] GB/T 5271.1—2000 信息技术 词汇 第1部分:基本术语(eqv ISO/IEC 2382-1:1993)

[2] GB/T 5271.20—1994 信息技术 词汇 20部分:系统开发(eqv ISO/IEC 2382-20:1990)

[3] GB/T 16260.1—2006 软件工程 产品质量 第1部分:质量模型(ISO/IEC 9126-1:2001, IDT)

[4] GB/T 16260.2—2006 软件工程 产品质量 第2部分:外部度量(ISO/IEC TR 9126-2:2003, IDT)

[5] GB/T 16260.3—2006 软件工程 产品质量 第3部分:内部度量(ISO/IEC TR 9126-3:2003, IDT)

[6] GB/T 16260.4—2006 软件工程 产品质量 第4部分:使用质量度量(ISO/IEC TR 9126-4:2004 ,IDT)

[7] GB/T 18905.1—2002 软件工程 产品评价 第1部分:概述(ISO/IEC 14598-1:1999, IDT)

[8] GB/T 18905.2—2002 软件工程 产品评价 第2部分:策划和管理(ISO/IEC 14598-2:2000, IDT)

[9] GB/T 18905.3—2002 软件工程 产品评价 第3部分:开发者用的过程(ISO/IEC 14598-3:2000, IDT)

[10] GB/T 18905.4—2002 软件工程 产品评价 第4部分:需方用的过程(ISO/IEC 14598-4:1999 ,IDT)

[11] GB/T 18905.5—2002 软件工程 产品评价 第5部分:评价者用的过程(ISO/IEC 14598-5:1998, IDT)

[12] GB/T 18905.6—2002 软件工程 产品评价 第6部分:评价模块的文档编制(ISO/IEC 14598-6:2001, IDT)

[13] GB/T 20157—2006 信息技术 软件维护 (ISO/IEC 14764:1999, IDT)

[14] ISO/IEC 25010:2011 Systems and software engineering—Systems and software Quality Requirements and Evaluation (SQuaRE)—System and software quality models

ICS 35.080
L 77

中华人民共和国国家标准

GB/T 29833.2—2013

系统与软件可移植性 第2部分：度量方法

Portability of system and software—Part 2: Metric method

2013-11-12 发布　　2014-02-01 实施

中华人民共和国国家质量监督检验检疫总局
中国国家标准化管理委员会　发布

前　　言

GB/T 29833在《系统与软件可移植性》总标题下，分为如下三部分：

——第1部分：指标体系；

——第2部分：度量方法；

——第3部分：测试方法。

本部分为GB/T 29833的第2部分。

本部分按照GB/T1.1—2009给出的规则起草。

本部分由全国信息技术标准化技术委员会(SAC/TC 28)提出并归口。

本部分起草单位：上海计算机软件技术开发中心、中国电子技术标准化研究院、浙江省电子产品检验所、深圳市中联信信息技术有限公司、上海浦东软件平台有限公司、上海宝信软件股份有限公司、辽宁北方实验室有限公司、国家应用软件产品质量监督检验中心、南宁市平方软件新技术有限责任公司、上海市电力公司科信部。

本部分主要起草人：刘振宇、蔡立志、宗宇伟、姜旭、伏如祥、宣以广、黄观仁、张建良、潘国瑞、张旸旸、袁玉宇、李家宏、张露莹、邵卫军、丁志刚、王建纲、范昀、左家平、杨丽春、潘晓明、刘连芳、李嘉、池仁隆。

引　　言

GB/T 29833的本部分参照GB/T 16260—2006《软件工程 产品质量》提供了可移植性质量度量方法。

本部分将软件产品的可移植性从适应性、易替换性、易安装性、移植完整性来进行衡量。在具体实施时，根据软件特点选择适宜的要素对被测目标软件的可移植性进行测量评价。

本标准预期的主要使用者包括：

a) 软件供方，当：
   1) 需要声明软件产品可移植性时；
   2) 对照声明的可移植特性自行评估系统和软件产品时；
   3) 对软件进行可移植性相关的产品设计和实现时；
b) 为可移植性符合性证书或标志进行测试的第三方评测机构；
c) 潜在的需方，当：
   1) 对即将采购的软件产品的可移植性要求和现有产品的说明信息进行比较时；
   2) 实际运行的环境和采购的环境存在差异时；
   3) 检验可移植性要求是否被满足。

GB/T 29833.1《系统与软件可移植性　第1部分：指标体系》给出了可移植性指标体系，GB/T 29833.3《系统与软件可移植性　第3部分：指标体系》描述了可移植性指标的测试方法。本部分旨在与GB/T 29833.1和GB/T 29833.3联合使用。

系统与软件可移植性
第2部分:度量方法

1 范围

GB/T 29833的本部分依据系统与软件可移植性的指标体系,规定对于每类体系指标进行评价的度量方法。

本部分适用于指导用户对GB/T 29833.1中所描述的系统与软件可移植性的指标体系进行度量评价。并通过度量结果反映系统与软件可移植性的优劣。用户可以针对特定产品的不同移植需求,应用本部分中的度量方法。

注:本部分中所指的系统主要是软件系统。

2 规范性引用文件

下列文件对于本文件的应用是必不可少的。凡是注日期的引用文件,仅注日期的版本适用于本文件。凡是不注日期的引用文件,其最新版本(包括所有的修改单)适用于本文件。

GB/T 11457 软件工程术语

GB/T 29833.1 系统与软件可移植性 第1部分:指标体系

3 术语和定义

GB/T 11457和GB/T 29833.1中界定的术语和定义适用于本文件。

4 适应性

适应性宜对软件对于环境的适应能力相关的属性进行测量,如表1所示。

表1 适应性

指标名称	指标描述	测量、公式及数据元素计算	测量值说明
硬件适应性	系统与软件在适应新的环境过程中,硬件环境对软件适应能力造成影响	$X=A/B$ 式中: A——系统与软件能够适应的硬件数量; B——期望系统和软件能适应且正确运行的硬件环境类型的总数	$0 \leqslant X \leqslant 1$,越接近1越好
操作系统适应性	系统与软件对各种操作系统的适应能力。 对于操作系统的适应性,需综合考虑其他相关度量特性	$X=A/B$ 式中: A——系统和软件能成功适应的操作系统个数; B——期望系统和软件能成功适应的操作系统个数	$0 \leqslant X \leqslant 1$,越接近1越好

表 1（续）

指标名称	指标描述	测量、公式及数据元素计算	测量值说明
数据库适应性	在软件运行的新环境中，数据库软件对软件正确运行的影响	$X=A/B$ 式中： A——系统和软件能成功适应的数据库个数； B——期望系统和软件能成功适应的数据库个数	$0 \leqslant X \leqslant 1$，越接近1越好
支撑软件适应性	在软件运行的新环境中，各类支撑软件对软件正确运行的影响	$X=A/B$ 式中： A——系统和软件能成功适应的支撑软件个数； B——期望系统与软件能成功适应的支撑软件个数	$0 \leqslant X \leqslant 1$，越接近1越好
有效软件共存性	在移植之后，是否会影响到移植软件产品的正确使用	$X=A/B$ 式中： A——共同运行时，能让目标软件正常运行的软件个数； B——希望能与目标软件共存的软件个数	$0 \leqslant X \leqslant 1$，越接近1越好
组织环境的适应性	系统与软件对于环境的适应能力	$X=1-A/B$ 式中： A——在用户的业务环节中运行测试期间没有完成任务或不足以使任务满足适当级别的运行的功能数； B——运行测试的功能总数	$0 \leqslant X \leqslant 1$，越接近1越好
通信适应性	系统与软件对传输模式调整的适应能力	$X=A/B$ 式中： A——用户能够成功适应的通信模式的数量； B——用户期望能够适应的通信模式的数量	$0 \leqslant X \leqslant 1$，越接近1越好
数据适应性	系统与软件对数据变化的适应能力	$X=A/B$ 式中： A——适应成功或者运行并被观察到的数据种类数； B——期望能在软件适应的环境中运行的数据种类总数	$0 \leqslant X \leqslant 1$，越接近1越好

5 易替换性

易替换性宜对表2中的属性进行测量，即当系统或用户试图用该软件代替软件环境中其他规定的软件时的用户行为。

表 2　易替换性

指标名称	指标描述	测量、公式及数据元素计算	测量值说明
数据的连续使用	系统与软件在变更之后是否能继续使用相同的数据	$X=A/B$ 式中： A——在其他更换的软件中使用并证实能继续使用的数据个数； B——在其他更换的软件中使用并计划能继续重新使用的数据个数	$0 \leqslant X \leqslant 1$，越接近1越好
功能的内含性	系统与软件在变更之后是否能继续使用相同的数据	$X=A/B$ 式中： A——在新版软件中产生类似结果而无需变更的功能数； B——由要更换的其他系统与软件提供的有类似功能并已测试过的功能数	$0 \leqslant X \leqslant 1$，越接近1越好

6　易安装性

易安装性用来度量移植的可实施性，如表 3 所示。

表 3　易安装性

指标名称	指标描述	测量、公式及数据元素计算	测量值说明
安装正确性	在移植过程中，遵循有效的安装指导，在安装完成后，软件产品是否能顺利运行	$X=A/B$ 式中： A——软件在新环境下安装成功的次数； B——软件在新环境下安装的总次数	$0 \leqslant X \leqslant 1$，越接近1越好
安装影响性	在移植过程中，软件安装过程中或安装完成后是否会影响到其他软件或者环境的运行及设置	$X=A/B$ 式中： A——在安装过程中以及安装完毕后，运行状态受到影响的软件数量； B——在该环境下运行的软件总数	$0 \leqslant X \leqslant 1$，越接近0越好
安装难易性	在移植过程中，软件产品的安装步骤是否能够通过简易的用户操作来实现	$X=A/B$ 式中： A——在安装过程中，需要由用户人为介入以保证安装能够正常执行的步骤次数； B——在安装过程中，总共需要的操作步骤次数	$0 \leqslant X \leqslant 1$，越接近0越好
安装灵活性	在移植过程中，软件是否可以定制安装	$X=A/B$ 式中： A——在安装过程中，可由用户进行定制的步骤次数； B——在安装过程中，总共需要的操作步骤次数	$0 \leqslant X \leqslant 1$，越接近1越好

表 3（续）

指标名称	指标描述	测量、公式及数据元素计算	测量值说明
安装效率	在移植过程中，从开始安装软件到安装完成所消耗的时间	$X=T$ 式中： T——在安装过程中，实际消耗的时间	$0\leqslant X$，X 越小越好

7 移植完整性

移植完整性用来度量系统与软件对环境变化的可移植程度，如表 4 所示。

表 4 移植完整性

指标名称	指标描述	测量、公式及数据元素计算	测量值说明
移植正确性	在移植之后，软件产品的被检测功能是否能够被正确无误的执行	$X=1-A/B$ 式中： A——测试或验证不符合的功能点个数； B——需测试或验证的功能点个数	$0\leqslant X\leqslant 1$，越接近 1 越好
移植一致性	在移植之后，软件产品的被检测功能是否仍与在移植之前保持相同的操作步骤或者使用相同的执行流程。用户能否适应功能操作的变化	$X=1-A/B$ 式中： A——在测试过程中，当移植后，功能点执行的步骤或者流程与之前的操作不一致，可能影响用户的使用和理解，或者用户认为无法接受的操作调整，诸如此类的功能点的个数； B——在测试过程中，需要测试或验证一致性的功能点个数	$0\leqslant X\leqslant 1$，越接近 1 越好

参 考 文 献

[1] GB/T 5271.1—2000 信息技术 词汇 第1部分:基本术语(eqv ISO/IEC 2382-1:1993)

[2] GB/T 5271.20—1994 信息技术 词汇 20部分:系统开发(eqv ISO/IEC 2382-20:1990)

[3] GB/T 16260.1—2006 软件工程 产品质量 第1部分:质量模型(ISO/IEC 9126-1:2001 IDT)

[4] GB/T 16260.2—2006 软件工程 产品质量 第2部分:外部度量(ISO/IEC TR 9126-2:2003 IDT)

[5] GB/T 16260.3—2006 软件工程 产品质量 第3部分:内部度量(ISO/IEC TR 9126-3:2003 IDT)

[6] GB/T 16260.4—2006 软件工程 产品质量 第4部分:使用质量度量(ISO/IEC TR 9126-4:2004 IDT)

[7] GB/T 18905.2—2002 软件工程 产品评价 第2部分:策划和管理(ISO/IEC 14598-2:2000 IDT)

[8] GB/T 18905.3—2002 软件工程 产品评价 第3部分:开发者用的过程(ISO/IEC 14598-3:2000 IDT)

[9] GB/T 18905.4—2002 软件工程 产品评价 第4部分:需方用的过程(ISO/IEC 14598-4:1999 IDT)

[10] GB/T 18905.5—2002 软件工程 产品评价 第5部分:评价者用的过程(ISO/IEC 14598-5:1998 IDT)

[11] GB/T 18905.6—2002 软件工程 产品评价 第6部分:评价模块的文档编制(ISO/IEC 14598-6:2001 IDT)

[12] GB/T 20157—2006 信息技术 软件维护 (ISO/IEC 14764:1999, IDT)

[13] ISO/IEC 25010:2011 Systems and software engineering — Systems and software Quality Requirements and Evaluation (SQuaRE) — System and software quality models

ICS 35.080
L 77

中华人民共和国国家标准

GB/T 29833.3—2013

系统与软件可移植性 第3部分：测试方法

Portability of system and software—
Part 3: Testing method

2013-11-12 发布　　2014-02-01 实施

中华人民共和国国家质量监督检验检疫总局
中国国家标准化管理委员会 发布

前言

GB/T 29833 在《系统与软件可移植性》总标题下，分为如下三部分：

——第 1 部分：指标体系；

——第 2 部分：度量方法；

——第 3 部分：测试方法。

本部分为 GB/T 29833 的第 3 部分。

本部分按照 GB/T 1.1—2009 给出的规则起草。

本部分由全国信息技术标准化技术委员会(SAC/TC 28)提出并归口。

本部分起草单位：上海计算机软件技术开发中心、中国电子技术标准化研究院、浙江省电子产品检验所、深圳市中联信信息技术有限公司、上海浦东软件平台有限公司、上海宝信软件股份有限公司、辽宁北方实验室有限公司、国家应用软件产品质量监督检验中心、南宁市平方软件新技术有限责任公司、上海市电力公司科信部。

本部分主要起草人：蔡立志、刘振宇、李嘉、宗宇伟、张春柳、宣以广、黄观仁、张建良、潘国瑞、张旸旸、袁玉宇、李家宏、张露莹、沈春锋、丁志刚、朱从锋、王博、左家平、杨丽春、潘晓明、黄家裕、姜旭、池仁隆。

引　　言

GB/T 29833 的本部分提供了可移植性评测方法。

本部分根据可移植性的指标体系及度量方法，对可移植性评测的过程进行了描述，给出了具体执行步骤或相应的方法，便于用户或者评测人员进行操作。本部分所列的方法并非一个完备集，不包括尚在探索中的新方法。进行可移植性测试的人员可以以本部分为参考，选择本部分中合适的单一方法或者将多个方法进行组合，用来测量系统与软件的可移植性质量情况。

本部分适用于各种有环境适应性要求或者产生了移植过程的相关系统和软件的测试，但并非每种方法适用于各种计算机软件产品及相关系统。

本标准预期的主要使用者包括：

a) 软件供方，当：
   1) 需要声明软件产品可移植性时；
   2) 对照声明的可移植特性自行评估系统和软件产品时；
   3) 对软件进行可移植性相关的产品设计和实现时；
b) 为可移植性符合性证书或标志进行测试的第三方评测机构；
c) 潜在的需方，当：
   1) 对即将采购的软件产品的可移植性要求和现有产品的说明信息进行比较时；
   2) 实际运行的环境和采购的环境存在差异时；
   3) 检验可移植性要求是否被满足。

GB/T 29833.1《系统与软件可移植性　第 1 部分：指标体系》给出了可移植性指标体系，GB/T 29833.2《系统与软件可靠性　第 2 部分：度量方法》给出了如何获得可移植性指标测量值的度量方法。本部分旨在与 GB/T 29833.1 和 GB/T 29833.2 联合使用。

系统与软件可移植性 第3部分:测试方法

1 范围

GB/T 29833 的本部分给出了如何获得可移植性指标测量值的测试方法。

本部分适用于各种有环境适应性要求或者产生了移植过程的相关系统和软件的测试。

注:本部分中所指的系统主要是软件系统。

2 规范性引用文件

下列文件对于本文件的应用是必不可少的。凡是注日期的引用文件,仅注日期的版本适用于本文件。凡是不注日期的引用文件,其最新版本(包括所有的修改单)适用于本文件。

GB/T 11457 软件工程术语

GB/T 29833.1 系统与软件可移植性 第1部分:指标体系

GB/T 29833.2 系统与软件可移植性 第2部分:度量方法

3 术语和定义

GB/T 11457 和 GB/T 29833.1 中界定的术语和定义适用于本文件。

4 概述

GB/T 29833.2 规定了系统与软件可移植性的度量方法,本部分针对度量方法中的相关公式,给出测试方法。但是可以使用其他的技术间接完成测试。常见的维护性测试方法有:专家评审法、技术测试法和用户调查法。各类方法说明如下:

a) 专家评审法——一种主观的测评方法。评审时,应根据被评审对象和评审目的,设计评审项目表,列出打分栏目、分值、权重和打分规则。可由 N 个专家组成一个评审组,专家根据自身的经验与认知,进行判断打分。然后,依据专家的权重和统计规则,进行分值汇总计算,其计算得出的值作为评审的结果。打分规则可以是分等级的,也可以是一个取值区间,或选择一个其他的合适规则;

b) 技术测试法——一种客观的测评方法。技术测试时,可依据被测对象和测试目的,选择采用适用的自动化测试工具进行,也可由人工进行手工测试。技术测试获得的结果通常是一种量化的测量结果;

c) 用户调查法——一种面向特定用户群的问卷征询方法。用户调查时,应根据调查的目的和特定的用户群,设计调查表,让被调查对象填写并反馈,调查表的回收数应达到一定的数量,并不低于发出数的适当比例。然后,对回收的调查表进行汇总计算,其计算得出的值作为用户调查的结果。

5 适应性

5.1 硬件适应性

硬件适应性的测试要求如下：

——前置条件

移植的目标硬件环境已经准备就绪；

——测试输入

需求规格说明书、设计规格说明书、移植的目标硬件环境；

——测量类型

计数/计数；

——测试方法

技术测试法，利用组合方法测试计数系统和软件能够使用的硬件组合数；

——实施要点：

1） 确定硬件适应性测试范围，宜考虑对系统中以下主要硬件部件（不局限于以下举例）的可移植性进行考量，如CPU、存储设备、辅助设备（如打印机、扫描仪等）、网络设备（如路由器、交换机等）；

2） 确定硬件适应性测试的输入，输入可以包括但不局限于：需求规格说明书、设计规格说明书等，将适应的硬件环境数量计为 B；

3） 依照硬件适应性测试输入确定需进行测试硬件适应性矩阵表，见表1；

表1 硬件适应性矩阵表

类型	环境1	环境2	…	环境 B
CPU	CPU1	CPU2	…	…
硬盘	硬盘1	硬盘2	…	…
…	…	…	…	…
N	…	…	…	…

在度量硬件兼容性时，应确保移植的环境除指定硬件之外的硬件及配置完全一致；

4） 将经过实际测试验证，能满足软件运行情况的硬件环境的总数计为 A；

5） 根据GB/T 29833.2度量公式 $X=A/B$，计算出测量结果。

5.2 操作系统适应性

操作系统适应性的测试要求如下：

——前置条件

移植的目标操作系统已经准备就绪；

——测试输入

需求规格说明书、设计规格说明书、移植的目标操作系统环境；

——测量类型

计数/计数；

——测试方法

技术测试法，计数移植成功的操作系统；

——实施要点：

1） 识别要移植的所有操作系统 OS_1、OS_2…OS_n 并统计数量，计为 B；

2） 保持其他软件环境不变，将应用或者系统移植到所需要适应的目标操作系统中；

3） 统计软件最终能够成功移植的目标操作系统的数量，计为 A；

4） 根据 GB/T 29833.2 度量公式 $X=A/B$，计算出测量结果。

5.3 数据库适应性

数据库适应性的测试要求如下：

——前置条件

移植的目标数据库已经准备好；

——测试输入

需求规格说明书、设计规格说明书、移植的目标数据库环境；

——测量类型

计数/计数；

——测试方法

技术测试法，计数目标软件能够成功移植的数据库数量；

——实施要点：

1） 识别要移植的所有数据库 DB_1、DB_2…DB_n 并统计数量，计为 B；

2） 根据数据表移植完整性（M_i）、数据库可访问性（N_i）计算数据库的可移植性 X_i。所有数据表均被移植成功，则 $M_i=1$，否则 $M_i=0$。与数据库 DB_i 可建立起连接，则 $N_i=1$，否则 $N_i=0$。$X_i=M_i\times N_i$ 记录入表 2；

表 2 数据库适应性表

数据库	数据表移植完整性	数据库可访问性	目标数据库的可移植性
DB_1	M_1	N_1	$X_1=M_1\times N_1$
DB_2	M_2	N_2	$X_1=M_2\times N_2$
…	…	…	…
DB_n	M_n	N_n	$X_n=M_n\times N_n$

3） 根据 X_i 的值判断移植是否成功。若 $X_i=1$，则在 DB_i 上移植成功，若 $X_i=0$，则在 DB_i 上移植不成功，统计最终移植成功的数据库数，计为 A，$A=\sum_{i=1}^{n}X_i$；

4） 根据 GB/T 29833.2 度量公式 $X=A/B$，计算出测量结果。

5.4 支撑软件的适应性

支撑软件的适应性的测试要求如下：

——前置条件

移植的目标支撑环境已经准备好；

——测试输入

需求规格说明书、设计规格说明书、移植的目标支撑环境；

——测量类型

计数/计数；

——测试方法

技术测试法,组合测试技术能够适应的支撑软件的适应性;

——实施要点:

1) 确定支撑软件适应性测试的输入,输入可以包括但不局限于:需求规格说明书、设计规格说明书等,统计要求测试其适应程度的支撑软件的数量,计为 B;

2) 依照支撑软件适应性需求输入确定需进行测试软件适应性矩阵所示,见表 3;

表 3 软件适应性矩阵

类型	环境 1	环境 2	…	环境 B
应用服务器	应用服务器 1	应用服务器 2	…	…
消息中间件	消息中间件 1	消息中间件 2	…	…
…	…	…	…	…
N	…	…	…	…
注:除指定支撑软件外,其他硬件及配置完全一致。				

3) 将经过实际测试验证,能满足软件运行情况的硬件环境的总数计为 A;

4) 根据 GB/T 29833.2 度量公式 $X=A/B$,计算出测量结果。

5.5 有效软件共存性

软件共存性的测试要求如下:

——前置条件

系统已经开发完毕,要求共存的软件环境准备好;

——测试输入

需求规格说明书、设计规格说明书、需共存的软件环境;

——测量类型

计数/计数;

——测试方法

技术测试法,能够与测试软件有效共存运行的其他软件数量;

——实施要点:

1) 根据产品说明、安装部署手册或相关文档中的共存性声明,选定要求进行共存性测试的软件范围清单。统计范围清单内的软件数量,计为 B;

2) 从清单中选取一个软件,部署到目标软件的环境中。检查目标软件能否正常运行,检查项包括但不局限于以下三项:

- 软件能否正常启动;
- 软件的各个功能点功能是否正常实现;
- 软件的数据有无丢失;

3) 应根据用户需求和软件的实际运行情况,选取以下三种策略中的一种进行测试:

- 选择全部功能点进行测试;
- 选取部分重要功能点进行测试;
- 对可能受到影响的功能点进行测试;

4) 从清单中选取下一个软件,重复步骤 2)和步骤 3)。直至范围清单中的软件都经过测试。统计能够让目标软件正常运行的软件数量,计为 A;

5） 根据 GB/T 29833.2 度量公式 $X=A/B$，计算出测量结果。

5.6 组织环境的适应性

组织环境的适应性的测试要求如下：

——前置条件

系统已经开发完毕，要求共存的软件环境准备好；

——测试输入

需求规格说明书、设计规格说明书、需共存的软件环境；

——测量类型

计数/计数；

——测试方法

专家评审法；

——实施要点：

1） 记录运行测试的总功能数，计为 B；

2） 在业务环境中运行测试期间，评审由于无法适应组织业务而没有完成的功能数以及不足以使测试任务满足适当级别的运行的功能。在评审时宜考虑：

- 业务所涉及关键组织环境；
- 业务运行涉及频度最高的组织环境；
- 用户指定的组织环境；

3） 将无法适应组织的功能总数计为 A；

4） 根据 GB/T 29833.2 度量公式 $X=1-A/B$，计算出测量结果。

5.7 通信适应性

通信适应性的测试要求如下：

——前置条件

系统已经开发完毕，要求适应的通信模式已经准备好；

——测试输入

需求规格说明书、设计规格说明书、用户操作手册、需适应的通信环境；

——测量类型

计数/计数；

——测试方法

技术测试法，计数适应的通信环境；

——实施要点：

1） 确定通信适应性的测试输入，包括需求规格说明书、设计规格说明书、用户操作手册等；

2） 选定在测试需求中指定的，并且在当前提供能力下可以尝试的通信模式，将通信模式的个数计为 B；

注 1：对于因为条件限制无法进行通信尝试，但测试输入中有要求的通信模式，在最终结果中给出相关表述。

注 2：选定作为可判定通信成功软件内容以及结果条件，如指定的功能模块、操作流程或数据交互格式等。

3） 在不同的通信模式下执行作为通信成功的软件内容，并记录其结果，如果结果达到判定条件，则将此通信模式进行计数，总计为 A；

4） 根据 GB/T 29833.2 度量公式 $X=A/B$，计算出测量结果。

5.8 数据适应性

数据适应性的测试要求如下：

——前置条件

软件系统已经开发完毕，要安装的目标系统已经准备完毕；

——测试输入

需求规格说明书、设计规格说明书、测试文档(如测试需求、测试计划)、用户操作手册，移植前后的两套系统；

——测量类型

计数/计数；

——测试方法

技术测试法，将对于不同的数据格式要求的适应性进行比较测试；

——实施要点：

1) 确定数据格式的适应性测试输入，包括：需求规格说明书、设计规格说明书、用户操作手册等；
2) A=在适应的环境中成功运行并被观察到的数据类型个数，B=希望能在软件适应的环境中运行的数据类型总数；
3) 从测试输入中整理有适应性要求的数据，包括数据类型和数据格式：
   - 数据类型：软件中各种功能涉及的数据类型，如导入/导出功能需要支持多种数据类型，如 TXT、HTM、PDF 等，每一种声明的数据类型计数一次；
   - 数据格式：软件中涉及数据格式要求，如要求支持多种结构的 XML Schema，每一种声明的数据类型计数一次；
   - 统计最终的 B 值，应同时考虑 1)和 2)的情况，相加后的最终值计为 B；
4) 对软件进行测试或验证，能够实现指定的数据类型，或能够支持要求的数据格式，则进行记录，并计为 A；
5) 根据 GB/T 29833.2 度量公式 $X=A/B$，计算出测量结果。

6 易替换性

6.1 数据的连续使用

数据的连续使用的测试要求如下：

——前置条件

软件系统已经开发完毕，软件移植成功，原有系统与软件数据已准备完毕；

——测试输入

上一个版本或维护之前的系统与软件的数据；

——测量类型

计数/计数；

——测试方法

技术测试法，计数成功使用的数据数量；

——实施要点：

1) 收集上一个版本或维护之前的系统与软件的数据，并记录其个数，计为 B；
2) 执行变更后的系统与软件，使用步骤 1)收集的数据，记录能继续使用的数据个数，计为 A；

3） 根据 GB/T 29833.2 度量公式 $X=A/B$,计算出测量结果。

6.2 功能的内含性

功能的内含性的测试要求如下：

——前置条件

软件系统已经开发完毕,软件移植成功；

——测试输入

产品说明、操作手册、安装手册或相关文档；

——测量类型

计数/计数；

——测试方法

用户调查法；

——实施要点：

1） 记录当前版本或维护后该系统与软件与前一个版本或维护之前系统与软件操作步骤详细的功能数,计为 B；

2） 邀请用户,对维护后软件,进行使用并对功能相对于维护前的功能是否容易使用做出评价。在用户调查时,宜：

- 用户的技术能力水平在维护前后应一致；
- 用户的业务种类分布宜和业务的实际业务分布相对应；
- 参与调查的用户应该在维护前后均使用过该系统；

3） 记录能继续容易地使用这些类似功能的功能数,计为 A；

4） 根据 GB/T 29833.2 度量公式 $X=A/B$,计算出测量结果。

7 易安装性

如果软件在不同环境下的安装步骤是不一样的,宜分别对其安装有效性进行统计。例如,某一个软件,声明既可以部署在操作系统 A 环境下,又可以部署在操作系统 B 环境下,且两个环境下的安装步骤是不一样的。应分别计算其在操作系统 A 环境和操作系统 B 环境下的安装有效性。

7.1 安装的正确性

安装的正确性的测试要求如下：

——前置条件

软件系统已经开发完毕,要安装的目标系统已经准备完毕；

——测试输入

产品说明、操作手册、安装手册或相关文档；

——测量类型

计数/计数；

——测试方法

技术测试法,计数成功安装的环境数量；

——实施要点：

1） 查阅产品说明、操作手册、安装手册或相关文档,获取软件的适用环境范围。例如,一个软件声明自己支持操作系统 A、操作系统 B、操作系统 C、操作系统 D 等 4 种操作系统环境；

2） 按照软件的声明,搭建相关的系统环境。在上述的例子中,要求搭建软件声明支持的全部

4种环境；

3) 按照安装手册的安装步骤，将软件分别安装部署在目标环境中。将安装的总次数计为 B。在上述例子中 $B=4$；

4) 检查软件安装是否成功，并将软件安装成功的次数计为 A。检查项包括但不局限于以下三项：
   - 软件能否正常启动；
   - 软件的各个功能点功能是否正常实现；
   - 软件的数据有无丢失；

5) 根据用户需求和软件的实际运行情况，宜选取以下三种策略中的一种或几种进行测试：
   - 选择全部功能点进行测试；
   - 选取部分重要功能点进行测试；
   - 对可能受到影响的功能点进行测试；

6) 根据 GB/T 29833.2 度量公式 $X=A/B$，计算出测量结果。在上述例子中，如果在4次安装过程中，有3次安装成功、1次失败。则 $A=3$。

7.2 安装的影响性

安装的影响性的测试要求如下：

——前置条件

软件系统已经开发完毕，要安装的目标系统已经准备完毕；

——测试输入

产品说明、操作手册、安装手册或相关文档；

——测量类型

计数/计数；

——测试方法

技术测试法，计数成功安装的环境数量；

——实施要点：

1) 查阅产品说明、操作手册、安装手册或相关文档，获取软件的适用环境范围；

2) 搭建相关的部署环境，并根据移植环境的不同进行如下分类：
   - 如果被测软件从原有环境移植到同平台的新环境下，记录在两种环境下均需要运行的软件名称与版本(例如系统软件，主要支撑软件，用户需要运行的业务系统等)，其数量计为 B；
   - 如果从原有环境移植到不同平台的新环境下，则对安装的影响性不做度量；

3) 按照安装手册的安装步骤，将软件分别安装部署在目标环境中；

4) 检查安装操作后，环境中原有软件的运行状态是否受到影响，并将受影响软件的个数计为 A。检查项包括但不局限于以下四项：
   - 软件能否正常启动；
   - 软件的各个功能点功能是否正常实现；
   - 软件的数据有无丢失；
   - 软件的状态参数与配置是否被改变；

5) 根据 GB/T 29833.2 度量公式 $X=A/B$，计算出测量结果。

7.3 安装的难易性

安装的难易性的测试要求如下：

——前置条件

软件系统已经开发完毕，要安装的目标系统已经准备完毕；

——测试输入

产品说明、操作手册、安装手册或相关文档；

——测量类型

计数/计数；

——测试方法

技术测试法，计数成功安装的环境数量；

——实施要点：

1） 查阅产品说明、操作手册、安装手册或相关文档，获取软件的整个安装操作流程；

2） 按照安装手册进行安装操作，并统计以下2种信息：

- 安装过程的总步骤，计为 B；
- 必须由人为介入的操作步骤（例如，某些程序需要手工将配置文件拷至服务器端，或者手工建立数据库表、数据库访问权限等），计为 A；

注：此处的手工操作是指通过安装工具进行安装之外的辅助操作。安装工具提供的自动化安装过程中的基于灵活性考虑提供的手工配置，不属于手工操作的范围。

3） 根据GB/T 29833.2度量公式 $X=A/B$，计算出度量结果。

7.4 安装的灵活性

安装的灵活性的测试要求如下：

——前置条件

软件系统已经开发完毕，要安装的目标系统已经准备完毕；

——测试输入

产品说明、操作手册、安装手册或相关文档；

——测量类型

计数/计数；

——测试方法

技术测试法，计数可以定制的步骤和总步骤；

——实施要点：

1） 查阅产品说明、操作手册、安装手册或相关文档，获取软件的整个安装操作流程；

2） 按照安装手册进行安装操作，并统计安装过程的总步骤，计为 B。

3） 统计用户通过安装工具本身所提供的配置功能实现自定义的步骤（例如安装路径、网络端口、用户权限、系统组件选择等）数量，计为 A；

4） 根据GB/T 29833.2度量公式 $X=A/B$，计算出测量结果。

7.5 安装效率

安装效率的测试要求如下：

——前置条件

软件系统已经开发完毕，要安装的目标系统已经准备完毕；

——测试输入

产品说明、操作手册、安装手册或相关文档；

——测量类型

计时；

——测试方法

技术测试法，计数可以定制的步骤和总步骤；

——实施要点：

1） 查阅产品说明、操作手册、安装手册或相关文档，获取软件的整个安装操作流程；

2） 按照安装手册进行安装操作，并从安装过程开始时进行计时，在安装过程结束时停止计时。检查软件安装是否成功，检查项包括但不局限于以下三项：

- 软件能否正常启动；
- 软件的各个功能点功能是否正常实现；
- 软件的数据有无丢失。

如果软件被成功安装，则将安装时间计为 T。

3） 根据 GB/T 29833.2 度量公式 $X=T$，计算出测量结果。

8 移植完整性

8.1 移植正确性

移植正确性的测试要求如下：

——前置条件

软件系统已经开发完毕，要安装的目标系统已经准备完毕；

——测试输入

需求规格说明书、设计规格说明书、测试文档(如测试需求、测试计划)、用户操作手册，移植前后的两套系统；

——测量类型

计数/计数；

——测试方法

技术测试法，将移植以后的功能和移植前的功能进行比较；

——实施要点：

1） 确定功能正确性的测试输入，包括需求规格说明书、设计规格说明书、测试文档(如测试需求、测试计划)、用户操作手册等；

2） 选定需要重新测试或验证的功能点，将功能点计为 B：

(1) 确定功能列表，若软件版本无变更，使用最后发布的功能列表；对于软件产品功能发生变更，则获取最新的功能列表；

(2) 若资源及环境允许，宜对所有功能点重新进行测试或验证；

(3) 若资源有限或者环境不完备的情况下，宜按以下原则确定需重新测试或验证的功能点：

- 由用户指定需重新验证功能点；
- 受移植影响特别显著的功能点。如当数据库产生了移植调整，则应选取涉及存储的功能点，测试或验证能否正确实现存储；
- 涉及关键技术的功能点，如应用了最新技术的功能，或者具有高复杂度算法的功能；
- 涉及关键业务的功能点，特别是具有行业特征的功能，如保险系统的保单录入，证券行业的数据查询等，当用户无法给出系统的关键业务时，应由测试人员引导客户，梳理关键业务功能，以便进行测试或验证；

3) 在移植后，对选定的功能点逐一进行测试或验证，并记录结果，将测试或验证结果不符合的功能点计为 A；

4) 根据 GB/T 29833.2 度量公式 $X=1-A/B$，计算出测量结果。

8.2 移植一致性

移植一致性的测试要求如下：

——前置条件

软件系统已经开发完毕，要安装的目标系统已经准备完毕；

——测试输入

需求规格说明书、设计规格说明书、测试文档(如测试需求、测试计划)、用户操作手册，移植前后的两套系统；

——测量类型

计数/计数；

——测试方法

技术测试法，将移植以后的功能和移植前的功能进行比较；

——实施要点：

1) 确定功能一致性的测试输入，包括需求规格说明书、设计规格说明书、测试文档(如测试需求、测试计划)、用户操作手册等；

2) 选定需要重新测试或验证的功能点，将功能点计为 B；

3) 确定功能列表，若软件版本无变更，使用最后发布的功能列表；对于软件产品功能发生变更，则需要获取最新的功能列表；

4) 若资源及环境允许，宜对所有功能点重新进行测试或验证；若资源有限或者环境不完备的情况下，宜按以下原则确定需重新测试或验证的功能点：

- 由用户指定需重新验证功能点；
- 在功能的正确性测试或验证过程中，被选择的功能点；
- 受移植影响特别显著的功能点。如当数据库产生了移植调整，则应选取涉及存储的功能点，测试或验证能否正确实现存储；
- 涉及关键技术的功能点，如应用了最新技术的功能，或者具有高复杂度算法的功能；
- 涉及关键业务的功能点，特别是具有行业特征的功能，如保险系统的保单录入，证券行业的数据查询等，当用户无法给出系统的关键业务时，应由测试人员引导客户，梳理关键业务功能，以便进行测试或验证；
- 工作流引擎所牵涉的功能点，或者有涉及流程操作的功能点；

5) 对选定的功能点逐一进行测试或验证，并记录结果，功能一致性测试或验证与功能的正确性不同，正确性关注的应为功能点执行最终的预期结果，而一致性关注的应为功能点执行的操作过程：

a) 与用户原操作习惯不一致，但并未在相关文档中描述移植调整后的操作调整，包括操作流程步骤有增加或剔除，功能执行授权变更等；

示例：如对系统 A 中的某表单 B 进行保存提交，原操作为提交后即作为正式生效的表单数据，可进行表单入库操作，当移植调整后，对表单 B 提交之后，必须经过审核才能进行表单入库操作，如此与原用户操作习惯不一致。

b) 软件界面元素与原软件界面有变化，但并未进行显著标识，如操作按钮名称或界面

位置变化,或输入项位置变化等;

示例:如原界面中位置 A 输入为“计划工作量”,位置 B 输入为“实际工作量”,移植调整后界面位置 A 输入为“实际工作量”,而位置 B 输入则变为“计划工作量”。

6) 将符合以上 a)表述的所有记录结果,都计为 A。在记录过程中,虽然 a)情况皆影响到了功能的一致性,但由于最终实现的结果无误,必须通过与用户的确认,是否用户认为是无法接受的操作习惯,才将 a)情况加入计数;

7) 根据 GB/T 29833.2 度量公式 $X=1-A/B$,计算出测量结果。

参 考 文 献

［1］ GB/T 5271.1—2000 信息技术 词汇 第1部分：基本术语（eqv ISO/IEC 2382-1：1993）

［2］ GB/T 5271.20—1994 信息技术 词汇 20部分：系统开发（eqv ISO/IEC 2382-20：1990）

［3］ GB/T 16260.1—2006 软件工程 产品质量 第1部分：质量模型（ISO/IEC 9126-1：2001 IDT）

［4］ GB/T 16260.2—2006 软件工程 产品质量 第2部分：外部度量（ISO/IEC TR 9126-2：2003，IDT）

［5］ GB/T 16260.3—2006 软件工程 产品质量 第3部分：内部度量（ISO/IEC TR 9126-3：2003，IDT）

［6］ GB/T 16260.4—2006 软件工程 产品质量 第4部分：使用质量度量（ISO/IEC TR 9126-4：2004，IDT）

［7］ GB/T 18905.2—2002 软件工程 产品评价 第2部分：策划和管理（ISO/IEC 14598-2：2000，IDT）

［8］ GB/T 18905.3—2002 软件工程 产品评价 第3部分：开发者用的过程（ISO/IEC 14598-3：2000，IDT）

［9］ GB/T 18905.4—2002 软件工程 产品评价 第4部分：需方用的过程（ISO/IEC 14598-4：1999，IDT）

［10］ GB/T 18905.5—2002 软件工程 产品评价 第5部分：评价者用的过程（ISO/IEC 14598-5：1998，IDT）

［11］ GB/T 18905.6—2002 软件工程 产品评价 第6部分：评价模块的文档编制（ISO/IEC 14598-6：2001，IDT）

［12］ GB/T 20157—2006 信息技术 软件维护（ISO/IEC 14764：1999，IDT）

［13］ ISO/IEC 25010：2011 Systems and software engineering—Systems and software Quality Requirements and Evaluation (SQuaRE)—System and software quality models

ICS 35.080
L 77

中华人民共和国国家标准

GB/T 29834.1—2013

系统与软件维护性
第1部分:指标体系

Maintainability of system and software—
Part 1:Indicator system

2013-11-12 发布　　　　2014-02-01 实施

中华人民共和国国家质量监督检验检疫总局
中国国家标准化管理委员会　发布

前　　言

GB/T 29834在《系统与软件维护性》总标题下，分为如下三部分：

——第1部分：指标体系；

——第2部分：度量方法；

——第3部分：测试方法。

本部分为GB/T 29834的第1部分。

本部分按照GB/T 1.1—2009给出的规则起草。

本部分由全国信息技术标准化技术委员会(SAC/TC 28)提出并归口。

本部分起草单位：上海计算机软件技术开发中心、中国电子技术标准化研究院、深圳市中联信信息技术有限公司、北京邮电大学、上海浦东软件平台有限公司、上海宝信软件股份有限公司、上海鲁齐信息科技有限公司、辽宁北方实验室有限公司、南宁市平方软件新技术有限责任公司、上海市电力公司信息通信中心。

本部分主要起草人：蔡立志、刘振宇、胡芸、沈丽菁、陈达丽、张建良、潘国瑞、张旸旸、袁玉宇、李家宏、张露莹、王行勇、丁志刚、徐旼之、欧阳树生、杨丽春、顾林、李晓庆、熊琭。

引　言

由于交付的软件存在缺陷、用户需求的变更、使用环境的变化，软件常常需要进行维护。GB/T 8566《信息技术　软件生存周期过程》指出软件维护已经成为软件生存周期的一个重要组成部分，GB/T 16260.1—2006《软件工程　产品质量　第1部分：质量模型》包含了软件维护性的陈述。GB/T 29834的本部分参照GB/T 16260.1—2006的维护性陈述，并从维护的过程生存周期不同阶段的所涉及的要素考虑，提出了维护性特性指标体系。开发方、需方、质量管理者和第三方评测机构可根据指标体系定义维护性质量需求、评价软件产品维护性、测量维护性质量情况或作其他用途。但本部分所列的指标体系并非一个完备集，开发方、需方、质量管理者和第三方评测机构可以根据需要增加本部分未包括的其他指标特性。

本标准预期的主要使用者包括：

a）软件供方，当：
  1）需要声明软件产品维护特性时；
  2）对照声明的维护性特性自行评估系统与软件产品时；
  3）对软件进行与维护性相关的产品设计和实现时；
b）为维护性符合性证书或标志进行测试的第三方评测机构；
c）潜在的需方，当：
  1）对即将采购的软件产品的维护性要求和现有产品的说明信息进行比较时；
  2）需要对产品的性能做进一步的改进或者完善、产品有潜在差错而作必需的更改、实际运行的环境和采购的环境存在差异时；
  3）检验维护性要求是否被满足。

GB/T 29834.2《系统与软件维护性　第2部分：度量方法》给出了如何获得维护性指标测量值的度量方法，GB/T 29834.3《系统与软件维护性　第3部分：测试方法》描述了维护性指标的测试方法。本部分旨在和GB/T 29834.2及GB/T 29834.3联合使用。

系统与软件维护性
第1部分:指标体系

1 范围

GB/T 29834的本部分给出了系统与软件维护性的指标体系框架及其相关指标定义,规定了系统与软件维护性质量特性,为系统与软件的供方、需方、第三方评测机构提供统一的维护性指标体系。

本部分适用于具有维护需求的各类系统与软件,用户可以根据具体的产品选择合适的维护指标。本部分不适用于“一次性使用”或者在使用期间无维护需求的系统与软件。

注:本部分中所指的系统主要是软件系统。

2 规范性引用文件

下列文件对于本文件的应用是必不可少的。凡是注日期的引用文件,仅注日期的版本适用于本文件。凡是不注日期的引用文件,其最新版本(包括所有的修改单)适用于本文件。

GB/T 8566 信息技术 软件生存周期过程

GB/T 11457 软件工程术语

3 术语和定义

GB/T 11457中界定的以及下列术语和定义适用于本文件。

3.1

实施方 actor

实施维护计划的人员或者组织。

3.2

指标 indicator

实体的可评测属性。

3.3

指标体系 indicator system

由若干个主要特征定义的指标构成反映该现象本质的系统。

注:指标体系是系统的、具有紧密联系的、反映评价对象整体的指标集合。

3.4

维护性 maintainability

系统与软件或其部件能修改以排除故障、改进性能或其他属性或适应变更了的环境的容易程度。

注1:规定的使用条件是指系统在安装配置说明书中明确规定或建议的运行环境中安装和使用。

注2:系统保持在某一状态或恢复到某一状态的目的是维持和保证系统满足用户的功能需求。

3.5

维护性测试　maintainability testing

验证系统是否能够满足用户的维护需求的一种测试活动。

3.6

维护方　maintainer

执行维护活动的人员或者组织。

3.7

测量　measurement

采用一定方法，按照一定标准和方法，将系统与软件的维护性指标转换为可相互比较的的数值，通常在0～1之间。

3.8

提出方　proposer

提出维护需求，制定维护计划的人员或者组织。

3.9

软件维护　software maintenance

在交付以后，修改系统与软件或部件以排除故障、改进性能或其他属性或适应变更了的环境的过程。

注：这类维护包括适应性维护、纠正性维护、完善性维护、预防性维护。

3.10

验证方　verifier

验证维护结果是否完整、正确的人员或者组织。

4　概述

4.1　系统与软件的维护过程

GB/T 8566 指出软件维护是软件生存周期内执行的基本过程之一，在系统与软件的"获取和供应"、"运作"等阶段通过合同或者协议、问题报告等启动"软件维护"。维护过程如图1所示，本部分从维护性线索提供、维护实施、维护验证等角度构建维护性的度量体系。典型的系统与软件维护过程主要包括：

a) 维护提出方提出维护需求，收集待维护软件系统(旧系统)的维护线索(如日志、监控状态、辅助工具等)，制定相应的维护计划，并提交给维护实施方；

b) 维护实施方对维护线索、依据、需求和计划进行分析和评审，通过后则进行维护实施动作，并在维护实施过程中生成详细的维护记录。旧系统经过维护变成新系统；

c) 维护验证方(维护相关方或第三方评测)对新系统进行维护验证动作，并生成验证结果反馈给维护提出方。

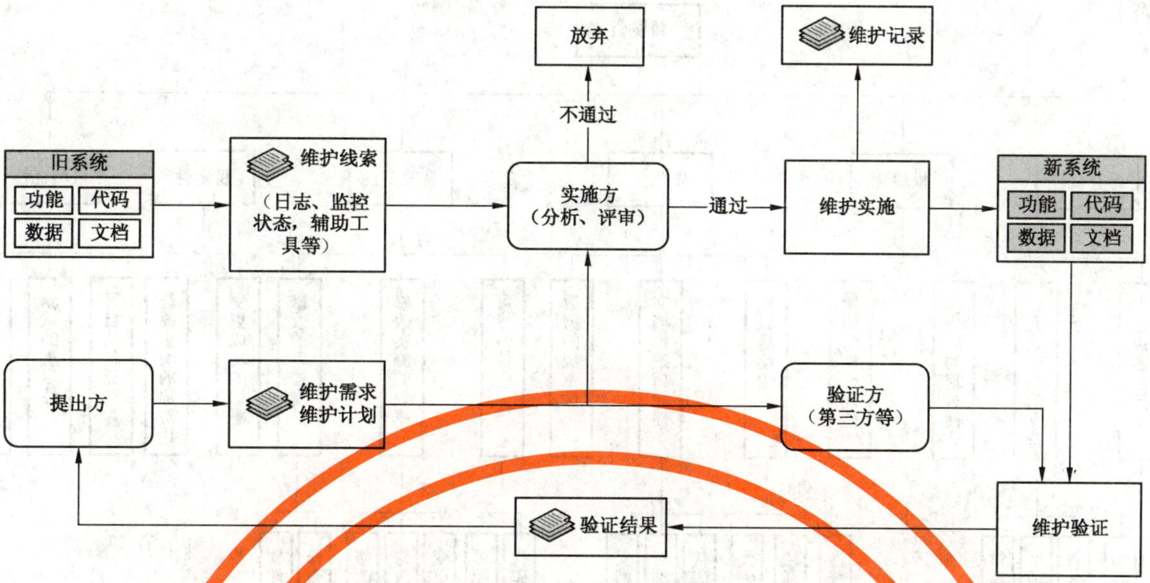

图 1　系统维护过程示意图

4.2　指标体系模型

系统与软件的维护性指标体系如图 2 所示，按照树形结构表示。主要从易分析性、模块化、规范性、易改变性、稳定性、可验证性等六个方面对系统与软件的维护性进行度量：

a) 易分析性，系统与软件对维护过程提供动态分析的支持能力。包括：
   1) 失效诊断的效率：系统与软件对失效进行定位的表现；
   2) 对失效诊断的支持：系统与软件对失效诊断的支持表现。
b) 模块化，系统与软件为维护过程通过模块化对维护实施的支持能力。包括：
   1) 模块间的耦合性：系统与软件各模块之间的耦合程度对维护的影响；
   2) 模块结构的合理性：系统与软件各模块结构的合理程度。
c) 规范性，系统与软件对维护过程所涉及的代码、数据和文档等静态要素的可理解性的支持能力。包括：
   1) 代码易读性：系统与软件的代码规范对维护的影响；
   2) 文档维护指导性：系统与软件的相关文档对维护的指导程度；
   3) 数据的规范性：系统与软件的数据规范对维护的影响。
d) 易改变性，对系统与软件实施维护的容易程度的支持能力。包括：
   1) 可修改性：对系统与软件实施维护动作的便利性；
   2) 修改实施的效率：对维护实施的效率；
   3) 修改的可控制性：维护实施过程中的系统与软件的可控性。
e) 稳定性，系统与软件在维护后，对防止因维护而带来系统意外的能力。包括：
   1) 变更成功的比率：系统与软件成功维护的比率；
   2) 修改影响的局部化：系统与软件在局部模块维护后对于整体影响的程度。
f) 可验证性，系统与软件对软件维护结果的可验证性的支持能力。包括：
   1) 自动验证：系统与软件维护的验证过程是否可以自动完成；
   2) 测试的重启性：系统与软件维护后成功运行的比率；
   3) 维护的完整性：验证维护完成后的系统完整程度。

本部分的指标体系和 GB/T 16260.2—2006 的对应关系参见附录 A。

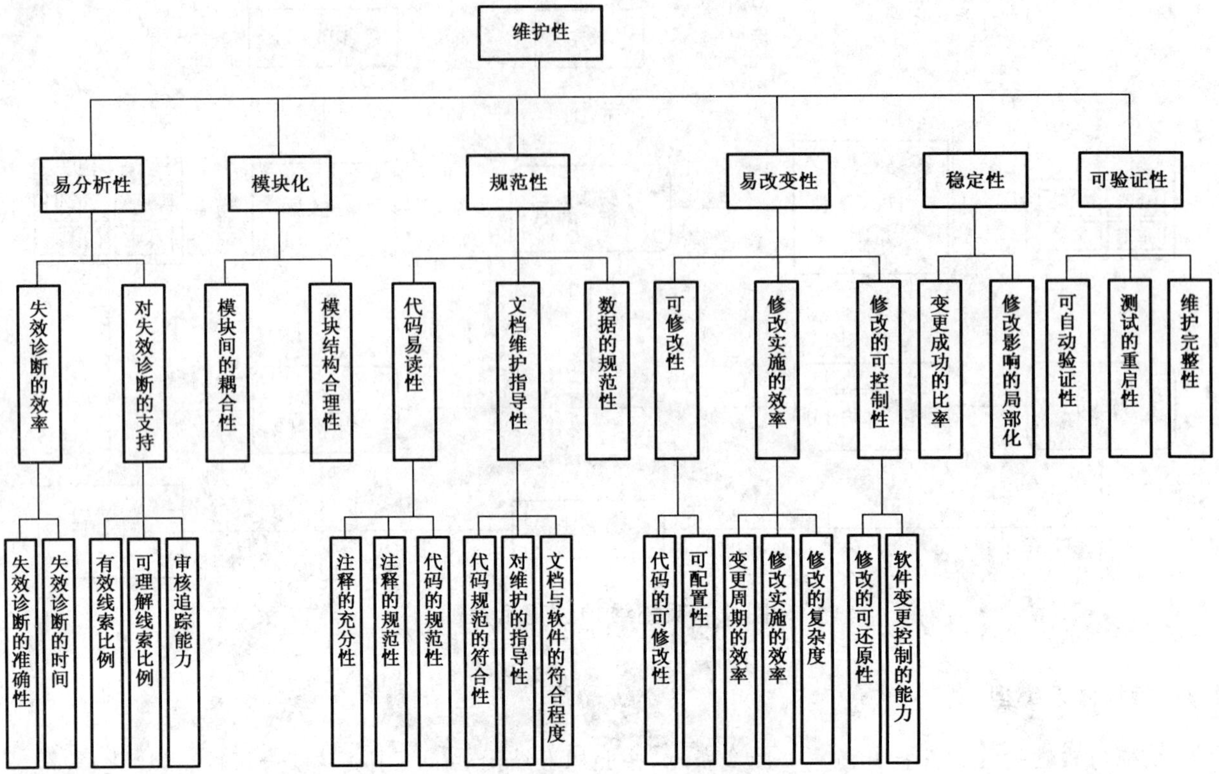

图 2　系统与软件维护性指标体系

5　易分析性

5.1　失效诊断的效率

失效诊断的效率宜用表 1 中的属性进行表征。

表 1　失效诊断的效率

名　称	描　　述	说　　明
失效诊断的准确性	系统与软件是否能够有效地定位失效	—
失效诊断的时间	系统与软件有效定位失效的时间	—

5.2　对失效诊断的支持

失效诊断的支持宜用表 2 中的属性进行表征。

表 2　对失效诊断的支持

名　称	描　　述	说　　明
有效线索比例	系统与软件能否提供充分的有效维护线索以支持维护实施	—
可理解线索比例	该次维护过程提供的线索能否被正确、有效的理解	—
审核追踪能力	当系统与软件失效后，是否能容易的被标识出失效的具体原因	—

6 模块化

6.1 模块间的耦合性

模块间的耦合性宜用表 3 中的属性进行表征。

表 3 模块间的耦合性

名 称	描 述	说 明
模块间的耦合性	模块间存在的依赖关系的强弱程度	修改一个模块时需要考虑对其他模块的影响程度

6.2 模块结构合理性

模块结构合理性宜用表 4 中的属性进行表征。

表 4 模块结构合理性

名 称	描 述	说 明
模块结构合理性	模块结构符合规范的程度，包括代码、预定义的代码	—

7 规范性

7.1 代码易读性

代码易读性宜用表 5 中的属性进行表征。

表 5 代码易读性

名 称	描 述	说 明
注释的充分性	注释的数量是否足够充分	存在注释的方法数占所抽样方法数的百分比
注释的规范性	注释是否规范、易于理解和分析	注释规范的方法数占所有抽样方法数的百分比
代码的规范性	代码的编写遵从代码编写规范的程度	遵从规范的代码行数占抽样代码行数的百分比
代码规范的符合性	代码编写规范得到遵守的程度	遵守的代码编写规范占所有代码编写规范的百分比

7.2 文档维护指导性

文档维护指导性宜用表 6 中的属性进行表征。

表 6　文档维护指导性

名　称	描　　述	说　　明
对维护的指导性	在维护分析和实施的过程中,文档能提供的指导程度	文档可以提供指导的问题数量占维护过程中所有问题数量的百分比
文档与软件的符合程度	文档与软件的实际功能间的一致程度	文档描述与软件实际情况的一致程度

7.3　数据的规范性

数据的规范性宜用表 7 中的属性进行表征。

表 7　数据的规范性

名　称	描　　述	说　　明
数据的规范性	数据符合预定义格式的程度	—

8　易改变性

8.1　可修改性

可修改性宜用表 8 中的属性进行表征。

表 8　可修改性

名　称	描　　述	说　　明
代码的可修改性	维护实施方能否通过修改代码来维护指定的功能	—
可配置性	维护实施方能否容易地变更配置参数来实施修改	—

8.2　修改实施的效率

修改实施的效率宜用表 9 中的属性进行表征。

表 9　修改实施的效率

名　称	描　　述	说　　明
变更周期的效率	当系统与软件发生问题时能否在可接受的时间内得到解决	—
修改实施的效率	维护过程是否能在可接受的时间限度内得到解决	—
修改的复杂度	维护过程的难易程度	—

8.3　修改的可控制性

修改的可控制性宜用表 10 中的属性进行表征。

表 10 修改的可控制性

名称	描述	说明
修改的可还原性	在完成修改后,是否可以正常还原到修改前状态	具有撤销等类似功能的系统与软件必选
软件变更控制的能力	用户能否容易地标识修订的版本	观察用户或维护实施方在试图变更软件时的表现 另外,调查问题解决报告或维护报告

9 稳定性

9.1 变更成功的比率

变更成功的比率宜用表 11 中的属性进行表征。

表 11 变更成功的比率

名称	描述	说明
变更成功的比率	系统与软件维护工作之前的失效是否被修复	—

9.2 修改影响的局部化

修改影响的局部化宜用表 12 中的属性进行表征。

表 12 修改影响的局部化

名称	描述	说明
修改影响的局部化	系统与软件在局部维护后对于整体的影响	—

10 可验证性

10.1 可自动验证性

可自动验证性宜用表 13 中的属性进行表征。

表 13 可自动验证性

名称	描述	说明
可自动验证性	是否可以通过软件的自动验证来完成	验证过程是否是自动的,例如软件启动时会自动检查

10.2 测试的重启性

测试的重启性宜用表 14 中的属性进行表征。

表 14 测试的重启性

名 称	描 述	说 明
测试的重启性	系统与软件在维护后是否能成功地在原检查点执行测试	—

10.3 维护完整性

维护完整性宜用表 15 中的属性进行表征。

表 15 维护完整性

名 称	描 述	说 明
维护完整性	修改后的软件是否修复或纠正或完成需求中提出的要求	—

附 录 A
（资料性附录）
本部分与 GB/T 16260.2—2006 的对照关系

本部分定义的维护性指标体系与 GB/T 16260.2—2006 中定义的维护性度量元的对照关系见表 A.1。

表 A.1 对照关系表

本部分			GB/T 16260.2—2006
易分析性	失效诊断的效率	失效诊断的准确性	易分析性——状态监视的能力
		失效诊断的时间	易分析性——失效分析的效率
	对失效诊断的支持	有效线索比例	易分析性——对诊断功能的支持
		可理解线索比例	易分析性——失效分析的能力
		审核追踪能力	审核追踪能力
模块化	模块间的耦合性		—
	模块结构的合理性		—
规范性	代码易读性	注释的充分性	—
		注释的规范性	—
		代码的规范性	—
		代码规范的符合性	—
	文档维护指导性	对维护的指导性	—
		文档与软件的符合程度	—
	数据的规范性		—
易改变性	可修改性	代码的可修改性	—
		可配置性	易改变性——参数表示的可修改性
	修改实施的效率	变更周期的效率	易改变性——变更周期的效率
		修改实施的效率	易改变性——实施变更所用的时间
		修改的复杂度	易改变性——修改的复杂度
	修改的可控制性	修改的可还原性	—
		软件变更控制的能力	易改变性——软件变更控制的能力
稳定性	变更成功的比率		稳定性——变更成功的比率
	修改影响的局部化		稳定性——修改影响的局部化
可验证性	可自动验证性		易测试性——内置测试功能的有效性
	测试的重启性		易测试性——测试的重启性
	维护完整性		—

参 考 文 献

[1] GB/T 5271.1—2000 信息技术 词汇 第1部分:基本术语(eqv ISO/IEC 2382-1:1993)

[2] GB/T 16260.1—2006 软件工程 产品质量 第1部分:质量模型(ISO/IEC 9126-1:2001,IDT)

[3] GB/T 16260.2—2006 软件工程 产品质量 第2部分:外部度量(ISO/IEC TR 9126-2:2003,IDT)

[4] GB/T 16260.3—2006 软件工程 产品质量 第3部分:内部度量(ISO/IEC TR 9126-3:2003,IDT)

[5] GB/T 16260.4—2006 软件工程 产品质量 第4部分:使用质量度量(ISO/IEC TR 9126-4:2004,IDT)

[6] GB/T 18905.2—2002 软件工程 产品评价 第2部分:策划和管理(ISO/IEC 14598-2:2000,IDT)

[7] GB/T 18905.3—2002 软件工程 产品评价 第3部分:开发者用的过程(ISO/IEC 14598-3:2000, IDT)

[8] GB/T 18905.4—2002 软件工程 产品评价 第4部分:需方用的过程(ISO/IEC 14598-4:1999,IDT)

[9] GB/T 18905.5—2002 软件工程 产品评价 第5部分:评价者用的过程(ISO/IEC 14598-5:1998,IDT)

[10] GB/T 18905.6—2002 软件工程 产品评价 第6部分:评价模块的文档编制(ISO/IEC 14598-6:2001,IDT)

[11] GB/T 19000—2008 质量管理体系 基础和术语(ISO 9000:2005,IDT)

[12] GB/T 19001—2008 质量管理体系 要求(ISO 9001:2008,IDT)

[13] GB/T 20157—2006 信息技术 软件维护(ISO/IEC 14764:1999,IDT)

[14] ISO/IEC 25010:2011 Systems and software engineering—Systems and software Quality Requirements and Evaluation (SQuaRE)—System and software quality models

ICS 35.080
L 77

中华人民共和国国家标准

GB/T 29834.2—2013

系统与软件维护性 第2部分:度量方法

Maintainability of system and software—
Part 2: Metric method

2013-11-12 发布 2014-02-01 实施

中华人民共和国国家质量监督检验检疫总局
中国国家标准化管理委员会 发布

前言

GB/T 29834 在《系统与软件维护性》总标题下，分为如下三部分：

——第 1 部分：指标体系；

——第 2 部分：度量方法；

——第 3 部分：测试方法；

本部分为 GB/T 29834 的第 2 部分。

本部分按照 GB/T 1.1—2009 给出的规则起草。

本部分由全国信息技术标准化技术委员会(SAC/TC 28)提出并归口。

本部分起草单位：上海计算机软件技术开发中心、中国电子技术标准化研究院、深圳市中联信信息技术有限公司、北京邮电大学、上海浦东软件平台有限公司、上海宝信软件股份有限公司、上海鲁齐信息科技有限公司、辽宁北方实验室有限公司、南宁市平方软件新技术有限责任公司、上海市电力公司信息通信中心。

本部分主要起草人：刘振宇、蔡立志、黄毅、胡芸、陈达丽、张建良、潘国瑞、张旸旸、袁玉宇、李家宏、张露莹、崔岩、丁志刚、邢庆波、欧阳树生、杨丽春、唐晓晖、李晓庆、陈强。

引　言

由于交付的软件存在缺陷、用户需求的变更、环境的变化，软件常常需要进行维护，GB/T 8566—2007《信息技术　软件生存周期过程》指出软件维护已经成为软件生存周期的一个重要组成部分。GB/T 16260.1—2006《软件工程　产品质量　第1部分：质量模型》包含了软件维护性的陈述。GB/T 29834的本部分参照GB/T 16260.1—2006的维护性陈述提出了维护性指标的度量方法和度量公式。开发方、需方、质量管理者和第三方评测方可根据指标体系定义维护性质量需求、评价软件产品维护性、测量维护性质量情况或作其他用途。本部分适用于具有维护需求的各类系统与软件，不适用于"一次性使用"或者在使用期间无需变更的系统与软件。

本标准预期的主要使用者包括：

a）软件供方，当：
  1）需要声明软件产品维护特性时；
  2）对照声明的维护性特性自行评估其软件产品和系统时；
  3）对软件进行维护性相关的产品设计和实现时；

b）为维护性符合性证书或标志进行测试时的第三方评测机构；

c）潜在的需方，当：
  1）对即将采购的软件产品的维护性要求和现有产品的说明信息进行比较；
  2）需要对产品的性能做进一步的改进或者完善、产品的潜在差错而作必需的更改，实际运行的环境和采购的环境存在差异时；
  3）检验维护性要求是否被满足。

GB/T 29834.1《系统与软件维护性　第1部分：指标体系》给出了维护性度量的指标体系，GB/T 29834.3《系统与软件维护性　第3部分：测试方法》描述了维护性指标的测试方法。本部分旨在和GB/T 29834.1和GB/T 29834.3联合使用。

系统与软件维护性 第2部分:度量方法

1 范围

GB/T 29834 的本部分在 GB/T 29834.1 提出的指标体系的基础上,规定了系统与软件的维护性度量公式。

本部分适用于有维护需求的各类系统与软件。本部分不适用于"一次性使用"或者在使用期间无需变更的系统与软件。

注:本部分中所指的系统主要是软件系统。

2 规范性引用文件

下列文件对于本文件的应用是必不可少的。凡是注日期的引用文件,仅注日期的版本适用于本文件。凡是不注日期的引用文件,其最新版本(包括所有的修改单)适用于本文件。

GB/T 11457 软件工程术语

GB/T 29834.1 系统与软件维护性 第1部分:指标体系

3 术语和定义

GB/T 11457 和 GB/T 29834.1 中界定的术语和定义适用于本文件。

4 概述

维护性是系统与软件的一个重要质量特征。对系统与软件的维护性进行度量,有利于了解软件是否满足规定的维护性要求,有利于需求方、开发方等及时发现、定位维护性的缺陷。根据 GB/T 29834.1 所定义的指标体系,采用相应的方法和计算公式对每个指标度量,获得定量的可比较的数值。

在实施度量之前,宜预先申明相关度量对象(如模块、功能)的粒度。

本部分提出了与 GB/T 29834.1 一起使用的一组软件维护性质量的度量。用户宜从 GB/T 29834.1 中选择维护性指标,根据指标确定度量以及相应的测试方法。

对于某一个具体的系统或软件,既可能是完整维护,也可能是针对系统的某一部分的维护。因此可以根据其维护的具体目标选取相应合适的指标,提高维护性度量的准确性。

a) 对于获得源代码的系统与软件,可以去除指标体系中对于代码的度量;

b) 对于本次维护完全不相关的功能点,度量时可以放弃;

c) 对于其他无法度量的指标,度量时可以放弃。

5 易分析性

5.1 失效诊断的效率

失效诊断的效率包括失效诊断的准确性和失效诊断的时间两个指标,如表1所示。

表 1 失效诊断的效率

指标名称	指标描述	测量、公式及数据元素计算	测量值说明
失效诊断的准确性	系统与软件是否能够有效地定位失效	$X=A/B$ 式中： A——用户成功定位的失效数； B——系统实际失效个数	$0 \leqslant X \leqslant 1$，越靠近1越好
失效诊断的时间	系统与软件有效定位失效的时间	$X=(\sum_{i=1}^{n} T_i)/n$ 式中： T_i——成功定位第 i 个失效的时间	X 越小越好

5.2 对失效诊断的支持

对失效诊断的支持包括有效线索比例和可理解线索比例两个指标，如表 2 所示。

表 2 对失效诊断的支持

指标名称	指标描述	测量、公式及数据元素计算	测量值说明
有效线索比例	系统与软件能否提供充分的维护线索以支持维护实施	$X=A/B$ 式中： A——软件系统实际提供的有效线索数； B——软件系统计划维护(及相关)点提供的线索数	$0 \leqslant X \leqslant 1$，越靠近1越好
可理解线索比例	实施方能否正确、有效的理解该次维护过程提供的线索	$X=A/B$ 式中： A——实施方能正确理解的线索数； B——软件系统提供的有效线索数	$0 \leqslant X \leqslant 1$，越靠近1越好
审核追踪的能力	当系统与软件发生失效时能否有效的追踪其失效的具体位置	$X=A/B$ 式中： A——在运行中实际记录到的数据数； B——计划在运行中要记录的足以监视系统与软件状态的数据数	$0 \leqslant X \leqslant 1$，越靠近1越好

6 模块化

6.1 模块间的耦合性

模块间的耦合性用于度量模块间存在的依赖关系的强弱，如表 3 所示。

表 3 模块间的耦合性

指标名称	指标描述	测量、公式及数据元素计算	测量值说明
模块间的耦合性	模块间存在的依赖关系的强弱	$X=\sum_{i=1}^{n}B_i/n$； 式中： $B_i=\sum_{j=1}^{n}C_{ij(i\neq j)}/(n-1)$，是模块 i 与其他模块的关联强度；其中： C_{ij}——模块 i 和模块 j 间的关联强度； n ——软件的模块数，$n>1$	X 越小越好

6.2 模块结构合理性

模块结构的合理性用于度量模块结构符合要求的程度，如表 4 所示。

表 4 模块结构合理性

指标名称	指标描述	测量、公式及数据元素计算	测量值说明
模块结构合理性	模块结构符合要求的程度，包括代码、预定义的代码	$X=A/B$ A——合理的维护模块数； B——系统维护模块数	$0\leqslant X\leqslant 1$，越靠近 1 越好

7 规范性

7.1 代码易读性

代码易读性包括了注释的充分性、注释的规范性、代码的规范性、代码规范的符合性等四个方面，如表 5 所示。

表 5 代码易读性

指标名称	指标描述	测量、公式及数据元素计算	测量值说明
注释的充分性	代码的注释行的数量能确保维护人员的理解	$X=A/B$ 式中： A——抽样模块中已加注释的方法个数； B——抽样模块中所有的方法个数	$0\leqslant X\leqslant 1$，越靠近 1 越好
注释的规范性	代码的注释是否规范、易于理解和分析	$X=A/B$ 式中： A——抽样注释中，准确、易理解的注释个数； B——抽样注释的个数	$0\leqslant X\leqslant 1$，越靠近 1 越好

表 5（续）

指标名称	指标描述	测量、公式及数据元素计算	测量值说明
代码的规范性	代码的编写遵从代码编写规范的程度	$X=A/B$ 式中： A——抽样代码中，遵守代码编写规范的代码行数； B——抽样代码的行数	$0 \leqslant X \leqslant 1$，越靠近 1 越好
代码规范的符合性	代码的编写是否遵从相应的规范	$X=A/B$ 式中： A——程序中已经遵守的代码编写规范数； B——应遵守的代码编写规范数	$0 \leqslant X \leqslant 1$，越靠近 1 越好

7.2 文档维护指导性

文档维护指导性包含了对维护的指导性、文档与软件的符合程度两个指标名称，如表 6 所示。

表 6 文档维护指导性

指标名称	指标描述	测量、公式及数据元素计算	测量值说明
对维护的指导性	在维护分析和实施的过程中，文档能提供的指导程度	$X=A/B$ 式中： A——用户通过查找文档能解决的问题数； B——在维护分析过程（诊断、修改和验证）中相关人员（提出方、实施方和验证方）发现问题的总数	$0 \leqslant X \leqslant 1$，越靠近 1 越好
文档与软件的符合程度	文档与软件的实际功能间的一致程度	$X=A/B$ 式中： A——抽样模块中，有正确文档描述的模块个数； B——抽样模块个数	$0 \leqslant X \leqslant 1$，越靠近 1 越好

7.3 数据的规范性

数据的规范性用于度量符合预定义格式的数据量，如表 7 所示。

表 7 数据的规范性

指标名称	指标描述	测量、公式及数据元素计算	测量值说明
数据的规范性	符合预定义格式的数据量	$X=A/B$ 式中： A——符合规范格式的数据类型的个数； B——所有的数据类型的个数	$0 \leqslant X \leqslant 1$，越靠近 1 越好

8 易改变性

8.1 可修改性

可修改性包括了代码的可修改性、可配置性两个指标，如表 8 所示。

表 8 可修改性

指标名称	指标描述	测量、公式及数据元素计算	测量值说明
代码的可修改性	维护实施方能否通过修改代码来维护指定的功能	$X=A/B$ 式中： A——维护实施方通过修改代码正确维护功能的个数； B——计划维护的功能点个数	$0 \leqslant X \leqslant 1$，越靠近 1 越好
可配置性	维护实施方能否容易地变更配置参数来实施修改	$X=A/B$ 式中： A——维护实施方通过修改(配置)参数完成维护的功能的个数； B——计划维护的功能点个数	$0 \leqslant X \leqslant 1$，越靠近 1 越好

8.2 修改实施的效率

修改实施的效率用于度量是否能在可接受的时间限度内完成，如表 9 所示。

表 9 修改实施的效率

指标名称	指标描述	测量、公式及数据元素计算	测量值说明
变更周期的效率	当系统与软件发生失效时能否在可接受的时间内解决	$Tav=\sum_{i=1}^{N} Tu_i/N$ 式中： Tu_i ——Tr_i-Ts_i，其中： Tr_i ——发现问题的时间； Ts_i ——解决问题的时间维护实施方维护完成的时间； N ——修订版本的次数	$0<T$ 越短越好，除非修订版本的次数太多

表 9（续）

指标名称	指标描述	测量、公式及数据元素计算	测量值说明
修改实施的效率	维护过程是否能在可接受的时间限度内完成	$T=\sum_{i=1}^{N}Tu_i/N$ 式中： $Tu_i=Tc_i-Ts_i$，其中： Ts_i 为第 i 次维护实施方计划开始维护的时间； Tc_i 为第 i 次维护完成的时间； N——修订版本的次数	$0<T$ 越短越好，除非修订版本的次数太多
修改的复杂度	维护是否能容易的执行以解决问题	$T=(\sum_{i=1}^{N}A_i/B_i)/N$ 式中： A_i ——变更所花费的工作时间； B_i ——软件变更后的规模； N ——系统与软件变更的次数	$0<T$ 越短越好，除非修订版本的次数太多

8.3 修改的可控制性

修改的可控制性包括了修改的可还原性、软件变更控制的能力两个指标，如表 10 所示。

表 10 修改的可控制性

指标名称	指标描述	测量、公式及数据元素计算	测量值说明
修改的可还原性	具有撤销等类似功能的软件系统，在完成修改后，是否可以正常还原到修改前状态	$X=A/B$ 式中： A——成功还原的功能点数； B——试图还原修改的功能点数	$0\leqslant X\leqslant 1$，越靠近 1 越好
软件变更控制的能力	用户能否容易地标识修订的版本	$X=A/B$ 式中： A——具有明确修订标识的版本个数； B——维护过程中所有的软件版本（包括初始版本）个数	$0\leqslant X\leqslant 1$，越靠近 1 越好

9 稳定性

9.1 变更成功的比率

变更成功的比率用于度量系统与软件失效的维护质量，如表 11 所示。

表 11 变更成功的比率

指标名称	指标描述	测量、公式及数据元素计算	测量值说明
变更成功的比率	系统与软件在维护之后是否不再失效	$X=A/B$ 式中： A——系统与软件在维护后失效的次数； B——系统与软件在维护前失效的次数	$0\leqslant X\leqslant 1$，越靠近 0 越好

9.2 修改影响的局部化

修改影响的局部化用于度量系统与软件的局部模块的维护对与整体的影响，如表 12 所示。

表 12 修改影响的局部化

指标名称	指标描述	测量、公式及数据元素计算	测量值说明
修改影响的局部化	系统与软件在变更后对于系统与软件自身其他功能的影响	$X=A/N$ 式中： A——系统与软件变更解决失效后再次出现的失效数； N——系统与软件解决的失效数	$0\leqslant X\leqslant 1$，越靠近 0 越好

10 可验证性

10.1 可自动验证性

自动验证用于度量是否可以通过软件的自动验证来完成，如表 13 所示。

表 13 可自动验证性

指标名称	指标描述	测量、公式及数据元素计算	测量值说明
可自动验证性	是否可以通过软件的自动验证来完成	$X=A/B$ 式中： A——能自动验证的功能点个数； B——需维护的软件功能点个数	$0\leqslant X\leqslant 1$，越靠近 1 越好

10.2 测试的重启性

测试的重启性用于度量修改后的软件在原检查点成功执行测试的能力，如表 14 所示。

表 14　测试的重启性

指标名称	指标描述	测量、公式及数据元素计算	测量值说明
测试的重启性	在维护后，能否容易地用检测点执行测试	$X=A/B$ 式中： A——在所希望的点上逐步检测时维护者能够暂停并重新开始测试的事例数； B——在测试中暂停的总次数	$0 \leqslant X \leqslant 1$，越靠近 1 越好

10.3　维护完整性

维护完整性用于度量修改后的软件是否修复/纠正/完成需求中提出的要求，如表 15 所示。

表 15　维护完整性

指标名称	指标描述	测量、公式及数据元素计算	测量值说明
维护完整性	修改后的软件是否修复、纠正或完成需求中提出的要求	$X=A/B$ 式中： A——正确维护的功能点个数； B——计划维护的功能点个数	$0 \leqslant X \leqslant 1$，越靠近 1 越好

参 考 文 献

[1] GB/T 5271.1—2000 信息技术 词汇 第1部分:基本术语(eqv ISO/IEC 2382-1:1993)

[2] GB/T 5271.20—1994 信息技术 词汇 20部分:系统开发(eqv ISO/IEC 2382-20:1990)

[3] GB/T 8566—2007 信息技术 软件生存周期过程

[4] GB/T 16260.1—2006 软件工程 产品质量 第1部分:质量模型(ISO/IEC 9126-1:2001,IDT)

[5] GB/T 16260.2—2006 软件工程 产品质量 第2部分:外部度量(ISO/IEC TR 9126-2:2003,IDT)

[6] GB/T 16260.3—2006 软件工程 产品质量 第3部分:内部度量(ISO/IEC TR 9126-3:2003,IDT)

[7] GB/T 16260.4—2006 软件工程 产品质量 第4部分:使用质量度量(ISO/IEC TR 9126-4:2004,IDT)

[8] GB/T 18905.2—2002 软件工程 产品评价 第2部分:策划和管理(ISO/IEC 14598-2:2000,IDT)

[9] GB/T 18905.3—2002 软件工程 产品评价 第3部分:开发者用的过程(ISO/IEC 14598-3:2000,IDT)

[10] GB/T 18905.4—2002 软件工程 产品评价 第4部分:需方用的过程(ISO/IEC 14598-4:1999,IDT)

[11] GB/T 18905.5—2002 软件工程 产品评价 第5部分:评价者用的过程(ISO/IEC 14598-5:1998,IDT)

[12] GB/T 18905.6—2002 软件工程 产品评价 第6部分:评价模块的文档编制(ISO/IEC 14598-6:2001,IDT)

[13] GB/T 19000—2008 质量管理体系 基础和术语(ISO 9000:2005,IDT)

[14] GB/T 19001—2008 质量管理体系 要求(ISO 9001:2008,IDT)

[15] GB/T 20157—2006 信息技术 软件维护(ISO/IEC 14764:1999,IDT)

[16] ISO/IEC 25010:2011 Systems and software engineering—Systems and software Quality Requirements and Evaluation (SQuaRE)—System and software quality models

ICS 35.080
L 77

中华人民共和国国家标准

GB/T 29834.3—2013

系统与软件维护性 第3部分:测试方法

Maintainability of system and software—Part 3:Testing method

2013-11-12 发布　　2014-02-01 实施

中华人民共和国国家质量监督检验检疫总局
中国国家标准化管理委员会　发布

前　言

GB/T 29834在《系统与软件维护性》总标题下,分为如下3部分:

——第1部分:指标体系;

——第2部分:度量方法;

——第3部分:测试方法。

本部分为GB/T 29834的第3部分。

本部分按照GB/T 1.1—2009给出的规则起草。

本部分由全国信息技术标准化技术委员会(SAC/TC 28)提出并归口。

本部分起草单位:上海计算机软件技术开发中心、中国电子技术标准化研究院、深圳市中联信信息技术有限公司、北京邮电大学、上海浦东软件平台有限公司、上海宝信软件股份有限公司、上海鲁齐信息科技有限公司、辽宁北方实验室有限公司、南宁市平方软件新技术有限责任公司、上海市电力公司信息通信中心。

本部分主要起草人:蔡立志、刘振宇、李晓庆、黄毅、熊琭、张建良、潘国瑞、张旸旸、袁玉宇、李家宏、张露莹、崔岩、丁志刚、徐旼之、毛瑞、吴玉军、胡芸、陈达丽、陈强。

引　　言

由于交付的软件存在缺陷、用户需求的变更、环境的变化，软件常常需要进行维护，GB/T 8566—2007 指出软件维护已经成为软件生命周期的一个重要组成部分。GB/T 16260.1—2006《软件工程产品质量　第1部分：质量模型》包含了软件维护性的陈述。GB/T 29834 的本部分参照 GB/T 16260.1—2006 的维护性陈述提出了维护性测试方法。开发方、需方、质量管理者和第三方评测机构可根据指标体系定义维护性质量需求、评价软件产品维护性、测量维护性质量情况或作其他用途。本部分适用于有维护需求的各类系统与软件，不适用于“一次性使用”或者在使用期间无需变更的系统与软件。

本标准预期的主要使用者包括：

a) 软件供方，当：
 1) 需要声明软件产品维护特性时；
 2) 对照声明的维护性特性自行评估其系统与软件时；
 3) 对软件进行维护性相关的产品设计和实现时；
 4) 为维护性符合性证书或标志进行测试时的第三方评测机构；

b) 潜在的需方，当：
 1) 对即将采购的软件产品的维护性要求和现有产品的说明信息进行比较时；
 2) 需要对产品的性能做进一步的改进或者完善、产品的潜在差错而作必需的更改，实际运行的环境和采购的环境存在差异时；
 3) 检验维护性要求是否被满足时。

GB/T 29834.1《系统与软件维护性　第1部分：指标体系》给出了维护性度量指标体系，GB/T 29834.2《系统与软件维护性　第2部分：度量方法》给出了如何获得维护性指标测量值的度量方法。本部分旨在和 GB/T 29834.1 和 GB/T 29834.2 联合使用。

系统与软件维护性
第3部分:测试方法

1 范围

GB/T 29834的本部分规定了如何获得维护性指标测量值的测试方法。

本部分适用于有维护需求的各类系统与软件。本部分不适用于“一次性使用”或者在使用期间无需变更的系统与软件。

注:本部分中所指的系统主要是软件系统。

2 规范性引用文件

下列文件对于本文件的应用是必不可少的。凡是注日期的引用文件,仅注日期的版本适用于本文件。凡是不注日期的引用文件,其最新版本(包括所有的修改单)适用于本文件。

GB/T 11457 软件工程术语

GB/T 29834.1 系统与软件维护性 第1部分:指标体系

GB/T 29834.2 系统与软件维护性 第2部分:度量方法

3 术语和定义

GB/T 11457和GB/T 29834.1中界定的术语和定义适用于本文件。

4 概述

GB/T 29834.2规定了系统与软件维护性的度量方法,本部分针对度量方法中的相关公式,给出测试方法。常见的维护性测试方法有:专家评审法、技术测试法和用户调查法。各类方法说明如下:

a) 专家评审法——一种主观的测评方法。评审时,应根据被评审对象和评审目的,设计评审项目表,列出打分栏目、分值、权重和打分规则。可由N个专家组成一个评审组,专家根据自身的经验与认知,进行判断打分。然后,依据专家的权重和统计规则,进行分值汇总计算,其计算得出的值作为评审的结果。打分规则可以是分等级的,也可以是一个取值区间,或选择一个其他的合适规则;

b) 技术测试法——一种客观的测评方法。技术测试时,可依据被测对象和测试目的,选择采用适用的自动化测试工具进行,也可由人工进行手工测试。技术测试获得的结果通常是一种量化的测量结果;

c) 用户调查法——一种面向特定用户群的问卷征询方法。用户调查时,应根据调查的目的和特定的用户群,设计调查表,让被调查对象填写并反馈,调查表的回收数应达到一定的数量,并不低于发出数的适当比例。然后,对回收的调查表进行汇总计算,其计算得出的值作为用户调查的结果。

5 易分析性

5.1 失效诊断的效率

5.1.1 失效诊断的准确性

失效诊断的准确性测试要求如下：

——前置条件

维护者已经实施了维护，并形成了有效的维护记录；

——测试输入

需求规格说明书、设计规格说明书、维护需求、维护计划、维护记录；

——测量类型

计数/计数；

——测试方法

专家评审法；

——实施要点：

1) 确定失效诊断效率的测试输入，包括需求规格说明书、设计规格说明书、维护需求、维护计划、维护记录；

2) 根据系统与软件的维护相关文档，评审确定系统与软件实际需要进行维护的失效(维护点)个数，并计数为 B；

注：最直接的、最常见的失效个数获取来源为各种缺陷追踪系统。维护的线索，特别是失效的界面提示信息的截图也通常包含在失效的描述中。

3) 针对每一个维护记录，收集相关的维护线索，维护线索宜包括：

- 系统日志(例如操作系统、应用服务器)；
- 操作日志(包括操作者、时间、位置、关键的交易数据、及其有关场景、出错信息)；
- 缺陷界面提示信息；

4) 评审维护线索是否直接给出失效分析原因并能定位失效点。直接的失效定位可包括但不限于：

- 维护线索给出错误所在的代码，并说明了原因；
- 维护线索给出了直接的错误原因，如主键冲突、磁盘写操作失效；

示例 1：应用程序在数据增加或者更新时，遇到主键冲突而导致失效，系统界面提示类似“Duplicate entry '1' for key 'PRIMARY'”的失效提示，维护者依据该信息可以直接定位失效的原因。

示例 2：在应用保存数据时，由于存储空间不足而导致磁盘写操作失效，在操作日志中提示类似“Not enough space for environment”的操作日志，维护者可以直接定位失效的原因。

5) 统计维护者依据维护线索而无需借助于其他复杂方法能成功分析失效原因的维护点个数，将其计数为 A；

6) 根据 GB/T 29834.2 计算公式 $X=A/B$，计算出测量结果。

5.1.2 失效诊断的时间

失效诊断的时间测试要求如下：

——前置条件

维护者已经实施了维护，并形成了有效的维护记录；

——测试输入

需求规格说明书、设计规格说明书、维护需求、维护计划、维护记录；

——测量类型

计时/计数；

——测试方法

技术测试法，对失效诊断的过程进行计时；

——实施要点：

1） 确定失效定位时间的测试输入，包括需求规格说明书、设计规格说明书、维护需求、维护计划、维护记录；

2） 统计所有维护的维护点数，计数为 n；

3） 对于每一个维护点，利用维护记录记录维护耗费的时间；

注：适当时，维护记录可包括维护者的能力水平、维护者从业时间。

4） 在维护者完成维护结束时，对每个维护点，记录维护者成功定位失效所耗费的时间，计数为 T_i。该时间不应包括维护过程中暂停、挂起等其他因素耗费的时间。

5） 根据 GB/T 29834.2 计算公式 $X=(\sum_{i=1}^{n} T_i)/n$，计算出测量结果。

5.2 对失效诊断的支持

5.2.1 有效线索比例

有效线索比例测试要求如下：

——前置条件

维护者已经实施了维护，并形成了有效的维护记录；

——测试输入

需求规格说明书、设计规格说明书、维护需求、维护计划、维护记录等；

——测量类型

计数/计数；

——测试方法

专家评审法，对收集的线索按照是否有效进行投票表决；

——实施要点：

1） 依据需求规格说明书、设计规格说明书、维护需求、维护计划、维护记录等，确定失效诊断支持的测试输入；

2） 在执行维护之前，先备份并初始化系统线索，记录初始的线索数。维护线索宜包括：

- 系统日志（例如操作系统、应用服务器）；
- 操作日志（包括操作者、时间、位置、关键的交易数据及其有关场景、出错信息）；
- 缺陷界面提示信息；

注：密切关联的、作为一个整体记录的多个维护记录字段，计数为一条线索。

3） 根据系统与软件的维护相关文档，运行缺陷重现的步骤，在结束时记录并确定系统与软件的计划维护（及相关）点的线索数；

4） 将运行终止时线索数减去初始线索数，计为 B；

5） 根据维护依据，采用专家评审法评审收集的线索，对每一个线索是否有效进行表决。在评审线索有效性时，专家的组成可包括维护人员、开发人员、测试人员等。统计系统与软件实际能够提供有效线索的个数，并计为 A；

注 1：带指导意义的错误提示信息，可计为一个有效线索。

注 2：线索的有效性指该线索有效改善了故障的定位时间，或确定了需维护的物理位置。

注 3：如进行不同的系统与软件进行比对，评审的专家组成宜一致。

6） 根据 GB/T 29834.2 计算公式 $X=A/B$，计算出测量结果。

5.2.2 可理解线索比例

可理解线索比例测试要求如下：

——前置条件

维护者已经实施了维护，并形成了有效的维护记录；

——测试输入

需求规格说明书、设计规格说明书、维护需求、维护计划、维护记录等；

——测量类型

计数/计数；

——测试方法

专家评审法、对收集的有效线索按照是否可理解进行投票表决；

——实施要点：

1） 确定实施分析能力的测试输入，包括需求规格说明书、设计规格说明书、维护需求、维护计划、维护记录等；

2） 在执行维护之前，先备份并初始化系统线索，记录初始的线索数。维护线索宜包括：

- 系统日志（例如操作系统、应用服务器）；
- 操作日志（包括操作者、时间、位置、关键的交易数据及其有关场景、出错信息）；
- 缺陷界面提示信息；

注：密切关联的、作为一个整体记录的多个维护记录字段，计数为一条线索。

3） 根据系统与软件的维护相关文档，运行缺陷重现的步骤，在结束时记录并确定系统与软件的计划维护（及相关）点的线索数；

4） 将运行终止时线索数减去初始线索数，计为 B；

5） 对于所有有效维护线索，采用专家评审法评审收集的线索，对每一个线索是否可理解进行投票表决。在评审线索可理解性时，专家的组成可包括维护人员、开发人员、测试人员等。在可理解性评审和有效性评审，可在一次评审中同时进行，统计系统与软件实际能够提供可理解的线索个数，并计为 A；

注 1：采用不同于软件的原始开发者的维护者进行度量该指标。

注 2：有助于正确理解的线索要素可能包括故障出现的上下文环境、用户权限、当前操作、变量状态、故障提示、维护的建议等。

6） 根据 GB/T 29834.2 度量公式 $X=A/B$，计算出测量结果。

5.2.3 审核追踪能力

审核追踪能力测试要求如下：

——前置条件

维护者已经实施了维护，并形成了有效的维护记录；

——测试输入

需求规格说明书、设计规格说明书、维护需求、维护计划、维护记录等；

——测量类型

计数/计数；

——测试方法

评审法；

——实施要点：

1) 确定实施分析能力的测试输入，包括需求规格说明书、设计规格说明书、维护需求、维护计划、维护记录等；
2) 审阅维护相关文档，确定计划在运行中要记录的足以监视系统与软件状态的数据数，并计数为 B；

注：在维护文档中，计划要监视的数据宜指明数据格式、字段、数据计数的单位。

3) 备份并初始化系统状态记录数，记录初始的记录数据数；
4) 根据维护文档和需求文档，执行和状态记录相关的功能；
5) 运行结束时，统计系统实际记录的状态相关的数据数；
6) 根据终止记录数据数和初始记录数据数，计算本次运行记录到的数据数，并计数为 A；
7) 根据 GB/T 29834.2 度量公式 $X=A/B$，计算出测量结果。

6 模块化

6.1 模块间的耦合性

模块间的耦合性测试要求如下：

——前置条件

系统设计已经完成，模块之间的关联关系已经确定；

——测试输入

系统设计说明书；

——测量类型

计数/计数；

——测试方法

技术测试法、专家评审法。宜采用代码静态扫描的技术测试法或者专家评审法，确定模块间的耦合性；

——实施要点：

1) 查看软件的设计或需求文档，在度量之前确定模块的粒度(如子系统、构件、包、类)等。
2) 统计软件的模块数 n，对软件的模块从 1 到 n 进行编号；
3) 确定模块间关联强度 C_{ij} 的计算方法，在对类似的软件进行横向评价时，应选用同样的计算方法；
4) 使用已经确定的 C_{ij} 的计算方法，对各个模块间的关联强度进行计算；

注 1：模块间的单向接口调用不能理解为模块之间的关联。

注 2：不同模块之间存在共享的全局变量或者其他破坏模块局部性的联系计为关联。

注 3：不同模块之间的存在循环闭环调用可计为关联。

5) 对每个功能模块，计算 B_i 数值；
6) 根据 GB/T 29834.2 度量公式 $X=\sum_{i=1}^{n}B_i/n$，$B_i=(\sum_{j=1}^{n}C_{ij(i\neq j)})/(n-1)$，计算出测量结果。

示例：

目标软件包含有 5 个模块。

步骤：

(1) 查看相关的文档，确定该软件有 5 个模块，确定 $n=5$；

(2) 确定 C_{ij} 的计算方法为：当模块 i 和模块 j 之间存在关联关系时，$C_{ij}=C_{ji}=1$，否则，$C_{ij}=C_{ji}=0$；

(3) 确定每个 C_{ij} 的数值,可使用矩阵,在本例中,模块 2 和模块 3、模块 3 和模块 4 之间存在关联关系:

C_{ij}	M_1	M_2	M_3	M_4	M_5
M_1	0	0	0	0	0
M_2	0	0	1	0	0
M_3	0	1	0	1	0
M_4	0	0	1	0	0
M_5	0	0	0	0	0

(4) 计算 B_i 的数值:$B_1=0$,$B_2=0.25$,$B_3=0.5$,$B_4=0.25$,$B_5=0$;

(5) 计算 $X=1/5=0.2$。

6.2 模块结构合理性

模块结构合理性测试要求如下:

——前置条件

系统模块代码编写已经完成;

——测试输入

系统模块代码、预定义的代码规范;

——测量类型

计数/计数;

——测试方法

技术测试法、专家评审法。宜采用代码静态扫描的技术测试或者专家评审,确定模块结构的合理性;

——实施要点:

1) 确定实施分析能力的测试输入,包括系统模块代码、预定义的代码规范;

2) 根据系统与软件的维护相关文档(如维护需求文档),在度量之前确定模块的粒度(如子系统、构件、包、类)等;

3) 依据粒度的大小,统计系统与软件的总模块数,并计数为 B;

4) 定义的模块结构的规范,一般情况下,宜检查所有的模块化规范性。也可根据项目的实际情况,定义模块化通过的准则,如违反规则的规则条数占总规则条数的比例应少于一定的阈值(如少于 10%)。

5) 采用静态扫描的方法,根据预定义的规范对指定的模块进行扫描,也可采用专家评审法对指定的模块进行规范化评审。评审内容可包括但不限于以下几个方面:

- GB/T 14079 列举的常见的不规范模块结构例子包括:存在多个入口和多个出口的模块、执行相同或者相似功能的模块、过多使用嵌入的常量或者字符串等;
- 可以采用接口而使用其他实现方法而导致的紧耦合、每个模块(类)的代码行大小等;
- 面向对象代码的规范性,包括了继承数的深度 DIT(Depth of inheritance tree)、子女的数量 NOC(Number of Children)、对类的响应 RFC(Response for a class)等;

6) 统计符合模块化要求的模块数并计数为 A;

7) 根据 GB/T 29834.2 度量公式 $X=A/B$,计算出测量结果。

7 规范性

7.1 代码易读性

7.1.1 注释的充分性

注释的充分性测试要求如下：

——前置条件

系统代码编写已经完成，并已经通过冒烟测试；

——测试输入

系统代码；

——测量类型

计数/计数；

——测试方法

技术测试法、专家评审法。一般采用利用代码静态扫描的方法对代码注释的充分性进行扫描、并辅以适当的专家评审；

——实施要点：

1） 一般情况下，宜对所有代码进行注释充分性检查。在无法满足的情况下，查看设计文档（如需求文档、设计文档等），确定软件的选取模块，选取模块宜遵循如下原则：

- 核心业务代码；
- 使用频度高的代码；
- 文档规定的代码；
- 高优先级的代码；

2） 确定充分性计算的代码单位粒度，宜采用方法或者代码行作为单位；

3） 查看选取模块，确定选取模块中代码单位，计为 B；

4） 利用静态代码扫描工具对源代码进行代码充分性分析，或采用专家评审（人员阅读），确定选取模块中已加注释的代码单位个数，计为 A；

5） 根据 GB/T 29834.2 度量公式 $X=A/B$，计算出测量结果。一个代码易读性样例参见附录 A。

7.1.2 注释的规范性

注释的规范性测试要求如下：

——前置条件

系统代码编写已经完成，并已经通过冒烟测试；

——测试输入

预定义的注释规范、系统代码；

——测量类型

计数/计数；

——测试方法

技术测试法、专家评审法。一般采用利用代码静态扫描的方法对注释的充分性进行扫描、并辅以适当的专家评审；

——实施要点：

1） 查看软件编码规范文档，确定软件编写时应遵守的注释规范；

2） 一般情况下，宜对所有代码进行注释的规范性检查。若无法实现所有代码的检查，宜采用选取方法选取要检查的代码，其选取数量为 B，选取代码模块宜遵循如下原则：
- 核心业务代码；
- 使用频度高的代码；
- 文档规定的代码；
- 高优先级的代码。

3） 利用静态代码扫描工具检查所选取的注释，也可采用人工评审的方法检查所选取的注释。规范性的要求宜包括但不限于以下几个方面：
- 常见的注释规范包括：注释位置、注释的内容要求等；
- 类定义的注释信息，包括：作者；日期；模块功能描述（如功能、主要算法、内部各部分之间的关系、对方法返回值的说明、对方法中某参数的说明、对方法可能抛出的异常进行说明、相关主题等）；
- 文件注释通常要求包括该文件与其他文件关系、本文件历史修改记录；版本信息等；

4） 统计符合规范且易于维护人员理解的注释数量，计为 A；

5） 根据 GB/T 29834.2 度量公式 $X=A/B$，计算出测量结果。

7.1.3 代码的规范性

代码的规范性测试要求如下：

——前置条件

系统代码编写已经完成，并已经通过冒烟测试；

——测试输入

预定义的代码规范、系统代码；

——测量类型

计数/计数；

——测试方法

技术测试法、专家评审法。一般采用利用代码静态扫描的方法对注释的充分性进行扫描、并辅以适当的专家评审；

——实施要点：

1） 查看软件编码规范文档，确定代码编写规范；

2） 确定代码规范性的单位粒度，可采用方法或者代码行作为单位；

3） 一般情况下，宜对所有代码进行规范性检查。若无法实现所有代码的检查，选取要检查的代码，选取代码模块宜遵循如下原则：
- 核心业务代码；
- 使用频度高的代码；
- 文档规定的代码；
- 高优先级的代码；

4） 统计所有代码或者按照上述原则选取的代码行数，计为 B；

5） 利用静态代码检查工具或者利用专家评审法检查所选取的代码，符合规范的程度。一般的规范可包括但不限于以下几个方面：
- 常见的规范，包括：变量、过程、函数、参数、类、包等的命名规范；
- 文件规范，包括：目录的命名规范、文件的命名规范；
- 排版规范，包括：关键词、变量、语句、函数、异常、块等方面的排版规范；
- 嵌套（内嵌类、或者递归）定义的深度过大等；

6) 统计符合规范要求的代码的行数，计为 A；

7) 根据 GB/T 29834.2 度量公式 $X=A/B$，计算出测量结果。

7.1.4 代码规范的符合性

规范的符合性测试要求如下：

——前置条件

编码规范已定义，代码编写已经完成；

——测试输入

预定义的编码规范文档、被测源代码；

——测量类型

计数/计数；

——测试方法

技术测试法。选择采用代码静态扫描检查代码符合的规范个数；

——实施要点：

1) 依据软件编码规范文档，选择应遵守的代码编写规范。选择的原则包括：
- 安全性规范一般宜作为要遵守的规范；
- 依据历史经验，预计会大量使用的规范；
- 相关文档规定的特定规范；

2) 统计所有要遵循的规范个数，计为 B；

3) 对所提交测试的代码，进行检查，获得遵守的规范个数，计为 A；

4) 根据 GB/T 29834.2 度量公式 $X=A/B$，计算出测量结果。

7.2 文档维护指导性

7.2.1 对维护的指导性

对维护的指导性测试要求如下：

——前置条件

维护者已经实施了维护，并形成了有效的维护记录；

——测试输入

维护文档、维护记录、系统维护调查表；

——测量类型：

计数/计数；

——测试方法

用户调查法；

——实施要点：

1) 统计维护表中的问题个数，计为 B；

2) 根据软件维护计划，维护人员实施维护活动，记录实际通过文档能够解决的问题。

注 1：文档对于维护的指导通常以“维护手册”、“常见问题”或者“已知缺陷”等形式出现。

注 2：系统自身提供维护功能(数据字典、权限设置、流程定义)解决的问题，也应计算之内。

注 3：自动更新的系统与软件，文档已经指明更新服务器的地址和端口。

3) 在维护工作结束时，统计借助文档帮助解决的问题个数，计为 A；

4) 根据 GB/T 29834.2 度量公式 $X=A/B$，计算出测量结果。

7.2.2 文档与软件的适应程度

文档与软件的适应程度测试要求如下：

——前置条件

维护者已经实施了维护，并形成了有效的维护记录；

——测试输入

维护文档、维护记录、系统维护调查表；

——测量类型

计数/计数；

——测试方法

专家评审法；

——实施要点：

1） 确定选取的模块，并计为 B，选取时应遵循以下原则：
   - 核心业务模块；
   - 使用频度高的模块；
   - 文档规定的模块；
   - 高优先级的模块。

2） 针对所选取的模块，检查对应的设计文档，通过评审确定文档描述与选取模块的功能一致的个数，并计为 A；

3） 根据 GB/T 29834.2 度量公式 $X=A/B$，计算出测量结果。

7.3 数据的规范性

7.3.1 数据的规范性

数据的规范性测试要求如下：

——前置条件

用户文档已经定义数据类型的规范；

——测试输入

维护文档、维护记录、系统维护调查表；

——测量类型

计数/计数；

——测试方法

专家评审法、技术测试方法；

——实施要点：

1） 查看软件设计文档，确定软件的数据种类，并预定义数据类型规范；

注：xml schema 是一种常用的数据类型规范定义方式，为 XML 文档提供丰富的语法结构。XML Schema 对类型继承提供了广泛的支持，允许重用以前定义的结构。使用 facets，可以派生新的类型，表示其他某个类型值的更小子集，比如通过枚举、范围或模式匹配来定义子集。

2） 可从以下几个方面（但不限于）考虑，但不限于统计系统与软件数据类型规范数总量，并计为 B：
   - 可出现在文档中的元素；
   - 可出现在文档中的属性；
   - 哪个元素是子元素；
   - 子元素的次序；
   - 子元素的数目；
   - 元素是否为空，或者是否可包含文本；
   - 元素和属性的数据类型；

● 元素和属性的默认值以及固定值；

3) 对于利用带有自动数据规范性校验功能的数据表达，例如XML，宜采用自动校验工具进行数据类型的规范性分析。对于不具有自动校验功能的数据规范规定，宜采用专家评审法分析软件的所有数据类型；

注：在JAVA、c#等各种编程语言中，一般也提供了对于XML数据的校验手段。

4) 根据设计文档，统计符合规范格式的数据类型，并计为A；

5) 根据GB/T 29834.2度量公式 $X=A/B$，计算出测量结果。

8 易改变性

8.1 可修改性

8.1.1 代码的可修改性

代码的可修改性测试要求如下：

——前置条件

维护者已经完成维护，并形成了有效的维护记录；

——测试输入

需求规格说明书、维护需求、维护计划、维护记录；

——测量类型

计数/计数；

——测试方法

专家评审法；

——实施要点：

1) 审阅维护计划、运行报告、测试文档、问题修改报告等相关文档；

2) 根据上述文档确定需维护的功能列表，统计功能点个数，并计为B；

3) 对计划维护的修改好的功能点逐一进行测试或验证，统计测试只能通过修改代码实现维护的功能点，并计为A；

4) 根据GB/T 29834.2度量公式 $X=A/B$，计算出测量结果。

8.1.2 可配置性

可配置性测试要求如下：

——前置条件

维护者已经完成维护，并形成了有效的维护记录；

——测试输入

需求规格说明书、维护需求、维护计划、维护记录；

——测量类型

计数/计数；

——测试方法

专家评审法；

——实施要点：

1) 审阅维护计划、运行报告、测试文档、问题修改报告等相关文档；

2) 根据上述文档确定需维护的功能列表，将功能点个数，计为B；

3) 对计划维护的功能点通过修改(配置)参数进行维护，完成维护的功能点计数为A；

注 1：常见的维护配置包括：数据字典、权限设置、流程定义、专用的配置文件等。

注 2：例如，权限功能：根据系统设置的安全规则或者安全策略，用户可以访问而且只能访问自己被授权的资源。系统管理员只需在系统管理模块中通过配置参数即可实现不同权限管理。

注 3：例如，流程调整功能。在一个工作流系统中，由于内部管理机制和部门架构的调整，需要变更工作流的流转路径，动态的配置功能可以通过后台的调整维护功能实现流转路径的调整，而无需修改代码。

4） 根据 GB/T 29834.2 度量公式 $X=A/B$，计算出测量结果。

8.2 修改实施的效率

8.2.1 变更周期的效率

变更周期的效率测试要求如下：

——前置条件

维护者已经完成维护，并形成了有效的维护记录；

——测试输入

需求规格说明书、维护需求、维护计划、维护记录；

——测量类型

计时/计数；

——测试方法

技术测试法；

——实施要点：

1） 审阅维护计划、运行报告、测试文档、问题修改报告、产品描述等相关文档；

2） 记录第 i 次发生失效的时间，计为 Ts_i；

3） 记录第 i 次修复失效的时间，计为 Tr_i；

4） 记录每次变更的过程，将次数计为 N；

5） 根据 GB/T 29834.2 度量公式 $Tav=(\sum_{i=1}^{n} Tu_i)/N$，$Tu_i=Tr_i-Ts_i$，计算出测量结果。

注：Tu_i 指用于修复的实际时间，不包括由于项目挂起、中断或者其他和维护无关的因素所消耗的时间。

8.2.2 修改实施的效率

修改实施的效率测试要求如下：

——前置条件

维护者已经完成维护，并形成了有效的维护记录；

——测试输入

需求规格说明书、维护需求、维护计划、维护记录；

——测量类型

计时/计数；

——测试方法

技术测试法；

——实施要点：

1） 审阅维护计划、运行报告、测试文档、问题修改报告、产品描述等相关文档；

2） 根据上述文档，获取第 i 次维护实施方计划开始维护的时间，计为 Ts_i；

3） 第 i 次变更结束，经验证记录完成的时间，计为 Tc_i；

4） 记录每次变更的过程，将次数计为 N；

5） 根据 GB/T 29834.2 度量公式 $Tav=(\sum_{i=1}^{n}Tu_i)/N$，$Tu_i=Tc_i-Ts_i$，计算出测量结果。

注 1：Tu_i 指用于修复的实际时间，不包括由于项目挂起、中断或者其他和维护无关的因素所消耗的时间。

注 2：修改实施的效率和变更周期的效率最主要的区别在于部包含了原因分析和查找时间。

8.2.3 修改的复杂度

修改的复杂度测试要求如下：

——前置条件

维护者已经完成维护，并形成了有效的维护记录；

——测试输入

需求规格说明书、维护需求、维护计划、维护记录；

——测量类型

计时/计数；

——测试方法

评审法；

——实施要点：

1） 审阅维护计划、运行报告、测试文档、问题修改报告、产品描述等相关文档；

2） 记录变更次数，计为 N；

3） 记录第 i 次变更所花费的时间，计为 A_i；

4） 计算第 i 次变更后该系统与软件的规模度，计为 B_i；

5） 根据 GB/T 29834.2 度量公式 $T=(\sum_{i=1}^{N}A_i/B_i)/N$，计算出测量结果。

8.3 修改的可控制性

8.3.1 修改的可还原性

修改的可还原性测试要求如下：

——前置条件

维护者已经完成维护，并形成了有效的维护记录；

——测试输入

需求规格说明书、维护需求、维护计划、维护记录；

——测量类型

计数/计数；

——测试方法

技术测试法；

——实施要点：

1） 审阅用户手册、产品描述、测试文档等相关文档；

2） 根据上述文档获取修改后可还原至修改前状态的功能点数，并计为 B；

3） 进行还原操作并进行测试和验证，还原操作可包括：

- 软件和系统对操作的实时 Redo/Undo 功能；
- 对于修改，系统提供了备份功能，在修改失败或者用户需要时，还原系统维护前的状态；
- 软件提供了状态检查点功能，在需要时自动设置设置系统当前的运行状态，用户维护开始以后,使得用户有条件还原至维护前的制定状态。

4） 统计成功还原的功能点数,并计为 A；

5） 根据 GB/T 29834.2 度量公式 $X=A/B$,计算出测量结果。

8.3.2 软件变更控制的能力

软件变更控制的能力测试要求如下：

——前置条件

维护者已经完成维护,并形成了有效的变更管理和维护记录；

——测试输入

变更记录、需求规格说明书、维护需求、维护计划、维护记录；

——测量类型

计数/计数；

——测试方法

技术测试法,采用变更管理的方式统计软件的变更控制能力；

——测试方法：

1） 审阅运行报告、维护计划、测试文档等相关文档；

2） 根据相关文档获取版本变更次数,计为 B；

3） 通过评审变更记录,查看所有的版本是否有明确唯一的标识,记录查看结果,将有明确唯一标识的个数计为 A。

注 1：版本号一般由二至四个部分组成：主版本号、次版本号、内部版本号和修订号。主版本号和次版本号两个部分为必选。内部版本号和修订号两个部分为可选；但是,只有在定义内部版本号部分时,修订号部分才为可选。格式为：主版本号.次版本号[.内部版本号[.修订号]]。

注 2：可借助版本管理工具查看软件每个版本。

4） 根据度 GB/T 29834.2 度量公式 $X=A/B$,计算出测量结果。

9 稳定性

9.1 变更成功的比率

变更成功的比率测试要求如下：

——前置条件

维护者已经完成维护,并形成了有效的变更管理和维护记录；

——测试输入

维护计划、维护记录、可运行的系统；

——测量类型

计数/计数；

——测试方法

评审法；

——实施要点：

1） 审阅用户手册、产品描述、测试文档等相关文档；

2） 记录在维护前的某段时间系统与软件失效的次数,计为 B；

3） 记录在维护后的某段时间系统与软件失效的次数,计为 A；

4） 根据 GB/T 29834.2 度量公式 $X=A/B$,计算测量结果。

9.2 修改影响的局部化

修改影响的局部化测试要求如下：

——前置条件

维护者已经完成维护，并形成了有效的变更管理和维护记录；

——测试输入

维护计划、维护记录、可运行的系统；

——测量类型

计数/计数；

——测试方法

技术测试法；

——实施要点：

1) 审阅用户手册、产品描述、测试文档等相关文档；
2) 记录解决的失效数，计为 N；
3) 记录在特定的时期内通过变更解决失效后再次出现的失效数，计为 A；

注：时间的长短宜根据软件的领域特性决定。

4) 根据 GB/T 29834.2 度量公式 $X=A/N$，计算测量结果。

10 可验证性

10.1 可自动验证性

可自动验证性测试要求如下：

——前置条件

维护者已经完成维护，并形成了有效的变更管理和维护记录；

——测试输入

维护计划、维护记录、可运行的系统；

——测量类型

计数/计数；

——测试方法

运行自动验证模块；

——实施要点：

1) 审阅用户手册、产品描述、测试文档等相关文档；
2) 根据系统与软件的维护相关文档（如软件需求设计文档），确定系统与软件实际需要进行维护的功能个数，计为 B；
3) 维护操作结束之后，适用时设置自动验证功能，启动并运行该软件；
4) 依据相关文档，观察系统与软件是否已经进行了自动验证。自动验证的证据可包括：
   - 软件界面是否有维护记录（例如，被更改的功能点清单以及经过自动验证，该功能点是否被更改成功）；
   - 或者考察日志是否记录了自动验证的过程及详细内容；
   - 或者统计界面上已列举的已验证功能点清单的个数；
5) 已自动验证的功能点个数，计为 A；
6) 根据 GB/T 29834.2 度量公式 $X=A/B$，计算测量结果。

示例：

若软件能具备自动验证的功能，则度量值为高。

某软件计划对 10 个(*B*)功能点进行修改，维护后，重新运行该软件，软件启动时弹出信息框记录验证过程，列举被修改的功能清单以及维护结果(成功/失败)，统计信息框中已列举的验证成功的功能点个数 10 个(*A*)，则自动验证值为：$X=10/10=1$。

10.2 测试的重启性

测试的重启性测试要求如下：

——前置条件

维护者已经完成维护；

——测试输入

维护计划、维护记录、可运行的系统；

——测量类型

计数/计数；

——测试方法

技术测试法；

——实施要点：

1) 审阅用户手册、产品描述、测试文档、维护文档等相关文档；
2) 记录在测试中暂停测试的总次数，计为 B；
3) 记录在测试中能暂停并重新开始执行测试的事例数，计为 A；
4) 根据 GB/T 29834.2 度量公式 $X=A/B$，计算测量结果。

10.3 维护完整性

维护完整性测试要求如下：

——前置条件

维护者已经完成维护；

——测试输入

维护计划、维护记录、可运行的系统；

——测量类型

计数/计数；

——测试方法

专家评审法；

——实施要点：

1) 审阅用户手册、产品描述、测试文档、维护文档等相关文档；
2) 根据上述文档，确定系统与软件实际需要进行维护的功能点个数，计为 B；
3) 在实际的维护操作中，邀请专家对评审由于现有技术条件、成本限制、时间考虑等因素未进行修改的功能；
4) 统计已维护成功的功能点个数进行统计，计为 A；
5) 根据 GB/T 29834.2 度量公式 $X=A/B$，计算测量结果。

附 录 A
（资料性附录）
代码分析示例

本附录给出代码可维护性分析示例。

a) 系统的概要

图 A.1 给出了某一个系统的代码规范性样例。包含了代码行数、注释比例、测试代码覆盖率、规范比例等四个部分。

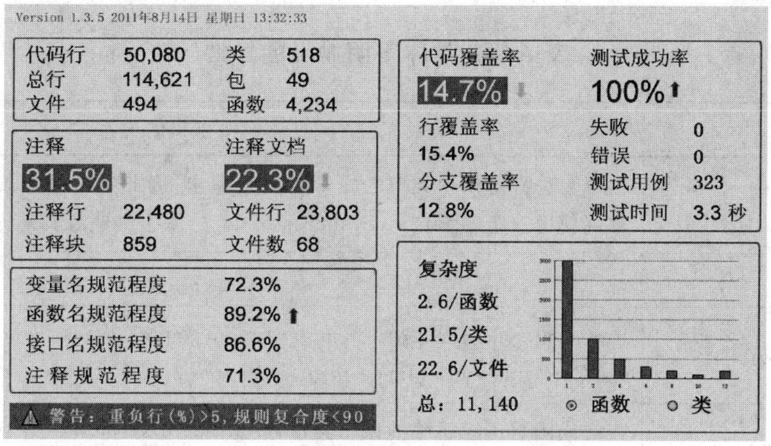

图 A.1 某系统的代码规范性概要

b) 代码的规范性检查

以某文件为例，给出了相关的维护性指标，如表 A.1 所示。

表 A.1 规范性检查结果示例

代码规范指标	值	规范指标	值
行数	100	注释比例（%）	24.6%
代码行数	46	注释行数	15
方法数	2	类数	1
语句数	20	集成的子类数	0
复杂性	5	继承树深度	3
平均每个方法的复杂性	2.5	响应该类的类数	24
共用 API	1	—	—

c) 违反预定义的规则示例

表 A.2～表 A.4 分别为几个规则违反的例子，包括常量名规则违反、不必要的括号、具体申明抛出的申明等。

表 A.2 常量名规则违反

规则名称	常量名
含义	检查遵守特定格式的常量名
所在位置(行号)	45
代码	private static final Log log = LogFactory. getLog(CreateAction. class);
在代码中表现	常量名'log'必需匹配以下规则:'^[A-Z][A-Z0-9]*(_[A-Z0-9]+)*$'

表 A.3 具体声明抛出的异常

规则名称	具体声明抛出的异常
含义	由于无法肯定定何种类型的异常将会被抛出,因此定义和理解模糊接口较为困难。建议使用一个继承自 RuntimeException 的派生类或者其他方法来检查异常
所在位置(行号)	52
代码	protected synchronized Action getAction(ActionContext context, String type, ActionConfig actionConfig) throws Exception {
在代码中表现	方法或函数不应明确的抛出异常:java. lang. Exception

表 A.4 不必要的括号

规则名称	不必要的括号
含义	有时表达式包含在不必要的括号中,使它们看起来像一个函数调用
所在位置(行号)	80
代码	return (action);
在代码中表现	语句可能有一些不必要的括号

参 考 文 献

[1] GB/T 5271.1—2000 信息技术 词汇 第1部分:基本术语(eqv ISO/IEC 2382-1:1993)

[2] GB/T 5271.20—1994 信息技术 词汇 20部分:系统开发(eqv ISO/IEC 2382-20:1990)

[3] GB/T 8566—2007 信息技术 软件生存周期过程

[4] GB/T 14079—1993 软件维护指南

[5] GB/T 16260.1—2006 软件工程 产品质量 第1部分:质量模型(ISO/IEC 9126-1:2001,IDT)

[6] GB/T 16260.2—2006 软件工程 产品质量 第2部分:外部度量(ISO/IEC TR 9126-2:2003,IDT)

[7] GB/T 16260.3—2006 软件工程 产品质量 第3部分:内部度量(ISO/IEC TR 9126-3:2003,IDT)

[8] GB/T 16260.4—2006 软件工程 产品质量 第4部分:使用质量度量(ISO/IEC TR 9126-4:2004,IDT)

[9] GB/T 18905.2—2002 软件工程 产品评价 第2部分:策划和管理(ISO/IEC 14598-2:2000,IDT)

[10] GB/T 18905.3—2002 软件工程 产品评价 第3部分:开发者用的过程(ISO/IEC 14598-3:2000,IDT)

[11] GB/T 18905.4—2002 软件工程 产品评价 第4部分:需方用的过程(ISO/IEC 14598-4:1999,IDT)

[12] GB/T 18905.5—2002 软件工程 产品评价 第5部分:评价者用的过程(ISO/IEC 14598-5:1998,IDT)

[13] GB/T 18905.6—2002 软件工程 产品评价 第6部分:评价模块的文档编制(ISO/IEC 14598-6:2001,IDT)

[14] GB/T 19000—2008 质量管理体系 基础和术语(ISO 9000:2005,IDT)

[15] GB/T 19001—2008 质量管理体系 要求(ISO 9001:2008,IDT)

[16] GB/T 20157—2006 信息技术 软件维护(ISO/IEC 14764:1999,IDT)

[17] ISO/IEC 25010:2011 Systems and software engineering—Systems and software Quality Requirements and Evaluation (SQuaRE)—System and software quality models

ICS 35.080
L 77

中华人民共和国国家标准

GB/T 29835.1—2013

系统与软件效率
第1部分：指标体系

**Efficiency of system and software—
Part 1：Indicator system**

2013-11-12 发布　　　　2014-02-01 实施

中华人民共和国国家质量监督检验检疫总局
中国国家标准化管理委员会　发布

前　　言

GB/T 29835在《系统与软件效率》总标题下，分为如下三部分：

——第1部分：指标体系；

——第2部分：度量方法；

——第3部分：测试方法。

本部分为GB/T 29835的第1部分。

本部分按照GB/T 1.1—2009给出的规则起草。

本部分由全国信息技术标准化技术委员会(SAC/TC 28)提出并归口。

本部分起草单位：上海浦东软件平台有限公司、上海鲁齐信息科技有限公司、中国电子技术标准化研究院、深圳市科脉技术有限公司、广东软件评测中心、上海宝信软件股份有限公司、北京邮电大学、珠海南方软件网络评测中心、国家应用软件产品质量监督检验中心、上海市计算机软件评测重点实验室、上海嵌入式系统应用工程技术研究中心、南昌金庐软件园软件评测培训有限公司、广州广软信息系统管理咨询有限公司。

本部分主要起草人：李家宏、张露莹、徐旼之、张旸旸、申阳、胡兵、袁玉宇、曾昭志、张苏利、肖正坤、侯建华、蔡立志、丁志刚、左家平、黄万民、刘新、袁肃蓉、杨金翠、万方。

引　言

GB/T 29835的本部分从系统与软件的时间特性、容量及资源利用性三个方面考虑，提出了效率指标体系。本部分所列的指标并非一个完备集。本部分适用于各种计算机系统与软件产品，但并非每种指标适用于各种计算机系统与软件产品。软件供方、第三方评测机构、需方等可以从本部分中选择合适的指标，亦可以修改指标或使用本部分未包括的其他指标，用来定义效率质量需求，评价软件产品的效率，度量效率质量情况或作其他用途。

本标准预期的主要使用者包括：

a) 软件供方，当

1) 需要声明软件产品效率特性时；

2) 对照声明的效率特性自行评估其软件产品和系统时；

3) 对软件进行效率相关的产品设计和实现时；

b) 为效率符合性证书或标志进行测试时的第三方评测机构；

c) 潜在的需方，当

1) 对即将采购的软件产品的效率要求和现有产品的说明信息进行比较；

2) 需要对产品的效率做进一步的改进或者完善、产品的潜在差错而作必需的更改，实际运行的环境和采购的环境存在差异时；

3) 检验效率要求是否被满足。

GB/T 29835.2《系统与软件效率　第2部分：度量方法》给出了如何获得效率指标测量值的度量方法，GB/T 29835.3《系统与软件效率　第3部分：测试方法》描述了效率指标的测试方法。本部分旨在与GB/T 29835.2和GB/T 29835.3联合使用。

系统与软件效率 第1部分:指标体系

1 范围

GB/T 29835 的本部分规定了系统与软件效率指标体系,给出了每个指标的具体描述和示例。

本部分适用于计算机系统与软件的效率测评。

注:本部分中所指的系统主要是软件系统。

2 规范性引用文件

下列文件对于本文件的应用是必不可少的。凡是注日期的引用文件,仅注日期的版本适用于本文件。凡是不注日期的引用文件,其最新版本(包括所有的修改单)适用于本文件。

GB/T 16260.1—2006 软件工程 产品质量 第1部分:质量模型(ISO/IEC 9126-1:2001,IDT)

3 术语和定义

GB/T 16260.1—2006 中界定的以及下列术语和定义适用于本文件。

3.1

容量 capacity

软件产品或系统参数满足需求的最大限量。

4 概述

4.1 软件质量与效率

软件质量是软件的一组特性的总和,表明软件满足明确或隐含要求的能力。

针对计算机系统与软件,与质量相关的特性包括功能性、可靠性、易用性、效率、可移植性和可维护性。这些特性从不同角度反映系统是否满足了用户的质量要求,其中效率反映了系统与软件在完成所需要的功能时所展示出来的及时性、使用资源的适合性、以及最大的系统处理能力等相关特性。

根据 GB/T 16260.1—2006,效率特性可定义为:在规定条件下,相对于所用资源的数量,软件产品可提供适当性能的能力。提高系统和软件效率的基本目标为:在适当的资源配置情况下,系统能够以更快的速度完成更多的任务。效率特性反映系统满足该目标的程度。

注:GB/T 16260.1—2006 中,将软件质量分外部质量、内部质量和使用质量。本标准中的效率特性主要关注系统和软件产品的外部质量,即从系统和软件在执行过程中所展示的效率特性。

4.2 效率指标体系

效率指标体系是对效率特性的评价体系,它给出效率特性及其子特性,并定义一组可量化度量和测试的效率指标。

在本部分中,效率特性被分解为时间特性、容量和资源利用性三个子特性,并进一步定义了每个特性的下层子特性。效率指标体系结构图见图1。

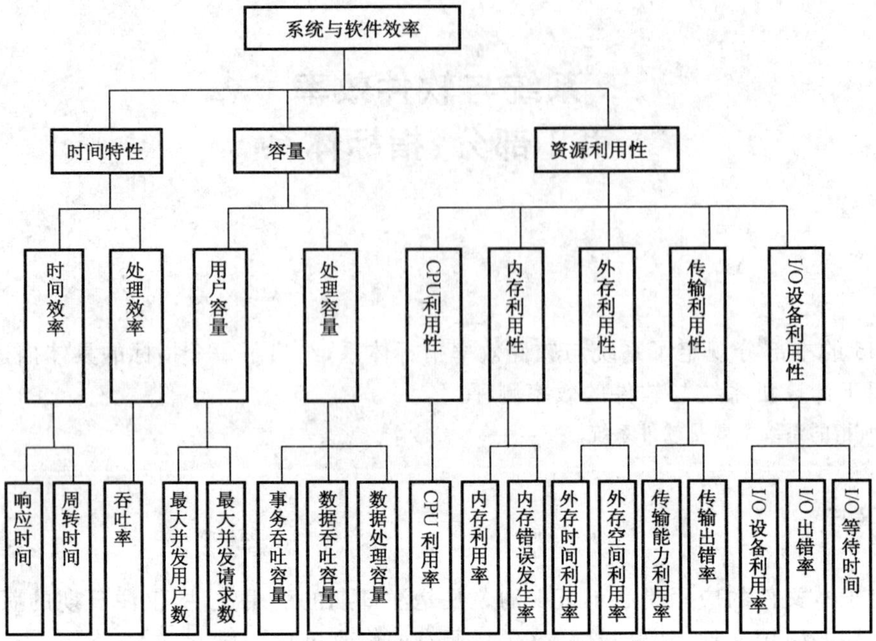

图 1 效率指标体系

本部分中,定义了下列特性与子特性:

a) 时间特性:与系统的运行速度相关的性能。根据不同的考察角度,时间特性又分为时间效率和处理效率两个子特性。
   1) 时间效率:考察系统执行某任务所需要的时间相关特性;
   2) 处理效率:考察系统在单位时间内处理的任务数量相关特性。
b) 容量:系统的最大处理能力相关的性能。该特性可反映在当前的资源条件下,系统处理能力是否满足用户要求,并考察系统处理能力的可扩充的空间。
   1) 用户容量:考察系统能够承受的最大并发用户数量及并发请求数量;
   2) 处理容量:考察系统在给定时间内能够处理的任务量的极限。
c) 资源利用性:系统现有资源利用情况的性能,该特性可反映当前的系统在资源利用方面的适合性和可扩充性。按照系统主要计算机资源的类别,进一步将资源利用性分为:
   1) CPU 利用性:考察 CPU 的利用情况;
   2) 内存利用性:考察内存资源的利用情况;
   3) 外存利用性:考察外存资源的利用情况;
   4) 传输利用性:考察传输资源的利用情况;
   5) I/O 设备利用性:考察 I/O 设备的利用情况。

效率特性及其子特性的被关联到一组效率指标,图 1 所示树状结构中的每个叶子结点表示一个效率指标,第 5 章~第 7 章将详细介绍这些效率指标。

4.3 指标体系应用说明

效率指标是可量化度量的效率相关的指标。通常情况下,指标可表示为一个度量公式,在本部分中,效率指标并不只关联到一个唯一的度量公式,在效率指标体系应用过程中,应考虑以下对效率指标的度量公式和结果产生影响的因素:

a) 调查对效率特性度量结果产生直接或间接影响的条件

   在效率指标应用时应标注其所对应的条件,例如:

——不同运行环境,包括硬件设备、系统配置等因素对效率的影响;

——不同负载条件,例如:常规负载、峰值负载。

b) 区分效率指标所针对的对象

效率指标可针对不同的对象,可以用于考察某个功能或部件的效率,也可以用于考察整个系统的效率。当综合局部的功能或部件的效率指标进行系统整体效率评价时,应考虑使用适当的评价方法或评价模型。

c) 测量结果的分布特性

由于效率指标测量结果随外在条件的变化会产生变化或波动,因此,效率度量应反映其测量值的波动范围或分布特征,例如,平均值、最大值、最小值等。

d) 效率评价方法

效率指标的度量和评价有两种不同的方法,一是直接测量效率指标的实际值,评价者以此判断系统效率特性的高低;二是将测量到的效率指标的实际值与用户设定的效率目标相比较,获得反映满足程度的比较值,评价者以此来判断系统效率特性在多大程度上满足了用户设定的效率目标。效率指标应用时应考虑满足两种不同的评价需要。

以上的影响因素交叉作用于各个效率指标。在本部分中,效率指标体系未直接反映这些因素的作用,用户需要在使用这些指标进行效率评价时充分考虑这些因素的影响。

注:本标准的第3部分中介绍了反映以上影响因素的指标体系的扩展应用方法。

5 时间特性

5.1 时间效率

时间效率反映与运行速度相关的性能。

从用户操作的角度,时间效率反映系统对用户操作的反馈速度以及完成用户任务所需要的时间,反映系统能否在可接受的时间之内完成所需的任务。时间效率相关度量指标见表1。

表 1 时间效率

指标名称	指标描述	说　明
响应时间	指用户发起一个请求开始,服务器完成对该请求的处理并返回处理结果所经过的时间	1. 响应时间所对应的用户请求可以是一个单步骤的操作请求,也可以是完成某项事务过程中的一个步骤。在人机会话的系统运行环境中,响应时间关注用户感受到的系统的反馈速度,从而使用户保持良好的会话体验。 2. 响应时间用于考察系统处理请求所需要的时间,可应用于系统的各个环节,例如: a) 在用户与客户端的接口之间,响应时间反映用户利用客户端发出请求到客户端接受到反馈所经过的时间。这时考察用户对系统处理时间的完整体验,包括服务器处理请求所需要的时间、往来传输时间和客户端显示所需要的时间; b) 在客户端与服务器的接口之间,响应时间反映客户端程序发出服务请求到服务器返回结果到客户端所经过的时间。这时主要考察的是系统服务器端处理请求的速度。当需要考察网络传输对响应时间的影响时,还应包括网络传输所需要经过的时间; c) 在多服务器的多层次结构中,响应时间也可以表示前端服务器对后端服务器发出请求,后端服务器完成服务并将结果返回给前端服务器所经过的时间。这时可分段考察不同的服务器所占用的处理时间

表1(续)

指标名称	指标描述	说明
周转时间	周转时间是执行一个事务所经过的时间。一个事务通常由多个操作步骤组成,周转时间是从第一个操作开始到最后一个操作完成所经过的时间	1.从业务逻辑的角度来看,事务是指完成一次完整的业务交易,可以包括一至多个交易请求;从用户操作的角度来看,事务是一组相关的操作序列。 2.周转时间包括事务处理各个步骤所需要的时间的总和,包括系统处理时间、传输时间及用户操作时间。通常情况下,周转时间应反映系统在真实的运行环境中完成一个事务所需的时间,必要时应包括常规的思考时间

5.2 处理效率

处理效率考察系统在单位时间内处理的任务数量相关特性。处理效率相关度量指标见表2。

表2 处理效率

指标名称	指标描述	说明
吞吐率	单位时间内系统处理完成的请求数量或任务数量	吞吐率是一个广义的概念,可应用于不同的对象。不同类型的吞吐率的例子有: ——单位时间内处理用户请求的数量,例如,web系统的每秒页面请求数、点击率(HPS); ——单位时间内处理的事务数量,例如,业务系统每秒完成的事务数量、每秒事务数(TPS); ——单位时间内处理的数据量,例如,数据交换机的每秒转发数据包数等

6 容量

6.1 用户容量

用户容量反映多用户并发环境下系统能够接受的并发数量。并发数量可以从客户端和服务器端两个角度来观察,从客户端的角度来说,并发数量可以用同时访问系统功能的用户数量来反映;从服务器端的角度来说,可以从系统能够同时接受的并发请求数来反映。最大并发用户数和最大并发请求数分别从这两种角度反映系统的并发性能。用户容量相关度量指标见表3。

表3 用户容量

指标名称	指标描述	说明
最大并发用户数	系统能够承受的同时使用系统服务或资源的用户数的极限,超过该用户数,将导致系统效率严重下滑,并可能导致系统崩溃、失效	1.在不同应用场合中,该用户数可以指在一个时间段内共同登录到某业务系统的用户数量,也可以指同时使用某事务处理功能的用户数量。 2.通常情况下,本指标应反映实际运行环境下用户常规的使用场景下系统能够接受的最大并发用户。例如,在网络订票系统中,最多能够接受多少个用户同时上网订票

表 3（续）

指标名称	指标描述	说　明
最大并发请求数	系统能够承受的同时接收到的请求数的极限，超过该请求数，将导致系统效率严重下滑，并可能导致系统崩溃、失效	1.从服务器角度来说，最大并发请求数是系统服务器端承受的同时接收到的请求数的极限；从客户端角度来说，最大并发请求数也可以看作系统客户端在线的并发用户中同时发出操作请求的用户数的极限。例如，在网络订票系统中，最多能够接受多少个用户同时发出订票请求。 2.最大并发请求数忽略客户端用户的常规操作特性，直接考察系统服务器的最大并发性能

6.2 处理容量

处理容量反映衡量系统的最大事务处理能力。其中，事务吞吐容量和数据吞吐容量是系统能够承受的最大负载情况下的事务吞吐量和数据吞吐量，数据处理容量从用户或事务处理的角度考察特定处理能力的最大容量。处理容量相关度量指标见表 4。

表 4　处理容量

指标名称	指标描述	说　明
事务吞吐容量	在一定的时间单位内，系统能够处理完成的最大事务量	1.事务吞吐容量可看作为是吞吐率的特例，反映系统在所能够承受的最大负载情况下的事务吞吐率。 2.事务吞吐容量不关注各个不同时间点上事务吞吐率的变化情况，也不是某个时间点事务吞吐的峰值，而要求系统在一定的持续时间内稳定运行状态下的能够提供的事务处理能力，因此数据吞吐容量的单位可能选择更长的时间单位，比如小时、天、月等
数据吞吐容量	在一定的时间单位内，系统能够处理完成的最大数据量	1.数据吞吐容量也可以看作吞吐率的特例，反映的是系统在所能够承受的最大负载情况下系统数据处理能力的最大值。 2.数据吞吐容量与事务处理容量的不同在于：事务处理容量是单位时间内的事务处理数量，但未说明每个事务处理数据量；数据吞吐容量表示一定时间内的数据处理量，而忽略这些数据量是由多少事务处理完成的。从某种意义上说，数据吞吐容量更精确地表达了系统完成的工作量
数据处理容量	对于指定的数据处理或数据存储功能，系统能够处理的最大数据量	1.数据处理容量是指系统能够处理或存储的特定数据类型的最大数据量，在该数据量下，系统能够正常处理且运行效率在用户可以接受的范围之内。 2.典型的数据处理或存储容量的例子包括： ——系统能够处理的最大文件长度； ——数据库能够处理的最大数据库记录数； ——一个用户能够处理的最大数据量或数据量范围等。 3.数据处理容量与数据吞吐容量的区别在于：数据处理容量针对一种指定的数据处理或存储功能，考察从该功能角度所观察的最大数据处理容量，而不是系统的总体的最大数据处理量。 4.数据处理容量不要求系统处于最大负载情况下，在不同的系统负载条件下，数据处理容量可能不同

7 资源利用性

7.1 概述

资源利用性用于考察系统中使用的基本硬件设备资源的利用程度,判断该资源是否成为系统性能瓶颈。本部分中主要涉及通用的基本硬件资源的利用性,包括 CPU 利用性、内存利用性、外存利用性、传输利用性、I/O 设备利用性。

在计算机系统中,每类资源的数量并不是唯一的,资源利用性的对象可以针对每个特定的资源利用性进行评价,也可以针对多个同类资源进行综合评价。在可以自动进行负载均衡的系统中,资源利用性可考察资源之间负载均衡的实际效果。

资源利用率指标并不是越高越好,应保持一定的余量,当某个资源的利用率达到一定数值后,该资源可能将成为系统性能瓶颈。

7.2 CPU 利用性

CPU 利用性反映系统中 CPU 资源的利用情况,CPU 利用性相关度量指标见表 5。

表 5 CPU 利用率

指标名称	指标描述	说　明
CPU 利用率	系统或软件产品在运行过程中 CPU 的使用率	1. CPU 利用率反映 CPU 系统的繁忙程度,可用于考察 CPU 资源的利用率,并观察 CPU 资源是否形成系统瓶颈。 2. 在多处理器系统中,CPU 利用率反映各个处理器的平均利用率

7.3 内存利用性

内存利用性反映系统中内存资源的利用情况。内存利用率反映物理内存的使用率,由于虚拟内存技术的使用,内存利用性还需要考察从内外存页面交换的频度,从而考察整体的内存利用效率。内存利用性相关度量指标见表 6。

表 6 内存利用率

指标名称	指标描述	说　明
内存利用率	系统或软件产品在运行过程中内存的使用率	内存利用率反映系统的内存资源的利用程度,过高的内存利用率可能降低系统运行效率
内存错误发生率	系统或软件产品在运行过程中,单位时间内发生内存错误的次数	内存错误是指不能在内存地址中找到所需页面的情况。包括硬错误(那些需要磁盘访问的)和软错误(在物理内存的其他地方找到的错误页)。许多处理器可以在有大量软错误的情况下继续操作。但是,硬错误可以导致明显的拖延

7.4 外存利用性

计算机系统的主要的外存设备指硬盘设备,外存利用性相关的度量指标见表 7。

表 7 外存时间利用率

指标名称	指标描述	说　明
外存时间利用率	系统或软件产品在运行过程中，外存读写时间占总时间的百分比	外存时间利用性用于衡量外存设备读写的繁忙程度。当外存设备读写频率过于频繁，系统可能因为等待磁盘读写而影响运行效率
外存空间利用率	系统或软件产品在运行过程中，已使用的外存空间占总外存空间的百分比	外存利用率只应用于对外存空间对系统效率比较敏感的系统中。如果外存空间比较充分，对系统运行无显著影响，则可忽略该指标

7.5 传输利用性

除了计算机主机系统以外，传输性能是影响系统和软件效率的重要环节，传输利用性主要考察计算机系统中的传输资源的利用情况。传输利用性相关的度量指标见表 8。

表 8 传输能力利用率

指标名称	指标描述	说　明
传输能力利用率	系统或软件产品在执行规定的数据传输功能时，传输吞吐率占传输设备最大传输吞吐率的百分比	传输能力利用率度量应用系统运行过程中所占用的传输设备的传输吞吐量与传输设备本身可以提供的最大传输吞吐量之间的比率，该指标可用于衡量传输设备是否形成系统瓶颈，以及传输能力的可扩充性
传输出错率	系统或软件产品在运行过程中，传输设备发生错误的频率	如果传输出错率会急剧增加，传输能力则可能出现瓶颈

7.6 I/O 设备利用性

I/O 设备利用性考察 I/O 设备的利用情况，不同的 I/O 设备应分别进行度量和评价。I/O 设备的相关度量指标见表 9。

表 9 I/O 设备利用率

指标名称	指标描述	说　明
I/O 设备利用率	系统或软件产品在运行过程中，I/O 设备资源忙时间占总运行时间的百分比	I/O 设备利用率指标度量 I/O 设备的利用率，考察设备资源配置的充分性
I/O 出错率	系统或软件产品在运行过程中，用户 I/O 请求出现错误的频率	I/O 出错率的急剧增加可能反映该 I/O 设备形成了瓶颈，也可能是其他原因造成，应根据不同 I/O 设备的特点分别予以分析
I/O 等待时间	系统或软件产品在运行过程中，等待 I/O 设备操作完成所用的时间	I/O 等待时间反映 I/O 设备的繁忙程度，当 I/O 请求较多时，I/O设备请求队列的长度可能造成 I/O 等待时间加长，也可能影响事务的周转时间

附　录　A
（资料性附录）
本部分与 GB/T 16260.2—2006 的对照关系

本部分定义的效率指标体系与 GB/T 16260.2—2006 中定义的效率度量元的对照关系见表 A.1。

注：在对照关系表，相对应的条目在含义上部分存在差异。

表 A.1　本部分与 GB/T 16260.2—2006 对照关系表

本部分			GB/T 16260.2—2006
时间特性	时间效率	响应时间	响应时间
			响应时间(平均响应时间)
			响应时间(最坏情况下的响应时间比率)
		周转时间	周转时间
			周转时间(平均周转时间)
			周转时间(最坏情况下周转时间的比率)
	处理效率	吞吐率	吞吐量
			吞吐量(平均)
容量	用户容量	最大并发用户数	—
		最大并发请求数	—
	处理容量	事务吞吐容量	吞吐量(最坏吞吐量比率)
		数据处理容量	—
		数据存储容量	—
资源利用性	CPU 利用性	CPU 利用率	—
	内存利用性	内存利用率	最大的内存利用数
		内存错误发生率	内存错误的平均发送数
			内存错误与时间比率
	外存利用性	外存时间利用率	—
		外存空间利用率	—
	传输利用性	传输能力利用率	—
		传输出错率	传输错误的平均发生情况
			传输错误与时间的平均比
	I/O 设备利用性	I/O 设备利用率	I/O 设备的利用性
		I/O 出错率	与错误相关的 I/O
			平均 I/O 完成比率
		I/O 等待时间	I/O 设备利用的用户等待时间

参 考 文 献

[1] GB/T 5271.1—2000 信息技术 词汇 第1部分:基本术语(eqv ISO/IEC 2382-1:1993)

[2] GB/T 8566—2007 信息技术 软件生存周期过程(ISO/IEC 12207:1995, MOD)

[3] GB/T 11457—2006 软件工程术语

[4] GB/T 16260.2—2006 软件工程 产品质量 第2部分:外部度量(ISO/IEC TR 9126-2:2003,IDT)

[5] GB/T 16260.3—2006 软件工程 产品质量 第3部分:内部度量(ISO/IEC TR 9126-3:2003,IDT)

[6] GB/T 16260.4—2006 软件工程 产品质量 第4部分:使用质量度量(ISO/IEC TR 9126-4:2004,IDT)

[7] ISO/IEC 25010:2011 Systems and software engineering—Systems and software Quality Requirements and Evaluation(SQuaRE)—System and software quality models

ICS 35.080
L 77

中华人民共和国国家标准

GB/T 29835.2—2013

系统与软件效率　第2部分：度量方法

Efficiency of system and software—Part 2: Metric method

2013-11-12 发布　　2014-02-01 实施

中华人民共和国国家质量监督检验检疫总局
中国国家标准化管理委员会　发布

前言

GB/T 29835在《系统与软件效率》总标题下，分为如下三部分：

——第1部分：指标体系；

——第2部分：度量方法；

——第3部分：测试方法。

本部分为GB/T 29835的第2部分。

本部分按照GB/T 1.1—2009给出的规则起草。

本部分由全国信息技术标准化技术委员会(SAC/TC 28)提出并归口。

本部分起草单位：上海宝信软件股份有限公司、中国电子技术标准化研究院、深圳市科脉技术有限公司、上海浦东软件平台有限公司、上海鲁齐信息科技有限公司、广东软件评测中心、北京邮电大学、珠海南方软件网络评测中心、国家应用软件产品质量监督检验中心、上海市计算机软件评测重点实验室、上海嵌入式系统应用工程技术研究中心、南昌金庐软件园软件评测培训有限公司、广州广软信息系统管理咨询有限公司。

本部分主要起草人：崔岩、徐畋之、张露莹、李家宏、张旸旸、董文生、丛力群、周勇、王宝艾、袁玉宇、曾昭志、张苏利、肖正坤、侯建华、蔡立志、丁志刚、左家平、黄万民、刘新、袁肃蓉、杨金翠、万方、申阳、苏盼、王樱。

引　言

GB/T 29835的本部分从系统与软件的时间特性、容量及资源利用性三个方面考虑，提出了对应的度量方法。本部分所列的度量并非一个完备集。本部分适用于各种计算机系统与软件产品，但并非每种度量适用于各种计算机系统与软件产品。软件供方、第三方评测机构、需方等可以从本部分中选择合适的度量，亦可以修改度量或使用本部分未包括的其他度量，用来定义效率质量需求，评价软件产品的效率，度量效率质量情况或作其他用途。

本标准预期的主要使用者包括：

a) 软件供方，当：
   1) 需要声明软件产品效率特性时；
   2) 对照声明的效率特性自行评估系统和软件产品时；
   3) 对软件进行效率相关的产品设计和实现时；
b) 为效率符合性证书或标志进行测试的第三方评测机构；
c) 潜在的需方，当：
   1) 对即将采购的软件产品的效率要求和现有产品的说明信息进行比较时；
   2) 需要对产品的效率做进一步改进或者完善，实际运行的环境和采购的环境存在差异时；
   3) 检验效率要求是否被满足。

GB/T 29835.1《系统与软件效率　第1部分：指标体系》给出了效率指标体系，GB/T 29835.3《系统与软件效率　第3部分：测试方法》描述了效率指标的测试方法。本部分旨在与GB/T 29835.1和GB/T 29835.3联合使用。

系统与软件效率　第2部分：度量方法

1　范围

GB/T 29835的本部分在GB/T 29835.1提出的指标体系的基础上，规定了系统和软件效率指标体系的度量方法，使其能够尽可能满足各种不同的测试目标和测试需要。

本部分适用于系统与软件的效率度量与测评。

注：本部分中所指的系统主要是软件系统。

2　规范性引用文件

下列文件对于本文件的应用是必不可少的。凡是注日期的引用文件，仅注日期的版本适用于本文件。凡是不注日期的引用文件，其最新版本(包括所有的修改单)适用于本文件。

GB/T 29835.1　系统与软件效率　第1部分：指标体系

3　术语和定义

GB/T 29835.1中界定的术语和定义适用于本文件。

4　概述

效率是系统与软件的一个重要质量特征。对系统与软件的效率进行度量，有利于了解软件是否满足规定的效率要求，有利于需求方、开发方等及时发现、定位效率缺陷。根据GB/T 29835.1所定义的指标体系，采用相应的方法和计算公式对每个指标度量，获得定量的可比较的数值。

本部分定义了与GB/T 29835.1一起使用的一组软件效率质量的度量。用户宜从GB/T 29835.1中选择效率指标，根据效率指标确定相关度量以及相应的测试方法，并以客观的方式解释测量结果。

5　度量公式

5.1　统计公式

效率指标的度量公式通常使用最大值、平均值和最小值等，其公式如下：

a)　最大值：

$$A_{\max}=\mathrm{MAX}(A_i),\quad i=1\sim n \qquad \cdots\cdots(1)$$

式中：

$A_{\max}$——$A_1,A_2,\cdots,A_n$ 中最大的一个值。

b)　平均值：

$$A_{\mathrm{avg}}=\mathrm{AVG}(A_i)=\frac{\sum_{i=1}^{n}A_i}{n}=\frac{A_1+A_2+\cdots+A_n}{n},\quad i=1\sim n \qquad \cdots\cdots(2)$$

式中：

A_{avg}——平均值。

c) 最小值：

$$A_{min}=MIN(A_i), \quad i=1\sim n \qquad (3)$$

式中：

A_{min}——$A_1,A_2,\cdots,A_n$ 中最小的一个值。

6 时间特性

6.1 时间效率

时间效率包括响应时间、周转时间指标，度量方法如表1所示。

表1 时间效率

指标名称	指标描述	测量、公式及数据元素计算				测量值说明			
		基本公式	平均值	最大值	最小值	基本公式	平均值	最大值	最小值
响应时间	测量在指定的测试约束条件下，用户发出一个操作请求到接收到处理结果所经过的时间	$X_i=Rec_i-Send_i$，$(i=1\sim n)$ 式中： X_i ——第 i 次评价的响应时间； Rec_i ——第 i 次评价收到响应结果的时间； $Send_i$——第 i 次评价发出请求的时间； n ——评价的总数	$X_{avg}=AVG(X_i)$	$X_{max}=MAX(X_i)$	无	$X_i>0$，越小越好	$X_{avg}>0$，越小越好	$X_{max}>0$，越小越好	无
周转时间	测量在指定的测试约束条件下，用户完成一个特定事务所需要的时间	$X_i=End_i-Start_i$，$(i=1\sim n)$ 式中： X_i ——第 i 次评价的周转时间； End_i ——第 i 次评价事务结束时间； $Start_i$——第 i 次评价事务开始时间； n ——评价的总数	$X_{avg}=AVG(X_i)$	$X_{max}=MAX(X_i)$	无	$X_i>0$，越小越好	$X_{avg}>0$，越小越好	$X_{max}>0$，越小越好	无

6.2 处理效率

处理效率包括吞吐率指标，度量方法如表2所示。

表 2　处理效率

指标名称	指标描述	测量、公式及数据元素计算				测量值说明			
		基本公式	平均值	最大值	最小值	基本公式	平均值	最大值	最小值
吞吐率	测量在指定的测试约束条件下，单位时间内系统完成的请求数量或事务数量	$X_i = \mathrm{Num}_i / T_i$，($i=1\sim n$) 式中： X_i ——第 i 次评价的吞吐率； Num_i ——第 i 次评价，有效测试周期内完成的请求数或事务数； T_i ——第 i 次评价，有效测试周期时间	$X_{avg} = \mathrm{AVG}(X_i)$	无	$X_{min} = \mathrm{MIN}(X_i)$	无	$X_{avg} > 0$，越大越好	无	$X_{min} > 0$，越大越好

7　容量

7.1　用户容量

用户容量包括最大并发用户数、最大并发请求数指标，度量方法如表 3 所示。

表 3　用户容量

指标名称	指标描述	测量、公式及数据元素计算				测量值说明			
		基本公式	平均值	最大值	最小值	基本公式	平均值	最大值	最小值
最大并发用户数	测量系统能够承受的最大用户的极限。超过该用户数，将导致系统效率严重下滑，并可能导致系统失效	无	无	$X_{max} = \mathrm{MAX}(Nu[i])$ 式中： X_{max} ——最大并发用户数； $Nu[i]$——依次递增的需要测试的并发用户数。要求在此次测试下，其响应时间仍可接受且未急剧增大，或吞吐率未达到极值成为瓶颈	无	无	无	$X_{max} > 0$，越大越好	无
最大并发请求数	测量系统能够承受的同时收到的请求数的极限。超过该请求数，将导致系统效率严重下滑，并可能导致系统失效	无	无	$X_{max} = \mathrm{MAX}(Nr[i])$ 式中： X_{max} ——最大并发请求数； $Nr[i]$——依次递增的需要测试的并发请求数。要求在此次测试下，其响应时间仍可接受且未急剧增大，或吞吐率未达到极值成为瓶颈	无	无	无	$X_{max} > 0$，越大越好	

7.2 处理容量

处理容量包括事务吞吐容量、数据吞吐容量、数据处理容量指标，度量方法如表 4 所示。

表 4 处理容量

指标名称	指标描述	测量、公式及数据元素计算				测量值说明			
		基本公式	平均值	最大值	最小值	基本公式	平均值	最大值	最小值
事务吞吐容量	测量在指定的时间单位内，系统能够处理的最大事务数量	无	无	$X_{max}=MAX(Pu[i])$ 式中： X_{max}——最大事务吞吐量； $Pu[i]$——依次递增并发事务，获得的实测吞吐量，且测试中所有事务能正常完成并获得正确处理结果	无	无	无	$X_{max}>0$，越大越好	无
数据吞吐容量	测量在指定的时间单位内，系统能够处理完成的最大数据量	无	无	$X_{max}=MAX(Pd[i])$ 式中： X_{max}——最大数据吞吐容量； $Pd[i]$——依次递增并发数据，获得的实测吞吐量，且测试中所有数据处理能正常完成并获得正确处理结果	无	无	无	$X_{max}>0$，越大越好	无
数据处理容量	测量系统在处理或存储的最大数据量	无	无	$X_{max}=MAX(D[i])$ 式中： X_{max}——最大数据吞吐容量； $D[i]$——依次递增的需要测试的数据处理量。要求在此次测试下，其周转时间仍可接受且未急剧增大	无	无	无	$X_{max}>0$，越大越好	无

8 资源利用性

8.1 CPU 利用性

CPU 利用性包括 CPU 利用率指标，度量方法如表 5 所示。

表5 CPU利用性

指标名称	指标描述	测量、公式及数据元素计算				测量值说明			
		基本公式	平均值	最大值	最小值	基本公式	平均值	最大值	最小值
CPU利用率	测量处理器用来执行非闲置线程时间的百分比	$X_i = t_i$ 时刻的CPU利用率 式中： $i=1\sim n$	$X_{avg}=$ $AVG(X_i)$	$X_{max}=$ $MAX(X_i)$	无	$X_i>0$	$X_{avg}>0$	$X_{max}>0$	无

8.2 内存利用性

内存利用性包括内存利用率、内存错误发生率指标，度量方法如表6所示。

表6 内存利用性

指标名称	指标描述	测量、公式及数据元素计算				测量值说明			
		基本公式	平均值	最大值	最小值	基本公式	平均值	最大值	最小值
内存利用率	测量当前计算机上可用于运行进程有效物理内存的字节数量	$X_i = t_i$ 时刻的内存利用率 式中： $i=1\sim n$	$X_{avg}=$ $AVG(X_i)$	$X_{max}=$ $MAX(X_i)$	无	$X_i>0$	$X_{avg}>0$	$X_{max}>0$	无
内存错误发生率	测量在系统规定负载下，每秒钟出错页面的平均数量	$X_i = t_i$ 时刻的内存错误率 式中： $i=1\sim n$	$X_{avg}=$ $AVG(X_i)$	$X_{max}=$ $MAX(X_i)$	无	$X_i>0$	$X_{avg}>0$	$X_{max}>0$	无

8.3 外存利用性

外存利用性包括外存时间利用率、外存空间利用率指标，度量方法如表7所示。

表7 外存利用性

指标名称	指标描述	测量、公式及数据元素计算				测量值说明			
		基本公式	平均值	最大值	最小值	基本公式	平均值	最大值	最小值
外存时间利用率	测量运行效率测试过程中，外存读写时间占总时间的百分比	$X_i = t_i$ 时刻的外存读写速率 式中： $i=1\sim n$	$X_{avg}=$ $AVG(X_i)$	$X_{max}=$ $MAX(X_i)$	无	$X_i>0$	$X_{avg}>0$	$X_{max}>0$	无

表 7（续）

指标名称	指标描述	测量、公式及数据元素计算				测量值说明			
		基本公式	平均值	最大值	最小值	基本公式	平均值	最大值	最小值
外存空间利用率	测量已使用外存空间占总外存空间的百分比	$X_i=t_i$ 时刻的外存空间/总外存空间 式中： $i=1\sim n$	$X_{avg}=$ AVG(X_i)	$X_{max}=$ MAX(X_i)	$X_{min}=$ MIN(X_i)	$X_i>0$	$X_{avg}>0$	$X_{max}>0$	$X_{min}>0$

8.4 传输利用性

传输利用性包括传输能力利用率、传输出错率指标，度量方法如表 8 所示。

表 8　传输利用性

指标名称	指标描述	测量、公式及数据元素计算				测量值说明			
		基本公式	平均值	最大值	最小值	基本公式	平均值	最大值	最小值
传输能力利用率	测量系统执行规定的数据传输功能时，传输吞吐率占传输设备最大传输吞吐率的百分比	$X_i=t_i$ 时刻的传输吞吐率/总传输设备吞吐带宽 式中： $i=1\sim n$	$X_{avg}=$ AVG(X_i)	$X_{max}=$ MAX(X_i)	无	$X_i>0$	$X_{avg}>0$	$X_{max}>0$	无
传输出错率	测量系统执行规定的数据传输功能时，传输设备发生的错误的频率	$X_i=t_i$ 时刻的传输错误率 式中： $i=1\sim n$	$X_{avg}=$ AVG(X_i)	$X_{max}=$ MAX(X_i)	无	$X_i>0$	$X_{avg}>0$	$X_{max}>0$	无

8.5 I/O 设备利用性

I/O 设备利用性包括 I/O 设备利用率、I/O 出错率、I/O 等待时间指标，度量方法如表 9 所示。

表 9　I/O 设备利用性

指标名称	指标描述	测量、公式及数据元素计算				测量值说明			
		基本公式	平均值	最大值	最小值	基本公式	平均值	最大值	最小值
I/O 设备利用率	测量指定外部设备被使用的时间与总运行时间的比率	$X_i = t_i$ 时刻的 I/O 设备忙时间/单位时间 式中： $i=1 \sim n$	$X_{avg} = AVG(X_i)$	无	无	$X_i > 0$	$X_{avg} > 0$	无	无
I/O 出错率	测量用户 I/O 请求出现错误的频率	$X_i = t_i$ 时刻的 I/O 设备出错次数/单位时间 式中： $i=1 \sim n$	$X_{avg} = AVG(X_i)$	$X_{max} = MAX(X_i)$	无	$X_i > 0$	$X_{avg} > 0$	$X_{max} > 0$	无
I/O 等待时间	测量用户等待外部设备操作完成所花费的时间	X_i = I/O 请求完成时间 − I/O 请求发送时间 式中： $i=1 \sim n$	$X_{avg} = AVG(X_i)$	$X_{max} = MAX(X_i)$	$X_{min} = MIN(X_i)$	$X_i > 0$	$X_{avg} > 0$	$X_{max} > 0$	$X_{min} > 0$

参 考 文 献

[1] GB/T 5271.1—2000 信息技术 词汇 第1部分:基本术语(eqv ISO/IEC 2382-1:1993)

[2] GB/T 8566—2007 信息技术 软件生存周期过程(ISO/IEC 12207:1995, IDT)

[3] GB/T 11457—2006 软件工程术语

[4] GB/T 16260.1—2006 软件工程 产品质量 第1部分:质量模型(ISO/IEC 9126-1:2001, IDT)

[5] GB/T 16260.2—2006 软件工程 产品质量 第2部分:外部度量(ISO/IEC TR 9126-2:2003, IDT)

[6] GB/T 16260.3—2006 软件工程 产品质量 第3部分:内部度量(ISO/IEC TR 9126-3:2003, IDT)

[7] GB/T 16260.4—2006 软件工程 产品质量 第4部分:使用质量度量(ISO/IEC TR 9126-4:2004, IDT)

[8] ISO/IEC 25010:2011 Systems and software engineering—Systems and software Quality Requirements and Evaluation(SQuaRE)—System and software quality models

ICS 35.080
L 77

中华人民共和国国家标准

GB/T 29835.3—2013

系统与软件效率　第3部分:测试方法

Efficiency of system and software—Part 3:Testing method

2013-11-12 发布　　2014-02-01 实施

中华人民共和国国家质量监督检验检疫总局
中国国家标准化管理委员会　发布

前　言

GB/T 29835在《系统与软件效率》总标题下，分为如下三部分：

——第1部分：指标体系；

——第2部分：度量方法；

——第3部分：测试方法。

本部分为GB/T 29835的第3部分。

本部分按照GB/T 1.1—2009给出的规则起草。

本部分由全国信息技术标准化技术委员会(SAC/TC 28)提出并归口。

本部分起草单位：上海鲁齐信息科技有限公司、上海浦东软件平台有限公司、国家应用软件产品质量监督检验中心、深圳市科脉技术有限公司、中国电子技术标准化研究院、上海宝信软件股份有限公司、广东软件评测中心、北京邮电大学、珠海南方软件网络评测中心、上海市计算机软件评测重点实验室、上海嵌入式系统应用工程技术研究中心、南昌金庐软件园软件评测培训有限公司、广州广软信息系统管理咨询有限公司。

本部分主要起草人：张露莹、李家宏、崔岩、苏盼、欧阳树生、张旸旸、袁玉宇、曾昭志、张苏利、肖正坤、侯建华、蔡立志、丁志刚、左家平、黄万民、刘新、袁肃蓉、杨金翠、万方、陈芳芳。

引　　言

GB/T 29835的本部分提出了系统与软件效率的测试方法。为了使效率指标体系适用于不同的测试目标和不同的测试要求,本部分扩展了效率指标体系及度量指标的应用方法,提出了效率指标体系测试应用框架。同时,本部分基于效率指标体系测试应用框架对每个效率指标给出了相应的测试方法和测试流程,并对效率指标体系测试应用框架在不同的应用情况下的应用方法和裁剪给出指导性建议,便于用户或者评测人员进行操作。

本部分所列的测试方法并非适用于每个测试场合,进行效率测试的人员可以根据待测试的系统的特点以及测试目标从本部分中选择适合的指标及其约束进行测试,同时也鼓励测试人员根据测试场合的不同需要增减或修改度量指标、测试约束、测试方法,从而适应特定的测试需要。

本标准预期的主要使用者包括:

a) 软件供方,当:
   1) 需要声明软件产品效率特性时;
   2) 对照声明的效率特性自行评估其软件产品和系统时;
   3) 对软件进行效率相关的产品设计和实现时;

b) 为效率符合性证书或标志进行测试时的第三方评测机构;

c) 潜在的需方,当:
   1) 对即将采购的软件产品的效率要求和现有产品的说明信息进行比较;
   2) 需要对产品的效率做进一步的改进或者完善、产品的潜在差错而作必需的更改,实际运行的环境和采购的环境存在差异时;
   3) 检验效率要求是否被满足。

GB/T 29835.1《系统与软件效率　第1部分:指标体系》给出了效率指标体系,GB/T 29835.2《系统与软件效率　第2部分:度量方法》给出了如何获得效率指标测量值的度量方法。本部分旨在与GB/T 29835.1和GB/T 29835.2联合使用。

系统与软件效率　第3部分：测试方法

1　范围

GB/T 29835的本部分规定了系统与软件效率的测试方法。本方法是在GB/T 29835.1的指标体系和GB/T 29835.2的度量方法的基础上，给出效率指标体系中每个效率指标的测试方法。本部分对效率指标体系的应用方法进行了扩展，提出了效率指标体系测试应用框架，使效率指标体系尽可能满足各种不同的测试目标和测试需要。

本部分适用于系统与软件的效率测评。

注1：本部分中所指的系统主要是软件系统。

注2：本部分适用于系统与软件通用的效率特性和测试方法，针对特殊类型的系统（如：Web应用系统、嵌入式系统等），可在本部分提出的效率指标体系测试应用框架和测试方法的基础上进行扩充或剪裁。有关剪裁的方法参见附录A。

2　规范性引用文件

下列文件对于本文件的应用是必不可少的。凡是注日期的引用文件，仅注日期的版本适用于本文件。凡是不注日期的引用文件，其最新版本（包括所有的修改单）适用于本文件。

GB/T 29835.1　系统与软件效率　第1部分：指标体系

GB/T 29835.2　系统与软件效率　第2部分：度量方法

3　术语和定义

GB/T 29835.1和GB/T 29835.2中界定的以及下列术语和定义适用于本文件。

3.1

测试约束　test restriction

影响效率指标测试结果的限制条件。

3.2

结果视图　result view

测试结果的不同展现形式。

注：在本部分中，结果视图表示效率指标测试结果的不同展现形式，反映测试结果不同方面的特性（例如，平均值、最小值、最大值等）。

3.3

测试周期　test period

从启动测试到结束测试之间的时间段。

3.4

有效测试周期　valid test period

在测试周期中，满足所规定的测试约束条件的测试时间段。

注：在效率测试中，有效测试周期中获取的测试数据才能够用于计算所规定测试约束条件下的效率指标值。

4 效率指标体系测试应用框架

4.1 框架体系

系统与软件效率指标体系(见 GB/T 29835.1)说明了构成系统与软件效率的各个关键特性,效率指标的度量值可用于反映系统和软件目前达到的效率水平。但对大部分效率测试来说,每个效率指标的度量值不是唯一的,它依赖于所在环境、用户数量、所针对的操作功能等约束条件,在不同的约束条件下效率指标将产生不同的度量结果,为了获得不同约束条件下的效率指标度量结果,效率测试需要针对各种不同的约束条件进行多次测试。另一方面,一个效率指标的测试结果数据通常为一个统计分布或按时间顺序采集的数据,为了适应不同的结果形式需要,效率指标的度量结果需要不同的统计形式,如最大值、最小值、平均值等,在具有明确的效率目标的情况下,还需要给出效率指标是否满足效率目标的判断,即需要判断效率指标的满足度。因此,效率指标体系中的每个效率指标不再对应一个度量公式和一个度量结果,而是在不同约束条件和结果形式作用下对应为不同的度量公式和度量结果。

效率指标体系测试应用框架是对效率指标体系的扩展应用方法,在应用效率指标体系进行系统和软件的效率评价时,可将效率指标扩展为针对不同测试对象、不同测试条件的度量项,并可通过不同角度来展现效率指标测试结果,从而使效率指标体系满足不同的系统类型、不同的效率目标和不同的测试需求。

效率指标体系测试应用框架的组成要素包括:

a) 效率指标体系——反映系统和软件效率的特性及子特性的集合,并通过效率指标进行效率度量。效率指标体系是本框架的基础,在进行效率测试和评价时,首先应确定要测试的效率指标。

   注:有关效率指标体系的详细内容见 GB/T 29835.1。

b) 测试约束——影响效率指标测试结果的限制条件。测试约束产生于对效率指标测试结果产生直接影响的因素。不同的影响因素形成不同类型的测试约束,不同的测试约束交互作用于效率指标,给效率指标限定了各种不同的约束条件。每个测试约束可以有不同的测试约束值,不同测试约束值下的效率指标具有不同的效率指标度量结果。典型的测试约束包括:

   1) 对象约束;
   2) 环境约束;
   3) 负载约束。

c) 结果视图——规定效率指标度量结果的不同展现形式。结果视图通过不同的角度和侧面展现度量结果的不同特征(如,平均值、最小值、最大值、满足效率目标的程度等)。效率指标可选择一个或多个结果视图来展现。

d) 效率指标测试——效率指标的测试方法。在本部分中,效率指标测试首先确定所需要测试的效率指标,确定效率指标所对应的测试约束以及所需要的结果视图,然后针对每个效率指标在不同测试约束值条件下进行效率指标的测试,并按照需要的结果视图计算并展现效率指标的测试结果。

4.2 测试约束

4.2.1 综述

很多因素对效率指标的度量结果产生影响,在不同的系统运行条件和不同的用户访问方式下系统会有不同的运行效率。测试约束限定对效率指标测试结果产生直接影响的因素。

在效率测试中,对测试结果产生影响的因素很多,测试约束对测试结果产生内在的、本质的影响,如需测试的对象、系统运行环境、用户负载等，这些因素的变化作用于效率指标而产生不同的度量结果；其他一些因素作用于测试过程，对测试结果的影响是外在的、非本质的，例如：测试方法、测试工具等。测试约束不考虑作用于测试过程的外在或随机的影响因素。

测试约束典型地包括对象约束、环境约束和负载约束。但效率指标应用框架的测试约束并不局限于对象约束、环境约束和负载约束三种。当某个因素对测试结果产生直接的内在的影响，测试需求要求反映该因素的变化对效率指标度量结果的影响时，可在测试约束中增加该约束。

其他可增加的测试约束的例子包括用户类型约束、访问方式约束、访问数据量约束等。

4.2.2 对象约束

4.2.2.1 对象约束概念

对象约束规定需要进行效率指标度量与评测的对象。例如，在测试时间特性下的“响应时间”度量指标时，需要明确是针对什么处理请求的响应时间；在测试资源利用性特性下的“CPU 利用率”度量指标时，需要明确是针对系统中哪台计算机设备的 CPU。不同的对象的效率指标具有不同的度量结果，不同的对象作用于效率指标可扩展为多个度量项。

4.2.2.2 确定对象约束

每个计算机系统和软件都具有数量庞大的众多对象。在进行效率评价时，不需要对所有对象的效率指标都进行度量和测试，确定需要测试的对象的基本原则是：

——效率测试明确需要测试的对象；

——选择系统的效率需求中明确了效率目标的对象；

——选择系统中典型的具有代表性的对象；

——选择系统中对运行条件(如负载)最为敏感的对象。

不同效率指标所对应的可加以限定的对象类型不同，表 1 描述了每个效率指标对应的对象约束的类型。

表 1 效率指标适应的对象约束类型

特性	子特性	度量指标	适用的对象约束类型
时间	时间效率	响应时间	不同请求
		周转时间	不同事务
	处理效率	吞吐率	不同请求或事务
容量	用户容量	最大并发用户数	不同用户类型
		最大并发请求数	不同请求
	处理容量	事务吞吐容量	不同事务
		数据吞吐容量	不同数据类型
		数据处理容量	不同数据处理或存储功能
资源利用性	CPU 利用性	CPU 利用率	不同 CPU
	内存利用性	内存利用率	不同内存
		内存错误率	
	外存利用性	外存时间利用率	不同外存设备
		外存空间利用率	

表 1（续）

<table>
<tr><th>特性</th><th>子特性</th><th>度量指标</th><th>适用的对象约束类型</th></tr>
<tr><td rowspan="5">资源利用性</td><td rowspan="2">传输利用性</td><td>传输能力利用率</td><td rowspan="2">不同传输设备</td></tr>
<tr><td>传输出错率</td></tr>
<tr><td rowspan="3">I/O 设备利用性</td><td>I/O 设备利用率</td><td rowspan="3">不同 I/O 设备</td></tr>
<tr><td>I/O 错误率</td></tr>
<tr><td>I/O 等待时间</td></tr>
</table>

效率指标的测试对象由高到低可以形成不同的层次，高层对象可分解为低层对象，低层对象可组成高层对象，高层对象可以是若干低层对象组成的综合对象。

一些对象可以直接进行效率指标度量和评测，这些对象为直接对象；另一些对象由其他对象综合而成，综合对象由低层对象组合而成，这些低层对象可以是其他综合对象，也可以是直接对象。综合对象不能直接进行效率指标测试，当需要对综合对象进行效率指标测试时，需要对组成综合对象的低层对象或直接对象进行效率指标测试，或者选择典型的低层对象或直接对象进行效率指标测试，然后对低层对象或直接对象的效率指标度量结果进行加权平均得到综合对象的效率指标度量结果。

例如，Web 网站的页面由各种不同的页面组成，每个页面都可以是一个测试对象，这些页面是直接对象，可直接度量响应时间等效率指标。不同类型的页面可以组成综合对象，如动态页面、静态页面。动态页面和静态页面就是综合对象。如果要测试动态页面的响应时间，应选择若干典型的动态页面，分别测试响应时间，然后计算各个动态页面响应时间平均（或加权平均）值作为动态页面响应时间度量值。原则上说，一个效率指标可综合所有下层对象为一个最高层对象，对最高层对象的效率指标度量可获得被测系统的综合的效率评价。

4.2.3 环境约束

4.2.3.1 环境约束概念

环境约束规定需要在哪些系统运行环境下进行效率指标的度量和测试。这里的系统运行环境包括系统的硬件环境、软件环境、网络环境等，也可称为目标环境。一些效率测试只需要考察一种目标环境下的系统效率，典型地是系统将运行的实际运行环境；另一些效率测试需要考察系统在不同目标环境下的效率，这时环境约束需要规定多种需测试的目标环境。目标环境的变化直接影响效率指标度量结果。反之，任何效率指标的度量值都是针对了某种特定的目标环境。

注：特别需要注意的是目标环境与测试环境的不同，有些场合测试环境使用了实际目标环境或与目标环境相同，另一些测试场合由于条件的限制测试环境不能完全达到目标环境的要求，这时测试环境的误差可能导致测试结果产生一定误差。测试条件导致的测试环境的不同虽然也导致了不同的效率指标度量结果，但由于这种影响是作用于测试过程而不是测试需求，因此通常不认定为环境约束。

4.2.3.2 确定环境约束

确定适用的环境约束需要考虑效率测试的目标，与环境相关的测试目标的例子包括：

——在指定的目标运行环境下，系统的执行效率是否能够满足用户需求；

——需要怎样的系统软硬件配置，才能够满足用户的基本效率需求；

——什么样的系统软硬件配置具有最高性价比等。

通过对测试目标的分析，确定要对哪些不同的目标环境进行测试，并分别在每个不同的目标环境下进行效率指标的测试。

4.2.4 负载约束

4.2.4.1 负载约束概念

负载约束规定需要在什么样的系统负载下进行效率指标的度量和测试。一次效率测试通常需要对多种不同的系统负载进行测试,从而获得不同负载条件下系统和软件效率。

4.2.4.2 确定负载约束

原则上说,效率测试可针对任意可能的负载进行测试,即:可测试获得各种不同负载条件下的效率指标度量值,并可获得随负载变化情况下效率指标的变化情况。在实际系统中,用户通常更关注具有特定意义的负载下的效率指标度量结果,例如,需要测试"在正常情况下,用户网上购票请求的响应时间是多少",或"在春运开始前10天内,用户网上购票请求的响应时间是多少","最坏情况下,系统网上购票能够承受的并发用户数是多少,其订票请求的响应时间是多少?"等。

常用的负载约束包括(但不限于)以下3种:

——常规负载:常规运行情况下,系统的并发用户数量。

——峰值负载:在特定时期,系统面临大量并发用户的情况下,系统的并发用户数量。在负载量不均衡的系统中,峰值负载也常常用来表示系统所可能面临的用户负载量的最高值。

——极限负载:系统所能够承受的最大负载量,超过该负载量,可能导致系统失效或运行效率急剧下降,并达到用户难以承受的程度。

注:常规负载和峰值负载的负载大小可以在测试之前确定,而极限负载的负载大小在测试之前可能是未知的,因此对极限负载下的效率指标的测试应首先确定极限负载的大小。可以先通过容量特性中的"最大并发用户数"等效率指标得到系统的极限用户负载,再进行极限负载下的效率指标测试,也可以在进行容量测试的同时测试极限负载下的效率指标。

不同效率指标适用的典型负载约束值见表2。

表2 效率指标适用的负载约束

特性	子特性	度量指标	负载约束
时间	时间效率	响应时间	常规负载、峰值负载、极限负载
		周转时间	常规负载、峰值负载、极限负载
	处理效率	吞吐率	常规负载、峰值负载、极限负载
容量	用户容量	最大并发用户数	极限负载
		最大并发请求数	极限负载
	处理容量	事务吞吐容量	极限负载
		数据吞吐容量	极限负载
		数据处理容量	常规负载、峰值负载、极限负载
资源利用性	CPU利用性	CPU利用率	常规负载、峰值负载、极限负载
	内存利用性	内存利用率	常规负载、峰值负载、极限负载
		内存错误率	常规负载、峰值负载、极限负载
	外存利用性	外存时间利用率	常规负载、峰值负载、极限负载
		外存空间利用率	常规负载、峰值负载、极限负载
	传输利用性	传输能力利用率	常规负载、峰值负载、极限负载

表 2（续）

特性	子特性	度量指标	负载约束
资源利用性	传输利用性	传输出错率	常规负载、峰值负载、极限负载
	I/O 设备利用性	I/O 设备利用率	常规负载、峰值负载、极限负载
		I/O 错误率	常规负载、峰值负载、极限负载
		I/O 等待时间	常规负载、峰值负载、极限负载

4.3 结果视图

4.3.1 综述

本部分中，效率指标度量结果并不是一个具体的值，而是包括了度量结果完整信息的数据集合。展示该度量结果的方式不是唯一的，可以采用不同的展现形式，这些不同的展现形式从不同的角度不同的侧面揭示度量结果的不同特征，可分别满足对度量结果的不同应用需要。效率指标度量结果的不同展现形式称为结果视图。

效率指标结果视图的主要形式包括：

——单值视图；

——统计视图；

——分时视图；

——满足度视图。

效率指标采用什么类型的结果视图与测试需求及测试方法等因素有关。当测试需求或测试方法规定仅经过一次测试尝试，只取得一个测试结果值，则结果视图为单值视图；当测试需求或测试方法规定需经过多次测试尝试，获得了多个测试结果值，结果视图可以是统计视图；当测试需求或测试方法规定按照时间顺序获得测试结果，则结果视图可以是分时视图，同时还可以将分时值进行统计，得到统计视图；如果测试结果需要和用户期望的效率目标进行比较，则可以采用满足度视图。

效率度量可选择一个或多个结果视图来展现。

4.3.2 单值视图

当效率指标的测试结果为单一值时，该度量指标只有唯一的一个单值视图。

例如，“最大并发用户数”“最大并发请求数”效率指标的结果视图为单值视图。

单值视图不可以同时具有分时视图和统计视图，但可以具有相对应的满足度视图(见 4.3.5)。

4.3.3 统计视图

4.3.3.1 统计视图概念

当效率指标的测试结果为一组测试尝试的结果数据，这组结果数据通常呈现为一组统计分布值，则可用该统计分布的特征值来反映测试结果。用统计分布的特征值来反映测试结果的视图称为统计视图。

典型的统计视图包括但不限于以下类型：

——最大：针对一组结果数据，计算最大值；

——平均：针对一组结果数据，计算平均值；

——最小：针对一组结果数据，计算最小值；

——90%：针对一组结果数据，90%的测试数据小于该值；

——10%：针对一组结果数据，10%的测试数据小于该值 ；
——方差：针对一组结果数据，计算方差值。

统计视图可以用以下形式表示为：[效率指标]（统计视图类型）。

例如：响应时间（平均）、周转时间（最大）。

4.3.3.2 确定统计视图

决定采用哪些结果视图的因素包括：

——对效率指标度量结果需要的深入程度，如果需要全面的和详细的效率指标度量结果，则需要更多的统计视图。
——是否具有对应的效率目标，如果具有明确的效率目标，则需要具有相同形式的统计视图并由此计算满足度。

4.3.4 分时视图

当效率指标的测试结果为一组按照时间顺序进行采样或测试得到的结果数据，则可以用分时视图来表示测试结果，分时视图是按照规定的时间间隔来展示测试结果的变化情况的结果视图。

分时视图可提供测试过程中的效率指标的变化情况，特别适用于需要进行系统运行状态分析、效率瓶颈分析等测试需求。

分时视图可分为以下两种形式：

——分时采样：按照固定的时间间隔进行采样，获得按照时间序列排列的测试结果序列。

分时采样度量公式：

[效率指标名](t_i)＝t_i 时刻采样或测试获得的测量值。

式中：

$t_i = T_s \cdots T_e$，T_s 为测试开始时间，T_e 为测试结束时间；

——分时平均：按照固定时间间隔对一组测试结果数据进行分组统计，计算每个时间单位分组内的结果数据平均值。

分时平均度量公式：

[效率指标名](t_i)＝AVG(在[$t_i \cdots t_{i+1}$)区间所有测试尝试的测试结果数据)

式中：

$t_i = T_s \cdots T_e$；T_s 为测试开始时间，T_e 为测试结束时间。

分时视图可同时具有统计视图，如果将分时视图的结果序列当作一组统计分布，则可以计算获得对应的统计视图。

分时视图特别适合于采用图形的方式展示，因此分时视图的展现形式往往不是数据序列而是图表。

4.3.5 满足度视图

4.3.5.1 满足度视图的概念

效率指标的单值视图、统计视图和分时视图都是对系统本身的效率特性进行度量，而未考虑效率是否满足用户期望的效率目标。如果需要考察效率水平是否满足用户的期望的效率目标，则可采用满足度视图。

满足度视图是将效率指标的测试结果与用户期望的效率指标目标值相比较，从而提供相关效率指标在多大程度上满足用户效率需求的信息。

应用满足度视图的前提是需要提供效率指标的期望值。如果不能获得效率指标的期望值，则无法采用满足度视图。

通常待测系统只在部分效率指标上具有明确的效率目标需求,因此可在部分效率指标上采用满足度视图。如果待测试的系统未提出任何效率目标需求,则无需采用满足度视图。

在使用满足度视图时,可以将指标名称修改为:[效率指标名]满足度。

例如,针对以下响应时间效率指标的效率目标:

——网上订票系统的票务查询请求响应时间平均小于 30 s;

——网上订票系统的订票请求响应时间最大不超过 2 min;

——网上订票系统 90%的订票请求响应时间不超过 1 min。

可以分别使用以下满足度视图:响应时间满足度(平均)、响应时间满足度(最大)、响应时间满足度(90%)。

4.3.5.2 满足度计算公式

效率指标满足度的值反映效率指标满足用户效率目标的程度,满足度计算公式为:

效率指标满足度=效率指标测试值/效率指标期望值

满足度取值的含义根据不同的效率目标的形式有所不同:

a) 当效率目标形式为"测试值小于效率指标期望值",则满足度小于 1 时满足用户期望,且越小越好。

例:效率目标为"某请求响应时间平均不高于 A。"则响应时间满足度(平均)=响应时间(平均)/期望的平均响应时间 A。

当响应时间满足度(平均)小于 1 时,表示目标被满足,且越小越好;

b) 当效率目标形式为"测试值大于效率指标期望值",则满足度大于 1 时满足用户期望,且越大越好。

例:效率目标为"某事务吞吐率最少不低于 B"。则吞吐率满足度(最小)=吞吐率(最小)/期望的最小吞吐率 B。

当吞吐率满足度(最小)大于 1 时,表示目标被满足,且越大越好。

注:如果需要对系统和软件的效率进行整体评价,则需要对各个指标的效率满足度进行汇总,这就需要对效率满足度进行归一化处理。归一化保证满足度取值具有相同的意义,方便不同指标之间进行满足度汇总和比较。

4.4 效率指标测试流程

效率指标的度量结果可通过效率指标测试取得。面向效率指标体系应用框架的效率指标测试方法包括以下主要步骤:

a) 选取效率指标:根据测试需求从效率指标体系中选取需要测试的系统和软件的效率特性及子特性,并确定要测试的效率指标;

b) 确定测试约束:根据效率测试需求确定每种效率指标所适用的测试约束,包括对象约束、环境约束、负载约束以及其他适用的测试约束,确定每种测试约束中需要测试的约束值;

c) 确定结果视图:根据效率测试需求或效率目标所适用的形式确定测试结果适用的结果视图;

d) 设计测试用例:在满足效率指标、测试约束要求的基础上设计效率测试的测试环境、测试场景、测试工具、测试过程、数据收集和统计方法等,要求所设计的测试用例应覆盖以上所有需要测试的效率指标及其对应的测试约束的组合;数据收集和统计的方法应考虑能够取得结果视图所需要的数据;

e) 执行效率测试:按照测试用例规定的要求、方法及过程执行效率测试,监控测试运行,获取测试结果;

f) 结果计算与展现:按照所需的结果视图计算并展示效率指标度量结果。

基于效率指标体系应用框架的效率指标测试流程见图 1。

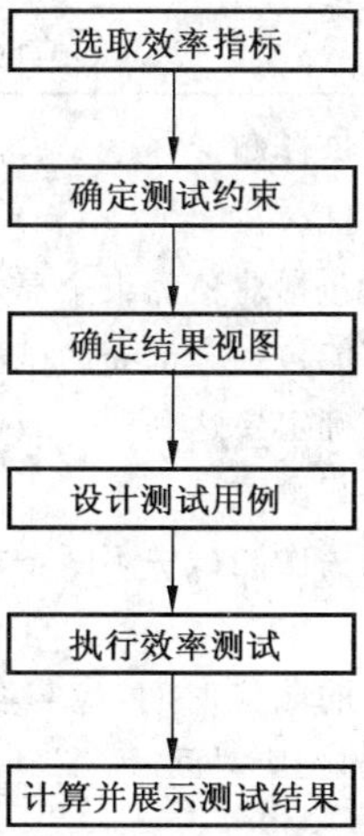

图 1　基于效率指标体系应用框架的效率指标测试流程

本部分第 5 章～第 7 章描述了每个效率指标的具体测试方法，按照效率指标测试流程，每个效率指标分以下条目加以描述：

——指标名称：效率指标名称；

——测试说明：描述效率指标测试方法的总体说明；

——测试约束：描述适用的测试约束；

注：这里列出的测试约束为常用的可选项，不同测试项目可以按照测试需求进行剪裁(详见附录 A)。

——测试设计：按照效率指标及其测试约束要求设计效率测试用例；

——测试实施：描述效率指标测试执行的主要步骤；

——测试结果计算：描述适用的结果视图以及每个结果视图的计算方法。

注：本部分给出了效率指标的测试原理和计算方法，当使用效率测试工具进行测试时，可结合测试工具的功能完成效率测试和结果计算。

5　时间特性

5.1　时间效率

5.1.1　响应时间

<table>
<tr><td colspan="2">指标名称</td><td>响应时间</td></tr>
<tr><td colspan="2">测试说明</td><td>响应时间的测试是通过用户(或虚拟用户)向服务器发出并发请求，测量服务器响应这些请求所需的时间</td></tr>
<tr><td rowspan="3">测试约束</td><td>环境约束</td><td>适用的环境约束：
——系统规定的目标运行环境；
——其他需要进行效率测试的系统运行环境</td></tr>
<tr><td>负载约束</td><td>适用的负载约束：
——常规负载；
——峰值负载；
——极限负载</td></tr>
<tr><td>对象约束</td><td>适用的对象约束：
——效率需求中明确对响应时间具有效率需求的操作请求；
——应用系统中典型的操作请求；
——应用系统中可能面临较大负载压力的操作请求</td></tr>
</table>

指标名称	响应时间
测试设计	1. 确定测试环境,按照环境约束设计测试环境。一次测试面向一种测试环境,如果要求多种不同的测试环境,则分别进行多次测试。 2. 设计测试场景,测试场景中应包括对象约束中要求的操作请求,一次测试的测试场景中可包括多个操作请求,如果一个测试不能包括全部要测试的操作请求,可进行多次测试。 3. 确定测试负载,按照负载约束确定要达到的负载,一次测试面向一种负载,当要求测试多种不同负载下的响应时间时,则分别进行测试。 **注 1**:响应时间测试也可以在一次测试中不断增加或减少系统负载,并获得响应时间随负载变化情况发生的变化的信息。 **注 2**:如果要测试极限条件下的响应时间,应与容量测试相结合,首先获得极限负载的并发用户数,再测试极限负载下的响应时间。
测试实施	1. 按照设计的测试环境、测试场景和系统负载模拟大量用户访问被测系统,向服务器发出大量并发请求。 ——自动化效率测试可通过运行测试场景启动负载发生器发出并发请求; ——自编制测试程序可在程序中启动对服务器发出并发请求; ——人工测试通过组织大量测试人员或用户共同访问被测系统。 2. 监控测试过程,监控内容: ——负载增加、保持、下降的过程和达到的负载量,确定是否达到测试规划目标; ——测试过程异常终止,未能完成规定的测试; ——请求是否正常完成,结果是否正确,记录出错数量。 3. 收集测试数据:收集每个请求的发出时间 START 和完成时间 END。 ——自动化测试工具可自动收集测试结果; ——自编制测试程序可在每个请求的前后增加时间戳,计算两者的差得到响应时间; ——人工测试可采用秒表等计时工具收集每个请求从发出到收到结果所经过的时间。 **注 1**:由于人工操作的限制,人工测试不必收集全部的请求响应时间,可以让部分用户仅用于产生负载,部分用户在产生负载的同时收集所需的请求响应时间。 **注 2**:由于人工测试不能保证测试的精度,通常情况下,不建议采用人工测试方法。
测试结果计算	1. 计算测试周期内每个请求的响应时间 X_i。 $X_i=\mathrm{END}_i-\mathrm{START}_i, i=1\cdots N$ 2. 识别有效测试周期,设 $\mathrm{VT_s}$ 为有效测试周期开始时间,$\mathrm{VT_e}$ 为有效测试周期结束时间。 3. 按照测试需求及效率目标,计算需要的结果视图 a) 计算统计视图: 响应时间(平均)$X_{\mathrm{avg}}=\mathrm{AVG}(X_i)$,其中:$X_i$ 满足 START_i IN [$\mathrm{VT_s}$.. $\mathrm{VT_e}$] 响应时间(最大)$X_{\max}=\mathrm{MAX}(X_i)$,其中:$X_i$ 满足 START_i IN [$\mathrm{VT_s}$.. $\mathrm{VT_e}$] b) 必要时,计算满足度视图 响应时间满足度(平均)$=X_{\mathrm{avg}}$/期望的平均响应时间响应时间满足度(最大)$=X_{\max}$/期望的最大响应时间 c) 必要时,计算分时视图,分时响应时间 $X(t_i)$为在 t_i 单位时间发出的请求的响应时间的平均值 响应时间 $X(t_i)=\mathrm{AVG}(X_k)$ 式中:$t_i=\mathrm{VT_s}\cdots\mathrm{VT_e}-1$,$X_k$ 满足 $\mathrm{START_k}$ *IN* [t_i, t_{i+1}) **注**:分时响应时间 $X(t_i)$也可以定义为在 t_i 单位时间完成的请求的平均响应时间。

5.1.2 周转时间

指标名称		周转时间
测试说明		1. 周转时间包括整个事务处理的交互过程，其中包括了用户操作所占用的时间和客户端程序的处理时间。在自动化测试中，可通过设置思考时间来模拟这些所需要的时间。 2. 在自动化效率测试工具中，事务是通过在测试脚本中设置事务开始与事务结束标志来定义的
测试约束	环境约束	适用的环境约束： ——系统规定的目标运行环境； ——其他需要进行效率测试的系统运行环境
	负载约束	适用的负载约束： ——常规负载； ——峰值负载； ——极限负载
	对象约束	适用的对象约束： ——效率需求中明确对事务周转时间具有效率需求的事务； ——应用系统中典型的事务； ——应用系统中可能面临较大负载压力的事务
测试设计		1. 确定测试环境，按照环境约束准备测试环境。一次测试面向一种测试环境，如果要求多种不同的测试环境，则分别进行多次测试。 2. 设计测试场景，测试场景中应包括对象约束中要求的事务。 3. 确定测试负载，一次测试面向一种系统负载，当要求测试多种不同负载下的周转时间时，则分别进行测试 注：如果测试极限条件下的周转时间，应与容量测试相结合。
测试实施		1. 按照设计的测试环境、测试场景和系统负载模拟大量用户访问被测系统，执行事务操作。 ——自动化效率测试可通过运行测试场景启动负载发生器产生事务处理操作请求； ——自编制测试程序可在程序中模拟事务向服务器发出事务操作请求； ——人工测试通过组织大量测试人员或用户模拟实际使用情况进行事务操作。 注：事务的处理过程中需要考虑适当的思考时间，从而与实际用户的请求的密度相类似。 2. 监控测试过程，监控内容： ——负载增加、保持、下降的过程和达到的负载量，确定是否达到测试规划目标； ——测试过程异常终止，未能完成规定的测试； ——事务是否正常完成，结果是否正确，记录出错数量。 3. 收集测试数据：收集每个事务的开始时间 START 和结束时间 END。 ——自动化测试工具应标识每个事务的开始位置和结束位置，测试工具可自动收集每个事务的周转时间； ——自编制测试程序可在每个事务的前后增加时间戳，计算两者的差得到周转时间； ——人工测试可采用秒表等计时工具收集每个事务从事务开始到事务结束所经过的时间。 注 1：由于人工操作的限制，人工测试不必收集全部的周转时间，可以让部分用户仅用于产生负载，部分用户在产生负载的同时收集所需的周转时间。 注 2：由于人工测试不能保证测试的精度，通常情况下，不建议采用人工测试方法。

<table>
<tr><th>指标名称</th><th colspan="2">周转时间</th></tr>
<tr><td>测试结果计算</td><td colspan="2">1. 计算测试周期内每个事务的周转时间 X_i。
$X_i = END_i - START_i, i=1\cdots N$
2. 识别有效测试周期,设 VT_s 为有效测试周期开始时间,VT_e 为有效测试周期结束时间。
3. 按照测试需求及效率目标,计算需要的结果视图。
a) 计算统计视图:
周转时间(平均)$X_{avg} = AVG(X_i)$,其中:X_i 满足 $START_i$ IN $[VT_s\cdots VT_e]$
周转时间(最大)$X_{max} = MAX(X_i)$,其中:X_i 满足 $START_i$ IN $[VT_s\cdots VT_e]$
b) 必要时,计算满足度视图
周转时间满足度(平均)$= X_{avg}$/期望的平均周转时间
周转时间满足度(最大)$= X_{max}$/期望的最大周转时间
c) 必要时,计算分时视图:
分时周转时间 $X(t_i)$为在 t_i 单位时间开始的事务的周转时间的平均值
周转时间 $X(t_i) = AVG(X_k)$ 式中:$t_i = VT_s\cdots VT_e$, X_k 满足 $START_k$ IN $[t_i, t_{i+1})$
注:分时周转时间 $X(t_i)$也可以定义为在 t_i 单位时间完成的事务的平均周转时间。</td></tr>
</table>

5.2 处理效率

5.2.1 吞吐率

<table>
<tr><th colspan="2">指标名称</th><th>吞吐率</th></tr>
<tr><td colspan="2">测试说明</td><td>执行一批并发任务,测量完成这些任务所需要的时间,并计算单位时间内所完成的任务数。为了去除随机测试的误差,可进行多次测试尝试,获得吞吐率分布数据</td></tr>
<tr><td rowspan="3">测试约束</td><td>环境约束</td><td>适用的环境约束:
——系统规定的目标运行环境;
——其他需要进行效率测试的系统运行环境</td></tr>
<tr><td>负载约束</td><td>适用的负载约束:
——常规负载;
——峰值负载;
——极限负载</td></tr>
<tr><td>对象约束</td><td>适用的对象约束:
——效率需求中明确对吞吐率具有效率目标的请求、事务或数据处理等;
——应用系统中典型的请求、事务或数据处理等;
——应用系统中可能面临较大负载压力的请求、事务或数据处理等</td></tr>
<tr><td colspan="2">测试设计</td><td>1. 确定测试环境,按照环境约束确定测试环境。一次测试面向一种测试环境,如果要求多种不同的测试环境,则分别进行多次测试。
2. 设计测试场景,测试场景中应包括对象约束中要求的请求和/或事务。
3. 确定测试负载
吞吐率测试可一次测试面向一种负载,不同负载下的吞吐率测试可通过多次测试获得。
注:吞吐率测试也可以在一次测试中不断增加或减少系统负载,并获得吞吐率随负载变化情况发生的变化情况的信息。</td></tr>
<tr><td colspan="2">测试实施</td><td>1. 按照设计的测试环境、测试场景和系统负载模拟大量用户访问被测系统,执行事务操作。
2. 监控测试过程,监控内容:
——负载增加、保持、下降的过程和达到的负载量,确定是否达到测试规划目标;</td></tr>
</table>

指标名称	吞吐率
测试实施	——测试过程异常终止，未能完成规定的测试； ——事务是否正常完成，结果是否正确，记录出错数量。 3. 收集测试数据： ——收集每次测试中完成的任务个数 NUM_i，所使用的时间 T_i； **注**：任务个数可以是响应请求数、完成事务数或处理数据量。 ——当需要测试分时吞吐率时，应收集每个单位时间 t_i 内所完成的任务个数 NUM_{ti}
测试结果计算	按照测试需求及效率目标，计算需要的结果视图 a) 计算每次测试的吞吐率 X_i $X_i = \mathrm{Num}_i / T_i$ b) 计算平均吞吐率及最大吞吐率： 吞吐率(平均) $X_{avg} = \mathrm{AVG}(X_i)$，式中 X_i IN $[VT_s \cdots VT_e]$ 吞吐率(最小) $X_{min} = \mathrm{MIN}(X_i)$，式中 X_i IN $[VT_s \cdots VT_e]$ c) 计算满足度视图 吞吐率满足度(平均) $= X_{avg}$/期望的平均吞吐率 吞吐率满足度(最小) $= X_{min}$/期望的最小吞吐率 d) 必要时，计算分时吞吐率 分时吞吐率 $X(t_i) = NUM_{ti}$　其中 NUM_{ti} 为单位时间 t_i 到 t_{i+1} 时间内完成的任务数

6 容量

6.1 用户容量

6.1.1 最大并发用户数

<table>
<tr><td colspan="2">指标名称</td><td>最大并发用户数</td></tr>
<tr><td colspan="2">测试说明</td><td>1. 最大并发用户数的测试是通过对一个逐渐增大的并发用户数的序列来进行测试尝试，并获得每次尝试的请求响应时间，通过分析请求响应时间在什么时候突然显著增加或变得不可接受，从而得到系统可承受的最大并发用户数。
2. 系统负载的实际大小与并发用户数及用户使用方式(事务类型、操作的速度、频率等)相关。因此，考虑并发用户数的使用方式是必要的。缺省情况下，本指标最大并发用户数的含义是：在系统实际运行方式下的并发用户，具有常规的使用方式和平均的操作速度及思考时间。
3. 如果要在测试中使并发用户数等于实际系统的并发用户数，将可能导致测试工具的并发用户授权权限不够，可以采用增加操作频度来减少所需的虚拟并发用户的数量</td></tr>
<tr><td rowspan="3">测试约束</td><td>环境约束</td><td>适用的环境约束：
——系统规定的目标运行环境；
——其他需要进行效率测试的系统运行环境</td></tr>
<tr><td>负载约束</td><td>适用的负载约束：
——极限负载。
注：由于极限负载也就是本指标的测试目标，因此也可以认为本指标无需负载约束。</td></tr>
<tr><td>对象约束</td><td>适用的对象约束：
——效率需求中明确指定的用户类型或操作类型；
——系统实际运行过程中典型的用户类型及其典型的操作类型</td></tr>
</table>

指标名称	最大并发用户数
测试设计	1. 确定测试环境,按照环境约束确定测试环境。一次测试面向一种测试环境,如果要求多种不同的测试环境,则分别进行多次测试。 2. 设计测试场景,测试场景中应包括对象约束中规定的用户类型和操作类型。 3. 设计要尝试的并发用户数序列 $Nu[1],Nu[2],\cdots,Nu[N]$, 式中:$Nu[1]=N_0,Nu[2]=Nu[1]+a,\cdots Nu[i]=Nu[i-1]+a;i=2\cdots N$; N_0 为尝试测试的并发用户数最小值,a 为每次尝试增加的并发用户数。 **注 1**:尝试测试的并发用户数范围应恰当,其中应该包括估计的最大并发用户数,如果测试发现最大并发用户数不在其中,则调整并发用户数范围保证能够测试获得最大并发用户数。 **注 2**:应注意每次测试的用户数增量 a 应适当,a 太大将不能保证最大并发操作用户数的测试结果的精度在可接受的范围之内,a 太小将导致测试次数的增加,从而增加测试成本。
测试实施	1. 针对每个需要尝试的并发用户数 $Nu[i]$,执行并发测试。 模拟具有 $Nu[i]$个用户同时在线执行规定的事务或请求。 **注**:每个事务的请求之间需要考虑适当的思考时间,从而与实际用户的请求的密度相类似。 2. 针对每个 $Nu[i]$,测试响应时间 $Tu[i]$或吞吐率 $Pu[i]$。 **注**:响应时间及吞吐率的测试方法见 5.1.1 和 5.2.1。 3. 监控测试结果,如果出现以下情况,可停止测试。 ——测试过程出现异常,测试无法正常完成; ——响应时间达到超过用户可容忍的范围; 4. 如果测试完 $Nu[N]$仍然未得到最大并发用户数,应增加尝试次数或重新调整尝试范围 $Nu[1]\cdots Nu[N]$与递增量 a
测试结果计算	1. 对每次尝试得到的结果$\{Nu[i],Tu[i],Pu[i]\}$,以并发用户数为横坐标,响应时间或吞吐率为纵坐标作图,获得响应时间 $Tu[i]$和 $Pu[i]$随并发请求数 $Nu[i]$变化的关系图。 2. 选择并发用户数 $Nu[j]$.满足: $Tu[1]\cdots Tu[j]$持平滑上升趋势,$Tu[j+1]\cdots Tu[N]$出现急剧上升趋势 或 $T[j+1]$超过了用户能够容忍的响应时间的极限 或:$Pu[1]\cdots Pu[j]$持平滑上升趋势,$Pu[j+1]\cdots Pu[N]$不再上升,出现处理瓶颈 则 $Nu[j]$为最大并发用户数。 3. 必要时,计算最大并发用户数满足度视图 最大并发用户数满足度=最大并发用户数/期望的最大并发用户数

6.1.2 最大并发请求数

<table>
<tr><td colspan="2">指标名称</td><td>最大并发请求数</td></tr>
<tr><td colspan="2">测试说明</td><td>1. 最大并发请求数的测试考虑并发环境中的一种极限情况,即所有的在线用户都是同时或连续发出用户请求,这时最大并发请求数的测试也可以看作是这种情况下的并发用户数的测试。
2. 最大并发请求数的测试不需要考虑用户在发出请求之间的思考时间。用户可以连续地不间断地发送服务请求。在这种情况下,可以通过不太多的虚拟用户尽快地测试到系统的极限负载。通过这种方式测试得到的并发用户数并不是实际环境中真正的客户端能够接受的并发用户数,它应低于实际的客户端并发用户数(见“最大并发用户数”测试方法)。
3. 最大并发请求数的测试是通过对一个逐渐增大的并发请求数的序列来进行测试尝试,并获得每次尝试的请求响应时间,通过分析请求响应时间在什么时候突然显著增加或变得不可接受,从而得到系统可承受的最大并发请求数</td></tr>
<tr><td>测试约束</td><td>环境约束</td><td>适用的环境约束:
——系统规定的目标运行环境;
——其他需要进行效率测试的系统运行环境</td></tr>
</table>

指标名称		最大并发请求数
测试约束	负载约束	适用的负载约束： ——极限负载。 **注**：由于极限负载也就是本指标的测试目标，因此也可以认为本指标无需负载约束。
	对象约束	适用的对象约束： ——效率需求中明确对最大并发请求数具有需求的操作请求； ——应用系统中可能面临较大负载压力的并发请求
测试设计		1. 确定测试环境，按照环境约束确定测试环境。一次测试面向一种测试环境，如果要求多种不同的测试环境，则分别进行多次测试。 2. 设计测试场景，测试场景中应包括要测试最大并发请求数的请求。 3. 设计要尝试的并发请求数序列 $Nr[1], Nr[2], \cdots, Nr[N]$， 式中：$Nr[1]=N_0$，$Nr[2]=Nr[1]+a, \cdots Nr[i]=Nr[i-1]+a; i=2 \cdots N$； N_0 为尝试测试的并发请求数最小值，a 为每次尝试增加的并发用户数
测试实施		1. 针对每个需要尝试的并发请求数 $Nr[i]$，执行并发测试。 根据测试条件、测试工具、测试方式的不同，可以选择以下负载生成方式 ——一个用户一个时刻只发出一个请求。 ——一个用户可同时发出若干个请求，例如通过启动多个线程同时发出多个请求。 ——一个用户连续发出多个请求，例如通过循环语句。 **注**：最大并发请求数的测试无需考虑思考时间，如果是自动化测试，可在测试脚本中增加集合点产生同时发出的并发请求。 2. 针对每个 $Nr[i]$，测试并发请求的响应时间 $Tr[i]$ 或吞吐率 $Pr[i]$。 **注**：响应时间及吞吐率的测试方法详见“5.1.1 响应时间”和“5.2.1 吞吐率”。 3. 监控测试结果，如果出现以下情况，可停止测试。 ——测试过程出现异常，测试无法正常完成； ——响应时间变得不可测试。 4. 如果测试完 $Nr[N]$ 仍然未得到最大并发请求数，应增加尝试次数或重新调整尝试范围 $Nr[1] \cdots Nr[N]$ 与递增量 a
测试结果计算		1. 对每次尝试得到的结果 $\{Nr[i], Tr[i], Pr[i]\}$，以并发请求数为横坐标，响应时间，吞吐率为纵坐标作图，获得响应时间 $Tr[i]$ 和吞吐率 $Pr[i]$ 随并发请求数 $Nr[i]$ 变化的关系图。 2. 选择并发请求数 $Nr[j]$，满足： $Tr[1] \cdots Tr[j]$ 持平滑上升趋势，$Tr[j+1] \cdots Tr[N]$ 出现急剧上升趋势　或 $Tr[j+1]$ 超过了用户能够容忍的响应时间的极限 或：$Pu[1] \cdots Pu[j]$ 持平滑上升趋势，$Pu[j+1] \cdots Pu[N]$ 不再上升，出现处理瓶颈 则 $Nr[j]$ 为最大并发请求数。 3. 必要时，计算最大并发请求数满足度视图 最大并发请求满足度=最大并发请求数/期望的最大并发请求数

6.2 处理容量

6.2.1 事务吞吐容量

指标名称	事务吞吐容量
测试说明	1. 事务吞吐容量用于表示一定时间内系统能够处理最大事务数，表达系统在事务处理上的最大能力，事务吞吐容量的核心是确定系统的极限负载。

<table>
<tr><th colspan="2">指标名称</th><th>事务吞吐容量</th></tr>
<tr><td colspan="2">测试说明</td><td>2. 事务吞吐容量的测试是通过对一个逐渐增大的并发用户数的序列来进行测试尝试，并获得每次尝试的事务吞吐率，通过分析事务吞吐率在什么时候不再增加，从而得到系统可承受的最大事务吞吐率，并进过时间换算得到一定时间的事务吞吐容量。
3. 应考虑保证事务吞吐容量测试中每次测试尝试的持续时间，从而考察在较长的的时间周期内系统总体的事务处理能力。
注：由于事务吞吐容量测试的是服务器端的极限负载，因此可不考虑客户端请求的特征，在测试事务吞吐容量时可减少或忽略用户的思考时间。</td></tr>
<tr><td rowspan="3">测试约束</td><td>环境约束</td><td>适用的环境约束：
——系统规定的目标运行环境；
——其他需要进行效率测试的系统运行环境</td></tr>
<tr><td>负载约束</td><td>适用的负载约束：
——极限负载
注：由于极限负载也就是本指标的测试目标，因此也可以认为本指标无需负载约束。</td></tr>
<tr><td>对象约束</td><td>适用的对象约束：
——效率需求中明确对事务吞吐容量具有效率需求的事务；
——应用系统中典型的事务；
——应用系统中可能面临较大负载压力的事务</td></tr>
<tr><td colspan="2">测试设计</td><td>1. 确定测试环境，按照环境约束确定测试环境。一次测试面向一种测试环境，如果要求多种不同的测试环境，则分别进行多次测试。
2. 设计测试场景，测试场景中应包括对象约束中要求的事务。
3. 设计要尝试的并发用户数序列 $Nu[1], Nu[2], \cdots, Nu[N]$，
式中：$Nu[1]=N_0, Nu[2]=Nu[1]+a, \cdots Nu[i]=Nu[i-1]+a; i=2\cdots N$；
N_0 为尝试测试的并发用户数最小值，a 为每次尝试增加的并发用户数
注：这里的并发用户数是指减少或忽略思考时间的并发用户数，因此应比考虑思考时间的实际的并发用户数要少得多。</td></tr>
<tr><td colspan="2">测试实施</td><td>1. 针对每个需要尝试的并发用户数 $Nu[i]$，执行并发测试，模拟具有 $Nu[i]$ 个用户并发执行指定的事务。
2. 针对每个 $Nu[i]$，测试事务处理的吞吐率 $Pu[i]$。
注：测试吞吐率的方法见 5.2.1。
3. 监控测试结果，如果出现以下情况，可停止测试。
——测试过程出现异常，测试无法正常完成；
——事务不能正常完成并获得正确处理结果。
4. 如果测试完 $Nu[N]$ 仍然未得到最大事务容量，应增加尝试次数或重新调整尝试范围与递增量</td></tr>
<tr><td colspan="2">测试结果计算</td><td>1. 对每次尝试得到的结果 $\{Nu[i], Pu[i]\}$，以并发用户数为横坐标，吞吐率为纵坐标作图，获得吞吐率 $Pu[i]$ 随并发用户数 $Nu[i]$ 变化的关系图。
2. 选择最大事务吞吐率 $Pu[j]$，满足：
——$Pu[1]\cdots Pu[j]$ 持平滑上升趋势并达到最高，$Pu[j+1]\cdots Pu[N]$ 不再呈现上升趋势；
——则 $Pu[j]$ 为最大事务吞吐率，即事务吞吐容量。
3. 必要时，计算事务吞吐容量满足需求的程度
事务吞吐容量满足度＝事务吞吐容量/期望的事务吞吐容量</td></tr>
</table>

6.2.2 数据吞吐容量

<table>
<tr><td colspan="2">指标名称</td><td>数据吞吐容量</td></tr>
<tr><td colspan="2">测试说明</td><td>1. 数据吞吐容量的测试是通过对一个逐渐增大的数据处理请求量来进行测试尝试，通过测试获得每次尝试的系统实际的数据吞吐率，通过分析数据吞吐率在什么时候不再增加，从而得到系统可承受的最大数据吞吐率，并经过时间换算得到一定时间的数据吞吐容量。
注：数据处理请求量是单位时间内用户发出的数据处理请求。
2. 增加数据请求量可通过以下方式达到：
——增加并发用户数；
——增加单位时间内并发用户数发出的事务数；
——增加事务中要求处理的数据量。
注：由于数据吞吐容量测试的是服务器端的极限负载，因此可不考虑客户端请求的特征，在测试数据吞吐容量时用户可连续产生数据处理请求。</td></tr>
<tr><td rowspan="3">测试约束</td><td>环境约束</td><td>适用的环境约束：
——系统规定的目标运行环境；
——其他需要进行效率测试的系统运行环境</td></tr>
<tr><td>负载约束</td><td>适用的负载约束：
——极限负载
注：由于极限负载也就是本指标的测试目标，因此也可以认为本指标无需负载约束。</td></tr>
<tr><td>对象约束</td><td>适用的对象约束：
——效率需求中需要测试数据吞吐容量相关的数据类型</td></tr>
<tr><td colspan="2">测试设计</td><td>1. 确定测试环境，按照环境约束确定测试环境。一次测试面向一种测试环境，如果要求多种不同的测试环境，则分别进行多次测试。
2. 设计测试场景，测试场景中应包括要求测试的数据处理事务。
3. 设计要尝试的并发用户数序列 $Nu[1], Nu[2], \cdots, Nu[N]$，
其中：$Nu[1]=N_0, Nu[2]=Nu[1]+a, \cdots Nu[i]=Nu[i-1]+a; i=2\cdots N$；
N_0 为尝试测试的并发用户数最小值，a 为每次尝试增加的并发用户数
注：这里假设增加数据请求量的方法是增加并发用户数，每个并发用户连续产生一定数量的数据处理请求。如果通过增加事务数或增加数据量来增加数据请求量，应相应调整需尝试的数据序列。</td></tr>
<tr><td colspan="2">测试实施</td><td>1. 针对每个需要尝试的并发用户数 $Nu[i]$，执行并发测试，每个用户可循环发出若干个数据处理请求。
2. 针对每个 $Nu[i]$，测试数据处理的吞吐率 $Pd[i]$。
注：测试数据吞吐率的方法见 5.2.1。
3. 监控测试结果，如果出现以下情况，可停止测试。
——测试过程出现异常，测试无法正常完成；
——数据处理功能不能正常完成，并获得正确处理结果。
4. 如果测试 $Nu[N]$ 仍然未得到最大数据吞吐率，应增加尝试次数或重新调整尝试范围与递增量</td></tr>
<tr><td colspan="2">测试结果计算</td><td>1. 对每次尝试得到的结果{$Nu[i], Pd[i]$}。以并发用户数为横坐标，数据吞吐率为纵坐标作图，获得数据吞吐率 $Pd[i]$ 随并发用户数 $Nu[i]$ 变化的关系图。
2. 选择最大数据吞吐率 $Pd[j]$，满足
$Pd[1]\cdots Pd[j]$ 持平滑上升趋势并达到最高，$Pd[j+1]\cdots Pd[N]$ 不再呈现上升趋势
则 $Pd[j]$ 为最大数据吞吐率。
3. 必要时，计算数据吞吐容量满足度视图
数据吞吐容量满足度＝数据吞吐容量/期望的数据吞吐容量</td></tr>
</table>

6.2.3 数据处理容量

指标名称		数据处理容量
测试说明		1. 造成数据处理量限制的原因根据不同的数据处理类型而不同,可能的原因包括:a)系统环境限制、b)程序设计限制、c)并发用户分享资源等,应在了解其发生原因的基础上确定测试方法。 **注:** 在本部分中,由于无法针对具体原因,因此采用数据量尝试的方法进行测试。 2. 数据处理容量的测试是通过对一个逐渐增大的数据量序列来进行测试尝试,通过对该数据量的处理、存储或访问,检查数据量在什么时候变得不可接受,从而得到系统可承受的最大数据处理容量。 3. 最大数据处理容量的测试可以在不同的负载条件下进行,从而考察负载变化对数据处理容量的影响
测试约束	环境约束	适用的环境约束: ——系统规定的目标运行环境; ——其他需要进行效率测试的系统运行环境
	负载约束	适用的负载约束: ——单一用户:测试单一用户下指定数据的处理容量; ——常规负载:测试在常规负载条件下的数据处理容量; ——峰值负载:测试在峰值负载条件下的数据处理容量; ——极限负载:测试在极限负载条件下的数据处理容量
	对象约束	适用的对象约束: ——效率需求中需要测试数据处理容量的数据类型或存储空间
测试设计		1. 确定测试环境,按照环境约束确定测试环境。一次测试面向一种测试环境,如果要求多种不同的测试环境,则分别进行多次测试。 2. 设计测试场景,测试场景中包括对需要测试的数据的处理、访问、存储功能。 3. 确定系统负载,如果是单一用户,则不考虑多用户并发,如果考虑并发负载环境,则对分别测试知道负载约束条件下的数据处理容量。 4. 设计要尝试的数据量序列 $D[1],D[2],\cdots,D[N]$。 其中:$D[1]=D_0,D[2]=D[1]+a,\cdots D[i]=D[i-1]+a;i=2\cdots N$; D_0 为尝试测试的数据量最小值,a 为每次尝试增加的数据量。 **注:** 不同负载下的数据处理容量可能不同,因此,应采用不同的尝试数据量序列。
测试实施		1. 按照规定的测试环境、测试场景和负载启动并发测试。 2. 针对每个 $D[i]$,测试数据处理、访问或存储操作的平均响应时间或周转时间 $T[i]$。 3. 监控测试结果,如果出现以下情况,可停止测试。 ——测试过程出现异常,测试无法正常完成; ——数据处理、访问、存储功能不能正确完成。 4. 如果测试完 $D[N]$ 仍然未得到最大数据处理量,应增加尝试次数或重新调整尝试范围与递增量
测试结果计算		1. 对每次尝试得到的结果 $\{D[i],T[i]\}$ 作图。获得数据量与响应时间或周转时间的关系图。 2. 选择 $D[j]$,满足: $T[1]\cdots T[j]$ 持平滑上升趋势,$T[j+1]\cdots T[N]$ 出现急剧上升趋势。 或 $T[j]$ 用户可接受,$T[j+1]$ 超过了用户能够容忍的响应时间或周转时间的极限。 则 $D[j]$ 为最大数据存储量,即数据处理容量。 3. 必要时,计算数据处理容量满足需求的程度 数据处理容量满足度=数据处理容量/期望的数据处理容量

7 资源利用性

7.1 CPU 利用性

7.1.1 CPU 利用率

指标名称		CPU 利用率
测试说明		1. CPU 利用率可反映在指定的测试约束条件下，CPU 资源对系统运行效率造成的影响以及 CPU 资源是否得到充分利用。 2. CPU 利用率指标可在进行其他效率指标(如时间特性指标、容量特性指标)时同时进行测试。 3. CPU 利用率的数据可通过操作系统性能计数器获取
测试约束	环境约束	适用的环境约束： ——系统规定的目标运行环境； ——其他需要进行效率测试的系统运行环境
	负载约束	适用的负载约束： ——常规负载； ——峰值负载； ——极限负载
	对象约束	适用的对象约束： ——系统配置中负载压力较大的服务器 CPU； ——其他需要测试的 CPU
测试设计		1. 按照测试约束规定，确定所需的测试环境、测试场景和系统负载。 **注**：CPU 利用率的测试通常在测试时间特性及容量特性时同时进行，因此只需要在测试这些特性时同时考虑本指标的收集即可。 2. 针对要测试的系统设备及相关资源，规划监控和数据收集设施 **注**：收集资源的设施包括：操作系统性能监视工具、专用测试工具、自行编写的数据收集程序。
测试实施		1. 按照设计的测试环境、测试场景和系统负载模拟大量用户访问被测系统，向服务器发出大量并发请求。 **注**：如果在测试时间特性指标和容量指标的同时测试本指标，无需专门启动本测试，可与处理效率指标和容量指标的同时测试。 2. 收集测试数据：收集每个单位时间内 CPU 执行非空指令的时间 **注**：CPU 执行非空指令的时间可通过操作系统提供的相关性能计数器值取得。
测试结果计算		1. 识别有效测试周期，设 VT_s 为有效测试周期开始时间，VT_e 为有效测试周期结束时间。 2. 计算有效测试周期内分时 CPU 利用率 CPU 利用率 $X(t_i)=t_i$ 时刻的平均 CPU 利用率，$t_i=VT_s\cdots VT_e$ 3. 计算有效测试周期内的 CPU 利用率 CPU 利用率(平均)$X_{avg}=AVG(X(t_i))$，$t_i=VT_s\cdots VT_e$ CPU 利用率(最大)$X_{max}=MAX(X(t_i))$，$t_i=VT_s\cdots VT_e$ 4. 必要时，分析 CPU 利用率的变化情况，画出分时分析图 ——有效测试周期内(或测试周期内)CPU 利用率的分时图{t_i，CPU 利用率(t_i)}； ——有效测试周期内(或测试周期内)CPU 利用率与其他分时效率指标(响应时间、周转时间、吞吐率)的同步分时图{t_i，CPU 利用率(t_i)，…}

7.2 内存利用性

7.2.1 内存利用率

指标名称		内存利用率
测试说明		1. 内存利用率可反映在指定的测试约束条件下，内存资源对系统运行效率造成的影响以及内存资源是否得到充分利用。 2. 内存利用率指标可在进行其他效率指标（如时间特性指标、容量特性指标）时同时进行测试。 3. 内存利用率的数据可通过操作系统性能计数器获取
测试约束	环境约束	适用的环境约束： ——系统规定的目标运行环境； ——其他需要进行效率测试的系统运行环境
	负载约束	适用的负载约束： ——常规负载； ——峰值负载； ——极限负载
	对象约束	适用的对象约束： ——系统配置中负载压力较大的计算机内存； ——其他需要测试的计算机内存
测试设计		1. 按照测试约束规定，确定所需的测试环境、测试场景和系统负载。 **注**：内存利用率的测试通常在测试时间特性及容量特性时同时进行，因此只需要在测试这些特性时同时考虑本指标的收集即可。 2. 针对要测试的系统设备及相关资源，规划监控和数据收集设施 **注**：收集资源的设施包括：操作系统性能监视工具、专用测试工具、自行编写的数据收集程序。
测试实施		1. 按照设计的测试环境、测试场景和系统负载模拟大量用户访问被测系统，向服务器发出大量并发请求。 2. 收集测试数据：在每个单位时间，收集已使用内存大小以及总的内存容量，或直接收集每个时间单位的已使用内存百分比 **注**：已使用内存大小或已使用内存百分比可通过操作系统提供的相关性能计数器值取得。
测试结果计算		1. 识别有效测试周期，设 VT_s 为有效测试周期开始时间，VT_e 为有效测试周期结束时间。 2. 计算有效测试周期内分时内存利用率 内存利用率 $X(t_i)=t_i$ 时刻内存利用率，$t_i=VT_s\cdots VT_e$ 3. 计算有效测试周期内的内存利用率 内存利用率（平均）$X_{avg}=AVG$（内存利用率（t_i）），$t_i=VT_s\cdots VT_e$ 内存利用率（最大）$X_{max}=MAX$（内存利用率（t_i）），$t_i=VT_s\cdots VT_e$ 4. 必要时，分析内存利用率的变化情况，画出分时分析图 ——测试周期内（或有效测试周期内）内存利用率的分时图$\{t_i, X(t_i)\}$； ——测试周期内（或有效测试周期内）分时内存利用率与其他分时效率指标（响应时间、周转时间、吞吐率）的同步分时图$\{t_i, X(t_i), \cdots\}$

7.2.2 内存错误率

指标名称	内存错误率
测试说明	1. 内存错误是指需访问的内存数据不在物理内存中，需要从虚拟内存（即外存）交换到物理内存的情况，内存错误率的高低可反映内存资源是否充分或虚拟内存的参数设置是否合理。 2. 内存错误率指标可在进行其他效率指标（如时间特性指标、容量特性指标）时同时进行测试。 3. 内存错误率的数据可通过操作系统性能计数器获取

<table>
<tr><td colspan="2">指标名称</td><td>内存错误率</td></tr>
<tr><td rowspan="3">测试约束</td><td>环境约束</td><td>适用的环境约束：
——系统规定的目标运行环境；
——其他需要进行效率测试的系统运行环境</td></tr>
<tr><td>负载约束</td><td>适用的负载约束：
——常规负载；
——峰值负载；
——极限负载</td></tr>
<tr><td>对象约束</td><td>适用的对象约束：
——系统配置中负载压力较大的计算机内存；
——其他需要测试的计算机内存</td></tr>
<tr><td colspan="2">测试设计</td><td>1. 按照测试约束规定，确定所需的测试环境、测试场景和系统负载。
注：内存错误率的测试通常在测试时间特性及容量特性时同时进行，因此只需要在测试这些特性时同时考虑本指标的收集即可。
2. 针对要测试的系统设备及相关资源，规划监控和数据收集设
注：收集资源的设施包括：操作系统性能监视工具、专用测试工具、自行编写的数据收集程序。</td></tr>
<tr><td colspan="2">测试实施</td><td>1. 按照设计的测试环境、测试场景和系统负载模拟大量用户访问被测系统，向服务器发出大量并发请求。
2. 收集测试数据：在每个单位时间，收集所发生的内存错误数或内存错误率
注：内存错误数或内存错误率可通过操作系统提供的相关性能计数器值取得。</td></tr>
<tr><td colspan="2">测试结果计算</td><td>1. 识别有效测试周期，设 VT_s 为有效测试周期开始时间，VT_e 为有效测试周期结束时间。
2. 计算有效测试周期内分时内存错误率
内存错误率(t_i)＝t_i 时刻内存错误率，$t_i=VT_s\cdots VT_e$
3. 计算有效测试周期内的内存错误率
内存错误率(平均)＝AVG(内存错误率(t_i))，$t_i=VT_s\cdots VT_e$
内存错误率(最大)＝MAX(内存错误率(t_i))，$t_i=VT_s\cdots VT_e$</td></tr>
</table>

7.3 外存利用性

7.3.1 外存时间利用率

<table>
<tr><td colspan="2">指标名称</td><td>外存时间利用率</td></tr>
<tr><td colspan="2">测试说明</td><td>1. 外存时间利用率可反映在指定的测试约束条件下，外存的读写时间对系统运行效率所造成的影响。
2. 外存时间利用率指标可在进行其他效率指标(如时间特性指标、容量特性指标)时同时进行测试。
3. 外存时间利用率的数据可通过操作系统性能计数器获取</td></tr>
<tr><td rowspan="3">测试约束</td><td>环境约束</td><td>适用的环境约束：
——系统规定的目标运行环境；
——其他需要进行效率测试的系统运行环境</td></tr>
<tr><td>负载约束</td><td>适用的负载约束：
——常规负载；
——峰值负载；
——极限负载</td></tr>
<tr><td>对象约束</td><td>适用的对象约束：
——需要测试的计算机的外部存储设备，如指定的硬盘设备</td></tr>
</table>

指标名称	外存时间利用率
测试设计	1. 按照测试约束规定，确定所需的测试环境、测试场景和系统负载。 **注**：外存时间利用率的测试通常在测试时间特性及容量特性时同时进行，因此只需要在测试这些特性时同时考虑本指标的收集即可。 2. 针对要测试的系统设备及相关资源，规划监控和数据收集设施 **注**：收集资源的设施包括：操作系统性能监视工具、专用测试工具、自行编写的数据收集程序。
测试实施	1. 按照设计的测试环境、测试场景和系统负载模拟大量用户访问被测系统，向服务器发出大量并发请求。 **注**：如果在测试处理效率指标和容量指标的同时测试本指标，无需专门启动本测试，可与处理效率指标和容量指标的同时测试。 2. 收集测试数据：在每个单位时间，收集外存设备忙于读写的时间的百分比。 **注**：外存设备读写时间百分比可通过操作系统提供的相关性能计数器值取得。
测试结果计算	1. 识别有效测试周期，设 VT_s 为有效测试周期开始时间，VT_e 为有效测试周期结束时间。 2. 计算有效测试周期内分时外存时间利用率 外存时间利用率 $X(t_i)=t_i$ 时刻外存时间利用率，$t_i=VT_s\cdots VT_e$ 3. 计算有效测试周期内的外存时间利用率 外存时间利用率(平均)$X_{min}=AVG(X(t_i))$， $t_i=VT_s\cdots VT_e$ 外存时间利用率(最大)$X_{max}=MAX(X(t_i))$， $t_i=VT_s\cdots VT_e$

7.3.2 外存空间利用率

指标名称		外存空间利用率
测试说明		1. 外存空间利用率可反映在指定的测试约束条件下，外存空间大小对系统运行效率所造成的影响。 2. 该指标应用于外存空间对系统效率的影响比较重要的场合，应充分考虑该指标的适用性。 3. 外存空间利用率还可以用于测试外存空间利用率的增长趋势，从而推算什么时间外存利用率将达到极限。适用时，可使用外存空间利用增长率来代替外存空间利用率。 4. 外存空间利用率指标可在进行其他效率指标(如时间特性指标、容量特性指标)时同时进行测试，也可以单独进行，外存空间利用率易使用专门的测试场景考察外存空间利用率的增长情况。 5. 根据不同的系统特征，外存空间利用率指标的测试周期可能相对较长
测试约束	环境约束	适用的环境约束： ——系统规定的目标运行环境； ——其他需要进行效率测试的系统运行环境
	负载约束	适用的负载约束： ——常规负载； ——峰值负载； ——极限负载
	对象约束	适用的对象约束： ——需要测试的计算机的外部存储设备，如指定的硬盘设备
测试设计		1. 按照测试约束规定，确定所需的测试环境、测试场景和系统负载。 **注**：如果外存空间利用率的测试和时间特性或容量特性时同时进行，只需要在测试这些特性时同时考虑本指标的收集即可。 2. 如果需要考察系统运行过程中外存空间增长率，则需要设计采集时间周期和时机。 3. 针对要测试的系统设备及相关资源，规划监控和数据收集设施 **注 1**：收集资源的设施包括：操作系统性能监视工具、专用测试工具、自行编写的数据收集程序。 **注 2**：对采集周期比较长的测试，也可以采用人工方式采集方式。

指标名称	外存空间利用率
测试实施	1. 按照设计的测试环境、测试场景和系统负载模拟用户对被测系统的访问。 2. 收集测试数据:按照设计的采集时机,采集已使用外存空间以及总的外存空间大小
测试结果计算	1. 识别有效测试周期,设 VT_s 为有效测试周期开始时间,VT_e 为有效测试周期结束时间。 2. 计算分时外存空间利用率 外存空间利用率 $X(t_i)=t_i$ 时刻已使用外存空间/总外存空间,$t_i=VT_s\cdots VT_e$ 3. 计算统计视图 外存空间利用率(平均)$X_{avg}=AVG(X(t_i))$,$t_i=VT_s\cdots VT_e$ 外存空间利用率(最大)$X_{max}=MAX(X(t_i))$,$t_i=VT_s\cdots VT_e$ 4. 必要时,计算外存空间利用率增长率 外存空间利用增长率=(外存空间利用率(VT_e)−外存空间利用率(VT_s))/(VT_e-VT_s)

7.4 传输利用性

7.4.1 传输能力利用率

指标名称		传输能力利用率
测试说明		1. 传输能力利用率可反映在指定的测试约束条件下,传输设备的传输性能对系统运行效率造成的影响以及传输设备的传输能力是否得到充分利用。 2. 传输能力利用率指标可在进行其他效率指标(如时间特性指标、容量特性指标)时同时进行测试,也可根据需要设计专门的传输功能相关测试场景。 3. 传输能力利用率指标关注网络传输性能,因此在设计测试环境时应关注对网络传输造成压力的功能
测试约束	环境约束	适用的环境约束: ——系统规定的目标运行环境; ——其他需要进行效率测试的系统运行环境
	负载约束	适用的负载约束: ——常规负载; ——峰值负载; ——极限负载
	对象约束	适用的对象约束: ——系统配置中负载压力较大的网络传输设备; ——其他需要测试的网络传输设备 注:必要时,测试不同网段之间的网络传输效率。
测试设计		1. 按照测试约束规定,确定所需的测试环境、测试场景和系统负载。 2. 针对要测试的系统设备及相关资源,规划监控和数据收集设施 注:收集资源的设施包括:操作系统性能监视工具、专用测试工具、自行编写的数据收集程序。
测试实施		1. 按照设计的测试环境、测试场景和系统负载模拟大量用户访问被测系统,向服务器发出大量并发请求。 2. 收集测试数据:在每个单位时间,收集传输吞吐率。 注1:传输吞吐率可通过操作系统提供的相关性能计数器值取得。 注2:传输吞吐率还可以通过网络测试工具取得。

指标名称	传输能力利用率
测试结果计算	1. 识别有效测试周期，设 VT_s 为有效测试周期开始时间，VT_e 为有效测试周期结束时间。 2. 计算有效测试周期内分时传输能力利用率 传输能力利用率 $X(t_i)=t_i$ 时刻传输吞吐率/传输设备最大允许吞吐率。$t_i=VT_s\cdots VT_e$ 3. 计算有效测试周期内的传输能力利用率 传输能力利用率(平均)＝AVG(传输能力利用率(t_i))，$t_i=VT_s\cdots VT_e$ 传输能力利用率(最大)＝MAX(传输能力利用率(t_i))，$t_i=VT_s\cdots VT_e$

7.4.2 传输错误率

<table>
<tr><th colspan="2">指标名称</th><th>传输错误率</th></tr>
<tr><td colspan="2">测试说明</td><td>1. 传输错误率可反映在指定的测试约束条件下，传输错误是否对系统运行效率造成影响。
2. 传输错误率指标可与传输能力利用率指标同时进行测试</td></tr>
<tr><td rowspan="3">测试约束</td><td>环境约束</td><td>适用的环境约束：
——系统规定的目标运行环境；
——其他需要进行效率测试的系统运行环境</td></tr>
<tr><td>负载约束</td><td>适用的负载约束：
——常规负载；
——峰值负载；
——极限负载</td></tr>
<tr><td>对象约束</td><td>适用的对象约束：
——系统配置中负载压力较大的网络传输设备；
——其他需要测试的网络传输设备
注：必要时，测试不同网段之间的网络传输效率。</td></tr>
<tr><td colspan="2">测试设计</td><td>1. 按照测试约束规定，确定所需的测试环境、测试场景和系统负载。
2. 针对要测试的系统设备及相关资源，规划监控和数据收集设施
注：收集资源的设施包括：操作系统性能监视工具、专用测试工具、自行编写的数据收集程序。</td></tr>
<tr><td colspan="2">测试实施</td><td>1. 按照设计的测试环境、测试场景和系统负载模拟大量用户访问被测系统，向服务器发出大量并发请求。
2. 收集测试数据：在每个单位时间，收集传输错误
注 1：传输错误率可通过操作系统提供的相关性能计数器值取得。
注 2：传输错误率还可以通过网络测试工具取得。</td></tr>
<tr><td colspan="2">测试结果计算</td><td>1. 识别有效测试周期，设 VT_s 为有效测试周期开始时间，VT_e 为有效测试周期结束时间。
2. 计算有效测试周期内分时传输错误率
传输错误率 $X(t_i)=t_i$ 时刻传输错误率。$t_i=VT_s\cdots VT_e$
3. 计算有效测试周期内的传输错误率
传输错误率(平均)＝AVG(传输错误率(t_i))，$t_i=VT_s\cdots VT_e$
传输错误率(最大)＝MAX(传输错误率(t_i))，$t_i=VT_s\cdots VT_e$</td></tr>
</table>

7.5 I/O 设备利用性

7.5.1 I/O 设备利用率

指标名称	I/O 设备利用率
测试说明	1. I/O 设备利用率可反映在指定的测试约束条件下，现有的 I/O 设备资源对系统运行效率造成的影响以及 I/O 设备是否得到充分利用。 2. I/O 设备利用率可在进行其他效率指标(如时间特性、容量特性)时同时进行测试，也可以针对 I/O 设备的使用场景设计专门的测试用例

<table>
<tr><th colspan="2">指标名称</th><th>I/O设备利用率</th></tr>
<tr><td rowspan="3">测试约束</td><td>环境约束</td><td>适用的环境约束：
——系统规定的目标运行环境；
——其他需要进行效率测试的系统运行环境</td></tr>
<tr><td>负载约束</td><td>适用的负载约束：
——常规负载；
——峰值负载；
——极限负载</td></tr>
<tr><td>对象约束</td><td>适用的对象约束：
——在效率需求中具有效率要求的I/O设备；
——系统配置中关键的I/O设备；
——其他需要测试的I/O设备</td></tr>
<tr><td colspan="2">测试设计</td><td>1. 按照条件约束规定的测试环境、测试场景和系统负载准备测试用例，测试场景中应包括对待测试I/O设备的I/O请求。
2. 针对要测试的系统设备及相关资源，规划监控和数据收集设施
注：收集资源的设施包括：操作系统性能监视工具、专用测试工具、自行编写的数据收集程序。</td></tr>
<tr><td colspan="2">测试实施</td><td>1. 按照设计的测试环境、测试场景和系统负载模拟大量用户访问被测系统，并产生对I/O设备的I/O请求。
2. 收集测试数据：对指定I/O设备，收集每个单位时间内I/O设备的繁忙时间。
如无需收集分时数据，则收集I/O设备在有效测试周期内总的繁忙时间</td></tr>
<tr><td colspan="2">测试结果计算</td><td>1. 识别有效测试周期，设 VT_s 为有效测试周期开始时间，VT_e 为有效测试周期结束时间。
2. 计算有效测试周期内每个单位时间 t_i 内分时I/O设备利用率
I/O设备利用率 $X(t_i)=t_i$ 单位时间内设备忙时间/单位时间。$t_i=VT_s \cdots VT_e$
3. 计算有效测试周期内I/O设备利用率
I/O设备利用率(平均)＝AVG(I/O设备利用率(t_i))，$t_i=VT_s \cdots VT_e$
或I/O设备利用率(平均)＝有效测试周期内I/O设备忙时间/有效测试周期时间</td></tr>
</table>

7.5.2 **I/O错误率**

<table>
<tr><th colspan="2">指标名称</th><th>I/O错误率</th></tr>
<tr><td colspan="2">测试说明</td><td>1. I/O错误率可反映在指定的测试约束条件下，I/O设备错误是否对系统运行效率造成影响。
2. I/O错误率指标可与I/O设备利用率指标同时进行测试</td></tr>
<tr><td rowspan="3">测试约束</td><td>环境约束</td><td>适用的环境约束：
——系统规定的目标运行环境；
——其他需要进行效率测试的系统运行环境</td></tr>
<tr><td>负载约束</td><td>适用的负载约束：
——常规负载；
——峰值负载；
——极限负载</td></tr>
<tr><td>对象约束</td><td>适用的对象约束：
——在效率需求中具有效率要求的I/O设备；
——系统配置中关键的I/O设备；
——其他需要测试的I/O设备</td></tr>
</table>

指标名称	I/O 错误率
测试设计	1. 按照条件约束规定的测试环境、测试场景和系统负载准备测试用例，测试场景中应包括对待测试 I/O 设备的 I/O 请求。 2. 针对要测试的系统设备及相关资源，规划监控和数据收集设施 **注**：收集资源的设施包括：操作系统性能监视工具、专用测试工具、自行编写的数据收集程序。
测试实施	1. 按照设计的测试环境、测试场景和系统负载模拟大量用户访问被测系统，并产生对 I/O 设备的 I/O 请求。 2. 收集测试数据：对指定 I/O 设备，收集每个单位时间 I/O 设备的出错次数。 如无需收集分时数据，则收集有效测试周期内出现的 I/O 设备的总出错次数。
测试结果计算	1. 识别有效测试周期，设 VT_s 为有效测试周期开始时间，VT_e 为有效测试周期结束时间。 2. 计算有效测试周期内每个单位时间 t_i 内的 I/O 出错率 I/O 出错率 $X(t_i)=t_i$ 单位时间内 I/O 出错次数。$t_i=VT_s\cdots VT_e$ 3. 计算有效测试周期内 I/O 出错率 I/O 出错率(平均)$X_{avg}=AVG(X(t_i))$，$t_i=VT_s\cdots VT_e$ 或 I/O 出错率(平均)X_{max}=有效测试周期内 I/O 出错数总数/有效测试周期时间

7.5.3 I/O 等待时间

指标名称		I/O 等待时间
测试说明		1. I/O 等待时间可反映在指定的测试约束条件下，I/O 的等待时间是否对效率目标造成影响。 2. I/O 等待时间指标可与 I/O 设备利用率指标同时进行测试
测试约束	环境约束	适用的环境约束： ——系统规定的目标运行环境； ——其他需要进行效率测试的系统运行环境
	负载约束	适用的负载约束： ——常规负载； ——峰值负载； ——极限负载
	对象约束	适用的对象约束： ——在效率需求中具有效率要求的 I/O 设备； ——系统配置中关键的 I/O 设备； ——其他需要测试的 I/O 设备
测试设计		1. 按照条件约束规定的测试环境、测试场景和系统负载准备测试用例，测试场景中应包括对待测试 I/O 设备的 I/O 请求。 2. 针对要测试的系统设备及相关资源，规划监控和数据收集设施 **注**：收集资源的设施包括：操作系统性能监视工具、专用测试工具、自行编写的数据收集程序。
测试实施		1. 按照设计的测试环境、测试场景和系统负载模拟大量用户访问被测系统，并产生对 I/O 设备的 I/O 请求。 2. 收集测试数据：收集测试中针对指定 I/O 设备的每个 I/O 的发出时间及 I/O 处理完成并返回结果的等待时间
测试结果计算		1. 识别有效测试周期，设 VT_s 为有效测试周期开始时间，VT_e 为有效测试周期结束时间。 2. 计算有效测试周期内分时 I/O 等待时间，即在 t_i 时刻发出的 I/O 请求的等待时间 I/O 等待时间 $X(t_i)$=AVG(I/O 请求完成时间(j)－I/O 请求发出时间(j))。$t_i=VT_s\cdots VT_e$，j 为在 $t_i\cdots t_{i+1}$ 时间段内发出的 I/O 请求 3. 计算有效测试周期内的 I/O 设备等待时间 I/O 等待时间(平均)$X_{avg}=AVG(X(t_i))$，$t_i=VT_s\cdots VT_e$ I/O 等待时间(最大)$X_{max}=MAX(X(t_i))$，$t_i=VT_s\cdots VT_e$

附 录 A
（资料性附录）
效率指标体系应用框架裁剪指南

A.1 概述

本部分包含一组效率测试指标、各种测试约束和测试方法，旨在对计算机系统和软件的效率特性给出通用的度量指标体系及其测试方法。在实际应用中，不同的项目具有不同的特点，建议不同类型的使用者在使用本指标体系和应用框架时，应根据测试需求进行适当裁剪，以达到不同的效率测试目标。裁剪的类型包括：

——删除：如果本部分中规定包括的测试项或方法不适用于指定的测试，则可删除该测试项或方法；

——增加：如果测试中需要的测试项或方法未包括在本部分中，可根据需要增加新的测试或方法；

——修改：如果本部分中规定的测试项或方法与测试需求不一致，可在本部分基础上进行修改。

A.2 指标体系剪裁

对指标体系的剪裁：

——删除特性/子特性：当指标体系中的某个特性/子特性不适用于特定的测试，可删除相关特性/子特性。

例如，被测系统中未使用外部存储器，则可删除子特性“外存利用性”及相关度量指标；

——删除度量指标：当指标体系中的某个度量指标不适用于特定的项目，可删除相关度量指标。

例如，被测系统条件中不存在数据存储功能，则可删除“数据存储容量”度量指标；

——增加度量指标：如果效率需求中包括指标体系中未包括的度量指标，可增加相关测试指标。

例如，如果待测试系统为网络管理软件，则可能需要在容量特性中增加“网络容量”相关度量指标；

——修改度量指标：当度量指标定义与测试系统及效率需求存在差异，可修改本标准度量指标。

例如，本标准定义的度量指标“吞吐率”在 web 环境下可以用“点击率”“页面连接率”来代替。

A.3 测试约束剪裁

对测试约束的剪裁：

——删除环境约束：如果待测试系统的目标环境是确定的，并不需要考察不同环境下的指标的不同，则可删除环境约束，仅作为基本测试环境来考虑；

——增加测试约束：如果某测试条件的变化直接影响测试结果，则可增加该条件为测试约束。

例如，当需要测试不同类型的用户在执行某事务的周转时间和吞吐率，则可以增加“用户类型”为新的测试约束。

A.4 测试约束取值剪裁

对测试约束取值的剪裁：

——删除测试约束取值：每个测试约束可以包括不同的测试约束取值，测试时可选择适用的测试约束取值，删除不需要的测试约束取值。例如：当只需要测试常规和峰值负载条件下的效率指标，不需要测试极限负载条件下的效率指标，可选择负载约束取值为常规负载和峰值负载，删除极限负载；

——增加测试约束取值：当测试需求需要测试某种特定条件下的效率指标，而该条件未包括在本部分列出的适用的测试约束值中，则可增加该测试约束取值。例如：当需要测试指定负载条件下的效率指标，可增加该指定负载的负载约束。

A.5 结果视图剪裁

对结果视图的剪裁：

——选择统计视图：统计视图包括最小值、平均值、最大值等。如果测试需求不需要详细的分布信息，可以只选择平均值，删除最小值、最大值等统计视图；

——增加统计视图：如果测试需求需要更详细的分布信息，可增加统计视图。
例如：可增加10％、90％或类似统计视图；

——删除满足度视图：如果待测试系统未能给出度量指标的期望结果，则可删除满足度视图；

——修改满足度视图：可选择不同的满足度计算方法。例如归一化满足度；

——删除分时视图：如果不需要对测试过程进行分析，则可删除分时视图；

——修改分时间隔：可修改分时视图的分时间隔。例如，当测试时间比较长时，可规定分时视图的时间间隔超过常规的1 s，比如每10 s、每30 s。

A.6 测试方法剪裁

对测试方法的剪裁：

对测试方法和步骤的剪裁应适用于所处的测试条件和环境，本部分旨在给出一个基本的广泛适用的测试方法和过程，而未考虑不同类型的系统特征、所借助工具、先进技术和方法等因素，因此，本部分的使用者可根据需要增加、修改、删除本部分中所描述的测试活动和任务。

参 考 文 献

[1] GB/T 5271.1—2000 信息技术 词汇 第1部分:基本术语(eqv ISO/IEC 2382-1:1993)

[2] GB/T 8566—2007 信息技术 软件生存周期过程(ISO/IEC 12207:1995, IDT)

[3] GB/T 11457—2006 软件工程术语

[4] GB/T 16260.1—2006 软件工程 产品质量 第1部分:质量模型(ISO/IEC 9126-1:2001, IDT)

[5] GB/T 16260.2—2006 软件工程 产品质量 第2部分:外部度量(ISO/IEC TR 9126-2:2003,IDT)

[6] GB/T 16260.3—2006 软件工程 产品质量 第3部分:内部度量(ISO/IEC TR 9126-3:2003,IDT)

[7] GB/T 16260.4—2006 软件工程 产品质量 第4部分:使用质量度量(ISO/IEC TR 9126-4:2004,IDT)

ICS 35.80
L 77

中华人民共和国国家标准

GB/T 29836.1—2013

系统与软件易用性
第1部分:指标体系

Usability of system and software—
Part 1:Indicator system

2013-11-12 发布　　　　2014-02-01 实施

中华人民共和国国家质量监督检验检疫总局
中国国家标准化管理委员会　发布

前　言

GB/T 29836 在《系统与软件易用性》总标题下，目前分为如下三部分：

——第 1 部分：指标体系；

——第 2 部分：度量方法；

——第 3 部分：测评方法。

本部分为 GB/T 29836 的第 1 部分。

本部分由全国信息技术标准化技术委员会(SAC/TC 28)提出并归口。

本部分起草单位：中国电子技术标准化研究院、北京邮电大学、南宁市平方软件新技术有限责任公司、国家应用软件产品质量监督检验中心、教育部考试中心、上海计算机软件技术开发中心、上海浦东软件平台有限公司、上海宝信软件股份有限公司、珠海南方软件网络评测中心、上海鲁齐信息科技有限公司。

本部分主要起草人：张旸旸、袁玉宇、朱洁、郭新伟、李英华、胡宇、蔡立志、顾林、杨金翠、唐晓晖、韩强、侯建华、左家平、丁志刚、李家宏、张露莹、崔岩。

引　言

GB/T 29836的本部分提出了易用性指标体系。本部分所列的指标并非一个完备集。开发者、评价者、质量管理者和需方可以从本部分中选择合适的指标,用来定义易用性质量需求、评价软件产品易用性、测量易用性质量情况或作其他用途;亦可以修改指标或使用本部分未包括的其他指标。本部分适用于各种具有人机交互的计算机软件产品及相关系统,但并非每种指标适用于各种计算机系统与软件产品。

本标准预期的主要使用者包括:

a) 需方(从供方获得或采购系统、软件产品或软件服务的个体或组织);
b) 独立评价者(与软件无利益关系、受委托实施独立评价的个体或组织);
c) 开发者(执行开发活动的个体或组织);
d) 维护者(执行维护活动的个体或组织);
e) 供方(按所签合同向需方提供系统、软件产品或软件服务的个体或组织),其在合格性测试中确认软件质量时使用;
f) 用户(使用软件产品执行具体功能的个体或组织),其在验收测试中评价软件产品质量时使用;
g) 质量管理者(执行软件产品或软件服务的系统性检查的个体或组织),作为质量保证和质量控制的组成部分评价软件质量时使用。

GB/T 29836.2—2013《系统与软件易用性　第2部分:度量方法》给出了如何获得易用性指标测量值的度量方法,GB/T 29836.3—2013《系统与软件易用性　第3部分:测评方法》描述了易用性指标的测评方法。本部分旨在与GB/T 29836.2—2013和GB/T 29836.3—2013联合使用。

系统与软件易用性
第1部分：指标体系

1 范围

GB/T 29836的本部分给出了系统与软件易用性的指标体系框架及其相关指标定义，规定了系统与软件易用性质量特性，为系统与软件的供方、需方、第三方评测机构提供统一的易用性指标体系。

本部分适用于具有人机交互的各类系统与软件，用户可以根据具体的产品选择合适的易用性指标。本部分不适用于无人机交互功能或者在使用期间无易用性需求的系统与软件。

注：本部分中所指的系统主要是软件系统。

2 规范性引用文件

下列文件对于本文件的应用是必不可少的。凡是注日期的引用文件，仅注日期的版本适用于本文件。凡是不注日期的引用文件，其最新版本(包括所有的修改单)适用于本文件。

GB/T 11457 软件工程术语

GB/T 16260.1—2006 软件工程 产品质量 第1部分：质量模型(ISO/IEC 9126-1:2001,IDT)

GB/T 16260.2—2006 软件工程 产品质量 第2部分：外部度量(ISO/IEC TR 9126-2:2003,IDT)

3 术语和定义

GB/T 11457和GB/T 16260.1—2006中界定的以及下列术语和定义适用本文件。

3.1

易用性 usability

产品在特定使用环境下为了特定的目标可以为特定用户使用的程度。

3.2

指标 indicator

实体的可评测属性。

3.3

指标体系 indicator system

由若干个主要特征定义的指标构成反映该现象本质的系统。

注：指标体系是系统的、具有紧密联系的、反映评价对象整体的一组指标，或具体指标的集合。

4 概述

4.1 影响系统与软件易用性的要素

人机交互系统中，一般的工作循环过程可由图1所示，人在操作过程中，机器通过输出设备(如显示器、喇叭等)将信息传递给人的感知系统(如视觉、听觉等)，经中枢神经系统的感知处理器对信息进行传递，思维处理器对信息进行处理和存储后，再经反应处理器指挥人的反应系统(如手指、嘴等)操纵机器的输入设备，控制计算机的信息处理和存储，然后再循环往复，直至完成目标任务。由此可见，从计算机传来的信息,通过人这个“环节”之后又返回到机器,从而形成一个闭环系统,人和系统都影响着任务完成的难易程度,人和机器交互的顺利与否也随时会影响任务的完成。人(参与测试的用户)、机(计算机系统与软件)及人机交互是影响计算机系统与软件易用性的三大要素。其中,系统与软件易用性指标确立时应着重考虑后两种要素。

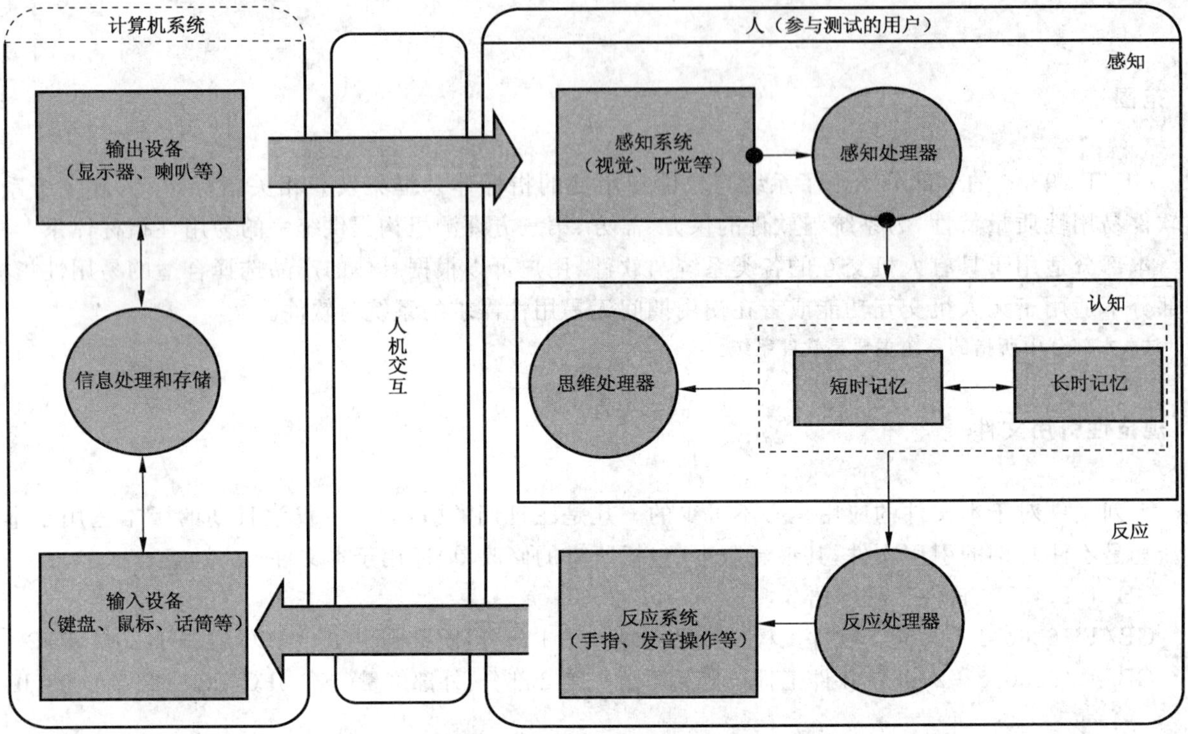

图 1 人机交互系统中的信息处理模型

4.2 指标体系模型

系统与软件易用性指标体系在 GB/T 16260.2—2006 的 8.3“易用性度量元“基础上修改形成,如图 2,本部分指标与 GB/T 16260.2—2006 的对照关系参见附录 A。

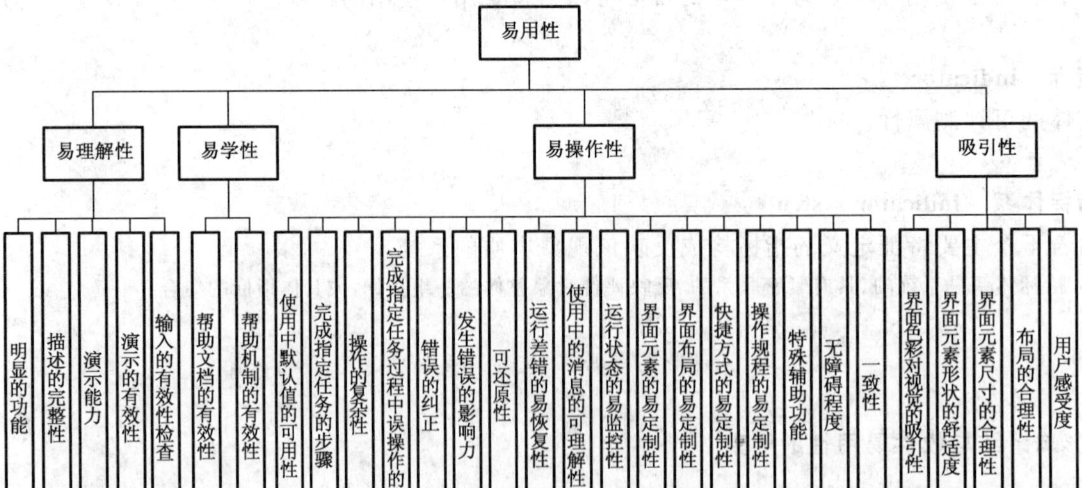

图 2 系统与软件易用性指标体系

根据4.1提出的指标确立原则，在具体使用并细化图2指标体系时，应从产品要素和交互要素两个方面着手：

a) 产品要素反应了计算机系统与软件本身所具有的易用性质量特征，该要素对应的指标着重体现系统与软件易用性的易学习性、部分易操作性、吸引性。包括：
   1) 外观：反映了产品看起来如何，要传达给用户一种什么样的外观感觉；
   2) 操作：反映了产品使用起来如何，用户通过使用获得的感受；
   3) 文档：反映了产品文档给用户提供的帮助信息是否有用，是否充分。
b) 交互要素反应了用户与计算机系统交互过程中所体现出的易用性质量特征，评测用户与被测计算机系统的交互能否达到用户的预期目标，以及实现这一目标的效率与便捷性，该要素对应的指标着重体现系统与软件易用性的易理解性和部分易操作性。包括：
   1) 信息交互：反应了产品对用户操作的反应能力和用户获取产品反馈信息的难易程度；
   2) 可定制交互：反应了产品满足用户个性化需求的能力；
   3) 特殊交互：反应了产品是否能够被特殊人群以特殊的方式使用的能力。

附录B给出了网上评卷系统的易用性评测指标体系示例。

5 易理解性

易理解性指标（见表1）宜能够评估新用户在没有受到培训情况下对软件系统的认识程度。

表1 易理解性

名称	描述	说明
明显的功能	基于初始的条件，产品的功能（或功能的类型）能被用户识别的比例是多少	该功能是指用户在未接受任何培训的情况下，初次使用系统，能够被用户所认识且知道大致用途的功能
描述的完整性	在阅读完用户手册后能正确理解的功能（或功能的类型）比例是多少	用户能够了解、正确执行该功能，并能够得到预期的结果
演示能力	需要演示的功能中具有演示能力的比例是多少	例如，在查毒软件中，应该具有演示如何升级病毒库，及如何对系统重要数据备份，这些需要一定专业知识才可理解或完成的功能
演示的有效性	在演示或指导之后用户能成功执行功能的比例是多少	例如，在查毒软件中，用户在看到如何升级病毒库，及如何对系统重要数据备份的功能演示后，能够正确并成功执行的功能
输入的有效性检查	输入项提供了对有效数据进行检查的比例是多少	例如，在机票预定系统中，用户在输入时间时，系统应对用户输入的时间格式进行校验

6 易学习性

易学习性指标（见表2）宜能够评估用户要用多长时间才能学会如何使用某一指定的功能，及评估软件系统的帮助和文档的有效性。

表 2 易学习性

名称	描述	说明
帮助文档的有效性	在阅读完帮助文档后能理解的功能(或功能的类型)比例是多少	用户在阅读完帮助文档后,不再畏惧并可以使用的功能比例
帮助机制的有效性	在使用了帮助后,能正确地完成任务的比例是多少	用户可以完整、准确地完成任务,并得到预期的结果

7 易操作性

易操作性指标(见表 3)宜能够评估用户能否操作和控制软件系统完成用户预期或指定任务。

表 3 易操作性

名称	描述	说明
使用中默认值的可用性	为便于操作,用户能否易于选择参数值	例如,用户可以任意选择字体大小、颜色及界面的显示比例
完成指定任务的步骤	用户完成指定任务所用的步骤数目	指定任务一般选择被测系统涉及业务的关键任务或频繁执行的任务
操作的复杂性	用户完成指定任务总体复杂度	敲打键盘的次数,鼠标移动的程度,使用的姿势(单击、拖、双击)用户输入模式之间的切换,需要的导航程度
完成指定任务过程中误操作的次数	用户完成指定任务进行操作时所产生的误操作数	例如,用户能够完整的完成任务,期间有操作的错误的次数
错误的纠正	用户能否容易地纠正任务中的错误	例如,在用户错误操作时,被测软件是否能给出提示并帮助用户纠正错误;或在用户自身意识到错误时,也能够容易地纠正
发生错误的影响力	用户发生错误之后,对完成任务的影响程度	例如,用户在执行过程中发生错误后,是否会造成任务无法完成、任务中断、中断时间的长短,是否能继续执行
可还原性	用户正确地还原到操作之前状态的能力如何	例如,完成任务前的任何一步都可以还原到操作的初始状态
运行差错的易恢复性	能够容忍用户差错并帮助用户恢复的功能的比例是多少	包括系统发现的用户操作错误和用户自身发现的错误
使用中的消息的可理解性	用户是否容易理解软件系统的消息?用户是否容易记住重要的消息。 在开始下一步动作之前是否有任何引起用户延缓理解的消息	例如,在用户出现错误时,系统给出的消息是否能让用户明白所犯错误,并且能够从该信息中知道如何纠正错误
运行状态的易监控性	具有运行状态监控能力的功能的比例是多少	监控信息包括任务的进度、系统的状态、功能的运行结果等信息
界面元素的易定制性	是否提供多种界面风格或方案供用户选择	例如,用户可以选择界面的颜色、配色风格、字体大小及颜色

表 3（续）

名称	描述	说明
界面布局的易定制性	用户能否为方便自己定制界面的布局	例如，用户可以将界面元素配置成自己习惯的风格，或易于操作的形式
快捷方式的易定制性	用户是否能方便地定制快捷方式	例如，快捷键和快捷菜单、按钮等
操作规程的易定制性	用户能否为方便自己容易地定制其操作规程	用户可以简化或细化操作步骤。例如，在电子商务系统中，在选中某种商品时，用户可选择在选中某商品时，系统是否给出提示，该件商品已装入购物车
特殊辅助功能	提供辅助功能的种类	例如，提供语音输入、语音提示、显示提示、眼球移动捕捉器或其他为身体障碍人士提供辅助的功能
无障碍程度	能让有身体障碍的用户操作的功能比例是多少	例如，某系统 90％的功能有视觉障碍的用户都可以自行完成，而有 10％的功能需要在帮助下完成
一致性	系统的各部分之间以及与系统之外的相关因素是否保持一致	例如，光标位置、显示格式、用词、菜单样式等内容是否一致；系统的其他版本、其他相关系统、传统习惯、相关标准和规范是否一致

8　吸引性

吸引性指标（见表 4）宜能够评估软件系统的外观，主要受屏幕设计、颜色等因素的影响。

表 4　吸引性

名称	描述	说明
界面色彩对视觉的吸引性	色彩对用户有多大的吸引力，是否让用户感到视觉舒适？从而减少视觉工作量	例如，颜色是否搭配合理，是否符合目标用户的审美观点
界面元素形状的舒适度	界面各种元素的形状是否舒适	例如，界面元素的形状是否符合相关要求；是否符合用户的习惯认识
界面元素尺寸的合理性	界面各种元素的尺寸是否合理	例如，界面元素的尺寸是否能符合特定用户的要求；是否符合业务习惯
布局的合理性	界面的各种元素的配合是否合理？ 能否减少记忆工作	例如，界面各元素是否能够摆放在用户容易找到的地方；用户是否能在完成某操作后能够通过界面提示知道下一步如何操作。回忆密码、密令向量，数据对象和控制的名字和位置，以及对象之间的其他关系所需的记忆量
用户的感受度	用户对软件直观感觉的综合评价	例如，界面整体效果是否让用户感觉舒适

附 录 A
（资料性附录）
本部分与 GB/T 16260.2—2006 的对照关系

本部分定义的易用性指标体系与 GB/T 16260.2—2006 中定义的易用性度量元的对照关系见表 A.1。

表 A.1 本部分与 GB/T 16260.2—2006 对照关系表

本部分		GB/T 16260.2—2006
易理解性	描述的完整性	易理解性——描述的完整性
	演示能力	易理解性——演示的获得性
		易理解性——使用时演示的获得性
	演示的有效性	易理解性——演示的有效性
	明显的功能	易理解性——明显的功能
		易理解性——功能的易理解性
	输入的有效性检查	易理解性——易理解的输入和输出
易学习性	帮助文档的有效性	易学习性——功能学习的难易性
		易学习性——在使用中学习执行一项任务的难易性
		易学习性——帮助的获得性
	帮助机制的有效性	易学习性——用户文档和/或帮助机制的有效性
		易学习性——所用的用户文档和帮助机制的有效性
		易学习性——帮助的频率
易操作性	一致性	易操作性——在使用中操作的一致性
	错误的纠正	易操作性——错误的纠正
		易操作性——使用中的错误纠正
	使用中默认值的可用性	易操作性——使用中默认值的可用性
	使用中的消息的可理解性	易操作性——使用中的消息的可理解性
	运行差错的易恢复性	易操作性——自解释的出错信息
		易操作性——在使用中操作错误的易恢复性
	完成指定任务过程中误操作的次数	易操作性——在使用中人为错误操作的间隔时间
	可还原性	易操作性——(用户错误纠正的)可还原性

表 A.1（续）

本部分		GB/T 16260.2—2006
易操作性	界面元素的易定制性	易操作性——易定制性 吸引性——界面外观的易定制性
	界面布局的易定制性	
	快捷方式的易定制性	易操作性——操作规程的减少
	操作规程的易定制性	
	操作的复杂性	易操作性——物理可访问性
	特殊辅助功能	
	无障碍程度	
	发生错误的影响力	—
	完成指定任务的步骤	—
	运行状态的易监控性	—
吸引性	界面色彩对视觉的吸引性	吸引性——相互吸引
	界面元素尺寸的合理性	
	界面元素形状的舒适度	
	布局的合理性	
	用户的感受度	
依从性	—	依从性——易用性的依从性

附　录　B
（资料性附录）
网上评卷系统易用性测评指标体系示例

B.1　引言

网上评卷系统易用性评测体系作为本标准在实际应用中的案例，该体系分为指标体系、测评方法、评价方法三部分。本附录就网上评卷系统易用性测评指标体系的建立过程进行详细介绍。评价方法、测评方法将分别在GB/T 29836.2—2013和GB/T 29836.3—2013进行详细分析与介绍。

网上评卷系统易用性评测指标体系的建立过程是结合网上评卷系统的特点，对4.2中的指标模型进行裁剪，最终生成适于网上评卷系统易用性评测的指标体系。

B.2　网上评卷软件的易用性评测的核心功能模块分析

网上评卷系统的特点是业务性较强，工作流程要求严格。瞬时并发量大，数据变更率高。且需要向用户（评卷教师）提供符合业务要求的操作流程、美观舒适的评卷界面，清晰、准确、多样的统计数据。因此，网上评卷系统中重点体现以上要求的功能模块是核心功能模块（如图B.1），只有对这些功能进行易用性评测，才能真实客观地反映网上评卷系统的易用性。每个模块所包含的具体功能可分为主要功能和附加功能，主要功能是保证评卷工作按时保质量，是评测中必须考量的内容；附加功能为用户完成既定任务提供了更多方便快捷的渠道，这些附加功能的应用效果会由于不同的开发方的实现方法会有所不同，在易用性评测中对这些功能的测试和评测可以有助于得到更全面的数据，但是如果在评测的时候不包括这些附加功能，也不会直接影响易用性的最终评测结果。

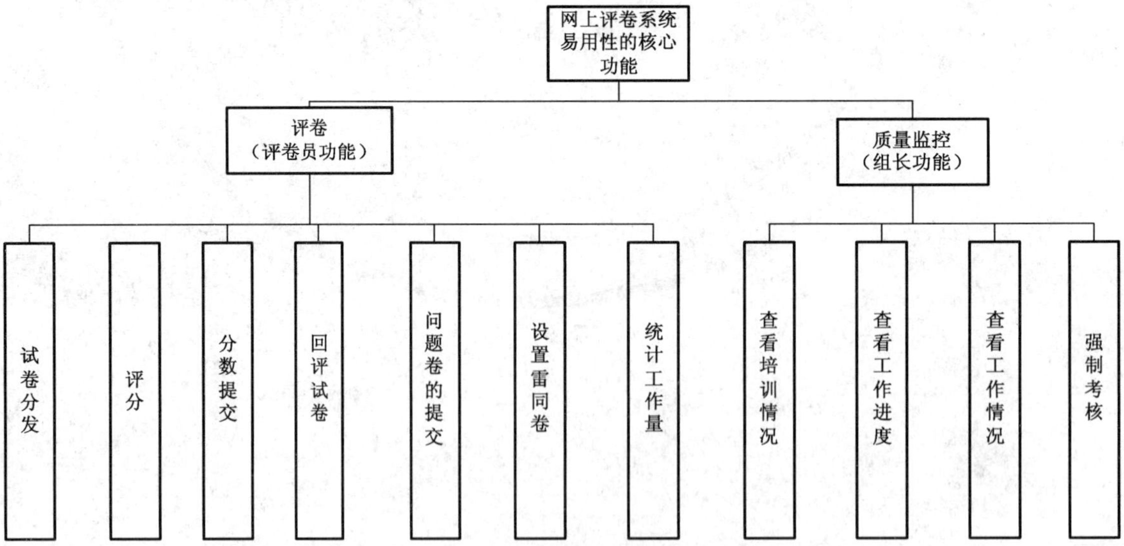

图B.1　网上评卷系统易用性的核心功能

B.3 网上评卷软件的易用性评测的核心功能模块功能简述

B.3.1 评卷部分

这部分的用户是评卷教师，在易用性方面的总体要求是，速度正常、界面清晰、反馈信息准确。各模块功能如下：

a) 试卷分发：根据事先定义好的试卷分发原则将试卷分发到各评卷教师所使用的终端上。在整个评卷过程中，试卷分发是在不断进行的，并且要同时分发给所有的评卷教师(如全国统一的大规模考试中，评卷教师需达到300人)，并发量高，速度将是评测该模块的重点。

b) 评分：评卷界面可根据评卷教师的喜好来调整，例如试卷图像的大小、界面的配色风格；评卷教师选择所熟悉的操作方式(键盘和鼠标)来选择分数。界面的设计将是评测该模块的重点。

c) 分数提交：评卷教师选定分数后，将分数提交到服务器，而且系统使评卷教师了解自己的给分情况。该功能并发量高，速度和信息反馈将是评测该模块的重点。

d) 回评试卷：该功能是指评卷教师在评卷过程中需要对最近评阅过的试卷进行重评。要求系统能够帮助评卷教师方便、准确、快速地查找以往评阅过的试卷。界面和功能的设计是评测该模块的重点。

e) 问题卷的提交：评卷过程中，当评卷教师遇到一些自己无法评阅的试卷时，例如图像不清晰、无法给分等情况，可提交给组长。界面和功能的设计是评测该功能模块的重点。

f) 设置雷同卷：当评卷教师发现正在评阅的试卷和曾经评过的某份试卷内容雷同时，可调出曾经评过的试卷和正在评的试卷进行比对，若确实雷同则设置雷同标记。该功能要求系统能帮助评卷教师方便、准确、快速地查找以往评阅过的试卷，并方便进行比对。界面和功能的设计是评测该模块的重点。

g) 统计工作量：评卷教师可通过该功能查看自己的工作量，评卷教师的薪酬是按工作量来计算的，工作量的透明化可使评卷工作在公平有序的氛围中进行。统计结果要求准确、展现方式清晰。准确性、界面和功能的设计是评测该功能模块的重点。

B.3.2 质量监控

质量控制是网上评卷系统中的重要部分，它要求系统能够实时向组长提供评卷整体情况，并且以图表、图形等多种方式进行展现，要利于组长查找出异常情况。这部分功能对于系统要求较高，速度、准确性、界面和功能的设计是评测该部分所有功能模块的重点。

a) 查看培训情况：当评卷教师评阅完培训卷后，组长对评卷教师所做的培训卷的分数、客主比和相关系数等指标值与标准值进行对比，如在合格范围内则让该评卷教师通过培训进入正式评卷。该功能要求系统能够使组长方便地查看出评卷教师所处的状态(培训、等待审核或者正式评卷)，清晰地对评卷教师所做的培训卷的分数、客主比和相关系数等指标值与标准值进行对比。

b) 查看工作进度：在评卷过程中，评卷过快会影响评卷质量，过慢则会影响评卷进度，大组长和小组长要实时掌握评卷的整体和各题目的进度和速度，并随时进行调整。该功能要求统计结果准确、清晰。

c) 查看工作情况：系统向评卷组长每个评卷教师或每个评卷组的工作量、速度、客主比和相关系数等指标的统计值，并且以图标、图形等多种方式进行展现。使组长能够及时地发现异常，并可对异常卷进行重评，对于异常评卷教师可暂停其评卷并进行再培训。该功能要求统计结果准确、清晰，界面和功能的设计能够使组长及时地发现异常情况。

d) 强制考核：当评卷组长发现某评卷教师的评卷质量指标很低时，可停止其评卷，并让其进入培训状态。如果其培训通过可再次评卷,否则将被淘汰。该功能一般是嵌入到查看工作情况模块中的。

B.4 网上评卷系统易用性评测核心任务

在第B.2章中已经分析出网上评卷系统易用性评测的核心模块,但对于业务型软件,任务的完成情况同样是评测的重点。我们可以这样理解,功能的评测是评测功能本身情况,而任务的评测则是评测各功能之间连接,完成任务的能力。

评测的核心任务,是网上评卷工作所要完成的关键任务,同时是全部使用核心功能所完成的任务。

B.4.1 评卷部分

任务一 :评卷

该任务是评卷工作中的重中之重。过程为,评卷教师拿到系统分发给的试卷,进行评分后提交分数,系统再次分发试卷。该任务所涉及的核心功能模块有试卷分发、评分和分数提交。在理想状态下,评卷教师可以很顺利的评阅多份试卷,页面设计不会使评卷教师产生视觉及身体的疲劳。

任务二:回评

该任务也是评卷教师经常用到的任务。过程为,评卷教师在评卷过程中,可以选择评过的前十份试卷中的一份再次进行评阅。该任务所涉及的功能模块有试卷分发、评卷、分数提交和回评。在理想状态下,评卷教师可以在评卷过程中,快捷方便地选择到想回评的那份试卷,且不会影响当前正在评阅的试卷。

任务三:问题卷的提交

该任务同样是评卷教师经常用的任务,过程为,评卷教师在评卷过程中,当前评阅的试卷出现问题而无法正常评卷时,可以将该试卷提交给组长。该任务所涉及到的功能模块有评卷。在理想状态下,评卷教师可以方便地提交问题卷,而且写清问题卷所出现的问题。

任务四:设置雷同卷

该任务并不是频繁使用到的任务,但因为涉及到考生是否存在违纪行为,因此也是评卷工作中非常重要的任务。过程为,评卷教师在评卷过程发现正在评阅的试卷与前面评阅的试卷有相同时,可以找到前10份试卷,并进行比对,确实认为雷同时可以为两份以上试卷增加雷同标记。该任务所涉及的功能模块有试卷分发、评卷、分数提交、回评试卷、设置雷同卷。在理想状态下,评卷教师可以在评卷过程中,快捷方便地选择到疑似雷同的试卷,并增加雷同标记。

B.4.2 质量监控部分

任务五:查看培训情况

该任务是评卷组长根据每个评卷员的评卷情况,设置评卷员是否可以进入到正评。该任务所涉及的功能模块为查看培训情况。在理想状态下,组长可以清晰在所有评卷员列表中查看培训情况,并快速找到想要找到的评卷员。

任务六:强制考核

该任务是组长进行质量监控的关键部分,组长通过查询工作情况中的各项指标,确定评卷教师是否有评卷质量下降的情况,若出现这种情况,可强制中断某评卷教师的评卷工作,使其进入到培训状态。该任务所涉及的功能模块为查看工作情况、强制考核。在理想状态下,组长可以快捷地选择到需要进行强制考核的评卷教师,并使其进入到培训状态。

B.5 网上评卷系统的特点

网上评卷系统的特点包括：

a) 网上评卷系统是业务型软件，且业务流程、业务规范要求很高。

b) 评卷结果将关系到每位考生的切身利益，因此要求网上评卷系统设计严谨、保证数据的安全、完整和有效。

c) 网上评卷系统的用户全部为教师。

d) 网上评卷工作时间长、强度大，故要求界面设计有益于缓解评卷教师的疲劳。

B.6 分析过程

B.6.1 指标体系的应用与转化

在实际应用中可根据实际境况对易用性的指标进行适当的调整。本条根据项目的实际情况，把易用性的指标分为产品类和交互类两大系列。具体分类如表 B.1。

表 B.1 网上评卷系统易用性指标体系

本项目中的指标的分类				本部分易用性指标
类别	指标类别	指标集	具体指标	子特性
产品指标	外观指标	色彩	界面色彩对视觉的吸引性	吸引性
		形状	界面元素形状的舒适度	吸引性
		尺寸	界面元素尺寸的合理性	吸引性
		布局	布局的合理性	吸引性
		一致性	一致性	易操作性
		可辨别的功能	明显的功能	易理解性
	操作指标	操作复杂度	使用中默认值的可用性	易操作性
			完成指定任务的步骤	易操作性
			操作的复杂性	易操作性
		易发生误操作的程度	完成指定任务过程中误操作的次数	易操作性
		误操作的容错能力	错误的纠正	易操作性
			发生错误的影响力	易操作性
			可还原性	易操作性
			运行差错的易恢复性	易操作性
	文档指标	帮助文档	帮助文档的有效性	易学习性
			帮助机制的有效性	易学习性
		用户手册	描述的完整性	易理解性

表 B.1（续）

本项目中的指标的分类				本部分易用性指标
类别	指标类别	指标集	具体指标	子特性
交互指标	信息交互	消息	使用中的消息的可理解性	易操作性
		演示	演示能力	易理解性
			演示的有效性	易理解性
		输入信息	输入的有效性检查	易理解性
		运行状态	运行状态的易监控性	易操作性
	可定制交互	界面内容	色彩易定制性	易操作性
			界面布局的易定制性	易操作性
		操作方式	快捷方式的易定制性	易操作性
			操作规程的易定制性	易操作性
	特殊交互指标	特殊功能	特殊辅助功能	易操作性
			无障碍程度	易操作性

B.6.2 产品指标

本条主要从外观、操作、文档三个方面描述系统的易用性。

在外观方面，网上评卷系统的页面设计既要符合业务流程规范又要符合评卷教师的审美观点，并要有助于缓解视觉疲劳。因开发网上评卷系统的工具为标准化的开发工具，界面元素的形状和尺寸都是标准化的，故可将指标体系中“形状”和“尺寸”两指标删除。在指标体系中“外观指标”的“一致性”指标分为“内部一致性”和“外部一致性”，其中“外部一致性”是指该系统的其他版本、其他相关系统、传统习惯、相关标准和规范，因网上评卷系统页面设计布局要求与业务流程紧密相连，可将该指标与布局指标合并。

在操作方面，为了使评测可实施，我们将指标体系中产品指标的“误操作的容错能力”进行一些调整，将“运行差错的易恢复性”合并到“错误的纠正”中；将“发生错误的影响力”调整为可测的“发生错误后，完整完成任务的时间”。

在文档方面，由于网上评卷工作是集中进行的，有条件进行培训工作，故将指标体系中“产品指标”中的“文档指标”调整为“培训文档”和“帮助文档”；在体系指标中“文档指标”—“帮助文档”—“帮助文档的有效性”指标表示在阅读完用户手册后能理解的功能（或功能的类型）比例，但在网上评卷中，评卷教师开始会接受培训，故该指标可删除。

根据以上情况，网上评卷指标体系中的产品指标具体内容如表 B.2。

表 B.2 网上评卷系统易用性指标体系——产品指标

类别	指标类别	指标集	具体指标
产品指标	外观指标	色彩	界面色彩对视觉的吸引性
		布局	布局的合理性
		一致性	内部一致性
		可辨别的功能	明显的功能

表 B.2（续）

类别	指标类别	指标集	具体指标
产品指标	操作指标	操作复杂度	使用中默认值的可用性
			完成指定任务的步骤
		易发生误操作的程度	在使用中人为错误操作的次数
		误操作的容错能力	错误的纠正
			发生错误后，完整完成任务的时间
			可还原性
	文档指标	培训文档	培训的有效性
		帮助文档	帮助机制的有效性

B.6.3 交互指标

该指标是指系统与用户的交互能力，主要从信息、可定制内容、为特殊人群提供的功能三个方面来描述。

在信息方面，由于网上评卷是集中工作方式，工作现场有大量的技术人员，可将指标体系中的"交互指标"—"信息交互"—"演示"删除。

在可定制内容方面，由于网上评卷是操作规程要求比较严格的业务，不需要用户自定义操作规程，故将指标体系中的"交互指标"—"可定制交互"—"操作方式"—"操作规程的易定制性"删除。

由于网上评卷系统不涉及特殊人群，可将指标体系中的"交互指标"—"特殊交互指标"删除。

根据以上情况，网上评卷指标体系中的交互指标具体内容如表 B.3。

表 B.3 网上评卷系统易用性指标体系——交互指标

类别	指标类别	指标集	具体指标
交互指标	信息交互	消息	使用中的消息的可理解性
		输入信息	输入的有效性检查
		运行状态	运行状态的易监控性
	可定制交互	界面内容	界面元素易定制性
			界面布局的易定制性
		操作方式	快捷方式的易定制性

B.7 网上评卷系统易用性评测指标体系

根据以上分析，得出网上评卷系统易用性评测指标体系，具体内容如下。

B.7.1 网上评卷系统易用性指标体系结构图

网上评卷系统易用性指标体系结构图如图 B.2。

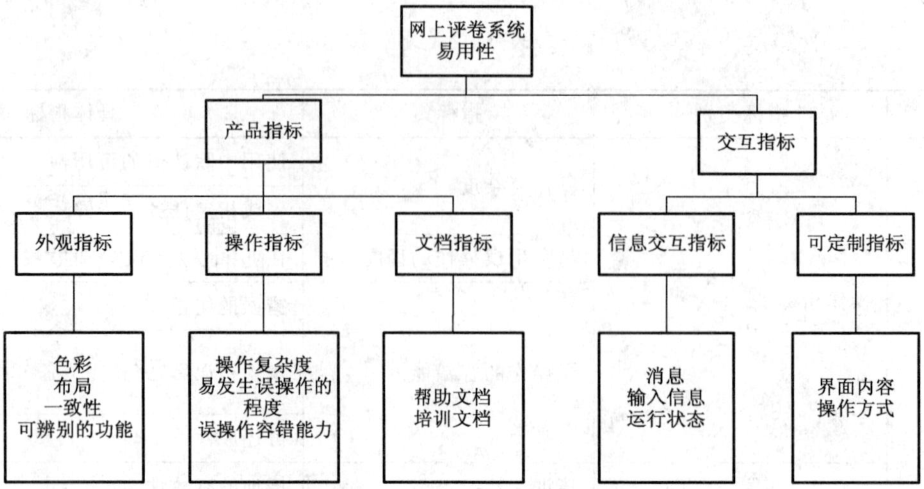

图 B.2 网上评卷系统易用性指标体系结构图

B.7.2 指标内容

表 B.4 给列出了网上评卷系统易用性的指标体系。

表 B.4 网上评卷系统易用性指标体系

类别	指标类别	指标集	具体指标
产品指标	外观指标	色彩	界面色彩对视觉的吸引性
		布局	布局的合理性
		一致性	内部一致性
		可辨别的功能	明显的功能
	操作指标	操作复杂度	使用中默认值的可用性
			完成指定任务的步骤
		易发生误操作的程度	在使用中人为错误操作的次数
		误操作的容错能力	错误的纠正
			发生错误后，完整完成任务的时间
			可还原性
	文档指标	培训文档	培训的有效性
		帮助文档	帮助机制的有效性
交互指标	信息交互	消息	使用中的消息的可理解性
		输入信息	输入的有效性检查
		运行状态	运行状态的易监控性
	可定制交互	界面内容	界面元素易定制性
			界面布局的易定制性
		操作方式	快捷方式的易定制性

参 考 文 献

[1] GB/T 18905.2—2002 软件工程 产品评价 第2部分:策划和管理(ISO/IEC 14598-2:2000,IDT)

[2] GB/T 18905.3—2002 软件工程 产品评价 第3部分:开发者用的过程(ISO/IEC 14598-3:2000,IDT)

[3] GB/T 18905.4—2002 软件工程 产品评价 第4部分:需方用的过程(ISO/IEC 14598-4:1999,IDT)

[4] GB/T 18905.5—2002 软件工程 产品评价 第5部分:评价者用的过程(ISO/IEC 14598-5:1998,IDT)

[5] GB/T 18905.6—2002 软件工程 产品评价 第6部分:评价模块的文档编制(ISO/IEC 14598-6:2001,IDT)

[6] ISO 9241-10:1996 Ergonomic requirements for office work with visual display terminals (VDTs)—Part 10: Dialogue principles

[7] ISO 9241-11:1998 Ergonomic requirements for office work with visual display terminals (VDTs)—Part 11: Guidance on usability

[8] ISO 13407:1999 Human-centred design processes for interactive systems

[9] ISO 6385:2004 Ergonomic principles in the design of work systems

ICS 35.80
L 77

中华人民共和国国家标准

GB/T 29836.2—2013

系统与软件易用性　第2部分:度量方法

Usability of software system—Part 2:Metric method

2013-11-12 发布　　2014-02-01 实施

中华人民共和国国家质量监督检验检疫总局
中国国家标准化管理委员会　发布

前　言

GB/T 29836在《系统与软件易用性》总标题下，目前分为如下三部分：

——第1部分：指标体系；

——第2部分：度量方法；

——第3部分：测评方法。

本部分为GB/T 29836的第2部分。

本部分按照GB/T 1.1—2009给出的规则起草。

本部分由全国信息技术标准化技术委员会(SAC/TC 28)提出并归口。

本部分起草单位：中国电子技术标准化研究院、北京邮电大学、南宁市平方软件新技术有限责任公司、国家应用软件产品质量监督检验中心、教育部考试中心、上海计算机软件技术开发中心、上海浦东软件平台有限公司、上海宝信软件股份有限公司、珠海南方软件网络评测中心、上海鲁齐信息科技有限公司。

本部分主要起草人：张旸旸、袁玉宇、李英华、朱洁、郭新伟、胡宇、蔡立志、吴玉军、杨金翠、温家凯、韩强、侯建华、左家平、丁志刚、李家宏、张露莹、崔岩。

引　言

GB/T 29836 的本部分提出了易用性质量度量方法。本部分将人(参与测试的用户)、机(计算机系统)及人机交互作为计算机系统与软件的三大要素,综合三大要素对被测目标系统易用性的影响。

本部分对已经构建设计的系统与软件易用性指标体系中的每个测试指标,给出详细的度量目的、度量描述、度量公式以及度量公式中各个度量元素的描述说明。并对度量的最终结果值,给出解释。本部分适用于各种具有人机交互的计算机软件产品及相关系统。

本标准预期的主要使用者包括:

a) 需方(从供方获得或采购系统、软件产品或软件服务的个体或组织);

b) 独立评价者(与软件无利益关系、受委托实施独立评价的个体或组织);

c) 开发者(执行开发活动的个体或组织);

d) 维护者(执行维护活动的个体或组织);

e) 供方(按所签合同向需方提供系统、软件产品或软件服务的个体或组织),其在合格性测试中确认软件质量时使用;

f) 用户(使用软件产品执行具体功能的个体或组织),其在验收测试中评价软件产品质量时使用;

g) 质量管理者(执行软件产品或软件服务的系统性检查的个体或组织),作为质量保证和质量控制的组成部分评价软件质量时使用。

GB/T 29836.1—2013《系统与软件易用性　第 1 部分:指标体系》给出了易用性指标体系,GB/T 29836.3—2013《系统与软件易用性　第 3 部分:测评方法》描述了易用性指标的测评方法。本部分旨在与 GB/T 29836.1—2013 和 GB/T 29836.3—2013 联合使用。

系统与软件易用性　第2部分:度量方法

1　范围

GB/T 29836 的本部分在 GB/T 29836.1 提出的指标体系的基础上,规定了系统与软件的易用性度量公式,为系统与软件的供方、需方、第三方评测机构提供统一的易用性度量方法。

本部分适用于具有人机交互的各类系统与软件,本部分不适用于无人机交互功能或者在使用期间无易用性需求的系统与软件。

注:本部分中所指的系统主要是软件系统。

2　规范性引用文件

下列文件对于本文件的应用是必不可少的。凡是注日期的引用文件,仅注日期的版本适用于本文件。凡是不注日期的引用文件,其最新版本(包括所有的修改单)适用于本文件。

GB/T 11457　软件工程术语

GB/T 16260.1　软件工程　产品质量　第1部分:质量模型(GB/T 16260.1—2006,ISO/IEC TR 9126-1:2001,IDT)

GB/T 29836.1—2013　系统与软件易用性　第1部分:指标体系

3　术语和定义

GB/T 29836.1—2013、GB/T 16260.1 和 GB/T 11457 中界定的术语和定义适用本文件。

4　概述

易用性是系统与软件的一个重要质量特征。对系统与软件的易用性进行度量,有利于了解软件是否满足规定的易用性要求,有利于需方、供方等及时发现、定位易用性的缺陷。

在实施度量之前,宜预先申明相关度量对象(如任务、功能)的粒度。

本部分提出了与 GB/T 29836.1 一起使用的一组软件易用性质量的度量。用户宜从 GB/T 29836.1 中选择易用性指标,根据指标确定度量以及相应的测试方法。对于某一个具体的系统或软件,不同模块或功能,易用性有不同的要求。因此可以根据其易用性的具体目标选取相应合适的指标,提高易用性度量的准确性。对于与易用性完全不相关的功能点,度量时可以放弃。对于其他无法度量的指标,度量时可以放弃。

5　易理解性

易理解性具体指标的度量方法如表1所示。

表1 易理解性

指标名称	指标描述	测量、公式及数据元素计算	测量值说明
明显的功能	基于初始的条件，产品的功能（或功能的类型）能被用户识别的比例是多少	$X=A/B$ 式中： A——在培训前，用户可以根据界面提示进行操作的功能数； B——在培训前，用户应该根据界面提示进行操作的功能数	$0 \leqslant X \leqslant 1$，越接近1，表明该项指标越好
描述的完整性	在阅读完用户手册后能正确理解的功能（或功能的类型）比例是多少	$X=A/B$ 式中： A——在阅读完用户手册后能正确理解的功能（或功能的类型）数； B——用户需要理解的功能（或功能的类型）数	$0 \leqslant X \leqslant 1$，越接近1，表明该项指标越好
演示能力	需要演示的功能中具有演示能力的比例是多少	$X=A/B$ 式中： A——在需要演示的功能中具有演示能力的功能数； B——需要演示的功能的数	$0 \leqslant X \leqslant 1$，越接近1，表明该项指标越好
演示的有效性	在演示或指导之后用户能成功执行功能的比例是多少	$X=A/B$ 式中： A——在演示或指导之后用户能成功执行功能的数； B——用户本应需要执行的功能数	$0 \leqslant X \leqslant 1$，越接近1，表明该项指标越好
输入的有效性检查	输入项提供了对有效数据进行检查的比例是多少	$X=A/B$ 式中： A——能够对输入数据进行有效性检查的功能数； B——要求对输入数据进行有效性检查的功能数	$0 \leqslant X \leqslant 1$，越接近1，表明该项指标越好

6 易学习性

易学习性具体指标的度量方法如表2所示。

表 2　易学习性

指标名称	指标描述	测量、公式及数据元素计算	测量值说明
帮助文档的有效性	在阅读完帮助文档后能理解的功能(或功能的类型)比例是多少	$X=A/B$ 式中： A——用户在使用阅读完帮助文档后理解的功能数； B——软件的功能数	$0 \leqslant X \leqslant 1$，越接近1，表明该项指标越好
帮助机制的有效性	在使用了帮助后，能正确地完成任务的比例是多少	$X=A/B$ 式中： A——用户使用帮助后完成的功能数； B——用户需要使用帮助完成的功能数	$0 \leqslant X \leqslant 1$，越接近1，表明该项指标越好

7　易操作性

易操作性具体指标的度量方法如表3所示。

表 3　易操作性

指标名称	指标描述	测量、公式及数据元素计算	测量值说明
使用中默认值的可用性	为便于操作，用户能否易于选择参数值	$X=A/B$ 式中： A——用户可自己选择的参数的功能数； B——要求可供用户自己选择参数的功能数	$0 \leqslant X \leqslant 1$，越接近1，表明该项指标越好
完成指定任务的步骤	用户完成指定任务所用的步骤数目	$X=A/B$ 式中： A——符合完成所用的步骤数要求的任务数； B——要求必须进行评测的任务数目	$0 \leqslant X \leqslant 1$，越接近1，表明该项指标越好
操作的复杂性	用户完成指定任务总体复杂度	$X=A/B$ 式中： A——用户完成指定任务的动作数； B——要求用户完成指定任务所要求的动作数	$0 \leqslant X \leqslant 1$，越接近1，表明该项指标越好
完成指定任务过程中误操作的次数	用户完成指定任务所产生的误操作数	$X=A/B$ 式中： A——用户在使用系统完成某项任务时出现误操作的步骤次数； B——用户在正常情况下，完成某项任务所用的步骤次数	$0 \leqslant X \leqslant 1$，越接近1，表明该项指标越好

表 3（续）

指标名称	指标描述	测量、公式及数据元素计算	测量值说明
错误的纠正	用户能否容易地纠正完成任务过程中出现的错误	$X=A/B$ 式中： A——用户在使用系统完成某项任务时成功纠正错误的次数； B——用户在使用系统完成某项任务时出现错误的次数	$0 \leqslant X \leqslant 1$，越接近 1，表明该项指标越好
发生错误的影响力	用户发生错误之后，对完成任务的影响程度	$X=A/B$ 式中： A——用户在完成任务过程中出现误操作后，完成任务所需要的时间； B——用户使用系统完成某项任务的完成时间	$1 \leqslant X \leqslant \infty$，越接近 1，表明该项指标越好
可还原性	用户正确地还原到操作之前状态的能力如何	$X=A/B$ 式中： A——可以恢复到原状态的功能数； B——要求可以恢复到原状态的功能数	$0 \leqslant X \leqslant 1$，越接近 1，表明该项指标越好
运行差错的易恢复性	能够容忍用户差错并帮助用户恢复的功能的比例是多少	$X=A/B$ 式中： A——能够容忍用户差错并帮助用户恢复的功能的数； B——软件的功能数	$0 \leqslant X \leqslant 1$，越接近 1，表明该项指标越好
使用中的消息的可理解性	用户是否容易理解软件系统的消息？用户是否容易记住重要的消息 在开始下一步动作之前是否有任何引起用户延缓理解的消息	$X=A/B$ 式中： A——在使用过系统后，能够被用户理解的系统消息数； B——使用系统过程中提示的消息数	$0 \leqslant X \leqslant 1$，越接近 1，表明该项指标越好
运行状态的易监控性	具有运行状态监控能力的功能的比例是多少	$X=A/B$ 式中： A——能够向用户提供运行状态查看的功能数目； B——要求向用户提供运行状态查看的功能数目	$0 \leqslant X \leqslant 1$，越接近 1，表明该项指标越好
界面元素的易定制性	是否提供多种风格或方案供用户选择	$X=A/B$ 式中： A——用户可以选择多种风格或方案的功能数； B——要求用户可以选择多种风格或方案的功能数	$0 \leqslant X \leqslant 1$，越接近 1，表明该项指标越好

表 3（续）

指标名称	指标描述	测量、公式及数据元素计算	测量值说明
界面布局的易定制性	用户能否为方便自己定制界面的布局	$X=A/B$ 式中： A——用户可以改变的界面布局元素数； B——要求用户可以改变的界面元素数	$0 \leqslant X \leqslant 1$，越接近 1，表明该项指标越好
快捷方式的易定制性	用户是否能方便地定制快捷方式	$X=A/B$ 式中： A——用户可以自定义快捷键的功能数； B——要求用户可以自定义快捷键的功能数	$0 \leqslant X \leqslant 1$，越接近 1，表明该项指标越好
操作规程的易定制性	用户能否为方便自己容易地定制其操作规程	$X=A/B$ 式中： A——用户可以自定义操作规程的功能数； B——要求用户可以自定义操作规程的功能数	$0 \leqslant X \leqslant 1$，越接近 1，表明该项指标越好
特殊辅助功能	提供辅助功能的种类	$X=A/B$ 式中： A——已经提供辅助功能的种类数； B——要求提供辅助功能的种类数	$0 \leqslant X \leqslant 1$，越接近 1，表明该项指标越好
无障碍程度	能让有身体障碍的用户操作的功能比例是多少	$X=A/B$ 式中： A——能让有身体障碍的用户操作的功能的数； B——软件的功能数	$0 \leqslant X \leqslant 1$，越接近 1，表明该项指标越好
一致性	系统的各部分之间以及与系统之外的相关因素是否保持一致	$X=A/B$ 式中： A——符合内、外部一致性要求的系统元素数； B——要求必须符合内部一致性要求的系统元素的数	$0 \leqslant X \leqslant 1$，越接近 1 越好，表明该系统一致性越好

8　吸引性

吸引性具体指标的度量方法如表 4 所示。

表 4　吸引性

指标名称	指标描述	测量、公式及数据元素计算	测量值说明
界面色彩对视觉的吸引性	色彩对用户有多大的吸引力，是否让用户感到视觉舒适？从而减少视觉工作量	$X=A/B$ 式中： A——在使用过系统后，感觉界面配色方案舒适的用户人数； B——使用过系统的用户人数	$0\leqslant X\leqslant 1$，越接近 1，表明该系统的配色方案舒适度越好，越被用户所接受
界面元素形状的舒适度	界面各种元素的形状是否舒适	$X=A/B$ 式中： A——在使用过系统后，感觉界面形状方案舒适的用户人数； B——使用过系统的用户人数	$0\leqslant X\leqslant 1$，越接近 1 越好，表明该系统的形状方案舒适度越好，越被用户所接受
界面元素尺寸的合理性	界面各种元素的尺寸是否合理	$X=A/B$ 式中： A——在使用过系统后，感觉界面尺寸方案舒适的用户人数； B——使用过系统的用户人数	$0\leqslant X\leqslant 1$，越接近 1 越好，表明该系统的尺寸方案舒适度越好，越被用户所接受
布局的合理性	界面的各种元素的配合是否合理 能否减少记忆工作	$X=A/B$ 式中： A——符合工作要求及操作方便性要求的界面布局及元素数； B——要求必须符合工作要求及操作方便性要求的界面布局及元素数	$0\leqslant X\leqslant 1$，越接近 1 越好，表明该系统界面布局越符合工作要求且操作方便性好
用户的感受度	用户对软件直观感觉的综合评价	$X=A/B$ 式中： A——对使用用户进行调查，认为感受度高的用户； B——进行调查的所有用户	$0\leqslant X\leqslant 1$，越接近 1 越好，表明该系统用户感受度好

9　易用性评价方法

9.1　概述

易用性评价宜使用模糊综合评价法。该方法根据模糊数学的隶属度理论把定性评价转化为定量评价，即用模糊数学对受到多种因素制约的事物或对象做出一个总体的评价。运用模糊综合评价法进行决策时有三个步骤：1）确定评价因素、评价等级；2）构造评判矩阵和确定权重；3）进行模糊合成，作出决策。其中，评价因素是对指标评议的具体内容，评价等级是评价因素的优劣程度，被评价因素确定了一个从指标到等级的模糊关系矩阵以及权重，权重是表示指标相对重要性大小的量度值。

9.2　确定评价因素、评价等级

设 $U=\{u_1,u_2,\cdots,u_m\}$ 为被评价对象的 m 种评价指标；

$V=\{v_1,v_2,\cdots v_n\}$ 为每一指标所处的评价等级。

这里 m 为评价指标的个数，n 为评价的个数。

这些指标可以衡量被测系统的易用性“水平”。评测结果的评定按四级评分，设定优秀、良好、及格、不及格。评判等级应尽量满足人们区分易用性水平的要求和一般习惯。

9.3 构造评判矩阵和确定权重

首先着眼因素集中的单因素 $u_i(i=1,2,\cdots,m)$ 作单指标评判，从指标 u_i 着眼该事务对抉择等级 $v_j(j=1,2,\cdots,n)$ 的隶属为 r_{ij}，得出第 i 个指标 u_i 的单指标评判集：

$r_i=(r_{i1},r_{i2},\cdots,r_{in})$

m 个着眼因素的评价集构造一个总的评价矩阵 R。即每一个被评价系统确定了从 U 到 V 的模糊关系 R，它是一个矩阵：

$$R=(r_{ij})_{m*n}=\begin{bmatrix} r_{11} & r_{12} & \cdots & r_{1n} \\ r_{21} & r_{22} & \cdots & r_{2n} \\ & & \cdots & \\ r_{m1} & r_{m2} & \cdots & r_{mn} \end{bmatrix},(i=1,2,\cdots,m;j=1,2,\cdots,n)$$

其中 r_{ij} 表示从指标 u_i 着眼，该评测系统能被评为 v_j 的隶属度。即 r_{ij} 表示第 i 个指标 u_i 在第 j 个评语 v_j 上的频率分布，一般将其归一化使之满足 $\sum r_{ij}=1$，这样 R 阵本身就是没有量纲的，不需作专门处理。

用等级比重确定隶属矩阵的方法，可以满足量化综合评价的要求。用等级比重法确定隶属度时，为了保证可靠性，要注意两个问题：第一，评价者人数不可太少，因为只有这样，等级比重才趋于隶属度；第二，评价者必需对被评测系统有相当的了解，特别是对于业务系统易用性的评测，更应该如此。

得到这样的模糊关系矩阵，尚不足以对系统易用性作出评测。评价指标集中的各个指标在“评价目标”中有不同的地位和作用，即对评价系统在综合评价中有不同的比重。拟引入 U 上的一个模糊子集 A，称权重分配集：

$A=(a_1,a_2,\cdots,a_m)$，其中 $a_i\gg0$，且 $\sum a_i=1$。它反映对诸指标的一种权衡。

在评价系统中，权重的确定是至关重要的。常见评价问题中的权重值，一般多凭经验主观给定，成为主观赋权。主观确定权重也有客观的一面，一定程度上反映了实际情况，评价的结果有较高的参考价值。确定权重也可以利用数学的方法，数学方法严格的逻辑性而且可以对确定的“权重”进行“滤波”和“修复”处理，以尽量剔除主观成分，符合客观事实。

这里存在两种模糊集，以主观赋权为例，一类是标志指标集 U 中各指标在人们心目中的重要程度的量，表现为指标集 U 上的模糊权重向量 $A=(a_1,a_2,\cdots,a_m)$；另一类是 $U\times V$ 上的模糊关系，表现为 $m\times n$模糊矩阵 R。这两类模糊集都是人们对系统易用性印象的反映。

9.4 进行模糊合成和作出决策

R 中不同的行反映系统易用性从不同的指标来看对各等级模糊子集的隶属程度。用模糊权向量 A 将不同的行进行综合，即得到被评系统易用性从总体上来看对各等级模糊子集的隶属程度，即模糊综合评价结果向量。

引入评价集 V 上的一个模糊子集 B，称模糊评价，又称决策集，$B=(b_1,b_2,\cdots,b_n)$。

通过 R 与 A 求 B 的方法是，令 $B=A*R$（$*$ 为算子符号），称为模糊变换。

这个模型看起来很简单，但实际上较为复杂，对于不同模糊算子，就不同的评价模型。

A 称输入，B 称输出。

如果评判结果 $\sum b_j\neq1$，应将它归一化。

b_j 表示被评价系统易用性具有评语 v_j 的程度。各个评判指标，具体反映了被评系统易用性在所评判的特征方面的分布状态，使评判者对评判对象有更深入的了解，并能作各种灵活的处理。如果要选择一个决策，则可选择最大的 b_j 所对应的等级 v_j 作为综合判断的结果。

B 是对每个评测指标综合状况分等级的程度表述，它不能直接用于被评判系统间的排序评优，必需要更进一步的分析处理，待分析处理之后才能应用。采用最大隶属度法则对其处理，得到最终评判结果。此时，我们只利用了 $b_j=(j=1,2,\cdots,n)$ 中的最大者，没有充分利用 B 所带来的信息。为了充分利用 B 所带来的信息，可把各种等级的评级参数和评判结果 B 进行综合考虑，使得评判结果更加符合实际。

设相对于各等级 v_j 规定的参数列向量为：

$C=(c_1,c_2,\cdots,c_n)^T$

则得出等级参数评判结果为：

$B*C=p$

p 是一个实数。它反映了等级模糊子集 B 和等级参数向量所带来的综合信息，在许多实际应用中，它是十分有用的综合参数。

就理论而言，上述的模糊合成运算有无穷多种，但在实际应用中，经常采用具体模型有几种。关于 B 的求法，最早的合成运算采用查德算子(主因素突出型)。但当评价因素较多时，由于 a_i 很小，评判结果得到的 b_j 反映不出实际情况，失掉了综合评价的意义。因此，应用查德算子作综合评判，往往得到的结果与实际情况相差很大。为了克服这一缺点，根据实际情况采用其他类型的“与”、“或”算子，或者将两种类型的算子搭配使用。较简单的是普通矩阵乘法(即加权平均法)，这种模型要让每个因素都对综合评价有所贡献，比较客观地反映了评测系统易用性的全貌。只要采用的算子对一方面抓住实际问题的本质，获得满意的效果；另一方面保证满足 $0\ll b_j<1$。

附录 A 给出了网上评卷系统易用性评价示例。

附 录 A
(资料性附录)
网上评卷系统易用性评价示例

A.1 引言

网上评卷系统易用性评测体系作为本标准在实际应用中的案例,该体系分为指标体系、测评方法、评价方法三部分。本附录将在 GB/T 29836.1—2013 和 GB/T 29836.3—2013 的基础上,给出网上评卷系统易用性的评价方法。指标体系的选取和构建过程、测评方法分别在 GB/T 29836.1—2013 的附录 B 和 GB/T 29836.3—2013 的附录 A 中进行详细分析与介绍。

A.2 网上评卷系统易用性评价指标体系

在网上评卷系统易用性指标体系在 GB/T 29836.1—2013 中已经给出,在这里我们需要将该体系中的特性和评测指标赋予到相应的评价指标集合中。

网上评卷易用性评测指标体系是四层结构的,第一层为总目标层,即网上评卷系统易用性(U),第二层为产品指标(P)和交互指标(I),第三层为产品指标(P)和交互指标(I)的指标类别,第四层为具体指标。最终的网上评卷易用性评价体系。如图 A.1 所示。

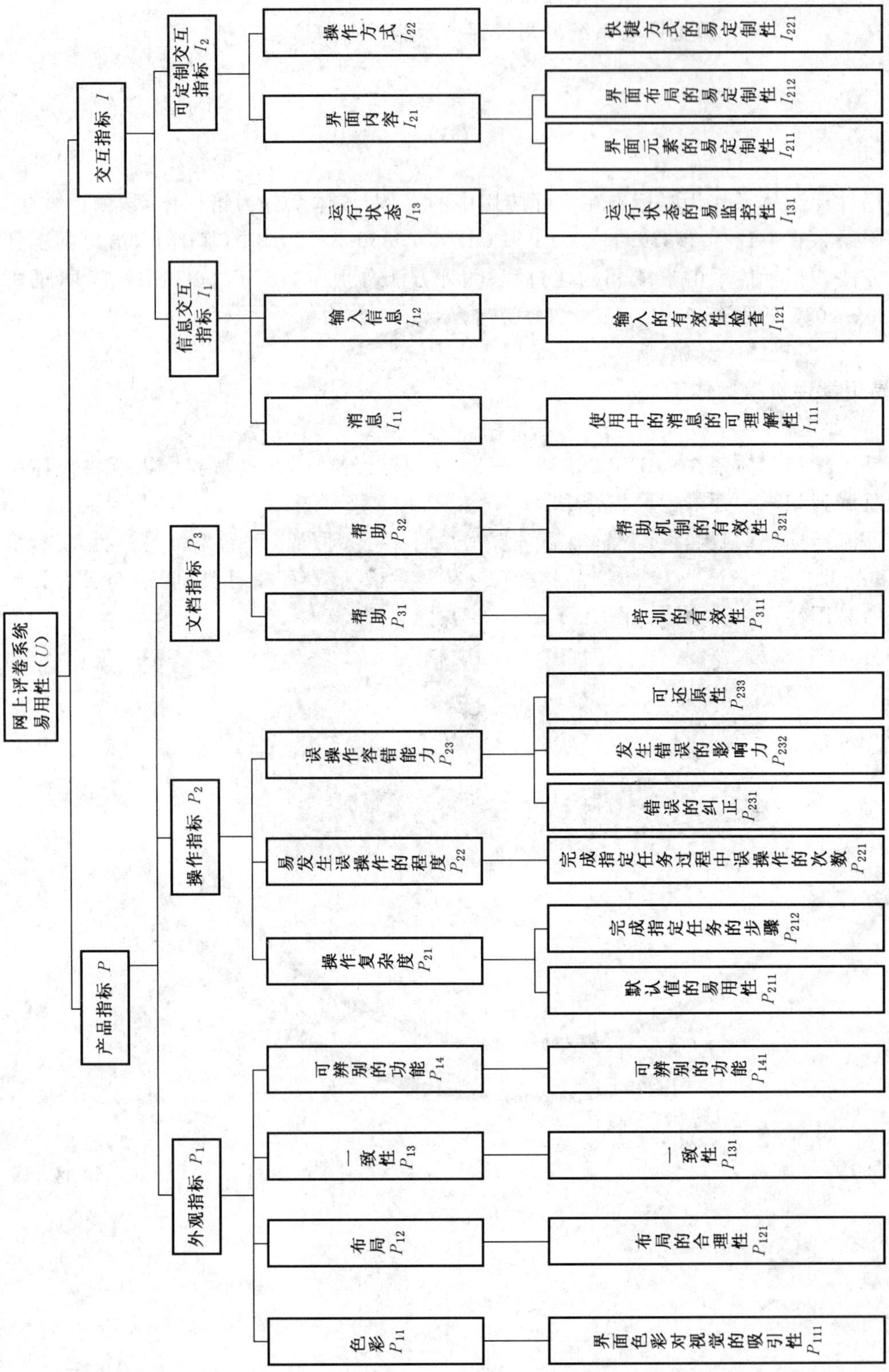

图 A.1 网上评卷易用性评价体系

网上评卷系统易用性评价指标集分成四个层次：

a) 总目标层集：$U=(P,I)$，即总目标，网上评卷系统易用性＝{产品指标，交互指标}。

b) 第二级因素层：即第二层指标集：

1) $P=(P_1,P_2,P_3)$，产品指标＝{外观指标，操作指标，文档指标}；

2) $I=(I_1,I_2)$，交互指标＝{信息交互指标，可制定交互指标}。

c) 第三级因素层：即第三层指标集：

1) $P_1=(P_{11},P_{12},P_{13},P_{14})$，外观指标＝{色彩，布局，一致性，明显的功能}；

2) $P_2=(P_{21},P_{22},P_{23})$，操作指标＝{操作复杂度，易发生误操作的程度，误操作容错能力}；

3) $P_3=(P_{31},P_{32})$，文档指标＝{培训，帮助}；

4) $I_1=(I_{11},I_{12},I_{13})$，信息交互指标＝{消息，输入信息，运行状态}；

5) $I_2=(I_{21},I_{22})$，可制定交互指标＝{界面内容，操作方式}。

d) 第四级因素层：即具体指标集：

1) $P_{11}=\{P_{111}\}$，色彩＝{界面色彩对视觉的吸引性}；

2) $P_{12}=\{P_{121}\}$，布局＝{布局的合理性}；

3) $P_{13}=\{P_{131}\}$，一致性＝{一致性}；

4) $P_{14}=\{P_{141}\}$，明显的功能＝{明显的功能}；

5) $P_{21}=\{P_{211},P_{212}\}$，操作复杂度＝{使用中默认值的可用性，完成指定任务的步骤}；

6) $P_{22}=\{P_{221}\}$，易发生误操作的程度＝{完成指定任务过程中误操作的次数}；

7) $P_{23}=\{P_{231},P_{232},P_{233}\}$，误操作容错能力＝{错误的纠正，发生错误的影响力，可还原性}；

8) $P_{31}=\{P_{311}\}$，培训＝{培训的有效性}；

9) $P_{32}=\{P_{321}\}$，帮助＝{帮助机制的有效性}。

10) $I_{11}=\{I_{111}\}$，消息＝{使用中的消息的可理解性}；

11) $I_{12}=\{I_{121}\}$，输入信息＝{输入的有效性检查}；

12) $I_{13}=\{I_{131}\}$，运行状态＝{运行状态的易监控性}；

13) $I_{21}=\{I_{211},I_{212}\}$，界面内容＝{界面元素的易定制性，界面布局的易定制性}；

14) $I_{22}=\{I_{221}\}$，操作方式＝{快捷方式的易定制性}。

A.3 网上评卷系统易用性评价集

评价集是对各层次评价指标的一种语言描述，它是评审人对各评价指标所给出的评语的集合。网上评卷系统易用性评价指标体系的评语共分为四个等级。具体的评价集为：

$V=(v_1,v_2,v_3,v_4)$＝(优秀，良好，合格，不合格)

我们可以根据以上方法将网上评卷系统易用性各评价指标划分为四个等级，而不同的人在执行不同的任务时所得出的指标值是完全不同的，如果不考虑人和任务的因素去划分，则评测结果将无法反应真实情况。我们已经根据工作内容不同将评卷教师分为了填空题组、作文题组和专家组，并给出了各小组工作特点及人员特点。以下将为各评测指标划分评价集。

A.3.1 产品指标(*P*)各级指标的评价集

A.3.1.1 外观指标(P_1)

a) 色彩(P_{11})

界面色彩对视觉的吸引性(P_{111})

该指标的测量公式为：

$$X=A/B \qquad \text{(A.1)}$$

式中：

A——在使用过评卷系统后，感觉界面配色方案舒适的用户人数；

B——使用过网上评卷系统的用户人数；

X——指标的度量值，$0\leqslant X\leqslant 1$。

X 越接近 1，表明该系统的配色方案舒适度越好，越被用户所接受。

该指标是评测系统页面设计中色彩的搭配和运用是否合理，是否符合评卷教师的审美观点，同时是否易于缓解视觉疲劳。

该指标界面及功能设计是否符合业务流程，易于评卷教师理解功能。由于填空题组评卷教师年纪轻，适应能力强，故在评定该指标时应弱化该组评卷教师的感受，加重作文题组和专家组的意见，尤其是专家组。该指标各组的权值如下：

填空题：0.2，作文题组：0.3，专家组：0.5。

b) 布局（P_{12}）

布局的合理性（P_{121}）

该指标的测量公式为：

$$X=A/B \qquad \text{(A.2)}$$

式中：

A——符合评卷工作要求及操作方便性要求的界面布局及元素数；

B——要求必须符合评卷工作要求及操作方便性要求的界面布局及元素数；

X——指标的度量值，$0\leqslant X\leqslant 1$。

X 越接近 1，表明该评卷系统界面布局越符合评卷工作要求且操作方便性好。如表 A.1 所示。

表 A.1 布局的合理性（P_{121}）的评价集

布局的合理性（P_{121}）的评价集			
优秀	良好	合格	不合格
[1,0.75]	(0.75,0.5]	(0.5,0.375]	(0.375,0]

c) 一致性（P_{13}）

一致性（P_{131}）

该指标主要评测网上评卷系统的界面元素样式是否符合一致性要求。

测量公式为：

$$X=A/B \qquad \text{(A.3)}$$

式中：

A——符合一致性要求的界面元素数；

B——要求必须符合一致性要求的界面元素的数；

X——指标的度量值，$0\leqslant X\leqslant 1$。

X 越接近 1，表明该评卷系统界面元素一致性越好。如表 A.2 所示。

表 A.2　一致性(P_{131})的评价集

一致性(P_{131})的评价集			
优秀	良好	合格	不合格
[1,0.8]	(0.8,0.75]	(0.75,0.4]	(0.4,0]

d)　明显的功能(P_{14})

明显的功能(P_{141})

测量公式为：

$$X=A/B \qquad \cdots\cdots (A.4)$$

式中：

A——在培训前，用户能够并可以根据界面提示进行操作的功能数；

B——要求在培训前，用户能够并可以根据界面提示进行操作的功能数；

X——指标的度量值，$0 \leqslant X \leqslant 1$。

X 越接近 1，表明该项指标越好。如表 A.3 所示。

表 A.3　明显的功能(P_{141})的评价集

明显的功能(P_{141})的评价集				
功能模块	优秀	良好	合格	不合格
评卷	[1,0.83]	(0.83,0.67]	(0.67,0.5]	(0.5,0.0]
质量监控	—	—	[1,0.5]	(0.5,0]

A.3.1.2　操作指标(P_2)

a)　操作复杂度(P_{21})

使用中默认值的可用性(P_{211})

测量公式为：

$$X=A/B \qquad \cdots\cdots (A.5)$$

式中：

A——评卷教师可自己选择的参数的功能数；

B——要求可供评卷教师自己选择参数的功能数；

X——指标的度量值，$0 \leqslant X \leqslant 1$。

X 越接近 1，表明该项指标越好。如表 A.4 所示。

表 A.4　使用中默认值的可用性(P_{211})的评价集

使用中默认值的可用性(P_{211})的评价集			
优秀	良好	合格	不合格
[1,0.8]	(0.8,0.75]	(0.75,0.4]	(0.4,0]

完成指定任务的步骤(P_{212})

测量公式为：

$$X=A/B \qquad \cdots\cdots (A.6)$$

式中：

A——符合完成所用的步骤数目的任务数；

B——要求必须进行评测的任务数目；

X——指标的度量值，$0 \leqslant X \leqslant 1$。

X 越接近 1，表明该项指标越好。如表 A.5 所示。

表 A.5 完成指定任务的步骤(P_{212})的评价集

完成指定任务的步骤(P_{212})的评价集			
优秀	良好	合格	不合格
[1,0.8]	(0.8,0.75]	(0.75,0.4]	(0.4,0]

b) 易发生误操作的程度(P_{22})

完成指定任务过程中误操作的次数(P_{221})

测量公式为：

$$X = A/B \quad \cdots\cdots (A.7)$$

式中：

A——用户在使用评卷系统完成某项任务时误操作的次数；

B——用户在使用评卷系统完成某项任务时所用的步骤数目；

X——指标的度量值，$X \geqslant 0$。

X 越接近 0，表明该项指标越好。

不同的任务，操作复杂度不同，出现错误的概率也各有不同，因此在考虑该指标时应考虑到各任务。如表 A.6 所示。

表 A.6 完成指定任务过程中误操作的次数(P_{221})的评价集

完成指定任务过程中误操作的次数(P_{221})的评价集				
任务名称	优秀	良好	合格	不合格
评卷	[0.3,0]	[0.3,0]	[0.3,0]	(+∞,0.3)
回评	(0.25,0]	(0.25,0]	(0.5,0.25]	(+∞,0.5)
问题卷的提交	[0.3,0]	[0.3,0]	[0.3,0]	(+∞,0.3)
设置雷同卷	[0.3,0]	[0.3,0]	[0.3,0]	(+∞,0.3)
查询培训情况	(0.25,0]	(0.25,0]	(0.5,0.25]	(+∞,0.5)
强制考核	(0.2,0]	(0.2,0]	(0.4,0.2]	(+∞,0.4)

c) 误操作容错能力(P_{23})

错误的纠正(P_{231})

测量公式为：

$$X = A/B \quad \cdots\cdots (A.8)$$

式中：

A——用户在使用评卷系统完成某项任务时纠正错误的次数；

B——用户在使用评卷系统完成某项任务时出现错误的次数；

X——指标的度量值。

如表 A.7 所示。

表 A.7 错误的纠正(P_{231})的评价集

错误的纠正(P_{231})的评价集			
优秀	良好	合格	不合格
[1,0.95)	[0.95,0.85)	[0.85,0.7)	[0.7,1]

发生错误的影响力(P_{232})

测量公式为：

$$X=A/B \qquad \text{(A.9)}$$

式中：

A——用户在使用评卷系统完成某项任务出现错误后，整个任务完成的时间；

B——用户在正常情况下，完成某项任务所用时间；

X——指标的度量值，$1 \leqslant X \leqslant \infty$。

X 越接近 1，表明该项指标越好。如表 A.8 所示。

表 A.8 发生错误的影响力(P_{232})的评价集

发生错误的影响力(P_{232})的评价集			
优秀	良好	合格	不合格
[1.1,1]	[1.2,1.1)	[1.3,1.2)	(+∞,1.3)

可还原性(P_{233})

用户在使用评卷系统完成某项功能时，界面状态是否能回到原状态。

测试方法同"布局的合理性"指标，测量公式为：

$$X=A/B \qquad \text{(A.10)}$$

式中：

A——可以恢复到原状态的功能数；

B——要求可以恢复到原状态的功能数；

X——指标的度量值，$0 \leqslant X \leqslant 1$。

X 越接近 1，表明该项指标越好。如表 A.9 所示。

表 A.9 可还原性(P_{233})的评价集

可还原性(P_{233})的评价集			
优秀	良好	合格	不合格
[1,0.83)	[0.83,0.67)	[0.67,0.5)	[0.5,0]

A.3.1.3 文档指标(P_3)

a) 培训(P_{31})

培训的有效性(P_{311})

测量公式为：

$$X=A/B \qquad \text{(A.11)}$$

式中：

A——用户在接受培训后可以理解和操作功能数；

B——要求用户在接受培训后可以理解和操作的功能数；

X——指标的度量值，$0 \leqslant X \leqslant 1$。

X 越接近 1，表明该项指标越好。如表 A.10 所示。

表 A.10　培训的有效性（P_{311}）的评价集

培训的有效性（P_{311}）的评价集				
功能	优秀	良好	合格	不合格
评卷	[1,0.86)	[0.86,0.71)	[0.71,0.57)	[0.57,0.0]
质量监控	[1,0.75)	[0.75,0.5)	[0.75,0.5)	[0.5,0.0]

b)　帮助（P_{32}）

帮助机制的有效性（P_{321}）

用户在使用评卷系统时，是否能够通过帮助系统来完成原先完成有困难的任务。该指标是反应系统提供的帮助系统对于用户完成任务是否是有效的。

$$X = A/B \quad \cdots\cdots\cdots\cdots (A.12)$$

式中：

A——用户在使用帮助后完成的任务数；

B——用户在完成过程中因遇到困难而使用帮助系统的任务数；

X——指标的度量值，$0 \leqslant X \leqslant 1$。

X 越接近 1，表明该项指标越好。如表 A.11 所示。

表 A.11　帮助机制的有效性（P_{321}）的评价集

帮助机制的有效性（P_{321}）的评价集			
优秀	良好	合格	不合格
[1,0.8)	[0.8,0.65)	[0.65,0.4)	[0.4,0)

A.3.2　交互指标（I）各级指标的评价集

A.3.2.1　信息交互指标（I_1）

a)　消息（I_{11}）

使用中的消息的可理解性（I_{111}）

测量公式为：

$$X = A/B \quad \cdots\cdots\cdots\cdots (A.13)$$

式中：

A——在使用过评卷系统后，感觉系统提供的消息可以理解的人数；

B——使用过网上评卷系统的用户人数；

X——指标的度量值，$0 \leqslant X \leqslant 1$。

X 越接近 1，表明该系统中的消息可理解性越好。

该指标的评测更依赖于评卷教师的主观感受，由于填空题组评卷教师年纪轻，适应能力强。另外，评卷功能相对于质量监控部分的功能较为简单，故在评定该指标时应弱化该组评卷教师的感受，加重作文题组和专家组的意见，尤其是专家组。该指标各组的权值如下：

填空题：0.1，作文题组：0.2，专家组：0.7。

b) 输入信息(I_{12})

输入的有效性检查(I_{121})

该指标是反应系统是否能够对分数、时间等关键输入信息进行有效性检查，以保证进入到系统数据的有效性。

测试方法同"布局的合理性"指标，故测量公式为：

$$X=A/B \tag{A.14}$$

式中：

A——能够对输入数据进行有效性检查的功能数；

B——要求对输入数据进行有效性检查的功能数；

X——指标的度量值，$0 \leqslant X \leqslant 1$。

X 越接近1，表明该项指标越好。如表A.12所示。

表A.12 输入的有效性检查(I_{121})的评价集

输入的有效性检查(I_{121})的评价集			
优秀	良好	合格	不合格
[1,0.83)	[0.83,0.67)	[0.67,0.5)	[0.5,0]

c) 运行状态(I_{13})

运行状态的易监控性(I_{131})

测量公式为：

$$X=A/B \tag{A.15}$$

式中：

A——能够向用户提供运行状态查看的功能数目；

B——要求向用户提供运行状态查看的功能数目；

X——指标的度量值，$0 \leqslant X \leqslant 1$。如表A.13所示。

表A.13 运行状态的易监控性(I_{131})的评价集

运行状态的易监控性(I_{131})的评价集			
优秀	良好	合格	不合格
[1,0.8)	[0.8,0.6)	[0.6,0.5)	[0.4,0]

A.3.2.2 可定制交互指标(I_2)

a) 界面内容(I_{21})

界面元素的易定制性(I_{211})

测试方法同"布局的合理性"指标，故测量公式为：

$$X=A/B \tag{A.16}$$

式中：

A——用户可以改变的界面元素数；

B——要求用户可以改变的界面元素数；

X——指标的度量值，$0 \leqslant X \leqslant 1$。

X 越接近1，表明该项指标越好。如表A.14所示。

表 A.14 界面元素的易定制性(I_{211})的评价集

界面元素的易定制性(I_{211})的评价集			
优秀	良好	合格	不合格
[1,0.75)	[0.75,0.5)	[0.5,0.2)	[0.2,0]

界面布局的易定制性(I_{212})

测量公式为：

$$X=A/B \tag{A.17}$$

式中：

A——用户可以改变的界面布局元素数；

B——要求用户可以改变的界面元素数；

X——指标的度量值，$0 \leqslant X \leqslant 1$。

X 越接近 1，表明该项指标越好。

用户可以定制的界面布局如表 A.15 所示。

表 A.15 界面布局的易定制性(I_{212})的评价集

界面布局的易定制性(I_{212})的评价集			
优秀	良好	合格	不合格
[1,0.67)	[1,0.67)	[1,0.67)	[0.67,0]

b) 操作方式(I_{22})

快捷方式的易定制性(I_{221})

测量公式为：

$$X=A/B \tag{A.18}$$

式中：

A——用户可以自定义快捷键的功能数；

B——要求用户可以自定义快捷键的功能数；

X——指标的度量值，$0 \leqslant X \leqslant 1$。

X 越接近 1，表明该项指标越好。如表 A.16 所示。

表 A.16 快捷方式的易定制性(I_{221})的评价集

快捷方式的易定制性(I_{221})的评价集			
优秀	良好	合格	不合格
[1,0.8)	[0.8,0.6)	[0.6,0.4)	[0.4,0]

A.4 网上评卷系统易用性各评测指标的权重

A.4.1 网上评卷系统易用性各评测指标权重计算方法简述

权重实际上是指人们在评判事物时，依次着重于哪些指标。用于确定“权重”的方法，主要有两类。一类是专家咨询法。即向一批有经验的专家发调查表，让他们对每一个指标在综合评价时应占的“权重”分别填写出自己的意见，回收调查表后，进行统计分析，根据多数专家的意见来确定“权重”。另一类是数理统计法，即通过测试一批数据后，用 R 型因子分析等多因素统计方法进行计算，根据计算的结果来确定“权重”。两种方法各有优势及不足，本附录采用的一种将两种方法相结合的方法－指标序号法，即向专家咨询的调查表。在填表说明中规定：根据专家自己的看法，认为哪个指标在综合评价中最重要，它的序号就填为1，哪个次之，就填为2；如果认为某几个指标的重要程度一样，就可以填相同的序号；假如认为某指标很不重要，在综合评价时可以不要，则序号不填。以下将结合该方法来讨论如何网上评卷系统易用性各评价指标的权重。

a） 专家填写调查问卷。选择20位网上评卷专家，这些专家包括评卷的管理者，评卷教师，评卷组长及网上评卷系统开发人员。网上评卷系统易用性评价指标分为产品指标(P)和交互指标(I)两大类，我们可以规定这两类指标的权重各为0.5，并且请专家分别对这两类指标下的各级指标进行排序。各指标重要程度的排序是分类进行的，不仅要对评价指标结构中的第一层指标进行排序，还要对各指标的子指标分别进行排序。调查问卷如表A.17所示。

表A.17 网上评卷系统易用性评价指标重要程度调查表(产品指标)

指标类别	重要程度序号	指标集	重要程度序号	具体指标	重要程度序号
外观指标		色彩		界面色彩对视觉的吸引性	
		布局		布局的合理性	
		一致性		一致性	
		明显的功能		明显的功能	
操作指标		操作复杂度		使用中默认值的可用性	
				完成指定任务的步骤	
		易发生误操作的程度		完成指定任务过程中误操作的次数	
		误操作容错能力		错误的纠正	
				发生错误的影响力	
				可还原性	
文档指标		培训		培训的有效性	
		帮助		帮助机制的有效性	

请首先对类别的重要程度进行排序，序号为1～3；之后请对各类别下属的指标类别分别排序。

调查表如表A.18所示。

表A.18 网上评卷系统易用性评价指标重要程度调查表(交互指标)

指标类别	重要程度序号	指标集	重要程度序号	具体指标	重要程度序号
信息交互指标		消息		使用中的消息的可理解性	
		输入信息		输入的有效性检查	
		运行状态		运行状态的易监控性	
可定制交互指标		界面内容		界面元素的易定制性	
				界面布局的易定制性	
		操作方式		快捷方式的易定制性	

请首先对类别的重要程度进行排序，序号为1～2；之后请对各类别下属的指标类别分别排序。

b) 统计计算权重值。调查表回收后，进行统计计算时，每一大类要画一张“权重”计算表，表内的序号列数是根据各类的指标数而定的，如吸引性指标有2个指标。首先，把回收的调查表内所填的各指标序号，像填频数分布表一样，用画“正”字的办法，逐张进行登录，把全部调查表登录完毕后，再逐格统计频数。分别计算出各指标各频数之和，其占所有指标频数总和的比例，则为各指标的“权重”。计算公式如下：

$$a_i=\frac{F=\sum[(n+1-i)f_i]}{n\sum i} \quad \cdots\cdots\cdots\cdots(\text{A.19})$$

式中：

n ——指标数；

i ——序号；

f_i——序号 i 内的频数。

A.4.2 网上评卷系统易用性各评测指标权重值的计算过程

A.4.2.1 产品指标（*P*）各级指标权重值的计算过程

a) 第二层指标的权重值

如表 A.19 所示。

表 A.19 网上评卷系统易用性评测产品指标（*P*）“权重计算表”

指标	频数			权重	
	1	2	3	F	a_i
外观指标	8	7	5	8×3+7×2+5×1=43	0.358
操作指标	9	9	2	9×3+9×2+2×1=47	0.392
文档指标	3	4	13	3×3+4×2+13×1=30	0.250
Σ				120	1

指标数 $n=20$。

根据表 A.19 的计算结果，各子指标的权重值为：

$a=(a_1,a_2,a_3)=(0.358,0.392,0.250)$

a_1：外观指标；a_2：操作指标；a_3：文档指标。

b) 第三层指标的权重值

如表 A.20 所示。

表 A.20 网上评卷系统易用性外观指标（P_1）指标“权重计算表”

指标	频数				权重	
	1	2	3	4	F	a_i
色彩	2	3	6	9	2×4+3×3+6×2+9×1=38	0.190
布局	8	7	4	1	8×4+7×3+4×2+1×1=62	0.310
一致性	3	2	7	8	3×4+2×3+7×2+8×1=40	0.200
明显的功能	7	8	3	2	7×4+8×3+3×2+2×1=60	0.300
Σ					200	1

指标数 $n=20$。

根据表 A.20 的计算结果，各子指标的权重值为：

$a_1=(a_{11},a_{12},a_{13},a_{14})=(0.190,0.310,0.200,0.300)$

a_{11}：色彩；a_{12}：布局；a_{13}：一致性；a_{14}：明显的功能。

如表 A.21 所示。

表 A.21　网上评卷系统易用性操作指标(P_2)指标"权重计算表"

指标	频数			权重	
	1	2	3	F	a_i
操作复杂度	9	8	3	9×3+8×2+3×1=46	0.383
易发生误操作的程度	3	5	12	3×3+5×2+12×1=31	0.258
误操作的容错能力	8	7	5	8×3+7×2+5×1=43	0.358
Σ				120	1

指标数 $n=20$。

根据表 A.21 的计算结果，各子指标的权重值为：

$a_2=(a_{21},a_{22},a_{23})=(0.383,0.258,0.358)$

a_{21}：操作复杂度；a_{22}：易发生误操作的程度；a_{23}：误操作的容错能力。

如表 A.22 所示。

表 A.22　网上评卷系统易用性文档指标(P_3)指标"权重计算表"

指标	频数		权重	
	1	2	F	a_i
培训	15	5	15×2+5×1=35	0.583
帮助	5	15	5×2+15×1=25	0.417
Σ			60	1

指标数 $n=20$。

根据表 A.22 的计算结果，各子指标的权重值为：

$a_3=(a_{31},a_{32})=(0.583,0.417)$

a_{31}：培训；a_{32}：帮助。

c)　具体指标的权重值

根据网上评卷易用性评价指标体系结构中，我们可以看出在具体指标层中对应 P_{11}、P_{12}、P_{13}、P_{14}、P_{22}、P_{31}、P_{32} 指标的具体指标只有一个，因此我们只需计算 P_{21} 和 P_{23} 所对应的具体指标的权重值即可。

如表 A.23、表 A.24 所示。

表 A.23　网上评卷系统易用性操作复杂度(P_{21})指标"权重计算表"

指标	频数		权重	
	1	2	F	a_i
使用中默认值的可用性	3	17	3×2+17×1=23	0.383
完成制定任务的步骤	17	3	17×2+3×1=37	0.617
Σ			60	1

指标数 $n=20$。

根据表 A.23 的计算结果，各子指标的权重值为：

$a_{21}=(a_{211},a_{212})=(0.383,0.617)$

a_{211}：使用中默认值的可用性；a_{212}：完成指定任务的步骤。

表 A.24 网上评卷系统易用性误操作的容错能力(P_{23})指标“权重计算表”

指标	频数			权重	
	1	2	3	F	a_i
错误的纠正	4	9	7	4×3+9×2+7×1=37	0.308
发生错误后完成任务的时间	13	3	4	13×3+3×2+4×1=49	0.408
可还原性	3	8	9	3×3+8×2+9×1=34	0.283
Σ				120	1

指标数 $n=20$。

根据表 A.24 的计算结果，各子指标的权重值为：

$a_{23}=(a_{231},a_{232},a_{233})=(0.308,0.408,0.283)$

a_{231}：错误的纠正；a_{232}：发生错误的影响力；a_{233}：可还原性。

A.4.2.2 交互指标(I)各级指标权重的计算过程

a) 第二层指标的权重值

如表 A.25 所示。

表 A.25 网上评卷系统易用性评测交互指标(I)“权重计算表”

指标	频数		权重	
	1	2	F	a_i
信息交互指标	16	4	16×2+4×1=36	0.600
可定制指标	4	16	4×2+16×1=24	0.400
Σ			60	1

指标数 $n=20$。

根据表 A.25 的计算结果，各子指标的权重值为：

$a=(a_1,a_2)=(0.600,0.400)$

a_1：信息交互指标；a_2：可定制交互指标。

b) 第三层指标的权重值

如表 A.26 所示。

表 A.26 网上评卷系统易用性评测信息交互指标(I_1)“权重计算表”

指标	频数			权重	
	1	2	3	F	a_i
消息	6	5	9	6×3+5×2+9×1=37	0.308
输入信息	8	10	2	8×3+10×2+2×1=46	0.383
运行状态	6	5	9	6×3+5×2+9×1=37	0.308
Σ				120	1

指标数 n=20。

根据表 A.26 的计算结果，各子指标的权重值为：

$a_1=(a_{11},a_{12},a_{13})=(0.308,0.383,0.308)$

a_{11}：消息；a_{12}：输入信息；a_{13}：运行状态。

如表 A.27 所示。

表 A.27 网上评卷系统易用性评测可定制交互指标(I_2)"权重计算表"

指标	频数		权重	
	1	2	F	a_i
界面内容	11	9	11×2+9×1=31	0.517
操作方式	9	11	9×2+11×1=29	0.483
Σ			60	1

指标数 n=20。

根据表 A.27 的计算结果，各子指标的权重值为：

$a_2=(a_{21},a_{22})=(0.517, 0.483)$

a_{21}：界面内容；a_{22}：操作方式。

c) 具体指标值的权重值

同产品指标，我们可以看出在具体指标层中对应 $I_{11},I_{12},I_{13},I_{22}$ 指标的具体指标只有一个，因此我们只需计算 I_{21} 所对应的具体指标的权重值即可。如表 A.28 所示。

表 A.28 网上评卷系统易用性评测可定制指标(I_{21})"权重计算表"

指标	频数		权重	
	1	2	F	a_i
界面元素的易定制性	17	3	17×2+3×1=37	0.617
界面布局的易定制性	3	17	3×2+17×1=23	0.383
Σ			60	1

指标数 n=20。

根据表 A.28 的计算结果，各子指标的权重值为：

$a_{21}=(a_{211},a_{212})=(0.617, 0.383)$

a_{21}：界面元素的易定制性；a_{22}：界面布局的易定制性。

A.5 构造网上评卷系统易用性模糊判断矩阵

构造模糊判断矩阵首先对某个指标集中的单个指标 $u_i(i=1,2,3,\cdots,m)$ 做单因素判断，从指标因素 u_i 对选择等级 $v_j(j=1,2,3,\cdots,n)$ 的隶属度为 r_{ij}，这样就得出第 i 个指标 u_i 的单指标判断集：

$r_i=(r_{i1},r_{i2},\cdots,r_{in})$

这样 m 个指标的评价集就构造出一个总的评价矩阵 R。即每一个被评价对象确定了从 U 到 V 的模糊关系 R，它是一个矩阵：

$$R=(r_{ij})_{m*n}=\begin{bmatrix} r_{11} & \cdots & r_{1n} \\ \vdots & \ddots & \vdots \\ r_{m1} & \cdots & r_{mn} \end{bmatrix}(i=1,2,\cdots,m;j=1,2,\cdots,n) \quad \cdots\cdots\cdots\cdots(A.20)$$

式中 r_{ij} 表示从指标 u_i 着眼，该评判对象能被评为 v_i 的隶属度。具体地说，r_{ij} 表示第 i 个指标 u_i 在第 j 个评语 v_i 上的频率分布。

下面将结合以上概念及网上评卷系统易用性评测指标来分层构造网上评卷系统易用性模糊判断矩阵：

评价集为 $V=(v_1,v_2,v_3,v_4)$=(优秀，良好，合格，不合格)

a) 总目标层

其指标集为：$U=(P,I)$

则模糊判断矩阵为：

$$R=(r_{ij})_{m*n}=\begin{bmatrix} r_{11} & \cdots & r_{14} \\ r_{21} & \cdots & r_{24} \end{bmatrix}(i=2;j=4) \qquad \cdots\cdots(A.21)$$

b) 第二层中产品指标

其指标集为：$P=(P_1,P_2,P_3)$

则模糊判断矩阵为：

$$R'_1=(r'_{ij})_{m*n}=\begin{bmatrix} r'_{11} & \cdots & r'_{14} \\ \vdots & \ddots & \vdots \\ r'_{31} & \cdots & r'_{34} \end{bmatrix}(i=3;j=4) \qquad \cdots\cdots(A.22)$$

P_1 的子指标集为：$P_1=(P_{11},P_{12},P_{13},P_{14})$

则模糊判断矩阵为：

$$R'_1=(r'_{ij})_{m*n}=\begin{bmatrix} r'_{11} & \cdots & r'_{14} \\ \vdots & \ddots & \vdots \\ r'_{41} & \cdots & r'_{44} \end{bmatrix}(i=4;j=4) \qquad \cdots\cdots(A.23)$$

P_2 的子指标集为：$P_2=(P_{21},P_{22},P_{23})$

则模糊判断矩阵为：

$$R'_2=(r'_{ij})_{m*n}=\begin{bmatrix} r'_{11} & \cdots & r'_{14} \\ \vdots & \ddots & \vdots \\ r'_{31} & \cdots & r'_{34} \end{bmatrix}(i=3;j=4) \qquad \cdots\cdots(A.24)$$

P_3 的子指标集为：$P_3=(P_{31},P_{32})$

则模糊判断矩阵为：

$$R'_3=(r'_{ij})_{m*n}=\begin{bmatrix} r'_{11} & \cdots & r'_{14} \\ r'_{21} & \cdots & r'_{24} \end{bmatrix}(i=2;j=4) \qquad \cdots\cdots(A.25)$$

c) 第二层中交互指标

其指标集为 $I=(I_1,I_2)$

则模糊判断矩阵为：

$$R''_1=(r''_{ij})_{m*n}=\begin{bmatrix} r''_{11} & \cdots & r''_{14} \\ r''_{21} & \cdots & r''_{24} \end{bmatrix}(i=2;j=4) \qquad \cdots\cdots(A.26)$$

I_1 的子指标集为：$I_1=(I_{11},I_{12},I_{13})$

则模糊判断矩阵为：

$$R''_2=(r'_{ij})_{m*n}=\begin{bmatrix} r'_{11} & \cdots & r'_{14} \\ \vdots & \ddots & \vdots \\ r'_{31} & \cdots & r'_{34} \end{bmatrix}(i=3;j=4) \qquad \cdots\cdots(A.27)$$

I_2 的子指标集为：$I_1=(I_{21},I_{22})$

则模糊判断矩阵为：

$$R''_3=(r'_{ij})_{m*n}=\begin{bmatrix} r'_{11} & \cdots & r'_{14} \\ r'_{21} & \cdots & r'_{24} \end{bmatrix}(i=2;j=4) \qquad \text{(A.28)}$$

确定模糊判断矩阵的值。从定义中我们知道 r_{ij} 表示第 i 个指标 u_i 在第 j 个评语 v_i 上的频率分布，在网上评卷系统易用性评测过程中，我们可以将 r_{ij} 为网上评卷系统易用性某评测指标为评价集中各值(优秀，良好，合格，不合格)的概率各是多少。我们可以将 A.3 给出的各评测指标值划分成优秀，良好，合格，不合格四个取值区间，具体划分方法请见 A.3 中各表。通过对测试用户所填写调查问卷的分析，得出测试结果在优秀，良好，合格，不合格四个区间内的人数占总测试人数的比例。该比例则是 r_{ij}。

$$r_{ij}=\frac{\text{评价指标 } u_i \text{ 中测试结果为 } v_j \text{ 的人数}}{\text{参与测试的总人数 } n} \qquad \text{(A.29)}$$

例如，通过对调查问卷的分析，对评测指标“明显的功能”u_{11} 测试结果为优秀的人数为 10，参与测试的人员为 100 人，则该指标在优秀上的频率分布为 0.1。

A.6 综合评价

模糊矩阵 R 中不同的行反应了某个被评价事物中不同的单因素(单指标)来看对各等级模糊子集 r_{ij} 的隶属程度。用模糊权向量 A 将不同的行进行综合，就可得到该被评事物从总体上来看对各等级模糊子集的隶属程度，即模糊综合评价结果向量。

引入评价集 V 上的一个模糊子集 B，称模糊评价，又称决策集。$B=(b_1,b_2,...,b_n)$。B 是对每个被评判对象综合状况分等级的程度描述，通常可以采用最大隶属度法则对其处理，得到最终评判结果。例如在对某网上评卷系统易用性进行综合评价时，评价集 $v=(v_1,v_2,v_3,v_4)$=(优秀，良好，及格，不及格)，得出决策集 $B=(0.3,0.2,0.4,0.1)$，根据最大隶属度法，则该网上评卷系统易用性的评测结果为“及格”(0.4)。

网上评卷系统评价体系分为三层。在进行综合评价时首先对最低层目标层各指标评价，通过对调查结果的整理、统计，即得到单指标模糊判断矩阵。分别将各单指标模糊判断矩阵与相应的模糊权向量进行模糊运算，得出决策集。首先，计算产品指标第二层的决策集

$$B'_1=a_1{}^\circ R'_1=(a_{11},a_{12},a_{13},a_{14})^\circ\begin{bmatrix} r'_{11} & \cdots & r'_{14} \\ \vdots & \ddots & \vdots \\ r'_{41} & \cdots & r'_{44} \end{bmatrix}=(B'_{11},B'_{12},B'_{13},B'_{14}) \qquad \text{(A.30)}$$

$$B'_2=a_2{}^\circ R'_2=(a_{21},a_{22},a_{23})^\circ\begin{bmatrix} r'_{11} & \cdots & r'_{14} \\ \vdots & \ddots & \vdots \\ r'_{31} & \cdots & r'_{34} \end{bmatrix}=(B'_{21},B'_{22},B'_{23},B'_{24}) \qquad \text{(A.31)}$$

$$B'_3=a_3{}^\circ R_3=(a_{31},a_{32})^\circ\begin{bmatrix} r'_{11} & \cdots & r'_{14} \\ r'_{21} & \cdots & r'_{24} \end{bmatrix}=(B'_{31},B'_{32},B'_{33},B'_{34}) \qquad \text{(A.32)}$$

根据以上得出的各子目标层指标模糊评价判断矩阵，得出产品指标的决策集

模糊判断矩阵为：

$$R'=\begin{bmatrix} B'_1 \\ B'_2 \\ B'_3 \end{bmatrix} \qquad \text{(A.33)}$$

产品指标的决策集为：

$$B'=a^\circ R'=(a_1,a_2,a_3)^\circ\begin{bmatrix} B'_1 \\ B'_2 \\ B'_3 \end{bmatrix}=(b'_1,b'_2,b'_3,b'_4) \qquad \text{(A.34)}$$

同理得出交互指标的决策集为

$$B'=c\circ R''=(c_1,c_2)\circ\begin{bmatrix}B''_1\\B''_2\end{bmatrix}=(b'_1,b'_2,b'_3,b'_4) \qquad\cdots\cdots(\text{A}.35)$$

根据以上结果，得出总目标 U 的决策集

$$B=A\circ R=(a,c)\circ\begin{bmatrix}B'\\B''\end{bmatrix}=(b_1,b_2,b_3,b_4) \qquad\cdots\cdots(\text{A}.36)$$

大隶属度法，得出被评测网上评卷系统易用性的评测结果。

参 考 文 献

[1] GB/T 5271.1 信息技术 词汇 第1部分:基本术语(GB/T 5271.1—2000,eqv ISO/IEC 2382-1:1993)

[2] GB/T 5271.20 信息技术 词汇 20部分:系统开发(GB/T 5271.20—1994,eqv ISO/IEC 2382-20:1990)

[3] GB/T 8566—2007 信息技术 软件生存周期过程(ISO/IEC 12207:1995,IDT)

[4] GB/T 18905.2—2002 软件工程 产品评价 第2部分:策划和管理(ISO/IEC 14598-2:2000,IDT)

[5] GB/T 18905.3—2002 软件工程 产品评价 第3部分:开发者用的过程(ISO/IEC 14598-3:2000,IDT)

[6] GB/T 18905.4—2002 软件工程 产品评价 第4部分:需方用的过程(ISO/IEC 14598-4:1999,IDT)

[7] GB/T 18905.5—2002 软件工程 产品评价 第5部分:评价者用的过程(ISO/IEC 14598-5:1998,IDT)

[8] GB/T 18905.6—2002 软件工程 产品评价 第6部分:评价模块的文档编制(ISO/IEC 14598-6:2001,IDT)

[9] ISO 9241-10:1996 Ergonomic requirements for office work with visual display terminals (VDTs)—Part 10:Dialogue principles

[10] ISO 9241-11:1998 Ergonomic requirements for office work with visual display terminals (VDTs)—Part 11:Guidance on usability

[11] ISO 13407:1999 Human-centred design processes for interactive systems

[12] ISO/IEC TR 15504 Information technology—Process assessment

ICS 35.80
L 77

中华人民共和国国家标准

GB/T 29836.3—2013

系统与软件易用性 第3部分:测评方法

Usability of system and software—Part 3:Method of evaluating and testing

2013-11-12 发布　　2014-02-01 实施

中华人民共和国国家质量监督检验检疫总局
中国国家标准化管理委员会　发布

前　言

GB/T 29836 在《系统与软件易用性》总标题下，目前分为如下三部分：

——第 1 部分：指标体系；

——第 2 部分：度量方法；

——第 3 部分：测评方法。

本部分为 GB/T 29836 的第 3 部分。

本部分按照 GB/T 1.1—2009 给出的规则起草。

本部分由全国信息技术标准化技术委员会(SAC/TC 28)提出并归口。

本部分起草单位：珠海南方软件网络测评中心、中国电子技术标准化研究院、北京邮电大学、南宁市平方软件新技术有限责任公司、国家应用软件产品质量监督检验中心、教育部考试中心、上海计算机软件技术开发中心、上海浦东软件平台有限公司、上海宝信软件股份有限公司、上海鲁齐信息科技有限公司。

本部分主要起草人：袁玉宇、侯建华、张旸旸、郭新伟、李英华、刘连芳、朱洁、蔡立志、胡宇、黄家裕、杨金翠、韩强、左家平、丁志刚、李家宏、张露莹、崔岩。

引　言

GB/T 29836 的本部分提出了易用性测评方法与测评过程。本部分基本涵盖了目前主流的易用性测评方法，对这些测评方法的过程进行了描述，给出了具体执行步骤，可以便于使用者操作。本部分所列的方法并非一个完备集，不包括尚在探索中的新方法。进行易用性测评的人员可以从本部分中选择合适的单一方法或者将多个方法进行组合，用来测量被测系统的易用性质量情况；亦可以修改或使用本部分未包括的其他方法。本部分适用于各种具有人机交互的计算机软件产品及相关系统，但并非每种方法适用于各种计算机软件产品及相关系统。

本标准预期的主要使用者包括：

a) 需方(从供方获得或采购系统、软件产品或软件服务的个体或组织)；

b) 独立评价者(与软件无利益关系、受委托实施独立评价的个体或组织)；

c) 开发者(执行开发活动的个体或组织)；

d) 维护者(执行维护活动的个体或组织)；

e) 供方(按所签合同向需方提供系统、软件产品或软件服务的个体或组织)，其在合格性测试中确认软件质量时使用；

f) 用户(使用软件产品执行具体功能的个体或组织)，其在验收测试中评价软件产品质量时使用；

g) 质量管理者(执行软件产品或软件服务的系统性检查的个体或组织)，作为质量保证和质量控制的组成部分评价软件质量时使用。

GB/T 29836.1—2013《系统与软件易用性　第1部分：指标体系》给出了易用性指标体系，GB/T 29836.2—2013《系统与软件易用性　第2部分：度量方法》给出了如何获得易用性指标测量值的度量方法。本部分旨在与 GB/T 29836.1—2013 和 GB/T 29836.2—2013 联合使用。

系统与软件易用性
第3部分：测评方法

1 范围

GB/T 29836的本部分规定了如何获得易用性指标测量值的测评方法。

本部分适用于具有人机交互的各类系统与软件，本部分不适用于无人机交互功能或者在使用期间无易用性需求的系统与软件。

注：本部分中所指的系统主要是软件系统。

2 规范性引用文件

下列文件对于本文件的应用是必不可少的。凡是注日期的引用文件，仅注日期的版本适用于本文件。凡是不注日期的引用文件，其最新版本(包括所有的修改单)适用于本文件。

GB/T 11457 软件工程术语

GB/T 16260.1 软件工程 产品质量 第1部分：质量模型(GB/T 16260.1—2006，ISO/IEC 9126-1:2001，IDT)

GB/T 29836.1—2013 系统与软件易用性 第1部分：指标体系

GB/T 29836.2—2013 系统与软件易用性 第2部分：度量方法

3 术语和定义

GB/T 29836.1—2013、GB/T 16260.1和GB/T 11457中界定的术语和定义适用于本文件。

4 概述

系统与软件易用性属于软件外部属性，通常需要用户参与测试。常见的易用性测试方法一般可分为数学模型、主观测评和客观测评三大类。主要的易用性方法的具体说明见第9章。

本部分中测试与测评所指意思一致，不再做明显区别。

附录A给出了网上评卷系统易用性测评示例。

5 易理解性

5.1 明显的功能

明显的功能测试要求如下：

——前置条件

被测软件的需求已确定，并具备运行条件；

——测试输入

需求规格说明书、用户文档、软件安装包；

——测量类型

计数/计数；

——测试方法

用户测试法；

注：本部分提到的测试方法并不唯一，在实践过程中可使用本部分第9章所提到的测评方法或其他适用的方法。

——实施要点：

1) 宜选择普通用户进行测试；
2) 根据需求规格说明书和用户文档，对要求用户在培训前能够根据界面提示进行操作的功能数进行确定，计为 B；
3) 采用用户测试法对这些功能数进行评价，找出能够在培训前被用户通过界面提示完成操作的功能数，计为 A；
4) 根据 GB/T 29836.2—2013 测量公式 $X=A/B$，计算出测量结果。

5.2 描述的完整性

描述的完整性测试要求如下：

——前置条件

被测软件的需求已确定，并具备运行条件；

——测试输入

需求规格说明书、用户文档、软件安装包、其他辅助类文档；

——测量类型

计数/计数；

——测试方法

评审法启发式评估；

——实施要点：

1) 宜选择行业专家用户进行测试；
2) 查看需求规格说明书和用户文档，确定软件的功能个数，计为 B；
3) 采用评审法中的启发式评估，对用户文档进行阅读，确定通过阅读而理解的功能个数，计为 A；
4) 根据 GB/T 29836.2—2013 测量公式 $X=A/B$，计算出测量结果。

5.3 演示能力

演示能力测试要求如下：

——前置条件

被测软件的需求已确定，并具备运行条件；

——测试输入

需求规格说明书、用户文档、软件安装包；

——测量类型

计数/计数；

——测试方法

用户测试法；

——实施要点：

1) 宜选择普通用户进行测试；
2) 查看需求规格说明书，确定需要演示的功能数，计为 B；
3) 采用用户测试法，对需要演示的功能进行操作，确定这些功能能够演示的个数，计为 A；

4) 根据 GB/T 29836.2—2013 测量公式 $X=A/B$,计算出测量结果。

5.4 演示的有效性

演示的有效性测试要求如下：

——前置条件

被测软件的需求已确定,并具备运行条件；

——测试输入

需求规格说明书、用户文档、软件安装包；

——测量类型

计数/计数；

——测试方法

评审法启发式评估、用户测试法；

——实施要点：

1) 宜选择行业专家、软件领域专家或普通用户进行测试；
2) 查看需求规格说明书和用户手册,确定能够演示的功能数,计为 B；
3) 采用评审法启发式评估或用户测试法,对能够演示的功能进行操作,确定通过演示能够完成的操作的功能,计为 A；
4) 根据 GB/T 29836.2—2013 测量公式 $X=A/B$,计算出测量结果。

5.5 输入的有效性检查

输入的有效性检查测试要求如下：

——前置条件

被测软件的需求已确定,并具备运行条件；

——测试输入

需求规格说明书、用户文档、软件安装包；

——测量类型

计数/计数；

——测试方法

技术测试法；

——实施要点：

1) 宜由专业测试人员进行测试；
2) 查看需求规格说明书和用户文档,确定要求对输入数据进行有效性检查的功能数,计为 B；
3) 采用技术测试法,找出能够对输入数据进行有效性检查的功能数,计为 A；
4) 根据 GB/T 29836.2—2013 测量公式 $X=A/B$,计算出测量结果。

6 易学习性

6.1 帮助文档的有效性

帮助文档的有效性测试要求如下：

——前置条件

被测软件的需求已确定,并具备运行条件；

——测试输入

需求规格说明书、用户文档、软件安装包；

——测量类型

计数/计数；

——测试方法

评审法启发式评估；

——实施要点：

1) 宜选择行业专家、软件领域专家、易用性和人因工程学领域专家进行测试；
2) 查看需求规格说明书和用户文档，确定软件的功能个数，计为 B；
3) 采用评审法启发式评估，对软件所附的帮助进行阅读，确定通过阅读帮助而理解的功能个数，计为 A；
4) 根据 GB/T 29836.2—2013 测量公式 $X=A/B$，计算出测量结果。

6.2 帮助机制的有效性

帮助机制的有效性测试要求如下：

——前置条件

被测软件的需求已确定，并具备运行条件；

——测试输入

需求规格说明书、用户文档、软件安装包；

——测量类型

计数/计数；

——测试方法

评审法启发式评估；

——实施要点：

1) 宜选择行业专家、软件领域专家、易用性和人因工程学领域专家进行测试；
2) 查看需求规格说明书和用户文档，确定软件的需要使用帮助功能的个数，计为 B；
3) 采用评审法启发式评估，需要使用帮助功能的功能按照提供的帮助进行操作，能顺利完成操作的功能个数，计为 A；
4) 根据 GB/T 29836.2—2013 测量公式 $X=A/B$，计算出测量结果。

7 易操作性

7.1 使用中默认值的可用性

使用中默认值的可用性测试要求如下：

——前置条件

被测软件的需求已确定，并具备运行条件；

——测试输入

需求规格说明书、用户文档、软件安装包；

——测量类型

计数/计数；

——测试方法

评审法启发式评估；

——实施要点：

1) 宜选择行业专家、软件领域专家、易用性和人因工程学领域专家进行测试；

2） 根据需求规格说明书和用户文档，确定要求可供用户自己选择参数的功能个数，计为 B；

3） 采用评审法启发式评估对这些功能进行评价，找出符合要求，用户可自己选择参数的功能个数，计为 A；

4） 根据 GB/T 29836.2—2013 测量公式 $X=A/B$，计算出测量结果。

7.2 完成指定任务的步骤

完成指定任务的步骤测试要求如下：

——前置条件

被测软件的需求已确定，并具备运行条件；

——测试输入

需求规格说明书、用户文档、软件安装包；

——测量类型

计数/计数；

——测试方法

用户模型法、专家评审走查法；

——实施要点：

1） 宜选择行业专家进行测试；

2） 根据需求规格说明书和用户文档，通过用户模型法计算出完成每个任务所需要的步骤数目，并由专家确认这些数目，所有的任务个数，计为 B；

3） 采用专家走查法对这些任务进行实际操作，找出完成同样任务所需要的步骤数目；

4） 过程 2)中任务所需步骤数和过程 1)任务所需的步骤数相一致的任务，统计出个数，计为 A；

5） 根据 GB/T 29836.2—2013 测量公式 $X=A/B$，计算出测量结果。

7.3 操作的复杂性

操作的复杂性测试要求如下：

——前置条件

被测软件的需求已确定，并具备运行条件；

——测试输入

需求规格说明书、用户文档、软件安装包；

——测量类型

计数/计数；

——测试方法

用户模型法、评审法走查法；

——实施要点：

1） 宜选择行业专家、软件领域专家、易用性和人因工程学领域专家进行测试；

2） 根据需求规格说明书和用户文档，通过用户模型法计算出完成指定某个任务所需要的动作(操作)次数，并由专家确认这些次数，所有的任务个数，计为 B；

3） 采用专家走查法对这些任务进行实际操作，找出完成同样任务所需要的动作(操作)次数；

4） 过程 2)中任务所需动作(操作)次数和过程 1)任务所需的动作(操作)次数相一致的任务，统计出个数，计为 A；

5） 根据 GB/T 29836.2—2013 测量公式 $X=A/B$，计算出测量结果。

7.4 完成指定任务过程中误操作的次数

完成指定任务过程中误操作的次数测试要求如下：

——前置条件

被测软件的需求已确定，并具备运行条件；

——测试输入

需求规格说明书、用户文档、软件安装包；

——测量类型

计数/计数；

——测试方法

用户模型法、用户测试法；

——实施要点：

1) 宜选择普通用户进行测试；

2) 首先使用用户模型法确定需要测试任务的完成步骤数，计为 B；

3) 采用用户测试法，观察用户在完成该任务时误操作的步骤数，计为 A；

4) 根据 GB/T 29836.2—2013 测量公式 $X=A/B$，计算出测量结果。

7.5 错误的纠正

错误的纠正测试要求如下：

——前置条件

被测软件的需求已确定，并具备运行条件；

——测试输入

需求规格说明书、用户文档、软件安装包；

——测量类型

计数/计数；

——测试方法

用户测试法；

——实施要点：

1) 宜选择普通用户进行测试；

2) 首先使用用户测试法确定用户完成某项任务时出现错误的次数，计为 B；

3) 观察用户在完成该任务时纠正错误的次数，计为 A；

4) 根据 GB/T 29836.2—2013 测量公式 $X=A/B$，计算出测量结果。

7.6 发生错误的影响力

发生错误的影响力测试要求如下。

——前置条件

被测软件的需求已确定，并具备运行条件；

——测试输入

需求规格说明书、用户文档、软件安装包；

——测量类型

计时/计时；

——测试方法

用户模型法、用户测试法；

——实施要点：

1） 宜选择普通用户进行测试；
2） 用户发生错误之后，对完成任务的影响程度，这个影响常常在实际中转化为可测得对时间的影响程度；
3） 测试该指标时，首先用用户模型法估算一下待测任务的完成时间，这个时间，计为 B；
4） 采用用户测试法测试用户在完成任务过程中出现误操作后，完成任务所需要的时间，计为 A；
5） 根据 GB/T 29836.2—2013 测量公式 $X=A/B$，计算出测量结果。

7.7 可还原性

可还原性测试要求如下。

——前置条件

被测软件的需求已确定，并具备运行条件；

——测试输入

需求规格说明书、用户文档、软件安装包；

——测量类型

计数/计数；

——测试方法

技术测试法；

——实施要点：

1） 宜由专业测试人员进行测试；
2） 查看需求规格说明书和用户文档，确定界面状态能恢复到原状态的功能个数，计为 B；
3） 采用技术测试法对这些界面进行评价，找出可恢复到原状态的功能个数，计为 A；
4） 根据 GB/T 29836.2—2013 测量公式 $X=A/B$，计算出测量结果。

7.8 运行差错的易恢复性

运行差错的易恢复性测试要求如下：

——前置条件

被测软件的需求已确定，并具备运行条件；

——测试输入

需求规格说明书、用户文档、软件安装包；

——测量类型

计数/计数；

——测试方法

评审法启发式评估；

——实施要点：

1） 宜选择行业专家、软件领域专家进行测试；
2） 查看需求规格说明书和用户文档，确定软件的功能个数，计为 B；
3） 采用评审法启发式评估对这些界面进行评价，找出能够容忍误操作并能帮助用户恢复的功能个数，计为 A；
4） 根据 GB/T 29836.2—2013 测量公式 $X=A/B$，计算出测量结果。

7.9 使用中的消息的可理解性

使用中的消息的可理解性测试要求如下：

——前置条件

被测软件的需求已确定，并具备运行条件；

——测试输入

需求规格说明书、用户文档、软件安装包；

——测量类型

计数/计数；

——测试方法

用户调查问卷法；

——实施要点：

1） 宜选择普通用户进行测试；

2） 查看需求规格说明书和用户文档，设计调查问卷；

3） 发放问卷对使用过系统的人进行调查，调查人数，计为 B；

4） 问卷中，对系统消息可以理解的人数，计为 A；

5） 根据 GB/T 29836.2—2013 测量公式 $X=A/B$，计算出测量结果。

7.10 运行状态的易监控性

运行状态的易监控性测试要求如下：

——前置条件

被测软件的需求已确定，并具备运行条件；

——测试输入

需求规格说明书、用户文档、软件安装包；

——测量类型

计数/计数；

——测试方法

技术测试法；

——实施要点：

1） 宜由专业测试人员进行测试；

2） 查看需求规格说明书和用户文档，确定要求向用户提供运行状态查看的功能个数，计为 B；

3） 找出能够向用户提供运行状态查看的功能个数，计为 A；

4） 根据 GB/T 29836.2—2013 测量公式 $X=A/B$，计算出测量结果。

7.11 界面元素的易定制性

界面元素的易定制性测试要求如下：

——前置条件

被测软件的需求已确定，并具备运行条件；

——测试输入

需求规格说明书、用户文档、软件安装包；

——测量类型

计数/计数；

——测试方法

评审法启发式评估；

——实施要点：

1） 宜选择行业专家、软件领域专家、易用性和人因工程学领域专家进行测试；

2） 查看需求规格说明书和用户文档，确定要求用户可以改变的界面元素数量，计为 B；

3） 采用评审法启发式评估对这些功能进行评价，找出用户能够改变的界面元素数量，计为 A；

4） 根据 GB/T 29836.2—2013 测量公式 $X=A/B$，计算出测量结果。

7.12 界面布局的易定制性

界面布局的易定制性测试要求如下：

——前置条件

被测软件的需求已确定，并具备运行条件；

——测试输入

需求规格说明书、用户文档、软件安装包；

——测量类型

计数/计数；

——测试方法

评审法启发式评估；

——实施要点：

1） 宜选择行业专家、软件领域专家、易用性和人因工程学领域专家进行测试；

2） 查看需求规格说明书和用户文档，确定要求用户可以改变的界面布局的数量，计为 B；

3） 采用评审法启发式评估对这些功能进行评价，找出用户能够改变的界面布局的数量，计为 A；

4） 根据 GB/T 29836.2—2013 测量公式 $X=A/B$，计算出测量结果。

7.13 快捷方式的易定制性

快捷方式的易定制性测试要求如下：

——前置条件

被测软件的需求已确定，并具备运行条件；

——测试输入

需求规格说明书、用户文档、软件安装包；

——测量类型

计数/计数；

——测试方法

评审法启发式评估；

——实施要点：

1） 宜选择行业专家、软件领域专家、易用性和人因工程学领域专家进行测试；

2） 查看需求规格说明书和用户文档，确定要求用户可以自定义快捷键的功能个数，计为 B；

3） 采用评审法启发式评估对这些功能进行评价，找出用户能够自定义快捷键的功能个数，计为 A；

4） 根据 GB/T 29836.2—2013 测量公式 $X=A/B$，计算出测量结果。

7.14 操作规程的易定制性

操作规程的易定制性测试要求如下：

——前置条件

被测软件的需求已确定,并具备运行条件;

——测试输入

需求规格说明书、用户文档、软件安装包;

——测量类型

计数/计数;

——测试方法

评审法启发式评估;

——实施要点:

1) 宜选择行业专家、软件领域专家、易用性和人因工程学领域专家进行测试;
2) 查看需求规格说明书和用户文档,确定要求用户可以自定义操作规程的功能个数,计为 B;
3) 采用评审法启发式评估对这些功能进行评价,找出用户能够自定义操作规程的功能个数,计为 A;
4) 根据 GB/T 29836.2—2013 测量公式 $X=A/B$,计算出测量结果。

7.15 特殊辅助功能

特殊辅助功能测试要求如下:

——前置条件

被测软件的需求已确定,并具备运行条件;

——测试输入

需求规格说明书、用户文档、软件安装包;

——测量类型

计数/计数;

——测试方法

用户测试法;

——实施要点:

1) 宜选择对特殊辅助功能有需要的普通用户;
2) 查看需求规格说明书和用户文档,确定要求提供辅助功能的种类数,计为 B;
3) 经用户测试,能够提供辅助功能的种类数,计为 A;
4) 根据 GB/T 29836.2—2013 测量公式 $X=A/B$,计算出测量结果。

7.16 无障碍程度

无障碍程度测试要求如下:

——前置条件

被测软件的需求已确定,并具备运行条件;

——测试输入

需求规格说明书、用户文档、软件安装包;

——测量类型

计数/计数;

——测试方法

用户测试法;

——实施要点:

1) 宜选择对无障碍功能有需要的普通用户;

2) 查看需求规格说明书和用户文档，确定功能数，计为 B；
3) 经用户测试，能够让有身体障碍的用户操作的功能数，计为 A；
4) 根据 GB/T 29836.2—2013 测量公式 $X=A/B$，计算出测量结果。

7.17 一致性

一致性测试要求如下。

——前置条件

被测软件的需求已确定，并具备运行条件；

——测试输入

需求规格说明书、用户文档、软件安装包；

——测量类型

计数/计数；

——测试方法

评审法启发式评估；

——实施要点：

1) 宜选择行业专家、软件领域专家、易用性和人因工程学领域专家进行测试；
2) 根据需求规格说明书和用户文档，确定系统内、外各部分需符合一致性的界面元素个数，计为 B；
3) 采用评审法启发式评估对这些界面元素进行评价，找出符合界面一致性要求的元素个数，计为 A；
4) 根据 GB/T 29836.2—2013 测量公式 $X=A/B$，计算出测量结果。

8 吸引性

8.1 界面色彩对视觉的吸引性

界面色彩对视觉的吸引性测试要求如下：

——前置条件

被测软件的需求已确定，并具备运行条件；

——测试输入

需求规格说明书、用户文档、软件安装包；

——测量类型

计数/计数；

——测试方法

用户调查问卷法；

——实施要点：

1) 宜选择普通用户进行测试；
2) 查看需求规格说明书和用户文档，设计用户调查问卷，主要涉及色彩、形状、大小对视觉的舒适度；
3) 选定调查范围，发放调查问卷，确定调查人数，计为 B；
4) 回收调查问卷，在确定有效的调查问卷中，统计认为舒适的人数，计为 A；
5) 根据 GB/T 29836.2—2013 测量公式 $X=A/B$，计算出测量结果。

8.2 界面元素形状的舒适度

界面元素形状的舒适度测试要求如下：

——前置条件

被测软件的需求已确定，并具备运行条件；

——测试输入

需求规格说明书、用户文档、软件安装包；

——测量类型

计数/计数；

——测试方法

用户调查问卷法；

——实施要点：

1） 宜选择普通用户进行测试；

2） 查看需求规格说明书和用户文档，设计用户调查问卷，主要涉及界面元素形状是否舒适；

3） 选定调查范围，发放调查问卷，确定调查人数，计为 B；

4） 回收调查问卷，在确定有效的调查问卷中，统计认为舒适的人数，计为 A；

5） 根据 GB/T 29836.2—2013 测量公式 $X=A/B$，计算出测量结果。

8.3 界面元素尺寸的合理性

界面元素尺寸的合理性测试要求如下：

——前置条件

被测软件的需求已确定，并具备运行条件；

——测试输入

需求规格说明书、用户文档、软件安装包；

——测量类型

计数/计数；

——测试方法

用户调查问卷法；

——实施要点：

1） 宜选择普通用户进行测试；

2） 查看需求规格说明书和用户文档，设计用户调查问卷，主要涉及界面尺寸的合理性；

3） 选定调查范围，发放调查问卷，确定调查人数，计为 B；

4） 回收调查问卷，在确定有效的调查问卷中，统计认为合理的人数，计为 A；

5） 根据 GB/T 29836.2—2013 测量公式 $X=A/B$，计算出测量结果。

8.4 布局的合理性

布局的合理性测试要求如下：

——前置条件

被测软件的需求已确定，并具备运行条件；

——测试输入

需求规格说明书、用户文档、软件安装包；

——测量类型

计数/计数；

——测试方法

评审法启发式评估；

——实施要点：

1) 宜选择行业专家、软件领域专家、易用性和人因工程学领域专家进行测试；

2) 查看需求规格说明书和用户文档，确定界面布局和元素应符的标准；

3) 根据需求规格说明书和用户文档，确定需符合标准的界面布局和元素个数，计为 B；

4) 采用评审法启发式评估对这些界面布局和元素进行评价，找出符合标准的个数，计为 A；

5) 根据 GB/T 29836.2—2013 测量公式 $X=A/B$，计算出测量结果。

8.5 用户的感受度

用户的感受度测试要求如下：

——前置条件

被测软件的需求已确定，并具备运行条件；

——测试输入

用户文档、软件安装包；

——测量类型

计数/计数；

——测试方法

用户调查法；

——实施要点：

1) 宜选择普通用户进行测试；

2) 设计用户感受度调查问卷，分为满意和不满意；

3) 调查问卷的总发放数，计为 B；

4) 统计调查结果为满意的问卷数，计为 A；

5) 根据 GB/T 29836.2—2013 测量公式 $X=A/B$，计算出测量结果。

9 测评方法描述

9.1 方法的分类

易用性测评方法可分为数学模型、客观评价和主观评价三大类，如图 1。

数学模型是用构建数学模型的方式来模拟人机交互的过程。这种方法把人机交互的过程看作是解决问题的过程。此类方法适合于无法进行用户测试的情形。数学模型类方法主要包括用户模型法，GOMS 是目前最普遍使用的数学模型。用户模型法的实施过程参加见"9.3 用户模型法"。

客观评价分为两类，一类是用户测试法，一类是技术测试法。其中用户测试法是以用户行为作为观测对象，由测试人员分析判断并记录测试结果的一类方法。此类方法适合于可以由用户行为决定测试结果的情形。由测试地点的不同，用户测试法可分为实验室测试和现场测试；由于实验设计方法的不同，用户测试法可分为有控制条件的统计试验和非正式的易用性观察测试。用户测试法的实施过程见"9.4 用户测试法"。技术测试法是不需要分析判断用户的行为，而直接由专业测试人员进行测试的一种方法。技术测试法的实施过程见"9.5 技术测试法"。

主观评价是以系统的使用者（专家或普通用户）对被测系统的主观判断为最终测试结果的一类方法。此类方法适合于有用户主观评价决定测试结果的情形。主观评价类方法包括评审法和调查法两种。其中评审法根据具体实施方式的不同可细分启发式评估和走查法，其中走查法可分为认知走查和协作走查。评审法的实施过程见"9.6 评审法"。调查法根据具体实施方式的不同可细分为问卷调查法和访谈法，调查问卷按照问卷方式可分为纸面问卷、网上问卷和电话问卷，访谈法可分为结构性访谈、开放化访谈和集体访谈。调查法的实施过程见“9.7 调查法”。

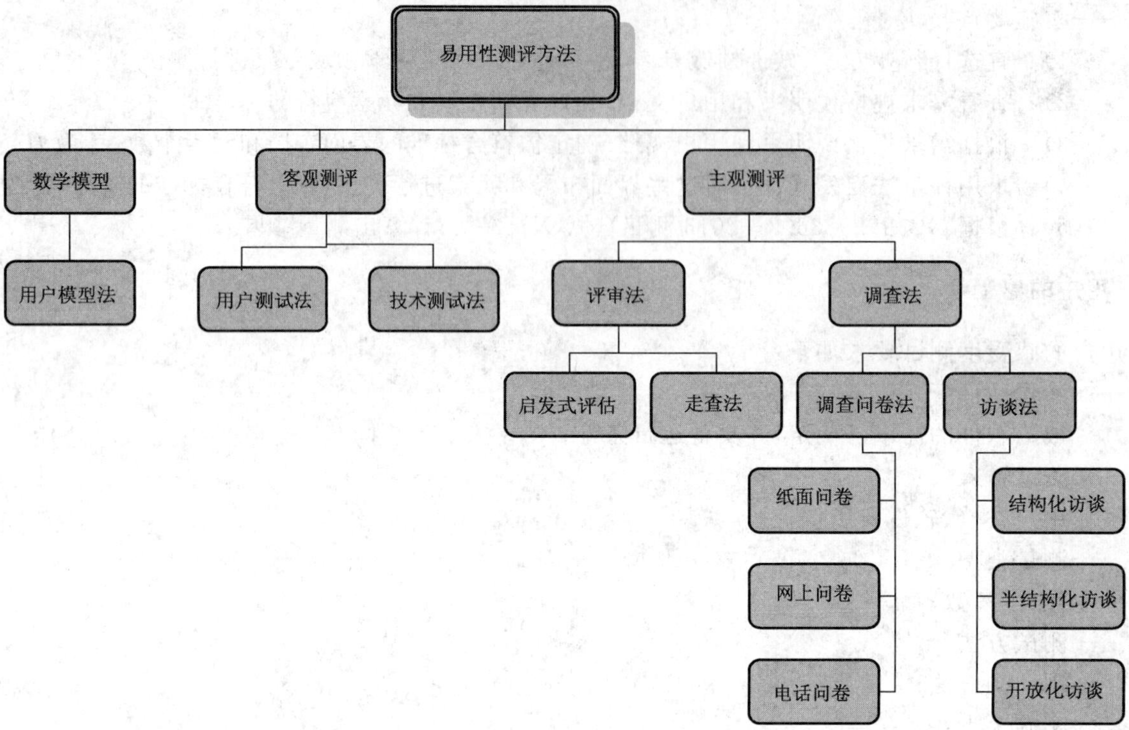

图 1 易用性测评方法分类

9.2 方法实施过程的描述结构

方式实施过程的描述结构如下：

a) 测试目的

使用该方法可以达到的测评目标；

b) 测试准备

开始正式测评活动之前需要做的准备工作；

c) 相关人员

参与测评活动的人员。相关人员包括：

1) 专家用户：具备与被测系统相关领域的专业知识和经验的人员，在测评活动中可以提供专业评价，其具备的专业知识是测评活动的关键因素；

2) 普通用户：参与测评活动，使用被测系统的普通人员，此类人员能够较为真实地体现最终用户的使用情况；

3) 专业测试人员：实施整个测评活动的人员，并在测评活动中起主导作用。专业测试人员可以包括但不限于测试设计人员、测试实施人员、软件测试领域专家等；

d) 测试活动

测评活动的具体实施步骤；

e) 测试总结

通过测评的实施，可以获得的测评结果及相关情况总结。

9.3 用户模型法

9.3.1 测试目的

通过调查用户操作心理，分析用户行为，建立用户模型，将系统测试出的值与该模型计算出的值进行比对，据此判断所评价系统是否是高效且符合用户习惯的。

9.3.2 测试准备

测试准备应包括：

a) 对用户操作心理的调查研究；

b) 分析用户行为；

c) 选择用户模型；

d) 建立用户模型。

9.3.3 相关人员

人类因素学领域的专家用户。

9.3.4 测试活动

对用户操作心理的调查研究，最终体现在建立的用户模型中，建立用户模型时全面考虑人、机器、环境三者的相互作用，即非理性用户模型。建立用户模型需要考虑以下几个方面。

9.3.4.1 用户感知模型

它是从用户的基本感知特性总结出来的。计算机的输出信息以视觉和听觉等方式被眼睛耳朵等感知系统接收后，传输到感知处理器中进行理解。人机界面的布局、图标设计、选单设计都应该按照用户的感知特性进行设计，目的是为了减少用户的识别、记忆和理解困难。例如，图形用户界面的设计应当尽量减少用户不必要的眼球移动；设计易于浏览的格式和布局。

9.3.4.2 用户的认知模型

人类认知过程是由思维处理器与短时记忆和长时记忆器的协调工作完成的。首先，被人感知的视觉、听觉等信息被感知处理器处理后会有选择地被传送到短时记忆器中。短时记忆器中的部分信息也会有选择地被传送到长时记忆器中。用户的认知特性为界面设计提供了一些设计准则，例如，为了不超过短时记忆器的能力范围，在设计中应当尽量将大批的信息按照其相互关系分类组织起来，同时，人机界面的设计应当简单明了，避免在用户面前显示与任务无关的信息以分散注意力。

9.3.4.3 任务模型

用户的任务模型主要内容是用户操作使用计算机完成各种任务的行动过程。“任务”在心理学中被称为“行动”。按照动机心理学，一个行动包含 4 个基本过程：意向、计划、实施、评价。这一理论是“理性用户模型”。当前除了一直研究的生理和自然因素外，也开始更多关注情感、个性和动机等非认知因素。非理性用户任务模型的核心思想是不存在普遍适用的用户任务模型，针对每一个具体设计项目，都应进行用户行动过程的具体调查，系统了解他们的行动特性，建立具体的用户任务模型，按照用户的行动特性设计操作过程。

9.3.4.4 任务出错模型

用户在操作过程中会出错。这往往是由两个原因造成的：首先，出错是人心理固有的特性，人天生就会出错，例如，不小心误操作，思维不连续，忘了预定操作，多个任务导致分心等，疲劳导致注意分散，属于人心理固有的容易导致出错的因素；人机界面设计应该调查用户本身容易出错的特性，设法减少用户出错的机会。其次，如果人机界面设计不符合用户的任务习惯，不符合用户思维方式等，很容易引起用户出错。

9.3.4.5 用户学习模型

设计研究用户的学习过程，就是要设法改变人机界面设计，以减少学习困难。例如，人们学习和解决问题是经常会联想到类似问题和解决方法，所以使用比拟或暗喻等方法设计学习材料和界面元素有利于用户对信息的分析和掌握。

评价者依照以上模型来判断系统是否存在易用性问题。

9.3.5 测试总结

测试总结的内容包括所建立的用户模型以及根据用户模型所计算出数值、测试系统所得出的值，并对以上两个值进行对比和分析。

9.4 用户测试法

9.4.1 测试目的

将软件完全处于用户使用状态下进行测试，其目的是为了能够得到用户使用的真实感受，并能够发现易用性需求的问题。

9.4.2 测试准备

在准备阶段，实验室人员应该确保测试房间已经准备好，计算机系统已经处于测试计划的初始状态，所有的测试材料、指南和问卷都已经准备就绪。

为使用户的不安和紧张减至最低，所有的准备工作都要在用户到来之前完成。

要关闭所有的屏幕保护程序和其他会干扰实验的系统组件，如病毒软件的扫描提示等。

9.4.3 相关人员

普通用户、专业测试人员。

实验员的人数一般应等于或者大于用户人数。

9.4.4 测试活动

9.4.4.1 介绍

介绍时，实验室人员向测试用户表示欢迎，并对测试目的做简短解释。如果用户对计算机配置不熟悉，实验室人员还需对其进行说明。

接下来介绍实验过程，主要包括以下因素：

a) 测试目的是对软件进行评价，而非对用户个人进行测试；
b) 除非专业测试人员就是系统设计人员，否则专业测试人员应该对用户提到他与被测系统没有关系，因此用户可以自由表达意见，而不必担心伤害到专业测试人员的感情。如果专业测试人员就是系统设计人员，不要将这个事实说出来，以免得到相反的结果；
c) 测试结果将用于改进系统，因此测试时的系统与最终发布的系统可能会有所不同；
d) 提醒用户对所测试的系统进行保密，不要与他人谈论有关内容；
e) 说明参与测试是自愿的，用户可以随时停止测试；

f) 让用户放心,对测试的结果会保密;

g) 对于使用的任何录音录像设备向用户进行说明和解释;

h) 向用户说明欢迎提问,但是专业测试人员不会在测试时回答他们的问题;

i) 关于实验的任何特殊要求,如需要大声说出感受,或者需要保证尽可能迅速不出错地完成既定目标的要求等;

j) 回答在实验开始之前用户提出的需要澄清的任何问题。

如果使用单向玻璃观察室进行观测,在介绍结束之后需要带领用户参观观察室并作简要说明。

9.4.4.2 测试执行

在测试期间,专业测试人员通常不要与用户进行交流,也不要有任何个人观点或关于用户操作好坏的表示。专业测试人员可以发出一些不代表什么态度的词汇,如"嗯"、"哦",来表示知道了用户的评论,并且让用户继续下去,应注意声调和语气,不能让用户提出专业测试人员的情绪和判断。

当用户陷入了困境,如果测试的目的是记录用户能否独立完成任务或者完成某个任务的时间,专业测试人员不能给用户提供任何帮助;当用户已经明显停滞,并对当前处境感到不快的时候,由指定的专业测试人员提供简单提醒式的帮助,并且专业测试人员应清楚用户遇到的问题是什么,以及用户随后还会遇到什么样的问题;当用户遇到前面几个用户多次碰到的同样的问题时,对用户提供帮助。应杜绝过早和过多地提供帮助。

在多人同时观察测试的情况下,应预先制定其中一人为正式的专业测试人员,只有他(她)才可以在测试中向用户提供指令和进行交谈。为了不干扰用户,即使其他观察人员有任何不同意见,也要保持缄默。确实需要发表意见,可以以纸条方式或者休息时交流,不影响用户是应遵循的原则。

9.4.4.3 事后交流

在测试之后,要询问用户,并要求用户填写一份主观满意度的问卷。为了避免专业测试人员的评论所带来的偏向,用户应当在有关系统的讨论之前填写问卷。

在交谈中,请用户对系统的使用情况进行评论并提出改进建议。这些建议并不一定要对具体的设计改动起到作用,但是用户建议可以作为重新设计时构思的丰富来源。因此专业测试人员不能对建议进行褒贬评价。

在询问时,专业测试人员也可以询问用户在测试过程中发生的专业测试人员难以理解的事件和举止进行进一步的解释。即使用户可能不记得他们那么做的原因,但是可以通过他们的陈述获得用户的假设和目标。

最后,测试用户离开后专业测试人员尽快检查测试结果,对用户编号、计算机记录、问卷和表格进行标识,并整理专业测试人员自己的笔记。撰写完整的测试报告。

9.4.5 测试总结

包括用户的任务完成情况、问卷情况及计算机记录情况等的内容汇总与分析。

9.5 技术测试法

9.5.1 测试目的

由专业测试人员进行测试,其目的是为了能够获得更为直接、准确的测试结果,并能够发现易用性设计的问题。

9.5.2 测试准备

在准备阶段,专业测试人员应该确保测试房间已经准备好,计算机系统已经处于测试计划的初始状态，所有的测试材料、指南和问卷都已经准备就绪。

要关闭所有的屏幕保护程序和其他会干扰实验的系统组件，如病毒软件的扫描提示等。

9.5.3 相关人员

专业测试人员。

9.5.4 测试活动

9.5.4.1 用例设计

根据测试需求，确定易用性的功能点。设计测试步骤和测试方法。

9.5.4.2 测试执行

按照用例设计文档，在已准备好的测试环境中由专业测试人员完成测试。

9.5.5 测试总结

记录、汇总并分析测试中出现的易用性问题

9.6 评审法

9.6.1 启发式评估

9.6.1.1 测试目的

评估人员依据已经确立认可的易用性规则，发现界面设计的可用性问题，并将其作为再设计的重点。

9.6.1.2 测试准备

测试准备应包括：

a) 确认被测系统可以及时有效的提供其被使用过程中的状态；

b) 确认系统符合用户的认知加工习惯；

c) 用户应可控制和自由使用系统；

d) 必要的帮助提示与说明文档。

9.6.1.3 相关人员

专家用户。采取“角色扮演”的方法，模拟典型用户使用产品的情形，从中找出潜在的问题，不需要普通用户参与。

参与者一般为不同领域的专家用户，如：软件领域专家、行业专家、易用性和人因工程学等领域的专家。在人数上建议采用3～5人。

9.6.1.4 测试活动

9.6.1.4.1 评价界面

由评价者单独对界面进行评价。评价者根据启发式浏览界面至少两次，一次集中于过程，另一次集中于个别的对话成分。评价者也可以考虑其他易用性原则或根据自己的经验、习惯对界面进行评价。一般来说，完成对一个界面的启发式评估需要1 h～2 h。在评价完成之后，评价者还需完成一份问卷，用来收集等级评定信息以帮助确定所发现的易用性问题的优先级。

9.6.1.4.2 结果的记录和整理

对评价结果进行记录和整理有两种方式：每一个评价者都单独完成一份书面报告，或评价者在评价过程中进行出声报告，由现场观察员现场记录。两种方式各有利弊。书面报告的优点是提供了正式的评价记录，但需要评价者付出额外的努力，最后还需要人员对报告进行阅读并将信息汇总。使用观察的方法增加了每一个评价单元的开支，但是减轻了评价者的工作负担，提高效率。

9.6.1.4.3 讨论阶段

最后，在个人评价之后，可进行一次小型的讨论。讨论阶段以头脑风暴的模式进行，主要集中于重新设计的问题，报告主要的易用性问题以及设计方面存在的一般问题，并提出一些设计和改进的建议。

9.6.1.4.4 评价的成果

启发式评估不是提供一种系统的方法来对产生的易用性问题进行修正，也不是对重新设计的质量进行评估的方式，而是利用启发式解释每一个观察到的易用性问题，当易用性问题被确认时，它们也同时得到相当明显的修正。

9.6.1.5 测试总结

使用启发式评估方法的测试总结是易用性问题的列表，每一个问题后面还注明了评价者认为它所违反的易用性原则。

9.6.2 走查法

9.6.2.1 测试目的

是通过分析用户的心理加工过程逐步检查使用系统执行的过程，从中找出易用性问题。

9.6.2.2 测试准备

测试准备应包括：

a) 定义用户群；
b) 选择样本任务；
c) 确定任务操作的正确序列；
d) 确定每个操作前后的界面状态；
e) 样本任务的确定；
f) 正确操作步骤的制定；
g) 按照序列确定界面的状态。

9.6.2.3 相关人员

参与者一般为三个领域的专家用户：软件程序领域或易用性、行业领域和人的因素领域的专家。在人数上建议采用3～5人。

9.6.2.4 测试活动

9.6.2.4.1 构建故事

分析阶段中，分析者按照正确的序列操作，比较每一操作前后的状态，以确定用户按照序列操作的可能性有多大。在考虑到用户固有知识背景的基础上构建一个“可信的故事”解释为什么设想的用户会选择正确的操作步骤完成任务，或者构建一个“失败的故事”解释为什么用户没有按照正确的操作步骤进行下去。分析者构建故事的根据是走查过程中对以下四个问题的回答。

a) 用户会努力获得正确的结果吗？

这一点所关注的问题是用户的意图如何，思路是否清晰，如果用户不试图获求正确操作所要求的步骤，那么他们不可能选择正确的操作。比如，用户的任务是打印一篇文档，但是系统要求在打印之前要选择好打印机，此时分析者就要回答用户是否知道需要选择打印机。

b) 用户会注意到正确的操作步骤或方式吗？

对于直接的显而易见的操作如选单和按纽，一般来说用户使用起来不会有什么问题，但是像双击这样的操作，用户就不容易觉察到。分析者在走查的过程中对这些不明显的操作应予以特别的关注。

c) 用户会把正确的操作步骤与努力获得的结果联系起来吗？

即便用户努力获求正确的结果，也能看到可用的正确操作，但是如果用户不知道通过其所意识到的操作步骤可以获得想要的结果，依然会使任务的完成受到影响。比如：用户看到显示有“select printers”的选单条目，就能很清楚的知道通过此选单的操作可以获得其想要的打印机；但是如果选单显示为“SysP”，即便用户知道在打印文档之前应该选择打印机，而且知道下一操作为“SysP”选单，由于用户很难把二者联系起来，同样会影响任务的完成。

d) 在正确的操作之后，用户是否能得到合适的反馈？

这一问题关注的是界面能否提供正确的及时的反馈，由于没有得到反馈，用户可能会取消正确的操作而去进行他们所认为的更为“合适的”操作。所以分析者在走查的过程中要检测是否由于界面反馈的问题而影响了任务的完成。

9.6.2.4.2 重要信息的记录

分析者在走查过程中除了记录准备阶段和实施阶段必要记录的信息之外，有两类信息应予以特别的关注：对于一个基于用户拥有特定知识的假设上被认为是成功的操作，如果怀疑设想的用户群是否具有这样的知识对用户有这样的知识，这样的假设应记录下来；对于影响任务完成的操作，分析者应记录所有问题及认为有问题的原因，不能仅仅关注对 CW 的 4 个问题的回答，比如用户没有把正确的操作和它的结果联系起来可能不是因为实现该操作的按纽不好，而是有其他按钮看起来与其一样好，所以记录应尽可能的全面。

9.6.2.4.3 后续工作

如果构建的故事是“可信的”，那么这部分的工作就是简单的整理了。但实际上，走查不可能没有发现任何界面设计的问题，也就是说总会或多或少的存在“失败的故事”，所以评价者在这一阶段应该给设计者整理出一个指导性的建议，为他们前期界面的修改和后期界面的再设计提供依据。

9.6.2.5 测试总结

记录所有易用性问题记录及认为有问题的原因。

9.7 调查法

9.7.1 调查问卷法

9.7.1.1 测试目的

目的在于收集用户意见并对其结果进行统计分析。

9.7.1.2 测试准备

测试准备应包括：

a） 确定需要调查研究的问题和目的；

b） 了解整个测试过程；

c） 设计调查问卷，设计时既要考虑与整个测试流程相呼应，又要充分考虑参与测试的用户的特点，使其能够顺利准确的回答问卷上提出的问题；

d） 当参与测试用户人数较多时，需要培养对问卷调查目的和内容都很熟悉的工作人员；

e） 帮助测试人员学习调查问卷设计目的及填写方法。

9.7.1.3 相关人员

普通用户。

专业测试人员，至少应包括实验观察人员、调查问卷的设计人员。

9.7.1.4 测试活动

测试活动应包括：

a） 调查问卷一般要求用户在测试中或测试后填写，故在测试工作开始前向用户说明调查问卷的目的，并向用户讲解问卷的填写方法及问卷的提交时间和方式。当测试用户地域分布较广或不便于面对面交流的时，也可将调查目的及填写方法注在问卷的开始部分；

b） 在填写问卷期间，当测试用户集中在一个试验室内，工作人员应主动观察用户是否有困难填写问卷，并积极帮助用户填写问卷，但在帮助过程中不应引导用户向某一方向填写。当测试用户地域分布较广或不便于面对面交流时，工作人员应在测试用户提交问卷时，主动问询用户在填写过程中是否有困难或者是某些题目不易填写；

c） 问卷回收后，保留有效问卷，并应根据测试报告的要求将有效问卷分类汇总，得出测试报告。用户在体验被测试的软件产品后，被邀请进行问卷调查，可根据问卷形式的不同，测试活动也会在以上活动步骤上有所调整；

d） 纸面调查：

将调查题目呈现在纸介质上，要求用户在体验被测试的产品后填写相关调查题目。这种调查方式实现简单，调查者也可以较好的控制调查过程，可以得到比较准确的用户反馈信息；

e） 电话问卷：

电话问卷方式在商业领域的售后服务中应用比较广泛。在信息用户调查中也有一定的应用。这种调查方式具有口头交谈方式调查的直接性，但需要投入较大的调查人力、物力，因此，此种方法应用范围比较有限；

f） 网上问卷：

网上问卷方式是在传统的问卷调查方法的基础上，通过计算机网络的电子交互平台，以网页的形式发布调查问题，用户通过表单的形式提交自己的答案。这种用户调查方式可以不受时间的限制，用户可以 24 h 随时获得问卷并参与调查，并且可以在用户填写调查问卷前，先通过表单的形式采集用户的基本个人信息，并利用数据库对用户基本信息和反馈的问卷信息进行管理，这样在调查后期可以通过系统对信息进行自动统计分析处理。此外，通过计算机网络的使用，可以大大提高调查信息的传递效率和安全性，并可以为用户提供定制的反馈信息。

9.7.1.5 测试总结

将试卷回收后所做的分类汇总结果，根据测试实施者的测试目的进行统计分析，并将结果汇总为测试总结，以客观、清晰的方式向测试实施者汇报本次问卷调查的结果。

9.7.2 访谈法

9.7.2.1 测试目的

目的在于同用户交流软件使用感受，收集用户意见并对其结果进行统计分析。

9.7.2.2 测试准备

测试准备应包括：

a) 明确访谈目的，并列出访谈的问题；

b) 选择用户专家，并请其体验被测试的软件产品；

c) 营造与用户面对面交流的轻松环境，使用户在心情舒畅的环境下客观地与访谈者进行交流。

9.7.2.3 相关人员

访谈者为软件易用性专家或测试实施者，被访谈者为专家用户或普通用户。

9.7.2.4 测试活动

用户在体验被测试的软件产品后，被访谈者邀请进行面对面的交流，由于各种访谈类型的有所不同，相应的测试活动也会不同：

a) 结构化访谈又名标准化访谈，是一种定量研究方法，这种方法的目的在于确保对每一个被访谈者精确地呈现以同样的顺序出现的同样的问题，确保答案总体上可靠，并确信不同样本群之间或不同测量周期之间具有可比性。即同样的问题按照同样的顺序呈现给被访谈者，并尽可能用同样的言辞；

b) 半结构化访谈是将开放式访谈与结构化访谈相结合的一种方式。访谈者可在被访谈者回答事先预定好的题目后，和被访谈者在进行交流，这时可不必采用标准化访谈严格的形式而采用开放式访谈灵活的交谈方式；

c) 开放化访谈又称为非标准化访谈，深度访谈，自由访谈. 它是一种无控制或半控制的访谈。在进行此类访谈时，要求访谈者引导被访谈者对其所关心的问题畅所欲言，访谈者尽量不要打断被访谈者，充分发挥访谈双方的主动性，积极性，灵活性和创造性。访谈者要对被访谈者的发言进行记录。

9.7.2.5 测试总结

对于结构化访谈和半结构化访谈中的标准化访谈内容，需进行分类汇总并对其结果进行统计分析，生成测试总结，以客观、清晰的方式向测试实施者汇报本次访谈的结果。

对于开放式访谈和半结构化访谈中的自由发言内容，需进行缩减，提炼出测试实施者所需的内容，可将内容直接整理为测试总结，也可再次对内容进行分类汇总并对其结果进行统计分析，生成测试总结。

10 测评中用户的选择

10.1 选择原则

通过对参与测试的用户进行评价和分类，确定参与测试的用户自身的能力和本能极限，以降低用户的差异性对度量结果的负面影响，增加度量的准确性。包括：

a) 计算机技能:主要考察用户具备的计算机使用能力,此类考察可以用于评价用户是否适合参加常规系统的使用,或者是否适合参加针对初学者的计算机系统与软件培训类软件;
b) 业务经验:主要考察用户是否具备相关的业务知识,是否能够正确理解业务逻辑,此类考察可以用于评价用户是否适宜参加与某些行业应用关联度较大的系统,例如财会系统软件,或者是否适合参加多产品易用性比较分析类型的测试;
c) 认知能力:主要考察用户认识能力和实践能力所达到的水平。这些能力是用户完成系统操作所应具备的的一般能力,某种活动才需要的特殊能力如没有特殊需求,不在测评之列。

10.2 计算机技能

10.2.1 基本知识

基本知识可以考察被测用户对计算机系统相关基本知识的熟悉程度,包括三项可选内容:

- 计算机硬件了解程度,是指被测用户对计算机常用硬件了解的程度,例如对 CPU、内存、显示器、鼠标、键盘、网卡、打印机、扫描仪等硬件的了解;
- 计算机软件了解程度,是指被测用户对计算机常用软件的了解程度,例如对系统软件、办公软件、杀毒软件、绘图软件、媒体播放软件等软件的了解;
- 网络知识了解程度,是指被测用户对网络知识了解程度,例如对浏览器、FTP、BBS、传输速度、搜索引擎等网络知识的了解。

10.2.2 单机操作

单机操作可以考察用户对于计算机单机系统使用的熟悉程度,包括五项可选内容:

- 键盘熟练程度,是指被测用户使用键盘的熟练程度,例如对键盘布局的熟悉程度、操作速度、快捷键和组合键的运用能力等;
- 鼠标熟练程度,是指被测用户使用鼠标的熟练程度,例如对鼠标的单击、双击、鼠标滑轮的使用、右键的使用等;
- 其他必要外设使用熟练程度:是指被测用户对于特定系统要求的外设的使用熟练程度,例如打印机、扫描仪、外接存储设备、音频视频外设等;
- 系统软件使用熟练程度:对操作系统使用的熟练程度,例如登陆、设置密码、拷贝/粘贴/删除文件、硬件驱动安装、安装/卸载软件、系统参数查询与设置等;
- 普通应用软件使用熟练程度:对常用的应用软件使用的熟练程度,例如使用系统软件、办公软件、杀毒软件、绘图软件、媒体播放软件等。

10.2.3 网络应用

网络应用可以考察用户对于计算机网络系统使用的熟悉程度,包括两项可选内容:

- 局域网络应用能力,是指被测用户在局域网络中连通服务器、其他终端机的能力,例如网上邻居查找、网络打印机使用、文件共享等;
- Internet 网络应用能力:是指被测用户连通 Internet 网络,并使用 Internet 各种应用的能力,例如浏览网页、收发电子邮件、文件传输、信息搜索、电子交易等。

10.3 业务经验

10.3.1 业务熟悉程度

业务熟悉程度可以考察用户对于被测计算机系统相关的行业和业务的熟悉程度,包括两项可选内容:

- 行业背景，是指用户与被测计算机系统涉及的行业的相关程度，例如，用户所从事的工作，所处的环境、经历等是否与被测软件涉及的行业相关；
- 业务流程了解程度，是指对被测计算机系统涉及的业务流程的熟悉程度，例如，用户从事被测软件涉及的业务的时间，是否通过业务考试、具有职称的级别等。

10.3.2 产品使用经验

产品使用经验可以考察用户对于与被测计算机系统具有相同功能和操作逻辑处理流程的系统的使用经验，包括两项可选内容：

- 同类软件产品使用经验，是指用户是否使用过同类软件产品，使用过多少种同类软件产品，例如描述与被测软件涉及业务相同业务、相关业务的软件产品；
- 本产品使用经验，用户是否使用过本产品，例如使用、学习或者试用过本产品，或使用过本产品的其他版本。

10.4 认知能力

10.4.1 逻辑判断力

逻辑判断力可以考察用户借助于概念、判断、推理反映现实的能力，测评用户是否具备一种确定的，而不是模棱两可的；前后一贯的，而不是自相矛盾的；有条理、有根据的思维，包括可选内容：

- 分析，是指测试用户能够有对系统功能理解、并且分析、进一步使用的能力；
- 判断，是指测试用户是否有能力判断该问题是有好的影响还是有不好的影响；
- 综合，是指测试用户有将测试中遇到的情况、问题、以及学习的内容加以综合，举一反三；
- 归纳，是指测试用户能够根据测试中所遇到的情况和发现的问题，总结出系统所存在的问题。

10.4.2 记忆能力

记忆能力可以考察用户识记、保持、再认识和重现客观事物所反映的内容和经验的能力，包括三项可选内容：

- 程序记忆，是指用户对习得行为和技能的记忆，包括基本条件反射和各种习得的动作，如打字、鼠标操作、快捷键使用时的动作等，这种记忆通过动作来表达；
- 语义记忆，是指用户关于基本事实性知识的记忆，包括所掌握的有关字词或其他语言符号、其意义和指代物、它们之间的联系，以及有关规则、公式和操纵这些符号、概念和关系的算法的有组织知识；
- 情景记忆，是指测试用户可将测试时所发生错误，还原出来，供测试方进行观察。

10.4.3 理解能力

理解能力指标可以用于测评用户在考查的知识范围内，在再认或再现的基础上对有关知识的转换能力或解释、推理能力，包括推五项可选内容：

- 推断，是指被测用户界定问题的能力，例如，在测试过程中能在运行结果中区分正确或错误推断的程度；
- 假设识别，是指用户识别在某个陈述中未表达的假设或构想，即用户能够理解系统所描述的业务及场景；
- 推论，是指决定在某个陈述中是否必然地得出某种结论，例如用户能够根据系统的界面设计、消息提示等来进行下一步的操作，并能够完成该项任务；
- 解释，是指用户在测试过程中能在运行结果中区分正确或错误推断的程度；

- 论据评价，是指测试用户可以向测试方指出存在的问题，并给出存在问题的证据。

11 易用性测试环境

11.1 预期效果

搭建易用性测试环境的预期效果应满足：

a) 硬件投入除计算机外，其他设备节俭开支；

b) 参与人机器的性能几乎没有任何影响；

c) 实现一次性参与人机器屏幕、参与人面部表情、实验室场景(参与人动作)同步记录，不需要后期合成，而且视频上还有时间记录显示。

在满足以上3点的基础之上，再考虑可以随意将这个实验室携带到参与人环境。

11.2 应具备的条件

易用性测评环境应至少包括：

a) 安排一个安静的空间；

b) 具有“正在测试，请勿打扰”的标签；

c) 切断电话线以及传真和手机；

d) 保证充足的光线。

11.3 可供选择的设备

根据不同需求，实验室建设还可能需要有：

a) 测试用计算机，显示器；

b) 摄像机及三脚架，摄像机专用话筒；

c) 话筒数个，由于时常需要将话筒的位置调到嘴的旁边，所以一个单独的话筒是不够的；

d) 单向镜子，台灯或者摄像灯，用来观看摄像机图像的监视器；

e) 录像放映机、录像软件，电线和电源插座；

f) 用于隔离测试室和观察室的单向玻璃；

g) 喇叭；

h) 动作捕捉器和人眼信息捕捉器；

i) 其他。

附　录　A
（资料性附录）
网上评卷系统易用性测评示例

A.1　引言

网上评卷系统易用性评测体系作为本部分在实际应用中的案例，该体系分为指标体系、测评方法、评价方法三部分。网上评卷系统指标体系已在GB/T 29836.1—2013附录B建立，评价方法已在GB/T 29836.2—2013附录A进行详细分析与介绍。本附录将给出如何通过测评获取部分指标值的示例。

A.2　网上评卷系统易用性的测评步骤

软件易用性的测试和测评最具权威的结果应该来自用户，并且在用户的实际工作任务和操作环境下产生的。根据这一特点，借助软件测试中的用户测试方法来帮助完成对网上评卷软件易用性的测评。具体步骤如下：

a）建立网上评卷系统易用性测评指标体系，这实际上是提炼归纳测评内容的过程。这是非常关键的一步，也是整个测评方法的重中之重。该步骤已在第四章中进行了讨论；

b）选择测评各测评指标的测试方法；

c）收集测评数据，进行综合分析，得出测评结果。

步骤如图A.1所示。

图 A.1　网上评卷系统易用性的测评步骤

A.3　网上评卷系统易用性测评指标值的测评思路

真实系统中得到的值与预期达到的值比例，预期达到的值不是最低值，而是理想值，测试得到的值越接近该值，说明该指标越好。

理想值由评审法得到，与传统方法不同，是根据专家的专业经验和使用系统的经验确立这些值。

专家一般由评卷教师、评卷工作管理者及有网上评卷工作开发经验的人员组成。

A.4　测试人员的筛选

根据网上评卷工作特点及测评工作需要，我们将参与测试的人员分为评卷的管理者（测评方）、软件开发方（被测评方）和评卷教师（用户）组成，他们分别有各自的工作内容和关注点，如表A.1所示。

表 A.1　网上评卷系统易用性测评相关人员

人员	工作内容	关注点
评卷的管理者 （测评方）	建立测评指标、制定测评计划，并对采集回来的测评数据进行整理和分析	1. 测评过程中用户的表现； 2. 测评结果
软件开放方 （被测评方）	提供被评价的软件产品，搭建测试环境	1. 测评过程中系统的表现； 2. 测评结果
评卷教师 （测试用户）	按照评价方制定的测评计划测试相关功能，并按要求记录测试结果	系统是否能帮助其完成相关工作，并且使用感觉舒服、顺畅

为使测评结果更加准确且符合实际，需要将评卷教师（测评用户）根据职责分成不同的小组，完成不同的任务。具体分组情况如表 A.2 所示。

表 A.2　网上评卷教师的分组依据

小组名称	所在人数比率	工作特点	小组成员特点
填空题组	40%	答案比较简单，容易判断	• 年龄在（25～30）岁之间； • 评卷经验较少，甚至有部分从未评过卷； • 有较强的计算机使用能力和丰富的使用经验
作文组	50%	答案内容较长，需要较长的判断时间	• 年龄在（30～45）岁之间； • 都有评卷经验； • 计算机使用能力和经验普遍较逊于填空题组评卷教师
专家组	10%	对所有评卷员的工作质量进行监控，对异常情况要立即处理。该工作需要非常丰富的教学和评卷经验	• 年龄在（50～60）岁之间； • 计算机使用能力和经验较差

A.5　产品指标的获取方法

A.5.1　外观指标

A.5.1.1　布局

布局的合理性

该指标主要测评网上评卷系统界面的布局及元素是否符合评卷工作要求，是否便于评卷教师操作。

在测评该指标时，首先需要确定那些界面布局及元素要符合何种标准，再用评审法中的启发式评估法，来确认这些布局或元素是否符合标准，即确认易用性原则，符合标准的布局和元素数量占要求的数量的比例越高，该指标值越好。故测量公式为：

$X=A/B$

A 是符合评卷工作要求及操作方便性要求的界面布局及元素数；

B 是要求应符合评卷工作要求及操作方便性要求的界面布局及元素数。

$0 \leqslant X \leqslant 1$

X 越接近 1，表明该评卷系统界面布局越符合评卷工作要求且操作方便性好。

界面布局及元素需要符合的易用性原则，以及通过评审法启发式评估对这些布局及元素的评价结果，如表 A.3 所示。

表 A.3 界面布局及元素易用性原则

序号	界面布局及元素	易用性原则	符合原则的布局及元素
1	答题显示区	应作为评卷界面的主体，清晰，醒目	符合
2	给分区	在设计时应考虑与答案显示区相邻，并摆放位置符合评卷教师自上而下看卷的试卷习惯。即不要让评卷教师看试卷后还需要寻找给分区，这会给评卷教师造成视觉疲劳	符合
3	回评、设置雷同卷、统计功能按钮	应便于评卷教师查找，但不得对评卷教师造成视觉干扰	符合
4	评卷教师工作信息，工作时间、评卷份数、速度	该信息评卷教师隔一段时间就会查看，应便于评卷教师查找，但不得对评卷教师造成视觉干扰，该项目的显示明显性应次于回评、设置雷同卷、统计功能按钮	符合
5	评卷教师个人信息	应便于评卷教师查找，但不得对评卷教师造成视觉干扰。该项目的显示明显性应次于回评卷教师工作信息	符合
6	培训	1. 专家应能比较轻松的本别出哪些评卷教师状态，例如通过培训、正在培训中、未通过培训等。 2. 专家在查看用户状态后，应可以方便地对其进行操作，例如使某用户通过培训、终止某用户的评卷工作等	符合
7	查看工作进度	1. 专家应能首先能够查看到工作的整体进度。 2. 进而可以查各大题的工作进度。 3. 之后又可查看到每小题的进度。 设计原则应符合由粗到细的原则，在查看某道小题时应也能识别出其属于哪个大题	符合
8	查看工作情况	1. 专家首先能够查看到各工作组的工作情况。 2. 进而可查到每位评卷员的工作情况。 设计原则应符合由粗到细的原则，在查看某评卷员时应该也能够识别出其属于哪组	符合

根据表 A.3 所示，可以得出测量公式中的 $A=8$，$B=8$。

A.5.1.2 一致性

一致性

该指标主要测评网上评卷系统的界面元素样式是否符合一致性要求。

测评方法同“布局的合理性”指标，故测量公式为：

$X=A/B$

A 是符合一致性要求的界面元素数量；

B 是要求必须符合一致性要求的界面元素的数量。

$0 \leqslant X \leqslant 1$

X 越接近 1，表明该评卷系统界面元素一致性越好。

界面元素需要符合一致性要求，以及通过评审法启发式评估对这些界面元素的评价结果，如表 A.4 所示。

表 A.4 界面元素一致性要求

序 号	界面元素	一致性要求	是否符合
1	答题情况显示区	各题目的答题情况显示区布局应一致	是
2	评分界面	各题目的评分界布局应一致	是
3	统计界面	各统计界面风格应一致	是
4	查询界面	各查询界面风格应一致	否
5	各界面的风格	各界面中选单、按钮等界面元素的字体、配色方案等应保持一致	是

根据表 A.4 所示，可以得出测量公式中的 $A=4$，$B=5$。

A.5.1.3 可辨别的功能

明显的功能

该指标主要测评评卷教师在培训之前，能够识别的并可以根据界面提示进行操作的功能。该项指标主要反应了网上评卷系统的情景涉及是否合理，描述是否准确。

测评方法同“布局的合理性”指标，故测量公式为：

$X=A/B$

A 是在培训前，用户能够并可以根据界面提示进行操作的功能数；

B 是要求在培训前，用户能够并可以根据界面提示进行操作的功能数。

$0\leqslant X\leqslant 1$

X 越接近 1，表明该项指标越好。

要求在培训前，用户能够并可以根据界面提示进行操作的功能为本附录在 GB/T 29836.1—2013 附录 B 中分析出的核心功能模块中的功能。在评卷模块中的功能为：评分、分数提交、回评试卷、问题卷的处理、雷同卷的处理、统计工作量，因此在测评评卷模块时，$B=6$；在质量监控模块中的功能为：查看培训情况、查看工作进度、查看工作情况、强制考核，因此在测评质量监控模块时，$B=4$。

通过选择普通用户进行用户测试法测试，得到的结果是：评卷模块中的功能，用户均能够并可以根据界面提示进行操作，$A=6$；在质量监控模块中，用户也均能够并可以根据界面提示进行操作，$A=4$。

A.5.2 操作指标

A.5.2.1 操作复杂度

使用中默认值的可用性

该指标是测评评卷教师是否能方便的对便于自己操作的参数进行选择，例如字体，背景颜色，显示比例等。该指标主要反应软件对不同用户不同要求的适应性。

测评方法同“布局的合理性”指标，故测量公式为：

$X=A/B$

A 是评卷教师可自己选择的参数的功能数；

B 是要求可供评卷教师自己选择参数的功能数。

$0 \leqslant X \leqslant 1$

X 越接近 1，表明该项指标越好。

可进行修改默认值的参数，以及通过评审法启发式评估对这些默认值的参数是否可进行修改的结果，如表 A.5 所示。

表 A.5 可修改的默认值参数

序　号	需要修改默认值	是否可修改
1	答题情况显示区中图片的显示比例	否
2	答题情况显示区中背景的颜色	否
3	整体界面的配色方案	是
4	统计功能中的时间、范围的默认值的修改	是
5	查询功能中查询条件的选择的默认值的修改	是

根据表 A.5 所示，可以得出测量公式中的 $A=3$，$B=5$。

完成指定任务的步骤

该指标是测评在评卷系统中所设计的评卷、设置雷同卷等常用功能所需要操作的步骤是否符合业务及用户要求。该指标主要反应系统完成任务过程是否符合业务要求及用户习惯。

测试该值时，首先用用户模型法计算出完成某任务所需要的步骤数目，并由专家确认该数目；之后由专家操作该系统，用走查法检测用系统完成同样任务所需的步骤数目，最后由专家对两个数目进行比对，并判断系统设计是否符合要求。测评结果应为步骤数目符合要求的任务数量与要求进行测评的任务数量的比例，测量公式为：

$X=A/B$

A 是符合完成所用的步骤数目的任务数；

B 是要求必须进行测评的任务数目。

$0 \leqslant X \leqslant 1$

X 越接近 1，表明该项指标越好。

要求必须进行测评的任务为在 GB/T 29836.1—2013 附录 B 中分析的测评核心任务，故 $B=6$。

下面将确定各任务实际的完成步骤数，如表 A.6 所示，$A=6$。

表 A.6 操作复杂度测评步骤

任务名称	操作步骤	步骤数目
评卷	选择分数→确认分数→提交分数	3
回评	选择需要回评的试卷→选择分数→确认分数→提交分数	4
问题卷的提交	提交→选择问题类型→确认提交	3
设置雷同卷	选择需要比对的试卷→设置雷同→确认雷同	3
查询培训情况	选择题目→选择组→选择评卷员→设置培训通过	4
强制考核	输入查选条件→选择评卷员→选择培训题组→设置→确认将其设置为考核状态	5

A.5.2.2 误操作的容错能力

发生错误后，完成任务的时间

用户在使用评卷系统完成某项任务过程中出现错误后，系统应能在较短的时间内恢复，并继续使用户完成任务。

测试该指标时，首先用用户模型法估算一下待测任务的完成时间，再使用用户测试法测试用户在完成任务过程中出现错误时所需要的完成时间，两值越接近越好。测量公式为：

$X=A/B$

A 是用户在使用评卷系统完成某项任务出现错误后，整个任务完成的时间；

B 是用户在正常情况下，完成某项任务所用时间。

$0 \leqslant X \leqslant 1$

X 越接近 1，表明该项指标越好。

要求应进行测评的任务为在 GB/T 29836.1—2013 附录 B 中分析的测评核心任务，下面将确定各任务的完成时间。

易发生误操作测评时间要求如表 A.7 所示。

其中 A 值为正常完成时间，B 值为出错后完成时间。

表 A.7 易发生误操作测评时间要求

任务名称	正常完成时间	出错后完成时间
评卷	小题：10 份/min 作文题：2 份/10min	小题：11 份/min 作文题：2 份/11min
回评	小题：10 s 作文：5 min	小题：14 s 作文：5 min
问题卷的提交	5 s	8 s
设置雷同卷	小题：1 min 作文：8 min	小题：2 min 作文：8 min
查询培训情况	1 min	2 min
强制考核	3 min	4 min

可还原性

用户在使用评卷系统完成某项功能时，界面状态是否能回到原状态。

测评方法同“布局的合理性”指标，测量公式为：

$X=A/B$

A 是可以恢复到原状态的功能数；

B 是要求可以恢复到原状态的功能数。

$0 \leqslant X \leqslant 1$

X 越接近 1，表明该项指标越好。

要求可以恢复到原状态的功能有回评试卷、问题卷的提交、设置雷同卷、统计工作量、查看培训状态和查看工作状态。故 $B=6$。

由专业测试人员通过技术测试法测试后，可以恢复到原状态的功能有回评试卷、问题卷的提交、设置雷同卷、统计工作量、查看培训状态和查看工作状态。故 $A=6$。

A.6 交互指标的获取方法

A.6.1 消息交互

A.6.1.1 输入信息

输入的有效性检查

该指标是反应系统是否能够对分数、时间等关键输入信息进行有效性检查，以保证进入到系统数据的有效性。

测评方法同“布局的合理性”指标，故测量公式为：

$X=A/B$

A 是能够对输入数据进行有效性检查的功能数；

B 是要求对输入数据进行有效性检查的功能数。

$0 \leqslant X \leqslant 1$

X 越接近 1，表明该项指标越好。

要求对输入数据进行有效性检查的功能，以及通过技术测试法实际检查的情况，如表 A.8 所示。

表 A.8 输入数据有效性检查

序　号	功能	检查内容	检查情况
1	分数提交	检查分数是否有效	有效
2	统计工作量	对时间、范围等信息是否有效	有效
3	统计工作进度		有效
4	查看培训情况	检查输入的查询条件是否有效	有效
5	查看工作情况	检查输入的查询条件是否有效	有效
6	强制考核	检查考核是否有效	有效

根据表 A.8 所示，$A=6$，$B=6$。

A.6.1.2 运行状态

运行状态的易监控性

该指标主要反应评卷系统是否有向用户提供试卷分发、统计等操作过程状态的信息能力。在数据量较大的情况下，时间分发、统计等功能有时会比较慢，系统应向用户有提示信息，表明系统正在运行，而且运行到何种程度。

测评方法同“布局的合理性”指标，故测量公式为：

$X=A/B$

A 是能够向用户提供运行状态查看的功能数目；

B 是要求向用户提供运行状态查看的功能数目。

$0 \leqslant X \leqslant 1$

X 越接近 1，表明该项指标越好。

需向用户提供运行状态的功能有：试卷分发、统计工作量、查看培训情况、查看工作进度、查看工作情况，$B=5$。

由专业测试人员通过技术测试法测试后，能够向用户提供运行状态查看的功能有：试卷分发、统计工作量、查看培训情况、查看工作进度、查看工作情况，$A=5$。

A.6.2 可定制指标

A.6.2.1 界面内容

界面元素易定制性

用户是否在使用评卷系统的某些功能时可以根据自己的喜好改变界面的颜色、字体及颜色等项目

测评方法同“布局的合理性”指标，故测量公式为：

$X=A/B$

A 是用户可以改变的界面元素数量；

B 是要求用户可以改变的界面元素数量。

$0\leqslant X\leqslant 1$

X 越接近1，表明该项指标越好。

用户可以改变以下界面元素，以及通过评审法启发式评估对这些界面元素进行评价的结果，如表A.9所示。

表 A.9 用户可以改变的界面元素

序　　号	界面元素	是否能够改变
1	答题情况显示区中图片的显示比例	否
2	答题情况显示区中背景的颜色	否
3	整体界面的配色方案	是
4	界面字体的改变	是

根据表A.9所示，$A=2$，$B=4$。

界面布局的易定制性

用户是否在使用评卷系统的某些功能时可以根据自己的喜好改变界面布局风格，例如改变选单摆放位置、隐藏选单栏等。

测评方法同“布局的合理性”指标，故测量公式为：

$X=A/B$

A 是用户可以改变的界面布局元素数量；

B 是要求用户可以改变的界面元素数量。

$0\leqslant X\leqslant 1$

X 越接近1，表明该项指标越好。

用户可以定制的界面布局，以及通过评审法启发式评估对界面布局进行评价的结果，如表A.10所示：

表 A.10 用户可定制的界面布局

序　　号	界面元素	是否能够改变
1	图片显示区、给分区、选单栏的摆放位置	是
2	改变显示区、给分区、选单栏三个区域的大小比例	是
3	为了扩大显示区，而隐藏选单栏	是

根据表A.10所示，$A=3$，$B=3$。

A.6.2.2 操作方式

快捷方式的易定制性

评卷教师可自定义增加分数、减少分数、提交分数等功能的快捷键盘。

测评方法同“布局的合理性”指标，故测量公式为：

$X=A/B$

A 是用户可以自定义快捷键的功能数；

B 是要求用户可以自定义快捷键的功能数。

$0 \leqslant X \leqslant 1$

X 越接近 1，表明该项指标越好。

用户可以自定义的快捷方式，以及通过评审法启发式评估对快捷方式进行评价的结果，如表 A.11 所示。

表 A.11 用户可以自定义的快捷方式

序　　号	界面元素	是否能够自定义
1	增加分数	是
2	减少分数	是
3	提交分数	是
4	上下移动	是
5	左右移动	是

根据表 A.11 所示，$A=5$，$B=5$。

参 考 文 献

[1] GB/T 5271.1 信息技术 词汇 第1部分:基本术语(GB/T 5271.1—2000,eqv ISO/IEC 2382-1:1993)

[2] GB/T 5271.20 信息技术 词汇 20部分:系统开发(GB/T 5271.20—1994,eqv ISO/IEC 2382-20:1990)

[3] GB/T 8566—2007 信息技术 软件生存周期过程(ISO/IEC 12207:1995,IDT)

[4] GB/T 16260.2 软件工程 产品质量 第2部分:外部度量(GB/T 16260.2—2006,ISO/IEC TR 9126-2:2003,IDT)

[5] GB/T 16260.3 软件工程 产品质量 第3部分:内部度量(GB/T 16260.3—2006,ISO/IEC TR 9126-3:2003,IDT)

[6] GB/T 16260.4 软件工程 产品质量 第4部分:使用质量度量(GB/T 16260.4—2006,ISO/IEC TR 9126-4:2004,IDT)

[7] GB/T 18905.2—2002 软件工程 产品评价 第2部分:策划和管理(ISO/IEC 14598-2:2000,IDT)

[8] GB/T 18905.3—2002 软件工程 产品评价 第3部分:开发者用的过程(ISO/IEC 14598-3:2000,IDT)

[9] GB/T 18905.4—2002 软件工程 产品评价 第4部分:需方用的过程(ISO/IEC 14598-4:1999,IDT)

[10] GB/T 18905.5—2002 软件工程 产品评价 第5部分:评价者用的过程(ISO/IEC 14598-5:1998,IDT)

[11] GB/T 18905.6—2002 软件工程 产品评价 第6部分:评价模块的文档编制(ISO/IEC 14598-6:2001,IDT)

[12] ISO 9241-10:1996 Ergonomic requirements for office work with visual display terminals (VDTs) — Part 10: Dialogue principles

[13] ISO 9241-11:1998 Ergonomic requirements for office work with visual display terminals (VDTs) —Part 11: Guidance on usability

[14] ISO 13407:1999 Human-centred design processes for interactive systems

ICS 13.220.20
C 81

中华人民共和国国家标准

GB 29837—2013

火灾探测报警产品的维修保养与报废

Maintenance and discard for fire detection and alarm products

2013-11-12 发布　　　　2014-08-07 实施

中华人民共和国国家质量监督检验检疫总局
中国国家标准化管理委员会　发布

前　言

本标准的第3、4、5、6章为强制性的，其余为推荐性的。

本标准按照GB/T 1.1—2009给出的规则起草。

本标准由中华人民共和国公安部提出。

本标准由全国消防标准化技术委员会火灾探测与报警分技术委员会(SAC/TC 113/SC 6)归口。

本标准负责起草单位：公安部沈阳消防研究所。

本标准参加起草单位：西安盛赛尔电子有限公司、海湾安全技术有限公司、上海松江电子仪器厂、北大青鸟环宇消防设备有限公司 、北京利达华信电子有限公司。

本标准主要起草人：丁宏军、屈励、张颖琮、李宁宁、曹希锋、梅志斌、王长川、李苗、董文辉、俞颖飞、王爱中、张雄飞、蔡为民、孟宇、涂燕林。

火灾探测报警产品的维修保养与报废

1 范围

本标准规定了火灾探测报警产品的维修保养与报废要求。

本标准适用于设置在建筑中的火灾探测报警产品。其他特殊场所使用的火灾探测报警产品可参照执行。

2 规范性引用文件

下列文件对于本文件的应用是必不可少的。凡是注日期的引用文件，仅注日期的版本适用于本文件。凡是不注日期的引用文件，其最新版本(包括所有的修改单)适用于本文件。

GB 4715 点型感烟火灾探测器
GB 4716 点型感温火灾探测器
GB 4717 火灾报警控制器
GB 14003 线型光束感烟火灾探测器
GB 14287.1 电气火灾监控系统 第1部分：电气火灾监控设备
GB 14287.2 电气火灾监控系统 第2部分：剩余电流式电气火灾监控探测器
GB 14287.3 电气火灾监控系统 第3部分：测温式电气火灾监控探测器
GB 15322(所有部分) 可燃气体探测器
GB 15631 特种火灾探测器
GB 16280 线型感温火灾探测器
GB 16806 消防联动控制系统
GB 16808 可燃气体报警控制器
GB 17429 火灾显示盘
GB 19880 手动火灾报警按钮
GB/T 21197 线型光纤感温火灾探测器
GB 25201 建筑消防设施的维护管理
GBZ 122 离子感烟火灾探测器放射防护标准

3 维修

3.1 一般要求

3.1.1 火灾探测报警产品(以下简称产品)的使用或管理单位在发现产品存在问题和故障时，应及时进行维修。

3.1.2 维修一般应在48 h内完成；需要由供应商或者生产企业提供零配件时，应在5个工作日内完成。

3.1.3 火灾探测器、模块、手动报警按钮和消火栓启动按钮一般应在维修企业内进行维修，将上述部件拆下维修时，应立即更换备品，不应对相应部位实施屏蔽；没有备品时，应对该部位采取有效的消防安全措施。

3.1.4 火灾报警控制器、消防联动控制器和可燃气体控制器可在现场维修。维修期间，应换上备用控制器；没有备用控制器时，应对该受保护区域采取有效的消防安全措施，或暂停使用该区域。

3.1.5 承担维修的企业应制订维修作业指导书，对维修人员进行相关培训，确保各项维修操作符合产品使用说明书和作业指导书的要求。

3.1.6 承担维修的企业应做好维修记录，与产品使用或管理单位各执一份，并保存至该产品报废。火灾探测报警产品维修记录表的格式参见附录A。

3.2 维修流程

3.2.1 对存在问题的产品应根据故障现象，分析查找原因并记录。

3.2.2 按照相关技术文件和维修作业指导书的要求对故障产品的结构、部件等进行检查，对发现的问题应采取相应维修措施并予以记录：

a) 虚焊、漏焊、紧固件松动的，应补焊或紧固；
b) 部件和元器件老化、损坏的，应修复或更换；
c) 绝缘介质损坏、击穿的，应更换；
d) 电气参数改变、漂移的，应调整恢复；
e) 结构发生变形、严重腐蚀的，应修复或更换。

3.2.3 更换部件和元器件时，应对产品所更换的部件、元器件及相应部位进行防潮、防盐雾、防霉处理。

3.2.4 产品维修后，应依据相关产品标准进行检验，记录检验结果，合格后应加贴检验合格标识。

3.3 探测器类和按钮类产品

3.3.1 需要将无底座的探测器或按钮拆下时，应先切断该回路的供电。

3.3.2 感烟探测器、火焰探测器及图像型火灾探测器维修后，应分别按GB 4715、GB 15631、GB 14003要求进行响应阈值试验，响应阈值应在生产企业成品出厂检验规程规定的响应阈值范围内。

3.3.3 感温探测器维修后，应分别按GB 4716 、GB 16280、GB/T 21197要求进行响应时间试验，试验结果应符合标准要求。

3.3.4 可燃气体探测器维修后，应按GB 15322要求进行响应时间和报警动作值试验，试验结果应符合标准要求。

3.3.5 剩余电流式电气火灾监控探测器维修后，应按GB 14287.2要求进行报警性能试验，试验结果应符合标准要求，设定的剩余电流报警动作值应符合设计要求。

3.3.6 测温式电气火灾监控探测器维修后，应按GB 14287.3要求进行基本性能试验，试验结果应符合标准要求，设定的报警温度值应符合设计要求。

3.3.7 手动报警按钮和消火栓启动按钮维修后，应分别按GB 19880、GB 16806要求进行动作性能试验和不动作性能试验，试验结果应符合标准要求。

3.4 控制器类产品

3.4.1 火灾报警控制器、消防联动控制器、可燃气体报警控制器、电气火灾监控器、气体灭火控制器维修前应切断主电源、备用电源及所有外部控制连接线。

3.4.2 更换主程序芯片后，应至少抽取20只与其连接的探测器按5.2.2规定进行试验，并应检查控制器连接的全部探测器、手动报警按钮和模块的报警和故障功能。

3.4.3 更换主电源板或备用电池后，应分别按GB 4715、GB 16806、GB 16808、GB 14287.1要求进行电源试验，试验结果应符合标准要求。

3.4.4 更换回路板后，应检查该回路板连接的全部探测器、手动报警按钮和模块的报警与故障功能。

3.4.5 更换显示板后，应检查控制器的全部显示功能和自检功能。

3.4.6 气体灭火控制器维修后应先接通电源，检验在无负载状态下的各项功能；符合要求后，接通与消防联动控制器的连接，检验其接受联动控制的功能；合格后，再与负载连接，对能够进行试验的控制功能进行检验，检验结果应符合 GB 16806 和该工程原设计要求。

3.5 消防电气控制装置

3.5.1 各类消防电气控制装置维修前应切断主电源、备用电源，断开其与负载和联动控制器的连接线。
3.5.2 维修后应先接通电源，在消防电气控制装置的各项功能都符合要求后，接通与负载和联动控制器的连接，检验其接受联动控制器的联动功能、启动负载功能和负载启动后的反馈功能。检验结果应符合标准和设计要求。

3.6 其他部件

3.6.1 模块、火灾声光警报器、火灾显示盘等部件需要拆下维修时，应先切断控制器供电电源，并立即更换上备品；没有备品时，应采取相应的安全措施，否则该区域应停止使用。
3.6.2 各部件维修后，应按相关标准要求进行基本功能试验，检验结果应符合标准和设计要求。
3.6.3 增加或更换模块、火灾声光警报器等的部件后，应检验增加或更换部件的启动输出功能，同时检验本回路中其他任一个同类型产品的启动输出功能是否受到影响。

3.7 其他要求

3.7.1 维修更换电池前，应检查电池外观，不应有裂纹、变形及爬碱、漏液等现象，电池两端极性标识应正确。
3.7.2 更换保险前，应确认所更换的保险器件参数满足产品要求。
3.7.3 现场修改软件后，应对软件可能影响的功能进行全部检验，且应抽检 10 %但不超过 50 只探测器的报警功能和相同数量模块的输出功能，抽检应覆盖所有回路。

4 保养

4.1 一般要求

4.1.1 产品的使用或管理单位应根据产品使用场所环境及产品保养要求制订保养计划。保养计划应包括需保养产品的具体名称、保养内容和周期。
4.1.2 产品使用或管理单位应储备一定数量的产品易损件，或与有关产品生产企业或供应商签订相关备用品合同，保证备用品数量。
4.1.3 承担保养的企业应制订保养作业指导书，对保养人员进行相关培训，确保各项保养操作符合产品使用说明书和作业指导书的要求。
4.1.4 实施保养后，应按照 GB 25201 的规定填写《建筑消防设施维护保养记录表》。

4.2 保养周期

具有报脏功能的探测器，在报脏时应及时清洗保养。没有报脏功能的探测器，应按产品说明书的要求进行清洗保养；产品说明书没有明确要求的，应每 2 年清洗或标定一次。

可燃气体探测器的气敏元件达到生产企业规定的寿命年限后应及时更换。

4.3 保养方法

4.3.1 接线端子

检查探测器及底座、控制器、手动部件按钮、消火栓按钮、消防电气控制装置、其他部件等系统内所有产品的接线端子，将连接松动的端子重新紧固连接；换掉有锈蚀痕迹的螺钉、端子垫片等接线部件；去除有锈蚀的导线端、烫锡后重新连接。

4.3.2　点型感烟火灾探测器

用专业工艺设备清洗传感部件和线路板，清洗后应标定探测器响应阈值，响应阈值应在生产企业成品出厂检验规程规定的响应阈值范围内。

4.3.3　点型感温火灾探测器

用专业工艺设备清洗感温部件和线路板，清洗后应标定探测器响应时间，响应时间应在生产企业成品出厂检验规程规定的响应阈值范围内。

4.3.4　线型光束感烟火灾探测器

用专用清洁工具或软布及适当的清洁剂清洗光路通过的窗口，清洗后将探测器响应阈值标定到探测器出厂设置的阈值。

4.3.5　吸气式感烟火灾探测器

应按照产品说明书保养要求进行保养。一般保养时，应对采样管进行吹洗，更换过滤袋，吹洗后应进行报警功能试验。

4.3.6　点型火焰探测器

用专用清洁工具或软布及适当的清洁剂清洗光路通过的窗口。

4.3.7　可燃气体探测器

使用标准气体检测可燃气体探测器的报警功能。不符合要求时，应调整报警阈值或者按照产品说明书要求更换气敏元件，然后将传感器报警阈值标定到探测器出厂设定值。

4.3.8　剩余电流式电气火灾监控探测器

用专用清洁工具或软布及适当的清洁剂清洗传感器部件污染物，清洗后应将剩余电流显示值标定到实际测量值。

4.3.9　测温式电气火灾监控探测器

用专用清洁工具或软布及适当的清洁剂清洗感温部件污染物，清洗后应将温度显示值标定到实际测量值。

4.3.10　控制器类产品和消防电气控制装置

用压缩空气、毛刷等清除线路板、接线端子处灰尘；用吸尘器、潮湿软布等清除柜体内灰尘。空气潮湿场所，可在柜体内放置干燥剂。

用万用表测量控制器总线回路最末端探测器或模块的供电电压，电压值小于说明书规定值时，应更换回路板或调整线路。

4.3.11　电池类

应按照产品说明书的要求进行保养。

5 接入复检

5.1 一般要求

5.1.1 产品维修保养后经检验合格，方可再次接入火灾自动报警系统。

5.1.2 产品经维修保养接入系统后，应按本章规定进行接入复检，检查结果应符合产品标准和设计要求。复检项目检查不合格时，应再次进行维修保养或报废。

5.1.3 接入复检应由承担维修保养的企业和产品使用或管理单位相关人员共同进行。

5.1.4 接入复检应做好记录，复检记录表应由参与复检的人员签字。火灾探测报警产品接入复检记录表的格式参见附录B。

5.2 火灾报警控制器

5.2.1 检查前应断开火灾报警控制器的所有外部控制连线，与所有回路的火灾探测器、手动火灾报警按钮、火灾显示盘等均应保持连接。

5.2.2 按GB 4717规定对火灾报警控制器进行下列功能检查并记录：

a) 检查自检功能和操作级别；

b) 使控制器与探测器之间的连线断路和短路，检查控制器是否在100 s内发出故障信号(短路时发出火灾报警信号除外)；在故障状态下，使任一非故障部位的探测器发出火灾报警信号，检查控制器是否在1 min内发出火灾报警信号；再使其他探测器发出火灾报警信号，检查控制器的再次报警功能；

c) 检查消音和复位功能；

d) 使控制器与备用电源之间的连线断路和短路，检查控制器是否在100 s内发出故障信号；

e) 检查屏蔽功能；

f) 使总线隔离器保护范围内的任一点短路，检查总线隔离器的隔离保护功能；

g) 使任一总线回路上不少于10只的火灾探测器同时处于火灾报警状态，检查控制器的负载功能；

h) 检查主备电源的自动转换功能；

i) 检查控制器特有的其他功能。

5.3 点型感烟、感温火灾探测器

采用专用的检测仪器或模拟火灾的方法，检查火灾探测器是否发出火灾报警信号。

5.4 线型感温火灾探测器

在不可恢复的探测器上模拟火灾和故障，检查探测器能否发出火灾报警和故障信号。

对可恢复的探测器采用专用检测仪器或模拟火灾的办法检查其能否发出火灾报警信号，并在终端盒上模拟故障，检查探测器能否发出故障信号。

5.5 线型光束感烟火灾探测器

用减光率为0.9 dB/m的减光片遮挡光路，检查探测器是否发出火灾报警信号；用产品生产企业设定减光率(1.0 dB/m～10.0 dB/m)的减光片遮挡光路，检查探测器是否发出火灾报警信号；用减光率为11.5 dB/m的减光片遮挡光路，检查探测器是否发出故障信号或火灾报警信号。

5.6 吸气式感烟火灾探测器

在采样管最末端(最不利处)采样孔加入试验烟,检查探测器或其控制装置是否在120 s内发出火灾报警信号。

5.7 点型火焰探测器和图像型火灾探测器

采用专用检测仪器或模拟火灾的方法在探测器监视区域内最不利处检查探测器的报警功能,检查探测器是否能正确响应。

5.8 手动火灾报警按钮

对可恢复的手动火灾报警按钮,施加适当的推力,检查其是否发出火灾报警信号。

5.9 消防联动控制器

5.9.1 使消防联动控制器与火灾报警控制器、所有输入/输出模块及模块控制的设备保持连接,断开所有受控现场设备的控制连线,接通电源。

5.9.2 按GB 16806检查消防联动控制系统内各类用电设备的控制、接收反馈信号(可模拟现场设备启动信号)和显示功能;使消防联动控制器分别处于自动工作和手动工作状态,检查其状态显示,并按GB 16806进行下列功能检查并记录:

a) 检查自检功能和操作级别;
b) 使消防联动控制器与各模块之间的连线断路和短路时,检查消防联动控制器能否在100 s内发出故障信号;
c) 使消防联动控制器与备用电源之间的连线断路和短路,检查消防联动控制器能否在100 s内发出故障信号;
d) 检查消音、复位功能;
e) 检查屏蔽功能;
f) 使总线隔离器保护范围内的任一点短路,检查总线隔离器的隔离保护功能;
g) 使至少50个输入/输出模块同时处于动作状态(模块总数少于50个时,使所有模块动作),检查消防联动控制器的最大负载功能;
h) 检查主、备电源的自动转换功能。

5.9.3 使消防联动控制器的工作状态处于自动状态,按GB 16806和设计的联动逻辑关系进行下列功能检查并记录:

a) 按设计的联动逻辑关系,使相应的火灾探测器发出火灾报警信号,检查消防联动控制器接收火灾报警信号情况、发出联动信号情况、模块动作情况、受控设备的动作情况、受控现场设备动作情况、接收反馈信号(对于启动后不能恢复的受控现场设备,可模拟现场设备启动反馈信号)及各种显示情况;
b) 检查手动插入优先功能。

5.10 区域显示器(火灾显示盘)

按GB 17429规定检查其下列功能并记录:

a) 使该区域内的一只火灾探测器发出火灾报警信号,检查区域显示器(火灾显示盘)能否在3 s内正确接收和显示;
b) 检查消音、复位功能;
c) 检查操作级别;

d) 对于非火灾报警控制器供电的区域显示器(火灾显示盘),还应检查主、备电源的自动转换功能和故障报警功能。

5.11 可燃气体报警控制器

5.11.1 切断可燃气体报警控制器的所有外部控制连线,保持可燃气体探测器与可燃气体报警控制器相连接,接通电源。

5.11.2 按 GB 16808 规定对可燃气体报警控制器进行下列功能检查并记录:

a) 检查自检功能和操作级别;

b) 使可燃气体报警控制器与探测器之间的连线断路和短路,检查可燃气体报警控制器是否在 100 s 内发出故障信号;

c) 在故障状态下,使任一非故障探测器发出报警信号,检查可燃气体报警控制器是否在 60 s 内发出报警信号;再使其他探测器发出报警信号,检查可燃气体报警控制器的再次报警功能;

d) 检查消音和复位功能;

e) 使可燃气体报警控制器与备用电源之间的连线断路和短路,检查可燃气体报警控制器是否在 100 s 内发出故障信号;

f) 检查高限报警或低、高两段报警功能;

g) 检查报警设定值的显示功能;

h) 使至少 4 只可燃气体探测器同时处于报警状态(探测器总数少于 4 只时,使所有探测器均处于报警状态),检查可燃气体报警控制器最大负载功能;

i) 检查主、备电源的自动转换功能。

5.12 可燃气体探测器

对探测器施加达到响应浓度值的可燃气体标准样气,检查探测器是否在 30 s 内响应;再排除可燃气体,检查探测器是否在 60 s 内恢复到正常监视状态。对线型可燃气体探测器,还应将发射器发出的光全部遮挡,检查该探测器相应的控制器是否在 100 s 内发出故障信号。

5.13 消防电话

在消防控制室与所有消防电话、电话插孔之间互相呼叫与通话;检查总机是否能显示每部分机或电话插孔的位置,呼叫铃声和通话语音是否清晰;检查群呼、录音等功能是否符合要求。

5.14 消防应急广播设备

以手动方式在消防控制室对所有广播分区进行选区广播,对所有共用扬声器进行强行切换;检查应急广播是否以最大功率输出;对扩音机进行全负荷试验,检查应急广播的语音是否清晰。

对接入联动系统的消防应急广播设备系统,使其处于自动工作状态,然后按设计的逻辑关系,检查应急广播的工作情况,检查系统是否按设计的逻辑广播;使任意一个扬声器断路,检查其他扬声器的工作状态是否受影响。

5.15 系统备用电源

检查系统中各种控制装置使用的备用电源容量是否与设计容量相符;使各备用电源放电终止,再充电 48 h 后,断开设备主电源,检查备用电源是否能保证设备工作 8 h,且满足相应的标准及设计要求。

5.16 消防设备应急电源

5.16.1 切断应急电源应急输出时直接启动设备的连线,接通应急电源的主电源。

5.16.2 按下列要求检查应急电源的控制功能和转换功能，并观察其输入电压、输出电压、输出电流、主电工作状态、应急工作状态、电池组及各单节电池电压的显示情况，做好记录：

a) 手动启动应急电源输出，检查应急电源的主电和备用电源是否不能同时输出，且在5 s内完成应急转换；
b) 手动停止应急电源的输出，检查应急电源是否能恢复到启动前的工作状态；
c) 断开应急电源的主电源，检查应急电源是否发出声提示信号，声信号是否能手动消除；接通主电源，应急电源是否恢复到主电工作状态；
d) 给具有联动自动控制功能的应急电源输入联动启动信号，检查应急电源是否在5 s内转入到应急工作状态，且主电源和备用电源是否不能同时输出；输入联动停止信号，检查应急电源是否恢复到主电工作状态；
e) 使具有手动和自动控制功能的应急电源处于自动控制状态，然后手动插入操作，检查应急电源是否有手动插入优先功能，同时检查自动控制状态和手动控制状态指示情况。

5.16.3 断开应急电源的负载，按下列要求检查应急电源的保护功能，并做好记录：

a) 使任一输出回路保护动作，检查其他回路输出电压是否正常；
b) 使配接三相交流负载输出的应急电源的三相负载回路中的任一相停止输出，检查应急电源是否能自动停止该回路的其他两相输出，并发出声、光故障信号；
c) 使配接单相交流负载的交流三相输出应急电源输出的任一相停止输出，检查其他两相是否能正常工作，并发出声、光故障信号。

5.16.4 将应急电源接上等效于满负载的模拟负载，使其处于应急工作状态，检查其应急工作时间是否大于设计应急工作时间。

5.16.5 使应急电源充电回路与电池之间、电池与电池之间连线断开，检查应急电源是否在100 s内发出声、光故障信号，声故障信号是否能手动消除。

5.17 消防控制室图型显示装置

5.17.1 操作显示装置使其显示建筑总平面图，检查总平面图是否完整、清晰。

5.17.2 操作显示装置使其显示完整系统区域覆盖模拟图和各层平面图，检查图中是否明确指示出报警区域、主要部位和各消防设备的名称和物理位置，显示界面是否清晰。

5.17.3 使火灾报警控制器和消防联动控制器分别发出火灾报警信号和联动控制信号，检查显示装置是否在3 s内接收，并准确显示相应信号的物理位置，是否能优先显示火灾报警信号相对应的界面。

5.17.4 使具有多个报警平面图的显示装置处于多报警平面显示状态，检查各报警平面是否能自动和手动查询，是否有总数显示，是否能手动插入使其立即显示首火警相应的报警平面图。

5.17.5 操作显示装置，检查系统内各自动消防设备的动态信息。

5.17.6 断开显示装置与其连接的各消防设备连线，检查显示装置是否在100 s内发出故障信号。

5.17.7 使显示装置显示故障或联动界面，输入火灾报警信号，检查显示装置是否能立即转入火灾报警界面的显示。显示装置与城市远程监控系统联网时，应同时查看显示装置(可通过传输装置)是否向远程监控中心传送信息的功能。

5.17.8 手动操作显示装置向远程监控中心传送信息的报警装置，检查其向远程监控中心的手动报警功能和信息传输功能。

5.18 气体灭火控制器

5.18.1 断开气体灭火控制器的所有外部控制连线，接通电源。

5.18.2 给气体灭火控制器输入设定的启动控制信号，检查控制器是否有启动输出，是否发出声、光启动信号。

5.18.3 输入启动设备启动的模拟反馈信号，检查气体灭火控制器是否在10 s内接收并显示。

5.18.4 检查气体灭火控制器的延时时间是否在0 s～30 s内可调。

5.18.5 使气体灭火控制器处于自动控制状态,再手动插入操作,检查手动插入操作的优先功能。
5.18.6 按设计控制逻辑操作控制器,检查设计的逻辑功能是否得到满足。
5.18.7 检查气体灭火控制器向消防联动控制器发送的反馈信号是否正确。

5.19 防火卷帘控制器

5.19.1 使防火卷帘控制器与消防联动控制器、火灾探测器、卷门机连接,接通电源。
5.19.2 手动操作防火卷帘控制器的按钮,检查防火卷帘控制器是否能向消防联动控制器发出防火卷帘启、闭和停止的反馈信号。
5.19.3 检查疏散通道上设置的防火卷帘控制器接收到首次火灾报警信号后,是否能控制防火卷帘自动关闭到中位处停止;接收到二次报警信号后,是否能控制防火卷帘继续关闭至全闭状态。
5.19.4 检查用于分隔防火分区的防火卷帘控制器在接收到防火分区内任一组火灾报警信号后,是否能控制防火卷帘到全关闭状态。

6 报废

6.1 报废条件

6.1.1 火灾探测报警产品使用寿命一般不超过12年,可燃气体探测器中气敏元件、光纤产品中激光器件的使用寿命不超过5年。生产企业应在产品说明书中明确规定产品的预期使用寿命。
6.1.2 产品达到使用寿命时一般应报废。若继续使用,应对所有达到使用寿命的产品每年逐一按本标准维修检测要求和接入复检要求进行检测,并进行系统性能测试,所有检测结果均应合格。并应每年抽取系统中的火灾探测器,进行下述试验,合格后方可继续使用:

a) 感烟类火灾探测器,抽取4只,按GB 4715进行SH1和SH2试验火的火灾灵敏度试验;
b) 点型感温火灾探测器,抽取4只,按GB 4716进行响应时间和动作温度试验;
c) 缆式线型感温火灾探测器,抽取2只,按GB 16280进行动作性能试验;
d) 线型光纤感温火灾探测器,抽取2只,按GB/T 21197进行动作性能试验;
e) 点型红外火焰探测器、图像型火灾探测器,抽取4只,按GB 15631进行火灾灵敏度试验。

6.1.3 产品未达到使用寿命但符合下列条件时,应报废:

a) 产品不能正常工作,且无法进行维修;
b) 感烟类火灾探测器不能标定到生产企业规定的响应阈值范围内,且在GB 4715规定的SH1和SH2试验火结束前未响应;
c) 感温类火灾探测器在环境温度达到GB 4716规定的该类型探测器响应时间上限值或动作温度上限值时未响应;
d) 点型红外火焰探测器、图像型火灾探测器的火灾灵敏度不符合GB 15631的要求。

6.2 报废处理

6.2.1 产品的报废处理参见国务院第551号令《废弃电器电子产品回收处理管理条例》。产品使用或管理单位应建立并保持产品报废处理程序,做好报废处理记录。
6.2.2 离子感烟火灾探测器应按GBZ 122要求进行报废。使用单位及个人不得任意弃置离子型感烟火灾探测器,应将报废的离子感烟火灾探测器按进货渠道退回产品生产厂商、进口厂商或者他们的委托回收单位。离子感烟火灾探测器回收后,应将报废的放射源集中收集到专用的放射性废弃物容器中,然后集中送往国家指定的废物库(场)存放或处置。放射性废弃物容器及其暂存处应有电离辐射警示标志。
6.2.3 电池的报废应符合国家有关规定。

附 录 A
（资料性附录）
火灾探测报警产品维修记录表

火灾探测报警产品维修记录表的格式见表 A.1。

表 A.1 火灾探测报警产品维修记录表

<table>
<tr><td>产品名称</td><td colspan="6"></td></tr>
<tr><td>送修单位</td><td colspan="6"></td></tr>
<tr><td>送修日期</td><td colspan="6"></td></tr>
<tr><td>维修项目</td><td colspan="6"></td></tr>
<tr><td>维修单位</td><td colspan="6"></td></tr>
<tr><td>故障内容</td><td>维修情况</td><td>维修人员</td><td>维修日期</td><td>检验结果</td><td>检验人员</td><td>检验日期</td></tr>
<tr><td></td><td></td><td></td><td></td><td></td><td></td><td></td></tr>
<tr><td></td><td></td><td></td><td></td><td></td><td></td><td></td></tr>
<tr><td></td><td></td><td></td><td></td><td></td><td></td><td></td></tr>
<tr><td></td><td></td><td></td><td></td><td></td><td></td><td></td></tr>
<tr><td></td><td></td><td></td><td></td><td></td><td></td><td></td></tr>
<tr><td colspan="3">维修结果及处理意见：

维修单位负责人：　　　　年　　月　　日</td><td colspan="4">送修单位签收意见：

送修单位负责人：　　　　年　　月　　日</td></tr>
</table>

附　录　B
（资料性附录）
火灾探测报警产品接入复检记录表

火灾探测报警产品接入复检记录表的格式见表B.1。

表B.1　火灾探测报警产品接入复检记录表

产品名称		规格型号		数量	
使用/管理单位					
维修/保养单位					
维修/保养项目					
返回日期		签收人			
接入复检 执行标准					

复检项目	复检结果	复检人员签名		复检日期
		维修保养方	使用管理方	

维修/保养单位意见：	使用/管理单位意见：
负责人：　　　　年　　月　　日	负责人：　　　　年　　月　　日

ICS 27.070
F 19

中华人民共和国国家标准

GB/T 29838—2013

燃料电池 模块

Fuel cell modules

(IEC 62282-2:2012,MOD)

2013-11-12 发布 2014-03-07 实施

中华人民共和国国家质量监督检验检疫总局
中国国家标准化管理委员会 发布

前　言

本标准按照 GB/T 1.1—2009 给出的规则起草。

本标准使用重新起草法修改采用 IEC 62282-2 Ed.2:2012《燃料电池技术　第 2 部分:燃料电池模块》。

本标准在技术上与 IEC 62282-2:2012 一致,修改内容如下:

——删除了国际标准的前言和引言,增加国家标准的前言;

——本标准中的引用标准,凡是有与 IEC(或 ISO)对应国家标准的均用国家标准代替;

——本标准中安全标准结合了国家具体安全要求,在第 5 章"型式试验"中增加"5.10 绝缘(静态)试验"。

本标准由中国电器工业协会提出。

本标准由全国燃料电池及液流电池标准化技术委员会(SAC/TC 342)归口。

本标准起草单位:新源动力股份有限公司、机械工业北京电工技术经济研究所、上海神力科技有限公司、武汉银泰科技燃料电池有限公司、宁波拜特测控技术有限公司、武汉理工大学、中国科学院大连化学物理研究所、上海攀业氢能源科技有限公司、清华大学、同济大学、南京大学昆山创新研究院、深圳市华测检测技术股份有限公司等。

本标准主要起草人:侯中军、李晓楠、田超贺、张若谷、齐志刚、黄平、燕希强、陈晨、潘牧、衣宝廉、董辉、侯明、裴普成、侯永平、卢琛钰、顾军、朱平等。

燃料电池　模块

1　范围

本标准提出燃料电池模块安全和性能最低要求,适用于下列电解质燃料电池模块：

——碱性；

——聚合物电解质(包括直接甲醇燃料电池)；

——磷酸；

——熔融碳酸盐；

——固体氧化物；

——电解液。

燃料电池模块含或不含封装,操作压力为常压及以上。

本标准只涉及对人体和模块外部产生的危险,不导致模块外部危险的模块内部损害防护本标准不予考虑。

针对特殊应用的需要,要求部分可用含燃料电池模块设备的其他标准取代。

本标准不包括道路车辆用燃料电池模块。

本标准并不限制或抑制技术进步。如果电器材料或结构形式有异于本标准所述,可根据要求目的进行检查和试验,若实质等同,可视为符合本标准。

燃料电池模块是最终产品组成部分。燃料电池模块产品需评估以适用于终端产品安全要求。

本标准只涉及到燃料电池模块直流电输出。

本标准不涉及如图 1 所示外围设备。

本标准不涉及燃料电池模块燃料和氧化剂的储存和输送。

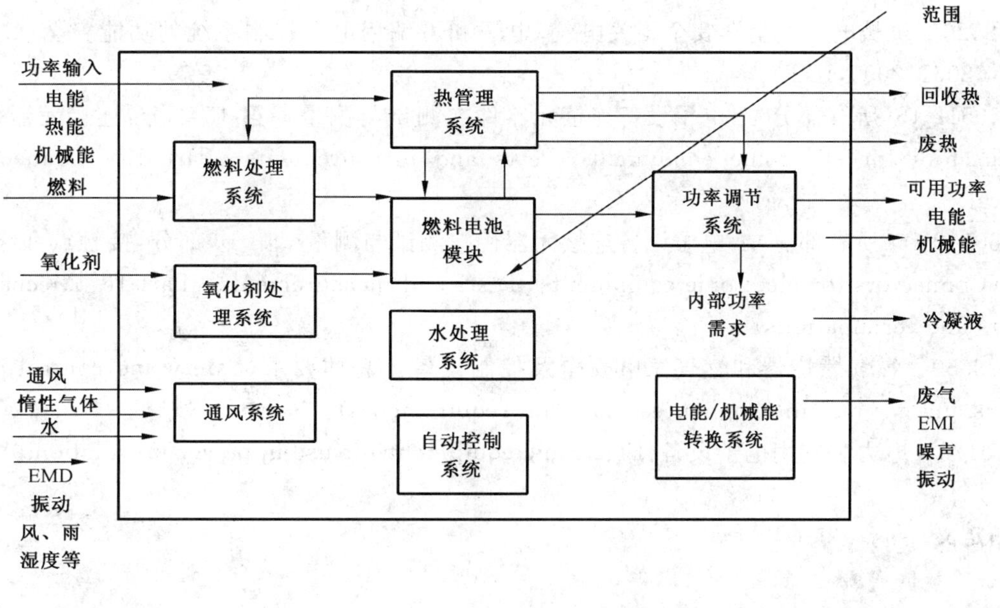

说明：

EMD ——电磁骚扰；

EMI ——电磁干扰。

图 1　燃料电池系统部件及标准适用范围

2 规范性引用文件

下列文件对于本文件的应用是必不可少的。凡是注日期的引用文件,仅注日期的版本适用于本文件。凡是不注日期的引用文件,其最新版本(包括所有的修改单)适用于本文件。

GB 3836(所有部分) 爆炸性气体环境用电气设备[IEC 60079 (所有部分)]

GB 3836.14 爆炸性气体环境用电气设备 第14部分:危险场所分类[IEC 60079-10]

GB 4208 外壳防护等级(IP代码)(GB 4208—2008,IEC 60529:2001,IDT)

GB 4706.1 家用和类似用途电器的安全 第1部分:通用要求(GB 4706.1—2005,IEC 60335-1:2001,IDT)

GB/T 4728(所有部分) 电气简图用图形符号[IEC 60617(所有部分)]

GB 4943.1 信息技术设备 安全 第1部分:通用要求(GB 4943.1—2011,IEC 60950-1:2005,MOD)

GB/T 5169(所有部分) 电子电工产品着火危险试验[IEC 60695 (所有部分)]

GB 5226.1 机械电气安全 机械电气设备 第1部分:通用技术条件(GB 5226.1—2008,IEC 60204-1:2005,IDT)

GB 7260.4 不间断电源设备 第1-2部分:限制触及区使用的UPS的一般规定和安全要求(GB 7260.4—2008,IEC 62040-1-2:2002,MOD)

GB 14536.1 家用和类似用途电自动控制器 第1部分:通用要求[GB 14536.1—2008,IEC 60730-1:2003(Ed 3.1),IDT]

GB/T 16855.1 机械安全 控制系统有关安全部件 第1部分:设计通则(GB/T 16855.1—2008,ISO 13849-1:2006,IDT)

GB/T 18290(所有部分) 无焊连接[IEC 60352(所有部分)]

GB/T 20438(所有部分) 电气/电子/可编程电子安全相关系统的功能安全[IEC 61508 (所有部分)]

GB 28526 机械电气安全 安全相关电气、电子和可编程电子控制系统的功能安全(GB 28526—2012,IEC 62061:2005,IDT)

IEC 60512-15(所有部分) 电子设备连接元器件 测试与测量 第15部分:连接元器件测试(机械)[Connectors for electronic equipment—Tests and measurements—Part 15: Connector tests (mechanical)]

IEC 60512-16(所有部分) 电子设备连接元器件 测试与测量 第16部分:接触点和终端的机械性能测试(Connectors for electronic equipment—Tests and measurements—Part 16: Mechanical tests on contacts and terminations)

ISO 23550 燃气燃烧器和燃气家电安全及控制设备 总体要求(Safety and control devices for gas burners and gas-burning appliances—General requirements)

EN 50178 电力装置用电子设备(Electronic equipment for use in power installations)

3 术语和定义

下列术语和定义适用于本部分。

3.1

验收试验 acceptance test

合同规定的实验以向客户证明产品满足它设定的技术指标。

3.2

允许工作压差　allowable differential working pressure

由制造商规定的阳极和阴极间的最大压力差，燃料电池模块能承受此压差而不损坏或永久失去功能特性。

3.3

许可工作压力　allowable working pressure

制造商规定的最大表压，燃料电池模块能承受此压力而不损坏或永久失去功能特性。

注：在这个数值(或低于这个数值)下设置卸压保护。

3.4

环境温度　ambient temperature

仪器、设备或安装设施周围可能影响其性能的介质温度。

3.5

活化　conditioning

按照制造商规定的规程正确运行燃料电池模块(3.8)必须的(和电池/电池堆有关)预备步骤。

注：根据电池技术，活化包括可逆和/或不可逆步骤。

3.6

燃料电池　fuel cell

将一种燃料和一种氧化剂的化学能直接转化为电能(直流电)、热和反应产物的电化学装置。

注：燃料和氧化剂通常存储在燃料电池的外部，当它们被消耗时而输入到燃料电池中。

3.7

燃料电池堆　fuel cell stack

由单电池、隔离板、冷却板、歧管和支撑结构组成的设备，通过电化学反应把(通常)富氢气体和空气反应物转换成直流电、热和其他反应产物。

[GB/T 28816—2012，定义 3.50]

3.8

燃料电池模块　fuel cell module

一个或多个燃料电池堆(3.7)和其他主要及适当的附加部件的集成体，目的组装到一个发电装置或一个交通工具中。

注：一个燃料电池模块由以下几个主要部分组成：一个或多个燃料电池堆(3.7)、输送燃料、氧化剂和废气的管路系统、电池堆输电的电路连接、监测和/或控制手段。此外，燃料电池模块还可包括：额外流体(如冷却介质、惰性气体)的输送手段、检测正常或不正常运行条件的手段、外壳或压力容器和模块的通风系统。

3.9

额定电流　rated current

制造商规定的最大连续电流，燃料电池模块设计在该电流下运行。

3.10

渗漏　crossover(交叉泄漏　cross leakage)

燃料电池的燃料端和氧化剂端之间任一方向的泄漏，一般是穿过电解质。

3.11

气体泄漏　gas leakage

除有意排出的废气之外，离开燃料电池模块的气体的总和。

注：气体泄漏可能产生于：

——燃料电池堆；

——相关减压装置；

——其他气体管路和流体控制部件。

3.12

危险　hazard

能够对人身健康、财产或环境造成物理伤害的潜在危害源。

3.13

危险区域　hazardous area

分级区域　classified area

空气中存在或可能存在的易燃灰尘、纤维或挥发性液体、气体、蒸汽或混合物，数量足够多，能够形成易燃易爆混合物数量的区域或空间。

3.14

热变形温度　heat deflection temperature

标准测试棒在负载下产生指定变形时的温度。

注：用以确定短时间耐热性。

3.15

低可燃极限　lower flammability limit (LFL)

燃料-空气混合物中的燃料能被火源点燃的最低浓度。

注：若火源可引发燃烧则该燃料-空气混合物易燃。主要是燃料-空气混合物比例或构成。混合物浓度低于低可燃极限(LFL)或高于高可燃极限(UFL)的临界比例不会引发燃烧。

3.16

最大运行压力　maximum operating pressure

由部件或系统制造商规定的最大压力，系统或部件被设计成在该压力下可以连续运行。

注1：最大运行压力表示为 p_s。

注2：包括所有正常运行，稳态和瞬变状态。

3.17

最低输出电压　minimum voltage

一个燃料电池模块在其额定功率下能连续运行的最低电压或其在最大允许过载条件下的最低电压两者之间的低值。

注：最低电压单位为V。

3.18

自然通风　natural ventilation

由于风和/或温度梯度的影响使空气移动及新鲜空气置换。

3.19

开路电压　open-circuit voltage

燃料电池在有燃料和氧化剂但没有外部电流流动时的端电压。

注：开路电压单位为伏(V)。

3.20

例行试验　routine test

对制造中或完工后的每一个产品所进行的符合性试验。

[GB/T 2900.83—2008，定义151-16-17]

注：勿混淆与"一致性试验"(GB/T 2900.85—2008，定义151-16-15)：一致性评估试验或"一致性评估"(GB/T 2900.85—2008，定义151-16-14)：系统检查产品、工艺或服务是否满足特定要求。

3.21

标准条件　standard condition

作为测试基础的预定测试或运行条件,以便得到重复、可比的测试数据。

3.22

防护　safeguarding

控制系统根据运行参数动作,以避免可能对人有危险或对燃料电池及周围环境造成损害的状况出现。

3.23

安全电压　Safety Extra Low Voltage(SELV)

正常运行和发生单一故障时,干燥环境下正弦交流有效电压值不超过30 V或直流峰值电压不超过42.4 V,若为可能发生接触的潮湿环境,正弦交流有效电压值不超过15 V或直流峰值电压不超过21.2 V。

3.24

热平衡条件　thermal equilibrium conditions

15 min读数一次温度,温度变化不超过3 K(5 ℉)或1%绝对工作温度的恒定温度条件,两者取高值。

3.25

热稳定性　thermal stability

温度稳定的恒温状态。

3.26

型式试验　type test

根据一个或多个代表性生产产品的样本所进行的符合性试验。

[GB/T 2900.83—2008,定义151-16-16]

注:勿混淆与"一致性试验"(GB/T 2900.85—2008,定义151-16-15):一致性评估试验或"一致性评估"(GB/T 2900.85—2008,定义151-16-14):系统检查产品、工艺或服务是否满足特定要求。

4　要求

4.1　通用安全策略

制造商应提供风险分析书面报告,以确保:

a)　识别燃料电池发电系统寿命期限内所有合理的可预见危险、危险状况和事件(可参考附录A进行识别);

b)　结合危险发生的可能性和预期严重性对各种危险的风险进行评估;

c)　将评估风险的两个因素(可能性和严重性)消除或减少到不超过可接受的风险级别,通过

　　1)　结构或方法的自身安全设计;或

　　2)　采用被动控制(如安全隔板、排气阀、热阻断设备等)确保能量安全释放不危及周围环境,或采用安全相关控制功能;并

　　3)　对1)和2)不能够减少的风险,贴示标签、警告或提供专业训练,在危险区域工作的人员应掌握这些措施。

为保证功能安全,应按以下示例确定和设计要求的严重性级别、性能级别或控制功能级别:

- 符合GB 5226.1的应用,同时满足GB 28526(或GB/T 16855.1);
- 符合GB 4706.1的应用,同时满足GB 14536.1;
- 其他应用,满足GB/T 20438(所有部分)。

以下标准可以指导失效模式影响分析(FMEA)和故障树分析方法：

- GB/T 7826；
- SAE J 1739；
- IEC 61025。

评估内容应包括所有以下可能风险：

——电堆温度；和

——电堆和/或电池电压；

——加压部分压力。

此外，下列情况应格外加以注意：

——机械危险，锋利表面、绊倒危险、物体移动和不稳，材料强度，压力下的气体或液体；

——电气危险，接触带电部件、短路、高电压；

——EMC危险，燃料电池模块暴露在电磁环境中产生故障或因燃料电池模块电磁释放导致附近其他设备故障；

——热危险，高温表面、高温液体或气体排放、热疲劳；

——火灾和爆炸危险，易燃气体或液体、正常或非正常运行条件下可能的易爆混合物、故障条件下可能的易爆混合物；

——故障危险，因软件、控制电路或保护/安全部件失灵或错误生产或错误运行导致的不安全运行；

——材料和物质危险，材料老化、腐蚀、脆化、有毒物质的排放；

——废物处理危险，有毒材料处置、回收、易燃气体或液体处置；

——环境危险，热/冷、下雨、水淹、风、地震、外部起火、烟雾环境下的不安全操作。

4.2 设计要求

4.2.1 通用要求

燃料电池模块应按照燃料电池模块制造商风险评估进行设计。所有零部件应：

a) 满足预期用途温度、压力、流量、电压、电流范围；和

b) 对预期用途中面临的反应、过程以及其他条件的耐受能力；

c) 燃料电池模块采用的材料的质量和厚度，配件、终端及各部件集成方法，应在合理寿命时间内，正常安装和使用条件下，结构和运行特性不会发生明显的改变。燃料电池模块所有零部件应能够适应终端用户产品正常使用可能的机械、化学和热力等条件。

燃料电池模块封装应满足GB 4208规定要求以适应系统应用。燃料电池模块应执行相应的IP代码。

注：当终端设备具有防护外壳时，IP00级也可。

4.2.2 正常和非正常运行条件下行为

燃料电池模块应按照制造商说明书的规定设计，在所有正常运行条件下燃料电池模块不会损坏。非正常运行条件应根据4.1的规定处理。

4.2.3 泄漏

根据设计的不同，有可能会产生易燃气体或液体泄漏(试验见5.3)。气体泄漏率应纳入规范文件，以便于燃料电池系统集成商确定通风系统的最小通风能力[见7.4.1 r)]、吹扫和通风流量要求。

根据4.1，故障模式(渗漏)应作为风险评估内容之一。应根据4.1中给出的相关标准设计“电池电压监控”等措施。

若燃料电池模块不含渗漏保护装置，产品说明书应说明系统集成商必须提供防护设备或操作程序。

注：危险场所分类见 GB 3836.14。

4.2.4 加压操作

如果燃料电池模块包括气密件和加压件，这些部件应符合国家规定。

应识别可能会对模块外部造成损害的加压操作条件(见 4.1)并将信息传达给系统集成商。

注：下述模块特性：

PEFC 模块

设计 PEFC(质子交换膜燃料电池堆)不需要特别考虑压力因素。PEFC 电堆的尺寸、材料选择和制造规范主要基于满足电堆静态、动态和/或其他运行特性所需的足够强度、刚度和稳定性要求。比如，设计使用同轴力挤压器件，器件在损坏前产生泄漏。

PAFC 模块

PAFC(磷酸燃料电池)模块通常在常压下运行。

MCFC 模块

加压运行条件下，MCFC(熔融碳酸盐燃料电池)模块应集成到 MCFC 系统中。系统包含 MCFC 模块封装，并应根据加压系统相关国家和国际准则和标准进行设计。

加压引起的危险应排除在模块封装外，应符合相关标准。

SOFC 模块

如果对 SOFC(固体氧化物燃料电池)进行加压操作，SOFC 模块应集成到 SOFC 发电系统中去。SOFC 模块放置在按照加压系统相关国家和国际准则及标准进行设计、制造及安装的压力容器内。

4.2.5 起火和自燃

4.2.5.1 通则

应采取措施(例如，通风、气体探测器、控制氧化、运行温度高于自燃温度等)保护燃料电池模块，使得燃料电池模块内部及从模块泄漏的气体不能形成爆炸浓度。

燃料电池模块制造商提供设计标准(如需要的通风率)。燃料电池模块制造商或燃料电池系统制造商提供措施。若燃料电池制造商不提供这些措施，应提供这些措施(如所需通风速率)的设计和试验标准。

在分级易燃气体环境中的零部件和材料应使用阻燃材料。在切断电力以及燃料和氧化剂后，这种材料应不会继续燃烧。材料阻燃级别 V0、V1 或 V2 的选择见 GB/T 5169 系列标准。

注：在 IEC 60079-20-1 等列出的自燃温度是易燃气体混合物可能燃烧的最低温度。由于表面几何形状、材料和实际气体混合物成分的不同，实际自燃温度通常高于规定的值。这项要求中的自燃温度是指对于特定的物体材料和几何形状，在任意条件下都会触发易燃气体自燃的自燃温度。

4.1 给出的应用标准要求应考虑耐热和防火。

4.2.5.2 免除项

通常认为燃料电池电堆内膜或其他材料占燃料电池模块质量不到 10%，因其数量有限，因此无火焰蔓延等级要求。如果使用此类材料，产品说明书应有这部分说明以引起系统集成商注意。

如果燃料电池模块内任何易燃混合物可能出现的位置的实际温度高于自燃温度，气体燃料泄漏到氧化剂将立即导致易燃气体的氧化，反之亦然。因此无爆炸性气体浓度累积。

当高温燃料电池的温度低于自燃温度，燃料电池模块应当转换到安全状态(如通过吹扫)。

4.2.6 防护措施

安全控制系统零件失灵[见 4.1 c)]应能触发燃料电池模块受控关机。为确保满足要求的防护措施级别(安全完整级别、性能级别或控制功能级别),安全相关设计应与 4.1 中给出的相关标准一致。

注:当立即关机危险性更大时,比如燃料电池模块紧急动力系统的气体探测器失灵,可以延迟受控关机,或者允许完成运行循环后再关机。

4.2.7 管路及配件

4.2.7.1 通则

易燃气体运输管路和接头螺纹连接应符合 ISO 23550。所有其他接头应为焊接,或至少在制造商指定密封面上进行匹配的连接。用于燃料气和氧气线的连接件应为磨口连接或法兰接头或者有适应燃料气体密封填充料的压力接头。

管路内部表面应彻底清洗,以除去松散颗粒,管路两端应小心处理,消除杂物、毛刺。

选用柔性管路及相关配件输送气体时,该柔性管路应适用于气体输送。氢气管路应特别考虑,如老化、脆化、微孔等。

注:以下标准可以指导选材:GB/T 528、ISO 188、ISO 1307、ISO 1402、GB/T 3683 及 GB/T 5564。

4.2.7.2 非金属管路系统

下列情况允许使用聚合物和橡胶管路、部件:

根据 5.4 和 5.5,材料在使用寿命内应能承受最高运行温度和最大运行压力,并在寿命期间内与其他材料和化学品兼容,具有足够的机械强度。

燃料电池模块内的塑料或弹性部件应避免受到机械损伤。可对旋转设备或机组里的其他机械设备做适当的屏蔽以免发生故障。

应对用以输送易燃气体的塑料或弹性部件密闭舱室加以保护,防止过热的可能性。

根据 4.1,如果燃料流温度达到低于燃料输送部件所用材料最低热变形温度 10 K 以上且无法停止时,控制系统应切断燃料流动。

在危险位置使用塑料或弹性材料,应导电或以其他方式设计以避免静电积聚,如限制流量或其他方法。塑料或弹性材料的导电性不足,只应用于非危险区域。

4.2.7.3 金属管道系统

根据 5.5 和 5.6,金属管道系统应能承受最高运行温度和最大运行压力,并在使用和维护期间与其他材料和化学品兼容。金属管道系统应具有足够的机械完整性和足够的机械强度。

金属管道系统应符合 5.3 规定的泄漏要求。

成型弯管不可因加工成形导致失效并应符合以下要求:

——只可用专用折弯设备及工艺制作弯头;

——所有弯头光滑,不可产生变形、裂缝或其他明显的机械损伤;

——管道纵向焊缝在弯头中轴附近;

——弯头内半径不得低于制造商规定的最小半径。

4.2.8 电气元件

电气系统设计和结构,以及电气电子设备应用,包括电机和封装,应满足相关电子产品应用标准。如:

- GB 4706.1(例如,民用/商用和轻工业);
- GB 5226.1(例如,重工业);
- GB 4943.1(例如,电信);

- GB 7260.4(例如,UPS)。

应提供技术规范以选择恰当的应用。

燃料电池设计者应考虑燃料电池特定的下列问题:

- 燃料电池堆剩余电荷;
- 电池间的能量危险。

告知系统集成商燃料电池电气元件合适的运行环境条件[见7.4.1 i)]:运行和储存的环境温度、湿度范围。

若系统集成商提供电子元件,应告知必要技术规范,以保证安全。

低于易燃气体自燃温度下运行封闭燃料电池模块,不受5.12所述易燃浓度限制。位于封装内的电子元件应符合GB 3836.14规定的危险场所分类要求,使用GB 3836系列标准规定的保护技术。

4.2.9 终端和电气连接

电源连接到外部电路,应:

a) 固定于装置,无松动的可能性;

b) 导体不得滑脱;

c) 正常触碰不会影响导体的使用功能;

d) 正常紧固时不会造成导体的传向、扭曲或永久变形。

正常使用条件下,与燃料电池的直接相连不应有明显受损。燃料电池模块终端符合GB/T 18290(所有部分),IEC 60512-15(所有部分)和IEC 60512-16(所有部分)规定,或符合4.2.8给出的终端和电气连接应用标准要求。

4.2.10 带电部件

根据4.2.8中给出的相关应用标准,制造商的技术文件应明确说明:

a) 不满足安全超低电压(SELV)要求的可接近带电部件;

b) 短路时会产生高电流危险的可接近带电部件。

燃料电池系统集成商应有责任保护这些带电部件,以防电击。

4.2.11 绝缘材料,绝缘强度

应根据4.2.8给出的电气设备电压分级应用标准设计燃料电池模块中所有带电部件与非带电金属部件的绝缘。

对如压缩强度等会影响材料机械特性的功能表现,应以高出正常运行最高温度至少20 K或者5%(以高者为准)设计,但不得低于80 ℃。

判定应基于材料制造商规定的材料特性。

4.2.12 连接

除了与4.2.8给出的相关标准不同的情况外,以下内容适用。

易接触非载流金属部件有可能因漏电导致电击或者触电危险,应连接至等电位点。

为了保证良好的电接触,这些连接应防腐。导体应设计为防松动和扭曲,并能保持接触压力。

金属部件之间不得有电化学腐蚀。针对使用、存储和运输等情况,通过适当的电镀或涂层工艺达到耐电化学腐蚀。

4.2.13 冲击与振动

制造商文件应包含燃料电池模块设计所能承受的冲击与振动极限。

5 型式试验

5.1 总则

用试验设备模拟燃料电池系统或者用燃料电池系统进行型式试验以获得所需运行条件。正常运行型式试验设备可用作燃料电池模块初次启动的活化设备。建议按下述顺序执行型式试验。非正常条件试验可能具有破坏性。

5.2 冲击和振动试验

制造商文件应说明燃料电池模块能承受的冲击与振动试验极限。

注：若制造商未说明冲击和振动极限，可不进行试验。

若设备按照制造商规定的振动和冲击标准试验没有损伤，则设备活化后进行试验运行。

5.3 气体泄漏试验

该试验不适用于以下燃料电池模块：

——运行温度高于易燃气体自燃温度(见 4.2.5)；或

——燃料电池放置于符合国家有关规定的气密容器内。

使用全堆进行泄漏试验可能不切实际，可用仍具代表性的短堆试验代替。可以根据电池数量比例计算泄漏量。

运行燃料电池模块至满负荷电流并在最高运行温度条件下达到热平衡。

达到以上条件后停止运行，吹扫燃料电池模块，关闭气体出口，燃料电池模块温度应减少到规定的最低运行温度或以下。燃料电池模块用阳极气体或氦逐渐加压到制造商设定的最高运行压力，保持稳定 1 min。

泄漏测量期间入口压力应维持稳定。使用安装在燃料电池模块入口泄压装置上端精度为 2% 的流量计测量气体泄漏量。如果用氦气作为试验气体，气体泄漏率按式(1)计算：

$$R = \text{燃料气体泄漏量} / \text{试验气体泄漏量} \qquad (1)$$

其中：

$$R = (\mathrm{TGSG}/\mathrm{FGSG})^{1/2}$$

式中：

R ——气体泄漏率；

TGSG ——试验气体相对密度；

FGSG ——燃料气体相对密度。

或：

$$R = \mu_{\mathrm{test}} / \mu_{\mathrm{fuel}}$$

式中：

μ_{test}——试验气体绝对黏度；

μ_{fuel}——燃料气体绝对黏度。

这两个公式用于计算 R，选最坏情况，取高值。

应记录气体泄漏速率，包括气体通过泄压装置的流量。

如果由于如磁滞或压力设定的原因，试验不含泄压装置，总泄漏量应等于最大燃料输送压力下泄压装置本身的泄漏量和试验中获得的泄漏量的加和。

根据参考条件和气体类型修正所得气体泄漏率乘以 1.5，应符合 7.4 中给出的气体泄漏率。

注：该信息可能为终端产品用户计算通风条件所需要。

5.4 正常运行

正常运行是指燃料电池模块在正常条件下运行，尤其指

——电压和电流标称功率输出；

——温度和冷却剂(如有必要)流量标称热能输出；

——燃料电池模块标称温度范围；

——标称燃料组分；

——阳极和阴极介质标称流量；

——阳极和阴极流体标称压力范围；

——制造商规定的标称范围内输出功率变化率。

正常运行型式试验，燃料电池模块应在上述正常条件下运行，直到达到热平衡条件。

应按7.4要求测量下述参数和记录结果：

a) 燃料电池模块满负荷电流时的终端电压；

b) 温度(燃料电池堆，燃料电池模块表面，环境)；

c) 燃料压力(表压)−5%～+5%或±1 kPa，取高值；

d) 燃料消耗速率−5%～+5%；

e) 如有必要，氧化剂供应控制在−5%～+5%；

f) 如有必要，氧化剂压力应控制在−5%～+5%或±1 kPa，取高值；

g) 冷却液入口和出口温度(如有条件)；

h) 冷却液流量(如有必要)；

i) 冷却液入口和出口压力(如有必要)；

j) 燃料和氧化剂压差。

对于测量的所有参数，测量值应在制造商规定值内。

5.5 许可工作压力试验

燃料电池模块应在最高或最低运行温度下试验，以要求更高者为准。

在本试验中，如果燃料电池模块在正常运行时燃料和空气两侧内部压力相同，燃料和空气侧可互相连通。如果燃料电池模块包括冷却系统，可能需要按同样方法同时进行过压试验。

燃料电池模块(包括阳极和阴极通道)应逐步加压至不低于1.3倍许可工作压力，并维持稳定不低于1 min。

如果燃料电池模块包括泄压阀，要移除泄压阀或使之不动作。

若能取得试验所需参数，则本试验可在气体泄漏试验或正常运行试验中进行。

如果无法实现试验条件(温度)，应在环境温度下对燃料电池模块加压至不低于1.5倍许可工作压力进行试验。

燃料电池模块不应有破裂、裂缝、永久变形或物理损伤。

5.6 冷却系统耐压试验

若许可工作压力试验中没对冷却系统进行试验，应进行本试验。

燃料电池模块应在许可工作压力试验温度相同条件下试验。

燃料电池模块冷却系统应加压到冷却系统许可工作压力的1.3倍，维持至少10 min。

若无法实现试验条件(温度)，应在环境温度下对冷却系统加压至冷却系统许可工作压力1.5倍进行试验。

系统不得有破裂、裂缝、永久变形或其他物理损坏。如果系统含液体冷却剂，试验中冷却剂不得泄漏。

5.7 持续和短时电功率

根据制造商规定的短时额定电流，燃料电池模块应在额定电流下稳定后将电流上升到规定的短时电功率输出并维持制造商规定的时间。

系统不得有破裂、裂缝、永久变形或其他物理损坏。

5.8 过压试验

若燃料电池模块有限压装置，压力应逐步提高到超过限压装置启动压力。如有需要，本试验可禁用或旁接燃料电池模块进口压力调节器。安全机制应能触发，将压力降低或将燃料电池模块切换到安全运行状态。

如果在预计试验中断前出现泄漏，试验可能具有破坏性，需按 5.13 要求进行。试验数据及所有相关危险应提供给系统集成商。

5.9 绝缘强度试验

燃料电池模块可有两种不同设计：

a) 电堆接地；

b) 电堆不固定。

设计 a)不需绝缘强度试验，只有开路电压。

设计 b)应在运行温度、充有冷却剂条件下进行绝缘强度试验。若燃料电池模块不能维持在运行温度时，应在最高容许温度下进行绝缘强度试验，应记录温度。若绝缘强度试验适用，应在切断燃气供应并充分吹扫的全集成燃料电池模块内进行。试验电压应适用于带电部件和非载流金属部件。应用直流或 48 Hz～62 Hz 正弦交流电进行试验，电压应稳步增加到规定值维持至少 5 s。如果没有绝缘击穿则试验通过。漏电不得超过 1 mA 与试验电压和开路电压之比的乘积。如果不满足该值，试验数据应提供给系统集成商。由系统集成商减少所有相关危险。

注：根据最终应用情况的不同，可能需要 5 s 以上的耐受试验。

试验电压见表 1。

表 1 绝缘强度试验电压

（选自 EN 50178）

栏 1 开路电压	栏 2 基本绝缘电路和防护隔离电路交流和直流试验电压		栏 3 电路和容易接触到的表面（导电或不导电，但没有接地）的交流和直流试验电压	
	AC 有效值 kV	DC kV	AC 有效值 kV	DC kV
$\leqslant 50\sqrt{2}$ V=71 V	0.35	0.5	0.35	0.5
$100\sqrt{2}$ V=141 V	0.5	0.7	0.7	1.0
$150\sqrt{2}$ V=212 V	0.8	1.1	1.3	1.8
$230\sqrt{2}$ V=325 V	1.1	1.6	1.8	2.5
$300\sqrt{2}$ V=424 V	1.2	1.7	2.2	3.1
$400\sqrt{2}$ V=566 V	1.35	1.9	2.6	3.7
$600\sqrt{2}$ V=849 V	1.65	2.3	3.5	5.0
$690\sqrt{2}$ V=976 V	1.8	2.5	3.8	5.4

表 1（续）

（选自 EN 50178）

栏 1 开路电压	栏 2 基本绝缘电路和防护隔离 电路交流和直流试验电压		栏 3 电路和容易接触到的表面（导电或不导电，但没有接地）的交流和直流试验电压	
	$AC_{r.m.s}$ kV	DC kV	$AC_{r.m.s}$ kV	DC kV
$1\sqrt{2}$ kV=1.414 kV	2.25	3.2	5.0	7.1
$1.5\sqrt{2}$ kV=2.12 kV	3.0	4.2	6.4	9.1
$3\sqrt{2}$ kV=4.24 kV	5.25	7.4	11.2	15.8
$6\sqrt{2}$ kV=8.4kV	9.75	13.8	17.5	24.8
$10\sqrt{2}$ kV=14.14 kV	15.75	22.3	34.0	48.1
注：允许更改。				

5.10 绝缘（静态）试验

测量点：

a) 电堆集流体与封装壳体外表面外露金属件；

b) 电堆集流体与电堆安装框架外露金属面，考虑安装形变。

测量条件：模块内充满冷却液（不循环），使用一个电堆模块标称电压 1.5 倍的试验电压或 1 000 VDC 电压，两者取较高值。电压应稳步增加到指定的值维持至少 5 s，以便获得稳定的绝缘电阻读数，绝缘电阻数值不超过 30 Ω/V。如果不满足该值，试验数据应提供给系统集成商。由系统集成商采取措施减少危险。

注：根据最终应用情况的不同，可能需要 5 s 以上的绝缘测试试验。

5.11 压差试验

压差试验适用于燃料电池模块中阳极和阴极采用不同流道。燃料电池模块在最高或最低运行温度下，以更苛刻者为准。燃料电池模块阳极或者阴极通道用合适的气体逐步加压至不低于 1.3 倍的允许工作压差，维持至少 1 min。如果试验条件无法实现，燃料电池模块可在环境温度下试验，压力不低于 1.5 倍许可工作压差。

使用如流量计等连续测量泄漏率，如果不能连续测量，要在不同的允许工作压力加压前和加压后测量。

燃料电池模块不得有破裂、裂缝、永久变形或其他物理损坏。试验后阳极和阴极之间的泄漏率不应增加，并应在制造商规定试验温度的范围内。加压后测试仪器和试验装置测量值的精度和可重复性不应偏离初始值。若电池设计不存在压差，本试验可以省略。

5.12 气体泄漏试验（重复）

按 5.3 规定的同样试验条件，燃料电池模块应不做准备的重复泄漏试验。

气体泄漏率不应超过制造商规定，变化率不超过初始值 10%或者 5 cm^3/min，取高值。

5.13 正常运行（重复）

重复进行 5.3 定义的正常运行试验。测量记录应在 5.3 规定额定偏差范围内。

5.14 可燃浓度试验

此试验只适用于集成了安全通风和吹扫程序的封闭系统，运行温度低于易燃气体自燃温度。

安全通风和吹扫程序取决于燃料电池模块特性及要求。试验应确定正常运行条件下模块封装内的最大易燃气体浓度。

燃料电池模块应在标称温度范围内运行，直到达到热平衡条件。在试验地点的大气压力下和无可见气流区域进行试验。

燃料电池模块封装应有规定的通风流量(见7.4)。

四次测量点离吹扫口或释放口应有一定距离，是测量模块内部隔舱易燃气体浓度，而不是气源易燃气体浓度。

测量应持续进行，直到四次连续测量的易燃气体浓度增加不超过四次测量平均值的5%。

每次测量之间的时间间隔不得少于30 min。

该试验应至少进行两次。

如果易燃气体浓度低于25%的低可燃极限，试验合格。如果浓度超过25%的低可燃极限，按4.2.9的规定处理。

5.15 非正常条件试验

5.15.1 总则

在非正常运行条件下进行型式试验是为了说明可预见的非正常运行条件不会导致危险结果或燃料电池模块的外部损害。由于在非正常条件下，这些试验可能是破坏性的，应在正常试验之后进行。也可用能够发生典型反应的燃料电池子模块进行试验。非正常条件下的试验顺序根据不同类型的燃料电池模块可能会不同，应按照针对不同试验样品破坏性危险递增的程度来安排试验顺序。

型式试验所用的试验设备也可用于非正常条件试验。可能需要修改试验设备以满足非正常条件。

非正常条件试验期间，应记录试验品的最高表面温度，如果比正常条件下获得的温度高，应提供给终端产品制造商。

5.14.1～5.14.6列出的各种非正常条件下燃料电池模块的故障模式不应对人造成危险或者对燃料电池模块外部造成损害。针对非正常条件的防护，可通过燃料电池模块保护控制或通过终端应用的防护机制。后者需为集成商提供警示及需要的保护形式说明。如果试验样品在非正常条件试验中受损，用通过5.3试验的样品进行下面试验。

若燃料电池模块性能衰减(非安全相关控制功能)关机，应重复试验，应避开非安全相关控制功能，这样安全装置能够在危险情况发生之前关闭。

5.15.2 燃料匮乏试验

燃料电池模块应在额定功率和正常运行参数下稳态运行。为了造成燃料匮乏，将燃料流量减少到燃料电池模块制造商评估决定的最小程度，电压监视系统或其他安全系统应提供信号将燃料电池模块在达到危险状态前切换到安全状态。

5.15.3 氧气/氧化剂匮乏试验

燃料电池模块应在额定功率和正常运行参数下稳态运行。为了造成氧气/氧化剂匮乏，将氧化剂流量减少到燃料电池模块制造商评估决定的最小程度，电压监视系统或其他安全系统应提供信号，将燃料电池模块在达到危险状态前切换到安全状态。

5.15.4 短路试验

燃料电池模块应在额定功率和正常操作参数下稳态运行。可由合适的大电流开关触发带有最小电阻和电感的燃料电池模块短路。应以适当的方式来测量短路电流和电压,例如用预触发脉冲电流和脉冲电压监测装置来测量。数据及所有相关危险应提供给系统集成商。

短路试验可在子模块上进行,可由此推算至整个产品。

5.15.5 缺乏冷却/冷却受损试验

在制造商规定的最大允许功率输出条件下进行,运行达到制造商规定的稳态,如果冷却剂和氧化剂是分开的,则立即停止冷却剂流动以模拟冷却系统故障。燃料电池模块的运行如下:

——冷却剂切断后在制造商允许时间限度内维持运行;或

——在温度没有升高到危及结构材料的程度之前,燃料电池模块性能下降,停止运行;

——在达到危险状态之前,或燃料电池模块安全装置提供信号将燃料电池模块切换到安全状态。

5.15.6 渗漏监测系统试验

此试验只适用于带有监测系统的燃料电池模块。

阳极和阴极气体渗漏导致危险时,应当由持续电压监测装置或者类似措施将燃料电池模块切换到安全状态。

试验应在正常运行条件下进行。通过降低监测电池电压至低于关闭临界值模拟渗漏。这一过程应反复随机抽取至少2%电池电压监测通道。

注1:可通过在电池电压端和电池电压监测设备输入之间使用分压器实现。分压器低电压电阻可以是电位计,由其持续降低电压直到达到开关关闭状态。

注2:如果系统故障等导致电压过高,燃料电池可能会发生电源反向或电解。这可能导致氢气和氧气生成并造成危险。

5.15.7 冷冻/解冻循环试验

该试验只适用于PEFC燃料电池模块低于0 ℃的储存或运行。

在正常稳态运行后,关闭燃料电池模块。燃料电池模块放置制造商指定的最低环境温度条件设备内。经过冷冻后,该模块按照制造商规定解冻到最低10 ℃。冷冻/解冻循环重复10次。此后,应重复泄漏试验。

注:若测试结果不会产生负面影响,可以移除燃料电池模块的绝热材料以减少冷冻/解冻循环的时间。

6 例行试验

6.1 总则

用试验设备模拟燃料电池系统或用燃料电池系统本身进行例行试验获得所需的运行条件。建议执行顺序如下:

如果在初次启动和活化情况下进行例行试验,燃料电池模块连接到活化设备,在制造商指定的操作条件下运行。否则燃料电池模块须集成到燃料电池系统或系统模拟器,根据制造商规定开始启动,燃料电池模块在运行条件下进行例行试验。

6.2 气密性试验

所有产品均应进行气密性试验。

在常压条件下，用液体检漏法对所有承压部件的连接件和连接点进行气密性试验。常温下在3.16所述最大运行压力下试验，不允许产生气泡。试验应在1.5倍标称运行压力条件下进行。

6.3 绝缘强度试验

绝缘强度试验应在所有完成装配的产品上进行。

绝缘强度试验应按5.9所述进行试验，常温下试验时间为1 s。

注：根据最终应用的不同，一次试验时间可能超过1 s。

7 标识与操作指南

7.1 铭牌

铭牌应永久固定在燃料电池模块上，考虑化学腐蚀、热和环境影响，铭牌应持久而易见。

铭牌应至少包含如下信息：

a) 制造商名称，或注册商标；

b) 模块ID；

c) 日期编码或者可追溯到生产日期的序列号。

7.2 标识

应标明互换连接导致的不安全情况。如可行，应标示反极连接和接地。

7.3 警示标签

根据情况使用如下警示标签：

——振动危险；

——高温；

——易燃气体或液体；

——腐蚀性介质；

——有毒介质。

高电压需要在燃料电池模块上贴示“优先处理短路”标签。

7.4 文件

7.4.1 总则

以图、图表、表格和使用说明的形式提供燃料电池模块所必须的集成、安装、运行和维护信息。

如果燃料电池模块个体之间存在差别，燃料电池模块制造商应提供给系统集成商每个模块的技术文件说明。

对于以上文件，燃料电池模块制造商应选择以下一种方法：

——以上所有文件互为参照；或

——所有文件编号，制作文件目录。

第1个措施仅适用于文件数量较少的情况(不多于5个)。

以下信息提供给系统集成商：

a) 4.1所述通用安全策略；

b) 燃料和氧化剂类型，可用的燃料和氧化剂种类(气体成分、纯度等)；

c) 燃料和氧化剂气体输送压力(最大压力和最小压力)；

d） 额定功率和最大功率下燃料和氧化剂用量；
e） 最大燃料泄漏率；
f） 可用燃料和氧化剂输送温度；
g） 最高排气温度；
h） 典型排放；
i） 操作、储存环境温度、湿度范围；
j） 海拔范围；

注：氧气供应影响功率输出。高海拔地区工作性能可能降低。

k） 许可冲击和振动等级；
l） 正常电堆运行温度；
m） 最高表面温度；
n） 冷却剂种类；
o） 冷却剂入口出口测量点温度；
p） 冷却剂输送压力和流量范围；
q） 过载电流/过载/过压/欠压和其他保护装置的类型和特点；
r） 吹扫和通风流量要求；
s） 尺寸；
t） 重量；
u） 电力输出额定值(额定电压、额定电流、额定功率、开路电压、满负荷电流电压)；
v） 最大过载；
w） 辅助功率供给(例如,电压、频率、功率)；
x） 使用最终产品所需包含的组件；
y） 接地连接位置；
z） 有关寿命终端的其他信息。

考虑回收和处理要求。

7.4.2 安装手册

安装手册中应对燃料电池模块的安装、电连接、燃料连接、氧化剂连接和冷却系统连接给予全面且明确的描述,只要模块中存在上述部分。

安装手册中应包括：

——装卸、运输和储存；
——准备工作；
——方向(上侧和下侧的位置等)；
——模块固定方法；
——气体和冷却管道连接方法；
——电气线路和传感器的连接方法；
——一般注意事项和禁止操作；
——适当的概览图解；
——电路图。

7.4.3 安装图

7.4.3.1 总则

安装图应提供建立燃料电池模块的前期工作所有必须的信息。复杂情况下可能需要提供详细的装配图。

应明确标示现场安装所用的输送配件、电线、软管和管路等的推荐位置和种类。

应对所选防护设备的种类、特性、类别及背景加以说明。

应详细说明提供给用户的管路、托盘或燃料电池模块及相关设备间支持部件的尺寸、类型及作用。

必要时，应有图表说明移出或维修燃料电池模块所需的空间。

此外，在适当情况下应提供接线图或表。该图或表应提供有关的所有外部连接全部信息。

7.4.3.2 方块(系统)图与工作原理图

如果需要方便理解模块工作原理，应提供方块(系统)图。方块(系统)图可象征性的表明燃料电池模块与其功能间的相互关系，不必绘出全部连接。

工作原理图可以是方块(系统)图的组成部分或是额外补充。

7.4.3.3 电路图

若方块(系统)图不能详细说明燃料电池模块单元的基本细节，应提供不同电路详细图解。这些图表将说明燃料电池模块及其相关设备的电路。若图形符号 GB/T 47281 中没有提及，应单独用图表或支持文件进行说明或描述。该零部件及设备的符号在所有文件和燃料电池模块中应前后一致。

在适当情况下，应提供能看到终端、连接点的图及类似界面图。该图可与电路图结合简化。图中应包含所示每个单元详细电路图。

电路应能够帮助加深理解功能及维修。如果控制装置和组件功能相关特性用符号表达不够明显，应在图旁标注或引用脚注。

7.4.4 操作手册

技术文件应包含操作手册，详细说明燃料电池模块安装和使用步骤。应特别注意安全措施并预估可能的不当操作。

如燃料电池模块可以编程操作，应提供关于编程方法、所需设备、程序验证和附加安全规程的详细信息。

操作手册应包括：

——启动和运行步骤；

——操作步骤；

——检查频率；

——正常和紧急关机程序；

——贮存步骤和条件；

——一般事项和禁止操作；

——适用物理环境信息(例如，工作环境温度范围、振动、噪音、大气污染物)。

7.4.5 维护手册

技术文件应包含维修手册，详细介绍维护、服务、预防性检查和维修的妥善步骤和时间间隔。建议手册中包含维修/服务记录。必须提供正确操作的验证方法(例如，软件测试程序)。

燃料电池零部件制造商应指导妥善处理和回收零件。

7.4.6 部件清单

部件清单最少应含有订购备件或正常运行替换零件和预防性维护或燃料电池模块用户建议进行的故障检修所需的必要信息(例如，组件、设备、软件、测试设备、技术文件)。

该零件清单应含：

——文件中使用的参考名称；

——其种类名称；

——供应商或其他来源；

——适用者的一般特征。

附 录 A
（资料性附录）
性能与试验评估参考信息

A.1 用工作气体外的试验气体评估泄漏速率

A.1.1 总则

若燃料电池模块制造商不用工作气体测量泄漏率，则需用试验气体测试泄漏率。

液体和气体的泄漏率与密度的平方根成反比，也就是：

$$气体泄漏率与(1/D)^{1/2} 成正比 \quad\quad (A.1)$$

式中：

D——密度。

D 是分母，密度较大的气体泄漏率较低，较轻的气体泄漏率较高。如氢气之类的较轻气体的泄漏速率高于如空气之类的较重气体的泄漏速率，因为氢气密度远低于空气。氢气相对密度是 0.068，空气相对密度是 1。[注：相对密度对于气体是指气体的分子量同空气的分子量（28.964 4）的比值。]与此类似，容积泄漏速率与黏度成反比。也就是：

$$泄漏率正比于(1/\mu) \quad\quad (A.2)$$

式中：

μ——绝对黏度。

动态黏滞度指的是绝对黏度。

这意味着高黏度气体泄漏比低黏度气体少。空气之类的气体黏度比氢高，因此，相同的温度和压力条件下氢气泄漏可能性更高。

为了找出对于某一特定系统哪种模式更为适用，应进行试验。

通过燃料气体与试验气体的泄漏速率比估算泄漏率的比率，可以由已知的试验气体的泄漏速率得到工作气体泄漏速率。这个比率为 R，也就是：

$$R = 燃料气体泄漏速率 / 试验气体泄漏速率 \quad\quad (A.3)$$

A.1.2 用式(A.1)计算 *R*

由式(A.1)～式(A.3)，气体泄漏率与密度平方根成反比。因此，将式(A.1)带入式(A.3)，R 是试验气体和燃气密度比的倒数的平方根，相对密度是气体密度比空气密度。R 如下：

$$R = [(1/\mathrm{FGSG})/(1/\mathrm{TGSG})]^{1/2} \quad\quad (A.4)$$

式中：

FGSG——燃气相对密度；

TGSG——试验气体相对密度；

简化为：

$$R = (\mathrm{TGSG}/\mathrm{FGSG})^{1/2} \quad\quad (A.5)$$

如燃气轻于试验气体，则 R 值大于 1，反之亦然。

A.1.3 用式（A.2）计算 *R*

用式(A.2)计算泄漏速率比，将式(A.2)带入式(A.3)得：

$$R=(1/\mu_{\text{fuel}})/(1/\mu_{\text{test}})$$

即：

$$R=\mu_{\text{test}}/\mu_{\text{fuel}} \qquad \cdots\cdots\cdots\cdots(\text{A.6})$$

式中：

μ_{test}——试验气体绝对黏度；

μ_{fuel}——燃料绝对黏度。

如燃气黏度低于试验气体，则 R 值大于 1，反之亦然。{式(A.6)来自参考文献[13]}

A.1.4 示例

若用式(A.5)，则 $R=(\text{TGSG}/\text{FGSG})^{1/2}$，

a) 若氢气既是试验气体也是燃气，则 R 为 1；

b) 若空气用作试验气体，氢气是燃气，则 R 为 (1/0.068)1/2=3.83。也就是说，若空气试验气体的泄漏率是 28.3 L/h 则氢气的泄漏速率则为 108 L/h。

由式 (A.6)可得到相似的结论。若空气是试验气体，氢气为燃料，则空气在常压温度 300 K 下的绝对黏度(动态黏度)是 1.8462×10^{-5} kg/m·s。

氢气在常压温度 300 K 下的绝对黏度(运动黏度)是 8.963×10^{-6} kg/m·s。

因此 R=2.06。

因此由于氢气黏度小于空气则泄漏率大，比值为 2.06。

气体运动黏度与温度有关，与气压无关。表 A.1 可以查到同一气体的不同动态黏度值。

如果不进行试验寻找特定系统适用的泄漏模式，可采用最坏的方案。

计算结果是基于试验气体与工作气体的温度和压力相同。

推荐使用氦气作为氢燃料电池模块的测试气体。

对于这种情况，计算公式如下：

$$R=(\text{HeSG}/\text{H}_2\text{SG})^{1/2}$$

式中：

HeSG ——氦的相对密度 0.142*；

H_2SG ——氢气的相对密度 0.069 5*。

注：“*”表示常压，温度 300 K。

或：

$$R=\mu_{\text{test}}/\mu_{\text{fuel}} \qquad \cdots\cdots\cdots\cdots(\text{A.7})$$

式中：

μ_{test}——试验气体绝对黏度；

μ_{fuel}——燃料绝对黏度。

A.1.5 结论

以下程序可以用于以氦气为测试气体进行泄漏率测试评估工作气体的泄漏率。进行评估时工作气体与试验气体所处温度压力环境应该相同。工作气体与氦气的泄漏速率比 R 可以计算得到，R 乘以氦气泄漏速率就可以得到工作气体的泄漏率。计算 R 值时，两个公式都要用到，并选择最坏情况(较高值)。如果氢气为工作气体，该公式为：

$$R=(\text{HeSG}/\text{H}_2\text{SG})^{1/2}$$

式中：

HeSG ——氦的相对密度 0.142*；

H_2SG——氢气的相对密度 0.069 5*。

注："*"表示常压，温度 300 K。

对其他工作气体，式中 H_2SG 应替换为实际工作气体比，在大气重力压力和绝对温度为 300 K 状态时相对密度：

或：

$$R=\mu_{test}/\mu_{fuel}$$

式中：

μ_{test}——试验气体绝对黏度；

μ_{fuel}——燃料绝对黏度。

绝对黏度与温度有关，与压力无关，表 A.1 可以得到气体黏度值。

表 A.1 常压下气体黏度[a]

℃	0	32	20	68	200	392	400	752	600
℉	60	140	100	212	1 112	800	1 472	1 000	1 832
气体	μ(lbf·s)/(ft²) [47.88 (N·s)/(m²)]×10⁸								
空气[b]	35.67	39.16	41.79	45.95	53.15	70.42	80.72	91.75	100.8
二氧化碳[b]	29.03	30.91	65.00	38.99	47.77	62.92	74.96	87.56	97.71
一氧化碳[b]	34.60	36.97	41.57	45.96	52.39	66.92	79.68	91.49	102.2
氦气[b]	38.85	40.54	44.23	47.64	55.80	71.27	84.97	97.43	—
氢气[b,c]	17.43	18.27	20.95	21.57	25.29	30.02	38.17	43.92	49.20
甲醇[b]	21.42	22.70	26.50	27.80	33.49	43.21	—	—	—
氮气[b,c]	34.67	36.51	40.14	43.55	51.47	65.02	76.47	86.38	95.40
氧气[c]	40.08	42.33	46.66	50.74	60.16	76.60	90.87	104.3	116.7

[a] 表格单位不是国际单位。

[b] 根据参考文献[16]（标注 b）数据计算得出。

[c] 根据参考文献[17]（标注 c）数据计算得出。

A.2 许可工作压力试验推荐安全系数

A.2.1 总则

以下是北美标准中关于泄压装置/泄压阀（PRD/PRV）的一个简短说明。用于选择许可工作压力下推荐安全系数。

A.2.2 减压装置

A.2.2.1 总则

若是防爆膜之类以压力触发的泄压装置，开启压力为 90%～100%设定值。若为压力温度联合触发，则开启压力为从 80%～105%设定值。这些装置也需要测试流量。

A.2.2.2 泄压阀

开启压力应为 90%～105%设定值。水流量 24.5 kg/h(54 英镑)时，释放压力不得高于 110%开启压力。极限温度范围使用偏差不得超过5%。100个操作循环内偏差不得超过5%。

A.2.2.3 安全阀

开始排放压力不超过110%标定值。120%开始排放压力值下测量流量。密封压力应不小于65%的开启压力(流量试验后)。寿命试验后,开始排放压力和密封压力偏差不超过5%。

A.2.2.4 静压减压阀

初始启动释放压力应在5%以内。

A.2.3 定义

A.2.3.1

静压减压阀

入口静压触发减压阀,气体释放量与超过压力释放临界值的部分成正比。

A.2.3.2

安全阀起座压力

阀盘以较高或较低压力下相应移动速度更快的速度朝开启方向移动所增加的进口静压力值。只适用于可压缩流体安全阀门。

A.2.3.3

安全阀

入口静压触发泄压阀,其特点是快速开启。

注1:ANSI/CSANGV2—2000有以下条款:"安全阀的有效性应按照18.9(火烧试验)加以验证"。火烧试验是验证带有泄压装置的完好容器在某些特定火烧条件下不会产生破裂。

注2:CGA 12.6-M94使用了更高的安全系数。零部件需在指定压力下测试4次,每次用时1 min。标准不涉及PRD性能试验。

注3:燃料电池模块PRD的有效性只在其作为终端产品的一部分时才是有效的。我们并不清楚非正常情况下模块所承受的压力。事实上,模块阶段的非正常情况是未知的。燃料罐的体积和压力也未知,气体吸收装置也同样。因此模块级的性能测试不具有代表性,使用非常高的安全系数可能限制设计。

注4:模块制造商最好至少为终端用户提供以下信息:

a) 使用的PRD/PRV类型;

b) PRD/PRV设定(开启压力);

c) 流量;

d) 终端用户应考察模块PRD/PRV在终端产品上的有效性。

A.2.4 结论

建议安全系数132%(UL132允许110%偏差乘以120%全排放)用以表示最糟情况。或者根据所用的PRD/PRV类型,即按ANSI/IAS PRD 1-1998的评估,带PRD的燃料电池模块为105%(即时全排放),按UL132的评估带安全阀的燃料电池模块为132%。

A.3 建议采用的试验

A.3.1 泄漏试验

试验不适用于:

——运行温度高于易燃气体自燃温度;或

——燃料电池放置于气密性容器内。

采用制造商和测试机构双方同意的抽样方案，按 5.3 所述测试燃料电池模块。记录泄漏速率，不得超过产品说明规定值的 5%。

A.3.2 正常运行

采用制造商和测试机构双方同意的抽样方案，按 5.4 所述测试燃料电池模块。

A.3.3 许可工作压力试验

若燃料电池模块置于符合相关国家规定的压力容器内，则可不必进行该试验。

采用制造商和测试机构双方同意的抽样方案，按 5.5 所述测试燃料电池模块。

A.3.4 冷却系统耐压试验

采用制造商和测试机构双方同意的抽样方案，按 5.6 所述测试燃料电池模块。

A.3.5 过压试验

采用制造商和测试机构双方同意的抽样方案，按 5.8 所述测试燃料电池模块。

A.3.6 压差试验

采用制造商和测试机构双方同意的抽样方案，按 5.11 所述测试燃料电池模块。

A.3.7 安全控制

制造商核实所有生产机组类型试验的安全控制都得到详细说明。

采用制造商和测试机构双方同意的抽样方案，如果可以的话，燃料电池模块安全装置应证实能够满足预期应用。

参 考 文 献

[1] GB/T 2900.83—2008 电工术语 电的和磁的器件(IEC 60050-151:2001,IDT)

[2] GB/T 28816—2012 燃料电池 术语(IEC 62282-1:2010,IDT)

[3] GB/T 3683—2011 橡胶软管及软管组合件 油基或水基流体适用的钢丝编织增强液压型规范(ISO 1436:2009,IDT)

[4] GB/T 5564—2006 橡胶及塑料软管 低温曲挠试验(ISO 4672:1997,IDT)

[5] GB/T 528—2009 硫化橡胶或热塑性橡胶 拉伸应力应变性能的测定(ISO 37:2005,IDT)

[6] GB/T 7826—2012 系统可靠性分析技术 失效模式和影响分析(FMEA)程序(IEC 60812:2006,IDT)

[7] IEC 60079-20-1 Explosive atmospheres—Part 20-1: Material characteristics for gas and vapour classification—Test methods and data

[8] IEC 61025 Fault tree analysis (FTA)

[9] ISO 188:2007 Rubber, vulcanized or thermoplastic—Accelerated ageing and heat resistance tests

[10] ISO 1307:2006 Rubber and plastics hoses—Hose sizes, minimum and maximum inside diameters, and tolerances on cut-to-length hoses

[11] ISO1402:2009 Rubber and plastics hoses and hose assemblies—Hydrostatic testing

[12] SAEJ1739 Potential Failure Mode and Effects Analysis in Design (Design FMEA), Potential Failure Mode and Effects Analysis in Manufacturing and Assembly Processes(Process FMEA)

[13] UL 132 Safety Relief Valves for Anhydrous Ammonia and LP-Gas

[14] ANSI/CSANGV2-2000 Basic Requirements for Compressed Natural Gas Vehicle (NGV) Fuel Containers

[15] ANSI/IAS PRD 1-1998 Pressure Relief Devices for Natural Gas Vehicles (NGV) Fuel Containers

[16] CGA 12.6-M94 Vehicle Refueling Appliance

[17] CSA B51-03 (R2007) Boiler, Pressure Vessel, and Pressure Piping Code

[18] CSA C22.2 N° 60529-05-CAN/CSA: Degrees of protection provided by enclosures (IP Code)

[19] CAN/CSA-C22.2 N° 60079-0-07 Electrical Apparatus for Explosive Gas Atmospheres—Part 0: General Requirements

[20] AVALLONE, Eugene A. and BAUMEISTER III Theodore, Marks' Standard Handbook for Mechanical Engineers, tenth edition, McGraw—Hill Book Company, New York, 1996, p. 3-32 and 3-33

[21] Handbook of Chemistry and Physics, 52d ed., Chemical Rubber Company, 1971-1972

[22] HOLMAN J. P., Heat Transfer, Fifth Edition, McGraw—Hill Book Company, New York, 1981, p. 542-543

[23] KALYANAM, K. M. and HAY D. R., Safety Guide for Hydrogen, National Research Council

[24] Tables of Thermal Properties of Gases, NBS Circular 564, 1955

ICS 29.060.20
K 13

中华人民共和国国家标准

GB/T 29839—2013

额定电压1 kV(U_m＝1.2 kV)及以下光纤复合低压电缆

Optical fiber composite low-voltage cable for rated voltages up to and including 1 kV(U_m＝1.2 kV)

2013-11-12 发布　　　　2014-03-07 实施

中华人民共和国国家质量监督检验检疫总局
中国国家标准化管理委员会　发布

前　言

本标准按照 GB/T 1.1—2009 给出的规则起草。

本标准由中国电器工业协会提出。

本标准由全国电线电缆标准化技术委员会(SAC/TC 213)归口。

本标准负责起草单位:中国电力科学研究院。

本标准参加起草单位:上海电缆研究所、国网信息通信有限公司、江苏亨通集团有限公司、中天科技股份有限公司、江苏通光集团有限公司、浙江万马电缆有限公司、江苏宏图高科科技股份有限公司、浙江晨光电缆股份有限公司。

本标准主要起草人:张晔、刘建明、陈希、于晶、安慧蓉、郭毅、范鹏展、王树岭、赵丙镇、庞立昌、马军、谢书鸿、黄俊华、岳振国、毛文沛、郑宏、胡少中、张建明。

额定电压 1 kV(U_m=1.2 kV)及以下光纤复合低压电缆

1 范围

本标准规定了光纤复合低压电缆产品的代号、规格、型号和标记、材料、技术要求、标志、交货长度、试验、检验规则、包装、运输和贮存。

本标准适用于额定电压 0.6/1 kV 及以下的光纤复合低压电缆。

2 规范性引用文件

下列文件对于本文件的应用是必不可少的。凡是注日期的引用文件,仅注日期的版本适用于本文件。凡是不注日期的引用文件,其最新版本(包括所有的修改单)适用于本文件。

GB/T 156 标准电压

GB/T 2951.11—2008 电缆和光缆绝缘和护套材料通用试验方法 第 11 部分:通用试验方法 厚度和外形尺寸测量 机械性能试验

GB/T 3048.9—2007 电线电缆电性能试验方法 第 9 部分:绝缘线芯火花试验

GB/T 3048.10—2007 电线电缆电性能试验方法 第 10 部分:挤出护套火花试验

GB/T 3956—2008 电缆的导体

GB/T 6995.2 电线电缆识别标志方法 第 2 部分:标准颜色

GB/T 6995.3 电线电缆识别标志方法 第 3 部分:电线电缆识别标志

GB/T 6995.5 电线电缆识别标志方法 第 5 部分:电力电缆绝缘线芯识别标志

GB/T 7424.2—2008 光缆总规范 第 2 部分:光缆基本试验方法

GB/T 9771(所有部分) 通信用单模光纤系列

GB/T 12357(所有部分) 通信用多模光纤

GB/T 12706.1—2008 额定电压 1 kV(U_m=1.2 kV)到 35 kV(U_m=40.5 kV)挤包绝缘电力电缆及附件 第 1 部分:额定电压 1 kV(U_m=1.2 kV)和 3 kV(U_m=3.6 kV)电缆

GB/T 15972(所有部分)—2008 光纤试验方法规范

GB/T 19666 阻燃和耐火电线电缆通则

JB/T 8137(所有部分) 电线电缆交货盘

YD/T 979 光纤带技术要求和检验方法

YD/T 1118(所有部分) 光纤用二次被覆材料

YD/T 1954 接入网用弯曲损耗不敏感单模光纤特性

3 术语和定义

下列术语和定义适用于本文件。

3.1

光纤复合低压电缆 optical fiber composite low-voltage cable(OPLC)

一种由绝缘线芯和光传输单元复合而成的具有输送电能和光通信能力的线缆,适用于额定电压 0.6/1(1.2)kV 及以下的电力工程。

3.2

光传输单元 optical transmission unit

由光纤和保护材料构成的部件，保护材料通常为非金属。

3.3

假设直径 fictitious diameter

按 GB/T 12706.1—2008 附录 A 计算所得的值，用以确定 OPLC 护套和内衬层的尺寸。

3.4

缆芯 cable core

由绝缘线芯和光传输单元组成的绞合体。

4 额定电压

OPLC 的额定电压 $U_0/U(U_m)$ 为 0.6/1(1.2)kV。

其中：

U_0 ——OPLC 设计用的导体对地或金属屏蔽之间的额定工频电压；

U ——OPLC 设计用的导体间的额定工频电压；

U_m ——设备可承受的“最高系统电压”的最大值按 GB/T 156 规定的要求。

5 代号、规格、型号和标记

5.1 代号

5.1.1 分类代号及其意义

OPLC——光纤复合低压电缆。

5.1.2 功能特性代号及其意义(如有特殊要求时)

燃烧特性代号按 GB/T 19666 的规定命名。

5.1.3 结构特征代号及其意义

5.1.3.1 导体代号及其意义

(T)省略——铜导体；

R——软铜导体；

L——铝导体。

5.1.3.2 绝缘代号及其意义

V ——聚氯乙烯绝缘；

YJ ——交联聚乙烯绝缘。

5.1.3.3 护套代号及其意义

V——聚氯乙烯护套；

Y——聚乙烯或聚烯烃护套；

S——钢塑纵包综合护套；

A——铝塑纵包综合护套。

5.1.3.4 铠装代号及其意义

2——双钢带铠装；
3——细圆钢丝铠装；
4——粗圆钢丝铠装。

5.1.3.5 外护套代号及其意义

2——聚氯乙烯护套；
3——聚乙烯或无卤低烟阻燃聚烯烃护套。

5.1.4 光传输单元结构型式代号及其意义

光传输单元结构型式代号见表1。

表1 光传输单元结构型式代号

结构型式代号	名 称
G	层绞全干式光传输单元
GT	层绞填充式光传输单元
GX	中心管全干式光传输单元
GXT	中心管填充式光传输单元
GQ	其他类型
注：G表示光传输单元；X表示松套中心管式结构；(省略)表示松套层绞式结构；T表示油膏填充；(省略)表示全干式填充；Q表示其他结构。	

5.1.5 光纤代号及其意义

光纤的类型应按GB/T 9771和GB/T 12357的规定，典型的光纤类型有以下几种：

a) A——多模光纤；
b) B1.1——非色散位移单模光纤(ITU-T G.652A和ITU-T G.652B光纤)；
c) B1.3——波长段扩展的非色散位移单模光纤(ITU-T G.652C和ITU-T G.652D光纤)；
d) B6——弯曲损耗不敏感光纤；
B6a——弯曲损耗不敏感A类光纤(ITU-TG.657A光纤)；
B6b——弯曲损耗不敏感B类光纤(ITU-TG.657B光纤)。

5.2 规格

5.2.1 OPLC的规格由绝缘线芯和光传输单元的规格组成。
5.2.2 绝缘线芯的规格包括芯数、导体标称截面积。
5.2.3 光传输单元的规格包括光纤芯数和光纤类别。

5.3 产品型号和标记

5.3.1 型号

OPLC的型号由六部分组成，各部分均用代号表示，见图1。

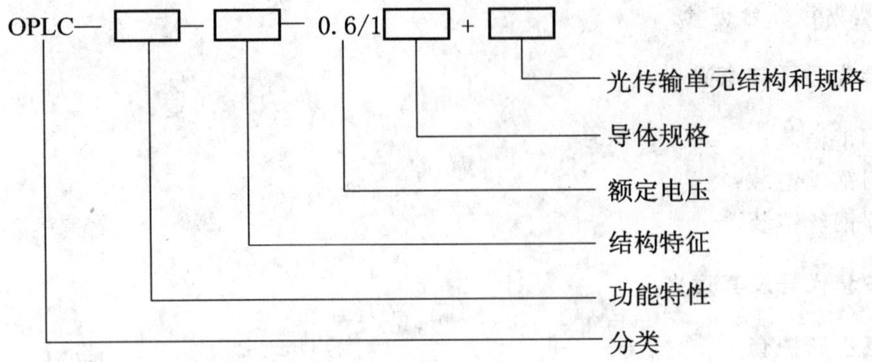

图1 OPLC型号的构成

5.3.2 标记

产品标记由型号及规格组成。

示例1：包含24芯B1类光纤层绞全干式光传输单元的铜芯聚氯乙烯绝缘钢带铠装聚氯乙烯护套光纤复合低压电缆，额定电压为0.6/1 kV，3+1芯，主线芯标称截面积25 mm^2，中性线芯标称截面积16 mm^2，表示为：

OPLC－VV22－0.6/1　3×25+1×16+G－24B1

示例2：包含4芯B1类光纤非金属中心管填充式光传输单元的铜芯交联聚乙烯绝缘无卤低烟阻燃C类聚烯烃护套光纤复合低压电缆，额定电压为0.6/1 kV，2芯，主线芯标称截面积6 mm^2，表示为：

OPLC－WDZC－YJY－0.6/1　2×6+GXT－4B1

5.4 其他

中性线芯和保护线芯导体标称截面应符合GB/T 12706.1—2008中表D.2的规定。

6 材料

6.1 绝缘混合料

绝缘混合料、代号及OPLC的导体最高工作温度见表2。

表2 绝缘混合料、代号及OPLC的导体最高工作温度

绝缘混合料		代号	导体最高工作温度/℃	
			正常运行	短路(最长持续5 s)
聚氯乙烯	导体截面积≤300 mm^2	PVC/A	70	160
	导体截面积>300 mm^2		70	140
交联聚乙烯		XLPE	90	250

6.2 护套混合料

护套混合料、代号及OPLC的导体最高温度见表3。

表 3 护套混合料、代号及 OPLC 的正常运行时导体最高温度

护套混合料	代号	正常运行时导体最高温度 ℃
聚氯乙烯	ST_1	80
	ST_2	90
聚乙烯	ST_3	80
	ST_7	90
无卤阻燃材料	ST_8	90

7 技术要求

7.1 概述

OPLC 结构主要由导体、绝缘层、光传输单元、填充物、外护套、可能存在的铠装层和内衬层等部分组成。结构示意图参见附录 A，也可以是其他的结构设计形式，但应满足本标准的相关性能要求。

7.2 导体

导体应符合 GB/T 3956—2008 的第 1 种或第 2 种镀金属层或不镀金属层退火铜导体或铝导体，或者第 5 种裸铜导体或镀金属层退火铜导体。

7.3 绝缘

7.3.1 绝缘应为表 2 所列的一种挤包成型的介质。无卤电缆的绝缘应符合 GB/T 12706.1—2008 中的相关规定。

7.3.2 绝缘标称厚度见表 4。任何隔离层的厚度应不包括在绝缘厚度之中。

7.3.3 OPLC 绝缘线芯标志应符合 GB/T 6995.5 的相关规定。

7.3.4 绝缘线芯应能通过 GB/T 3048.9—2007 规定的火花试验。

表 4 绝缘标称厚度

导体标称截面积 mm^2	绝缘标称厚度 mm	
	聚氯乙烯(PVC/A)	交联聚乙烯(XLPE)
1.5,2.5	0.8	0.7
4,6	1.0	0.7
10,16	1.0	0.7
25,35	1.2	0.9
50	1.4	1.0
70	1.4	1.1
95	1.6	1.1
120	1.6	1.2

表 4（续）

导体标称截面积 mm^2	绝缘标称厚度 mm	
	聚氯乙烯(PVC/A)	交联聚乙烯(XLPE)
150	1.8	1.4
185	2.0	1.6
240	2.2	1.7
300	2.4	1.8
400	2.6	2.0
500	2.8	2.2
630	2.8	2.4
800	2.8	2.6
1000	3.0	2.8
注：不推荐任何小于以上给出的导体标称截面积。		

7.4 光传输单元

7.4.1 概述

光传输单元宜为非金属松套结构，光纤数量应满足用户要求。如有要求，也可采用光纤带及非金属保护材料制成。光纤可为光纤束，也可为光纤带。

7.4.2 光传输单元结构

7.4.2.1 光传输单元结构可以是圆形或其他结构。其中圆形光传输单元结构主要有层绞式和中心管式两种。典型光传输单元结构图参见附录 B。

7.4.2.2 层绞式光传输单元应由含多根光纤或光纤带的松套管及可能有的塑料填充绳绕中心加强件绞合而成，绞合方式为 SZ 螺旋绞或螺旋绞。

7.4.2.3 中心管式光传输单元应为含多根光纤或光纤带的松套管、护套和可能有的加强材料。

7.4.3 光纤

7.4.3.1 单模光纤特性应符合 GB/T 9771 和 YD/T 1954 的有关规定；光纤带的特性应符合 YD/T 979 中的有关规定。

7.4.3.2 松套管中的光纤，应采用全色谱识别，其标志颜色应符合 GB/T 6995.2 的规定，并且不褪色、不迁移。光纤标志颜色的优先顺序见表 5，当单套管中光纤芯数超过 12 芯时，用环状色标或成束识别。光纤带的色谱识别应符合 YD/T 979 中的有关规定。原始的色码在整个缆的设计寿命期内应可清晰辨认。

表 5 全色谱的优先顺序

优先序号	1	2	3	4	5	6	7	8	9	10	11	12
颜色	蓝	橙	绿	棕	灰	白	红	黑	黄	紫	粉红	青绿

7.4.4 松套管

7.4.4.1 涂覆光纤应放置在热塑性材料构成的松套管中，光纤在松套管中的余长应均匀稳定。

7.4.4.2 松套管材料可用聚对苯二甲酸丁二醇酯（简称 PBT）塑料或其他合适的塑料，应具有良好的机械性能、耐水解性能、耐老化性能和加工性能。PBT 应符合 YD/T 1118 的规定。

7.4.4.3 对于层绞式光传输单元，其松套管宜采用全色谱识别，其标志颜色应符合表 5 的规定，也可采用红绿或红蓝领示色谱识别，领示色可以是松套管或填充绳。

7.4.5 阻水材料

如有阻水要求，光传输单元可采用合适的阻水材料填充。阻水材料应与其相邻的其他光传输单元相容，应不损害光纤传输特性和使用寿命。

7.4.6 填充绳

填充绳用于在非金属层绞式光传输单元结构中填补空位，其外径应使光传输单元结构圆整。填充绳应是圆形塑料绳，表面应圆整光滑。允许用阻水纱作填充绳。

7.4.7 加强构件

加强构件应具有足够的截面积、杨氏模量和弹性应变范围，用以增强光传输单元的机械性能。玻璃纤维增强塑料圆杆（简称 GFRP）的杨氏模量宜不低于 50 GPa，芳纶纤维增强塑料圆杆（简称 KFRP）的杨氏模量宜不低于 50 GPa，芳纶丝束杨氏模量宜不低于 90 GPa。在制造长度范围内，GFRP 和 KFRP 不允许接头；而芳纶丝每束允许有 1 个接头，但在任意 200 m 光传输单元长度内只允许有 1 个丝束接头。其他材质加强构件应满足相关标准规定。

7.4.8 护套

7.4.8.1 光传输单元应具有足够保证其光传输性能的挤包护套层。

7.4.8.2 护套可采用聚乙烯材料、无卤低烟阻燃聚烯烃材料或聚氯乙烯材料，表面应光滑圆整，无裂缝、气泡、砂眼和机械损伤等，性能应符合 10.4.4 的规定。

7.5 缆芯和填充物

圆形结构 OPLC 的绝缘线芯与光传输单元应以适宜的方式绞合成缆芯，成缆间隙可用非吸湿性材料填充圆整。

7.6 内衬层

7.6.1 结构

内衬层可以挤包或绕包。

只有在绝缘线芯和光传输单元间的间隙被密实填充时，才可采用绕包内衬层。

挤包内衬层前允许用合适的带子扎紧。

7.6.2 材料

用于内衬层和填充物的材料应适合 OPLC 的运行温度并与 OPLC 绝缘材料相容。

7.6.3 挤包内衬层的厚度

挤包内衬层的近似厚度见表 6。

缆芯假设直径应按照 GB/T 12706.1—2008 附录 A 的规定计算。

表 6 挤包内衬层厚度

单位为毫米

缆芯假设直径 d	挤包内衬层厚度近似值
$d \leqslant 25$	1.0
$25 < d \leqslant 35$	1.2
$35 < d \leqslant 45$	1.4
$45 < d \leqslant 60$	1.6
$60 < d \leqslant 80$	1.8
$80 < d$	2.0

7.6.4 绕包内衬层厚度

缆芯假设直径为 40 mm 及以下时，绕包内衬层的近似厚度取 0.4 mm；如大于 40 mm 时，则取 0.6 mm。

7.7 金属铠装

金属铠装应符合 GB/T 12706.1—2008 第 12 章的规定。

7.8 外护套

7.8.1 概述

所有 OPLC 都应有外护套。

外护套通常为黑色，也可按照制造方和买方协议采用其他颜色，以适应 OPLC 使用的特殊环境。

含金属层的外护套应能通过 GB/T 3048.10—2007 规定的火花试验。

7.8.2 材料

外护套可采用聚乙烯材料、无卤低烟阻燃聚烯烃材料或聚氯乙烯材料。

如果要求在火灾时 OPLC 能阻止火焰的燃烧、发烟少以及没有卤素气体放出，应采用无卤型护套材料。

在特殊条件下（例如为了防鼠、防白蚁）使用的外护套，可能有必要使用化学添加剂，但这些添加剂不应含有对人类及环境有害的材料。

7.8.3 厚度

若无其他规定，挤包护套标称厚度应按式(1)计算。

$$T_s = 0.035D + 1.0 \qquad \cdots\cdots(1)$$

式中：

T_s ——挤包护套标称厚度，单位为毫米(mm)；

D ——挤包护套前 OPLC 的假设直径，单位为毫米(mm)（见 GB/T 12706.1—2008 附录 A）。

按公式(1)计算出的数值应修约到 0.1 mm（见 GB/T 12706.1—2008 附录 A）。

护套的标称厚度不应小于 1.8 mm。

7.9 撕裂绳

用户要求时，可在光传输单元护套内、挤包内衬层下面、OPLC 外护套下面放置撕裂绳。撕裂绳应连续贯通整根 OPLC 长度，不吸湿，不吸油，并具有足够的强度。

8 标志

8.1 OPLC 的外护套表面沿长度方向应有明显标志，标志应符合 GB/T 6995.3 的相关规定。

8.2 标志的内容应包括：

a) OPLC 产品型号规格(可不含标准编号)；

b) 计米长度；

c) 制造厂名称(或代号)或(和)商标；

d) 制造年份。

8.3 标志应清晰，并与护套粘附牢固，经过擦拭试验后仍可辨认。

8.4 标志中计米长度的误差应在±0.5%范围。

9 交货长度

OPLC 交货盘长应为订货合同中所要求的配盘长度，不允许有负偏差。

10 试验

10.1 总则

OPLC 试验项目及检验规则见表 7。

表 7 试验项目及检验规则

序号	试验项目	技术要求	试验类型	试验方法
1	结构尺寸和色谱识别			
1.1	结构尺寸			
1.1.1	导体	10.3.2.2	S T	10.3.2.2
1.1.2	绝缘和非金属护套厚度	10.3.2.3	S T	10.3.2.3
1.1.3	铠装金属丝和金属带	10.3.2.4	S T	10.3.2.4
1.1.4	OPLC 外径	10.3.2.5	S T	10.3.2.5
1.2	识别色谱			
1.2.1	绝缘线芯识别色谱	10.3.2	S T	10.3.2
1.2.2	光纤识别色谱	10.3.2 10.3.3	S T	10.3.2 10.3.3
1.2.3	松套管识别色谱	10.3.2 10.3.3	S T	10.3.2 10.3.3
2	OPLC 标志			
	标志的完整性及可识别性	8.1 8.2	T	8.1 8.2
3	交货长度	第 9 章	T	

表 7（续）

序号	试验项目	技术要求	试验类型	试验方法
4	光纤光学和传输性能			
4.1	衰减系数	10.2.4	R T	10.2.4
4.2	模场直径	10.4.7.3	T	10.4.7.3
4.3	截止波长	10.4.7.4	T	10.4.7.4
4.4	宏弯敏感性	10.4.7.5	T	10.4.7.5
5	光纤尺寸参数			
5.1	包层直径	10.4.7.2	T	10.4.7.2
5.2	包层不圆度	10.4.7.2	T	10.4.7.2
5.3	同心度误差	10.4.7.2	T	10.4.7.2
6	绝缘和护套非电气性能	10.4.4	T	10.4.4
7	电气性能			
7.1	导体电阻	10.2.2	R T	10.2.2
7.2	绝缘电阻常数	10.4.3.2 10.4.3.3	T	10.4.3.2 10.4.3.3
7.3	电压试验	10.2.3	R T	10.2.3
7.4	4h 电压试验	10.4.3.4	T	10.4.3.4
8	OPLC 机械性能			
8.1	拉伸	10.4.5.2	S T	10.4.5.2
8.2	压扁	10.4.5.3	S T	10.4.5.3
8.3	冲击[a]	10.4.5.4	S T	10.4.5.4
8.4	弯曲[b]	10.4.5.5	S T	10.4.5.5
9	OPLC 环境性能			
9.1	衰减温度特性	10.4.6.2	T	10.4.6.2
9.2	耐热特性	10.4.6.3	T	10.4.6.3
9.3	渗水性能[c]	10.3.4	S T	10.3.4
9.4	有填充的光单元复合物滴流[d]	10.4.6.4	T	10.4.6.4
9.5	燃烧性能[e]	10.4.6.5	T	10.4.6.5
注:R 为例行试验;S 为抽样试验;T 为型式试验。				
[a] 适用于单根导体截面积小于 16 mm^2 的 OPLC。 [b] 适用于外径小于 25 mm 的 OPLC。 [c] 有要求时。 [d] 有要求时。 [e] 适用于阻燃 OPLC。				

10.2 例行试验

10.2.1 概述

例行试验通常应在每一个 OPLC 制造长度上进行。根据购买方和制造方达成的质量控制协议，可以减少 OPLC 的试验根数。

例行试验项目包括：

a) 导体电阻；

b) 电压试验；

c) 光纤的衰减系数。

10.2.2 导体电阻

导体电阻应符合 GB/T 12706.1—2008 中的有关规定。

10.2.3 电压试验

电压试验应符合 GB/T 12706.1—2008 中的有关规定。

10.2.4 光纤的衰减特性

10.2.4.1 试验方法

应按 GB/T 15972.40—2008 附录 B 中的方法 B 进行试验。

10.2.4.2 验收要求

单模光纤的衰减系数应符合表 8 的规定。多模光纤的衰减系数应符合 GB/T 12357 中的相关规定。

表 8 单模光纤的衰减系数

单位为分贝每千米

光纤类别	B1.1 和 B1.3		B6	
	松套	带纤	A 类	B 类
最大衰减系数(1 310 nm)	0.40	0.50	0.40	0.50
最大衰减系数(1 550 nm)	0.30	0.40	0.30	0.40
注:适用于单根光纤长度不小于 1 km。				

10.3 抽样试验

10.3.1 概述

抽样试验项目包括:

a) 结构尺寸及色谱识别;

b) OPLC 环境及机械性能试验(见表 7);

c) 光传输单元渗水性能。

10.3.2 结构尺寸及色谱识别

10.3.2.1 概述

结构检查应在距 OPLC 端部不少于 100 mm 处用目力检查 OPLC 结构的完整性、色谱,并取样检查结构尺寸。

10.3.2.2 导体

导体检查应符合 GB/T 12706.1—2008 的相关规定。

10.3.2.3 绝缘和非金属护套厚度的测量(包括挤包隔离套但不包括挤包内衬层)

绝缘和非金属护套厚度的测量应符合 GB/T 12706.1—2008 的相关规定。

10.3.2.4 铠装金属丝和金属带的测量

铠装金属丝和金属带的测量应符合 GB/T 12706.1—2008 的相关规定。铠装前 OPLC 假设直径大于 15 mm 时，扁金属线的标称厚度应取 0.8 mm；OPLC 假设直径为 15 mm 及以下时，不应采用扁金属线铠装。

10.3.2.5 OPLC 外径测量

如果抽样试验中要求测量 OPLC 外径，则按 GB/T 2951.11—2008 的规定进行。

10.3.3 光纤带的结构、尺寸、色谱特性

光纤带的结构、尺寸、色谱特性应符合 YD/T 979 中的有关规定。

10.3.4 渗水性能(光传输单元)

10.3.4.1 试样制备

从成品 OPLC 上取一段长 1 m 的 OPLC 光传输单元试样。

10.3.4.2 试验方法

渗水试验用于评定光传输单元的阻水性能，试验方法见 GB/T 7424.2—2008 中的方法 F5B。

10.3.4.3 验收要求

试验完毕，在试样未密封端应检测不到水，则判定为合格。若第一个样品失败，则取 OPLC 光传输单元临近的另外一段重做试验，如测试合格，则判定为合格；如失败，则判定为不合格。

10.4 型式试验

10.4.1 概述

型式试验项目包括：

a) OPLC 标志；
b) OPLC 电气性能；
c) OPLC 绝缘和护套的非电气性能；
d) OPLC 机械性能；
e) OPLC 环境性能；
f) OPLC 光学性能。

10.4.2 OPLC 标志

成品电缆的护套表面应有制造厂名称、产品型号、额定电压及制造年份的连续标志，标志应字迹清楚、容易辨认、耐擦。

成品电缆标志应符合 GB/T 6995.3 的规定。

电缆绝缘线芯标志应符合 GB/T 6995.5 的规定。

10.4.3 OPLC 电气性能

10.4.3.1 概述

取成品电缆试样长度 10 m～15 m，依次进行下列试验：

a) 环境温度下的绝缘电阻测量；

b) 正常运行时导体最高温度下绝缘电阻测量；

c) 4 h 电压试验。

最多同时试验 3 个绝缘线芯。

10.4.3.2 环境温度下绝缘电阻测量

环境温度下绝缘电阻测量应符合 GB/T 12706.1—2008 的有关规定。

10.4.3.3 正常运行时导体最高温度下绝缘电阻测量

正常运行时导体最高温度下绝缘电阻测量应符合 GB/T 12706.1—2008 的有关规定。

10.4.3.4 4 h 电压试验

4 h 电压试验应符合 GB/T 12706.1—2008 的有关规定。

10.4.4 OPLC 绝缘和护套的非电气性能

OPLC 绝缘和护套的非电气性能应符合 GB/T 12706.1—2008 中第 18 章的有关规定。

10.4.5 OPLC 机械性能

10.4.5.1 总则

OPLC 的机械性能应包括 OPLC 的拉伸、压扁、冲击、U 型弯曲项目。

下列规定的各试验方法及试验条件用于验证 OPLC 的机械性能，其试验结果符合规定的验收要求时，方可判为合格。

机械性能试验中光纤衰减变化的检测应在 1 550 nm 波长上进行，试验方法见 GB/T 15972.46—2008。在试验期间，检测系统的稳定性引起的检测结果不确定度应优于 0.03 dB。试验中光纤衰减变化量的绝对值不超过 0.05 dB 时，判为无明显附加衰减，允许衰减有某些数值的变化时，应理解为该数值已包含不确定度在内。

光纤拉伸应变宜采用相移法进行检测，其系统的精确度应优于 0.01%。试验中检测到的光纤应变不大于 0.01%时，判为无明显应变。OPLC 拉伸应变采用机械方法或传感方法进行检测时，其系统的精确度应优于 0.05%，试验中检测到的 OPLC 应变不大于 0.05%时，判为无明显应变。

每项机械性能试验后，试样还应按 10.2.3 进行电压试验。

10.4.5.2 拉伸

10.4.5.2.1 试验要求

试验要求如下：

a) 对于铜导体 OPLC，长期允许拉伸负荷为 20 MPa×$S_{铜截面积}$，短暂拉伸负荷为 70 MPa×$S_{铜截面积}$；
   对于铝导体 OPLC，长期允许拉伸负荷为 10 MPa×$S_{铜截面积}$，短暂拉伸负荷为 40 MPa×$S_{铜截面积}$；

b) 受试长度应不小于 10 m；

c) 拉伸速率应为 10 mm/min；

d) 持续时间为 5 min。

10.4.5.2.2 试验方法

按照 GB/T 7424.2—2008 规定的试验方法进行。

10.4.5.2.3 验收要求

对于 OPLC，在长期允许拉伸负荷下，光纤应无明显附加衰减和应变；在短暂拉伸负荷下，光纤附加衰减应不大于 0.2 dB，应变应不大于 0.3%，在去除此拉力后，光纤应无明显残余附加衰减和应变；护套应无目力可见开裂；对该试样进行成品电压试验，应符合10.2.3的要求。

10.4.5.3 压扁

10.4.5.3.1 试验要求

试验要求如下：

a） OPLC 压扁特性应符合表 9 的规定；

b） 持续时间为 10 min。

表 9 OPLC 压扁特性

结构	长期压扁力		短暂压扁力	
	允许力 N/100 mm	光纤附加衰减	允许力 N/100 mm	光纤附加衰减
无铠装	300	光纤无明显附加衰减	1 000	≤0.1 dB
带铠装	1 000	光纤无明显附加衰减	3 000	≤0.1d B

10.4.5.3.2 试验方法

按照 GB/T 7424.2—2008 试验方法-E3 进行试验。

10.4.5.3.3 验收要求

护套应无目力可见开裂；在长期允许压扁力下光纤应无明显附加衰减；在短暂允许压扁力下光纤附加衰减应不大于 0.10dB，在去除此压扁力后，光纤应无明显的残余附加衰减；对该试样进行成品电压试验，应符合 10.2.3 的要求。

10.4.5.4 冲击

10.4.5.4.1 试验要求

试验要求如下：

a） 冲锤重量：非铠装型 OPLC 为 450 g，铠装型 OPLC 为 1 kg；

b） 冲锤落高：1 m；

c） 冲击柱面半径：12.5 mm；

d） 冲击次数：至少 5 次。

10.4.5.4.2 试验方法

按照 GB/T 7424.2—2008 试验方法-E4 进行试验。

10.4.5.4.3 验收要求

护套应无目力可见开裂，光纤应无明显的残余附加衰减；对该试样进行成品电压试验，应符合 10.2.3 的要求。

10.4.5.5 弯曲

10.4.5.5.1 试验要求

对于无铠装结构 OPLC，芯轴半径应不大于 12D；对于铠装结构 OPLC，芯轴半径应不大于 10D；循环次数应不少于 5 次。

注：D 为 OPLC 外径。

10.4.5.5.2 试验方法

按照 GB/T 7424.2—2008 试验方法-E11B 进行试验。

10.4.5.5.3 验收要求

护套应无目力可见开裂，光纤应无明显的残余附加衰减。对该试样进行成品电压试验，应符合 10.2.3的要求。

10.4.6 OPLC 环境性能

10.4.6.1 总则

下列规定的各试验方法及其试验条件用于验证 OPLC 的环境性能，其试验结果符合规定的验收要求时，判为合格。

10.4.6.2 衰减温度特性

10.4.6.2.1 试验要求

衰减温度特性试验用于评定 OPLC 中光传输单元的适用温度范围及其温度附加衰减特性。试验要求如下：

a) OPLC 的衰减温度特性应符合表 10 的规定；
b) OPLC 长度应不小于 100 m，光纤可以串联熔接以获得足够的测试精度；如使用后向散射法测试光功率变化，则每一测试回路串联光纤的总长度应不小于 1 km；如使用传输功率法测试光功率变化，则每一测试回路串联光纤的总长度应不小于 200 m；
c) 试验温度范围的低限 TA 和高限 TB 应符合表 10 的规定；
d) 恒温时间(t_1)应足以使试样温度达到稳定，不应少于 24 h；
e) 测试光纤数至少为 12 根光纤，当光纤数小于 12 根时，应全部测试；
f) 循环次数为 2 次。

表 10 OPLC 衰减温度特性

适用温度范围/℃		单模光纤允许光纤附加衰减 dB/km
低限 TA	高限 TB	
−15	+70	≤0.40
可根据用户使用要求，另行规定温度范围。 注：OPLC 温度附加衰减为适用温度下相对于 20℃下的光纤衰减差。		

10.4.6.2.2 试验方法

按照 GB/T 7424.2—2008 规定的试验方法-F1 进行试验。

宜按照 GB/T 15972.46—2008 规定的测试方法进行衰减监测，在试验期间，监测仪表的重复性引起的监测结果的不确定度应优于 0.02 dB/km。试验中光纤衰减变化量的绝对值不超过 0.02 dB/km 时，判为衰减无明显变化。允许衰减有某数值的变化时，应理解为该数值已包括不确定度在内。B1 和 B6 单模光纤衰减变化监测应在 1 310 nm 和 1 550 nm 两个波长上进行，以两者中较差的监测结果来评定温度附加衰减等级。

10.4.6.2.3 验收要求

应符合表 10 的规定。

10.4.6.3 耐热试验

10.4.6.3.1 试验方法

试验方法分以下两种：

a) 方法一：环境箱法

应按照 GB/T 7424.2—2008 规定的试验方法-F1 进行试验。

在完成温度循环试验后，将 OPLC 置于 85 ℃±2 ℃的环境中，240 h 后取出，检查 OPLC 各部分结构的完整性并测试光纤衰减；光纤附加衰减的初始值应在之前测量并记录，光纤残余附加衰减应在导体温度恢复至不超过室温 2 ℃时测量并记录。

试验后，该试样还应进行电压试验，应符合 10.2.3 的要求。

b) 方法二：电加热法

将 OPLC 中的光纤串联熔接形成光功率监测回路；将 OPLC 中的主绝缘线芯首尾串联形成电流回路，在 OPLC 的导体、绝缘、光单元、护套等位置放置温度传感器测量温度。

在回路中施加电流，加热导体直至达到稳定温度，此温度应超过电缆正常运行时导体最高温度 5 ℃～10 ℃，加热电流应通过所有主绝缘线芯的导体，待导体温升达到规定值稳定后持续至少 168 h。

在试验过程中应监测导体、绝缘间、光单元和外护套的温度，以及光单元的光纤在 1 550 nm 波长下的附加衰减。

10.4.6.3.2 验收要求

按照以上任一种方法试验后，OPLC 外护套应无目力可见开裂，各部分标记完好，光纤附加衰减应不大于 0.40 dB/km。试验后，对该试样进行成品电压试验，应符合 10.2.1.2 的要求。

10.4.6.4 有填充的光单元滴流性能

10.4.6.4.1 试验要求

有填充的光单元滴流试验用于评定 OPLC 光传输单元中填充复合物和涂覆复合物的滴流性能。

滴流试验温度见表 11，恒温时间为 24 h。

表 11 滴流试验温度

绝缘类型	试验温度/℃
聚氯乙烯(PVC/A)	70
交联聚乙烯(XLPE)	90

10.4.6.4.2 试验方法

应按照 GB/T 7424.2—2008 规定的试验方法-F6 进行试验。

10.4.6.4.3 验收要求

在试验结束后，用目力检查，不应有填充复合物从缆芯或缆芯与护套的界面流出或滴出。

10.4.6.5 燃烧试验

OPLC 燃烧性能应符合 GB/T 12706.1—2008 中的有关规定。

10.4.7 OPLC 光学性能

10.4.7.1 总则

下列规定的各试验方法及其试验条件依据 GB/T 15972—2008 的要求，用于验证 OPLC 的光学性能，其试验结果符合规定的验收要求时，判为合格。

10.4.7.2 单模光纤尺寸参数

单模光纤尺寸参数应符合 GB/T 9771 的相关规定。

10.4.7.3 单模光纤的模场直径

单模光纤模场直径应符合 GB/T 9771 的相关规定。

10.4.7.4 光缆截止波长 λ_{cc}

光缆截止波长应符合 GB/T 9771 的相关规定。

10.4.7.5 单模光纤宏弯敏感特性

单模光纤宏弯敏感特性应符合 GB/T 9771 和 YD/T 1954 的相关规定。

11 检验规则

11.1 总则

出厂前，OPLC 产品应经质量检验部门进行检验，检验合格者方可出厂。每件出厂交收的 OPLC 产品应附有制造厂的产品质量合格证。厂方应向买方提交产品的出厂检验报告。如买方有要求时，厂方应提供 OPLC 的其他有关试验数据。

OPLC 产品检验分例行试验、抽样试验和型式试验，试验项目及验收规则见表 7。

除非在订货合同中另行规定，检验规则应按照本章规定。

11.2 出厂检验

检验项目是 OPLC 产品交货时应进行的各项试验，至少包括例行试验、抽样试验（抽样比例按 GB/T 12706.1—2008 表 12 的规定）。

11.3 型式试验

11.3.1 试验项目

型式试验是对产品质量进行全面考核,检验项目见表7。

11.3.2 检验周期

OPLC产品在下列情况之一时,应进行型式试验:

a) OPLC产品定型鉴定时;
b) 正式生产后,如结构、材料、工艺有较大改变,可能影响产品性能时;
c) 正常生产时,应每三年进行一次;
d) 停产一年以上,恢复生产时;
e) 出厂检验(见表7)结果与上次型式检验有较大差异时;
f) 主管质量监督机构提出进行型式试验要求时;
g) 大批量产品的买方要求在验收中进行型式试验时。

12 包装

12.1 OPLC产品应装在交货盘上出厂,盘装OPLC每盘宜是一个制造长度,OPLC交货盘筒体直径宜不小于OPLC外径的15倍。

12.2 盘装OPLC的最外层与缆盘侧板边缘的距离应不小于60 mm。OPLC两端应密闭并具有表示端别的颜色标志,A(内)端为红色,B(外)端为绿色。OPLC两端应固定在盘子内,其A(内)端预留可移出光传输单元长度应各不少于1.5 m,以供测试、施工使用。

12.3 OPLC盘应符合JB/T 8137的规定。

OPLC盘上应有以下标记:

a) 制造厂名称和产品商标;
b) 产品标记;
c) 长度;
d) 毛重,kg;
e) 制造年、月;
f) 表示缆盘正确旋转方向的箭头;
g) 保证贮运安全的其他标记。

13 运输和贮存

OPLC运输和贮存时应注意:

a) 不应使缆盘平放,不应堆放;
b) 盘装OPLC应按缆盘标明的旋转方向滚动,但不应作长距离滚动;
c) 不应遭受冲撞、挤压和任何机械损伤;
d) 应避免露天存放,防止受潮和长时间暴晒;
e) 贮运温度应控制在−20 ℃～+60 ℃范围内,如果超出这个温度范围,交付使用前应进行复检。

附　录　A
（资料性附录）
OPLC 结构示意图

OPLC 结构示意图参见图 A.1、图 A.2、图 A.3 和图 A.4。

图 A.1　含两芯绝缘导体的 OPLC 结构示意图

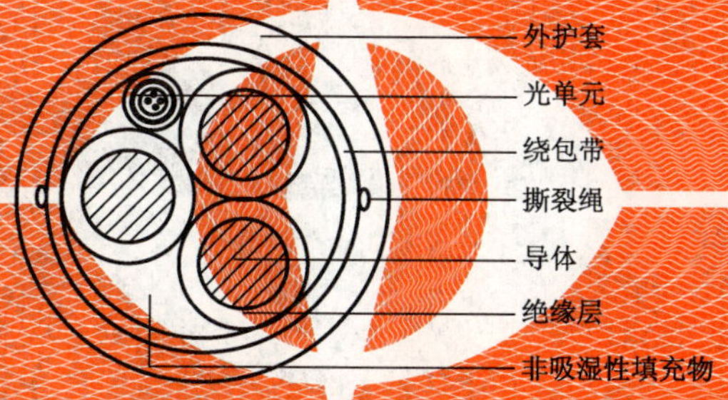

图 A.2　含三芯绝缘导体的 OPLC 结构示意图

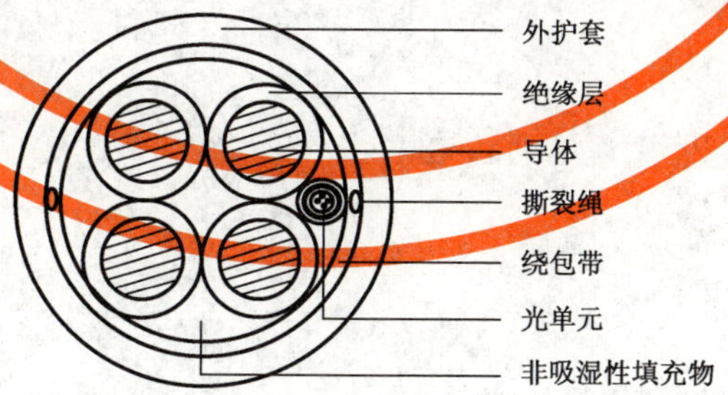

图 A.3　含四芯绝缘导体的 OPLC 结构示意图

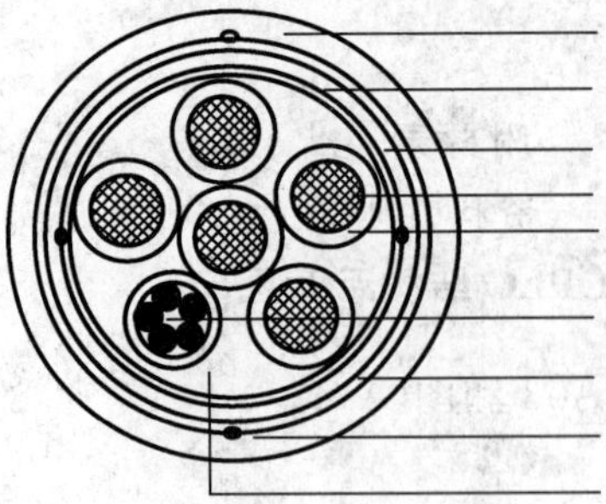

图 A.4　含五芯绝缘导体的 OPLC 结构示意图

附 录 B
（资料性附录）
OPLC 光传输单元结构示意图

OPLC 光传输单元结构示意图参见图 B.1、图 B.2、图 B.3 和图 B.4。

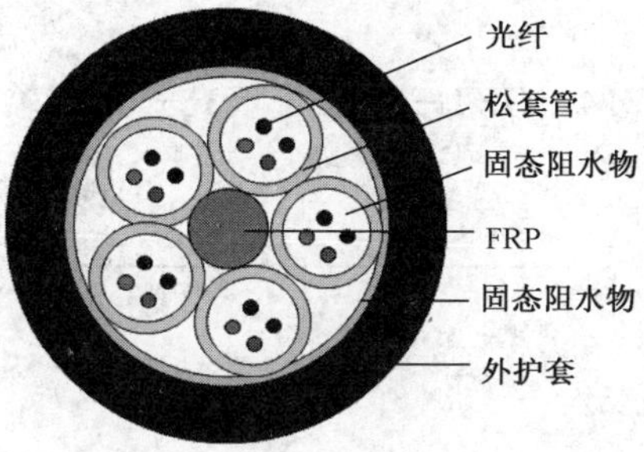

图 B.1 G—层绞全干式光传输单元

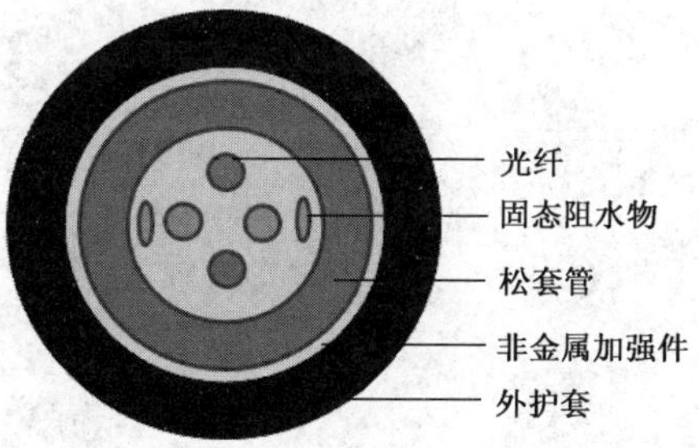

图 B.2 GX—中心管全干式光传输单元

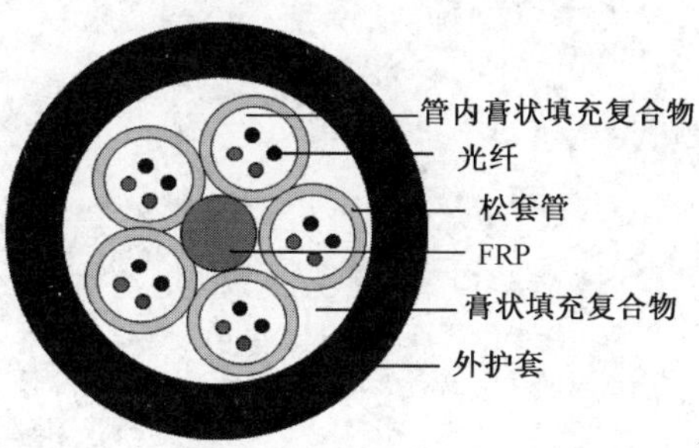

图 B.3 GT—层绞填充式光传输单元

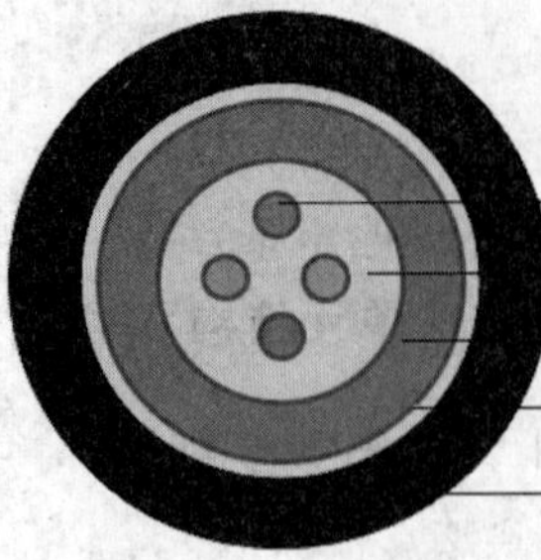

图 B.4 GXT—中心管填充式光传输单元

ICS 27.070
K 82

中华人民共和国国家标准

GB/T 29840—2013

全钒液流电池　术语

Vanadium flow battery—Terminology

2013-11-12 发布　　2014-03-07 实施

中华人民共和国国家质量监督检验检疫总局
中国国家标准化管理委员会　发布

前言

本标准按照 GB/T 1.1—2009 给出的规则起草。

本标准由中国电器工业协会提出。

本标准由全国燃料电池及液流电池标准化技术委员会(SAC/TC 342)归口。

本标准主要起草单位:中国科学院大连化学物理研究所、大连融科储能技术发展有限公司、机械工业北京电工技术经济研究所、中国电力科学研究院。

本标准参加起草单位:北京普能世纪科技有限公司、中国电器工业协会、清华大学、中国科学院金属研究所、国网电力科学研究院、承德万利通实业集团有限公司等。

本标准主要起草人:张华民、卢琛钰、王晓丽、陈晨、李颖、来小康。

本标准参加起草人:尹海涛、王保国、刘宗浩、杨启明、田超贺、严川伟、李爱魁、张玉贤、陈继忠等。

全钒液流电池　术语

1　范围

本标准规定了全钒液流电池名词术语的词条及定义。

本标准适用于所有的全钒液流电池。

2　术语和定义

2.1

全钒液流电池　vanadium flow battery;VFB

通过正负极电解液中不同价态钒离子的电化学反应来实现电能和化学能互相转化的储能装置。又称全钒液流电池系统。

注：全钒液流电池主要由功率单元(电堆或模块)、储能单元(电解液及储罐)、电解液输送单元(管路、阀门、泵、换热器等)和电池管理系统等部分构成。

2.2

离子传导膜　ion conductive membrane

分隔正极和负极电解液，选择性地传导离子的隔膜。

2.3

电解液　electrolyte

具有离子导电性的含不同价态钒离子的溶液。

2.4

双极板　bipolar plate

收集传导电流，分隔正、负极电解液的导电隔板。

2.5

集流板　collector

与外电路连接的，导入或导出电流的导电板。

2.6

电极　electrode

发生电化学反应的场所。

2.7

端板　end plate

位于电堆两端，用于固定叠加在一起的单电池所需的组件。

2.8

电池反应　cell reaction

电池内部发生正极和负极反应的总反应。

2.9

开路电压　open circuit voltage

电池没有外部电流通过时的电压。

2.10

充电　charge

电池从外电路接受电能，并转换为化学能的工作过程。

2.11

放电　discharge

电池将化学能转换为电能，并向外电路输出电能的工作过程。

2.12

电极面积　electrode area

发生电化学反应的电极的几何面积。

2.13

活性面积　active area

垂直于电流流动方向的电极的几何面积。

2.14

电流密度　current density

单位活性面积上通过的电流。

注：电流密度表示为 A/m^2 或 mA/cm^2。

2.15

充电平均电压　average charging voltage

电池充电过程电压的平均值。

2.16

放电平均电压　average discharging voltage

电池放电过程电压的平均值。

2.17

电压极差　voltage range

电池系统内单电池的最高电压和最低电压之差。

注：全钒液流电池用极差表征电压均匀性。

2.18

泄漏　leakage

电解液从电堆、系统管路及电解液储罐渗漏或者流出的现象。

2.19

析氢　hydrogen evolution

电池在充电过程中，氢气从电极或者双极板表面析出的现象。

2.20

循环　cycling

在规定的条件下，对放电(充电)结束的电池进行充电(放电)继之以放电(充电)的过程。

2.21　**电池结构**

2.21.1

单电池　single cell

全钒液流电池的基本单元，主要由一组正负电极及分开电极的离子传导膜组成。

2.21.2

电堆　stack

由多个单电池以叠加形式紧固的、具有多个管道和统一电流输出的组合体。

2.21.3

模块　module

一个或多个电堆和其他主要及适当的附属件所组成的独立集合体。模块内所有电堆可共享电解液循环系统。

注：模块是构成大规模电池系统的标准单元，其主要由以下几部分组成：一个或多个电堆、输送电解液的管路系统、电路连接、监测和/或控制手段。

2.21.4

全钒液流电池储能系统　VFB energy storage system

与电网直接连接的可以实现储存/释放能量功能的系统，该系统包括全钒液流电池、交流/直流逆变装置在内。

2.22　电池特性和试验

2.22.1

额定功率　rated power

满足指定能量效率的电池在一个充放电循环过程中获得的最大可持续功率。

2.22.2

瓦时容量　energy capacity

在规定的条件下，充满电的电池能够放出的能量，通常用 W·h 或 kW·h 表示。

2.22.3

安时容量　capacity

在规定的条件下，充满电的电池能够放出的电量，通常用 A·h 表示。

2.22.4

荷电状态　state of charge;SOC

电池实际(剩余)可放出的瓦时容量与实际可放出的最大瓦时容量的比值。

2.22.5

理论瓦时容量　theoretical energy capacity

根据电解液浓度和体积计算得出的电池充满电后所能提供的全部放电瓦时容量。

注：以标准电极电位确定的电池正负极标准电极电位差应为 1.25V，以此计算理论瓦时容量。

2.22.6

额定瓦时容量　rated energy capacity

充满电的电池以额定功率放电放到 30%SOC 时，再以额定功率的 30%进行放电直至放电截止条件所放出的瓦时容量。

2.22.7

额定安时容量　rated capacity

充满电的电池以额定功率放电放到 30%SOC 时，再以额定功率的 30%进行放电直至放电截止条件所放出的安时容量。

2.22.8

库仑效率　coulomb efficiency

在规定的条件下，电池放电过程所放出安时数占充电过程所消耗安时数的百分比(DC-DC)。

2.22.9

电压效率　voltage efficiency

在规定的条件下，电池的放电平均电压占充电平均电压的百分比。

2.22.10

电池系统能量效率 system energy efficiency

电池以恒功率充放电时，输出到逆变装置的能量占输入到电池的能量的百分比。

2.22.11

电池系统额定能量效率 system rated energy efficiency

电池以额定功率运行时所测得的电池系统能量效率。

2.22.12

电解液利用率 electrolyte utilization

在规定的条件下，电池工作时实际放电瓦时容量与理论放电瓦时容量的比值。

2.22.13

充电截止条件 charge termination condition

由制造商规定的表征电池充电过程终止的条件，如100% SOC或最大电压。

2.22.14

放电截止条件 discharge termination condition

由制造商规定的表征电池放电过程终止的条件，如0% SOC或最小电压。

2.22.15

自放电 self-discharge

电池的能量未通过放电进入外电路而是以其他形式损失的现象。

2.22.16

过载能力 overload ability

电池在规定条件下进行多倍于额定功率放电的能力。

2.22.17

响应时间 response time

电池在正常工作条件下从一种稳定状态变化到另一种稳定状态的时间。

2.22.18

辅助能耗 parasitic loss

为使电池在稳定运行状态下连续工作而必须提供给辅助机器和设备的能量。

注：主要包括循环泵、电控设备、通风设备等。

2.22.19

过充电 over charge

电池充电到充电截止条件后仍延续的充电。

2.22.20

过放电 over discharge

电池放电到放电截止条件后仍延续的放电。

2.22.21

短路电流 short-circuit current

电路中某一点短路时，流经电池的最大电流。

2.22.22

环境温度 environment temperature

电池工作时周围介质的温度。

2.22.23

循环寿命 cycle lifetime

在确定的充放电截止条件下，电池瓦时容量衰减到额定瓦时容量的60%时所经历的充放电循环数。

注：电解液和电堆不更换。

2.22.24

贮存时间　storage life

规定条件下电池的贮存时间。在该贮存期内，电池具有规定的性能。

2.23　电池工作方式

2.23.1

恒流充电　constant current charge

电流维持在恒定值的充电。

2.23.2

恒压充电　constant voltage charge

电池集流板间的电压维持在恒定值的充电。

2.23.3

恒功率充电　constant power charge

功率维持在恒定值的充电。

2.23.4

浮充电　floating charge

电池与恒压直流电源及负载并联，以维持电池接近完全充电状态，以备随时使用的一种充电模式。

2.23.5

脉冲充电　pulse current charging

用脉冲电流进行充电的模式。

2.23.6

快速充电　quick charge

在短时间内使用比额定值大的电流或电压(对于特殊的设计)加速充电模式。

2.23.7

恒流放电　constant current discharge

电流保持恒定的放电。

2.23.8

恒电阻放电　constant resistance discharge

负载电阻保持恒定的放电。

2.23.9

恒功率放电　constant power discharge

功率保持恒定的放电。

2.23.10

交替放电　alternating discharge

以不同的电流(或负载电阻)值交替进行的放电。

2.23.11

脉冲放电　pulse current discharge

以脉冲电流进行放电的模式。

中 文 索 引

英 文 索 引

A

B

C

D

E

F

H

I

L

M

O

P

Q

R

S
